Mladen Victor Wickerhauser

Adaptive Wavelet-Analysis

**Aus dem Programm
Mathematik**

Otto Forster
Analysis 1–3

Rüdiger Braun und Reinhold Meise
Analysis mit Maple

Jochen Werner
Numerische Mathematik 1–2

Gerhard Opfer
Numerische Mathematik für Anfänger

Jean-Pierre Demailly
Gewöhnliche Differentialgleichungen

Walter A. Strauss
Partielle Differentialgleichungen

Reinhold Meise und Dietmar Vogt
Einführung in die Funktionalanalysis

Wolfram Luther, Achim Janser und Werner Otten
Computergraphik mit einer Einführung in die Bildverarbeitung

Hans-Joachim Bungartz, Michael Griebel und Christoph Zenger
Einführung in die Computergraphik

Vieweg

Mladen Victor Wickerhauser

Adaptive Wavelet-Analysis

Theorie und Software

Aus dem Amerikanischen übersetzt
von Kurt Jetter

Professor M. V. Wickerhauser
Department of Mathematics
Washington University
St. Louis, Missouri 63130-4899
USA

Übersetzung:
Professor Dr. K. Jetter
Fachbereich Mathematik
Gerhard-Mercator-Universität – GH – Duisburg
47048 Duisburg

Titel der Originalausgabe:
Adapted Wavelet Analysis from Theory to Software

Original English language edition published by A K Peters, Ltd.
© 1993. All Rights reserved.

Alle Rechte vorbehalten
© Friedr. Vieweg & Sohn Verlagsgesellschaft mbH, Braunschweig/Wiesbaden, 1996

Der Verlag Vieweg ist ein Unternehmen der Bertelsmann Fachinformation.

Das Werk einschließlich aller seiner Teile ist urheberrechtlich geschützt. Jede Verwertung außerhalb der engen Grenzen des Urheberrechtsgesetzes ist ohne Zustimmung des Verlags unzulässig und strafbar. Das gilt insbesondere für Vervielfältigungen, Übersetzungen, Mikroverfilmungen und die Einspeicherung und Verarbeitung in elektronischen Systemen.

Umschlaggestaltung: Klaus Birk, Wiesbaden
Druck und buchbinderische Verarbeitung: Lengericher Handelsdruckerei, Lengerich
Gedruckt auf säurefreiem Papier
Printed in Germany

ISBN 3-528-06688-1

Vorwort

Im vergangenen Jahrzehnt hat sich Wavelet–Analyse von einer mathematischen Kuriosität zu einer Hauptquelle für neue Algorithmen der Signalverarbeitung entwickelt. Inzwischen befaßt sich das Gebiet auch mit allgemeineren Ansätzen wie den Wavelet–Paketen, und es sind Gemeinsamkeiten mit anderen Methoden transienter Signalanalyse, wie Gabor–Entwicklungen, Wilson–Basen und adaptive überlappende orthogonale Transformationen, zutage getreten. Dutzende von Konferenzen und Workshops über Wavelet–Anwendungen wurden auf fünf Kontinenten veranstaltet und gefördert. Das *Wavelet Literature Survey* [89] aus dem Jahre 1993 enthält 976 Artikel und Bücher, und diese Zahl hat sich seit 1991 jährlich verdoppelt. Die Ausgaben von *IEEE Transactions on Information Theory* vom März 1992 und *IEEE Transactions on Signal Processing* vom Dezember 1993 wurden speziell den Anwendungen der Wavelet–Transformation gewidmet. Grundlegende Artikel über das Thema sind in einer bemerkenswerten Vielfalt von Publikationen erschienen, wie z.B. in *Dr. Dobb's Journal*, im *Journal of Chemical Information and Computer Science* oder in *Revista Matemática Iberoamericana*. Die Zahl der Subskriptionen für das elektronisch versandte *Wavelet Digest* beläuft sich zur Zeit auf stolze 3255 Teilnehmer[1], worunter insbesondere Ingenieure, Naturwissenschaftler und Mathematiker zu finden sind.

Trotz all dieser Aktivitäten findet sich wenig Literatur über die Implementierung dieser Methode. Außer einem kurzen Kapitel in [90], §13.10, und drei populären Artikeln [16, 17, 18] gibt es keine Anleitung zur Wavelet–Programmierung. Dies kann daran liegen, daß Software über Wavelet–Transformation von kommerziellem Wert ist und deshalb unter Verschluß gehalten wird. Quellen für diskrete und überlappende trigonometrische Transformationen sind leichter zu finden ([92] Anhang; [75]), und es gibt unzählige Implementierungen der diskreten Fouriertransformation. Fassen wir all diese stark miteinander verknüpften Transformationen zu einer einzelnen Toolbox zusammen, so können wir für jede Aufgabe das richtige Hilfsmittel auswählen. Gerade bei der adaptiven Wavelet–Analyse führt die mögliche Auswahl zu einer wesentlich stärkeren Methode, als wenn die einzelnen Teile summarisch betrachtet würden.

Dieser Text geht über die existierende Literatur hinaus und hilft dem Ingenieur und angewandten Mathematiker dabei, Computerprogramme für die Analyse von in der Praxis auftretenden Daten zu schreiben. Er geht auf die Eigenschaften der Wavelet–Transformation und verwandter Methoden ein, führt Kriterien für die Auswahl der passenden Hilfsmittel für die Analyse auf und gibt detaillierte Software–Implementierungen für die benötigten Berechnungen an. Er ist auch eine Hilfe für den reinen Mathematiker, der mit einigen Teilen der Wavelet–Theorie vertraut ist, aber Fragen hinsichtlich der Anwendungen hat. Die im Text enthaltenen Übungsaufgaben mit Lösungsvorschlägen

---

[1] Der aktuelle Stand (Oktober 1995) zählt 5400 Subskriptionen (Anm. d. Ü.).

dienen dazu, ein nützliches Textbuch für das Selbststudium oder für eine Vorlesung über Theorie und Anwendung der Wavelet–Analyse vorzulegen.

Das Buch beginnt mit einem Überblick über mathematische Hilfsmittel; nachfolgende Kapitel untersuchen konkret und genau die Eigenschaften der in der adaptiven Wavelet–Analyse verwendeten Wellenformen: Diskrete „schnelle" Fouriertransformationen, orthogonale und biorthogonale Wavelets, Wavelet–Pakete und lokalisierte trigonometrische oder überlappende orthogonale Funktionen. Andere Kapitel diskutieren die Methode der „besten Basis", die Zeit–Frequenz–Analyse und Kombinationen dieser Algorithmen, die für die Signal–Analyse, das Herausfiltern von Rauschanteilen und die Kompression nützlich sind.

Jedes Kapitel geht auf die technischen Einzelheiten der Implementierung ein und liefert Beispiele in Form von Pseudocodes, die auf der auf Wunsch erhältlichen Diskette[2] in maschinenlesbaren Standard C Quellcode übertragen wurden. Am Ende jedes Kapitels finden sich Übungsaufgaben mit Lösungsvorschlägen, die sowohl auf die mathematischen, als auch auf die programmiertechnischen Fragen der adaptiven Wavelet–Algorithmen eingehen. Besonders werden dabei versteckte Schwierigkeiten und Grenzen der Algorithmen betont und Beispiele und Vorschläge zu deren Vermeidung gegeben.

Die meisten der hier beschriebenen adaptiven Wavelet–Algorithmen sind das Produkt meiner Forschungstätigkeit an der Yale University 1989–1991 und an der Washington University in St. Louis 1991–1994. Einige der Algorithmen wurden für praktische Anwendungen weiterentwickelt und patentiert durch Aware, Inc., FMA&H Corporation, Positive Technologies, Inc. und durch die Yale University.

Unterstützung durch die National Science Foundation (NSF), das Air Force Office of Scientific Research (AFOSR), das Office of Naval Research (ONR) und die Defense Advanced Research Projects Agency (DARPA) während der vergangenen Jahre wird dankbar anerkannt. Dank gebührt auch Professor Ronald R. Coifman von der Yale University, Professor Yves Meyer von der Université Paris–Dauphine und Professor Alexander Grossmann vom Centre de Physique Théorique in Luminy für viele fruchtbare Begegnungen und Unterhaltungen.

Dieses Buch wurde in einer Zeit geschrieben, in der die kroatische Heimat des Autors von einem brutalen Krieg heimgesucht wurde. Es ist deshalb meinen kroatischen Landsleuten auf der ganzen Welt gewidmet, in Anerkennung vieler Beiträge zu Wissenschaft und Kultur, und in Würdigung des Geistes gegen die Barbarei.

University City, Missouri
9. Mai 1994

---

[2] Die Diskette kann für $25.00 inkl. Porto bei AK Peters, Ltd., 289 Linden Street, Wellesley, MA 02181, USA (Email: kpeters@geom.umn.edu) bezogen werden (Anm. d. Verlags).

Vorwort des Übersetzers

Der vorliegende Band befaßt sich mit einer relativ jungen mathematischen Disziplin, die schon heute insbesondere durch ihre vielfältigen Anwendungen in der Signalverarbeitung ihren Platz als eine Alternative zu den bisher üblichen Methoden der Transformationskodierung gefunden hat. Weitere Anwendungen werden zur Zeit im Zusammenhang mit unterschiedlichen Ansätzen zu Multiskalen–Techniken intensiv diskutiert.

Die Idee, das englischsprachige Originalwerk von M.V. Wickerhauser ins Deutsche zu übertragen, verfolgt mit Sicherheit zwei Ziele. Zum einen liegt mit Ausnahme des in der Reihe der Teubner-Studienbücher vor einem Jahr aufgelegten Buches „Wavelets" von A. Louis, P. Maaß und A. Rieder bis heute keine deutschsprachige Publikation über dieses Thema in Buchform vor. Zum anderen bietet dieses Buch vielen Anwendern die Möglichkeit eines ziemlich direkten Zugangs zur Implementierung der Algorithmen; es dürfte damit auch im deutschen Sprachraum einen breiten Leserkreis ansprechen, der an konkreten Anwendungen interessiert ist und die dahinter stehende mathematische Theorie eher als eine nützliche Zusatzinformation betrachtet.

Die Übersetzung basiert auf einem vom Autor zur Verfügung gestellten Latex-File, der abgesehen von einigen typografischen Korrekturen mit dem bei A K Peters erschienenen Originalwerk übereinstimmt. Inhaltliche Änderungen oder Ergänzungen wurden nicht vorgenommen; Fehler oder Unstimmigkeiten bei der Übertragung ins Deutsche liegen jedoch voll in der Verantwortung des Übersetzers. Ob ihm der Versuch gelungen ist, den lebendigen und für den Anwender hilfreichen redundanten Stil des Autors auch auf die deutschsprachige Version zu übertragen, mag der Leser selbst entscheiden.

Dem Wunsche des Verlags entsprechend sind sämtliche Notationen und Begriffe mit deutschen Übersetzungen versehen worden. Dies war nicht immer einfach, da diese Begriffe auch im deutschen Sprachraum in Fachkreisen oft in der englischen Form benutzt werden. Die durch die Übersetzung stattfindende „Normierung" dürfte deshalb in manchen Fällen nicht immer voll befriedigen. In kritischen Fällen sind die englischen Begriffe im Text zusätzlich in Klammern aufgeführt; bei den Bildbeschriftungen haben sich Verlag und Übersetzer aus technischen Gründen dafür entschieden, die englischen Bezeichnungen beizubehalten.

Der Übersetzer möchte folgenden Personen besonders danken: Dem Autor für die Bereitschaft, das englische Manuskript einschließlich der Bilder in elektronisch gespeicherter Form zur Verfügung zu stellen, und Herrn Dr. Uwe Depczynski für die Mitarbeit und die Geduld und Sorgfalt bei der Erstellung der deutschen Latex–Version. Der Universität Duisburg sei für die Möglichkeit gedankt, die im Fachgebiet des Übersetzers vorhandenen Systeme zur elektronischen Texterfassung zu nutzen. Nicht zuletzt sei auch dem Verlag Vieweg für die stets problemlose Zusammenarbeit Dank ausgesprochen.

Universität Duisburg
12. Dezember 1995

Inhaltsverzeichnis

1 Mathematische Vorbetrachtungen   **1**
   1.1 Grundlagen aus der Analysis 1
       1.1.1 Konvergenz von unendlichen Reihen und Produkten 2
       1.1.2 Meßbarkeit 3
       1.1.3 Integrierbarkeit 4
       1.1.4 Metriken, Normen und Skalarprodukte 6
   1.2 Funktionenräume 7
       1.2.1 Stetige Funktionen auf der Kreislinie 7
       1.2.2 Lebesgue–Räume 8
       1.2.3 Räume von Testfunktionen 9
       1.2.4 Dualräume 10
       1.2.5 Frames, Basen und Orthogonalität 12
   1.3 Fourier–Analysis 16
       1.3.1 Fourier–Integrale 17
       1.3.2 Fourier–Reihen 18
       1.3.3 Allgemeine orthogonale Transformationen 20
       1.3.4 Diskrete Fourier–Transformation 21
       1.3.5 Heisenbergsche Ungleichung 22
       1.3.6 Faltung 23
       1.3.7 Dilatation, Dezimation und Translation 28
   1.4 Approximation 29
       1.4.1 Mittelung und Abtasten 30
       1.4.2 Bandbeschränkte Funktionen 32
       1.4.3 Approximation durch Polynome 33
       1.4.4 Glatte Funktionen und verschwindende Momente 34
   1.5 Übungsaufgaben 34

2 Programmiertechniken   **36**
   2.1 Rechnen unter realen Bedingungen 36
       2.1.1 Endlichkeit 36
       2.1.2 Programmiersicherheit 37
       2.1.3 Pseudocode 38
       2.1.4 Übliche Programmierhilfen 41
   2.2 Strukturen 41
       2.2.1 Komplexe Arithmetik 41
       2.2.2 Intervalle 42
       2.2.3 Binärbäume 45
       2.2.4 Hecken 49
       2.2.5 Atome 51
   2.3 Verknüpfungen 52

	2.3.1 Hecken und Bäume	52
	2.3.2 Atome und Bäume	54
	2.3.3 Zerlegung einer Hecke in Atome	57
2.4	Übungsaufgaben	59

3 Diskrete Fourier-Transformation 61

3.1	Die Fourier–Transformation auf $\mathbf{C}^N$	61
	3.1.1 Die „schnelle" Fourier–Transformation	62
	3.1.2 Implementierung der DFT	66
3.2	Die diskrete Hartley-Transformation	70
	3.2.1 Die „schnelle" Hartley-Transformation	71
	3.2.2 Implementierung der DHT	73
3.3	Diskrete Sinus– und Cosinus–Transformationen	76
	3.3.1 DCT-I und DST-I	78
	3.3.2 DCT-II, DCT-III, DST-II und DST-III	82
	3.3.3 DCT-IV und DST-IV	85
	3.3.4 Implementierungen von DCT und DST	87
3.4	Übungsaufgaben	92

4 Lokale trigonometrische Transformationen 93

4.1	Hilfsmittel und Beispiele	94
	4.1.1 Unitäres Falten und dessen Umkehrung	94
	4.1.2 Glatte orthogonale Projektionen	101
	4.1.3 Periodisierung	106
	4.1.4 Einige analytische Eigenschaften	111
4.2	Orthogonalbasen	114
	4.2.1 Kompatible Partitionen	115
	4.2.2 Orthonormalbasen auf der reellen Achse	118
	4.2.3 Diskrete Orthonormalbasen	122
4.3	Implementierung der Grundoperationen	125
	4.3.1 Abschneidefunktionen	125
	4.3.2 Faltung und inverse Faltung in Zwischenpunkten . . .	128
	4.3.3 Lokale trigonometrische Transformationen in Zwischenpunkten . .	131
	4.3.4 Lokale Periodisierung bei Zwischenpunkten	132
4.4	Implementierung adaptiver Transformationen	133
	4.4.1 Adaptive lokale Cosinus–Analyse	133
	4.4.2 Auswahl der Koeffizienten	136
	4.4.3 Adaptive lokale Cosinus–Synthese	138
4.5	Übungsaufgaben	138

5 Quadraturfilter 140

5.1	Definitionen und grundlegende Eigenschaften	141
	5.1.1 Wirkungsweise auf Folgen	141
	5.1.2 Biorthogonale QFs	143
	5.1.3 Orthogonale QFs	145

	5.1.4	Wirkungsweise auf Funktionen 146

	5.2	Phasenantwort 149
		5.2.1 Shifts für Folgen 150
		5.2.2 Shifts im periodischen Fall 156
	5.3	Frequenzantwort 159
		5.3.1 Wirkungsweise einer einzelnen Filteranwendung 161
		5.3.2 Wirkungsweise iterierter Filteranwendungen 165
	5.4	Implementierung der Faltungs–Dezimation 174
		5.4.1 Allgemeine Annahmen 174
		5.4.2 Aperiodische Faltungs–Dezimation 177
		5.4.3 Adjungierte aperiodische Faltungs–Dezimation 179
		5.4.4 Periodische Faltungs–Dezimation 180
		5.4.5 Adjungierte periodische Faltungs–Dezimation 188
		5.4.6 Kunstgriffe 190
	5.5	Übungsaufgaben 192

6 Diskrete Wavelet–Transformation 193

	6.1	Einige Grundtatsachen über Wavelets 193
		6.1.1 Ursprünge 194
		6.1.2 Die DWT–Familie 195
		6.1.3 Multiskalen–Analyse 195
		6.1.4 Die Projektion von Funktionen 197
	6.2	Implementierungen 198
		6.2.1 Periodische DWT und iDWT 199
		6.2.2 Aperiodische DWT und iDWT 206
		6.2.3 Bemerkungen 214
	6.3	Übungsaufgaben 214

7 Wavelet–Pakete 216

	7.1	Definitionen und allgemeine Eigenschaften 216
		7.1.1 Wavelet–Pakete auf **R** bei fester Skala 217
		7.1.2 Multiskalen–Wavelet–Pakete auf **R** 220
		7.1.3 Numerische Berechnung der Koeffizienten von Wavelet–Paketen . . 223
		7.1.4 Die Familie der diskreten Wavelet–Paket–Analysen 229
		7.1.5 Orthonormalbasen von Wavelet–Paketen 231
	7.2	Implementierungen 234
		7.2.1 Allgemeine Algorithmen 235
		7.2.2 Periodische DWPA und DWPS 237
		7.2.3 Aperiodische DWPA und DWPS 241
		7.2.4 Biorthogonale DWPA und DWPS 248
	7.3	Übungsaufgaben 248

8 Der Algorithmus der besten Basis 250

	8.1	Definitionen 251
		8.1.1 Informationskosten und beste Basis 251

		8.1.2 Entropie, Information und theoretische Dimension 253
	8.2	Bestimmung der besten Basis 258
		8.2.1 Bibliotheksbäume 259
		8.2.2 Schnelle Suchalgorithmen für minimale Informationskosten 259
		8.2.3 Meta–Algorithmus für eine adaptive Wellenform–Analyse 262
	8.3	Implementierung 262
		8.3.1 Kostenfunktionen 263
		8.3.2 Additive Kostenfunktionen 263
		8.3.3 Auswahl einer Basisteilmenge 265
		8.3.4 Auswahl eines Zweiges 270
	8.4	Übungsaufgaben 273

9 Mehrdimensionale Bibliotheksbäume 274

	9.1	Mehrdimensionale Zerlegungsoperatoren 275
		9.1.1 Tensorprodukte von CQFs 276
		9.1.2 Tensorprodukte von DTTs und LTTs 279
		9.1.3 Komplexität des d-dimensionalen Algorithmus der besten Basis . . 281
		9.1.4 Anisotropische Dilatationen in mehreren Dimensionen 281
	9.2	Praktische Überlegungen 284
		9.2.1 Bezeichnung der Basen 284
		9.2.2 Platzsparende Speicherung 286
	9.3	Implementierungen 287
		9.3.1 Transposition 288
		9.3.2 Separable Faltungs–Dezimation 290
		9.3.3 Separable adjungierte Faltungs–Dezimation 293
		9.3.4 Basen separabler Wavelet–Pakete 295
		9.3.5 Separables Falten und inverses Falten 299
	9.4	Übungsaufgaben 300

10 Zeit–Frequenz–Analyse 302

	10.1	Die Zeit–Frequenz–Ebene 302
		10.1.1 Wellenformen und Zeit–Frequenz–Atome 302
		10.1.2 Die idealisierte Zeit–Frequenz–Ebene 305
		10.1.3 Basen und Pflasterungen 308
		10.1.4 Analyse und Kompression 311
		10.1.5 Zeit–Frequenz–Analyse mit Bibliotheksbäumen 311
	10.2	Zeit–Frequenz–Analyse einiger wichtiger Signale 316
		10.2.1 Vorteile adaptiver Vorgehensweise 317
		10.2.2 Vergleich von Wavelets und Wavelet–Paketen 318
		10.2.3 Chirps 321
		10.2.4 Sprachsignale 323
	10.3	Implementierung 323
		10.3.1 Einfache PostScript–Kommandos 324
		10.3.2 Zeichnen der Signale 325
		10.3.3 Zeichnen der Zeit–Frequenz–Ebene 326

    10.3.4 Berechnen der Atome 328
  10.4 Übungsaufgaben 329

11 Einige Anwendungen   331
  11.1 Bildkompression 331
    11.1.1 Digitalisierte Bilder 331
    11.1.2 Bildkompression durch Transformationskodierung 335
  11.2 Schnelle genäherte Faktoranalyse 345
    11.2.1 Die genäherte KL–Transformation 350
    11.2.2 Klassifikation von großen Datenmengen 353
    11.2.3 Jacobi–Matrizen für komplizierte Abbildungen 356
  11.3 Matrixmultiplikation in Nichtstandard–Form 365
    11.3.1 Ausdünnen mit der zweidimensionalen besten Basis 365
    11.3.2 Anwendung von Operatoren auf Vektoren 366
    11.3.3 Verknüpfung von Operatoren 373
  11.4 Segmentierung von Sprachsignalen 374
    11.4.1 Adaptive lokale Spektralanalyse 375
    11.4.2 Segmentierung in Vokale und andere Segmente 376
    11.4.3 Experimentelle Ergebnisse 378
  11.5 Sprachwirrwarr 380
    11.5.1 Zu verschlüsselnde Objekte 380
    11.5.2 Merkmalerhaltende Permutationen 381
  11.6 Adaptive Rauschunterdrückung durch Wellenformen 382
    11.6.1 Kohärenz und Rauschen 382
    11.6.2 Experimentelle Ergebnisse 383

A Lösungen für einige Übungsaufgaben   388

B Symbolliste   404

C Koeffizienten der Quadraturfilter   406
  C.1 Orthogonale Quadraturfilter 406
    C.1.1 Beylkin–Filter 407
    C.1.2 Coifman– oder „Coiflet"–Filter 408
    C.1.3 Standard–Daubechies–Filter 411
    C.1.4 Vaidyanathan–Filter 416
  C.2 Biorthogonale Quadraturfilter 417
    C.2.1 Symmetrisch/antisymmetrisch, ein Moment 418
    C.2.2 Symmetrisch/symmetrisch, zwei Momente 418
    C.2.3 Symmetrisch/antisymmetrisch, drei Momente 420

Literaturverzeichnis   423

Sachwortverzeichnis   433

1 Mathematische Vorbetrachtungen

Das Verhalten der in diesem Band diskutierten Algorithmen können wir nur dann verstehen, wenn wir die mathematischen Eigenschaften der zugrundeliegenden Funktionen kennen. Wir stellen deshalb einige Aussagen aus der Reellen und Harmonischen Analysis bereit. Bei flüchtigem Durchblättern des Textes kann dieses Kapitel überschlagen werden; wir raten dem Leser jedoch, als Vorbereitung für die späteren mathematischen Untersuchungen die Übungsaufgaben zu lösen.

1.1 Grundlagen aus der Analysis

Analysis befaßt sich mit unendlichen „Algorithmen": Auswertung von unendlichen Reihen, Grenzwerte von arithmetischen Operationen, die unendlich oft ausgewertet werden, etc. Während solche Algorithmen nie vollständig implementiert werden können, lassen sich einige ihrer Eigenschaften a priori bestimmen, ohne je die Berechnung voll ausgeführt zu haben. Führt man eine große (endliche) Anzahl arithmetischer Operationen bei einem konvergenten unendlichen Algorithmus durch, so wird man ein Ergebnis nahe dem Grenzwert erhalten, dessen Eigenschaften denen des Grenzwertes ähnlich sein werden. Wir sprechen vom *Abbrechen eines unendlichen Algorithmus*, falls wir ihn einfach nach einer hinreichend großen Anzahl von Schritten stoppen.

Brechen wir einen nicht konvergenten unendlichen Algorithmus ab, so wird der endliche Algorithmus *instabil* sein, d.h. das Ergebnis wird stark vom Abbrechindex abhängen. Brechen wir hingegen einen konvergenten unendlichen Prozeß nach hinreichend vielen Schritten ab, so werden wir im wesentlichen stets das gleiche Ergebnis erhalten. Auf dieser Idee baut das *Cauchy-Kriterium* für Folgen $\{a(n)\}$ auf: Für jedes $\epsilon > 0$ finden wir eine natürliche Zahl N derart, daß $|a(n) - a(m)| < \epsilon$ gilt für alle Zahlen m und n größer als N. Ist $a(n)$ der Output eines unendlichen Algorithmus nach n Operationen, so werden sich nach hinreichend vielen (N) Operationen alle weiteren Outputs höchstens um ϵ unterscheiden. Ist $|\epsilon/a(N)|$ kleiner als die Rechengenauigkeit der Maschine, so sind alle Outputs nach $a(N)$ nicht unterscheidbar und wir können mithin den Algorithmus abbrechen.

Prozesse, deren Outputs selbst unendliche Mengen sind wie z.B. Lösungsfunktionen einer Differentialgleichung, müssen noch weiter diskretisiert werden. Das Ergebnis wird immer eine endliche Menge sein, wie z.B. eine endliche Funktionenmenge oder eine endliche Liste von Koeffizienten in der Entwicklung einer Funktion; die Größe (den „Rang") dieser Menge können wir a priori als gegeben annehmen. Für jeden solchen Rang M wird ein Fehler zwischen der Approximation endlichen Ranges und der tatsächlichen Lösung (unendlichen Ranges) vorliegen, und wir können danach fragen, wie sich der Fehler für $M \to \infty$ verhält. Eine Mindestforderung ist die, daß der Fehler gegen Null geht; für praktikable Anwendungen sollten wir aber wissen, wie schnell der Fehler als Funktion von M abfällt, z.B. wie M^{-2} oder $1/\log M$ oder 2^{-M}.

Es ist damit klar geworden, daß wir einige grundlegende Ergebnisse aus der Maßtheorie und aus der Funktionalanalysis benötigen, um Zahlen richtig zu interpretieren, die wir als Ergebnisse von numerischen Transformationen oder solchen aus der Signalverarbeitung erhalten haben.

1.1.1 Konvergenz von unendlichen Reihen und Produkten

Eine Folge $\{a(n) : n = 0, 1, \ldots\}$ ist *absolut summierbar*, falls der folgende Grenzwert existiert und endlich ist:

$$\lim_{N \to \infty} \sum_{n=0}^{N} |a(n)| < \infty.$$

Bei einer absolut summierbaren Folge können die Folgenglieder in beliebiger Reihenfolge aufaddiert werden mit gleichem Ergebnis, abgesehen von Rundungsfehlern bei endlicher Maschinengenauigkeit. Die Folge heißt *quadratisch summierbar*, falls

$$\lim_{N \to \infty} \sum_{n=0}^{N} |a(n)|^2 < \infty.$$

Damit ist $\{|a(n)|^2\}$ absolut summierbar. Dies ist eine schwächere Bedingung als absolute Summierbarkeit für $\{a(n)\}$.

Bi-infinite Folgen $\{a(n) : n = 0, \pm 1, \pm 2, \ldots\}$ sind absolut summierbar, falls positiv indizierter und negativ indizierter Teil absolut summierbar sind. Sie sind quadratisch summierbar, falls beide Teile diese Eigenschaft haben.

Eine Funktionenfolge $\{u_n = u_n(t)\}$ heißt *konvergent im Punkte t_0*, falls die Zahlenfolge $\{u_n(t_0) : n = 1, 2, \ldots\}$ für $n \to \infty$ konvergiert. Konvergiert $\{u_n(t)\}$ für jedes t, so definiert der Grenzwert $u(t) = \lim_{n \to \infty} u_n(t)$ eine Funktion u. Die Konvergenz nennt man *gleichmäßig*, falls $u_n(t) \to u(t)$ bei vergleichbarer Konvergenzrate für alle t gilt, d.h. falls es zu jedem $\epsilon > 0$ ein $N > 0$ gibt derart, daß $n > N$ die Aussage $|u_n(t) - u(t)| < \epsilon$ für alle t impliziert.

Proposition 1.1 *Falls u_n für jedes n stetig ist und $u_n(t) \to u(t)$ gleichmäßig in t konvergiert, so ist $u = u(t)$ eine stetige Funktion.* □

Diese Aussage wird als Theorem 9.2 in [3] bewiesen. Sie impliziert, daß für eine Folge $\{v_n = v_n(t)\}$ beschränkter stetiger Funktionen und für eine absolut summierbare Folge $\{c_n\}$ die Reihe $\sum c_n v_n$ eine stetige Funktion darstellt.

Das *unendliche Produkt* einer Folge $\{b(n) : n = 0, 1, \ldots\}$ ist definiert durch

$$\prod_{n=0}^{\infty} b(n) \stackrel{\text{def}}{=} \lim_{N \to \infty} \prod_{n=0}^{N} b(n), \qquad (1.1)$$

falls dieser Grenzwert existiert und einen endlichen Wert ungleich Null annimmt.

1.1 Grundlagen aus der Analysis

Lemma 1.2 (Weierstraß'scher Produkttest) *Falls die Folge $a(n) = b(n)-1$ absolut summierbar ist, so existiert $\prod_{n=0}^{\infty} b(n)$ und das Ergebnis ist beschränkt durch den Wert von $\exp(\sum_n |a(n)|)$.*

Beweis: Man verwendet die Abschätzung $0 \leq \log(1 + |x|) \leq |x|$ für reelle Zahlen x. Wegen $|b(n)| = |1 + a(n)| \leq 1 + |a(n)|$ ergibt sich

$$\log\left(\prod_{n=0}^{N} |b(n)|\right) = \sum_{n=0}^{N} \log|b(n)| \leq \sum_{n=0}^{N} \log(1 + |a(n)|) \leq \sum_{n=0}^{\infty} |a(n)| < \infty$$

und damit auch die obere Schranke für den Wert des unendlichen Produktes.

Da $\{a(n)\}$ absolut summierbar ist, muß $|a(n)| < 1/2$ für alle hinreichend großen n gelten; wir können deshalb (gegebenenfalls unter Vernachlässigung endlich vieler Folgenglieder) annehmen, daß $a(n) > -1/2$ gilt für alle n. Wegen $\log|1 + x| \geq -(2\log 2)|x|$ für $x > -1/2$ folgt $\log|b(n)| = \log|1 + a(n)| \geq -(2\log 2)|a(n)|$ und

$$\log\left(\prod_{n=0}^{N} |b(n)|\right) \geq -(2\log 2)\sum_{n=0}^{\infty} |a(n)| > -\infty.$$

Dies impliziert $\prod_{n=0}^{\infty} |b(n)| > 0$. □

1.1.2 Meßbarkeit

Wir definieren das *Lebesgue-Maß* auf $\mathbf{R}$ als die auf allen Teilmengen $E \subset \mathbf{R}$ vermöge

$$|E| = \inf\left\{\sum_{k=0}^{\infty} |b_k - a_k| : E \subset \bigcup_{k=0}^{\infty} (a_k, b_k)\right\} \tag{1.2}$$

definierte Abbildung $E \mapsto |E|$. Hier bilden wir das Infimum über alle abzählbaren Überdeckungen von E durch offene Intervalle der Form (a_k, b_k), wobei leere Intervalle zugelassen sind. Dies wird oft das *äußere Lebesgue-Maß* genannt; wir wollen jedoch Evans und Gariepy [44] folgen und die Restriktion des äußeren Maßes auf gute („meßbare") Teilmengen nicht als verschiedenes Objekt betrachten. Wir wollen auch den Zusatz „Lebesgue" nicht notwendig hervorheben. Es ist einfach zu beweisen, daß $|\emptyset| = 0$ und $0 \leq |E| \leq \infty$ für alle $E \subset \mathbf{R}$ folgt und daß die folgenden Eigenschaften gelten:

- *Abzählbare Subadditivität:* Falls E_n für $n = 0, 1, 2, \ldots$ eine abzählbare Folge von Teilmengen von $\mathbf{R}$ ist, so gilt $|\bigcup_{n=0}^{\infty} E_n| \leq \sum_{n=0}^{\infty} |E_n|$;

- *Monotonie:* Sind E und F zwei Teilmengen von $\mathbf{R}$, so gilt $|F| \leq |F \cap E| + |F \cap E^c|$, falls E^c das Komplement von E in $\mathbf{R}$ bezeichnet.

- *Maß eines Intervalls:* $|[a, b]| = |]a, b[| = |[a, b[| = |]a, b]| = b - a$.

Allgemeiner versteht man unter einem *positiven Maß* auf **R** eine Abbildung von Teilmengen von **R** nach **R**$^+$, die abzählbar additiv und monoton ist, die aber Intervalle $[a, b]$ über eine andere monotone Funktion als $b - a$ mißt. Ein *Maß* ist die Differenz von zwei positiven Maßen.

Das Lebesgue–Maß auf **R**^{n}, $n > 1$, können wir einfach unter Verwendung von Kartesischen Produkten von Intervallen konstruieren. Wir bezeichnen auch dieses Lebesgue–Maß für Mengen $E \subset$ **R**^{n} mit $|E|$. Die nachstehenden Eigenschaften bleiben weiterhin gültig, falls **R** durch **R**^{n} ersetzt wird. Die Konstruktion ist vollständig abstrakt durchführbar und kann auf andere Maße ebenso angewandt werden.

Eine Teilmenge $E \subset$ **R** hat das *(Lebesgue–)Maß 0*, falls es zu jedem $\epsilon > 0$ eine abzählbare Menge von offenen Intervallen I_k, $k \in$ **Z**, gibt mit $\sum_{k \in \mathbf{Z}} |I_k| < \epsilon$ und $E \subset \bigcup_{k \in \mathbf{Z}} I_k$. Falls eine Eigenschaft in allen Punkten von **R** gilt mit Ausnahme einer Menge vom Maß 0, so sagen wir, daß die Eigenschaft *fast überall* gilt, oder *für fast alle* $x \in$ **R**, oder kurz x *f.ü.*

Eine Teilmenge $E \subset$ **R** ist *(Lebesgue–)meßbar*, falls für jedes $F \subset$ **R** die Aussage

$$|F| = |E \cap F| + |E^c \cap F|,$$

d.h. falls in der Monotonie–Eigenschaft Gleichheit gilt. Das Lebesgue–Maß ist *abzählbar additiv* auf meßbaren Mengen: Ist $\{E_n\}_{n \in \mathbf{Z}}$ eine Folge disjunkter meßbarer Mengen, so folgt $|\bigcup_{n \in \mathbf{Z}} E_n| = \sum_{n \in \mathbf{Z}} |E_n|$. Intervalle sind meßbar, und Meßbarkeit bleibt erhalten unter abzählbaren Vereinigungen, Durchschnitten und unter Bildung der Komplementärmenge. Aber nicht alle Teilmengen von **R** sind Lebesgue–meßbar; ein Gegenbeispiel findet sich in [3] auf S. 304.

Eine reell–wertige Funktion $u = u(x)$ einer reellen Variablen heißt *(Lebesgue–)meßbar*, falls für jedes $a \in$ **R** die Menge $E_a = \{x : u(x) > a\}$ meßbar ist. Eine komplexwertige Funktion heißt meßbar, falls Realteil und Imaginärteil meßbar sind.

1.1.3 Integrierbarkeit

Das *Riemann–Integral* einer Funktion $u = u(x)$ auf einem (beschränkten) Intervall $[a, b]$ ist der Grenzwert der *Riemann–Summen*:

$$\int_a^b u(x)\, dx \stackrel{\text{def}}{=} \lim_{\Delta \to 0} \sum_{k=0}^{N-1} u(x_k)(a_{k+1} - a_k). \tag{1.3}$$

Hierbei ist $a = a_0 < a_1 < \cdots < a_{N-1} < a_N = b$ eine beliebige Unterteilung, $x_k \in [a_k, a_{k+1}]$ ein beliebiger Punkt aus dem k-ten Teilintervall der Unterteilung, und $\Delta = \max\{|a_{k+1} - a_k| : 0 \leq k < N\}$ heißt die *Schrittweite* der Partition. Für $\Delta \to 0$ folgt notwendig $N \to \infty$. Eine Funktion u heißt *Riemann–integrierbar*, falls dieser Grenzwert existiert und unabhängig ist von der speziellen Wahl der Unterteilung und der Auswertungspunkte x_k aus den Teilintervallen. Riemann–Summen liefern einen (unendlichen) Algorithmus zur Berechnung des Integrals einer Funktion; Riemann–Integrierbarkeit besagt gerade, daß dieser Algorithmus abgebrochen werden kann.

Die folgende grundlegende Aussage (bewiesen z.B. als Theorem 7.48 in [3]) zeigt, daß die meisten der üblichen Funktionen Riemann–integrierbar sind:

1.1 Grundlagen aus der Analysis

Proposition 1.3 *Ist u beschränkt auf $[a,b]$ und fast überall stetig, so ist u auf $[a,b]$ Riemann–integrierbar.* □

Uneigentliche Riemann–Integrale sind definiert durch $\lim_{b\to\infty} \int_a^b u(x)\,dx$ im Fall $b = \infty$ und durch $\lim_{c\to a+} \int_c^b u(x)\,dx$, falls $|u(x)| \to \infty$ für $x \to a+$. Da Riemann–Summen jedoch unhandlich für Rechnungen sind, wenden wir uns einem allgemeineren Integralbegriff zu.

Ist $u = u(x)$ eine meßbare, nichtnegative Funktion auf $\mathbf{R}$, so heißt die für $r \geq 0$ definierte Funktion

$$\alpha_u(r) \stackrel{\text{def}}{=} |\{x \in \mathbf{R} : u(x) > r\}| \geq 0 \qquad (1.4)$$

die *Verteilungsfunktion* von u. Damit gilt $r \leq s \Rightarrow \alpha_u(r) \geq \alpha_u(s)$; also ist α_u monoton fallend und kann deshalb höchstens abzählbar viele Unstetigkeitsstellen besitzen. Ferner ist α_u Riemann–integrierbar auf $]0,\infty[$, wobei das uneigentliche Riemann–Integral $+\infty$ sein kann. Wir setzen

$$u_+(x) = \begin{cases} u(x), & \text{falls } u(x) > 0; \\ 0, & \text{falls } u(x) \leq 0; \end{cases} \qquad (1.5)$$

$$u_-(x) = \begin{cases} 0, & \text{falls } u(x) \geq 0; \\ -u(x), & \text{falls } u(x) < 0. \end{cases} \qquad (1.6)$$

Mit u ist sowohl u_+ als auch u_- und damit $|u| = u_+ + u_-$ meßbar. Weiter gilt $u = u_+ - u_-$.

Das *Lebesgue–Integral* einer meßbaren Funktion u ist die Differenz zwischen den beiden folgenden Riemann–Integralen unter der Voraussetzung, daß diese beide einen endlichen Wert annehmen:

$$\int u(x)\,dx = \int_0^\infty \alpha_{u_+}(r)\,dr - \int_0^\infty \alpha_{u_-}(r)\,dr. \qquad (1.7)$$

Meßbare Funktionen u, für welche sowohl α_{u_+} als auch α_{u_-} ein endliches Riemann–Integral besitzen, werden deshalb *Lebesgue–integrierbar* genannt.

Diese Integralbegriffe können für glatte positive Funktionen miteinander verglichen werden. Das Riemann–Integral unterteilt den Definitionsbereich von u in kleine Teilintervalle $I_k = [a_k, a_{k+1}]$ bekannter Länge $|I_k| < \Delta$, und wählt $u(x_k)$ als zufälligen Repräsentanten für den Wertebereich von u über I_k. Für glattes u liegt dieser Repräsentant hinreichend nahe bei allen Funktionswerten von u in I_k, so daß $\sum_k u(x_k)|I_k|$ für $\Delta \to 0$ gegen $\int_a^b u(x)\,dx$ konvergiert. Andererseits wählt das Lebesgue–Integral kleine Abschnitte $[u_k, u_{k+1}[$ im Wertebereich von u und betrachtet dann das Maß der Punktmenge, auf der u diese Werte annimmt. Als analogen Prozeß kann man das Aufaddieren von Münzen betrachten. Lebesgue–Integration ordnet die Münzen nach ihrem Wert und mißt die Höhe jedes entstandenen Stapels. Riemann–Integrierbarkeit verteilt im Gegensatz dazu die Münzen gleichmäßig über viele kleine Kästchen und wählt dann eine Münze aus jedem Kästchen.

Eine meßbare Funktion f ist Lebesgue–integrierbar genau dann, wenn sie *absolut–integrierbar* ist, d.h. wenn $|f|$ Lebesgue–integrierbar ist. Oszillationen oder Auslöschungen zwischen positiven und negativen Anteilen dürfen sich also auf die Existenz des Integrals nicht auswirken. f heißt *lokal integrierbar*, falls $\int_a^b |f(x)|\,dx$ existiert und endlich ist für alle endlichen Zahlen a, b; äquivalent hierzu ist die Lebesgue–Integrierbarkeit von

$\mathbf{1}_{[a,b]}(x)f(x)$ über jedem beschränkten Intervall $[a,b]$. Diese Lokalisierung unterscheidet die beiden möglichen Arten der Divergenz eines Integrals: es können große Werte auf kleinen Intervallen auftreten, oder die Anteile bei Unendlich können nicht schnell genug abfallen.

Ein grundlegendes Ergebnis zeigt, daß wir Integration und Differentiation unter gewissen Bedingungen vertauschen dürfen:

Proposition 1.4 *Falls sowohl $u = u(x,t)$ als auch $\partial u(x,t)/\partial x$ bezüglich t Lebesgue-integrierbar sind, so gilt*

$$\frac{d}{dx}\int u(x,t)\,dt = \int \frac{\partial}{\partial x}u(x,t)\,dt.$$

□

1.1.4 Metriken, Normen und Skalarprodukte

Ein *linearer Raum* oder *Vektorraum* bezieht sich in unseren Betrachtungen auf Vektoren über dem Skalarkörper $\mathbf{R}$ oder $\mathbf{C}$. Dabei lassen wir sowohl endlich-dimensionale als auch unendlich-dimensionale Vektorräume zu.

Eine *Metrik* auf einer Menge S ist eine Funktion $dist : S \times S \to \mathbf{R}^+$, die für alle $x, y, z \in S$ die folgenden Eigenschaften hat:

- *Symmetrie:* $dist(x,y) = dist(y,x)$;
- *Definitheit:* $dist(x,y) = 0 \iff x = y$;
- *Dreiecksungleichung:* $dist(x,z) \leq dist(x,y) + dist(y,z)$.

Das Paar $(S, dist)$ heißt dann ein *metrischer Raum*. Ist S ein linearer Raum und hat die Metrik die Eigenschaft $dist(x+z, y+z) = dist(x,y)$ oder allgemeiner, ist S eine (multiplikativ geschriebene) Gruppe und gilt $dist(x \cdot z, y \cdot z) = dist(x,y)$, so nennen wir die Metrik *(translations-)invariant*.

Eine *Cauchy-Folge* in einem metrischen Raum S ist eine Folge $\{u_n : n \in \mathbf{N}\}$ aus S derart, daß zu jedem $\epsilon > 0$ ein Index M existiert mit $dist(u_i, u_j) < \epsilon$ für alle $i > M$ und $j > M$. Als *Grenzwert* einer Cauchy-Folge bezeichnet man ein Element u_∞ mit $dist(u_n, u_\infty) \to 0$ für $n \to \infty$. Der metrische Raum S heißt *vollständig*, wenn jede Cauchy-Folge aus S einen Grenzwert in S besitzt.

Eine *Norm* auf einem Vektorraum S ist eine Abbildung $\|\cdot\| : S \to \mathbf{R}^+$, die für alle $x, y, z \in S$ und $a \in \mathbf{C}$ (bzw. $a \in \mathbf{R}$) die folgenden Eigenschaften hat:

- *Positiv-Homogenität:* $\|ax\| = |a| \cdot \|x\|$;
- *Definitheit:* $\|x\| = 0 \iff x = 0$;
- *Dreiecksungleichung:* $\|x - z\| \leq \|x - y\| + \|y - z\|$.

In diesem Fall liefert $dist(x,y) = \|x - y\|$ eine invariante Metrik.

Ein *(hermitesches) Skalarprodukt* auf einem linearen Raum S ist eine Funktion $\langle \cdot, \cdot \rangle : S \times S \to \mathbf{C}$, die für alle $f, g, h \in S$ und $a, b \in \mathbf{C}$ die folgenden Eigenschaften hat:

- *Linearität:* $\langle f, ag + bh \rangle = a\langle f, g \rangle + b\langle f, h \rangle$;
- *Hermiteizität:* $\langle f, g \rangle = \overline{\langle g, f \rangle}$;
- *Definitheit:* $\langle f, f \rangle = 0 \iff f = 0$.

Die ersten beiden Eigenschaften implizieren $\langle af + bg, h \rangle = \bar{a}\langle f, h \rangle + \bar{b}\langle g, h \rangle$, was zum Begriff der *Sesquilinearität* führt. Die dritte Eigenschaft impliziert, daß aus $\langle f, g \rangle = 0$ für alle $g \in S$ die Aussage $f = 0$ folgt; man nennt deshalb das Skalarprodukt *nicht-entartet*.

Wir können immer eine (kanonische) Norm über ein Skalarprodukt definieren gemäß der Festlegung

$$\|x\| \stackrel{\text{def}}{=} \langle x, x \rangle^{1/2}. \tag{1.8}$$

Ein linearer Raum mit Skalarprodukt (ein *Inner-Produkt-Raum*) ist also ein normierter Vektorraum und damit ein metrischer Raum mit invarianter Metrik. Einfache Beispiele hierfür sind die Räume $\mathbf{C}^N$ für $N > 0$, versehen mit der Euklidischen Metrik. Einen vollständigen linearen Raum mit Skalarprodukt nennt man auch einen *Hilbert-Raum*. Einige bekannte Beispiele von Hilbert-Räumen sind der N-dimensionale reelle (oder komplexe) Vektorraum R^N (bzw. $\mathbf{C}^N$) und der unendlich-dimensionale Funktionenraum $L^2(\mathbf{R})$.

Das innere Produkt läßt sich durch die Norm abschätzen vermöge der *Cauchy-Schwarz-Ungleichung*:

$$|\langle f, g \rangle| \leq \|f\| \|g\|. \tag{1.9}$$

Falls eine Norm aus einem inneren Produkt abgeleitet ist, können wir das innere Produkt durch die *Polarisationsgleichungen* zurückgewinnen:

$$4\Re\{\langle f, g \rangle\} = \|f + g\|^2 - \|f - g\|^2; \quad 4i\Im\{\langle f, g \rangle\} = \|f + ig\|^2 - \|f - ig\|^2. \tag{1.10}$$

1.2 Funktionenräume

1.2.1 Stetige Funktionen auf der Kreislinie

Die Menge der stetigen, 1-periodischen reellen (oder komplex-wertigen) Funktionen bezeichnen wir mit $C(\mathbf{T})$. Lassen wir hierbei die Forderung der Periodizität fallen, lassen wir also Funktionen zu mit $u(0) \neq u(1)$, so verwenden wir die Notation $C([0,1])$. Beide Fälle liefern einen Inner-Produkt-Raum, wobei das hermitesche Skalarprodukt durch das folgende Integral definiert ist:

$$\langle f, g \rangle \stackrel{\text{def}}{=} \int_0^1 \bar{f}(t) g(t) \, dt. \tag{1.11}$$

Entsprechend ergibt sich ein normierter Vektorraum mit induzierter Norm $\|f\| = \langle f, f \rangle^{1/2}$, und ein metrischer Raum mit induzierter invarianter Metrik $dist(f, g) = \|f - g\|$. Jedoch sind weder $(C(\mathbf{T}), dist)$ noch $(C([0,1]), dist)$ vollständige metrische Räume, weil die Metrik Cauchy-Folgen $\{f_n : n = 1, 2, \ldots\}$ stetiger Funktionen zuläßt, deren Grenzwerte keine stetigen Funktionen sind. Diesen Nachteil kann man auf zwei Arten beheben: indem man die Metrik ändert, um stärkere Konvergenz der Cauchy-Folgen zu fordern, oder indem man den Raum vergrößert und alle Grenzwerte mit einschließt.

Wir können andererseits die *Maximumsnorm*

$$\|u\|_\infty \stackrel{\text{def}}{=} \sup\{|u(t)| : 0 \leq t \leq 1\}. \tag{1.12}$$

einführen, die eine andere invariante Metrik auf $C(\mathbf{T})$ liefert. Die normierten Räume $(C(\mathbf{T}), \|\cdot\|_\infty)$ und $(C[0,1], \|\cdot\|_\infty)$ sind dann in der Tat vollständige metrische Räume.

1.2.2 Lebesgue–Räume

Die *(Lebesgue'schen) L^p-Normen* $\|\cdot\|_p$ für $1 \leq p \leq \infty$ sind für meßbare Funktionen u definiert durch

$$\|u\|_p = \begin{cases} \left(\int |u(t)|^p\, dt\right)^{1/p} = \int_0^\infty p r^{p-1} \alpha_{|u|}(r)\, dr, & \text{falls } 1 \leq p < \infty; \\ \operatorname{ess\,sup} |u| \stackrel{\text{def}}{=} \inf\{r : \alpha_u(r) = 0\}, & \text{falls } p = \infty. \end{cases} \tag{1.13}$$

Man kann zeigen (vgl. [3]), daß aus $\|f - g\|_p = 0$ in L^p (bei beliebigen $p \in [1, \infty]$) und der Stetigkeit von f und g die Aussage $f(x) = g(x)$ für alle x folgt. Meßbare Funktionen brauchen aber nicht stetig zu sein; um also die wesentliche Definitheitseigenschaft der L^p-Norm zu erhalten, müssen wir den Gleichheitsbegriff abändern. Aus $\|f\| = 0$ können wir nur schließen, daß $f(x) \neq 0$ höchstens auf einer Menge vom Maße 0 gilt. Die L^p-„Normen" erfüllen also keine strenge Definitheitsbedingung; dies kann aber dadurch behoben werden, daß wir zwei Funktionen u und v als gleich identifizieren, für die $\|u\|_p$ und $\|v\|_p$ endlich ist und $\|u - v\|_p = 0$ gilt. Für jedes solche Paar u, v kann man zeigen, daß $u(t) = v(t)$ für fast alle $t \in \mathbf{R}$ gilt. Die Menge der entsprechenden Äquivalenzklassen von meßbaren Funktionen mit $\|u\|_p < \infty$ nennt man den *Lebesgue-Raum $L^p(\mathbf{R})$*. Ersetzt man hier $\mathbf{R}$ durch $\mathbf{T}$, so ergibt sich $L^p(\mathbf{T})$ auf ähnliche Art.

Jede L^p-Norm induziert die invariante Metrik $dist_p(x, y) = \|x - y\|_p$. Für jedes p ist der metrische Raum $(L^p, dist_p)$ vollständig. Insbesondere ist L^2 ein Hilbert-Raum, wobei das innere Produkt über die Polarisationsgleichungen oder direkt über das Lebesgue–Integral definiert werden kann:

$$\|f\|_{L^2(\mathbf{R})} \stackrel{\text{def}}{=} \left(\int |f(x)|^2\, dx\right)^{1/2} < \infty; \tag{1.14}$$

$$\langle f, g \rangle_{L^2(\mathbf{R})} \stackrel{\text{def}}{=} \int \bar{f}(x) g(x)\, dx. \tag{1.15}$$

Wir können auch $L^2(\mathbf{R}^n)$ für jedes $n > 1$ definieren, indem wir in der Definition von $\|f\|_{L^2(\mathbf{R}^n)}$ und $\langle f, g\rangle_{L^2(\mathbf{R}^n)}$ über $\mathbf{R}^n$ statt $\mathbf{R}$ integrieren. Ebenso definiert man $L^2([0,1]^n)$ als den Hilbert-Raum der Funktionen in n reellen Variablen, die bezüglich jeder Variablen 1-periodisch sind.

Quadratisch–summierbare Folgen bilden den Hilbert-Raum $\ell^2 = \ell^2(\mathbf{Z})$ mit nachstehendem inneren Produkt und induzierter Norm:

$$\|a\|_{\ell^2} \stackrel{\text{def}}{=} \left(\sum_{n=-\infty}^{\infty} |a(n)|^2\right)^{1/2} < \infty; \tag{1.16}$$

$$\langle a, b\rangle_{\ell^2} \stackrel{\text{def}}{=} \sum_{n=-\infty}^{\infty} \bar{a}(n) b(n). \tag{1.17}$$

1.2 Funktionenräume

Gleichermaßen definiert man $\ell^2(\mathbf{Z}^n)$ als den Hilbert–Raum der quadratisch–summierbaren Folgen, die durch n-Tupel ganzer Zahlen induziert sind.

Im folgenden werden wir die Notation $\|\cdot\|$ und $\langle\cdot,\cdot\rangle$ verwenden, ohne dabei die Norm oder das innere Produkt in L^2 oder ℓ^2 durch Indizierung hervorzuheben, sofern der jeweilige Raum aus dem Zusammenhang klar hervorgeht.

1.2.3 Räume von Testfunktionen

Der mit supp u bezeichnete *Träger* einer Funktion u ist das Komplement der größten offenen Menge E mit der Eigenschaft $t \in E \Rightarrow u(t) = 0$. Somit ist der Träger einer Funktion stets eine abgeschlossene Teilmenge ihres Definitionsbereiches. Ist supp u kompakt, so sprechen wir von einer *Funktion mit kompaktem Träger*. Ist der Definitionsbereich $\mathbf{N}$, $\mathbf{Z}$ oder $\mathbf{Z}^n$, so hat die Folge u kompakten Träger genau dann, wenn fast alle Folgenglieder (alle bis auf höchstens endlich viele) verschwinden; in diesem Fall sprechen wir von *endlichem Träger*. Ist der Definitionsbereich $\mathbf{R}^n$, so hat u kompakten Träger genau dann, wenn die Trägermenge beschränkt ist: es existiert eine Zahl $R < \infty$ derart, daß $|t - s| < R$ für alle $s, t \in$ supp u. Die kleinste Zahl R, für die diese Aussage gültig bleibt, heißt *Breite* oder *Durchmesser* des Trägers von u; sie wird mit diam supp u bezeichnet.

Der Träger einer meßbaren Funktion ist eine meßbare Menge. Es sollte erwähnt werden, daß für $E \subset \mathbf{R}^n$ stets $|E|^{1/n} \leq \operatorname{diam} E$ gilt. Jedoch sind diam E und $|E|$ keine vergleichbaren Größen: zu jedem $\epsilon > 0$ existiert eine Menge $E \subset \mathbf{R}^n$ mit $|E|^{1/n} \leq \epsilon \operatorname{diam} E$. Als ein einfaches Beispiel in $\mathbf{R} = \mathbf{R}^1$ dient die Menge $[0, \epsilon/2] \cup [1 - \epsilon/2, 1]$.

Wir nennen eine Funktion $u = u(t)$ *glatt*, falls $d^n u / dt^n$ für alle $n \in \mathbf{N}$ existiert und stetig ist. Die schwächere Notation *Glattheit vom Grade d* verwenden wir, falls die Ableitungen nur für $0 \leq n \leq d$ existieren und stetig sind.

Wir sagen, daß eine Funktion u bei Unendlich *schnell abfällt*, falls zu jedem $n \in \mathbf{N}$ eine Konstante $K_n > 0$ existiert derart, daß $|t^n u(t)| < K_n$ für alle $t \in \mathbf{R}$ gilt. Dies nennt man auch *superalgebraischen Abfall* bei Unendlich. Dies ist schwächer als *exponentieller Abfall* bei Unendlich, wobei Konstanten $K, \sigma > 0$ vorliegen müssen, für die die Abschätzung $|u(t)| < K e^{-\sigma |t|}$ auf $\mathbf{R}$ gilt. Um letzteren Vergleich zu verdeutlichen, betrachtet man das Beispiel $f(t) = e^{-[\log |t|]^2}$, worauf wir in den Übungsaufgaben zurückkommen werden. Wir sagen, daß u *vom Grade d abfällt* bei Unendlich, falls $K_n < \infty$ für $0 \leq n \leq d$. Es ist klar, daß Funktionen mit kompaktem Träger alle diese Arten des Abfalls bei Unendlich aufweisen.

Die *Schwartz-Klasse* $\mathcal{S}$ ist die Menge aller meßbaren glatten Funktionen mit superalgebraischen Abfall bei Unendlich, m.a.W. die glatten Funktionen $u = u(t)$, die für alle $n, m \in \mathbf{N}$ Ungleichungen von folgendem Typ erfüllen:

$$\sup \left\{ \left| t^n \frac{d^m}{dt^m} u(t) \right| : t \in \mathbf{R} \right\} < K_{m,n} < \infty. \tag{1.18}$$

Dies ist äquivalent zur Forderung

$$\sup \left\{ \left| \frac{d^m}{dt^m} (t^n u(t)) \right| : t \in \mathbf{R} \right\} < K'_{m,n} < \infty \tag{1.19}$$

für alle $n, m \in \mathbf{N}$. Schwartz–Funktionen mit kompaktem Träger heißen *Testfunktionen*; die Klasse dieser Funktionen bezeichnet man mit $\mathcal{D}$. Schwartz–Funktionen (und Testfunktionen) liegen dicht in allen L^p-Räumen, $1 \leq p < \infty$, und auch in anderen Klassen von Räumen. Für Rechnungen ist es oft nützlich, Formeln erst für Testfunktionen oder Schwartz–Funktionen zu verifizieren und sie dann durch Stetigkeitsüberlegungen auf größere Klassen von Funktionen fortzusetzen.

1.2.4 Dualräume

Ist X ein Funktionenraum[1], so definiert man den *Dualraum* X' als die Gesamtheit der stetigen linearen Operatoren T von X nach $\mathbf{R}$ (bzw. $\mathbf{C}$). Ist X speziell ein normierter Vektorraum, so bilden diese Abbildungen wieder einen normierten Vektorraum unter der *Operator-Norm*:

$$\|T\|_{X'} = \|T\|_{op} \stackrel{\text{def}}{=} \sup\left\{\frac{|T(u)|}{\|u\|_X} : u \in X, u \neq 0\right\}. \tag{1.20}$$

Für $X \subset Y$ gilt $Y' \subset X'$, da auf dem größeren Raum weniger stetige Funktionen existieren. Ein relativ kleiner Raum wie $\mathcal{S}$ hat deshalb einen größeren Dualraum, dessen Elemente viele interessanten Eigenschaften haben. Z.B. enthält er „Ableitungen" gewisser unstetiger Funktionen.

Der Dualraum der L^p-Räume

Für $X = L^p$, $1 \leq p < \infty$, charakterisiert der folgende Satz den Dualraum X':

Theorem 1.5 (Riesz'scher Darstellungssatz) *Ist T ein stetiger linearer Operator von L^p nach $\mathbf{R}$ (bzw. $\mathbf{C}$), $1 \leq p < \infty$, so existiert eine Funktion $\theta = \theta(x) \in L^{p'}$ derart, daß*

$$T(u) = \int \theta(x)u(x)\,dx\,,\ u \in L^p.$$

Dabei ist $p' = p/(1-p)$ für $p > 1$ und $p' = \infty$ für $p = 1$.

Einen Beweis dieser Aussage findet man in [96], S. 132. Aus $T(u) = \int \theta(x)u(x)\,dx = \int \mu(x)u(x)\,dx = 0$ (mit $\mu \in L^{p'}$) für alle $u \in L^p$ folgt die Aussage $\int (\mu(x) - \theta(x))\,u(x) = 0$ für alle $u \in L^p$. Dies impliziert aber $\theta(x) = \mu(x)$ für fast alle x, so daß die beiden Funktionen im Sinne der $L^{p'}$-Metrik übereinstimmen. Wir haben damit eine ein-eindeutige Zuordnung $T \leftrightarrow \theta$ und können $(L^p)'$ mit $L^{p'}$ identifizieren.

Der *duale Index* p' erfüllt die Gleichung $\frac{1}{p} + \frac{1}{p'} = 1$. Dies zeigt, daß die irgendwann in der Vergangenheit vorgenommene Notation unglücklich gewählt wurde (p statt $1/p$).

---
[1] als topologischer Vektorraum (Anm. d. Ü.)

1.2 Funktionenräume

Maße und der Dualraum von C

Versehen wir $X = C([0,1])$, den Raum der auf $[0,1]$ stetigen Funktionen, mit der Maximumsnorm, so kann X' identifiziert werden mit dem Raum der beschränkten Maße μ auf $[0,1]$, d.h. der Menge aller Maße mit der Eigenschaft $\mu([0,1]) < \infty$. Die Identifizierung erfolgt über die Verteilungsfunktion: für jedes beschränkte Maß erhalten wir einen linearen Operator $T = T_\mu$ auf positiven Funktionen gemäß der Formel:

$$T(u) = \int u(x)\, d\mu(x) \stackrel{\text{def}}{=} \int_{r=0}^{\infty} \mu(\{x : u(x) > r\})\, dr.$$

Für beliebige reell-wertige Funktionen u setzt man $T(u) \stackrel{\text{def}}{=} T(u_+) - T(u_-)$, und für komplex-wertiges u werden Real- und Imaginärteil getrennt berechnet und dann addiert.

Jede lokal-integrierbare Funktion $m = m(x)$ erzeugt ein Maß gemäß der Formel $\mu([a,b]) = \int_a^b m(x)\, dx$; es gibt aber beschränkte Maße, die nicht auf diese Weise gedeutet werden können. Der Dualraum $C([0,1])'$ enthält deshalb mehr Objekte als nur Funktionen. Insbesondere enthält er das *Dirac-Funktional δ im Punkte* 0, das durch die Formel

$$\delta u = u(0). \tag{1.21}$$

beschrieben wird. Das Dirac-Funktional entspricht einem beschränkten Maß, das nicht über eine beschränkte Funktion m gedeutet werden kann. Es ist aber üblich, eine ungenauere Notation zu verwenden, indem man $\delta = \delta(x)$ als die *Dirac'sche Delta-„Funktion"* schreibt und die „Integralauswertung" $\delta u = \int u(x)\delta(x)\, dx = u(0)$ vornimmt. Es ist auch üblich, das Dirac-Funktional im Punkte c als Translat des Dirac-Funktionals in 0 zu schreiben, nämlich als $\delta(x-c)$.

Distributionen

Der Dualraum $\mathcal{D}'$ des Raumes der Testfunktionen (versehen mit einer geeigneten Topologie) enthält die sog. *Distributionen*, und der Dualraum $\mathcal{S}'$ des Raumes der Schwartz-Funktionen die sog. *temperierten Distributionen*. Wegen $\mathcal{D} \subset \mathcal{S}$ gilt $\mathcal{S}' \subset \mathcal{D}'$; in beiden Fällen handelt es sich um echte Inklusionen (d.h. $\mathcal{S}'$ ist echt kleiner als $\mathcal{D}'$).

Jede meßbare und lokal integrierbare Funktion θ definiert eine Distribution gemäß der Formel $T(\phi) = \int \theta(x)\phi(x)\, dx$ für $\phi \in \mathcal{D}$. Dies liefert eine natürliche Inklusion der Lebesgue-Räume in $\mathcal{S}'$; es gilt $\mathcal{S} \subset L^p \subset \mathcal{S}'$ für $1 \le p \le \infty$.

Jede Distribution besitzt eine Ableitung, die wieder als Distribution gedeutet werden kann, und jede temperierte Distribution hat eine Ableitung, die wieder eine temperierte Distribution ist. Diese Ableitung wird durch „partielle Integration" gebildet: um die n-te Ableitung der Distribution T zu erhalten, verwendet man die Formel

$$T^{(n)}(\phi) \stackrel{\text{def}}{=} (-1)^n T(\phi^{(n)}). \tag{1.22}$$

Z.B. ergibt sich so als Ableitung der *Heaviside-Funktion* $\mathbf{1}_{\mathbf{R}_+}(x)$ das Dirac-Funktional δ. Auch hat jede meßbare und lokal integrierbare Funktion θ Ableitungen jeder Ordnung, die durch die Formel

$$T^{(n)}(\phi) \stackrel{\text{def}}{=} (-1)^n \int \theta(x) \phi^{(n)}(x)\, dx.$$

gegeben sind.

Die *Fourier–Transformierte einer temperierten Distribution* (die wiederum eine temperierte Distribution ist) wird definiert durch „Shiften des Dach–Symbols":

$$\hat{T}(\phi) = T(\hat{\phi}) \quad \text{für alle } \phi \in \mathcal{S}.$$

Diese Definition ist sinnvoll, da $\mathcal{S}$ unter der Fourier–Transformation auf sich selbst abgebildet wird; sie kann aber nicht auf $\mathcal{D}'$ ausgedehnt werden, da die Kompaktheitseigenschaft des Trägers von $\phi \in \mathcal{D}$ unter der Fourier–Transformation verlorengeht.

Eine Distribution T hat *kompakten Träger*, falls es ein beschränktes Intervall I gibt derart, daß $T(\phi) = 0$ gilt, falls $\operatorname{supp} \phi$ im Komplement von I liegt. Das Dirac–Funktional im Punkte c hat den kompakten Träger $\{c\}$. Eine meßbare, lokal integrierbare Funktion mit kompakten Träger entspricht einer Distribution mit (identischem) kompaktem Träger. Eine Distribution mit kompaktem Träger ist insbesondere temperiert, und ihre Fourier–Transformierte kann durch Integration „gegen" eine glatte Funktion gefunden werden.

Die *Faltung* zweier temperierter Distributionen T_1 und T_2 (T_2 mit kompaktem Träger) ist definiert durch

$$(T_1 * T_2)(\phi) \stackrel{\text{def}}{=} T_1(\psi); \qquad \text{mit } \begin{cases} \psi = \psi(y) = T_2(\phi_y), & y \in \mathbf{R}, \\ \phi_y(x) = \phi(x+y), & x \in \mathbf{R}. \end{cases} \qquad (1.23)$$

Als Übungsaufgabe verifiziere man $\phi \in \mathcal{S} \Rightarrow \psi \in \mathcal{S}$.

Sind T_1 und T_2 durch Integration gegen die Funktionen θ_1 und θ_2 definiert, so läßt sich $T_1 * T_2$ durch Integration gegen $\theta_1 * \theta_2(x) \stackrel{\text{def}}{=} \int \theta_1(y) \theta_2(x-y)\, dy$ deuten. Erwähnt sei, daß die Faltung zweier Dirac–Funktionale in den Punkten a und b das Dirac–Funktional im Punkt $a+b$ ergibt.

1.2.5 Frames, Basen und Orthogonalität

Ist H ein Hilbert–Raum, so nennt man ein System $\{\phi_n : n \in \mathbf{Z}\} \subset H$ eine *Orthonormalbasis* (oder eine *Hilbert–Basis*) von H, falls die folgenden Bedingungen erfüllt sind:

- *Orthogonalität:* Aus $n, m \in \mathbf{Z}$ und $n \neq m$ folgt $\langle \phi_n, \phi_m \rangle = 0$;
- *Normierung:* Für alle $n \in \mathbf{Z}$ gilt $\|\phi_n\| = 1$;
- *Vollständigkeit:* Aus $f \in H$ und $\langle f, \phi_n \rangle = 0$ für alle $n \in \mathbf{Z}$ folgt $f = 0$.

Erfüllt das System nur die ersten beiden Bedingungen, so heißt es *orthonormiert*; liegt nur die erste Eigenschaft vor, so nennen wir das System *orthogonal*. Wir weisen darauf hin, daß unsere Hilbert–Basis (höchstens) abzählbar unendlich viele Elemente hat; ein Hilbert–Raum mit abzählbarer Basis heißt *separabel*, und alle oben erwähnten Beispiele von Hilbert–Räumen sind in der Tat separabel.

1.2 Funktionenräume

Ein zur Vollständigkeit alternativer Begriff in separablen Hilbert-Räumen ist der Begriff der *Dichtheit*. Das System $\{\phi_n : n \in \mathbf{Z}\}$ heißt *dicht* in H, falls es zu jedem $f \in H$ und $\epsilon > 0$ eine natürliche Zahl N und Skalare $a_{-N}, a_{-N+1}, \ldots, a_{N-1}, a_N$ gibt derart, daß $\|f - \sum_{k=-N}^{N} a_k \phi_k\| < \epsilon$. Man kann diese Eigenschaft auch so audrücken, daß endliche Linearkombinationen des Systems $\{\phi_n : n \in \mathbf{Z}\}$ Funktionen aus H beliebig genau approximieren können; das Approximationsmaß ist hierbei die Norm des Hilbert-Raums. Ein orthonormiertes System $\{\phi_n\}$ ist dicht in H genau dann, wenn es vollständig ist.

Ist $\{\phi_n : n \in \mathbf{Z}\}$ eine Hilbert-Basis, so können wir die Norm einer Funktion aus den Skalar-Produkten mit den Funktionen ϕ_n nach der *Formel von Parseval* berechnen:

$$\|f\|^2 = \sum_{n=-\infty}^{\infty} |\langle f, \phi_n \rangle|^2. \tag{1.24}$$

Diese Formel zeigt insbesondere, daß die Skalarprodukte $\langle f, \phi_n \rangle$ eine quadratisch summierbare Folge bilden.

Orthogonalität impliziert lineare Unabhängigkeit. Es kann aber erwünscht sein, ein System $\{\phi_n : n \in \mathbf{Z}\}$ zu konstruieren, das weder orthogonal noch linear unabhängig ist, aber dennoch zur Approximation von Funktionen dienen kann. Eine wichtige Eigenschaft ist die, daß die Vergleichbarkeit von $\|f\|$ mit der Quadratsumme der Skalarprodukte erhalten bleibt. Wir nennen ein Funktionensystem $\{\phi_n \in H : n \in \mathbf{Z}\}$ einen *Frame*, falls es zwei Konstanten A und B gibt mit $0 < A \leq B < \infty$ und derart, daß für jedes $f \in H$ gilt:

$$A\|f\|^2 \leq \sum_{n=-\infty}^{\infty} |\langle f, \phi_n \rangle|^2 \leq B\|f\|^2. \tag{1.25}$$

A und B heißen dann die *Frame-Schranken*. Im Fall $A = B$ spricht man von einem *festen Frame* (tight frame). Eine Orthonormalbasis ist ein fester Frame mit $A = B = 1$, aber nicht jeder feste Frame mit solchen Schranken ist eine Orthonormalbasis. Ist das System $\{\phi_n : n \in \mathbf{Z}\}$ ein Frame und gleichzeitig linear unabhängig, so sprechen wir von einer *Riesz-Basis*. Frames und Riesz-Basen sind vollständig aufgrund der linken Ungleichung in 1.25: aus $\langle f, \phi_n \rangle = 0$ für alle n folgt $0 \leq \|f\| \leq \sum 0 = 0$ und damit $f = 0$. Jede Riesz-Basis kann durch Gram-Schmidt-Orthogonalisierung in eine Hilbert-Basis transformiert werden; dies ist in [37] beschrieben.

Standard-Beispiele von Orthonormalbasen

Für den Hilbert-Raum $H = \mathbf{C}^n$ ist das Skalarprodukt gegeben durch

$$\langle u, v \rangle \stackrel{\text{def}}{=} \sum_{k=1}^{n} \bar{u}(k) v(k), \tag{1.26}$$

wobei $u(k)$ das Element in der k-ten Zeile des Spaltenvektors u bezeichnet. Die *Standard-Basis* besteht hier aus den Vektoren

$$e_1 = \begin{pmatrix} 1 \\ 0 \\ \vdots \\ 0 \end{pmatrix}, \quad \ldots, \quad e_n = \begin{pmatrix} 0 \\ \vdots \\ 0 \\ 1 \end{pmatrix}. \tag{1.27}$$

e_k ist also der Spaltenvektor mit einer Eins in Position k und sonstigen Nullen. Dies liefert offensichtlich eine Orthonormalbasis bezüglich des Skalarproduktes.

Ist H ein unendlich–dimensionaler, aber separabler Hilbert–Raum, so ist H isomorph zum Raum $\ell^2(\mathbf{Z})$ der bi–infiniten, quadratisch summierbaren Folgen. Für letzteren Raum ist das Skalarprodukt gegeben durch

$$\langle u, v \rangle \stackrel{\text{def}}{=} \sum_{k=-\infty}^{\infty} \bar{u}(k) v(k). \tag{1.28}$$

Eine Standard–Basis ist hier durch die *Elementarfolgen* $e_k = \{e_k(n)\}$ gegeben, die durch eine Eins in Position k und sonstige Nullen gekennzeichnet sind. Wie die entsprechenden Standard–Basen allerdings im ursprünglichen Raum H aussehen, hängt vom jeweiligen Isomorphismus ab, der nicht immer leicht zu konstruieren ist.

Basen von Eigenvektoren

Eine einfache Rechnung zeigt, daß für jede $n \times n$-Matrix $A = (a_{ij})$ und ein beliebiges Paar von Vektoren $u, v \in \mathbf{C}^n$ die Identität

$$\langle u, Av \rangle = \langle A^* u, v \rangle, \tag{1.29}$$

gilt; hierbei ist $A^* = \left(a^*_{jk}\right)$ die *Adjungierte* oder die *Konjugiert–Transponierte* von A, definiert durch $a^*_{jk} \stackrel{\text{def}}{=} \bar{a}_{kj}$. Eine $n \times n$-Matrix heißt *hermitesch* oder *selbstadjungiert*, falls für jedes Paar von Vektoren $u, v \in \mathbf{C}^n$ stets

$$\langle u, Mv \rangle = \langle Mu, v \rangle, \tag{1.30}$$

gilt. Äquivalent hierzu ist $M^* = M$; insbesondere ist eine reell–symmetrische Matrix hermitesch.

Ein *Eigenwert* einer Matrix A ist eine Zahl λ derart, daß mit geeignetem Vektor $y \neq 0$ die Gleichung $Ay = \lambda y$ gilt. Ein solches y heißt dann *Eigenvektor* zum Eigenwert λ. Die Eigenwerte kann man als Nullstellen des charakteristischen Polynomes in λ bestimmen, was durch die äquivalente Gleichung

$$\det(A - \lambda I) = 0. \tag{1.31}$$

beschrieben wird. Diese Methode ist für großes n nicht besonders zu empfehlen, da sie numerisch aufwendig und instabil ist.

Alle Eigenwerte einer hermiteschen Matrix $A = A^*$ sind reell wegen

$$\bar{\lambda} \|y\|^2 = \langle Ay, y \rangle = \langle y, A^* y \rangle = \langle y, Ay \rangle = \lambda \|y\|^2, \tag{1.32}$$

und $\|y\| \neq 0$. Weiter sind zu zwei verschiedenen Eigenwerten $\lambda_1 \neq \lambda_2$ gehörende Eigenvektoren y_1 bzw. y_2 orthogonal:

$$0 = \langle Ay_1, y_2 \rangle - \langle y_1, Ay_2 \rangle = (\lambda_1 - \lambda_2)\langle y_1, y_2 \rangle, \quad \Rightarrow \langle y_1, y_2 \rangle = 0. \tag{1.33}$$

Eine wichtige Folgerung aus diesen elementaren Aussagen ist die Tatsache, daß wir eine Orthonormalbasis aus Eigenvektoren einer selbstadjungierten Matrix bilden können.

1.2 Funktionenräume

Theorem 1.6 *Jede hermitesche $n \times n$-Matrix besitzt n linear unabhängige Eigenvektoren $y_1, \ldots, y_n$, die bei geeigneter Wahl und Normierung ($\|y_k\| = 1$ für $k = 1, \ldots, n$) eine Orthonormalbasis von $\mathbf{C}^n$ bilden.* □

Ein Beweis dieses Satzes findet sich z.B. in [2], S. 120.

Ein Ergebnis aus der Sturm–Liouville–Theorie

Ein *Sturm–Liouville–Operator*, der auf zweimal differenzierbaren Funktionen $y = y(x)$, $0 < x < 1$, operiert, ist gegeben durch

$$Dy \stackrel{\text{def}}{=} (py')' + qy, \qquad (1.34)$$

wobei $q = q(x)$ eine stetige und $p = p(x)$ eine differenzierbare reell–wertige Funktion ist. Verschwindet p auf dem Intervall $[0,1]$ nicht, so heißt D ein *regulärer* Sturm–Liouville–Operator. Wir können hier natürlich $[0,1]$ durch ein beliebiges beschränktes Intervall $[a, b]$ ersetzen.

Man beachtet, daß Dy im distributionellen Sinne sogar für $y \in L^2([0,1])$ erklärt ist. Ist $y \in L^2$ regulär genug, um $Dy \in L^2$ zu erzwingen, so folgt wegen $qy \in L^2$ insbesondere $(py')' \in L^2([0,1])$. Damit ist dieser Ausdruck auch integrierbar, und zweimalige Integration zeigt, daß y stetig sein muß auf $[0,1]$. Wir können deshalb zusätzliche Bedingungen an solche Funktionen vorgeben, indem wir die Werte in den Endpunkten 0 und 1 festlegen.

Sturm–Liouville–Randwerte für y auf dem Intervall $[0,1]$ sind gegeben durch

$$ay(0) + by'(0) = 0; \qquad cy(1) + dy'(1) = 0. \qquad (1.35)$$

Dabei sind a, b, c, d vier reelle Zahlen, für die a und b, sowie c und d nicht gleichzeitig verschwinden dürfen. Wir bemerken, daß für differenzierbare Funktionen $u = u(x)$ und $v = v(x)$, die diese Randwerte besitzen, notwendig

$$u(0)v'(0) - u'(0)v(0) = 0 \quad \text{und} \quad u(1)v'(1) - u'(1)v(1) = 0 \qquad (1.36)$$

gelten muß. Dies liegt an der Singularität der beiden Matrizen, die die beiden nicht verschwindenden Vektoren $(a, b)^T$ bzw. $(c, d)^T$ in ihrem Kern enthalten:

$$\begin{pmatrix} u(0) & u'(0) \\ v(0) & v'(0) \end{pmatrix}; \qquad \begin{pmatrix} u(1) & u'(1) \\ v(1) & v'(1) \end{pmatrix}.$$

Sei H die Menge aller Funktionen $y \in L^2([0,1])$, für die Dy in $L^2([0,1])$ liegt und die Randbedingungen 1.35 gelten. Alle Bedingungen sind linear, weshalb H ein Unterraum von $L^2([0,1])$ mit dem gleichen hermiteschen Skalarprodukt ist. Es ist nicht schwer zu zeigen, daß H dann ein dichter Unterraum ist, und damit ist jede Hilbert–Basis von H automatisch eine Hilbert–Basis von $L^2([0,1])$.

Nun ist D ein selbstadjungierter Operator auf dem Definitionsbereich H. Dies zeigt man durch partielle Integration:

$$\langle u, Dv \rangle = \langle Du, v \rangle + p(x)\left[u(x)v'(x) - u'(x)v(x)\right]\big|_{x=0}^{1} = \langle Du, v \rangle. \qquad (1.37)$$

Die Randwerte verschwinden dabei wegen 1.36. Tatsächlich ist D die allgemeine Form eines selbstadjungierten linearen Differentialoperators zweiter Ordnung.

Das *Sturm–Liouville–Eigenwertproblem* für den Operator D und den Definitionsbereich H besteht darin, Eigenwerte $\lambda \in \mathbf{R}$ und Eigenfunktionen $y \in H$ zu finden derart, daß

$$Dy(x) = \lambda y(x) \qquad \text{für alle } 0 < x < 1. \tag{1.38}$$

Wegen 1.32 müssen die Eigenwerte reelle Zahlen sein, und wegen 1.33 sind die zu verschiedenen Eigenvektoren gehörenden Eigenfunktionen orthogonal; beide Gleichungen lassen sich nämlich auf jedes hermitesche Skalarprodukt übertragen.

Für dieses Eigenwertproblem liegen sogar genügend viele Lösungen vor, um eine Hilbert–Basis zu konstruieren. Wir zitieren das folgende Ergebnis über reguläre Sturm–Liouville–Randwertprobleme:

Theorem 1.7 *Jedes reguläre Sturm–Liouville-Eigenwertproblem auf $[0,1]$ besitzt eine unendliche Folge von Eigenwerten $\{\lambda_k : k = 0, 1, 2, \ldots\} \subset \mathbf{R}$ mit $|\lambda_k| \to \infty$ für $k \to \infty$. Die zugehörigen Eigenfunktionen $\{y_k : k = 0, 1, 2, \ldots\}$ ergeben nach Normierung ($\|y_k\| = 1$ für alle k) eine Orthonormalbasis von $L^2([0,1])$.* □

Einen Beweis dieses Satzes findet man z.B. in [93]. Man achte darauf, daß dies eine Verallgemeinerung von Satz 1.6 darstellt.

1.3 Fourier–Analysis

Unter einer *Fourier–Transformation* verstehen wir verschiedene mathematische Transformationen, wobei die spezielle Transformation eindeutig aus dem Zusammenhang hervorgehen wird. Die Funktion (die Folge, der Vektor), die durch die Fouriertransformation erzeugt wird, enthält *Spektralinformation* über die ursprüngliche Funktion in dem Sinne, daß jeder Fourier–Koeffizient das Skalarprodukt mit einer oszillierenden Grundfunktion wohldefinierter Frequenz und Phase darstellt.

Die Fourier–Darstellung von Funktionen als Superposition von Sinus– und Cosinus–Funktionen begegnet uns vielfach sowohl bei der analytischen und numerischen Lösung von Differentialgleichungen, als auch bei der Analyse und der Verarbeitung von Kommunikationssignalen. Fouriers ursprüngliche Idee war es, eine „beliebige" 1-periodische Funktion $f = f(x)$ als eine Summe zu schreiben,

$$f(x) \approx a(0) + \sqrt{2} \sum_{n=1}^{\infty} a(n) \cos 2\pi n x + \sqrt{2} \sum_{n=1}^{\infty} b(n) \sin 2\pi n x \ . \tag{1.39}$$

Hierbei heißen die Konstanten $a(0), a(1), \ldots$ und $b(1), b(2), \ldots$ die *Fourier-Koeffizienten* von f; sie werden durch die folgenden Integrale berechnet:

$$a(0) = a_f(0) \stackrel{\text{def}}{=} \int_0^1 f(x)\,dx; \tag{1.40}$$

$$a(n) = a_f(n) \stackrel{\text{def}}{=} \sqrt{2} \int_0^1 f(x) \cos 2\pi n x \,dx \qquad \text{für } n \geq 1; \tag{1.41}$$

$$b(n) = b_f(n) \stackrel{\text{def}}{=} \sqrt{2} \int_0^1 f(x) \sin 2\pi n x \,dx \qquad \text{für } n \geq 1. \tag{1.42}$$

1.3 Fourier–Analysis

Über die Frage, was „beliebige" Funktion bedeutet, und über die richtige Deutung des $\approx$-Symbols in diesem Zusammenhang existiert eine riesige Literatur. Einige der tiefliegendsten Ergebnisse in der Mathematik betreffen die Konvergenz solcher „Fourier-Reihen" im Falle nicht-glatter oder sogar unstetiger Funktionen. Falls f jedoch eine stetige 1-periodische Funktion mit stetiger Ableitung ist, konvergieren die beiden unendlichen Reihen in Gleichung 1.39 in jedem Punkt $x \in \mathbf{R}$; die Konvergenz ist in diesem Falle sogar gleichmäßig auf $\mathbf{R}$, und wir können das Symbol $\approx$ durch $=$ ersetzen. Diese elementare Eigenschaft wird z.B. in [3] bewiesen, wo auch einige Verfeinerungen dieser Konvergenzaussage zu finden sind. Schon Riemann [94] kannte Beispiele von stetigen, nicht differenzierbaren Funktionen, deren Fourier-Reihen in einem Punkt x divergieren; später zeigte Carleson [13] unter Verwendung tiefgreifender Methoden der Analysis, daß wir sogar ohne die Differenzierbarkeitsvoraussetzung in Gleichung 1.39 auf punktweise Konvergenz fast überall auf $\mathbf{R}$ schließen können.

1.3.1 Fourier–Integrale

Wie bei Stein und Weiss [103] definieren wir das *Fourier-Integral* einer Funktion über der reellen Achse durch

$$\hat{f}(\xi) = \int_{-\infty}^{\infty} f(x) e^{-2\pi i x \xi} \, dx. \tag{1.43}$$

Da die Exponentialfunktion $e^{-2\pi i x \xi}$ bezüglich x beschränkt ist, konvergiert dieses Integral absolut für jede absolut integrierbare Funktion f und jedes $\xi \in \mathbf{R}$. Zusätzlich gelten einige funktionalanalytische Aussagen.

Lemma 1.8 (Riemann–Lebesgue) *Ist f absolut integrierbar, so ist $\hat{f}$ stetig und es gilt $\hat{f}(\xi) \to 0$ für $|\xi| \to \infty$.* □

Absolut integrierbare Funktionen liegen dicht in $L^2(\mathbf{R})$, und man kann zeigen, daß für diese dichte Teilmenge das Fourier-Integral die L^2-Norm invariant läßt. Nach dem Satz von Hahn-Banach existiert deshalb eine eindeutige stetige Fortsetzung von $f \mapsto \hat{f}$ auf ganz $L^2(\mathbf{R})$. Der Satz von Plancherel zeigt, daß das Fourier-Integral eine unitäre Transformation ist.

Theorem 1.9 (Plancherel) *Für $f \in L^2(\mathbf{R})$ gilt $\hat{f} \in L^2(\mathbf{R})$ und $\|f\| = \|\hat{f}\|$. Weiter folgt $\langle f, g \rangle = \langle \hat{f}, \hat{g} \rangle$ für je zwei Funktionen $f, g \in L^2$.* □

Da die Fourier-Transformation eine unitäre Operation auf L^2 ist, ist die Inverse durch die Adjungierte gegeben. Diese Adjungierte ist definiert durch das Integral

$$\check{g}(x) = \int_{-\infty}^{\infty} g(\xi) e^{2\pi i x \xi} \, d\xi. \tag{1.44}$$

Offensichtlich ist $\hat{f}(y) = \check{f}(-y)$, und damit hat diese Transformation ebenso wie das Fourier-Integral eine eindeutige stetige Fortsetzung auf $L^2(\mathbf{R})$. Darüber hinaus gilt die Identität $\hat{\bar{f}}(y) = \overline{\check{f}(y)}$.

Theorem 1.10 (Fourier–Inversion) *Für $f \in L^2(\mathbf{R})$ und $g = \hat{f}$ gilt $g \in L^2(\mathbf{R})$ und $\check{g} = f$. Analog folgt für $h = \check{f}$, daß $h \in L^2(\mathbf{R})$ und $\hat{h} = f$.* □

Fourier–Integral, Satz von Plancherel, Lemma von Riemann–Lebesgue und der Satz über die Fourier–Inversion können sämtlich auf Funktionen in n Veränderlichen übertragen werden; man nimmt hierbei das Integral über $\mathbf{R}^n$ und ersetzt im Exponenten $x\xi$ durch $x \cdot \xi$.

Das Fourier–Integral transformiert schnell abnehmende Funktionen in glatte Funktionen und andererseits glatte Funktionen in schnell abnehmende Funktionen. Dabei wird die Schwartz–Klasse in sich abgebildet. Wir formulieren dieses Ergebnis in $\mathbf{R}$; es gilt ebenfalls in höheren Dimensionen.

Theorem 1.11 *Mit u gehören auch $\hat{u}$ und $\check{u}$ zur Schwartz–Klasse über $\mathbf{R}$.*

Beweis: Wir wissen, daß $\frac{d^n}{dx^n} u(x)$ Lebesgue–integrierbar ist, da die Funktion stetig ist und für $x \to \pm\infty$ schnell abnimmt. Also ist $\int [\frac{d^n}{dx^n} u(x)] e^{-2\pi i x \xi} \, dx$ beschränkt, und mit partieller Integration können wir darauf schließen, daß $(2\pi i \xi)^n \int u(x) e^{-2\pi i x \xi} \, dx = (2\pi i \xi)^n \hat{u}(\xi)$ für $\xi \to \pm\infty$ beschränkt ist.

Wir dürfen Integration und Ableitung vertauschen: $\frac{d^n}{d\xi^n} \hat{u}(\xi) = \frac{d^n}{d\xi^n} \int u(x) e^{-2\pi i x \xi} \, dx = \int (-2\pi i x)^n u(x) e^{-2\pi i x \xi} \, dx$, da der Integrand wegen des schnellen Abklingens von u absolut integrierbar bleibt. Dies gilt für alle $n \in \mathbf{N}$; wir schließen damit darauf, daß $\hat{u}$ eine glatte Funktion der Variablen ξ ist.

Verbindet man diese beiden Tatsachen mit der Leibniz–Regel, so ergibt sich, daß $\hat{u}$ zu der Schwartz–Klasse gehört. Derselbe Schluß kann offensichtlich auch für $\check{u}(\xi) = \hat{u}(-\xi)$ durchgeführt werden. □

1.3.2 Fourier–Reihen

Für eine 1-periodische Funktion definiert man die *Fourier–Reihe* (in komplexer Schreibweise) durch die unendliche Reihe

$$f(x) \approx \sum_{k=-\infty}^{\infty} c(k) e^{2\pi i k x}. \tag{1.45}$$

Die Zahlen $\{c(k) : k \in \mathbf{Z}\}$ heißen die *Fourier–Koeffizienten* der Funktion f; sie sind durch

$$c(k) = \hat{f}(k) \stackrel{\text{def}}{=} \int_0^1 f(x) e^{-2\pi i k x} \, dx \tag{1.46}$$

bestimmt. Bei der Bezeichnung haben wir dabei das gleiche Symbol wie für die Fourier–Transformation einer Funktion auf der reellen Achse verwendet. In ähnlicher Weise setzen wir als *inverse Fourier–Transformierte* einer Folge $\{c\}$:

$$\check{c}(\xi) \stackrel{\text{def}}{=} \sum_{k=-\infty}^{\infty} c(k) e^{2\pi i k \xi}. \tag{1.47}$$

1.3 Fourier-Analysis

Dies ist eine 1-periodische Funktion der reellen Variablen ξ. Ist $\{c\}$ absolut-summierbar, so definiert $\check{c}$ aufgrund von Proposition 1.1 eine stetige Funktion. Wir können auch als *Fourier-Transformierte einer Folge* die *trigonometrische Reihe*

$$\hat{c}(\xi) \stackrel{\text{def}}{=} \sum_{k=-\infty}^{\infty} c(k) e^{-2\pi i k \xi} \tag{1.48}$$

betrachten. Dies ergibt wieder eine periodische Funktion auf der reellen Achse. Dabei gilt offensichtlich $\hat{c}(\xi) = \check{c}(-\xi)$. Wir haben wiederum die gleichen Symbole verwendet, wobei die jeweilige Bedeutung aus dem Zusammenhang hervorgeht.

Die Koeffizienten c hängen mit den Koeffizienten a, b von Gleichung 1.39 zusammen:

$$a(0) = c(0); \quad a(k) = \frac{1}{\sqrt{2}}\left[c(-k) + c(k)\right]; \quad b(k) = \frac{1}{\sqrt{2}}\left[c(-k) - c(k)\right]. \tag{1.49}$$

Umgekehrt gewinnt man die Koeffizienten c aus a und b über die Formeln

$$c(0) = a(0); \quad c(-k) = \frac{1}{\sqrt{2}}\left[a(k) + ib(k)\right]; \quad c(k) = \frac{1}{\sqrt{2}}\left[a(k) - ib(k)\right]. \tag{1.50}$$

Dabei gilt $k = 1, 2, 3, \ldots$.

Es ist wichtig zu erwähnen, daß f als eine 1-periodische Funktion vorausgesetzt wird; dies impliziert u.a., daß $\hat{f}(k) = \int_z^{z+1} f(x) e^{-2\pi i k x}\, dx$ für beliebige reelle z gilt. Die Eigenschaften der Fourier-Koeffizienten hängen vom Verhalten von f als periodischer Funktion auf der ganzen reellen Achse ab, nicht nur vom Verhalten im Inneren eines Periodenintervalls wie z.B. $[0, 1]$. Insbesondere muß auf eventuelle Unstetigkeitsstellen in den Endpunkten eines Periodenintervalls geachtet werden.

Für Fourier-Reihen gelten analoge Aussagen zum Lemma von Riemann-Lebesgue, dem Satz von Plancherel und dem Satz von der Fourier-Inversion.

Lemma 1.12 (Riemann–Lebesgue) *Ist f 1-periodisch und absolut-integrierbar über dem Intervall $[0, 1]$, so gilt $\hat{f}(k) \to 0$ für $|k| \to \infty$.*

Beweis: Sei $f = f(t)$ 1-periodisch und absolut-integrierbar über $[0, 1]$. Dann folgt

$$\begin{aligned}
\hat{f}(k) &= \int_0^1 f(t) e^{-2\pi i k t}\, dt = \int_0^1 f\left(t + \frac{1}{2k}\right) \exp\left(-2\pi i k t - i\pi\right)\, dt \\
&= -\int_0^1 f\left(t + \frac{1}{2k}\right) e^{-2\pi i k t}\, dt \\
\Rightarrow \quad 2\hat{f}(k) &= \int_0^1 \left[f(t) - f\left(t + \frac{1}{2k}\right)\right] e^{-2\pi i k t}\, dt \\
\Rightarrow \quad 2|\hat{f}(k)| &\leq \int_0^1 \left|f(t) - f\left(t + \frac{1}{2k}\right)\right| dt \to 0 \quad \text{für } |k| \to \infty,
\end{aligned}$$

wegen der Stetigkeit der L^1-Norm bezüglich Translation. $\square$

Korollar 1.13 *Ist f 1-periodisch und absolut-integrierbar über dem Intervall $[0, 1]$, und existiert $f'(x_0)$, so konvergiert die Fourier-Reihe von f im Punkte x_0.*

Beweis: OBdA können wir $x_0 = 0$ und $f(0) = 0$ annehmen, da wir andernfalls f verschieben oder eine Konstante abziehen können. Wir schreiben $f(t) = \left(e^{-2\pi i t} - 1\right) g(t)$ und beachten, daß die 1-periodische Funktion g absolut–integrierbar ist; letzteres folgt aus der Tatsache, daß der Quotient $f(t)/\left(e^{-2\pi i t} - 1\right)$ für $t \to 0$ einen endlichen Grenzwert hat. Dann gilt aber $\hat{f}(k) = \hat{g}(k+1) - \hat{g}(k)$, und wir erhalten für $f(0)$ eine Teleskop–Reihe:

$$\sum_{k=-n}^{m-1} \hat{f}(k) = \hat{g}(m) - \hat{g}(-n).$$

Nach dem Satz von Riemann–Lebesgue konvergiert diese Reihe gegen Null falls $n, m \to \infty$. □

Bemerkung. Diese beiden eleganten Beweise wurden mir von Guido Weiss mitgeteilt; er glaubt, daß sie seit vielen Jahren bekannt sind.

Theorem 1.14 (Plancherel) *Für $f \in L^2(\mathbf{T})$ gilt $\hat{f} \in \ell^2(\mathbf{Z})$ und*

$$\|f\| = \left(\int_0^1 |f(x)|^2\, dx\right)^{\frac{1}{2}} = \left(\sum_{k \in \mathbf{Z}} |\hat{f}(k)|^2\right)^{\frac{1}{2}} = \|\hat{f}\|.$$

Weiter folgt $\langle g, f \rangle = \int_0^1 \bar{g}(x) f(x)\, dx = \sum_{k \in \mathbf{Z}} \overline{\hat{g}(k)} \hat{f}(k) = \langle \hat{g}, \hat{f} \rangle$ *für $f, g \in L^2(\mathbf{T})$.* □

Theorem 1.15 (Fourier–Inversion) *Ist $f \in L^2([0,1])$ und setzt man*

$$f_N(x) = \sum_{k=-N}^{N-1} \hat{f}(k) e^{2\pi i k x}, \qquad N = 1, 2, 3, \ldots,$$

so gilt $f_N \to f$ für $N \to \infty$ im Sinne der $L^2(\mathbf{T})$-Konvergenz. □

Beweise für diese grundlegenden Ergebnisse können z.B. in [3] gefunden werden.

1.3.3 Allgemeine orthogonale Transformationen

Die Darstellung von f durch die Gleichung 1.39 kann in einem allgemeineren Zusammenhang als Entwicklung nach einer orthogonalen Basis angesehen werden: Das System $\{1, \sqrt{2}\cos 2\pi n x, \sqrt{2}\sin 2\pi n x : n = 1, 2, \ldots\}$ ist orthogonal bezüglich des (hermiteschen) Skalarproduktes von Gleichung 1.11. Ist $\{\phi_k : k \in \mathbf{Z}\}$ irgendeine orthonormale Basis von $L^2([0,1])$, so erhalten wir die Entwicklung von $f \in L^2([0,1])$ nach diesen Funktionen gemäß

$$f_N = f_N(x) = \sum_{k=-N}^{N-1} \langle f, \phi_k \rangle \phi_k(x). \tag{1.51}$$

Die Vollständigkeit dieser Basis impliziert, daß $\|f - f_N\| \to 0$ für $N \to \infty$.

1.3 Fourier–Analysis

Die durch $\phi_j(x) = \sqrt{2}\sin\pi jx$ definierten Funktionen $\{\phi_j : j = 1, 2, \ldots\}$ bilden eine Orthonormalbasis von $L^2([0,1])$ und können dazu verwendet werden, in gleicher Weise wie bei der Fourier–Transformation gemäß Gleichung 1.51 die *Sinus–Transformation* zu berechnen. Ähnlich können die Funktionen $\phi_j(x) = \sqrt{2}\cos\pi jx$, $j = 1, 2, \ldots$, zur *Cosinus–Transformation* verwendet werden.

Eine weitere orthogonale Transformation erhält man bei Verwendung von $\phi_j(x) = \sqrt{2}\sin\pi(j+\frac{1}{2})x$, $j = 0, 1, 2, \ldots$, oder $\phi_j(x) = \sqrt{2}\cos\pi(j+\frac{1}{2})x$, $j = 0, 1, 2, \ldots$. Weitere Variationen von Sinus- und Cosinus-Funktionen sind möglich wie z.B. die *Hartley–Transformation* bei $\phi_j(x) = \sin\pi jx + \cos\pi jx$, $j = 0, 1, 2, \ldots$. Die Orthogonalität dieser Funktionenmengen kann direkt gezeigt werden, oder sie ergibt sich durch Anwendung des Satzes von Sturm–Liouville bei geeigneten Operatoren und passenden Randbedingungen. Der Satz von Sturm–Liouville liefert gleichzeitig die Vollständigkeit, was aber auch direkt aus der Vollständigkeit der Mengen $\{e^{2\pi ijx}\}$ in $L^2([0,1])$ durch Wahl geeigneter Linearkombinationen hergeleitet werden kann.

1.3.4 Diskrete Fourier–Transformation

Wir wenden uns nun dem diskreten Fall endlichen Ranges zu. Für einen Vektor $v = \{v(k) : k = 0, 1, \ldots, N-1\}$ definieren wir die *diskrete Fourier–Transformation* oder *DFT* als den Vektor $\hat{v} \in \mathbf{C}^N$, der durch die folgende Formel gegeben ist:

$$\hat{v}(k) \stackrel{\text{def}}{=} \frac{1}{\sqrt{N}} \sum_{j=0}^{N-1} v(j) e^{-2\pi ijk/N}, \qquad k = 0, 1, \ldots, N-1. \tag{1.52}$$

Die Identität $e^{-2\pi ij(N-k)/N} = e^{-2\pi ij(-k)/N}$ zeigt, daß große positive Frequenzen $N-k$ von kleinen negativen Frequenzen $-k$ nicht zu unterscheiden sind; dieses Phänomen nennt man manchmal *Aliasing*. Ist N eine gerade Zahl, so können wir die Hälfte der Koeffizienten $\hat{v}(k) : k = \frac{N}{2}, \frac{N}{2}+1, \ldots, N-1$ mit den negativen Frequenzen $-\frac{N}{2}, -\frac{N}{2}+1, \ldots, -1$ identifizieren. Die andere Hälfte der Koeffizienten ergibt dann die positiven Frequenzen $0, 1, 2, \ldots, \frac{N}{2}-1$. Die Koeffizienten von $\hat{v}$ sind damit durch

$$\left(\hat{v}(-\frac{N}{2}), \hat{v}(-\frac{N}{2}+1), \ldots, \hat{v}(-1), \hat{v}(0), \hat{v}(1), \ldots, \hat{v}(\frac{N}{2}-1)\right) \tag{1.53}$$

beschrieben, indem die Komponenten von $\hat{v}$ neu angeordnet werden; dies ist für manche Zwecke günstiger, und wir werden dies vorteilhaft anwenden.

Die Vektoren $\omega_j \in \mathbf{C}^N$, $j = 0, 1, \ldots, N-1$, definiert durch $\omega_j(k) = \frac{1}{\sqrt{N}} e^{2\pi ijk/N}$, bilden eine Orthonormalbasis bezüglich des hermiteschen Skalarproduktes in $\mathbf{C}^N$. Dies bedeutet, daß die Abbildung $v \mapsto \hat{v}$ eine unitäre Tranformation darstellt, was einen einfachen Beweis für den in diesem Zusammenhang gültigen Satz von Plancherel liefert:

Theorem 1.16 (Plancherel) *Für je zwei Vektoren $v, w \in \mathbf{C}^N$ gilt $\langle v, w \rangle = \langle \hat{v}, \hat{w} \rangle$; insbesondere folgt $\|v\| = \|\hat{v}\|$.* □

1.3.5 Heisenbergsche Ungleichung

Eine quadratisch integrierbare Funktion u definiert zwei Wahrscheinlichkeitsdichten $x \mapsto |u(x)|^2/\|u\|^2$ und $\xi \mapsto |\hat{u}(\xi)|^2/\|\hat{u}\|^2$. Diese beiden Dichtefunktionen können nicht gleichzeitig beliebig stark konzentriert sein, wie wir aufgrund der nachfolgenden Ungleichung sehen werden.

Gehört $u = u(x)$ zur Schwartz-Klasse $\mathcal{S}$, so ist $x\frac{d}{dx}|u(x)|^2 = x\left[u(x)\bar{u}'(x) + \bar{u}(x)u'(x)\right]$ integrierbar und für $|x| \to \infty$ schnell abfallend. Über partielle Integration erhalten wir die folgende Formel:

$$\int_{\mathbf{R}} -x\frac{d}{dx}|u(x)|^2\, dx = \int_{\mathbf{R}} |u(x)|^2\, dx = \|u\|^2. \tag{1.54}$$

Andererseits ergeben die Cauchy–Schwarz–Ungleichung und die Dreiecksungleichung

$$\left|\int_{\mathbf{R}} -x\frac{d}{dx}|u(x)|^2\, dx\right| \leq 2\int_{\mathbf{R}} |xu(x)u'(x)|\, dx \tag{1.55}$$

$$\leq 2\left(\int_{\mathbf{R}} |xu(x)|^2\, dx\right)^{1/2} \left(\int_{\mathbf{R}} |u'(x)|^2\, dx\right)^{1/2}.$$

Eine Kombination dieser beiden Ergebnisse liefert $\|xu(x)\| \cdot \|u'(x)\| \geq \frac{1}{2}\|u(x)\|^2$. Nun gilt $\widehat{u'}(\xi) = 2\pi i \xi \hat{u}(\xi)$, und $\|\hat{v}\| = \|v\|$ nach dem Satz von Plancherel. Wir können deshalb die Ungleichung schreiben gemäß

$$\frac{\|xu(x)\|}{\|u(x)\|} \cdot \frac{\|\xi\hat{u}(\xi)\|}{\|\hat{u}(\xi)\|} \geq \frac{1}{4\pi}.$$

Da die rechte Seite unter Translation $u(x) \mapsto u(x-x_0)$ oder Modulation $\hat{u}(\xi) \mapsto \hat{u}(\xi-\xi_0)$ invariant ist, haben wir somit gezeigt, daß

$$\inf_{x_0}\left(\frac{\|(x-x_0)u(x)\|}{\|u(x)\|}\right) \cdot \inf_{\xi_0}\left(\frac{\|(\xi-\xi_0)\hat{u}(\xi)\|}{\|\hat{u}(\xi)\|}\right) \geq \frac{1}{4\pi}. \tag{1.56}$$

Dies nennt man die *Heisenbergsche Ungleichung*. Mit den üblichen Bezeichnungen

$$\triangle x = \triangle x(u) \stackrel{\text{def}}{=} \inf_{x_0}\left(\frac{\|(x-x_0)u(x)\|}{\|u(x)\|}\right) \tag{1.57}$$

$$\triangle \xi = \triangle \xi(u) \stackrel{\text{def}}{=} \inf_{\xi_0}\left(\frac{\|(\xi-\xi_0)\hat{u}(\xi)\|}{\|\hat{u}(\xi)\|}\right) \tag{1.58}$$

für die *Ortsunschärfe* bzw. die *Frequenzunschärfe* ergibt sich ein Maß dafür, wie gut u und $\hat{u}$ lokalisiert sind. Damit nimmt die Heisenbergsche Ungleichung die Gestalt der *Unschärferelation*

$$\triangle x \cdot \triangle \xi \geq \frac{1}{4\pi} \tag{1.59}$$

an. Es ist nicht schwer zu zeigen, daß die Infima 1.57 und 1.58 in den folgenden Punkten x_0 bzw. ξ_0 angenommen werden:

1.3 Fourier-Analysis

$$x_0 = x_0(u) = \frac{1}{\|u\|^2} \int_{\mathbf{R}} x|u(x)|^2 \, dx; \qquad (1.60)$$

$$\xi_0 = \xi_0(u) = \frac{1}{\|\hat{u}\|^2} \int_{\mathbf{R}} \xi|\hat{u}(\xi)|^2 \, d\xi. \qquad (1.61)$$

Das Dirac–Maß $\delta(x - x_0)$ ist strikt lokalisiert in x_0 mit verschwindender Ortsunschärfe, aber nicht definierter Frequenzunschärfe. Ebenso ist die Exponentialfunktion $e^{2\pi i \xi_0 x}$ strikt lokalisiert in der Frequenz (ihre Fourier-Transformierte ist $\delta(\xi - \xi_0)$), bei nicht definierter Ortsunschärfe. Gleichheit in 1.56 und 1.59 ergibt sich für die *Gauß–Funktion* $u(x) = e^{-\pi x^2}$. Man kann unter Verwendung des Satzes von der Eindeutigkeit der Lösungen linearer Differentialgleichungen zeigen, daß die einzigen Funktionen, die das Produkt in der Heisenbergschen Ungleichung minimieren, durch Skalierung, Translation und Modulation der Gauß–Funktion entstehen.

Falls $\triangle x$ und $\triangle \xi$ beide endlich sind, können die Größen x_0 und ξ_0 dazu verwendet werden, einer nicht strikt lokalisierten Funktion einen nominellen Wert für Ort und Frequenz zuzuordnen.

1.3.6 Faltung

Faltung ist eine Art Multiplikation von zwei Funktionen. Hängen diese Funktionen von einer reellen Veränderlichen ab, so wird sie über ein Integral realisiert. Sind die Funktionen nur über den ganzen Zahlen definiert, sind sie z.B. abgetastete Signale, so ist die Faltung als (möglicherweise) unendliche Reihe gegeben. Sind die abgetasteten Funktionen jedoch periodisch, so reduziert sich die Faltung zu einer endlichen Summe, und man kann zeigen, daß die Faltung zweier periodischer Funktionen wieder selbst periodisch ist.

Die abstrakte Definition der Faltung geht aus von zwei meßbaren, komplexwertigen Funktionen u, v auf einer lokalkompakten Gruppe G,

$$u : G \to \mathbf{C}; \qquad v : G \to \mathbf{C}.$$

Wir benötigen außerdem ein links-invariantes Maß oder Haar-Maß μ auf der Gruppe; zur Definition eines solchen Maßes und zu einigen seiner Eigenschaften vergleiche man [21]. Die Faltung von u und v, bezeichnet mit $u * v$, ist eine weitere komplexwertige Funktion auf der Gruppe, die durch das folgende abstrakte Integral gegeben ist:

$$u * v(x) = \int_G u(y)v(y^{-1}x) \, d\mu(y). \qquad (1.62)$$

In diesem Integral bedeutet „Linksinvarianz" des Maßes, daß $d\mu(xy) = d\mu(y)$ für alle $x \in G$ gilt. Ersetzt man also y durch xz^{-1}, $y^{-1}x$ durch z und $d\mu(y)$ durch $d\mu(xz^{-1}) = d\mu(z^{-1})$, so erhalten wir

$$v * u(x) = \int_G v(y)u(x^{-1}y) \, d\mu(y) = \int_G u(z)v(x^{-1}z) \, d\mu(z^{-1}).$$

Dies ist eine andere Faltung $u \check{*} v$, die nun bezüglich des rechts-invarianten Maßes $\check{\mu}(z) \overset{\text{def}}{=} \mu(z^{-1})$ genommen wird. Im Fall $\check{\mu} = \mu$ ist die Faltung kommutativ: $\check{*} = *$ und $u * v = v * u$. Alle abelschen Gruppen und alle kompakten Gruppen haben diese Eigenschaft.

Wir interessieren uns für vier Spezialfälle von G, die alle abelsch sind. Zunächst zeigen wir einige grundlegende mathematische Eigenschaften der Faltung von Funktionen über $\mathbf{R}$ und $\mathbf{T}$; dann werden wir diese Eigenschaften auf den diskreten Fall von $\mathbf{Z}$ und $\mathbf{Z}/q\mathbf{Z}$ übertragen.

Faltung auf der reellen Achse

Hier ist $G = \mathbf{R}$ die reelle Zahlengerade mit der Addition als Gruppenoperation; u und v sind reellwertige (oder komplexwertige) Funktionen. Die Faltung von u und v ist durch das Integral

$$u * v(x) = \int_{-\infty}^{\infty} u(y) v(x - y) \, dy$$

definiert. Funktionen einer reellen Variablen stellen einen nützlichen Spezialfall dar, der bequem durch die Theorie der klassischen harmonischen Analysis abgedeckt wird. Wir beginnen damit, einige Aussagen über die Faltung bereitzustellen.

Theorem 1.17 (Fourier–Transformation der Faltung) *Sind $u = u(x)$ und $v = v(x)$ zwei Funktionen der Schwartz-Klasse, so gilt $\widehat{u * v}(\xi) = \hat{u}(\xi) \hat{v}(\xi)$.*

Beweis:

$$\begin{aligned}
\widehat{u * v}(\xi) &= \iint u(y) v(x - y) e^{-2\pi i x \xi} \, dy dx \\
&= \iint u(y) e^{-2\pi i y \xi} v(x - y) e^{-2\pi i (x-y)\xi} \, dy d(x - y) \\
&= \left(\int u(y) e^{-2\pi i y \xi} \, dy \right) \left(\int v(z) e^{-2\pi i z \xi} \, dz \right) = \hat{u}(\xi) \hat{v}(\xi).
\end{aligned}$$

Die Integrale konvergieren, da u und v stetig sind und rasch abfallen. □

Mit anderen Worten transformiert die Fourier–Transformation die Faltung zweier Funktionen in punktweise Multiplikation. Wir können dieses Ergebnis zusammen mit dem Satz von Plancherel benutzen, um zu beweisen, daß die Faltung mit einer integrierbaren Funktion die quadratische Integrierbarkeit erhält.

Korollar 1.18 *Es sei $u = u(x)$ integrierbar. Gehört $v = v(x)$ zu L^p, $1 \leq p \leq \infty$, so gehört auch die Faltung $u * v$ zu L^p.*

Beweis: Wir beweisen dies für den einfachen Fall $p = 2$; die anderen Fälle werden in Theorem 2 von [103] behandelt. Wir nehmen an, daß u und v aus der Schwartz-Klasse sind. Dann gilt nach dem Satz von Plancherel und dem Faltungssatz, daß $\|u * v\| = \|\widehat{u * v}\| = \|\hat{u} \hat{v}\|$. Dies liefert die Abschätzung

$$\|u * v\| \leq \|\hat{u}\|_{\infty} \|\hat{v}\| = \|\hat{u}\|_{\infty} \|v\| \leq \|u\|_{L^1} \|v\|. \tag{1.63}$$

Die letzte Ungleichung folgt, da $\|\hat{u}\|_{\infty}$ beschränkt ist durch $\|u\|_{L^1}$. Das Ergebnis für integrierbares u und quadratisch integrierbares v ergibt sich aus der Dichtheit der Funktionen der Schwartz-Klasse in L^1 und L^2. □

1.3 Fourier–Analysis

Die Faltung mit einer integrierbaren Funktion u ist eine beschränkte lineare Operation auf L^2. Die folgende Proposition gibt uns eine Möglichkeit, die Norm dieses Operators abzuschätzen.

Proposition 1.19 *Ist $u = u(x)$ absolut-integrierbar über $\mathbf{R}$, so hat der Faltungsoperator $v \mapsto u * v$ als eine Abbildung von L^2 nach L^2 die Operator–Norm $\sup\{|\hat{u}(\xi)| : \xi \in \mathbf{R}\}$.*

Beweis: Nach Gleichung 1.63 gilt $\|u * v\| \leq \sup\{|\hat{u}(\xi)| \|v\| : \xi \in \mathbf{R}\}$. Aufgrund des Lemmas von Riemann-Lebesgue ist $\hat{u}$ beschränkt und stetig, und es gilt $|\hat{u}(\xi)| \to 0$ für $|\xi| \to \infty$; deshalb nimmt $\hat{u}$ sein Betragsmaximum $\sup\{|\hat{u}(\xi)| : \xi \in \mathbf{R}\} < \infty$ in einem Punkt $\xi_* \in \mathbf{R}$ an. Dabei können wir oBdA $\xi_* = 0$ annehmen. Um zu zeigen, daß diese Ungleichung für die Operator–Norm scharf ist, sei $\epsilon > 0$ gegeben. Wir finden dann $\delta > 0$ derart, daß $|\xi - \xi_*| < \delta \Rightarrow |\hat{u}(\xi) - \hat{u}(\xi_*)| < \epsilon$. Für $v(x) = \frac{\sin 2\pi \delta x}{\pi x}$ gilt dann $\hat{v}(\xi) = \mathbf{1}_{[-\delta, \delta]}(\xi)$ und $\|u * v\| = \|\hat{u}\hat{v}\| > (1 - \epsilon) |\hat{u}(\xi_*)| \|\hat{v}\| = (1 - \epsilon) |\hat{u}(\xi_*)| \|v\|$. □

Lemma 1.20 (Glättung) *Ist u integrierbar auf $\mathbf{R}$, und ist v beschränkt mit beschränkter stetiger Ableitung auf $\mathbf{R}$, so gilt $(u * v)' = u * v'$.*

Beweis: $(u * v)' = \frac{d}{dx} \int u(y) v(x-y) \, dy = \int u(y) v'(x-y) \, dy = u * v'$. □

Dies zeigt, daß eine Faltung mindestens so viele Ableitungen besitzt wie die glattere der beiden Funktionen.

Die Faltung vergrößert den Träger einer Funktion. Sind u und v zwei Funktionen auf $\mathbf{R}$ mit kompaktem Träger, so haben die Träger endlichen Durchmesser, und es gilt

Lemma 1.21 (Träger) $\operatorname{diam supp} u * v \leq \operatorname{diam supp} u + \operatorname{diam supp} v$. □

Diese Ungleichung ist scharf in dem Sinne, daß wir zwei Funktionen u und v mit kompaktem Träger finden können, für die hier Gleichheit steht: man nehme zum Beispiel $u = \mathbf{1}_{[a,b]}$ und $v = \mathbf{1}_{[c,d]}$. Es zeigt sich auch, daß für ihre Gültigkeit der Durchmesser und nicht das Maß des Trägers die richtige Notation ist. Es gibt nämlich für jedes $\epsilon > 0$ zwei Funktionen u und v derart, daß $|\operatorname{supp} u|, |\operatorname{supp} v| < \epsilon \ll 1 = \operatorname{diam supp} u = \operatorname{diam supp} v$, aber $\operatorname{diam supp} u * v = |\operatorname{supp} u * v| = 2$. Ein solches Beispiel wird in den Übungsaufgaben konstruiert.

Faltung auf der Kreislinie

Hier ist $G = \mathbf{T}$ die Kreislinie der Länge 1 mit Winkel–Addition als Gruppenoperation; $u = u(e^{2\pi i x})$ und $v = v(e^{2\pi i x})$ sind reellwertige (oder komplexwertige) periodische Funktionen von $x \in \mathbf{T}$; die Faltung von u und v ist gegeben durch das Integral

$$u * v(e^{2\pi i x}) \stackrel{\text{def}}{=} \int_0^1 u(e^{2\pi i y}) v(e^{2\pi i (x-y)}) \, dy. \tag{1.64}$$

Wie zuvor haben wir die folgenden Aussagen

Proposition 1.22 *Sind u und v Funktionen auf der Kreislinie derart, daß $\hat{u}$ und $\hat{v}$ existieren, so gilt $\widehat{u*v}(n) = \hat{u}(n)\hat{v}(n)$ für $n \in \mathbf{Z}$.* □

Proposition 1.23 *Ist $u \in L^1(\mathbf{T})$ und $v \in L^p(\mathbf{T})$, $1 \leq p \leq \infty$, so gilt $u*v \in L^p(\mathbf{T})$.* □

Proposition 1.24 *Ist $u \in L^1(\mathbf{T})$, so ist die Operator-Norm der Abbildung $v \mapsto u*v$ als Abbildung von $L^2(\mathbf{T})$ nach $L^2(\mathbf{T})$ gegeben durch $\sup\{|\hat{u}(n)| : n \in \mathbf{Z}\}$.* □

Faltung bi-infiniter Folgen

Hier ist $G = \mathbf{Z}$ die Menge der ganzen Zahlen mit der Addition als Gruppenverknüpfung. Das abstrakte Integral reduziert sich hier auf die unendliche Reihe

$$u*v(x) = \sum_{y=-\infty}^{\infty} u(y)v(x-y).$$

Proposition 1.25 *Ist $u \in \ell^1(\mathbf{Z})$ und $v \in \ell^p(\mathbf{Z})$ für $1 \leq p \leq \infty$, so gilt $u*v \in \ell^p$.* □

Faltungen können effizient berechnet werden durch Multiplikation der Fourier–Transformierten:

Proposition 1.26 *Sind u und v unendliche Folgen derart, daß $\hat{u}$ und $\hat{v}$ fast überall existieren, so gilt $\widehat{u*v}(\xi) = \hat{u}(\xi)\hat{v}(\xi)$ für fast alle $\xi \in \mathbf{T}$.* □

Proposition 1.27 *Ist $u \in \ell^1(\mathbf{Z})$, so hat die Abbildung $v \mapsto u*v$ als Abbildung von $L^2(\mathbf{T})$ nach $L^2(\mathbf{T})$ die Operator-Norm $\max_{\xi \in \mathbf{T}} |\hat{u}(\xi)|$.* □

Uns wird am meisten der Spezialfall von Folgen mit endlichem Träger interessieren; in diesem Fall gilt $u(x) = 0$ mit Ausnahme von endlich vielen ganzen Zahlen x. Solche Folgen sind offensichtlich summierbar und es ist einfach zu zeigen, daß die Faltung von Folgen mit endlichem Träger wiederum eine Folge mit endlichem Träger ergibt. Hat u endlichen Träger, so ist $\hat{u}$ ein trigonometrisches Polynom, und wir können zu seinem Studium viele Hilfsmittel aus der klassischen Analysis einsetzen.

Seien also $u = u(x)$ und $v = v(x)$, $x \in \mathbf{Z}$, zwei Folgen mit endlichem Träger, wobei $u(x) = 0$ mit Ausnahme von $a \leq x \leq b$ und $v(x) = 0$ mit Ausnahme von $c \leq x \leq d$ gilt. Wir nennen $[a,b]$ und $[c,d]$ die *Träger-Intervalle* supp u bzw. supp v und $b-a$ bzw. $d-c$ die *Träger-Breite* der Folgen u und v. Dann gilt $u*v(x) = 0$ mit Ausnahme des Falles, daß es ein $y \in \mathbf{Z}$ gibt, für das $y \in [a,b]$ und $x-y \in [c,d]$ folgt; dies impliziert $c+a \leq x \leq d+b$. Außerdem hat $u*v$ endlichen Träger, wobei die Träger-Breite anwächst zu $(d+b) - (c+a) = (b-a) + (d-c)$, der Summe der Träger-Breiten von u und v. Die Faltung im Punkte x ergibt sich durch Summation über alle $y \in [a,b] \cap [x-d, x-c]$; sie nimmt die folgenden Werte an

$$u*v(x) = \begin{cases} 0, & \text{für } x < c+a, \\ \sum_{y=a}^{x-c} u(y)v(x-y), & \text{für } c+a \leq x < c+b, \\ \sum_{y=a}^{b} u(y)v(x-y), & \text{für } c+b \leq x \leq d+a, \\ \sum_{y=x-d}^{b} u(y)v(x-y), & \text{für } d+a < x \leq d+b, \\ 0, & \text{für } x > d+b. \end{cases} \quad (1.65)$$

1.3 Fourier-Analysis

Es ist zu bemerken, daß der mittlere Term nur im Fall $c - a \leq d - b$, d.h. im Fall $|\operatorname{supp} u| = b - a \leq |\operatorname{supp} v| = d - c$ auftaucht. Wir nennen dies den *Langsignal-Fall*, da wir v als Signal und u als Filter deuten werden; $u * v$ ist dann die Filteroperation auf dem Signal v. Für theoretische Zwecke können wir immer annehmen, daß dieser Fall gegeben ist, weil u und v miteinander vertauschbar sind aufgrund der Formel $u * v(x) = v * u(x)$; wir können also oBdA stets u als kürzeres Signal wählen. Für die Software-Implementierung der Faltung ist es jedoch zweckmäßiger, beliebige Träger-Breiten für u und v zuzulassen; wir geben deshalb auch die Formel für $u * v$ im *Kurzsignal-Fall* $b - a > d - c$ an:

$$u * v(x) = \begin{cases} 0, & \text{für } x < c + a, \\ \sum_{y=a}^{x-c} u(y)v(x-y), & \text{für } c + a \leq x < d + a, \\ \sum_{y=x-d}^{x-c} u(y)v(x-y), & \text{für } d + a \leq x \leq c + b, \\ \sum_{y=x-d}^{b} u(y)v(x-y), & \text{für } c + b < x \leq d + b, \\ 0, & \text{für } x > d + b. \end{cases} \qquad (1.66)$$

Faltung periodischer Folgen

Sei $G = \mathbf{Z}/q\mathbf{Z}$ die Menge der ganzen Zahlen $\{0, 1, \ldots, q-1\}$ mit der Addition modulo q als Gruppenoperation. Das Faltungs-Integral wird hier zur endlichen Summe

$$u * v(x) = \sum_{y=0}^{q-1} u(y)v(x - y \bmod q).$$

Da alle Folgen in diesem Fall endlich sind, entstehen keine Probleme bei der Summation. Unter Gleichung 1.52 geht die Faltung über in Multiplikation:

Proposition 1.28 *Sind u, v q-periodische Folgen, so gilt $\widehat{u * v}(y) = \hat{u}(y)\hat{v}(y)$.* □

Die Norm diskreter Faltungsoperatoren können wir folgendermaßen berechnen:

Proposition 1.29 *Die Operator-Norm der Abbildung $v \mapsto u * v$ auf $\ell^2(\mathbf{Z}/q\mathbf{Z})$ ist gegeben durch $\max_{0 \leq y < q} |\hat{u}(y)|$.*

Beweis: Das Maximum wird angenommen für die Folge $v(x) = \exp 2\pi i x y_0/q$, wenn y_0 das Maximum für $|\hat{u}|$ darstellt; in diesem Falle ist nämlich $\hat{v}(y) = \sqrt{q}\,\delta(y - y_0)$. □

Periodische Faltung dient zur effizienten Beschreibung der Anwendung eines Faltungsoperators auf eine periodische Folge. Nehmen wir an, daß $v \in \ell^\infty(\mathbf{Z})$ q-periodisch ist, d.h. daß $v(x + q) = v(x)$ für alle $x \in \mathbf{Z}$ gilt. Für $u \in \ell^1(\mathbf{Z})$ können wir dann die Faltung von u und v berechnen, indem wir die Zerlegung $y = k + qn$ vornehmen:

$$\begin{aligned} u * v(x) &= \sum_{y=-\infty}^{\infty} u(y)v(x - y) = \sum_{n=-\infty}^{\infty} \sum_{k=0}^{q-1} u(k + qn)v(x - k - qn) \\ &= \sum_{k=0}^{q-1} \left(\sum_{n=-\infty}^{\infty} u(k + qn) \right) v(x - k). \end{aligned}$$

Die in der inneren Klammer auftretende q-periodische Funktion

$$u_q(k) \stackrel{\text{def}}{=} \sum_{n=-\infty}^{\infty} u(k+qn) \qquad (1.67)$$

nennen wir die *q-Periodisierung* u_q von $u \in \ell^1(\mathbf{Z})$.

Geht man also von einer Folge u aus, so erhalten wir eine Familie von Faltungsoperatoren U_q auf $\mathbf{Z}/q\mathbf{Z}$ für jede ganze Zahl $q > 0$:

$$U_q : \ell^2(\mathbf{Z}/q\mathbf{Z}) \to \ell^2(\mathbf{Z}/q\mathbf{Z}); \qquad U_q v(x) = u_q * v(x) = \sum_{k=0}^{q-1} u_q(k) v(x-k). \qquad (1.68)$$

Hierbei wird die Folge u vor der Anwendung des Faltungsoperators zur erwünschten Periode q *vorperiodisiert*.

1.3.7 Dilatation, Dezimation und Translation

Dilatation durch den Faktor $s > 0$ kann angesehen werden als eine Streckung der Funktion auf einen s-mal größeren Definitionsbereich. Wir werden diesen Operator mit σ_s bezeichnen; er operiert auf Funktionen einer stetigen Variablen gemäß der folgenden Formel:

$$[\sigma_s u](x) \stackrel{\text{def}}{=} \frac{1}{\sqrt{s}} u\left(\frac{x}{s}\right). \qquad (1.69)$$

Die Normierung mit dem Faktor $1/\sqrt{s}$ erzeugt auf L^2 einen unitären Operator. Man beachte, daß σ_1 die Identität ist. Diese Operation hat die folgenden Eigenschaften:

Proposition 1.30 *Es gilt* $\|\sigma_s u\| = \|u\|$ *und* $\int \sigma_s u = \sqrt{s} \int u$, *wann immer diese Ausdrücke sinnvoll sind. Außerdem folgt* supp $u = E \subset \mathbf{R} \Rightarrow \operatorname{supp} \sigma_s u = sE$, *wobei die Menge sE definiert ist durch* $sx \in sE \iff x \in E$. *Es gilt also* $|\operatorname{supp} \sigma_s u| = s |\operatorname{supp} u|$ *und* diam supp $\sigma_s u = s$ diam supp u. □

Ist u eine 1-periodische Funktion, so ist $\sigma_s u$ s-periodisch; wir drücken dies durch die folgende Schreibweise aus: $u \in L^2(\mathbf{T}) \Rightarrow \sigma_s u \in L^2(s\mathbf{T})$.

Dezimation um den Faktor q bezeichnet man als den Prozeß, alle Elemente einer Folge zu streichen bis auf diejenigen Elemente, deren Index ein Vielfaches von q ist. Wir bezeichnen diesen Prozeß mit d_q; es gilt also

$$[d_q u](n) \stackrel{\text{def}}{=} u(qn). \qquad (1.70)$$

Ist $u = \{u(n) : n \in \mathbf{Z}\}$ eine unendliche Folge, so ist die neue unendliche Folge $d_q u$ also gegeben durch $\{u(qn) : n \in \mathbf{Z}\}$, indem jedes q-te Element der ursprünglichen Folge genommen wird.

Hat u endlichen Träger und ist supp $u = [a, b]$, so hat $d_q u$ ebenfalls endlichen Träger und es gilt supp $d_q u = [a, b] \bigcap q\mathbf{Z}$. Letztere Menge enthält $\left\lfloor \frac{|b-a|}{q} \right\rfloor$ oder $\left\lfloor \frac{|b-a|}{q} \right\rfloor + 1$ Elemente.

Ist u eine periodische Folge der Periode p, so hat $d_q u$ die Periode $q/\gcd(p,q)^2$. Zählt man die Freiheitsgrade, so ist $\gcd(p,q)$ gerade die Anzahl der q-dezimierten Teilfolgen, die benötigt werden, um eine p-periodische Folge zu reproduzieren. Ist $\gcd(p,q) = 1$, so ist Dezimation nur eine Permutation der ursprünglichen Folge. In dem hier betrachteten typischen Fall wird $q = 2$ sein, und wir werden dann annehmen, daß p gerade ist.

Der *Translations-* oder *Shift-Operator* τ_y ist definiert durch

$$\tau_y u(x) = u(x - y). \tag{1.71}$$

Eigenschaften von u an der Stelle $x = 0$ übertragen sich somit auf die Funktion $\tau_y u$ bei $x = y$. Man beachte, daß τ_0 die Identität ist. Translationsinvarianz ist eine übliche Eigenschaft von Formeln in physikalischen Modellen, weil die Wahl des „Ursprungs" 0 wie in $u(0)$ für eine unendliche Folge gewöhnlich willkürlich vorgegeben ist. Ein Funktional oder eine Maßzahl, die für u berechnet wird und die nicht von dieser Wahl des Ursprungs abhängt, muß für jede Folge $\tau_y u$, unabhängig von y, den gleichen Wert ergeben. Zum Beispiel hängt die Energie $\|u\|^2$ einer Folge nicht von der Wahl des Ursprungs ab:

$$\text{Für alle } y \text{ gilt} \qquad \|u\|^2 = \|\tau_y u\|^2. \tag{1.72}$$

Diese Invarianz kann benutzt werden, um Formeln für die Berechnung der Maßzahl algebraisch zu vereinfachen.

Im allgemeinen kommutieren Translation und Dilatation nicht miteinander; es gibt aber eine Verknüpfungsrelation:

$$\text{Für alle } x, y, p \text{ gilt} \qquad \tau_y \sigma_p u(x) = \sigma_p \tau_{y/p} u(x). \tag{1.73}$$

Mit t_y bezeichnen wir die Translation im diskreten Fall: $t_y u(n) \stackrel{\text{def}}{=} u(n - y)$. Die Verknüpfungsrelation lautet in diesem Fall $t_y d_p u = d_p t_{py} u$, und als ein elementares Ergebnis folgt:

Lemma 1.31 *Ist $\|u\|$ endlich, so sind auch die Werte $\|d_p t_y u\|$ für $y = 0, 1, \ldots, p - 1$ endlich, und es gilt*

$$\|u\|^2 = \|d_p t_0 u\|^2 + \|d_p t_1 u\|^2 + \ldots + \|d_p t_{p-1} u\|^2.$$

□

1.4 Approximation

In jeder numerischen Rechnung können wir nur endlich viele Parameter verwenden. Eine Funktion einer reellen Variablen muß deshalb erst approximiert werden durch ihre Projektion auf einen endlich-dimensionalen Raum, der sich als lineare Hülle einer endlichen Menge $\Phi_N = \{\phi_{N,k}(t) : k = 0, 1, 2, \ldots, N - 1\}$ von sogenannten *Synthese-Funktionen* ergibt. Um die Approximation verbessern zu können, muß Φ_N ein Element einer Familie von endlich-dimensionalen Räumen $\Phi = \{\Phi_N : N = 1, 2, \ldots\}$ sein. Bei den Funktionen

---

[2] $\gcd(p, q)$ bezeichnet hierbei den größten gemeinsamen Teiler der natürlichen Zahlen p und q. (Anm. d. Ü.)

können einfache Fälle betrachtet werden wie z.B. die charakteristischen Funktionen der Translation oder Dilatation eines *Abtastintervalls*, oder auch komplizierte Fälle wie die Eigenfunktionen eines linearen Operator. Es können zum Beispiel auch singuläre Maße betrachtet werden. Bei der Wahl der Projektion kann eine Diskrepanz darin bestehen, wie leicht die Projektion selbst auszuwerten ist oder wie leicht sie in nachfolgenden Rechnungen weiterverarbeitet werden kann.

1.4.1 Mittelung und Abtasten

Die Rang-N-Approximation von $f \in L^2$ unter Verwendung der Familie Φ bezeichnen wir mit

$$f_N(t) = \sum_{k=0}^{N-1} a_N(k)\, \phi_{N,k}(t). \tag{1.74}$$

Wir verlangen dabei $\|f - f_N\| \to 0$ für $N \to \infty$. Die Konstanten $a_N(k)$ können zum Beispiel so gewählt werden, daß $\|f - f_N\|$ für jedes feste N minimiert wird: dies nennt man *Ritz–Galerkin–Methode* und entspricht einer orthogonalen Projektion $f \mapsto f_N$. In diesem Fall kann $a_N(k)$ berechnet werden als ein inneres Produkt $a_N(k) = \langle \psi_{N,k}, f \rangle$, wobei $\Psi_N = \{\psi_{N,k} : k = 0, 1, \ldots, N-1\}$ eine Menge von sogenannten *Abtast-* oder *Analyse-Funktionen* ist, die sich als duale Menge der Funktionen $\phi_{N,k}$ ergibt: $\langle \phi_{N,k}, \psi_{N,j} \rangle = \delta(k - j)$. Die Analyse-Funktionen sind im allgemeinen durch die Synthese-Funktionen nicht eindeutig bestimmt.

Ist die Familie Φ_N orthonormal, so können wir die Synthese–Funktionen als Analyse–Funktionen verwenden, und die Koeffizienten in Gleichung 1.74 sind dann gegeben durch

$$a_N(k) = \langle \phi_{N,k}, f \rangle. \tag{1.75}$$

Diese Tatsache ist eine Folgerung aus der *Besselschen Ungleichung*; für einen Beweis verweisen wir auf [3], S. 309.

Die einfachste Projektion einer Funktion $f = f(t)$ ist die Auswertung in endlich vielen Punkten $f \mapsto \{f(t_0), \ldots, f(t_{N-1})\}$. Dies ist äquivalent dazu, Dirac-Maße $\{\delta(t - t_k) : k = 0, 1, \ldots, N - 1\}$ als Analyse-„Funktionen" Ψ_N zu benutzen. Diese Operation benötigt sehr wenig Rechenoperationen, nämlich $O(N)$ Funktionsauswertungen. Man kann dieses Abtasten der Funktion verbessern, indem man N vergrößert und damit das Gitter t_k verfeinert. Eine mögliche Wahl der Synthese-Funktionen Φ_N sind hier die charakteristischen Funktionen $\mathbf{1}_k(t)$ der Intervalle $[t_k, t_{k+1}]$ zwischen je zwei aufeinanderfolgenden Abtastpunkten. In diesem Fall wird $f(t)$ approximiert durch die Konstante $f(t_k)$, wobei t_k der nächstliegende *Abtastpunkt* links von t ist. Eine weitere Wahl der Synthese-Funktionen ist die Menge der *Hutfunktionen*

$$h_k(t) = \begin{cases} 0, & \text{falls } t \leq t_{k-1} \text{ oder } t \geq t_{k+1}; \\ \frac{t - t_{k-1}}{t_k - t_{k-1}}, & \text{falls } t_{k-1} < t \leq t_k; \\ \frac{t_{k+1} - t}{t_{k+1} - t_k}, & \text{falls } t_k < t < t_{k+1}. \end{cases} \tag{1.76}$$

1.4 Approximation

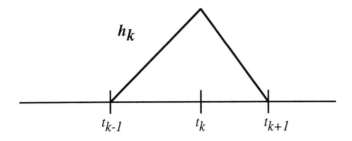

Bild 1.1 Hutfunktion für stückweise lineare Approximation.

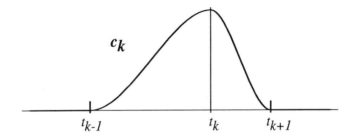

Bild 1.2 Kubische Splinefunktion für glattere Approximation.

Man bemerkt, daß $h_k(t_k) = 1$ das Maximum dieser Funktionen liefert. Bild 1.1 zeigt ein Beispiel einer solchen Funktion. Bei der Verwendung von Hutfunktionen ist die approximierende Funktion stückweise linear und stetig, im Gegensatz zur obigen Wahl von Indikatorfunktionen, bei der sich stückweise konstante Approximationen ergeben. Eine ganze Familie von Synthese–Funktionen kann aufgebaut werden, indem man Hutfunktionen glättet. Zum Beispiel kann man *kubische Splines* verwenden, die in t_{k-1} und t_{k+1} verschwindende Ableitung besitzen:

$$c_k(t) = \begin{cases} 0, & \text{falls } t \leq t_{k-1} \text{ oder } t \geq t_{k+1}; \\ 3\left(\frac{t-t_{k-1}}{t_k-t_{k-1}}\right)^2 - 2\left(\frac{t-t_{k-1}}{t_k-t_{k-1}}\right)^3, & \text{falls } t_{k-1} < t < t_k; \\ 3\left(\frac{t_{k+1}-t}{t_{k+1}-t_k}\right)^2 - 2\left(\frac{t_{k+1}-t}{t_{k+1}-t_k}\right)^3, & \text{falls } t_k < t < t_{k+1}. \end{cases} \quad (1.77)$$

Bild 1.2 zeigt ein Beispiel eines solchen kubischen Splines. Auch in diesem Fall wird das Maximum in t_k angenommen. Würden wir allein auf Dirac–Maßen in der Analyse bestehen, so würden Trends von f nicht an die Synthese–Funktionen weitergegeben; man könnte also die Ableitung der approximierenden Funktion in den Abtastpunkten nicht anpassen. Dieses Problem kann man durch Verwendung von *Basis–Splines* (oder *B–Splines*) in den Griff bekommen; dies sind Synthese–Funktionen dual zu Kombinationen von Dirac–Maßen.

Unter *regulärem Abtasten* verstehen wir, daß wir äquidistant liegende Abtastpunkte verwenden. In dem eben diskutierten Fall des Dirac–Maßes und für Funktionen auf dem Intervall $[0,1]$ können wir Analyse– und Synthese–Funktionen explizit berechnen: $\psi_{N,k}(t) = N\delta(Nt-k)$ und $\phi_{N,k}(t) = \mathbf{1}(Nt-k)$. Hierbei ist δ das Dirac–Maß im Nullpunkt und $\mathbf{1}$ die Indikatorfunktion des Intervalls $[0,1]$. Damit ist $\psi_{N,k}$ die Einheits–Dirac–Masse im Punkte $\frac{k}{N}$, während $\phi_{N,k}$ die Indikatorfunktion des Teilintervalls $[\frac{k}{N}, \frac{k+1}{N}[$ darstellt. Die Projektion bei diesen Funktionen ergibt sich als

$$f_N(t) = \sum_{k=0}^{N-1} f\left(\frac{k}{N}\right) \mathbf{1}(Nt - k). \qquad (1.78)$$

Wir sollten bemerken, daß f_N unstetig ist in den Abtastpunkten k/N; dieses Problem kann dadurch beseitigt werden, daß wir in den Punkten $(k+1/2)/N$ abtasten, oder daß wir stetige Synthese–Funktionen verwenden.

Die Analyse mit Dirac–Maßen ist nur dann sinnvoll, falls f eine stetige Funktion ist. Abtasten von allgemeineren Funktionen in $L^2([0,1])$ muß als eine Mittelung aufgefaßt werden, und die Analyse–Funktionen müssen mindestens so regulär sein, daß sie zu L^2 gehören. Es ist wichtig, die Analyse– und Synthese–Funktionen eines dualen Paars von zwei Funktionenfamilien kritisch zu prüfen; die Analyse–Funktionen beeinflussen die Koeffizientenfolge a_N, während die Synthese–Funktionen die Eigenschaften der approximierenden Funktion f_N bestimmen.

1.4.2 Bandbeschränkte Funktionen

Eine quadratisch–integrierbare Funktion $f = f(t)$ über $\mathbf{R}$ heißt *bandbeschränkt*, falls es eine Zahl $K > 0$ gibt derart, daß $\hat{f}(\xi) = 0$ für $|\xi| > K$. Die Werte von f in irgendeiner Menge von Abtastpunkten sind wohldefiniert, weil eine bandbeschränkte Funktion notwendig stetig ist. In der Praxis sind alle Signale im wesentlichen durch bandbeschränkte Funktionen gegeben; dies liegt daran, daß wir auf endliche Abtastraten und auf endliche Präzision angewiesen sind. Der Abtastsatz von Shannon ([99], S.53) besagt, daß f exakt bestimmt ist durch seine Werte in diskreten, äquidistant liegenden Punkten der Schrittweite $1/2K$:

$$f(t) = \sum_{n=-\infty}^{\infty} f\left(\frac{n}{2K}\right) \frac{\sin \pi(2Kt-n)}{\pi(2Kt-n)}. \qquad (1.79)$$

Die *Synthese–Funktion von Shannon*, die hier benutzt wird, ist $\mathrm{sinc}\,(2Kt-n)$ mit $\mathrm{sinc}\,(t) = \frac{\sin \pi t}{\pi t}$. Diese Funktion sinc ist perfekt bandbeschränkt auf das Intervall $[-\frac{1}{2}, +\frac{1}{2}]$; sie besitzt aber bezüglich der Variablen t keinen kompakten Träger, weshalb die Reihe in Gleichung 1.79 nicht endlich ist. In der Tat geht $\mathrm{sinc}\,(t)$ für $t \to \pm\infty$ nur langsam gegen Null; der Restterm der Reihe, d.h. die Summe der Terme für $n \notin [-N, +N]$, konvergiert für $N \to \infty$ aber trotzdem gegen Null. Klingt $f(t)$ rasch ab für $t \to \pm\infty$, so wird auch f_N schnell gegen f konvergieren.

Ist die Funktion f periodisch und bandbeschränkt auf $]-K, +K[$, so genügen $2K$ Abtastpunkte in einem Periodenintervall, um f überall zu bestimmen. Dies folgt aus der Überlegung, daß ein Polynom vom Grade $2K - 1$ durch die Werte in $2K$ verschiedenen Punkten eindeutig bestimmt ist.

1.4 Approximation

Mittelungen von bandbeschränkten Signalen können exakt aus den Abtastwerten berechnet werden. Es sei $\phi = \phi(t)$ irgendeine glatte und integrierbare (also quadratisch integrierbare) reellwertige Mittelungsfunktion; dies bedeutet, daß ϕ *Einheitsmasse* $\int \phi = 1$ besitzt. Dann gilt

$$\langle \phi, f \rangle = \int \phi(t) f(t)\, dt = \sum_{n=-\infty}^{\infty} \left(\int \phi(t) \frac{\sin \pi(2Kt - n)}{\pi(2Kt - n)} \right) f(n/2K)\, dt$$

$$= \sum_{n=-\infty}^{\infty} \overline{a(n)} f(n/2K) \quad \text{mit } a(n) \stackrel{\text{def}}{=} \int \phi(t) \frac{\sin \pi(2Kt - n)}{\pi(2Kt - n)}\, dt.$$

Die Folge $\{a\}$ ist quadratisch-summierbar, weil die Funktionen $\{\operatorname{sinc}(2Kt - n) : n \in \mathbf{Z}\}$ in $L^2(\mathbf{R})$ orthonormal sind. Wir können $a(n)$ nach der Formel von Plancherel auswerten; wegen $\hat{\phi}(\xi) = 0$ für $|\xi| > K$ erhalten wir

$$a(n) = \frac{1}{2K} \int_{-\infty}^{\infty} e^{2\pi i \frac{n}{2K} \xi} \hat{\phi}(\xi)\, d\xi = \frac{1}{2K} \phi(n/2K). \tag{1.80}$$

Dies zeigt das folgende Ergebnis:

Proposition 1.32 *Sind die Funktionen f und ϕ bandbeschränkt auf $]-K, K[$, und ist ϕ reellwertig, so gilt:*

$$\langle \phi, f \rangle = \frac{1}{2K} \sum_{n=-\infty}^{\infty} \phi(n/2K) f(n/2K).$$

□

Nehmen wir hier zum Beispiel $\phi(t) = \operatorname{sinc}(2Kt)$, so gilt $\phi(n/2K) = 0$ für $n \neq 0$ und $\phi(0) = 1$. Damit ist $\langle \phi, f \rangle = f(0)$; das innere Produkt entspricht also einem einzelnen Abtastwert.

1.4.3 Approximation durch Polynome

Wir können die Funktionen $\phi_k(t) = t^n$, $n = 0, 1, \ldots$, als unsere Synthese-Funktionen auf dem Intervall $[-1, +1]$ verwenden, da die Polynome in $L^2([-1, 1])$ dicht liegen. Am einfachsten findet man eine duale Menge durch Orthogonalisierung nach dem *Gram-Schmidt-Algorithmus*. Das Ergebnis nennt man die *Legendre-Polynome*. Die ersten wenigen dieser Polynome sind gegeben durch 1, t, $\frac{-1+3t^2}{2}$, $\frac{-3t+5t^3}{2}$.

Ein *trigonometrisches Polynom* ist ein Polynom $P(z)$, $z \in \mathbf{C}$, mit der speziellen Wahl $z = e^{2\pi i \xi}$. Man kann solche Polynome explizit schreiben als $P(z) = \sum_{k=-M}^{N} a_k z^k = \sum_{k=-M}^{N} a_k e^{2\pi i k \xi}$. Wir nennen dann $N + M$ den *Grad* von P.

Theorem 1.33 (Approximationssatz von Weierstraß) *Ist $f = f(\xi)$ stetig auf $\mathbf{T}$, so existiert zu jedem $\epsilon > 0$ ein trigonometrisches Polynom $g(\xi) = \sum_{|k|<N} a_k e^{2\pi i k \xi}$ mit der Eigenschaft, daß $|f(\xi) - g(\xi)| < \epsilon$ für alle $\xi \in \mathbf{T}$ gilt.* □

Es ist zu bemerken, daß wir gegebenenfalls extrem hohe Polynomgrade verwenden müssen, um gute Approximationen zu erhalten.

1.4.4 Glatte Funktionen und verschwindende Momente

Hat f mindestens $d-1$ stetige Ableitungen und eine beschränkte Ableitung der Ordnung d in einer Umgebung U eines Punktes t_0, so besagt der Satz von Taylor ([3],S.113), daß wir zu jedem $t \in U$ ein $t_1 = t_1(t) \in U$ finden können derart, daß

$$f(t) = f(t_0) + \sum_{k=1}^{d-1} \frac{f^{(k)}(t_0)}{k!}(t-t_0)^k + \frac{f^{(d)}(t_1)}{d!}(t-t_0)^d \qquad (1.81)$$

gilt. Ist die Umgebung klein und wird die Ableitung der Ordnung d nicht zu groß, so wird der unbekannte *Fehlerterm* $\frac{f^{(d)}(t_1)}{d!}(t-t_0)^d$ klein sein.

Wir sagen, daß eine Funktion ϕ ein *verschwindendes k-tes Moment* im Punkte t_0 hat, falls die folgende Gleichung gilt, wobei das Integral absolut konvergieren soll:

$$\int (t-t_0)^k \phi(t)\, dt = 0. \qquad (1.82)$$

Verschwinden alle ersten Momente bis einschließlich des d-ten Momentes, so sagen wir, daß ϕ *d verschwindende Momente hat*. Wir werden Beispiele solcher Funktionen in späteren Kapiteln diskutieren. Gilt $\int \phi = 0$, so sagen wir, daß auch das *0-te Moment* verschwindet; in diesem Fall braucht t_0 nicht spezifiziert zu werden. Falls ϕ d verschwindende Momente im Nullpunkt hat, ist die Fourier–Transformierte $\hat{\phi}$ d-mal differenzierbar im Nullpunkt, und es gilt $\hat{\phi}^{(k)}(0) = 0$ für $k = 1, 2, \ldots, d$. In diesem Fall hat auch die Funktion $\phi(at-t_0)$ d verschwindende Momente im Punkte t_0 für jedes $a > 0$.

Nehmen wir nun an, daß f d stetige Ableitungen in einer Umgebung von t_0 hat und daß $|f^{(d)}(t)| \leq M < \infty$ in dieser Umgebung gilt. Sei ϕ eine reellwertige Funktion mit Träger im Intervall $[-R, R]$, mit d verschwindenden Momenten im Nullpunkt und $\int \phi = 1$. Wir definieren eine approximierende Einheit durch $\phi_a(t) = a\phi(at-t_0)$. Dann gilt

$$\begin{aligned}\langle \phi_a, f \rangle &= \int a\phi(at-t_0)f(t)\,dt \\ &= f(t_0) + \frac{1}{d!}\int f^{(d)}(t_1(t))(t-t_0)^d a\phi(at-t_0)\,dt.\end{aligned}$$

Hierbei haben wir Gleichungen 1.81 und 1.82 verwendet, um die zweite Formelzeile zu erhalten. Eine Standardabschätzung des Integrals liefert dann

$$|\langle \phi_a, f \rangle - f(t_0)| \leq \frac{2M}{d!}\left(\frac{R}{a}\right)^d. \qquad (1.83)$$

Dies zeigt für $a \to \infty$, daß das innere Produkt von der Ordnung d gegen den Funktionswert konvergiert, oder äquivalent, daß der Funktionswert eine Schätzung d-ter Ordnung für das innere Produkt liefert.

1.5 Übungsaufgaben

1. Es sei $f(t) = e^{-[\log|t|]^2}$. Man zeige, daß für jedes N die Aussage $f(t) = O(|t|^{-N})$ für $t \to \infty$ gilt, daß es aber kein $\epsilon > 0$ gibt, für das $f(t) = O(e^{-\epsilon t})$ für $t \to \infty$ folgt.

1.5 Übungsaufgaben

2. Es sei T eine temperierte Distribution, und für eine Funktion ϕ der Schwartz–Klasse sei $\phi_y(x) = \phi(x+y)$. Man zeige für $\psi(y) = T(\phi_y)$, daß ψ auch eine Funktion der Schwartz–Klasse ist.

3. Man zeige, daß die Funktionenmenge $\{1, \sqrt{2}\cos 2\pi nx, \sqrt{2}\sin 2\pi nx : n = 1,2,\ldots\}$ orthonormal ist bezüglich des hermiteschen Skalarproduktes in Gleichung 1.11, d.h., man zeige

$$\langle \sqrt{2}\cos 2\pi nx, \sqrt{2}\sin 2\pi mx \rangle = 0, \quad \text{für alle } n,m \in \mathbf{Z};$$
$$\langle \sqrt{2}\cos 2\pi nx, \sqrt{2}\cos 2\pi mx \rangle = 0, \quad \text{für alle } n,m \in \mathbf{Z},\ n \neq m;$$
$$\langle \sqrt{2}\sin 2\pi nx, \sqrt{2}\sin 2\pi mx \rangle = 0, \quad \text{für alle } n,m \in \mathbf{Z},\ n \neq m; \text{ und}$$
$$\|1\| = \|\sqrt{2}\sin 2\pi nx\| = \|\sqrt{2}\cos 2\pi nx\| = 1.$$

4. Man zeige: Ist $f = g$ in $L^2([0,1])$ und sind f und g stetig, so gilt $f(x) = g(x)$ für jedes x.

5. Man zeige, daß die Funktionen $\phi_k(x) = \mathbf{1}(Nx - k)$, $k = 0, 1, \ldots, N-1$, in $L^2([0,1])$ orthogonal sind. Wie kann man diese Funktionenmenge orthonormieren? Man zeige, daß man für kein N ein vollständiges System erhält.

6. Man zeige, daß die durch $\omega_j(k) = \frac{1}{\sqrt{N}}\exp(2\pi ijk/N)$ definierten Vektoren $\omega_j \in \mathbf{C}^N$, $j = 0, 1, \ldots, N-1$, eine orthonormale Basis von $\mathbf{C}^N$ bilden.

7. Man zeige, daß die Infima $\triangle x$ und $\triangle \xi$ angenommen werden, indem man x_0 wie in Gleichung 1.60 und ξ_0 wie in Gleichung 1.61 wählt.

8. Man zeige: Gehört $\psi = \psi(x)$ zu $L^2(\mathbf{R})$ und ist $\triangle x(\psi)$ endlich, so gehört ψ zu $L^1(\mathbf{R})$. (Hinweis: Man wende die Cauchy–Schwarz–Ungleichung auf $\int \frac{\sqrt{1+x^2}\,\psi(x)}{\sqrt{1+x^2}}\,dx$ an.)

9. Man berechne $\triangle x(u)$ und $\triangle \xi(u)$ für $u(x) = e^{-\pi x^2/2}$. (Hinweis: $\int_{\mathbf{R}} |u(x)|^2\,dx = 1$.)

10. Man zeige, daß $\triangle x(u) \cdot \triangle \xi(u)$ invariant bleibt, falls wir u durch v ersetzen, wenn $v = v(x)$ durch einen der folgenden Fälle gegeben ist:

    (a) $v(x) = s^{-1/2} u(x/s)$ für beliebiges $s > 0$;
    (b) $v(x) = e^{2\pi ifx} u(x)$ für beliebiges $f \in \mathbf{R}$;
    (c) $v(x) = u(x-p)$ für beliebiges $p \in \mathbf{R}$.

11. Wir setzen $u = u_0 = \mathbf{1}_{[0,1]}$ und definieren u_n rekursiv durch

$$u_{n+1}(t) = u_n(t)\left[u_n(3t) + u_n(3t-2)\right].$$

Man zeige $\operatorname{diam\,supp} u_n = 1$, obwohl $|\operatorname{supp} u_n| = (2/3)^n$, und man beweise, daß

$$\operatorname{diam\,supp} u_n * u_n = |\operatorname{supp} u_n * u_n| = 2.$$

2 Programmiertechniken

Unser Ziel ist es, einige der Algorithmen unserer mathematischen Untersuchungen in Computerprogramme umzusetzen. Dies erfordert ebensoviel Überlegung und Geschick wie der Entwurf der Algorithmen selbst. Man hat dabei auch auf viele Gefahren zu achten, da es keine akzeptable Prozedur gibt, die beweist, daß eine Computerimplementierung eines nichttrivialen Algorithmus richtig ist. Selbst wenn der zugrundeliegende Algorithmus mathematisch korrekt ist, können die Einzelheiten der Rechnung in der Praxis immer noch zu unerwarteten Ergebnissen führen. Deshalb befassen wir uns im ersten Teil dieses Kapitels mit einer Auflistung der wichtigsten Probleme, die bei der Umsetzung einer mathematischen Analyse in Software auftreten können.

Der zweite Teil widmet sich der Auflistung einiger Datenstrukturen, die in die späteren Überlegungen eingehen werden; andere werden später nach Bedarf eingeführt. Wir bezwecken damit, den Leser mit unserem Schema der Darstellung von Algorithmen vertraut zu machen; ebenso dient dies dazu, einen Überblick über einige gebräuchliche Manipulationstechniken bei Bäumen, Feldern, usw. zu geben.

2.1 Rechnen unter realen Bedingungen

Unsere Algorithmen sollen auf typischen Rechnern implementiert werden; dabei müssen einige praktische Randbedingungen beachtet werden.

2.1.1 Endlichkeit

Ein Computer kann reelle Zahlen nur mit endlicher Genauigkeit darstellen. Aus Gründen der Effizienz wird diese Genauigkeit normalerweise für alle Größen fixiert, die während der Rechnung auftreten. So gibt es für jeden Computer eine kleine Zahl $\epsilon_f > 0$ derart, daß für alle $0 \leq \epsilon \leq \epsilon_f$ noch $1.0 + \epsilon = 1.0$ gilt, während $1.0 + \epsilon' \neq 1.0$ für alle $\epsilon' > \epsilon_f$. Dann ist $\log_{10}(1/\epsilon_f)$ die maximale Stellenzahl, die bei Rechnung mit dieser Maschine garantiert werden kann; in einer Binärmaschine gibt es höchstens $\log_2(1/\epsilon_f)$ Bits in der Mantisse einer Gleitkommazahl. In Standard C [98] hat ϵ_f den Namen FLT_EPSILON. In einem typischen Arbeitsplatzrechner wie zum Beispiel demjenigen, den ich zum Schreiben dieser Zeilen benutze, nimmt diese Größe den Wert $1.19209290 \times 10^{-7}$ an.

Gewöhnlich sind Computer auch in der Lage, Rechnungen effizient in doppelter Genauigkeit auszuführen. Hierzu gehört ein kleineres ϵ_f, das in Standard C mit DBL_EPSILON bezeichnet wird. In meiner ziemlich typischen Maschine nimmt DBL_EPSILON den Wert $2.2204460492503131 \times 10^{-16}$ an.

Wegen der Genauigkeitsschranke zeigt Computerarithmetik einige spezielle Unterschiede zur exakten Arithmetik wie zum Beispiel:

2.1 Rechnen unter realen Bedingungen

- Addition ist nicht assoziativ: $(1.0 + \epsilon_f) + \epsilon_f = 1.0 \neq 1.0 + (\epsilon_f + \epsilon_f)$.

- Eine unendliche Reihe $\sum_{n=1}^{\infty} a(n)$ konvergiert genau dann, wenn $a(n) \to 0$ für $n \to \infty$ gilt. Ist $a(n) \to 0$ erfüllt, divergiert aber die Reihe in exakter Arithmetik, so hängt der Grenzwert bei Arithmetik endlicher Präzision sowohl von dem Wert für ϵ_f ab, als auch von der Reihenfolge der Summation.

- Jede Matrix ist invertierbar. Jede Matrix ist auch diagonalisierbar. Allgemein gilt bei Arithmetik endlicher Präzision eine Aussage für alle Matrizen, falls sie auf einer dichten offenen Teilmenge von Matrizen erfüllt ist.

Diese speziellen Eigenschaften können durch zwei einfache Vorsichtsmaßnahmen berücksichtigt werden:

1. In einer arithmetischen Zuweisung $a = b + c$ sollte das Verhältnis von je zwei Größen nicht in der Nähe von ϵ_f liegen oder kleiner als ϵ_f sein.

2. Wir sollten jeden Algorithmus vermeiden, der den relativen Fehler eines Parameters um $1/\epsilon_f$ oder mehr vergrößert.

Die zweite Vorsichtsmaßnahme müssen wir befolgen, weil der Fehler in einer berechneten Größe nie kleiner sein kann, als der Betrag, um den sie sich ändert, wenn die Eingabeparameter um den relativen Fehler ϵ_f oder weniger geändert werden. Für Operationen wie zum Beispiel die Multiplikation einer $n \times n$ Matrix A mit einem Vektor ist diese Fehlerverstärkung gegeben durch die *Konditionszahl cond(A)*, die für $n \to \infty$ eventuell stark wachsen kann. Eine Vergrößerung des Fehlers um $1/\epsilon_f$ liefert ein vollkommen sinnloses Ergebnis; manchmal wird schon eine kleinere Vergrößerung des Fehlers einen unakzeptablen Genauigkeitsverlust bewirken.

Wir müssen zweitens in Erwägung ziehen, daß die Anzahl der Speicherplätze endlich ist; deshalb muß unsere Analysis notwendig in einem endlich–dimensionalen Raum stattfinden. Die Funktionswerte einer „allgemeinen" stetigen Funktion können nicht sämtlich abgespeichert werden, da die stetigen Funktionen sogar auf dem Intervall $[0, 1]$ einen unendlich–dimensionalen Raum bilden. Höchstens eine Approximation endlichen Rangs an eine stetige Funktion kann gespeichert werden, wie zum Beispiel eine endliche Folge von Funktionswerten $\{f(k/N) : k = 0, 1, 2, \ldots, N - 1\}$. Die einzelnen Eigenschaften der Approximation beeinflussen dann jede weitere Rechnung.

2.1.2 Programmiersicherheit

Zwischen der mathematischen Herleitung eines Algorithmus und der Ausführung einer geeigneten Implementierung auf einer speziellen Maschine liegen viele Möglichkeiten, Fehler einzuschleppen. Die Formeln der exakten Arithmetik können auf einer Maschine endlicher Präzision instabile Algorithmen erzeugen. Mehrdeutigkeit in der Programmiersprache kann zu unerwarteten Ergebnissen führen. Andere Fehler können über automatische Übersetzungsschritte wie z.B. der Compilierung eines Programms zu Maschineninstruktionen eingeführt werden. Schließlich kann es auftreten, daß eine typische Maschine sich nicht genau nach ihren Spezifikationen verhält oder daß diese Spezifikationen nicht genau definiert sind. Wir werden deshalb nicht versuchen zu beweisen, daß ein vorgegebenes Computerprogramm richtig ist. Vielmehr werden wir auf gewisse sinnvolle Regeln achten, die zur Reduktion der Fehlerwahrscheinlichkeit führen.

Regel 1: Halte die Implementierung einfach. Wir benutzen eine wohldefinierte Sprache und lassen nur einfachste Konstruktionen zu. Wir werden eher explizit sein als uns auf Voreinstellungen zu verlassen, und wir werden es vermeiden, Berechnungen in lange komplexe Anweisungen zusammenzufassen.

Regel 2: Prüfe regelmäßig deine Voraussetzungen. Standard C enthält eine Funktion `assert()`, die einen logischen Ausdruck testet und eine Fehlermeldung liefert, falls dem Ausdruck der Wert „falsch" zugewiesen ist. Dieser Ausdruck oder „assertion" ist der einzige Eingangsparameter: zum Beispiel wird

```
assert( N>0 )
```

eine Fehlermeldung übergeben und das Programm beenden, falls die Variable N den Wert Null annimmt oder negativ ist. Wann immer wir eine Voraussetzung machen, können wir diese vor der weiteren Rechnung verifizieren. Versäumnisse solcher Tests werden wir nicht zu beheben versuchen.

Regel 3: Prüfe Eingabe- und Ausgabedaten mit dem gesunden Menschenverstand. Jede zu berechnende Funktion wird für jeden ihrer Eingabeparameter einen festen Definitionsbereich haben. Auch mögen zwischen den Eingabeparametern gewisse Beziehungen bestehen. Wir können deshalb vor der Ausführung die Parameter auf ihre Gültigkeit prüfen. Ebenso wird jede Funktion für die Ausgabewerte einen gewissen Bereich vorsehen, und es werden gewisse Beziehungen zwischen diesen gelten. Wir können dies beim Ausgang oder kurz davor testen. Diese Tests verhindern die Fortpflanzung gewisser Fehlertypen.

Regel 4: Schreibe kurze Funktionsdefinitionen und teste sie einzeln. Unsere Algorithmen lassen sich in viele kleine Rechenblöcke aufspalten; deshalb ist es natürlich, sie in der Form von vielen kleinen Funktionen zu implementieren. So ergeben sich vorteilhafte Möglichkeiten, die Voraussetzungen zu prüfen und die Funktionen zu testen. Wir können auch einzelne Teile auf ihre Eingabeparameter mit bekannten Ausgabewerten testen, bevor wir sie in ein großes Programm einbinden, das für einen Test zu umfangreich ist. Falls eine Funktion invertierbar ist, so kann man dies dadurch prüfen, daß man die Inverse implementiert und testet, ob die Verknüpfung der beiden Funktionen auf einer großen Menge von Eingabedaten die Identität liefert.

2.1.3 Pseudocode

Alle Algorithmen in diesem Text sind in Standard C implementiert und auf der optionalen Diskette zu finden, die wie im Vorwort des Buches erwähnt erhältlich ist. Nach meiner Erfahrung behindert die Syntax einer Programmiersprache den Leser dabei, die Hauptschritte in einem Algorithmus zu verstehen. Dazu kommt, daß ein übersichtlicher Computerausdruck enorm viel Papier verschwendet; so können die elektronische Form und die ausgedruckte Form einer Funktionsdefinition ziemlich verschieden aussehen.

Anstatt diese Implementierungen innerhalb des Textes abzudrucken, habe ich mich deshalb entschieden, die Algorithmen in der Form von Pseudocodes darzustellen. In vielen Fällen kann der Pseudocode des Textes auch als Kommentar zum Quellcode auf der Diskette gefunden werden. Jeder Leser, der solche Pseudocodes ablehnt, kann die Standard C Programme reformatieren und ausdrucken und auf diese Weise die Algorithmen studieren.

Der Pseudocode ähnelt Algol-basierten Sprachen wie Pascal, FORTRAN, BASIC oder Standard C. Ich gehe davon aus, daß der Leser dies leicht in eine dieser Sprachen übersetzen kann. Die Deklaration von Daten und Variablentypen wird unterlassen. Wir legen uns auf keine Bezeichnungskonvention fest; der Datentyp kann einfach aus dem Zusammenhang erkannt werden, und Variablen werden in Großbuchstaben geschrieben, um sie leichter zu identifizieren. Eine Variable wird immer zuerst auf der linken Seite eines zugehörigen Zuweisungsbefehls auftreten. Die Verwendung nicht initialisierter globaler Variablen wollen wir strikt unterlassen.

Funktionsnamen werden wir immer in Kleinbuchstaben schreiben, gefolgt von einer Klammer, die die Parameterliste enthält. Wenn wir eine Funktion das erste Mal definieren, werden wir nach der Parameterliste einen Doppelpunkt schreiben um anzudeuten, daß die Definition hier beginnt. Andere Satzzeichen werden wir vermeiden und höchstens bei der Kennzeichnung der Anteile einer Datenstruktur einsetzen. Kurze Kennzeichnungen und die Beschreibung von Aktionen werden wir sowohl in Groß- als auch in Kleinbuchstaben darstellen; sie können von Funktionsnamen durch das Fehlen der Klammern unterschieden werden.

Eine Feldindizierung wird gekennzeichnet durch einen Index zwischen eckigen Klammern. Glieder einer Datenstruktur trennen wir durch einen Punkt. Operationen werden immer von links nach rechts abgearbeitet; Let LIST[J].VAL = X-Y-Z bedeutet also „werte $(x-y)-z$ aus und weise den Wert dem Glied VAL der Datenstruktur zum Index j im Feld der Datenstrukturen LIST[] zu." Man beachte, wie wir eine Variable, die ein Feld darstellt, dadurch hervorheben, daß wir ein leeres Klammerpaar anhängen. Ein Feld von Feldern kann durch zwei leere Klammerpaare gekennzeichnet werden: MATRIX[][]. Ebenso betont die Schreibweise sqrt(), daß wir eine Funktion vorliegen haben, die eine nicht leere Parameterliste besitzen kann, wobei diese Parameter augenblicklich nicht von Interesse sind.

Die Operationen %, <<, >>, &, | und ^ benutzen wir aus Standard C, und wir verstehen darunter den Rest (bei Ganzzahldivision), den Links–Shift bzw. Rechts–Shift, und die bitweise Konjunktion, Disjunktion und exklusive Oder–Verknüpfung. Ebenso benutzen wir die logischen Operatoren !, &&, ||, == und != aus Standard C, um NOT, AND, OR, EQUAL und NOT EQUAL zu bezeichnen. Wir verwenden auch die Präprozessorsyntax von Standard C. Betrachten wir zum Beispiel das folgende Paar von Ausdrücken:

```
#define PI (3.141593)
#define SQUARE(X) ((X)*(X))
```

Dies bedeutet folgendes: Tritt der Ausdruck SQUARE(PI*Y) in einem Pseudocode auf, so soll er durch ((PI*Y)*(PI*Y)) und weiter durch (((3.141593)*Y)*((3.141593)*Y)) ersetzt werden.

Pseudocode setzen wir vom Text dadurch ab, daß wir früheren Computernutzern entgegenkommen und Schreibmaschinensatz verwenden. Die Struktur wird dabei durch Einrücken hervorgehoben. Unsere Anweisungen und Kennzeichnungen werden denen in der folgenden Liste von Beispielen ähneln:

- Zuweisungen:

    ```
    Let VAR = VALUE
    ```

- Aufruf einer zuvor definierten Funktion, einschließlich rekursiver Aufrufe:

    ```
    allocate( ARRAY, LENGTH )
    ```

- Kurzschreibweise für Addition und Subtraktion, Multiplikation und Division:

    ```
    VAR1 += INCR        VAR3 *= MULT
    VAR2 -= DECR        VAR4 /= DIV
    ```

- Bedingte Verzweigungen:

    ```
    If X is even then
       Let Y = X/2
    Else
       Let Y = (X+1)/2
    ```

- For-Schleifen:

    ```
    For J = A to B
       Let ARRAY[J] = J
    ```

    Der Schleifenindex wird bei jedem Durchgang um 1 erhöht. Im Fall B<A wird keine Anweisung ausgeführt.

- While-Schleifen:

    ```
    Let K = N
    While K > 0
       NFACFAC *= K
       K -= 2
    ```

- Return-Anweisungen, die den Wert angeben, der durch eine Funktion zurückgegeben wird:

    ```
    Return OUTVAL
    ```

Ist hier kein Wert benannt, so bedeutet dies, daß die Funktion nur nebenbei wirkt und keine explizite Ausgabe zurückgibt. Da eine Funktion gemäß Voreinstellung nach der letzten Zeile ihrer Definition automatisch zurückkehrt, brauchen wir in diesem Falle das Return-Statement nicht anzugeben.

2.1.4 Übliche Programmierhilfen

Gewisse Funktionen werden so oft benutzt, daß wir ihre globale Verfügbarkeit annehmen wollen:

- *max(x,y)*: gibt den größeren Wert von x oder y zurück. Dies kann in Standard C als ein Präprozessor-Makro implementiert werden, das den *bedingten Ausdruck* Z?X:Y benutzt; dieser Ausdruck ist gleich X, falls Z wahr ist, und gleich Y, falls Z falsch ist:

    ```
    #define max(x,y)         ((x)>(y)?(x):(y))
    ```

- *min(x,y)*: gibt den kleineren Wert von x oder y zurück. Dies kann in Standard C ebenfalls als ein Präprozessor-Makro implementiert werden:

    ```
    #define min(x,y)         ((x)<(y)?(x):(y))
    ```

- *absval(x)*: gibt den Absolutwert von x zurück, unabhängig vom arithmetischen Typ. In Standard C können wir das folgende Präprozessor-Makro benutzen:

    ```
    #define absval(x)        ((x)<0? -(x):(x))
    ```

- *sqrt(x)*: übergibt die Quadratwurzel der Gleitkommazahl x. Wir nehmen an, daß der Fall $x < 0$ zu einem Programmabbruch führt.

- *sin(x), cos(x), exp(x), log(x)*: gibt den Wert des Sinus, des Cosinus, der Exponentialfunktion und der Logarithmusfunktion zurück, ausgewertet in der Gleitkommazahl x. Wir nehmen an, daß Ausnahmen wie $x \leq 0$ in $\log x$ einen Programmabbruch bewirken.

2.2 Strukturen

Hier fassen wir die Definitionen der grundlegenden Datenstrukturen zusammen und der Funktionen, die diese verarbeiten. Man kann die meisten hiervon in anderen Texten über Computerprogrammierung finden; sie sind hier der Vollständigkeit halber eingefügt und dienen als Beispiele für Pseudocodes.

2.2.1 Komplexe Arithmetik

Zunächst wählen wir zwischen Gleitkomma-Arithmetik mit einfacher oder doppelter Genauigkeit. Zur Bezeichnung von Gleitkommazahlen können wir in Standard C den nicht reservierten Datentyp *REAL* verwenden. Dies kann durch ein Präprozessor-Makro erfolgen, das gegebenenfalls leicht geändert werden kann:

```
#ifndef REAL
# define REAL float
#endif
```

Um zu doppelter Genauigkeit überzugehen, ersetzen wir diese Definition einfach durch:

```
#define REAL double
```

Für die spätere Anwendung als Eingabe und Ausgabe für die DFT definieren wir als nächstes den Datentyp *COMPLEX*. Er sollte zwei Teile haben:

- *COMPLEX.RE* als Realteil,

- *COMPLEX.IM* als Imaginärteil.

Die beiden Teile sollten von dem gleichen Datentyp REAL sein wie gewöhnliche Gleitkommazahlen.

Komplexe Addition ist einfach genug, um sie bei Bedarf komponentenweise auszuführen, aber komplexe Multiplikation ist so aufwendig, daß sie über ein Präprozessor–Makro implementiert werden sollte:

Multiplikation zweier Datenstrukturen vom Typ COMPLEX

```
#define CCMULRE(Z1, Z2)      ( Z1.RE*Z2.RE - Z1.IM*Z2.IM )
#define CCMULIM(Z1, Z2)      ( Z1.RE*Z2.IM + Z1.IM*Z2.RE )
```

Man beachte, daß wir Real- und Imaginärteil des Produktes getrennt berechnen. Falls wir darüber hinaus explizit auf den Real- und Imaginärteil des zweiten Faktors Bezug nehmen wollen, können wir die folgende Variante benutzen:

Multiplikation von COMPLEX mit einem Paar von REALs

```
#define CRRMULRE(Z, YRE, YIM)      ( Z.RE*YRE - Z.IM*YIM )
#define CRRMULIM(Z, YRE, YIM)      ( Z.RE*YIM + Z.IM*YRE )
```

2.2.2 Intervalle

Um einen Abschnitt eines abgetasteten Signals zu beschreiben, benötigen wir einen Vektor von reellen Zahlen. Der Bequemlichkeit halber lassen wir als Index für diesen Vektor sowohl positive, als auch negative ganze Zahlen zu; in diesem Falle müssen wir den *Anfangs-* und den *Endindex* und zusätzlich einen Zeiger auf die mit *Null* indizierte Vektorkomponente speichern. Deshalb benötigen wir eine Datenstruktur vom Typ *INTERVAL*, die die folgenden Teile enthält:

- *INTERVAL.ORIGIN*, ein Zeiger auf den Index Null eines Datenvektors,

- *INTERVAL.LEAST*, der Anfangsindex im Vektor,

- *INTERVAL.FINAL*, der Endindex im Vektor.

2.2 Strukturen

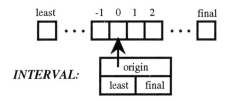

Bild 2.1 INTERVAL Datenstruktur und zugehöriger Vektor.

Ein INTERVAL X enthält im zugehörigen Datenvektor `1+X.FINAL-X.LEAST` Komponenten. Schematisch ist dies in Bild 2.1 dargestellt, zusammen mit dem Zeiger ORIGIN, der auf den Datenvektor zeigt.

Sind Anfangs- und Endindex als Parameter gegeben, so können wir ein Intervall anlegen und mit einem eventuell vorgegebenen Datenvektor belegen:

Anlegen eines Intervalls und Zuweisung des Datenvektors

```
makeinterval( DATA, LEAST, FINAL ):
    Allocate an INTERVAL at SEG with all members 0
    Let LENGTH = 1+FINAL-LEAST
    If LENGTH>0 then
        Allocate an array of LENGTH REALs at SEG.ORIGIN
        Shift SEG.ORIGIN -= LEAST
        If DATA != NULL then
            For K = LEAST to FINAL
                Let SEG.ORIGIN[K] = DATA[K-LEAST]
    Let SEG.LEAST = LEAST
    Let SEG.FINAL = FINAL
    Return SEG
```

Um den Datenvektor eines Intervalls freizugeben, ist es notwendig, den Zeiger zurückzusetzen zur Position, die er beim Anlegen des Intervalls eingenommen hat:

Freigeben eines Intervalls und dessen Datenvektor

```
freeinterval( SEG ):
    If SEG != NULL then
        If SEG.ORIGIN != NULL then
            Shift SEG.ORIGIN += LEAST
            Free SEG.ORIGIN
        Free SEG
    Return NULL
```

Eine einfache Laufbereichskontrolle dient dazu, nur solche Vektorpositionen zuzulassen, die zwischen den Indexgrenzen liegen:

Kontrolle, ob ein Relativzeiger innerhalb eines Intervalls steht

```
ininterval( SEGMENT, OFFSET ):
  If SEGMENT.ORIGIN != NULL then
    If OFFSET>=SEGMENT.LEAST && OFFSET<=SEGMENT.FINAL then
      Return TRUE
  Return FALSE
```

Als nächstes schreiben wir eine kurze Schleife, die die Gesamtlänge eines Vektors aus disjunkten Intervallen berechnet, und ein weiteres Hilfsprogramm, das den Datenvektor in einem Intervall vergrößert und den Relativzeiger neu anpaßt. Ist das alte Intervall schon mit Daten belegt, so kopieren wir diese in den neuen, vergrößerten Vektor.

Gesamtlänge in einer Liste von nicht überlappenden Intervallen

```
intervalstotal( IN, N):
  Let TOTAL = 0
  For K = 0 to N-1
    TOTAL += 1 + IN[K].FINAL - IN[K].LEAST
  Return TOTAL
```

Vergrößerung eines Intervalls bei Erhalt der Speicherbelegung

```
enlargeinterval( OLD, LEAST, FINAL ):
  If OLD.ORIGIN == NULL then
    Let LENGTH = 1+FINAL-LEAST
    If LENGTH>0 then
      Allocate an array of LENGTH REALs at OLD.ORIGIN
      Shift OLD.ORIGIN -= LEAST
      Let OLD.LEAST = LEAST
      Let OLD.FINAL = FINAL
  Else
    If OLD.LEAST<LEAST || OLD.FINAL>FINAL then
      Let LEAST = min( OLD.LEAST, LEAST )
      Let FINAL = max( OLD.FINAL, FINAL )
      Let LENGTH = 1 + FINAL-LEAST
      If LENGTH>0 then
        Allocate an array of LENGTH REALs at NEWDATA
        Shift NEWDATA -= LEAST
        For J = OLD.LEAST to OLD.FINAL
          Let NEWDATA[J] = OLD.ORIGIN[J]
        Shift OLD.ORIGIN += OLD.LEAST
        Deallocate OLD.ORIGIN[]
        Let OLD.ORIGIN = NEWDATA
        Let OLD.LEAST = LEAST
        Let OLD.FINAL = FINAL
  Return OLD
```

2.2 Strukturen

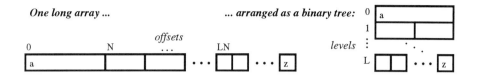

Bild 2.2 Multiskalen–Analysen, die zu einem langen Vektor verkettet sind.

Wir nehmen an, daß OLD vorbelegt ist, lassen jedoch zu, daß der Datenvektor einen Nullzeiger enthält. Man beachte, daß wir auf positive Länge des neuen Datenvektors testen. Ist dies nicht der Fall, so wird keine Änderung vorgenommen. Dies dient der geeigneten Handhabung von gewissen Grenzfällen. Es ist für die Freigaberoutine auch wichtig, daß OLD.ORIGIN+OLD.LEAST immer die Anfangsposition des Datenvektors ist, mit dem INTERVAL belegt ist.

2.2.3 Binärbäume

Felder von Binärbäumen

Eine adaptive Analyse enthält eine Vielzahl von Darstellungen eines Signals, das in sukzessiv kleinere Blöcke aufgeteilt und in jedem Block nach lokalen Basen entwickelt wird. Sind diese Blöcke in der herkömmlichen Weise indiziert derart, daß jedes Teilintervall der Anteil eines Vektors ist, der mit Adressabstand Null startet, so können diese Vektoren wie in Bild 2.2 zu einem langen Vektor verkettet werden.

Die Verwendung eines solchen langen Vektors hat den Vorteil, daß nur eine Speicherbelegung reserviert werden muß. Der Zugriff auf ein Element erfordert dann nur die Kenntnis des Relativabstands im Vektor. Auch sieht fast jede Programmiersprache Datentypen für Felder vor, so daß keine zusätzlichen Typen definiert werden müssen. Um das Feld eines Binärbaums für L Zerlegungen eines Signals der Länge N zu erzeugen, reservieren wir einen Vektor der Länge $(L+1)N$. Von da an müssen wir den Zeiger auf das erste Element nachhalten, bis wir den Speicher wieder freigeben.

Der erste Index eines Blocks im Feld eines Binärbaums kann auf so einfache Weise berechnet werden, daß die zugehörige Funktion am besten als Präprozessor–Makro implementiert wird:

```
#define abtblock(N,L,B) ((L)*(N)+(B)*((N)>>(L)))
```

Ebenso kann die Länge eines Blocks durch ein anderes Präprozessor–Makro berechnet werden:

```
#define abtblength(N,L) ((N)>>(L))
```

Binärbaumknoten

Das grundlegende Element in einem Binärbaum ist die Datenstruktur eines *Binärbaumknotens (binary tree node)*, den wir als Typ *BTN* definieren und der zumindest die fol-

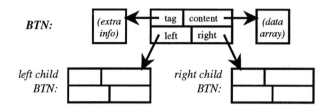

Bild 2.3 Teil eines Baumes von BTN Datenstrukturen.

genden Teile enthält:

- *BTN.CONTENT*, das Intervall oder was auch immer durch den Knoten repräsentiert wird,

- *BTN.LEFT*, ein Zeiger auf den linken Nachfolger dieses Knotens,

- *BTN.RIGHT*, ein Zeiger auf den rechten Nachfolger dieses Knotens.

Es ist oft nützlich, in einer solchen Struktur zusätzliche Information zu speichern; wir fügen deshalb ein Teil ein, das zum Hinweis auf einen Informationsblock benutzt werden kann:

- *BTN.TAG*, ein Zeiger auf eine Datenstruktur, die weitere Information über diesen Knoten enthält.

Bild 2.3 verdeutlicht, wie die Knoten zu einem Baum zusammengefaßt werden können. Zum Beispiel kann der Teil „content" eine INTERVAL Datenstruktur sein, die für jeden Knoten separat angelegt werden kann. Es kann sich aber auch um einen Zeiger auf einen einzelnen langen Vektor handeln, der alle Knoten des Baumes enthält, wobei die Indexgrenzen aus der Position des BTN innerhalb des Baumes berechenbar sind.

Wenn wir eine BTN Datenstruktur anlegen, können wir gleichzeitig einen Inhalt (content) und eine Kennzeichnung (tag) zuweisen:

Anlegen einer BTN Datenstruktur mit gegebenen Anteilen

```
makebtn( CONTENT, LEFT, RIGHT, TAG ):
    Allocate a BTN data structure at NODE
    Let NODE.TAG = TAG
    Let NODE.CONTENT = CONTENT
    Let NODE.LEFT = LEFT
    Let NODE.RIGHT = RIGHT
    Return NODE
```

Durch den Aufruf `makebtn(CONTENT,NULL,NULL,TAG)` können wir einen Knoten anlegen, der an Stelle der Kinder Nullzeiger enthält.

Um eine BTN Struktur freizugeben, prüfen wir zuerst, ob Inhalt und Kennzeichnung gültige Zeiger enthalten, und geben zuerst diese Speicherbereiche frei:

Freigabe einer BTN Struktur mit Inhalt und Kennzeichnung

```
freebtn( NODE, FREECONTENT, FREETAG ):
    If NODE != NULL then
        If NODE.CONTENT != NULL && FREECONTENT != NULL then
            Deallocate NODE.CONTENT with FREECONTENT()
        If NODE.TAG != NULL && FREETAG != NULL then
            Deallocate NODE.TAG with FREETAG()
        Deallocate NODE
    Return NULL
```

Wir sind hier etwas ungenau, weil wir nicht spezifizieren, wie die verschiedenen Arten von Inhalten und Kennzeichnungen freigegeben werden. Diese Prozeduren können verschiedene Hilfsprogramme erforderlich machen.

BTN Bäume

Mit einer rekursiven Funktion bauen wir einen vollständig leeren Baum bis zu einer spezifizierten Stufe (level):

Anlegen eines leeren BTN Baumes spezifizierter Tiefe

```
makebtnt( LEVEL ):
    Let ROOT = makebtn(NULL,NULL,NULL,NULL)
    If LEVEL>0 then
        Let ROOT.LEFT = makebtnt( LEVEL-1 )
        Let ROOT.RIGHT = makebtnt( LEVEL-1 )
    Return ROOT
```

Einen Zeiger auf einen bestimmten Knoten in einem BTN Baum erhalten wir auf folgende Weise:

Auswahl eines BTN aus einem Binärbaum

```
btnt2btn( ROOT, LEVEL, BLOCK )
    If LEVEL==0 || ROOT==NULL then
        Let NODE = ROOT
    Else
        If the LEVEL bit of BLOCK is 0 then
            Let NODE = btnt2btn( ROOT.LEFT, LEVEL-1, BLOCK )
        Else
            Let NODE = btnt2btn( ROOT.RIGHT, LEVEL-1, BLOCK )
    Return NODE
```

Um einen ganzen Baum von BTN Strukturen freizugeben, verwenden wir eine rekursive Funktion, die ebenfalls alle nachfolgenden Knoten freigibt. Um später eine Programmzeile zu sparen, geben wir einen Nullzeiger zurück:

Bild 2.4 Ein Zweig eines BTN Baumes.

Freigabe eines vollständigen Binärbaumes von BTN Strukturen

```
freebtnt( ROOT, FREECONTENT, FREETAG ):
   If ROOT != NULL then
      freebtnt( ROOT.LEFT, FREECONTENT, FREETAG )
      freebtnt( ROOT.RIGHT, FREECONTENT, FREETAG )
      freebtn( ROOT, FREECONTENT, FREETAG )
   Return NULL
```

Will man bei der Freigabe des Baumes die „contents" beibehalten, so rufen wir die Funktion `freebtnt()` mit einem NULL Argument für die FREECONTENT Funktion auf. In ähnlicher Weise erhält man die Teile der „tags", indem man `freebtnt()` mit einem NULL Argument für die FREETAG Funktion aufruft.

Ein *Zweig* eines BTN Baumes ist eine Teilmenge von Knoten, die alle auf einem einzelnen Pfad zur Wurzel liegen. Dies ist durch Bild 2.4 beschrieben.

Um einen Zweig eines BTN Baumes zusammenzusetzen, nämlich denjenigen zwischen der Wurzel und einem Zielknoten, der durch Stufen- und Blockindex spezifiziert ist, benutzen wir das folgende Hilfsprogramm:

Belegen eines Zweiges eines BTN Baumes zu einem Zielknoten

```
btn2branch( ROOT, LEVEL, BLOCK )
   If ROOT==NULL then
     Let ROOT = makebtn(0,0,0,0)
     If the LEVEL bit of BLOCK is 0 then
       Let ROOT.LEFT = btn2branch( ROOT.LEFT, LEVEL-1, BLOCK )
     Else
       Let ROOT.RIGHT = btn2branch( ROOT.RIGHT, LEVEL-1, BLOCK )
   Return ROOT
```

Diese Funktion erwartet als Eingabegrößen eine zuvor angelegte BTN Datenstruktur als Wurzel eines Binärbaumes, und zusätzlich gültige Stufen- und Blockindizes. Sie gibt einen Zeiger zu dem durch diese Indizes beschriebenen Knoten des Binärbaumes zurück, legt alle Zwischenknoten entlang des Zweiges einschließlich des Zielknotens selbst an und hinterläßt Nullzeiger auf die in den angelegten Knoten nicht verwendeten Kinder.

2.2.4 Hecken

In einer adaptiven Analyse müssen wir als Basis eine Teilmenge aus dem Bibliotheks–Baum auswählen. Nach dieser Auswahl ist es notwendig, sie in bequemer Weise so zu beschreiben, daß die Teilmenge und die zugehörigen Korrelationskoeffizienten in der weiteren Rechnung benutzt werden können. Zum Beispiel sollten sie zur Rekonstruktion des ursprünglichen Signals verwendet werden können. Eine mögliche Methode besteht darin, einen Vektor von *Koeffizienten* und einen Vektor von *Stufen (levels)* anzulegen, zusammen mit Zusatzinformation, wie zum Beispiel die maximale Zerlegungsstufe und die Anzahl der Abtastwerte im ursprünglichen Signal.

Wir wollen deshalb eine Struktur für alle diese Daten einführen. Wir nennen dies eine *Hecke (hedge)*, um suggestiv die Verbindung zu einem Baum hervorzuheben. Die Datenstruktur einer Hecke enthält die folgenden Elemente:

- *HEDGE.CONTENTS*, ein Feld von Datenstrukturen, das die Koeffizienten des Signals bezüglich der adaptiven Basis enthält,

- *HEDGE.LEVELS*, die Folge der Stufen in zufälliger Anordnung,

- *HEDGE.BLOCKS*, die Anzahl der Elemente in dem Stufenvektor, auch die Anzahl der Elemente in dem Inhaltsvektor,

- *HEDGE.TAG*, ein Zeiger auf eine optionale Struktur, die Extrainformation über die Zerlegung enthält.

Bild 2.5 zeigt die Beziehung zwischend dem Inhalts-Anteil einer HEDGE Datenstruktur und den Zahlen im Feld eines Binärbaums.

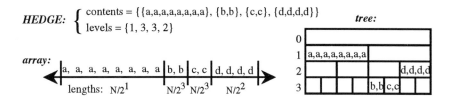

Bild 2.5 Interpretation der Koeffizienten in einer Hecke.

Beim Anlegen einer Hecke können wir simultan ihre Anteile zuweisen. Schreiben wir das Hilfsprogramm in der nachstehenden Form, so können wir eine Hecke aus leeren Vektoren spezifizierter Länge erzeugen, indem wir Nullzeiger als Parameter verwenden:

Anlegen einer Hecke mit vorgegebenen Anteilen

```
makehedge( BLOCKS, CONTENTS, LEVELS, TAG ):
   Allocate a HEDGE data structure at OUT
   Let OUT.BLOCKS = BLOCKS
   If CONTENTS==NULL then
      Allocate an array of BLOCKS pointers at OUT.CONTENTS
   Else
      Let OUT.CONTENTS = CONTENTS
   If LEVELS==NULL then
      Allocate an array of BLOCKS bytes at OUT.LEVELS
   Else
      Let OUT.LEVELS = LEVELS
   Let OUT.TAG = TAG
   Return OUT
```

Bevor wir die Hecke selbst freigeben, geben wir den Inhalt, die Stufenvektoren und den Zeiger der Kennzeichnung frei:

Freigeben einer Hecke und ihrer Anteile

```
freehedge( IN, FREECONTENT, FREETAG ):
   If IN.CONTENTS != NULL then
      For B = 0 to IN.BLOCKS-1
         Deallocate IN.CONTENTS[B] with FREECONTENT()
      Deallocate IN.CONTENTS
   If IN.LEVELS != NULL then
      Deallocate IN.LEVELS
   If IN.TAG != NULL then
      Deallocate IN.TAG with FREETAG()
   Deallocate IN
   Return NULL
```

Die Prozedur für die Freigabe der Anteile geben wir aus gutem Grund vage an; jeder Anteil kann eine eigene Funktion erforderlich machen. Ähnliche Datenstrukturen sind auch bei mehrdimensionalen Problemen nützlich; wir ziehen es deshalb vor, keine Annahmen über den Inhalt oder die Kennzeichnung zu treffen. Die Interpretation des Inhalts kann von der Dimension und von der Zerlegungsmethode abhängen, und wir können sie an anderer Stelle definieren. Ebenso können bei der Kennzeichnung zusätzliche Daten gespeichert werden, die verschiedene Zerlegungsmethoden auf verschiedenen Stufen beschreiben. Man kann dies ausführen, indem man die Kennzeichnung auf jeder Stufe als einen Vektor von Datenstrukturen anlegt.

2.2.5 Atome

Die Koeffizienten in den Ausgabevektoren einer adaptiven Wavelet–Analyse bestehen aus Amplituden, die mit zugehörigen Skalen-, Frequenz- und Ortsindizes gekennzeichnet sind. Um diese Information zu erhalten, können wir Datenstrukturen von *Zeit–Frequenz–Atomen* (*time-frequency atoms*) in ein, zwei und D Dimensionen definieren; diese bezeichnen wir mit *TFA1*, *TFA2* und *TFAD*.

Das eindimensionale Atom besteht aus den vier Anteilen:

- *TFA1.AMPLITUDE*, die Amplitude des Koeffizienten,

- *TFA1.LEVEL*, der Skalenindex,

- *TFA1.BLOCK*, der Frequenzindex,

- *TFA1.OFFSET*, der Ortsindex.

Wir werden diese Parameter dazu verwenden, die Stufe im Zerlegungsbaum, die Blocknummer innerhalb dieser Stufe und den Relativabstand innerhalb des Datenvektors in diesem Block zu kennzeichnen. Diese Größen stehen in Beziehung zur nominellen Länge von 2^{scale} Abtastintervallen, der nominellen Frequenz von $\frac{1}{2}$ (*frequency*) Oszillationen über die nominelle Länge und der nominellen Lage der Abtastintervalle relativ zum Ursprung. Wie diese Beziehung im einzelnen aussieht, hängt von der zugrundeliegenden Wellenform ab.

Die zweidimensionale Datenstruktur *TFA2* enthält sieben Anteile: eine Amplitude und sechs Kennzeichnungen.

- *TFA2.AMPLITUDE*, die Amplitude des Koeffizienten,

- *TFA2.XLEVEL*, der Skalen–Zeilenindex,

- *TFA2.YLEVEL*, der Skalen–Spaltenindex,

- *TFA2.XBLOCK*, die Anzahl der Oszillationen in Zeilenrichtung,

- *TFA2.YBLOCK*, die Anzahl der Oszillationen in Spaltenrichtung,

- *TFA2.XOFFSET*, der Ortsindex innerhalb einer Zeile,

- *TFA2.YOFFSET*, der Ortsindex innerhalb einer Spalte.

Schon in zwei Dimensionen erkennen wir, daß das Problem kombinatorisch explodiert. Die Speicheranforderungen für Signale in der Form von Zeit–Frequenz–Atomen werden mit zunehmender Dimension hinderlich, und das Problem wird dadurch verschlimmert, daß die Anzahl der Kennzeichnungen, die zur Beschreibung der Atome notwendig sind, rasch anwächst. In einem D-dimensionalen Atom *TFAD* werden wir deshalb die Skalen-, Frequenz- und Ortskennzeichnung für alle Dimensionen in einer einzelnen kodierten ganzen Zahl zusammenfassen:

- *TFAD.AMPLITUDE*, die Amplitude des Koeffizienten,
- *TFAD.DIMENSION*, die Dimensionszahl des Signals,
- *TFAD.LEVELS*, eine kodierte Form der D Skalenindizes,
- *TFAD.BLOCKS*, eine kodierte Form der D Frequenzindizes,
- *TFAD.OFFSETS*, eine kodierte Form der D Ortsindizes.

Wenn zum Beispiel der Computer Ganzzahlen von 32-Bit Länge implementiert hat, so kann man mehr als 16×10^{18} verschiedene Frequenz- und Ortskombinationen unterscheiden, wenn man nur zwei Ganzzahlkennzeichnungen für Frequenz und Ort vorsieht. Dies liefert einen hinreichend großen Bereich, der sicher umfangreicher ist als die größten Datenmengen, die von heutigen Computern bewältigt werden können.

2.3 Verknüpfungen

2.3.1 Hecken und Bäume

Wir gehen aus von einem langen Vektor, der zu einer vollständigen adaptiven Wavelet–Analyse gehört, und von einem Stufenvektor, der die Teilmenge einer Graph–Basis beschreibt. Die zugehörige Hecke der Koeffizienten kann dann mit der folgenden Funktion ausgewählt werden:

Aufbau einer Hecke aus dem Feld eines Binärbaums

```
abt2hedge( GRAPH, DATA, LENGTH ):
  Let COLUMN = 0
  For I = 0 to GRAPH.BLOCKS-1
    Let GRAPH.CONTENTS[I] = DATA+COLUMN+LENGTH*GRAPH.LEVELS[I]
    COLUMN += LENGTH>>GRAPH.LEVELS[I]
```

Hierbei ist `LENGTH` die Länge des ursprünglichen Signals, und wir nehmen an, daß der Vektor `OUT.CONTENTS[]` belegt ist mit mindestens `OUT.BLOCKS` Positionen. Wir nehmen an, daß der Inhaltsvektor der Hecke vom gleichen Typ ist wie der des Binärbaums; er enthält Zeiger auf den Baum, die die Nullposition aller Blöcke in der Basismenge der Hecke anzeigen. Wir nehmen auch an, daß die Liste der Stufen für das Feld des Binärbaums in `DATA[]` verfügbar ist.

Bei vorgegebener Hecke können wir die Amplituden in einem Binärbaum–Vektor ablegen. Der folgende Code setzt voraus, daß der Ausgabevektor mit passender Größe in `DATA[]` bereits angelegt ist, und daß der Inhalt der Hecke aus Zeigern auf einen Vektor besteht, der vom selben Typ wie `DATA[]` ist. Er addiert die Amplituden der Hecke in die Komponenten eines Vektors, um mehr Spielraum bei der Erzeugung von Codes zu gewinnen:

2.3 Verknüpfungen

Addieren der Amplituden einer Hecke in einen Binärbaum–Vektor

```
hedge2abt( DATA, GRAPH, LENGTH ):
   Let COLUMN = 0
   For I = 0 to GRAPH.BLOCKS-1
      Let BLENGTH = LENGTH>>GRAPH.LEVELS[I]
      Let BLOCK = DATA + LENGTH*GRAPH.LEVELS[I] + COLUMN
      For J = 0 to BLENGTH-1
         BLOCK[J] += GRAPH.CONTENTS[I][J]
      COLUMN += BLENGTH
```

BTN Bäume

Wir definieren zunächst eine Funktion, die den Inhalts–Anteil aus denjenigen BTNs extrahiert, die in der Liste der Stufen einer Hecke spezifiziert sind:

Auffüllen einer Hecke aus einem BTN Baum

```
btnt2hedge( GRAPH, ROOT ):
   Let MAXLEVEL = 0
   Let FRACTION = 0
   For I = 0 to GRAPH.BLOCKS-1
      Let LEVEL = GRAPH.LEVELS[I]
      If LEVEL>MAXLEVEL then
         FRACTION <<= LEVEL-MAXLEVEL
         Let MAXLEVEL = LEVEL
         Let BLOCK = FRACTION
      Else
         Let BLOCK = FRACTION>>(MAXLEVEL-LEVEL)
      Let NODE = btnt2btn( ROOT, LEVEL, BLOCK )
      Let GRAPH.CONTENTS[I] = NODE.CONTENT
      FRACTION += 1<<(MAXLEVEL-LEVEL)
   Return MAXLEVEL
```

Ist ein BTN Baum vorgegeben, der zu einer vollständigen adaptiven Wavelet–Analyse gehört, und eine teilweise zugewiesene HEDGE, deren Stufenvektoren die Teilmenge einer Graph-Basis innerhalb des Baums beschreibt, so extrahiert `btnt2hedge()` den Inhalt dieses Graphen. Wir nehmen an, daß für den Inhaltsvektor bereits hinreichend viel Speicherplatz reserviert worden ist, um den ganzen Graphen aufzunehmen.

Wir extrahieren die Blöcke in einer Hecke von links nach rechts und setzen die jeweiligen Inhalts–Anteile zu einem Inhaltsvektor der Hecke zusammen. Dabei setzen wir voraus, daß schon Hilfsprogramme existieren, die verschiedene Inhaltsarten eines BTN in einen Inhaltsvektor der Hecke kopieren können; wir brauchen deshalb nicht auf den exakten Typ zu achten. Wir gehen auch nicht näher darauf ein, was mit der Information geschieht, die in der Datenstruktur der Kennzeichnung steht.

Ist umgekehrt eine Hecke verfügbar und sowohl Stufenvektor als auch Inhaltsvektor geeignet zugewiesen, so können wir einen partiellen BTN Baum aufbauen, der den Inhalt in den „stufenspezifizierten" Knoten aufnimmt:

Aufbau eines partiellen BTN Baumes aus einer Hecke

```
hedge2btnt( GRAPH ):
   Let ROOT = 0
   Let MAXLEVEL = 0
   Let FRACTION = 0
   For I = 0 to GRAPH.BLOCKS-1
      Let LEVEL = GRAPH.LEVELS[I]
      If LEVEL>MAXLEVEL then
         FRACTION <<= LEVEL-MAXLEVEL
         Let MAXLEVEL = LEVEL
         Let BLOCK = FRACTION
      Else
         Let BLOCK = FRACTION>>(MAXLEVEL-LEVEL)
      Let ROOT = btn2branch( ROOT, LEVEL, BLOCK )
      Let NODE = btn2btn( ROOT, LEVEL, BLOCK )
      Let NODE.CONTENT = GRAPH.CONTENTS[I]
      FRACTION += 1<<(MAXLEVEL-LEVEL)
   Return ROOT
```

Diese Funktion legt den Inhalts-Anteil der Hecke in die Blattknoten eines partiellen Binärbaums. Sie erzeugt auch Knoten mit leerem Inhalt zwischen den Blättern und der Wurzel.

Man beachte, daß sowohl `hedge2btnt()` als auch `btnt2hedge()` die maximale Tiefe irgendeines Knotens im zugehörigen Baum zurückgibt. Tatsächlich unterscheiden sich die beiden Funktionen nur in zwei Zeilen.

Die Hecke ist vollständig abgearbeitet, falls `FRACTION==(1<<MAXLEVEL)`; dies kann als Abbruchbedingung verwendet werden, falls wir die Anzahl der Blöcke in der Hecke nicht kennen.

Es sollte darauf hingewiesen werden, daß auch natürliche rekursive Versionen dieser Algorithmen angegeben werden können. Diese rekursive Versionen werden vorzugsweise eingesetzt bei der Verallgemeinerung auf mehrdimensionale Probleme.

2.3.2 Atome und Bäume

Wir setzen voraus, daß `DATA` einen mit Nullen vorbelegten Binärbaum-Vektor enthält. Mit der folgenden Schleife können wir ihn mit Amplituden überschreiben, die aus einer Liste `ATOMS[]` von TFA1 Datenstrukturen stammen:

2.3 Verknüpfungen

Übertragen von TFA1s in einen Binärbaum–Vektor

```
tfa1s2abt( DATA, N, ATOMS, NUM ):
  For K = 0 to NUM-1
    Let START = abtblock( N, ATOMS[K].LEVEL, ATOMS[K].BLOCK )
    DATA[START + ATOMS[K].OFFSET] += ATOMS[K].AMPLITUDE
```

Man sollte Laufbereich–Tests vornehmen, bevor man versucht, den Vektor aufzufüllen. Die folgende Funktion prüft zum Beispiel, ob ein Atom in einen Binärbaum–Vektor der Dimension $N \times (1+\text{MAXLEVEL})$ paßt:

Verifikation, daß ein TFA1 in einen Binärbaum–Vektor paßt

```
tfa1inabt( ATOM, N, MAXLEVEL ):
  If ATOM.LEVEL>=0 && ATOM.LEVEL<=MAXLEVEL then
    If ATOM.BLOCK>=0 && ATOM.BLOCK<(1<<ATOM.LEVEL) then
      If ATOM.OFFSET>=0 && ATOM.OFFSET<(N>>ATOM.LEVEL) then
        Return TRUE
  Return FALSE
```

Prüft man einen ganzen Vektor von Atomen, so verwenden wir die folgende Schleife:

Verifikation, daß eine Liste von TFAs in einen Binärbaum–Vektor paßt

```
tfa1sinabt( ATOMS, NUM, LENGTH, MAXLEVEL ):
  For K = 0 to NUM-1
    If !tfa1inabt( ATOMS[K], LENGTH, MAXLEVEL ) then
      Return FALSE
  Return TRUE
```

Als nächstes definieren wir eine Funktion, die eine Amplitude aus einem BTN Baum in den Amplitudenteil eines TFA1 überschreibt; dabei ist die Position der Amplitude im Binärbaum–Vektor, der aus einem Signal von LENGTH Abtastwerten aufgebaut wurde, schon spezifiziert:

Auffüllen eines partiell definierten TFA1 aus einem Binärbaum–Vektor

```
abt2tfa1( ATOM, DATA, LENGTH ):
  Let BLOCK = abtblock( LENGTH, ATOM.LEVEL, ATOM.BLOCK )
  ATOM.AMPLITUDE += DATA[BLOCK+ATOM.OFFSET]
```

Ist ein Vektor ATOMS[] von TFA1 Datenstrukturen vorbelegt und sind Stufen-, Block- und Positionsanteile aufgefüllt mit gültigen Indizes, so können wir für jedes Atom den restlichen Amplitudenteil überschreiben, indem wir ihn von einem Binärbaum–Vektor einlesen:

Auffüllen eines Vektors von TFA1s aus einem Binärbaum–Vektor

```
abt2tfa1s( ATOMS, NUM, DATA, LENGTH ):
  For K = 0 to NUM-1
    abt2tfa1( ATOMS[K], DATA, LENGTH )
```

Atome und BTN Bäume

Wir nehmen an, daß der Inhalts–Anteil eines BTN eine INTERVAL Datenstruktur ist. Mit der folgenden Funktion können wir eine Amplitude aus einer TFA1 Datenstruktur ATOM in ROOT aus einem BTN Baum zuaddieren:

Addition eines TFA1 in einen partiellen BTN Baum

```
tfa12btnt( ROOT, ATOM ):
   Let ROOT = btn2branch( ROOT, ATOM.LEVEL, ATOM.BLOCK )
   Let NODE = btnt2btn( ROOT, ATOM.LEVEL, ATOM.BLOCK )
   If NODE.CONTENT is NULL then
      Let NODE.CONTENT = makeinterval(0, ATOM.OFFSET, ATOM.OFFSET)
   Else
      Let LEAST = min( NODE.CONTENT.LEAST, ATOM.OFFSET )
      Let FINAL = max( NODE.CONTENT.FINAL, ATOM.OFFSET )
      enlargeinterval( NODE.CONTENT, LEAST, FINAL )
   NODE.CONTENT.ORIGIN[ATOM.OFFSET] += ATOM.AMPLITUDE
   Return ROOT
```

Eine Liste von Amplituden kann dann in einen vorbelegten Baum mit der folgenden Schleife überschrieben werden:

Überschreiben einer Liste von TFA1s in einen BTN Baum

```
tfa1s2btnt( ROOT, ATOMS, NUM ):
   For K = 0 to NUM-1
      Let ROOT = tfa12btnt( ROOT, ATOMS[K] )
   Return ROOT
```

Die Effizienz dieses Algorithmus hängt stark von der Anordnung der Liste der Atome ab. Man sollte darauf achten, daß wenig Wiederbelegungen erforderlich sind, d.h. daß in jedem Paar (Stufe, Block) in der Liste der Atome der kleinste und der größte Wert des Positionsanteils vor den dazwischenliegenden Werten stehen sollte. Um diese Anordnung zu erhalten, können wir die Atome unter Bezug auf ihre Kennzeichnung in lexikographische Ordnung bezüglich Stufe und Block bringen; anschließend wird innerhalb jedes Vektors bei vorgegebenem Stufen- und Blockindex einfach das zweite und das letzte Element vertauscht.

Sind die TFA1 Datenstruktur ATOM und der Binärbaum ROOT von BTN Strukturen mit gültigen Stufen-, Block- und Positionsindizes gegeben, so bewirkt der Aufruf von btnt2tfa1(ATOM,ROOT), daß jede Amplitude ungleich Null, die in dem Baum gefunden wird, in den Amplitudenteil jenes Atoms addiert wird:

2.3 Verknüpfungen

Vervollständigen eines TFA1 aus einem BTN Baum von Intervallen

```
btnt2tfa1( ATOM, ROOT ):
  Let NODE = btnt2btn( ROOT, ATOM.LEVEL, ATOM.BLOCK )
  If NODE != NULL
    If NODE.CONTENT != NULL
      If ininterval( NODE.CONTENT, ATOM.OFFSET ) then
        ATOM.AMPLITUDE += NODE.CONTENT.ORIGIN[ATOM.OFFSET]
```

Haben wir eine gültige Indexteilmenge für den BTN Baum mit Wurzel ROOT, so können wir den vorbelegten Vektor ATOMS[] von TFA1 Datenstrukturen vervollständigen, indem wir die Amplituden, die in dem Baum gefunden werden, zuaddieren. Wir nehmen an, daß die Indexteilmenge dem Vektor schon zugewiesen wurde, d.h. ATOMS[K].LEVEL, ATOMS[K].BLOCK und ATOMS[K].OFFSET sind gültige Indizes für $K=0,\ldots,N-1$. Für jedes K wird die Amplitude dann folgendermaßen in das restliche Glied ATOMS[K].AMPLITUDE überschrieben:

Vervollständigen eines Vektor von TFA1s aus einem BTN Baum

```
btnt2tfa1s( ATOMS, NUM, ROOT ):
  For K = 0 to NUM-1
    btnt2tfa1( ATOMS[K], ROOT )
```

2.3.3 Zerlegung einer Hecke in Atome

Aus einer Hecke können wir einen Vektor von Atomen erzeugen, indem wir Block- und Positionsindizes aus der Folge der Stufen berechnen und die Amplituden aus den Datenvektoren des Inhalts-Anteils der Hecke kopieren.

Wir schreiben zuerst ein Hilfsprogramm, das TFA1s aus einer Liste von Amplituden zuweist; diese sollen alle den gleichen Stufen- und Blockindex haben und einen Positionsindex, der bei Null beginnt:

TFA1s aus einem Feld von Amplituden, bei festem Block und fester Stufe

```
array2tfa1s( ATOMS, NUM, AMPLITUDES, BLOCK, LEVEL ):
  For I = 0 to NUM-1
    Let ATOMS[I].AMPLITUDE = AMPLITUDES[I]
    Let ATOMS[I].BLOCK = BLOCK
    Let ATOMS[I].LEVEL = LEVEL
    Let ATOMS[I].OFFSET = I
```

Wir nehmen nun an, daß wir eine Hecke gegeben haben, die eine Basis in einem Binärbaum-Vektor darstellt, der aus der Verarbeitung eines eindimensionalen Signals entstanden ist. Ein Feld von TFA1s von gleicher Länge wie das Signal soll vorbelegt sein. Zusätzlich spezifizieren wir die Länge des Signals und die Tiefe der Zerlegung. Die folgende Funktion füllt die Liste der Atome mit den geordneten Quadrupeln, die durch die Hecke definiert sind:

Zerlegen von HEDGE bekannter Tiefe in eine Liste von TFA1s

```
hedgeabt2tfa1s( ATOMS, GRAPH, LENGTH, MAXLEVEL ):
  Let START = 0
  For J = 0 to GRAPH.BLOCKS-1
    Let LEVEL = GRAPH.LEVELS[J]
    Let BLOCK = START>>(MAXLEVEL-LEVEL)
    Let NUM = abtblength( LENGTH, LEVEL )
    START += NUM
    array2tfa1s( ATOMS, NUM, GRAPH.CONTENTS+J, BLOCK, LEVEL )
    ATOMS += NUM
```

Wir brauchen am Anfang die maximale Stufe in der Hecke oder dem Baum nicht zu spezifizieren, da dies im Verlauf der Prozedur berechnet werden kann. Man achte auf die starke Ähnlichkeit zwischen der folgenden Funktion und `btnt2hedge()`:

Zerlegen von HEDGE in eine Liste von TFA1s

```
abthedge2tfa1s( ATOMS, GRAPH, LENGTH ):
  Let MAXLEVEL = 0
  Let FRACTION = 0
  For J = 0 to GRAPH.BLOCKS-1
    Let LEVEL = GRAPH.LEVELS[J]
    If LEVEL>MAXLEVEL then
      FRACTION <<= LEVEL-MAXLEVEL
      Let MAXLEVEL = LEVEL
      Let BLOCK = FRACTION
    Else
      Let BLOCK = FRACTION>>(MAXLEVEL-LEVEL)
    Let NUM = abtblength( LENGTH, LEVEL )
    array2tfa1s( ATOMS, NUM, GRAPH.CONTENTS+J, BLOCK, LEVEL )
    FRACTION += 1<<(MAXLEVEL-LEVEL)
    ATOMS += NUM
  Return MAXLEVEL
```

Im allgemeinen Fall nehmen wir an, daß die Hecke INTERVAL Datenstrukturen enthält. Die erste Aufgabe ist es, die Gesamtanzahl der Amplituden, die extrahiert werden sollen, oder die Summe der Intervallängen zu berechnen und genügend TFA1s vorzubelegen, die den Posten aufnehmen können. Dies ist der Rückgabewert des Funktionsaufrufs `intervalstotal(GRAPH.CONTENTS,GRAPH.BLOCKS)`, wenn `GRAPH` die betreffende Hecke ist.

Weiter benötigen wir ein Hilfsprogramm, das ein Intervall von Amplituden in eine Liste von Atomen mit vorgegebenen Stufen- und Blockindizes schreibt:

TFA1s aus einem Feld von Amplituden, bei festem Block und fester Stufe

```
interval2tfa1s( ATOMS, SEGMENT, BLOCK, LEVEL ):
  For I = 0 to SEGMENT.FINAL-SEGMENT.LEAST
    Let ATOMS[I].AMPLITUDE = SEGMENT.ORIGIN[I+SEGMENT.LEAST]
    Let ATOMS[I].BLOCK = BLOCK
    Let ATOMS[I].LEVEL = LEVEL
    Let ATOMS[I].OFFSET = I
```

Wir nehmen nun an, daß wir genügend TFA1s angelegt haben, um alle Atome aufnehmen zu können. Diesen werden Amplituden aus der Hecke mit betreffendem Block-, Stufen- und Positionsindex durch die folgende Funktion zugewiesen:

Zerlegen einer Hecke von INTERVALs in eine Liste von TFA1s

```
intervalhedge2tfa1s( ATOMS, GRAPH ):
  Let MAXLEVEL = 0
  Let FRACTION = 0
  For J = 0 to GRAPH.BLOCKS-1
    Let LEVEL = GRAPH.LEVELS[J]
    If LEVEL>MAXLEVEL then
        FRACTION <<= LEVEL-MAXLEVEL
        Let MAXLEVEL = LEVEL
        Let BLOCK = FRACTION
    Else
        Let BLOCK = FRACTION>>(MAXLEVEL-LEVEL)
    Let SEGMENT = GRAPH.CONTENTS + J
    interval2tfa1s( ATOMS, SEGMENT, BLOCK, LEVEL )
    ATOMS += 1 + SEGMENT.FINAL - SEGMENT.LEAST
    FRACTION += 1<<(MAXLEVEL-LEVEL)
  Return MAXLEVEL
```

Bemerkung. Die Datenstruktur einer Hecke hat Vorteile hinsichtlich der effizienten Speicherung des Ergebnisses einer Analyse, während ein Feld von TFA1s leichter zu interpretieren und weiterzuverarbeiten ist. Erstere können wir für Datenkompression einsetzen, letzteres für numerisches Rechnen.

2.4 Übungsaufgaben

1. Finde heraus, wie groß FLT_EPSILON und DBL_EPSILON auf Deinem Computer sind. Berechne die Logarithmen zur Basis Zwei und bestimme, wieviele Bits Deine Maschine in der Mantisse für Zahlen einfacher und doppelter Genauigkeit verwendet.

2. Man schreibe einen Pseudocode für eine Funktion, die die Quadratwurzel einer Zahl zurückgibt. Dabei verwende man das Newton–Verfahren, wobei der Prozeß gestoppt wird, wenn der Fehler kleiner als FLT_EPSILON ist.

3. Man schreibe einen Pseudocode für ein Hilfsprogramm, das einen Binärbaum-Vektor in einen BTN Baum umwandelt.

4. Man schreibe die folgende rekursive Funktion in Form eines Pseudocodes, der keine Rekursion verwendet:

```
bisect( ARRAY, N, U ):
    If N>0 then
        If U is even then
            Let ARRAY = bisect( ARRAY,   N/2, U/2 )
        Else
            Let ARRAY = bisect( ARRAY+N/2, N/2, U/2 )
    Return ARRAY
```

3 Diskrete Fourier-Transformation

Um die Fourier-Transformation direkt zu implementieren, muß man Integrale mit stark oszillierenden Integranden auswerten. In seltenen Fällen, wie zum Beispiel für gewisse Verteilungen oder für einige einfache Funktionen, kann dies analytisch vorgenommen werden. Eine exakte analytische Formel liefert beträchtliche Einsicht in ein Problem, aber die Fourier–Transformation ist viel zu nützlich, um sie nur auf solche seltene Spezialfälle zu beschränken. Im allgemeinen Fall können wir ein Verfahren der numerischen Integration verwenden wie zum Beispiel die *zusammengesetzte Simpsonregel* ([2], S.605ff); das rasche Oszillieren von e^{ikx} für große $|k|$ erfordert aber eine Aufteilung in viele kleine Teilintervalle und führt zu beträchtlichem Aufwand. Darüber hinaus liefert die Simpsonregel nur dann gute Approximationen, wenn die zu transformierende Funktion vier stetige Ableitungen besitzt.

Andererseits können wir eine Funktion durch Funktionsauswertungen und das Fourier–Integral durch die diskrete Fourier-Transformation oder DFT approximieren. Dieser Zugang erfordert die Anwendung einer Matrix, deren Ordnung durch die Anzahl der Funktionsauswertungen gegeben ist. Da die Multiplikation einer $N \times N$-Matrix mit einem Vektor $O(N^2)$ arithmetische Operationen erfordert, wächst der Aufwand gewaltig mit der Anzahl der Punktauswertungen. Werden die Auswertungen jedoch über äquidistant liegenden Punkten vorgenommen, so kann die Fourier-Matrix faktorisiert werden in das Produkt einiger weniger dünn besetzter Matrizen, und die resultierenden Faktoren können auf einen Vektor angewendet werden bei $O(N \log N)$ arithmetischen Operationen. Dies ist die sogenannte schnelle Fourier–Transformation oder FFT.

FFT spielt in der Numerischen Analysis und in der Signalverarbeitung eine enorme Rolle; deshalb existieren viele spezialisierte und hochgradig entwickelte Versionen. Einige der eher exotischen Variationen werden in [10, 108] beschrieben. Wir beschränken uns auf die relativ einfache FFT–Implementierung, die auf dem Danielson-Lanczos Lemma basiert und in [33] veröffentlicht wurde. Darüber hinaus betrachten wir die betreffende diskrete Sinus–, Cosinus– und Hartley-Transformation. Man kann diese durch eine geringfügige Änderung der FFT-Implementierung gewinnen, oder indem man jene mit einer kleinen Anzahl zusätzlicher Transformationen von niedriger Komplexität verknüpft.

3.1 Die Fourier–Transformation auf $\mathbf{C}^N$

Sei $v \in \mathbf{C}^N$, $v = \{v(n)\}_{n=0}^{N-1}$. Die *diskrete Fourier-Transformierte* von v ist der Vektor $\hat{v} \in \mathbf{C}^N$ mit den Komponenten

$$\hat{v}(n) = \frac{1}{\sqrt{N}} \sum_{j=0}^{N-1} v(j) \exp\left(-2\pi i \frac{jn}{N}\right), \quad n = 0, 1, \ldots, N-1.$$

Wir werden die diskrete Fourier–Transformierte auch durch die Matrixmultiplikation $\hat{v} = \mathcal{F}v$ kennzeichnen, wenn $\mathcal{F} : \mathbf{C}^N \to \mathbf{C}^N$ die folgende Matrix bezeichnet:

$$\mathcal{F}(n,j) = \frac{1}{\sqrt{N}} \exp\left(-2\pi i \frac{jn}{N}\right). \tag{3.1}$$

Ist es notwendig, die Dimension des Definitions– und Wertebereiches hervorzuheben, so schreiben wir $\mathcal{F}_N$. Unter Verwendung der Notation $\omega_n = \exp\left(-2\pi i \frac{n}{N}\right)$ ist $\mathcal{F}_N$ dann die folgende Matrix:

$$\mathcal{F} = \frac{1}{\sqrt{N}} \begin{pmatrix} 1 & 1 & 1 & \cdots & 1 \\ 1 & \omega_1 & \omega_1^2 & \cdots & \omega_1^{N-1} \\ 1 & \omega_2 & \omega_2^2 & \cdots & \omega_2^{N-1} \\ \vdots & & & \ddots & \vdots \\ 1 & \omega_{N-1} & \omega_{N-1}^2 & \cdots & \omega_{N-1}^{N-1} \end{pmatrix}; \quad \mathcal{F}(n,j) = \frac{1}{\sqrt{N}} \left(\omega_n^j\right). \tag{3.2}$$

Dies ist eine *Vandermonde-Matrix*; ihre n-te Zeile besteht aus sukzessiven Potenzen $\{1, \omega_n, \omega_n^2, \ldots\}$ von ω_n. Durch Induktion nach N kann man beweisen, daß ihre Determinante gegeben ist durch:

$$\det \mathcal{F} = \prod_{0 \leq n < m < N} (\omega_m - \omega_n).$$

Wegen $\omega_n \neq \omega_m$ für $n \neq m$ ist die Matrix also nichtsingulär. Außerdem gilt $\omega_n^m = \omega_m^n$ (d.h. $\mathcal{F}$ ist eine symmetrische Matrix), $\bar{\omega}_n = \omega_n^{-1}$ (da $|\omega_n| = 1$) und $\omega_n^N = 1$ für alle $n = 0, 1, \ldots, N-1$. Wir können damit zeigen, daß $\mathcal{F}$ unitär ist:

$$\begin{aligned} \mathcal{F}\mathcal{F}^*(n,j) &= \frac{1}{N} \sum_{k=0}^{N-1} \omega_n^k \bar{\omega}_j^k = \frac{1}{N} \sum_{k=0}^{N-1} \omega_1^{(n-j)k} = \begin{cases} 1, & \text{falls } n = j, \\ \frac{1}{N} \frac{1-\omega_1^{(n-j)N}}{1-\omega_1^{n-j}}, & \text{falls } n \neq j, \end{cases} \\ &= \delta(n-j). \end{aligned}$$

Wegen der Darstellung $v = \mathcal{F}^* \hat{v}$ liegt v in dem Raum, der von den Spalten der adjungierten Matrix $\mathcal{F}^*$ aufgespannt wird. Diese Spalten sind die Basisfunktionen der *diskreten Fourier-Basis* $\frac{1}{\sqrt{N}} \exp\left(2\pi i \frac{jn}{N}\right)$. Bild 3.1 zeigt den Real– und den Imaginärteil eines Beispiels, wobei $N = 256$ und $j = 3$ gewählt ist. Man erkennt, daß bei so vielen Auswertungspunkten der Graph kaum von einer glatten Funktion zu unterscheiden ist.

3.1.1 Die „schnelle" Fourier–Transformation

Jeder Koeffizient der Matrix $\mathcal{F}(n,j)$ hat Absolutbetrag Eins; die Matrix ist also voll besetzt. Die bemerkenswerten Eigenschaften der Exponentialfunktion erlauben es jedoch, $\mathcal{F}$ in ein Produkt von wenigen dünn besetzen Matrizen zu faktorisieren. Der Algorithmus, der die diskrete Fourier–Transformation über diese Faktorisierung berechnet, heißt die „schnelle" Fourier–Transformation (oder *FFT*); er hat eine lange Geschichte, obwohl man sicher sagen kann, daß seine umfassende Anwendung erst nach der Veröffentlichung der Arbeit [33] von Cooley und Tukey im Jahre 1965 einsetzte. Seit jener Zeit hat man diesem Gegenstand viel Mühe zugewandt ([10, 108]). Wir wollen im folgenden den grundlegenden Algorithmus entwickeln.

3.1 Die Fourier–Transformation auf $\mathbf{C}^N$

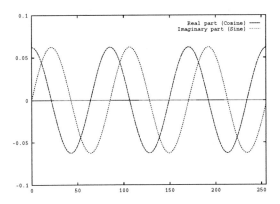

Bild 3.1 Real- und Imaginärteil einer diskreten Fourier-Basisfunktion $\frac{1}{16} \exp \frac{2\pi i 3 n}{256}$.

Lemma 3.1 (Danielson-Lanczos, 1942) *Ist M eine positive ganze Zahl, so kann die Matrix $\mathcal{F}_{2M}$ der $2M$-Punkt Fourier-Transformation wie folgt faktorisiert werden:*

$$\mathcal{F}_{2M} = \frac{1}{\sqrt{2}} E_{2M} \left(\mathcal{F}_M \oplus \mathcal{F}_M \right) P_{2M} .$$

Dabei sind die $M \times 2M$ Matrizen P_M^e und P_M^o definiert durch $P_M^e(m,n) \stackrel{\text{def}}{=} \delta(2m - n)$ und $P_M^o(m,n) \stackrel{\text{def}}{=} \delta(2m+1-n)$ für $m = 0, 1, \ldots, M-1$ und $n = 0, 1, \ldots, 2M-1$, so daß $P_{2M} \stackrel{\text{def}}{=} \begin{pmatrix} P_M^e \\ P_M^o \end{pmatrix}$ eine $2M \times 2M$-Permutationsmatrix darstellt. Zusätzlich gilt

$$\mathcal{F}_M \oplus \mathcal{F}_M \stackrel{\text{def}}{=} \begin{pmatrix} \mathcal{F}_M & 0 \\ 0 & \mathcal{F}_M \end{pmatrix},$$

und

$$E_{2M} \stackrel{\text{def}}{=} \begin{pmatrix} I_M & \Omega_M \\ I_M & -\Omega_M \end{pmatrix},$$

wobei I_M die $M \times M$-Einheitsmatrix und Ω_M eine diagonale $M \times M$ Matrix ist, gegeben durch

$$\Omega_M = \mathrm{diag}\{1, \exp \frac{-\pi i}{M}, \exp \frac{-2\pi i}{M}, \ldots, \exp \frac{-(M-1)\pi i}{M}\}.$$

Beweis: Für $0 \leq n < M$ haben wir

$$\begin{aligned}
\sqrt{2M} \mathcal{F}_{2M} v(n) &= \sum_{k=0}^{2M-1} v(k) \exp \frac{-2\pi i k n}{2M} \\
&= \sum_{j=0}^{M-1} v(2j) \exp \frac{-2\pi i (2j) n}{2M} + \sum_{j=0}^{M-1} v(2j+1) \exp \frac{-2\pi i (2j+1) n}{2M} \\
&= \sum_{j=0}^{M-1} v(2j) \exp \frac{-2\pi i j n}{M} + \exp \frac{-\pi i n}{M} \sum_{j=0}^{M-1} v(2j+1) \exp \frac{-2\pi i j n}{M} \\
&= \sqrt{M} \mathcal{F}_M v^e(n) + \sqrt{M} \left(\exp \frac{-\pi i n}{M} \right) \mathcal{F}_M v^o(n).
\end{aligned}$$

Dabei gilt $v^e(j) \stackrel{\text{def}}{=} v(2j)$ und $v^o(j) \stackrel{\text{def}}{=} v(2j+1)$ für $j = 0, 1, \ldots, M-1$. Insbesondere ist $v^e = P^e v$ und $v^o = P^o v$.

Für $M \leq n < 2M - 1$ folgt $\exp\left(\frac{-2\pi i(2j)n}{2M}\right) = \exp\left(\frac{-2\pi i j n}{M}\right) = \exp\left(\frac{-2\pi i j(n-M)}{M}\right)$ und

$$\exp\left(\frac{-2\pi i(2j+1)n}{2M}\right) = \exp\left(\frac{-\pi i n}{M}\right)\exp\left(\frac{-2\pi i j n}{M}\right)$$

$$= -\exp\left(\frac{-\pi i(n-M)}{M}\right)\exp\left(\frac{-2\pi i j(n-M)}{M}\right),$$

da $\exp\frac{-\pi i M}{M} = -1$. Dies erlaubt es uns, diesen Fall auf den vorhergehenden zurückzuführen, indem wir n durch $n - M$ ersetzen:

$$\sqrt{2M}\mathcal{F}_{2M}v(n) = \sum_{j=0}^{M-1} v(2j)\exp\frac{-2\pi i(2j)n}{2M} + \sum_{j=0}^{M-1} v(2j+1)\exp\frac{-2\pi i(2j+1)n}{2M}$$

$$= \sum_{j=0}^{M-1} v(2j)\exp\frac{-2\pi i j(n-M)}{M}$$

$$- \exp\frac{-\pi i(n-M)}{M}\sum_{j=0}^{M-1} v(2j+1)\exp\frac{-2\pi i j(n-M)}{M}$$

$$= \sqrt{M}\mathcal{F}_M v^e(n-M) - \sqrt{M}\left(\exp\frac{-\pi i(n-M)}{M}\right)\mathcal{F}_M v^o(n-M).$$

Wir haben damit $\mathcal{F}_{2M}v$ durch die folgenden beiden Anteile erzeugt:

$$\mathcal{F}_{2M}v(n) = \begin{cases} \frac{1}{\sqrt{2}}(\mathcal{F}_M P^e + \Omega_M \mathcal{F}_M P^o)\,v(n), & \text{falls } 0 \leq n < M, \\ \frac{1}{\sqrt{2}}(\mathcal{F}_M P^e - \Omega_M \mathcal{F}_M P^o)\,v(n-M), & \text{falls } M \leq n < 2M - 1. \end{cases}$$

Dies kann in der behaupteten Matrixform beschrieben werden. $\square$

Man beachte, daß P_{2M} eine $2M \times 2M$-Permutationsmatrix von folgender Gestalt ist:

$$P_{2M} = \begin{pmatrix} P_M^e \\ - \\ P_M^o \end{pmatrix} = \begin{pmatrix} 1 & 0 & 0 & 0 & 0 & \cdots & 0 & 0 & 0 \\ 0 & 0 & 1 & 0 & 0 & \cdots & 0 & 0 & 0 \\ \vdots & & \cdots & & & \ddots & & \cdots & \vdots \\ 0 & 0 & 0 & 0 & 0 & \cdots & 0 & 1 & 0 \\ - & - & - & - & - & - & - & - & - \\ 0 & 1 & 0 & 0 & 0 & \cdots & 0 & 0 & 0 \\ 0 & 0 & 0 & 1 & 0 & \cdots & 0 & 0 & 0 \\ \vdots & & \cdots & & & \ddots & & \cdots & \vdots \\ 0 & 0 & 0 & 0 & 0 & \cdots & 0 & 0 & 1 \end{pmatrix}.$$

Aus Lemma 3.1 folgt also, daß wir die dicht besetzte Matrix $\mathcal{F}_{2M}$ in dünner besetzte Matrizen faktorisieren können: E_{2M} hat genau zwei nicht verschwindende Elemente pro Zeile und Spalte, und P_{2M} ist eine Permutationsmatrix. Wir können nun rekursiv die direkten Summanden in der Mitte der Formel faktorisieren und erhalten so die Faktorisierung der „schnellen" diskreten Fourier–Transformation:

3.1 Die Fourier–Transformation auf $\mathbf{C}^N$

Theorem 3.2 (Schnelle Fourier–Transformation) *Ist $N = 2^q$ mit positiver ganzer Zahl q, so kann die diskrete Fourier–Transformation der Dimension N faktorisiert werden gemäß*

$$\mathcal{F}_N = \frac{1}{\sqrt{N}} F_0 F_1 \cdots F_{q-1} P^N.$$

Dabei ist P^N eine $N \times N$-Permutationsmatrix und

$$F_k = F_k^N = \overbrace{E_{(N/2^k)} \oplus \cdots \oplus E_{(N/2^k)}}^{2^k \text{ mal}}$$

eine $N \times N$-Blockdiagonalmatrix, die 2^k Blöcke der Ordnung $2^{-k}N = 2^{q-k}$ enthält.

Beweis: Im Falle $N = 2$ ist $F_0 = E_2 = \begin{pmatrix} 1 & 1 \\ 1 & -1 \end{pmatrix}$ und $P^2 = I$ in Lemma 3.1; deshalb gilt $\mathcal{F}_2 = \frac{1}{\sqrt{2}} F_0 P^2$ wie behauptet.

Wir nehmen nun an, daß die Formel für $M = 2^q$ gilt, und zeigen, daß sie dann für $N = 2M = 2^{q+1}$ gültig bleibt. Man beachte $F_k^M \oplus F_k^M = F_{k+1}^{2M}$ und $E_N = F_0^N$. Mit Lemma 3.1 ergibt sich dann

$$\begin{aligned}
\mathcal{F}_N &= \frac{1}{\sqrt{2}} E_N (\mathcal{F}_M \oplus \mathcal{F}_M) P_N \\
&= \frac{1}{\sqrt{2}} \frac{1}{\sqrt{M}} E_N \left((F_0^M F_1^M \cdots F_{q-1}^M P^M) \oplus (F_0^M F_1^M \cdots F_{q-1}^M P^M) \right) P_N \\
&= \frac{1}{\sqrt{2M}} E_N (F_0^M \oplus F_0^M) \cdots (F_{q-1}^M \oplus F_{q-1}^M)(P^M \oplus P^M) P_N \\
&= \frac{1}{\sqrt{N}} E_N F_1^{2M} \cdots F_q^{2M} (P^M \oplus P^M) P_N \\
&= \frac{1}{\sqrt{N}} F_0^N F_1^N \cdots F_q^N P^N,
\end{aligned}$$

und das Produkt $P^N \stackrel{\text{def}}{=} (P^M \oplus P^M) P_N$ ist eine Permutationsmatrix. □

Proposition 3.3 *Die Permutationsmatrix P^N in Theorem 3.2 beschreibt die Involution $n \mapsto n'$ der N-Punkt Bit-Inversion: ist $n = (a_{q-1} a_{q-2} \cdots a_1 a_0)_2$ für $a_k \in \{0,1\}$, so folgt $n' = (a_0 a_1 \cdots a_{q-2} a_{q-1})_2$.*[1]

Beweis: Im Falle $N = 2$ ist $P^N = \text{Id}$, was die (triviale) zwei-Punkt Bit-Inversion beschreibt. Unter Bezug auf den Beweis von Theorem 3.2 müssen wir folgendes zeigen: Ist P^N die N-Punkt Bit-Inversion, so stellt $P^{2N} = (P^N \oplus P^N) P_{2N}$ die $2N$-Punkt Bit-Inversion dar. Für $x \in \mathbf{C}^{2N}$ gilt $P_{2N} x = (P_N^e x, P_N^o x)$. Setzen wir $n = (a_q a_{q-1} \cdots a_1 a_0)_2$, so tauscht P_{2N} das Element $x(n)$ mit $x(n'')$, wobei $n'' = (a_0 a_q a_{q-1} \cdots a_1)_2$. Die anschließende Anwendung von P^N auf die Vektoren halber Länge

---

[1] Wir verwenden hierbei die Kurzschreibweise

$$(b_{q-1} b_{q-2} \cdots b_1 b_0)_2 := \sum_{k=0}^{q-1} b_k 2^k, \quad b_k \in \{0,1\},$$

der Entwicklung nach Zweierpotenzen. (Anm. d. Ü.)

$$(P_N^e x(0), \ldots, P_N^e x(N-1)) \quad \text{und} \quad (P_N^o x(N), \ldots, P_N^o x(2N-1))$$

führt zwei N-Punkt Bit–Inversionen auf den Bits unterster Stufe $a_q a_{q-1} \cdots a_1$ von n'' durch; insgesamt haben wir also $x(n)$ mit $x(n')$ vertauscht. □

Jede der Matrizen F_k^N hat genau zwei nicht verschwindende Elemente pro Zeile und Spalte; die Anwendung von F_k^N erfordert also nur $2N$ Operationen. Anwendung der Permutationsmatrix auf einen Vektor erfordert N Operationen, und die skalare Multiplikation mit $\frac{1}{\sqrt{N}}$ benötigt weitere N Operationen. Wendet man $\mathcal{F}_N$ auf diese Weise für $N = 2^q$ an, so liegt der Gesamtaufwand bei $(2q+2)N = O(N \log_2 N)$ für $N \to \infty$. Dies zeigt eine niedrige Komplexität im Vergleich zu $O(N^2)$, dem Aufwand bei der Anwendung einer dicht besetzten Matrix auf einen Vektor.

Die inverse diskrete Fourier–Transformation hat im wesentlichen die gleiche Matrix wie die diskrete Fourier–Transformation; man ersetze nur $+i$ durch $-i$ in der Exponentialfunktion: $\mathcal{F}^{-1} = \overline{\mathcal{F}}$. Da $\mathcal{F}$ eine symmetrische Matrix ist, kann man dies auch durch $\mathcal{F}^{-1} = \mathcal{F}^*$ ausdrücken, d.h. die Fourier–Transformationsmatrix ist unitär.

Korollar 3.4 (Inverse schnelle Fourier–Transformation) *Ist $N = 2^q$ mit positiver ganzer Zahl q, so kann die inverse diskrete Fourier–Transformation der Dimension N faktorisiert werden gemäß*

$$\mathcal{F}_N^{-1} = \frac{1}{\sqrt{N}} \bar{F}_0 \bar{F}_1 \cdots \bar{F}_{q-1} P^N.$$

Dabei ist P^N eine $N \times N$-Permutationsmatrix und

$$\bar{F}_k = \bar{F}_k^N = \overbrace{\bar{E}_{(N/2^k)} \oplus \cdots \oplus \bar{E}_{(N/2^k)}}^{2^k \text{ mal}}$$

eine $N \times N$-Blockdiagonalmatrix, die 2^k Blöcke der Ordnung $2^{-k}N = 2^{q-k}$ enthält. Dies ist äquivalent dazu, daß man in jeder Matrix E_{2M} den Anteil Ω_M durch den konjugiertkomplexen Ausdruck $\bar{\Omega}_M$ ersetzt. □

Wie im Fall $\mathcal{F}_N$ beschreibt P^N hier die N-Punkt Bit–Inversion.

3.1.2 Implementierung der DFT

Die diskrete Fourier–Transformation kann leicht implementiert werden in jeder Programmiersprache, die komplexe Arithmetik unterstützt. Ist diese Möglichkeit nicht gegeben wie in Standard C, das keine Zahlen vom Typ Complex zuläßt, so können wir die Datenstruktur COMPLEX und die Funktionen und Hilfsmittel aus Kapitel 2 substituieren. Der Einsatz von komplexer Arithmetik dient hauptsächlich dazu, die Rechnung übersichtlich zu organisieren; es ist natürlich möglich, statt dessen mit Paaren reeller Zahlen zu arbeiten.

3.1 Die Fourier–Transformation auf $\mathbf{C}^N$

Faktorisierte DFT

Wir implementieren nun die „schnelle" diskrete Fourier–Transformation, die wir in Abschnitt 3.1.1 beschrieben haben. Wir schreiben zunächst ein Programm, das die Anfangspermutation $f \to Pf$ der Bit–Inversion vornimmt, die von der „schnellen" diskreten Fourier–Transformation benötigt wird. Die folgende Funktion berechnet die ganze Zahl u, deren Bits invers zu denen der Inputgröße n sind, und gibt diese an das Hauptprogramm zurück.

Bitinvertierte Rückgabe der Inputzahl

```
br( N, LOG2LEN ):
   Let U = N&1
   For J = 1 to LOG2LEN
      N >>= 1
      U <<= 1
      U += N&1
   Return U
```

Man beachte, daß Bit–Inversion zu sich selbst invers ist: $\mathtt{br(br}(N,L),L)\mathtt{==}N$ für $0 \leq N < 2^L$.

Als nächstes bilden wir die bit–invertierte Permutation zwischen zwei Vektoren. Wir nehmen dabei an, daß IN[] und OUT[] zwei disjunkte Vektoren von Datenstrukturen des Typs COMPLEX sind:

Permutation auf einen disjunkten Vektor unter Bit-Inversion der Indizes

```
bitrevd( OUT, IN, Q ):
   Let M = 1<<Q
   For N = 0 to M-1
      Let U = br(N, Q)
      Let OUT[U] = IN[N]
```

Wir könnten auch eine in–place Bit–Inversion vornehmen, indem wir die Elemente austauschen:

In-place Permutation eines Vektors via Index Bit-Inversion

```
bitrevi( X, Q ):
   Let M = 1<<Q
   For N = 1 to M-2
      Let U = br(N, Q)
      If U > N then
         Let TEMP = X[N]
         Let X[N] = X[U]
         Let X[U] = TEMP
```

Die Binärzahlen $00\ldots0_2$ und $111\ldots1_2$ werden durch die Permutation unter Bit-Inversion nicht verändert; der Index braucht also nur von 1 bis $2^q - 2$ zu laufen. Wir müssen auch höchstens $N/2$ Austauschschritte vornehmen, weil Bit-Inversion eine Involution ist;

die unterlassenen Austauschschritte würden die anfänglich vorgenommenen rückgängig machen. Wir gehen dabei willkürlich vor und tauschen Index N gegen Index U, wenn $U > N$ ist.

Drittens benötigen wir eine Routine, die die Vektoren $\Omega_{N/2}, \Omega_{N/4}, \Omega_{N/8}, \ldots$ erzeugt. Wir beachten, daß

$$\Omega_{M/2}(j) = \Omega_{N/2}(\frac{N}{M} * j);$$

wir brauchen also nur $\Omega_{N/2}$ zu berechnen und erhalten die kleineren Vektoren durch Dezimation. Hier ist es leicht, eine etwas allgemeinere Routine zu schreiben, die gleichzeitig $\bar\Omega_{N/2}$ erzeugt. Die folgende Funktion füllt den Vektor W[] von M COMPLEX Größen mit den Werten $e^{-\pi i n/M}$, $n = 0, 1, ..., |M| - 1$, auf. Ist $M < 0$, so wird W[] der konjugiert-komplexe Wert von $\Omega_{|M|}$ zugewiesen. In dieser und in späteren Routinen benutzen wir die Kennzeichnung PI für die Konstante π. Es ist auch nützlich, SQH $= \sqrt{1/2}$ und SQ2 $= \sqrt{2}$ zu setzen:

```
#define PI  (3.1415926535897932385)
#define SQH (0.7071067811865475244)
#define SQ2 (1.4142135623730950488)
```

Bemerkung. Wir können diese drei Konstanten und irgendwelche andere benötigten Daten in einer separaten Datei ablegen, die wir in jedes Computerprogramm einbinden können, das auf diese Daten zugreift. Damit stellen wir sicher, daß jeder Teil der Software den gleichen Genauigkeitsgrad für die numerischen Konstanten verwendet.

Berechnung von Sinus und Cosinus für die DFT

```
fftomega( W, M ):
    Let FACTOR = -PI/M
    If M < 0 then
        Let M = -M
    For K = 0 to M-1
        Let W[K].RE = cos(K*FACTOR)
        Let W[K].IM = sin(K*FACTOR)
```

Dies sollte mit der unten definierten Funktion dhtcossin() verglichen werden.

Als nächstes definieren wir die Funktion, die die aus $\Omega_{N/2}$ gebildeten dünn besetzten Faktoren $F_{q-1}F_{q-2}\cdots F_1F_0$ auf den permutierten Vektor Pf anwendet. Dies kann in place vorgenommen werden, falls wir eine Hilfsvariable benutzen. Man beachte, daß die innerste Schleife nur eine komplexe Addition, eine komplexe Subtraktion und eine komplexe Multiplikation erfordert. Die folgende Funktion wendet sukzessive die dünn besetzten Matrizen $\{F_{q-1}, F_{q-2}, ..., F_1\}$ und schließlich F_0 auf den komplexen Inputvektor F an, wobei die Transformation im selben Speicherbereich vorgenommen wird. Jedes F_k hat 2^k Blöcke E_{2M} mit $2M = 2^{q-k}$, und die Matrix E_{2M} ist wie in Lemma 3.1 definiert.

Das Produkt dünn besetzter Matrizen für die DFT

```
fftproduct( F, Q, W ):
   Let N = 1<<Q
   Let K = Q
   While K > 0
      K -= 1
      Let N1 = N>>K be the block size
      Let M  = N1/2 be the butterfly size
      B = 0
      While B < N
         Let TMP.RE = F[B+M].RE
         Let TMP.IM = F[B+M].IM
         Let F[B+M].RE = F[B].RE - TMP.RE
         Let F[B+M].IM = F[B].IM - TMP.IM
         F[B].RE  += TMP.RE
         F[B].IM  += TMP.IM
         For J = 1 to M-1
            Let TMP.RE  = CCMULRE( F[B+M+J], W[J*(N/N1)] )
            Let TMP.IM  = CCMULIM( F[B+M+J], W[J*(N/N1)] )
            Let F[B+M+J].RE = F[B+J].RE - TMP.RE
            Let F[B+M+J].IM = F[B+J].IM - TMP.IM
            F[B+J].RE  += TMP.RE
            F[B+J].IM  += TMP.IM
         B += N1
```

Schließlich benötigen wir eine Routine, die einen Vektor der Länge N mit $\frac{1}{\sqrt{N}}$ multipliziert, um eine unitäre Transformation zu erzeugen.

Normierung für unitäre DFT

```
fftnormal( F, N ):
   Let NORM = sqrt(1.0/N)
   For K = 0 to N-1
      Let F.RE = NORM * F.RE
      Let F.IM = NORM * F.IM
```

Nun setzen wir die Permutation unter Bit-Inversion zusammen mit den Schleifen, die die Anwendungen der Matrizen F_k (oder $\bar{F}_k$) in Theorem 3.2 berechnen. Durch die folgende Funktion wird ein Vektor von COMPLEX Datenstrukturen angelegt, berechnet und zurückgegeben, der die diskrete Fourier-Transformierte des komplexen Inputvektors F[] ist. Ist der Parameter Q als Logarithmus der Länge negativ, so berechnet die Funktion die inverse diskrete Fourier-Transformation.

Unitäre DFT und iDFT

```
dft( F, Q ):
  Let N = 1<<(absval(Q))
  Allocate an array FHAT[] of N COMPLEX's
  If N == 1 then
      Let FHAT[0].RE = F[0].RE
      Let FHAT[0].IM = F[0].IM
  Else
      If N == 2 then
         Let FHAT[0].RE = (F[0].RE + F[1].RE)*SQH
         Let FHAT[0].IM = (F[0].IM + F[1].IM)*SQH
         Let FHAT[1].RE = (F[0].RE - F[1].RE)*SQH
         Let FHAT[1].IM = (F[0].IM - F[1].IM)*SQH
      Else
         Allocate an array W[] of N/2 COMPLEX's
         If Q < 0 then
            Let Q = -Q
            fftomega(W, -N/2)
         Else
            fftomega(W, N/2)
         bitrevd( FHAT, F, Q)
         fftproduct(FHAT, Q, W)
         Deallocate the array W[]
         fftnormal(FHAT, N)
  Return FHAT
```

Bemerkung. Verwenden wir die DFT Funktion wiederholt, so ist es sinnvoll, den Vektor W[] einmal anzulegen, ihm Werte zuzuweisen, und ihn dann wiederholt zu benutzen.

3.2 Die diskrete Hartley–Transformation

Die Hartley– oder CAS–Transformation ist eine stärker symmetrische und rein reelle Version der Fourier–Transformation; ihre Matrix ist gegeben durch:

$$H_N : \mathbf{R}^N \to \mathbf{R}^N; \quad H_N(n,m) = \frac{1}{\sqrt{N}} \left[\cos \frac{2\pi nm}{N} + \sin \frac{2\pi nm}{N} \right].$$

Eine elementare Identität zeigt, daß die Hartley–Basisfunktionen nichts anderes sind als Cosinus–Funktionen mit einer Amplitude $\sqrt{\frac{2}{N}}$, die gegenüber dem Ursprung um ein Achtel der Periode verschoben sind. Bild 3.2 vergleicht ein Beispiel einer solchen Basisfunktion mit Sinus– und Cosinus–Funktionen der gleichen Frequenz.

3.2 Die diskrete Hartley-Transformation

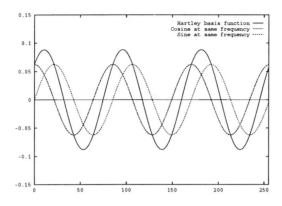

Bild 3.2 Hartley-Basisfunktion $\frac{1}{16}\left[\cos\frac{2\pi 3n}{256} + \sin\frac{2\pi 3n}{256}\right]$.

3.2.1 Die „schnelle" Hartley-Transformation

Die Hartley-Transformation kann im wesentlichen in gleicher Weise wie die Fourier-Transformation rekursiv faktorisiert werden, wobei geringfügig modifizierte dünn besetzte Faktoren verwendet werden. Um die analoge Aussage zu Lemma 3.1 zu erhalten, benützen wir die folgende Identität:

$$\operatorname{cas}\frac{2\pi nm}{N} \stackrel{\text{def}}{=} \cos\frac{2\pi nm}{N} + \sin\frac{2\pi nm}{N} = \Re\, e^{-2\pi i \frac{nm}{N}} - \Im\, e^{-2\pi i \frac{nm}{N}}. \tag{3.3}$$

Ist $f \in \mathbf{R}^N$ rein reell, so folgt

$$\begin{aligned}
H_N f(m) &= \frac{1}{\sqrt{N}} \sum_{m=0}^{N-1} f(m) \Re \exp\frac{-2\pi inm}{N} - \frac{1}{\sqrt{N}} \sum_{m=0}^{N-1} f(m) \Im \exp\frac{-2\pi inm}{N} \\
&= \Re\frac{1}{\sqrt{N}} \sum_{m=0}^{N-1} f(m) \exp\frac{-2\pi inm}{N} - \Im\frac{1}{\sqrt{N}} \sum_{m=0}^{N-1} f(m) \exp\frac{-2\pi inm}{N} \\
&= \Re \mathcal{F}_N f(n) - \Im \mathcal{F}_N f(n).
\end{aligned}$$

Ist $f \in \mathbf{C}^N$, so können wir aufgrund der Linearität die Transformation in zwei Teilstücken berechnen:

$$\begin{aligned}
H_N f &= \Re \mathcal{F}_N(\Re f) - \Im \mathcal{F}_N(\Re f) \\
&\quad + i\Re \mathcal{F}_N(\Im f) + i\Im \mathcal{F}_N(\Im f).
\end{aligned}$$

Die „schnelle" Hartley-Transformation eines reellen Vektors kann aber in rein reeller Arithmetik durchgeführt werden. Die Hartley-Transformation zeichnet sich durch ihre Ähnlichkeit zur Fourier-Transformation aus: die Basisfunktionen sind $\cos\frac{2\pi nm}{N} + \sin\frac{2\pi nm}{N}$ anstatt $\cos\frac{2\pi nm}{N} - i\sin\frac{2\pi nm}{N}$. Diese Ähnlichkeit führt zu einem Analogon des Danielson-Lanczos Lemmas:

Lemma 3.5 *Ist M eine positive gerade Zahl, so läßt sich die $2M$-Punkt Hartley-Transformation faktorisieren gemäß*

$$H_{2M} = \frac{1}{\sqrt{2}} A_{2M} \left(H_M \oplus H_M \right) P_{2M}.$$

Dabei sind die $M \times 2M$-Matrizen P_M^e und P_M^o gegeben durch $P_M^e(m,n) \stackrel{\text{def}}{=} \delta(2m-n)$ und $P_M^o(m,n) \stackrel{\text{def}}{=} \delta(2m+1-n)$ für $m = 0, 1, \ldots, M-1$ und $n = 0, 1, \ldots, 2M-1$, so daß $P_{2M} \stackrel{\text{def}}{=} \begin{pmatrix} P_M^e \\ P_M^o \end{pmatrix}$ eine $2M \times 2M$-Permutationsmatrix darstellt. Zusätzlich gilt

$$H_M \oplus H_M \stackrel{\text{def}}{=} \begin{pmatrix} H_M & 0 \\ 0 & H_M \end{pmatrix},$$

und

$$A_{2M} \stackrel{\text{def}}{=} \begin{pmatrix} I_M & B_M \\ I_M & -B_M \end{pmatrix},$$

wobei I_M die $M \times M$-Einheitsmatrix und B_M eine $M \times M$-„Schmetterlingsmatrix" ist, die durch

$$B_M \stackrel{\text{def}}{=} \begin{pmatrix} 1 & 0 & & \cdots & & & 0 \\ 0 & c_1 & & & & & s_1 \\ & & \ddots & & & \iddots & \\ & & & c_{\frac{M}{2}-1} & 0 & s_{\frac{M}{2}-1} & \\ \vdots & & & 0 & 1 & 0 & \\ & & & s_{\frac{M}{2}-1} & 0 & -c_{\frac{M}{2}-1} & \\ & & \iddots & & & \ddots & \\ 0 & s_1 & & & & & -c_1 \end{pmatrix}$$

mit $c_n \stackrel{\text{def}}{=} \cos \frac{\pi n}{M}$ und $s_n \stackrel{\text{def}}{=} \sin \frac{\pi n}{M}$ definiert ist.

Beweis: Als grundlegende Identität verwenden wir:

$$\begin{aligned} \sqrt{2M}\, H_{2M} f(n) &= \sum_{m=0}^{2M-1} f(m) \operatorname{cas} \frac{2\pi nm}{2M} \\ &= \sum_{m=0}^{M-1} f(2m) \operatorname{cas} \frac{2\pi n(2m)}{2M} + \sum_{m=0}^{M-1} f(2m+1) \operatorname{cas} \frac{2\pi n(2m+1)}{2M} \\ &= \sum_{m=0}^{M-1} f(2m) \operatorname{cas} \frac{2\pi nm}{M} + \sum_{m=0}^{M-1} f(2m+1) \operatorname{cas} \left(\frac{2\pi nm}{M} + \frac{\pi n}{M} \right). \end{aligned}$$

Nun gilt $\operatorname{cas}(A+B) = \cos B \operatorname{cas} A + \sin B \operatorname{cas}(-A)$; damit folgt

$$\sqrt{2}\, H_{2M} f(n) = H_M f^e(n) + \cos \frac{\pi n}{M} H_M f^o(n) + \sin \frac{\pi n}{M} H_M f^o(2M-n), \qquad (3.4)$$

wenn $f^e = P_M^e f$ und $f^o = P_M^o f$ gesetzt wird. In dieser Formel betrachten wir $H_M f(n)$ als M-periodisch bezüglich des Indexes n. Wir benutzen dann die Identitäten

3.2 Die diskrete Hartley–Transformation

$$\cos\frac{\pi n}{M} = -\cos\frac{\pi(n-M)}{M}, \quad \sin\frac{\pi(n-M)}{M} = -\sin\frac{\pi n}{M},$$

$$\cos\frac{\pi(\frac{M}{2}+n)}{M} = -\cos\frac{\pi(\frac{M}{2}-n)}{M}, \quad \sin\frac{\pi(\frac{M}{2}+n)}{M} = \sin\frac{\pi(\frac{M}{2}-n)}{M},$$

so daß wir nur die trigonometrischen Funktionen $c_1,\ldots,c_{\frac{M}{2}-1}$ und $s_1,\ldots,s_{\frac{M}{2}-1}$ auszuwerten brauchen. Dies zeigt, daß der dünn besetzte Faktor die behauptete Form hat. □

Nun wenden wir dieses Lemma rekursiv an, um eine der „schnellen" Hartley–Transformationen zu erhalten (die Radix-2 Transformation aus [102]):

Theorem 3.6 (Radix-2 „schnelle" Hartley–Transformation) *Ist $N = 2^q$ mit einer positiven ganzen Zahl q, so kann die diskrete Hartley–Transformation der Dimension N faktorisiert werden gemäß*

$$H_N = \frac{1}{\sqrt{N}} G_0 G_1 \cdots G_{q-1} P.$$

Dabei ist P die $N \times N$-Permutationsmatrix der „Bit-Inversion" und

$$G_k = G_k^N = \overbrace{A_{(N/2^k)} \oplus \cdots \oplus A_{(N/2^k)}}^{2^k \text{ mal}}$$

eine $N \times N$-Blockdiagonalmatrix, deren 2^k Blöcke der Ordnung $2^{-k}N = 2^{q-k}$ die dünn besetzten Faktoren A von Lemma 3.5 sind.

Beweis: Der Beweis ist im wesentlichen identisch mit dem von Theorem 3.2. Wir weisen darauf hin, daß $G_{q-1} = A_2 \oplus \cdots \oplus A_2$ mit $A_2 = \begin{pmatrix} 1 & 1 \\ 1 & -1 \end{pmatrix}$ den gleichen innersten Faktor darstellt wie F_{q-1} in der FFT. □

3.2.2 Implementierung der DHT

Die schnelle diskrete Hartley–Transformation (oder DHT) hat vieles mit der FFT gemeinsam. Wir erhalten die Faktorisierung unter Verwendung eines zum Danielson–Lanczos Lemma verwandten Ergebnisses. Der Hauptunterschied besteht darin, daß wir eine etwas andere innere Schleife benötigen, um die dünn besetzten Faktoren anzuwenden.

Die Anfangspermutation $f \to P^N f$ ist nur eine Bit-Inversion; wir werden deshalb die gleichen Integer–Bit–Inversionsfunktionen `bitrevi()` und `bitrevd()` wie für die FFT benutzen. Möglicherweise müssen wir die Permutations– und Normierungsroutinen noch einmal schreiben, um Vektoren vom Typ REAL statt solcher vom Typ COMPLEX zu verarbeiten; der Aufwand hängt dabei von der Programmiersprache ab. In Standard C ist es zum Beispiel möglich, gespeicherte Werte ohne Berücksichtigung des Typs zuzuweisen oder auszutauschen, wenn man nur die betreffende Feldgröße kennt. Wir nehmen so an, daß nur geringfügige Änderungen für die Funktion notwendig sind, die die Anfangspermutation beschreibt.

Um zu illustrieren, wie geringfügig diese Änderungen sein können, modifizieren wir explizit die Normierungsroutine, so daß sie das Arbeiten mit Vektoren aus REAL Datentypen zuläßt:

Normierung eines Vektors

```
dhtnormal( F, N ):
   Let NORM = sqrt(1.0/N)
   For K = 0 to N-1
      F[K] *= NORM
```

Wir müssen auch die Routine modifizieren, die die Tabelle der Sinus- und Cosinus-Werte erzeugt, die beim Aufruf der Funktion dhtproduct() unten verlangt werden. Diese Funktion füllt die zuvor angelegten Vektoren C[] und S[] von REAL Größen, jeder der Länge $N/2$, mit den entsprechenden Werten C[K] $= \cos(\pi K/N)$ und S[K] $= \sin(\pi K/N)$ für $K = 0, 1, ..., N/2 - 1$ auf.

Erzeugung der Tabelle von Sinus- und Cosinus-Werten

```
dhtcossin( C, S, N ):
   Let FACTOR = PI/N
   For K = 0 to (N/2)-1
      Let C[K] = cos(K*FACTOR)
      Let S[K] = sin(K*FACTOR)
```

Die Funktion dhtcossin() sollte mit der Funktion fftomega() verglichen werden, die bei dft() verwendet wird. Außer der Tatsache, daß Outputvektoren vom Typ REAL statt vom Typ COMPLEX geschrieben werden, benötigen wir nur halb so viele Winkel.

Schließlich modifizieren wir fftproduct(), um eine Funktion zu erhalten, die die dünn besetzten Faktoren $G_{q-1}G_{q-2}\cdots G_1 G_0$ von Theorem 3.5 auf den bit-invertierten Vektor $P^N f$ anwendet. Wie bei der FFT benutzen wir temporäre Variablen, so daß wir die Faktoren ohne zusätzlichen Speicherbedarf anwenden können. Indem wir die Arithmetik aufteilen, reduzieren wir die Operationen in der innersten Schleife auf vier reelle Multiplikationen und sechs reelle Additionen.

Die folgende Funktion nimmt an, daß $q \geq 1$ gilt:

3.2 Die diskrete Hartley–Transformation

Dünn besetzte Matrizen für die Radix-2 Hartley–Transformation

```
dhtproduct( F, Q, C, S ):
   Let N = 1<<Q
   Let B = 0
   While B < N
      Let TEMP   = F[B] - F[B+1]
      Let F[B]   = F[B] + F[B+1]
      Let F[B+1] = TEMP
      B += 2
   Let K = Q-1
   While K > 0
      K -= 1
      Let N1 = N>>K be the block size
      Let M  = N1/2 be the butterfly size
      Let M2 = M/2 be the butterfly midpoint
      Let B = 0
      While B < N
         Let TEMP = F[B] - F[B+M]
         Let F[B] = F[B] + F[B+M]
         Let F[B+M] = TEMP
         Let TEMP   = F[B+M2] - F[B+M+M2]
         Let F[B+M2] = F[B+M2] + F[B+M+M2]
         Let F[B+M+M2] = TEMP
         For J = 1 to M2-1
            Let TMP1 = F[B+M+J]*C[J*N/N1] + F[B+N1-J]*S[J*N/N1]
            Let TMP2 = F[B+M+J]*S[J*N/N1] - F[B+N1-J]*C[J*N/N1]
            Let F[B+M+J]  = F[B+J]   - TMP1
            Let F[B+N1-J] = F[B+M-J] - TMP2
            Let F[B+J]    = F[B+J]   + TMP1
         B += N1
```

Wir setzen die vollständige DHT zusammen aus den eben definierten Funktionen für Bit–Inversion, Multiplikation mit dünn besetzten Matrizen und Normierung. Zusätzlich legen wir temporäre Sinus– und Cosinus–Vektoren an, die bei den zwischenzeitlichen Stufen der Transformation benötigt werden, und wir legen einen Outputvektor an, der bei Beendigung des Programms aufgefüllt und zurückgegeben wird. Wir nehmen nur $q \geq 0$ an, führen aber die triviale ein–Punkt, zwei–Punkt und vier–Punkt Hartley–Transformation als Spezialfälle aus. Die hier gegebene Implementierung der DHT führt diese drei Spezialfälle durch explizite Matrixmultiplikation ohne Vorfaktorisierung durch:

Radix-2 diskrete Hartley–Transformation

```
dht( F, Q ):
   Let N = 1<<Q
   Allocate an output array FH[] of length N
   If N == 1 then
      Let FH[0] = F[0]
   Else
      If N == 2 then
         Let FH[0] = (F[0] + F[1])*SQH
         Let FH[1] = (F[0] - F[1])*SQH
      Else
         If N == 4 then
            Let FH[0] = (F[0]+F[1]+F[2]+F[3])*0.5
            Let FH[1] = (F[0]+F[1]-F[2]-F[3])*0.5
            Let FH[2] = (F[0]-F[1]+F[2]-F[3])*0.5
            Let FH[3] = (F[0]-F[1]-F[2]+F[3])*0.5
         Else
            If N > 4 then
               bitrevd(FH, F, Q)
               Allocate array C[] to length N/2
               Allocate array S[] to length N/2
               dhtcossin( C, S, N/2 )
               dhtproduct( FH, Q, C, S )
               dhtnormal( FH, N )
               Deallocate C[] and S[]
   Return FH
```

Bemerkung. Wie bei der DFT gilt: Wendet man diese Funktion wiederholt an, so sollten die Vektoren der Sinus– und Cosinus–Werte einmal vorbelegt und zugewiesen und dann beibehalten werden. Wir können auch `dht()` modifizieren, um DHT in–place durchzuführen; dies überlassen wir dem Leser als Übung.

3.3 Diskrete Sinus– und Cosinus–Transformationen

Es gibt mehrere andere im Reellen verlaufende Transformationen, die mit der Fourier–Transformation verwandt sind in dem Sinne, daß ihre Berechnung durch Kombination der FFT mit einer dünn besetzten Matrix erfolgt. Wir klassifizieren diese wie in [92], indem wir die Basisvektoren in ihrer üblichen Normierung auflisten. Die folgenden Zahlen $b(k)$ sind Gewichte, die wir benötigen, um Orthonormalität zu sichern:

$$b(k) = \begin{cases} 0, & \text{falls } k < 0 \text{ oder } k > N; \\ 1/\sqrt{2}, & \text{falls } k = 0 \text{ oder } k = N; \\ 1, & \text{falls } 0 < k < N. \end{cases} \qquad (3.5)$$

3.3 Diskrete Sinus- und Cosinus-Transformationen

In der folgenden Liste von Matrizen starten die Indizes jeweils mit Null.

DCT-I.
$$C^I_{N+1} : \mathbf{R}^{N+1} \to \mathbf{R}^{N+1}; \quad C^I_{N+1}(n,m) = b(n)b(m)\sqrt{\frac{2}{N}} \cos \frac{\pi nm}{N}.$$

DCT-II.
$$C^{II}_N : \mathbf{R}^N \to \mathbf{R}^N; \quad C^{II}_N(n,m) = b(n)\sqrt{\frac{2}{N}} \cos \frac{\pi n(m+\frac{1}{2})}{N}.$$

DCT-III.
$$C^{III}_N : \mathbf{R}^N \to \mathbf{R}^N; \quad C^{III}_N(n,m) = b(m)\sqrt{\frac{2}{N}} \cos \frac{\pi (n+\frac{1}{2})m}{N}.$$

DCT-IV.
$$C^{IV}_N : \mathbf{R}^N \to \mathbf{R}^N; \quad C^{IV}_N(n,m) = \sqrt{\frac{2}{N}} \cos \frac{\pi (n+\frac{1}{2})(m+\frac{1}{2})}{N}.$$

DST-I.
$$S^I_{N-1} : \mathbf{R}^{N-1} \to \mathbf{R}^{N-1}; \quad S^I_{N-1}(n,m) = \sqrt{\frac{2}{N}} \sin \frac{\pi nm}{N}.$$

DST-II.
$$S^{II}_N : \mathbf{R}^N \to \mathbf{R}^N; \quad S^{II}_N(n,m) = b(n+1)\sqrt{\frac{2}{N}} \sin \frac{\pi (n+1)(m+\frac{1}{2})}{N}.$$

DST-III.
$$S^{III}_N : \mathbf{R}^N \to \mathbf{R}^N; \quad S^{III}_N(n,m) = b(m+1)\sqrt{\frac{2}{N}} \sin \frac{\pi (n+\frac{1}{2})(m+1)}{N}.$$

DST-IV.
$$S^{IV}_N : \mathbf{R}^N \to \mathbf{R}^N; \quad S^{IV}_N(n,m) = \sqrt{\frac{2}{N}} \sin \frac{\pi (n+\frac{1}{2})(m+\frac{1}{2})}{N}.$$

Innere Produkte mit diesen Vektoren können schnell berechnet werden, indem man den FFT Algorithmus mit einfachen Modifikationen verwendet. Die trigonometrischen Transformationen sind nur Verknüpfungen der FFT mit einer geeigneten dünn besetzten Matrix; diese Matrizen wollen wir nun berechnen.

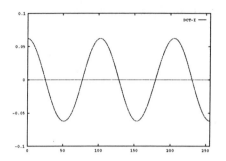
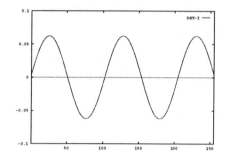

Bild 3.3 Basisfunktionen bei DCT-I und DST-I.

3.3.1 DCT-I und DST-I

Die folgenden Substitutionen setzen S^I_{N-1} in Verbindung zu $\mathcal{F}_{2N}$:

$$\cos\frac{\pi nm}{N} = \frac{1}{2}\left[\exp\frac{-2\pi i(2N-n)m}{2N} + \exp\frac{-2\pi i n m}{2N}\right]; \tag{3.6}$$

$$\sin\frac{\pi nm}{N} = \frac{1}{2i}\left[\exp\frac{-2\pi i(2N-n)m}{2N} - \exp\frac{-2\pi i n m}{2N}\right]. \tag{3.7}$$

Bei beliebigem Vektor $g \in \mathbf{C}^{2N}$ finden wir so die folgende Identität:

$$\begin{aligned}
\mathcal{F}_{2N}g(n) &- \mathcal{F}_{2N}g(2N-n) = \\
&= \frac{1}{\sqrt{2N}}\sum_{m=0}^{2N-1} g(m)\left[\exp\frac{-2\pi i n m}{2N} - \exp\frac{-2\pi i(2N-n)m}{2N}\right] \\
&= -i\sqrt{\frac{2}{N}}\sum_{m=0}^{2N-1} g(m)\sin\frac{\pi nm}{N} \\
&= -i\sqrt{\frac{2}{N}}\sum_{m=1}^{N-1}\left[g(m)\sin\frac{\pi nm}{N} + g(2N-m)\sin\frac{\pi n(2N-m)}{N}\right] \\
&= -i\sqrt{\frac{2}{N}}\sum_{m=1}^{N-1}[g(m) - g(2N-m)]\sin\frac{\pi nm}{N}. \tag{3.8}
\end{aligned}$$

Unter der Annahme $y \in \mathbf{R}^{N-1}$ und

$$-g(2N-m) = g(m) = iy(m)/\sqrt{2} \text{ für } m=1,2,\ldots,N-1, \text{ mit } g(0)=g(N)=0,$$

erhalten wir die folgende Identität für $n = 1, 2, \ldots, N-1$:

$$\mathcal{F}_{2N}g(n) - \mathcal{F}_{2N}g(2N-n) = \sqrt{2}\sqrt{\frac{2}{N}}\sum_{m=1}^{N-1} y(m)\sin\frac{\pi nm}{N} = \sqrt{2}\,S^I_{N-1}y(n). \tag{3.9}$$

Man erkennt, daß bei reellem $y = y(n)$ die rechte Seite der Gleichung 3.9 rein reell ist.

3.3 Diskrete Sinus- und Cosinus-Transformationen

Die Abbildung $y \mapsto g$ kann auch in Matrixform $g = iV_N y$ geschrieben werden, wenn V_N die folgende $2N \times (N-1)$-Matrix bezeichnet:

$$V_N = \frac{1}{\sqrt{2}} \begin{pmatrix} 0 & 0 & \cdots & 0 \\ 1 & & & \\ & 1 & & \\ & & \ddots & \\ & & & 1 \\ 0 & 0 & \cdots & 0 \\ & & & -1 \\ & & \ddots & \\ & -1 & & \\ -1 & & & \end{pmatrix}. \qquad (3.10)$$

Wir stellen fest, daß dies sehr der Matrix ähnlich ist, die $\mathcal{F}_{2N}g(n) - \mathcal{F}_{2N}g(2N-n)$ aus $\mathcal{F}_{2N}g$ erzeugt; tatsächlich erhält man S_{N-1}^I als eine Verknüpfung von $\mathcal{F}_{2N}$ mit V_N:

Proposition 3.7 $S_{N-1}^I = i V_N^* \mathcal{F}_{2N} V_N$. □

Ebenso können wir C_{N+1}^I auf $\mathcal{F}_{2N}$ zurückführen. Es sei $f \in \mathbf{C}^{2N}$ ein beliebiger Vektor. Für $n = 1, 2, \ldots, N$ gilt dann:

$$\begin{aligned}
\mathcal{F}_{2N}f(n) &+ \mathcal{F}_{2N}f(2N-n) = \\
&= \frac{1}{\sqrt{2N}} \sum_{m=0}^{2N-1} f(m) \left[\exp \frac{-2\pi i n m}{2N} + \exp \frac{-2\pi i (2N-n)m}{2N} \right] \\
&= \sqrt{\frac{2}{N}} \sum_{m=0}^{2N-1} f(m) \cos \frac{\pi n m}{N} \\
&= \sqrt{\frac{2}{N}} \sum_{m=1}^{N-1} \left[f(m) \cos \frac{\pi n m}{N} + f(2N-m) \cos \frac{\pi n(2N-m)}{N} \right] \\
&\quad + \frac{2}{\sqrt{2N}} \Big[f(0) \cos 0 + f(N) \cos \pi n \Big] \\
&= \sqrt{\frac{2}{N}} \sum_{m=1}^{N-1} \Big[f(m) + f(2N-m) \Big] \cos \frac{\pi n m}{N} \\
&\quad + \sqrt{\frac{2}{N}} \Big[f(0) \cos 0 + f(N) \cos \pi n \Big]. \qquad (3.11)
\end{aligned}$$

Ist nun $x \in \mathbf{R}^{N+1}$ beliebig vorgegeben, und setzen wir $f(2N-m) = f(m) = x(m)/\sqrt{2}$ für $m = 1, \ldots, N-1$, $f(N) = x(N)$ und $f(0) = x(0)$, so erhalten wir für $n = 1, 2, \ldots, N-1$ die folgende Identität:

$$\begin{aligned}
\mathcal{F}_{2N}f(n) + \mathcal{F}_{2N}f(2N-n) &= \sqrt{2}\sqrt{\frac{2}{N}} b(n) \sum_{m=0}^{N} b(m) x(m) \cos \frac{\pi n m}{N} \\
&= \sqrt{2}\, C_{N+1}^I x(n). \qquad (3.12)
\end{aligned}$$

Für $n = N$ gilt $\mathcal{F}_{2N}f(N) + \mathcal{F}_{2N}f(2N - N) = 2\mathcal{F}_{2N}f(N)$. Wegen $b(N) = \frac{1}{\sqrt{2}}$ ergibt sich also:

$$\mathcal{F}_{2N}f(N) = \sqrt{\frac{2}{N}} b(N) \sum_{m=0}^{N} b(m)x(m) \cos \frac{\pi m N}{N} = C_{N+1}^I x(N). \quad (3.13)$$

Für $n = 0$ folgt

$$\mathcal{F}_{2N}f(0) = \sqrt{\frac{2}{N}} b(0) \sum_{m=0}^{N} b(m)x(m) = C_{N+1}^I x(0). \quad (3.14)$$

Bei rein reellem $x = x(n)$ erkennt man, daß beide Seiten der Gleichungen 3.12 und 3.14 rein reell sind.

Die Abbildung $x \mapsto f$ kann ebenfalls in Matrixform $f = U_N x$ geschrieben werden, wenn U_N die folgende $2N \times (N + 1)$-Matrix bezeichnet:

$$U_N = \frac{1}{\sqrt{2}} \begin{pmatrix} \sqrt{2} & 0 & \cdots & & & 0 \\ & 1 & & & & \\ & & 1 & & & \\ & & & \ddots & & \\ & & & & 1 & \\ 0 & \cdots & & & 0 & \sqrt{2} \\ & & & & 1 & \\ & & & \cdot^{\cdot^{\cdot}} & & \\ & & 1 & & & \\ 0 & 1 & 0 & \cdots & & 0 \end{pmatrix}. \quad (3.15)$$

Wie im Fall der DST-I bemerken wir, daß dies sehr der Matrix ähnelt, die $\mathcal{F}_{2N}f(n) + \mathcal{F}_{2N}f(2N - n)$ aus $\mathcal{F}_{2N}f$ erzeugt, und C_{N+1}^I entsteht durch Verknüpfung von $\mathcal{F}_{2N}$ mit U_N:

Proposition 3.8 $\quad C_{N+1}^I = U_N^* \mathcal{F}_{2N} U_N$. $\hfill \square$

Die folgenden technischen Aussagen können direkt nachgerechnet werden (vgl. Übungsaufgabe 1):

Lemma 3.9 *Die Matrizen V_N aus Gleichung 3.10 und U_N aus Gleichung 3.15 genügen den folgenden Beziehungen:*

1. $V_N^* V_N = I_{N-1}$,
2. $U_N^* U_N = I_{N+1}$,
3. $U_N^* V_N = 0_{(N+1) \times (N-1)}$,
4. $V_N^* U_N = 0_{(N-1) \times (N+1)}$,
5. $V_N V_N^* + U_N U_N^* = I_{2N}$, *wobei*

3.3 Diskrete Sinus- und Cosinus-Transformationen

$$U_N U_N^* = \begin{pmatrix} 1 & 0 & & & \cdots & & & & 0 \\ 0 & \frac{1}{2} & & & & & & & \frac{1}{2} \\ & & \frac{1}{2} & & & & & \frac{1}{2} & \\ & & & \ddots & & & \cdot^{\cdot^{\cdot}} & & \\ \vdots & & & & \frac{1}{2} & \frac{1}{2} & & & \\ & & & & & 1 & & & \\ & & & & \frac{1}{2} & \frac{1}{2} & & & \\ & & & \frac{1}{2} & & & \frac{1}{2} & & \\ & & \cdot^{\cdot^{\cdot}} & & & & & \ddots & \\ 0 & \frac{1}{2} & & & & & & & \frac{1}{2} \end{pmatrix}$$

und

$$V_N V_N^* = \begin{pmatrix} 0 & & & & \cdots & & & & 0 \\ & \frac{1}{2} & & & & & & & -\frac{1}{2} \\ & & \frac{1}{2} & & & & & -\frac{1}{2} & \\ & & & \ddots & & & \cdot^{\cdot^{\cdot}} & & \\ \vdots & & & & \frac{1}{2} & -\frac{1}{2} & & & \\ & & & & & 0 & & & \\ & & & & -\frac{1}{2} & \frac{1}{2} & & & \\ & & & -\frac{1}{2} & & & \frac{1}{2} & & \\ & & \cdot^{\cdot^{\cdot}} & & & & & \ddots & \\ 0 & -\frac{1}{2} & & & & & & & \frac{1}{2} \end{pmatrix}.$$

$V_N V_N^*$ und $U_N U_N^*$ sind also orthogonale Projektionen auf orthogonale Unterräume von $\mathbf{C}^{2N}$.

Bilden wir die $2N \times 2N$-Matrix

$$T = \left(\begin{array}{c|c} U_N & iV_N \end{array} \right), \tag{3.16}$$

so gilt $T^*T = I_{2N}$ und damit $TT^* = I_{2N}$. Diese Matrix T ist ebenfalls dünn besetzt — in jeder Zeile und Spalte stehen höchstens zwei nicht verschwindende Elemente.

Die DST-I und DCT-I Transformationen können simultan ausgeführt werden, indem man $T^*\mathcal{F}T$ auf die folgende Verkettung der Vektoren $x \in \mathbf{R}^{N+1}$ und $y \in \mathbf{R}^{N-1}$ anwendet:

$$X = \begin{bmatrix} x(0) \\ x(1) \\ \vdots \\ x(N-1) \\ x(N) \\ y(1) \\ \vdots \\ y(N-1) \end{bmatrix} \in \mathbf{R}^{2N}; \quad TX = \begin{bmatrix} \sqrt{2}\,x(0) \\ x(1) + iy(1) \\ \vdots \\ x(N-1) + iy(N-1) \\ \sqrt{2}\,x(N) \\ x(1) - iy(1) \\ \vdots \\ x(N-1) - iy(N-1) \end{bmatrix} \in \mathbf{C}^{2N}.$$

Theorem 3.10 $T^* \mathcal{F}_{2N} T = C^I_{N+1} \oplus (-i) S^I_{N-1}$.

Beweis: Aus Gründen der Übersichtlichkeit lassen wir die Indizes weg. Die Matrix hat die folgende Blockdarstellung:

$$T^* \mathcal{F} T = \begin{pmatrix} U^* \mathcal{F} U & i U^* \mathcal{F} V \\ -i V^* \mathcal{F} U & V^* \mathcal{F} V \end{pmatrix}.$$

Nach Proposition 3.8 bzw. 3.7 sind die Diagonalblöcke gegeben durch C^I bzw. durch $(-i) S^I$. Wir müssen zeigen, daß die beiden anderen Blöcke verschwinden. Setzen wir aber in Gleichung 3.8 $g = Uy$ statt $g = Vy$ (d.h. setzen wir $g(m) = g(2N - m)$ für $n = 1, 2, \ldots, N-1$), so verschwindet die rechte Seite identisch; dies verifiziert $V^* \mathcal{F} U = 0$. Setzen wir auf ähnliche Weise in Gleichung 3.11 $f = Vx$ (oder $f(m) = -f(2N - m)$ für $n = 1, 2, \ldots, N - 1$, und $f(0) = f(N) = 0$), so verschwindet die rechte Seite ebenfalls identisch, d.h. es gilt $U^* \mathcal{F} V = 0$. □

Bemerkung. Da für $\mathcal{F}_{2N}$ eine Faktorisierung in dünn besetzte Matrizen vorliegt, deren Anwendung nur $4N + 4N \log_2 2N$ Operationen erfordert, und da sowohl T als auch T^* jeweils $4N$ Operationen erforderlich machen, erhält man einen Gesamtaufwand zur Berechnung von $S^I_{N-1} y$ und $C^I_{N+1} x$ im Umfang von $4N(4 + \log_2 N)$ Operationen.

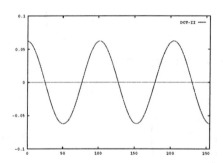
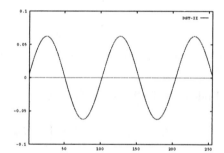

Bild 3.4 Basisfunktionen bei DCT-II und DST-II.

3.3.2 DCT-II, DCT-III, DST-II und DST-III

Man erkennt $C^{II}_N(n, m) = C^{III}_N(m, n)$ und $S^{II}_N(n, m) = S^{III}_N(m, n)$ für alle $0 \leq n, m < N$. Es genügt also, den -II Fall zu betrachten.

Für $f \in \mathbf{C}^{2N}$ haben wir:

$$\begin{aligned}
\mathcal{F}_{2N} f(n) &= \frac{1}{\sqrt{2N}} \sum_{m=0}^{2N-1} f(m) e^{\frac{-2\pi i n m}{2N}} \quad (3.17) \\
&= \frac{1}{\sqrt{2N}} \sum_{m=0}^{N-1} \left[f(m) e^{\frac{-2\pi i n m}{2N}} + f(2N - m - 1) e^{\frac{-2\pi i n (2N - m - 1)}{2N}} \right]
\end{aligned}$$

3.3 Diskrete Sinus– und Cosinus–Transformationen

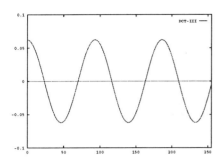
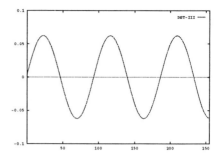

Bild 3.5 Basisfunktionen bei DCT-III und DST-III.

$$= \frac{e^{\frac{\pi i n}{2N}}}{\sqrt{2N}} \sum_{m=0}^{N-1} \left[f(m) e^{\frac{-2\pi i n(m+\frac{1}{2})}{2N}} + f(2N-m-1) e^{\frac{2\pi i n(m+\frac{1}{2})}{2N}} \right].$$

Setzen wir also $f(m) = f(2N-m-1) = x(m)/\sqrt{2}$ für $x \in \mathbf{C}^N$ und $n = 0, 1, \ldots, N-1$, so erhalten wir

$$b(n)\mathcal{F}_{2N} f(n) = b(n) \frac{e^{\frac{\pi i n}{2N}}}{\sqrt{N}} \sum_{m=0}^{N-1} x(m) \cos \frac{\pi n(m+\frac{1}{2})}{N} = \frac{e^{\frac{\pi i n}{2N}}}{\sqrt{2}} C_N^{II} x(n). \qquad (3.18)$$

Unter Verwendung der Identitäten

$$\cos \pi \frac{(2N-n)(m+\frac{1}{2})}{N} = -\cos \pi \frac{n(m+\frac{1}{2})}{N} \qquad (3.19)$$

und

$$\exp \frac{\pi i (2N-n)}{2N} = -\exp \frac{-\pi i n}{2N} \qquad (3.20)$$

ergibt sich die folgende Formel für $n = 1, \ldots, N-1$:

$$\mathcal{F}_{2N} f(2N-n) = e^{\frac{-\pi i n}{2N}} \sqrt{\frac{2}{N}} \sum_{m=0}^{N-1} x(m) \cos \frac{\pi n(m+\frac{1}{2})}{N} = e^{\frac{-\pi i n}{2N}} C_N^{II} x(n). \qquad (3.21)$$

Mit $w = e^{\frac{\pi i n}{2N}}$, also $\bar{w} = e^{\frac{-\pi i n}{2N}}$, erhält man:

$$\sqrt{2} C_N^{II} x(n) = \begin{cases} \sqrt{2} \mathcal{F}_{2N} f(0), & \text{falls } n = 0; \\ \bar{w}^n \mathcal{F}_{2N} f(n) + w^n \mathcal{F}_{2N} f(2N-n), & \text{falls } 0 < n < N. \end{cases} \qquad (3.22)$$

Definieren wir nun die folgenden $2N \times N$-Matrizen

$$P_N = \frac{1}{\sqrt{2}} \begin{pmatrix} \sqrt{2} & & & \\ & w & & \\ & & \ddots & \\ & & & w^{N-1} \\ 0 & \cdots & & 0 \\ & & & \bar{w}^{N-1} \\ & & \cdot^{\cdot^{\cdot}} & \\ 0 & \bar{w} & & \end{pmatrix}, \quad Q_N = \frac{1}{\sqrt{2}} \begin{pmatrix} 1 & & & \\ & 1 & & \\ & & \ddots & \\ & & & 1 \\ & & & 1 \\ & & 1 & \\ & \cdot^{\cdot^{\cdot}} & & \\ 1 & & & \end{pmatrix},$$

so liefern unsere Rechnungen die folgende Aussage:

Proposition 3.11 $\quad C_N^{II} = P_N^* \mathcal{F}_{2N} Q_N$. $\hfill\square$

Wir können auch $f(m) = -f(2N - m - 1) = iy(m)/\sqrt{2}$ in Gleichung 3.17 setzen für $y \in \mathbf{C}^N$ und $n = 0, 1, \ldots, N - 1$, und erhalten dann

$$\begin{aligned}
b(n+1)\mathcal{F}_{2N}f(n+1) &= b(n+1)\frac{e^{\frac{\pi i(n+1)}{2N}}}{\sqrt{N}} \sum_{m=0}^{N-1} y(m) \sin \frac{\pi(n+1)(m+\tfrac{1}{2})}{N} \\
&= \frac{e^{\frac{\pi i(n+1)}{2N}}}{\sqrt{2}} S_N^{II} y(n).
\end{aligned} \qquad (3.23)$$

Ersetzt man in Gleichung 3.20 n durch $n + 1$ und verwendet man die Identität

$$\sin \pi \frac{(2N - n - 1)(m + \tfrac{1}{2})}{N} = \sin \pi \frac{(n + 1)(m + \tfrac{1}{2})}{N}, \qquad (3.24)$$

so ergibt sich die folgende Formel für $n = 0, 1, \ldots, N - 1$:

$$\begin{aligned}
b(n+1)\mathcal{F}_{2N}f(2N-n-1) &= -b(n+1)\frac{e^{\frac{-\pi i(n+1)}{2N}}}{\sqrt{N}} \sum_{m=0}^{N-1} y(m) \sin \frac{\pi(n+1)(m+\tfrac{1}{2})}{N} \\
&= -\frac{e^{\frac{-\pi i(n+1)}{2N}}}{\sqrt{2}} S_N^{II} y(n).
\end{aligned} \qquad (3.25)$$

Man bemerkt, daß Gleichung 3.23 und Gleichung 3.25 für $n = N - 1$ übereinstimmen; in beiden Fällen ist der Faktor $S_N^{II} y(N-1)$ gegeben durch $i/\sqrt{2}$. Für $w = e^{\frac{\pi i}{2N}}$ erhalten wir deshalb

$$\sqrt{2}\, S_N^{II} y(n) = \begin{cases} \bar{w}^{n+1}\mathcal{F}_{2N}f(n+1) - w^{n+1}\mathcal{F}_{2N}f(2N-n-1), & \text{falls } 0 \le n < N-1; \\ -i\sqrt{2}\,\mathcal{F}_{2N}f(N), & \text{falls } n = N-1. \end{cases}$$

Also definieren wir die $2N \times N$-Matrizen $\tilde{P}_N$ und $\tilde{Q}_N$ gemäß

$$\tilde{P}_N = \frac{1}{\sqrt{2}} \begin{pmatrix} 0 & \cdots & 0 & 0 \\ w & & & \\ & \ddots & & \\ & & w^{N-1} & \\ 0 & \cdots & 0 & i\sqrt{2} \\ & & -\bar{w}^{N-1} & \\ & \iddots & & \\ -\bar{w} & & & \end{pmatrix}, \quad \tilde{Q}_N = \frac{1}{\sqrt{2}} \begin{pmatrix} 1 & & & \\ & 1 & & \\ & & \ddots & \\ & & & 1 \\ & & & -1 \\ & & \iddots & \\ & -1 & & \\ -1 & & & \end{pmatrix},$$

und erhalten analog zum C_N^{II}-Fall die folgende Aussage:

Proposition 3.12 $\quad S_N^{II} = i\tilde{P}_N^* \mathcal{F}_{2N} \tilde{Q}_N$. $\hfill\square$

Bildet man die beiden $2N \times 2N$-Kombinationen der obigen Matrizen, $\mathcal{P}_N = (P_N | i\tilde{P}_N)$ und $\mathcal{Q}_N = (Q_N | \tilde{Q}_N)$, so können wir wieder die DCT-II und DST-II Transformationen simultan ausführen:

Theorem 3.13 $\quad \mathcal{P}_N^* \mathcal{F}_{2N} \mathcal{Q}_N = C_N^{II} \oplus (-i) S_N^{II}$.

3.3 Diskrete Sinus– und Cosinus–Transformationen

Beweis: Unterdrücken wir die Indizes, so haben wir die folgende Blockmatrix vorliegen:

$$\mathcal{P}^* \mathcal{F} \mathcal{Q} = \begin{pmatrix} P^* \mathcal{F} Q & i P^* \mathcal{F} \tilde{Q} \\ -i \tilde{P}^* \mathcal{F} Q & \tilde{P}^* \mathcal{F} \tilde{Q} \end{pmatrix}.$$

Aus Gleichung 3.17 erkennen wir $\tilde{P}^* \mathcal{F} Q = P^* \mathcal{F} \tilde{Q} = 0$. Die Aussage folgt damit aus Proposition 3.11 und Proposition 3.12. □

Da C_N^{III} die Transponierte von C_N^{II} und S_N^{III} die Transponierte von S_N^{II} ist, ergeben sich ähnliche Ergebnisse für DCT-III und DST-III. Nun stimmt $\mathcal{F}_{2N}$ mit der Transponierten überein, und es gilt $(P^*)^t = \overline{P}$ und $Q^t = \bar{Q}^t = Q^*$; so erhält man zum Beispiel $(P^* \mathcal{F} Q)^t = Q^t \mathcal{F}^t (P^*)^t = Q^* \mathcal{F} \overline{P}$:

Proposition 3.14 $C_N^{III} = Q_N^* \mathcal{F}_{2N} \overline{P_N}$. □

Proposition 3.15 $S_N^{III} = i \tilde{Q}_N^* \mathcal{F}_{2N} \overline{\tilde{P}_N}$. □

Theorem 3.16 $\bar{\mathcal{Q}}_N^* \mathcal{F}_{2N} \bar{\mathcal{P}}_N = C_N^{III} \oplus (-i) S_N^{III}$. □

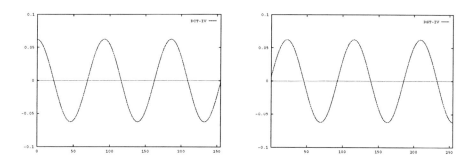

Bild 3.6 Basisfunktionen bei DCT-IV und DST-IV.

3.3.3 DCT-IV und DST-IV

Für Konstanten α, β gilt

$$\begin{aligned}
\alpha \mathcal{F}_{2N} f(n) &+ \beta \mathcal{F}_{2N} f(2N - n - 1) = \\
&= \frac{1}{\sqrt{2N}} \sum_{m=0}^{2N-1} f(m) \left[\alpha e^{\frac{-2\pi i n m}{2N}} + \beta e^{\frac{-2\pi i (2N-n-1)m}{2N}} \right] \\
&= \frac{1}{\sqrt{2N}} \sum_{m=0}^{2N-1} f(m) e^{\frac{\pi i m}{2N}} \left[\alpha e^{\frac{-\pi i (n+\frac{1}{2})m}{N}} + \beta e^{\frac{\pi i (n+\frac{1}{2})m}{N}} \right] \\
&= \frac{1}{\sqrt{2N}} \sum_{m=0}^{N-1} \left(f(m) e^{\frac{\pi i m}{2N}} \left[\alpha e^{\frac{-\pi i (n+\frac{1}{2})m}{N}} + \beta e^{\frac{\pi i (n+\frac{1}{2})m}{N}} \right] \right.
\end{aligned}$$

$$+ f(2N-m-1)e^{\frac{\pi i(2N-m-1)}{2N}}$$
$$\times \left[\alpha e^{\frac{-\pi i(n+\frac{1}{2})(2N-m-1)}{N}} + \beta e^{\frac{\pi i(n+\frac{1}{2})(2N-m-1)}{N}}\right]\bigg)$$

$$= \frac{1}{\sqrt{2N}} \sum_{m=0}^{N-1} \bigg(f(m)e^{\frac{\pi i m}{2N}} \left[\alpha e^{\frac{-\pi i(n+\frac{1}{2})m}{N}} + \beta e^{\frac{\pi i(n+\frac{1}{2})m}{N}}\right]$$
$$+ f(2N-m-1)e^{\frac{-\pi i(m+1)}{2N}}$$
$$\times \left[\alpha e^{\frac{\pi i(n+\frac{1}{2})(m+1)}{N}} + \beta e^{\frac{-\pi i(n+\frac{1}{2})(m+1)}{N}}\right]\bigg). \qquad (3.26)$$

Sei nun $x = x(n)$ ein beliebiger Vektor in $\mathbf{C}^N$. Im Falle der DCT-IV setzen wir $\alpha = \frac{1}{\sqrt{2}} \exp \frac{-\pi i(n+\frac{1}{2})}{2N}$, $\beta = \bar{\alpha}$, sowie $f(m) = \frac{x(m)}{\sqrt{2}} \exp \frac{-\pi i m}{2N}$ und $f(2N-m-1) = \frac{x(m)}{\sqrt{2}} \exp \frac{\pi i(m+1)}{2N}$ für $m = 0, 1, \ldots, N-1$. Dies liefert die folgende Gleichung für $n = 0, 1, \ldots, N-1$:

$$\frac{1}{\sqrt{2}} \exp \frac{-\pi i(n+\frac{1}{2})}{2N} \mathcal{F}_{2N} f(n) + \frac{1}{\sqrt{2}} \exp \frac{\pi i(n+\frac{1}{2})}{2N} \mathcal{F}_{2N} f(2N-n-1)$$
$$= \sqrt{\frac{2}{N}} \sum_{m=0}^{N-1} x(m) \cos \frac{\pi(n+\frac{1}{2})(m+\frac{1}{2})}{N}$$
$$= C_N^{IV} x(n).$$

Setzen wir also $w = \exp \frac{\pi i}{2N}$, und definieren wir die Matrix

$$R_N = \frac{1}{\sqrt{2}} \begin{pmatrix} 1 & & & & & \\ & \bar{w} & & & & \\ & & \ddots & & & \\ & & & & \bar{w}^{N-1} & \\ & & & & & i \\ & & & w^{N-1} & & \\ & & \cdots & & & \\ & w & & & & \end{pmatrix},$$

so schließen wir auf die folgende Aussage:

Proposition 3.17 $\qquad C_N^{IV} = e^{\frac{-\pi i}{4N}} R_N^t \mathcal{F}_{2N} R_N.$ $\qquad \square$

Im Falle der DST-IV setzen wir $\alpha = \frac{i}{\sqrt{2}} \exp \frac{-\pi i(n+\frac{1}{2})}{2N}$ und $\beta = -\bar{\alpha} = \frac{-i}{\sqrt{2}} \exp \frac{\pi i(n+\frac{1}{2})}{2N}$; wie zuvor verwenden wir $f(m) = \frac{x(m)}{\sqrt{2}} \exp \frac{-\pi i m}{2N}$, setzen aber

$$f(2N-m-1) = \frac{-x(m)}{\sqrt{2}} \exp \frac{\pi i(m+1)}{2N}.$$

3.3 Diskrete Sinus- und Cosinus-Transformationen

Dann erhalten wir die folgende Identität für $n = 0, 1, \ldots, N - 1$:

$$\frac{i}{\sqrt{2}} \exp \frac{-\pi i(n + \frac{1}{2})}{2N} \mathcal{F}_{2N} f(n) - \frac{i}{\sqrt{2}} \exp \frac{\pi i(n + \frac{1}{2})}{2N} \mathcal{F}_{2N} f(2N - n - 1)$$
$$= \sqrt{\frac{2}{N}} \sum_{m=0}^{N-1} x(m) \sin \frac{\pi(n + \frac{1}{2})(m + \frac{1}{2})}{N}$$
$$= S_N^{IV} x(n).$$

Setzen wir wie zuvor $w = \exp \frac{\pi i}{2N}$, und definieren wir die Matrix $\tilde{R}_N$ durch

$$\tilde{R}_N = \frac{1}{\sqrt{2}} \begin{pmatrix} 1 & & & & & \\ & \bar{w} & & & & \\ & & \ddots & & & \\ & & & & \bar{w}^{N-1} & \\ & & & & & -i \\ & & & -w^{N-1} & & \\ & & \cdot \cdot & & & \\ & -w & & & & \end{pmatrix},$$

so ergibt sich:

Proposition 3.18 $\quad S_N^{IV} = i\, e^{\frac{-\pi i}{4N}} \tilde{R}_N^t \mathcal{F}_{2N} \tilde{R}_N.$ $\qquad \square$

Wie zuvor können wir $\mathcal{R}_N = \left(R_N | i\tilde{R}_N \right)$ setzen und erhalten dann den folgenden Satz:

Theorem 3.19 $\quad e^{\frac{-\pi i}{4N}} \mathcal{R}_N^t \mathcal{F}_{2N} \mathcal{R}_N = C_N^{IV} \oplus i S_N^{IV}.$

Beweis: Unterdrücken wir die Indizes, so haben wir die folgende Blockmatrix vorliegen:

$$\mathcal{R}^t \mathcal{F} \mathcal{R} = \begin{pmatrix} R^t \mathcal{F} R & i R^t \mathcal{F} \tilde{R} \\ i \tilde{R}^t \mathcal{F} R & -\tilde{R}^t \mathcal{F} \tilde{R} \end{pmatrix}.$$

Aufgrund von Gleichung 3.26 erkennen wir $\tilde{R}^t \mathcal{F} R = R^t \mathcal{F} \tilde{R} = 0$. Proposition 3.17 und Proposition 3.18 schließen den Beweis ab. $\qquad \square$

3.3.4 Implementierungen von DCT und DST

Der zentrale Bestandteil dieser beiden Algorithmen ist die schnelle Fourier–Transformation der Dimension $2N$. Diese benötigt einen Hilfsvektor von $2N$ COMPLEX Datenstrukturen.

$2N$-Punkt DFT Fragment innerhalb N-Punkt DST oder DCT

```
...
Let N = 1<<Q
Allocate and zero an array F[] of 2*N COMPLEX's
Allocate an array W[] of N COMPLEX's
bitrevi(F, Q+1)
fftomega(W, N)
fftproduct(F, Q+1, W)
Deallocate the array W[]
...
```

Wenn überhaupt nötig, kann die Normierung am Ende durchgeführt werden. Auch wird der Hilfsvektor F[] am Ende wieder freigegeben.

Jede der Varianten benötigt eine andere Routine, die die Verknüpfung der Matrizen berücksichtigt. Jeder dieser „Links–Faktoren" und „Rechts–Faktoren" wird durch einen eigenen Bestandteil im Code beschrieben; einige verwenden nur Addition oder Subtraktion:

U_N: Abbildung des Inputvektors X[] unter U in F[]:

```
Let F[0].RE = X[0]*SQ2
Let F[N].RE = X[N]*SQ2
For K = 1 to N-1
    Let F[2*N-K].RE = X[K]
    Let F[K].RE     = X[K]
```

U_N^*: Rückprojektion unter U^* auf den Outputvektor X[]:

```
Let X[0] = F[0].RE * SQ2
Let X[N] = F[N].RE * SQ2
For K = 1 to N-1
    Let X[K] = F[2*N-K].RE + F[K].RE
```

V_N: Abbildung des Inputvektors X[] unter V nach F[]:

```
For K = 1 to N-1
    Let F[K].RE     =  X[K]
    Let F[2*N-K].RE = -X[K];
```

V_N^*: Rückprojektion unter iV^* auf den Outputvektor X[]:

```
For K = 1 to N-1
    Let X[K] = F[2*N-K].IM - F[K].IM
```

3.3 Diskrete Sinus- und Cosinus-Transformationen

Q_N: Abbildung des Inputvektors X[] unter Q nach F[]:

```
For K = 0 to N-1
   Let F[K].RE     = X[K]
   Let F[2*N-K].RE = X[K]
```

$\tilde{Q}_N$: Abbildung des Inputvektors X[] unter $i\tilde{Q}$ nach F[]:

```
For K = 0 to N-1
   Let F[K].IM       =  X[K]
   Let F[2*N-K-1].IM = -X[K]
```

Q_N^*: Rückprojektion unter Q^* auf den Outputvektor X[]:

```
For K = 0 to N-1
   Let X[K] = F[2*N-K-1].RE + F[K].RE
```

$\tilde{Q}_N^*$: Rückprojektion unter $i\tilde{Q}^*$ auf den Outputvektor X[]:

```
For K = 0 to N-1
   Let X[K] =  F[2*N-K-1].IM - F[K].IM
```

Einige dieser Verknüpfungen erfordern zusätzlich Tabellen für Cosinus- und Sinuswerte; wir müssen diese also anlegen und zuweisen. Dies kann durch eine Hilfsfunktion erledigt werden; wir können wahlweise aber auch bei Bedarf das folgende Codefragment einbinden. Es legt Vektoren C[] und S[] der Länge N an und weist ihnen die jeweiligen Werte $C[K] = \cos(\pi K/2N)$ und $S[K] = \sin(\pi K/2N)$ für $K = 0, 1, ..., N-1$ zu. Man achte auf den Unterschied zu dftomega() und dhtcossin().

Sinus/Cosinus Fragment in N-Punkt DCT und DST

```
...
Allocate arrays C[] and S[] of length N
Let FACTOR = PI/(2*N)
For K = 0 to N-1
   C[K] = cos(K*FACTOR)
   S[K] = sin(K*FACTOR)
...
```

Als nächstes behandeln wir die Codebestandteile, die die Links- und Rechts-Multiplikation für verschiedene DCTs und DSTs beschreiben:

P_N^*: Rückprojektion unter P^* auf den Outputvektor X[]:

```
Let X[0] = F[0].RE * SQ2
For K = 1 to N-1
   Let X[K] = CRRMULRE( F[K], C[K], -S[K] )
            + CRRMULRE( F[2*N-K], C[K], S[K] )
```

$\tilde{P}_N^*$: Rückprojektion unter $\tilde{P}^*$ auf den Outputvektor X[]:

```
For K = 1 to N-1
   Let X[K-1] = CRRMULRE(F[K], C[K], -S[K])
              + CRRMULRE(F[2*N-K], C[K], S[K])
Let X[N-1] = F[N].IM * SQ2
```

$\overline{P_N}$: Abbildung des Inputsvektors X[] unter $\bar{P}$ nach F[]:

```
Let F[0].RE = X[0] * SQ2
For K = 1 to N-1
   Let F[2*N-K].RE = X[K] * C[K]
   Let F[2*N-K].IM = X[K] * S[K]
   Let F[K].RE =  F[2*N-K].RE
   Let F[K].IM = -F[2*N-K].IM
```

$\overline{\tilde{P}_N}$: Abbildung des Inputvektors X[] unter $\bar{\tilde{P}}$ nach F[]:

```
For K = 1 to N-1
   Let F[K].RE =  X[K-1] * C[K]
   Let F[K].IM = -X[K-1] * S[K]
   Let  F[2*N-K].RE = -F[K].RE
   Let  F[2*N-K].IM =  F[K].IM
Let F[N].RE = -X[N-1] * SQ2
```

R_N: Abbildung des Inputvektors X[] unter R nach F[]:

```
Let F[0].RE = X[0]
Let F[N].IM = X[N-1]
For K = 1 to N-1
   Let F[K].RE =  X[K] * C[K]
   Let F[K].IM = -X[K] * S[K]
   Let F[2*N-K].RE = X[K-1]
   Let F[2*N-K].IM = X[K-1]
```

3.3 Diskrete Sinus- und Cosinus-Transformationen

R_N^t: Rückprojektion unter ωR^t auf den Outputvektor X[]:

```
Let W.RE = cos(-PI/(4*N))
Let W.IM = sin(-PI/(4*N))
Let TMP.RE = F[0].RE + CRRMULRE(F[2*N-1], C[1], S[1])
Let TMP.IM = F[0].IM + CRRMULIM(F[2*N-1], C[1], S[1])
Let X[0]   = CCMULRE(TMP, W);
Let TMP.RE = CRRMULRE(F[N-1], C[N-1], -S[N-1]) -F[N].IM
Let TMP.IM = CRRMULIM(F[N-1], C[N-1], -S[N-1]) +F[N].RE
Let X[N-1] = CCMULRE(TMP, W)
For K = 1 to N-2
   Let TMP.RE = CRRMULRE( F[K], C[K], -S[K] )
              + CRRMULRE( F[2*N-K-1], C[K+1], S[K+1])
   Let TMP.IM = CRRMULIM(F[K], C[K], -S[K])
              + CRRMULIM(F[2*N-K-1], C[K+1], S[K+1])
   Let X[K] = CCMULRE(TMP, W)
```

$\tilde{R}_N$: Abbildung des Inputvektors X[] unter $\tilde{R}$ nach F[]:

```
Let F[0].RE = X[0]
Let F[N].IM = -X[N-1]
For K = 1 to N-1
   Let F[K].RE =  X[K] * C[K]
   Let F[K].IM = -X[K] * S[K]
   Let F[2*N-K].RE = -X[K-1] * C[K]
   Let F[2*N-K].IM = -X[K-1] * S[K]
```

$\tilde{R}_N^t$: Rückprojektion unter $i\omega \tilde{R}^t$ auf den Outputvektor X[]:

```
Let W.RE = cos(-PI/(N/4))
Let W.IM = sin(-PI/(N/4))
Let TMP.RE = F[0].RE - CRRMULRE(F[2*N-1], C[1], S[1])
Let TMP.IM = F[0].IM - CRRMULIM(F[2*N-1], C[1], S[1])
Let X[0]   = -CCMULIM( TMP, W )
Let TMP.RE =  CRRMULRE(F[N-1], C[N-1], -S[N-1]) +F[N].IM
Let TMP.IM =  CRRMULIM(F[N-1], C[N-1], -S[N-1]) -F[N].RE
Let X[N-1] = -CCMULIM( TMP, W )
For K = 1 to N-2
   Let TMP.RE = CRRMULRE(F[K], C[K], -S[K])
              - CRRMULRE(F[2*N-K-1], C[K+1], S[K+1])
   Let TMP.IM = CRRMULIM(F[K], C[K], -S[K])
              - CRRMULIM(F[2*N-K-1], C[K+1], S[K+1])
   Let X[K] = -CCMULIM(TMP, W)
```

Die Normierung wird am Ende insgesamt vorgenommen, indem man die Konstanten der Matrizen und den Faktor $1/\sqrt{2N}$ aus der $2N$-Punkt FFT zusammenfaßt. Man beachte, daß der Normierungsfaktor eine rationale Zahl ist, falls q in $N = 2^q$ ungerade ist.

Normierung bei der N-Punkt DCT oder DST

```
If Q is odd then
    Let NORM = 0.5/(1<<((Q+1)/2))
Else
    Let NORM = 0.5/sqrt(1<<(Q+1))
For K = 0 to N-1
    Let X[K] *= NORM
```

Zum Schluß können wir die Hilfsvektoren `C[]`, `S[]` und `F[]` freigeben. Die DCT oder DST wird automatisch im Inputvektor `X[]` zurückgegeben.

3.4 Übungsaufgaben

1. Man beweise Lemma 3.9.

2. Man gebe die Matrizen der 2×2 und 4×4 DFT und DHT explizit an.

3. Man gebe die Matrizen der 2×2 und 4×4 DCT-II, DCT-III und DCT-IV explizit an.

4. Man implementiere DCT-I als Pseudocode.

5. Man implementiere DST-I als Pseudocode.

6. Man implementiere DCT-II als Pseudocode.

7. Man implementiere DST-II als Pseudocode.

8. Man implementiere DCT-III als Pseudocode.

9. Man implementiere DST-III als Pseudocode.

10. Man implementiere DCT-IV als Pseudocode.

11. Man implementiere DST-IV als Pseudocode.

12. Man bestimme die „Schmetterlingsmatrix" für die Faktorisierung der schnellen Hartley-Transformation, falls M *ungerade* ist.

13. Man implementiere `dft()` als In–Place–Transformation.

14. Man implementiere `dht()` als In–Place–Transformation.

4 Lokale trigonometrische Transformationen

Eine bemerkenswerte Überlegung, die unabhängig von verschiedenen Autoren [91, 40, 64, 74, 4, 24] angestellt wurde, erlaubt es uns, orthogonale Basen bezüglich beliebiger Partitionen der reellen Achse zu konstruieren. Die Basen bestehen aus Produkten von Sinus- oder Cosinusfunktionen mit glatten Funktionen mit kompaktem Träger; allgemeiner kann man glatte Restriktionen von beliebigen periodischen Funktionen auf benachbarte überlappende Intervalle betrachten. Diese *lokalisierten trigonometrischen Funktionen* bleiben trotz der Überlappung orthogonal, und die darauf aufbauende Zerlegung bildet glatte Funktionen auf ebenfalls glatte Funktionen mit kompaktem Träger ab. Wir werden sowohl die Basen, als auch die Entwicklung nach diesen Basen in diesem Kapitel beschreiben.

Eine Verallgemeinerung der lokalen trigonometrischen Transformation aus [117] liefert eine orthogonale Projektion auf periodische Funktionen, die ebenfalls die Glattheit erhält. Diese *glatte lokale Periodisierung* erlaubt es uns, die Restriktion von glatten Funktionen auf Intervalle mit beliebig glatten periodischen Basen zu studieren, ohne dabei Unstetigkeitsstellen an den Endpunkten oder irgendeine Redundanz zu erzeugen. Die Umkehrung dieser Periodisierung erzeugt aus einer glatten periodischen Funktion eine glatte Funktion mit kompaktem Träger auf der reellen Achse. Die Injektion ist zusätzlich orthogonal; wir können also aus beliebig glatten periodischen Basen glatte orthonormale Basen mit kompaktem Träger auf der reellen Achse erzeugen. Insbesondere erhalten wir *lokalisierte Exponentialfunktionen*, indem wir die Injektion auf komplexe Exponentialfunktionen anwenden.

Die so erzeugten Basisfunktionen sind „gefenstert" in dem Sinne, daß sie eben das Produkt der ursprünglichen Funktionen mit einer Fensterfunktion mit kompaktem Träger sind. Durch Wahl des Fensters können wir dabei weitgehend die analytischen Eigenschaften der Basisfunktionen kontrollieren. Insbesondere können wir darauf achten, daß die resultierenden Orthonormalbasen ein kleines Heisenberg–Produkt besitzen.

Die Methode umgeht das Balian–Low–Diktat, wonach Frameeigenschaft und endliches Heisenberg–Produkt für gefensterte Exponentialfunktionen unvereinbar sind, indem eine Modifikation in der Definition des „Fensters" vorgenommen wird. Sie erlaubt es uns auch, glatte Orthonormalbasen für Wavelets und Waveletpakete auf der reellen Achse zu konstruieren, die wir später in den Kapiteln 10 und 11 verwenden werden.

Lokalisierte trigonometrische Funktionen können auch zu einer Bibliothek von Orthonormalbasen zusammengesetzt werden. Elemente der Bibliothek sind gefensterte Basen, und wir passen die Fenstergröße an, indem wir geeignete fensterbestimmende Partitionen der reellen Achse auswählen. Eine solche Bibliothek kann als Baum strukturiert werden: zwei benachbarte Intervalle I und J können als Zweige des Intervalls $I \cup J$ aufgefaßt werden, weil die Basisfunktionen über I und J den Raum der gefensterten Funktionen über $I \cup J$ aufspannen. Diese Eigenschaft werden wir in Kapitel 8 nutzen, um Suchalgorithmen für die beste adaptive lokale trigonometrische Transformation zu entwerfen.

4.1 Hilfsmittel und Beispiele

Glatte Projektionen, glatte Periodisierungen und die Bibliothek der adaptiven gefensterten trigonometrischen Transformationen werden alle durch unitäre Verknüpfung von relativ einfachen Operationen, wie zum Beispiel der Restriktion auf ein Intervall, konstruiert. Wir werden zunächst diese verschiedenen Konstruktionen erläutern; danach werden wir ihre analytischen Eigenschaften studieren und sehen, wie sich die freien Parameter auf diese Eigenschaften auswirken.

4.1.1 Unitäres Falten und dessen Umkehrung

Der Hauptbestandteil im Aufbau dieser Transformationen ist ein unitärer Operator, der ein scharfes Abschneiden einer Funktion mit einer glatten orthogonalen Projektion verbindet. Der unitäre Operator hängt von einer Hilfsfunktion einer reellen Variablen ab, die eine einfache algebraische Symmetriebedingung erfüllen muß. Der von der Projektion erhaltene Glattheitsgrad hängt von der Glattheit dieser Parameterfunktion ab.

Abschneidefunktionen

Es sei $r = r(t)$ eine Funktion aus der Klasse $C^d(\mathbf{R})$ für $0 \leq d \leq \infty$, die die folgenden Bedingungen erfüllt:

$$|r(t)|^2 + |r(-t)|^2 = 1 \quad \text{für alle } t \in \mathbf{R}; \qquad r(t) = \begin{cases} 0, & \text{falls } t \leq -1, \\ 1, & \text{falls } t \geq 1. \end{cases} \qquad (4.1)$$

Die Funktion r braucht weder monoton noch reellwertig zu sein. Wir sprechen von einer *ansteigenden Abschneidefunktion (rising cutoff function)*, weil $r(t)$ von 0 auf 1 anwächst, wenn t von $-\infty$ nach $+\infty$ läuft[1].

Eine allgemeine Konstruktion für solche Funktionen ist in [5] gegeben; wir werden aber die ins Auge springenden Details hier wiederholen, um die Implementierungen am Ende dieses Kapitels zu verdeutlichen. Zunächst bemerken wir, daß jede Funktion, die die Gleichung 4.1 erfüllt, von der Form

$$r(t) \stackrel{\text{def}}{=} \exp[i\rho(t)] \sin[\theta(t)], \qquad (4.2)$$

sein muß, wobei ρ und θ reellwertige Funktionen mit den folgenden Eigenschaften sind:

$$\rho(t) = \begin{cases} 2n\pi, & \text{falls } t < -1, \\ 2m\pi, & \text{falls } t > 1; \end{cases} \quad \theta(t) = \begin{cases} 0, & \text{falls } t < -1, \\ \frac{\pi}{2}, & \text{falls } t > 1, \end{cases} \quad \theta(t)+\theta(-t) = \frac{\pi}{2}. \quad (4.3)$$

Wegen $|r(-t)| = |\sin[\frac{\pi}{2} - \theta(t)]| = |\cos\theta(t)|$ gilt $|r(t)|^2 + |r(-t)|^2 = 1$.

---
[1] I.f. verwenden wir den Begriff *Abschneidefunktion* gleichbedeutend mit *ansteigende Abschneidefunktion*. (Anm. d. Ü.)

4.1 Hilfsmittel und Beispiele

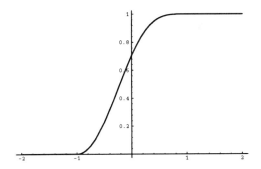

Bild 4.1 Beispiel einer differenzierbaren Abschneidefunktion.

Sei $r = r(t)$ eine stetig differenzierbare Abschneidefunktion. Dann ist $\frac{d}{dt}|r(t)|^2$ eine symmetrische stetige Fensterfunktion mit Träger in $[-1, +1]$. Diese Betrachtung liefert uns ein Hilfsmittel, um Abschneidefunktionen zu parametrisieren: ein Weg zur Bestimmung von θ geht von einer integrierbaren Fensterfunktion $\phi = \phi(t)$ aus, die die folgenden Bedingungen erfüllt:

$$\phi(t) = 0 \text{ für } |t| > 1; \quad \phi(t) = \phi(-t) \text{ für alle } t; \quad \int_{-\infty}^{\infty} \phi(s)\,ds = \frac{\pi}{2}. \tag{4.4}$$

Wir setzen dann $\theta(t) = \int_{-1}^{t} \phi(s)\,ds$. Beispielsweise können wir zur Konstruktion ein quadratisches Polynom als Fenster benutzen, das einen kubischen Spline als Phasenfunktion erzeugt:

$$\phi(t) = \frac{3\pi}{8}(1-t)(1+t); \quad \theta(t) = \frac{\pi}{8}\left[2 + 3t - t^3\right]; \quad -1 \leq t \leq 1. \tag{4.5}$$

Glatte Abschneidefunktionen durch Sinus-Iteration

Reellwertige Abschneidefunktionen erhalten wir durch die Wahl $\rho \equiv 0$. Ein Beispiel einer reellwertigen stetigen Funktion, die die Bedingungen erfüllt, ist gegeben durch:

$$r_{\sin}(t) = \begin{cases} 0, & \text{falls } t \leq -1, \\ \sin\left[\frac{\pi}{4}(1+t)\right], & \text{falls } -1 < t < 1, \\ 1, & \text{falls } t \geq 1. \end{cases} \tag{4.6}$$

Reellwertige d-mal stetig differenzierbare Funktionen ($r \in C^d$) können wir für beliebiges d dadurch erhalten, daß wir wiederholt t durch $\sin(\pi t/2)$ ersetzen:

$$r_{[0]}(t) \stackrel{\text{def}}{=} r_{\sin}(t); \quad r_{[n+1]}(t) \stackrel{\text{def}}{=} r_{[n]}(\sin\frac{\pi}{2}t). \tag{4.7}$$

Durch Induktion kann man zeigen, daß $r_{[n]}(t)$ in $t = +1$ und $t = -1$ je $2^n - 1$ verschwindende Ableitungen besitzt; dies kann als Übung verifiziert werden. Daraus folgt $r_{[n]} \in C^{2^n-1}$. Der Fall $r_{[1]} \in C^1$ ist in Bild 4.1 dargestellt.

Man erkennt, daß die Abschneidefunktion in 4.6 aus $\phi(t) = \frac{\pi}{4}\mathbf{1}_{[-1,1]}$ entsteht, was $\theta(t) = \frac{\pi}{4}(1+t)$ für $t \in [-1,1]$ liefert. Ebenso ergibt sich bei der Wahl $\phi(t) = \frac{\pi^2}{8}\cos\frac{\pi}{2}t$ für $t \in [-1,1]$ die Funktion $r_{[1]}$ mit $\theta(t) = \frac{\pi}{4}(1 + \sin\frac{\pi}{2}t)$.

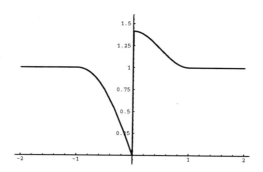

Bild 4.2 Aktion von U auf der konstanten Funktion $f(t) = 1$.

Falten und dessen Umkehrung

Der *Faltungsoperator* U (*folding operator*) und der zugehörige (bezüglich $L_2(\mathbf{R})$) adjungierte Faltungsoperator U^* sind folgendermaßen definiert[2]:

$$Uf(t) = \begin{cases} r(t)f(t) + r(-t)f(-t), & \text{falls } t > 0, \\ \bar{r}(-t)f(t) - \bar{r}(t)f(-t), & \text{falls } t < 0; \end{cases} \quad (4.8)$$

$$U^*f(t) = \begin{cases} \bar{r}(t)f(t) - r(-t)f(-t), & \text{falls } t > 0, \\ r(-t)f(t) + \bar{r}(t)f(-t), & \text{falls } t < 0. \end{cases} \quad (4.9)$$

Besteht die Notwendigkeit hervorzuheben, daß diese beiden Operatoren von einer Abschneidefunktion abhängen, so werden wir $U(r)$ und $U^*(r)$ schreiben, aber in den meisten Fällen kann dies ohne Mißverständnisse unterbleiben.

Man erkennt $Uf(t) = f(t)$ und $U^*f(t) = f(t)$ für $t \geq 1$ oder $t \leq -1$. Ebenso gilt $U^*Uf(t) = UU^*f(t) = \bigl(|r(t)|^2 + |r(-t)|^2\bigr)f(t) = f(t)$ für alle $t \neq 0$, d.h. U und U^* sind unitäre Isomorphismen auf $L^2(\mathbf{R})$. Als ein Beispiel berechnen wir Uf für den besonders einfachen Fall der konstanten Funktion $f \equiv 1$. Als Abschneidefunktion wählen wir $r_{\sin}$ aus Gleichung 4.6. Das Ergebnis ist in Bild 4.2 dargestellt. Man erkennt, wie dieses Falten eine typische Unstetigkeitsstelle im Ursprung erzeugt: für $t \to 0+$ konvergiert $U1(t)$ gegen den normalisierten geraden Anteil ($\sqrt{2}$) von 1, und für $t \to 0-$ gegen den normalisierten ungeraden Anteil (der bei stetigen Funktionen verschwindet).

Beliebige Intervalle

Wir verschieben und strecken den Faltungsoperator, um seine Aktion auf ein Intervall $(\alpha - \epsilon, \alpha + \epsilon)$ anstatt des Intervalls $[-1, +1]$ zu transformieren. Dies kann durch Translations- und Skalierungsoperatoren erfolgen:

$$\tau_\alpha f(t) = f(t-\alpha); \qquad \tau_\alpha^* f(t) = f(t+\alpha); \quad (4.10)$$

$$\sigma_\epsilon f(t) = \epsilon^{-1/2} f(t/\epsilon); \qquad \sigma_\epsilon^* f(t) = \epsilon^{1/2} f(\epsilon t). \quad (4.11)$$

---

[2] Man beachte, daß der hier verwendete Begriff des Faltens oder des „Ineinanderfaltens" (folding) klar von dem in Abschnitt 1.3.6 eingeführten Begriff der Faltung (convolution) zu trennen ist. (Anm. d. Ü.)

4.1 Hilfsmittel und Beispiele

Hierbei sind α und $\epsilon > 0$ reelle Zahlen. Die Dilatation von U und U^* erfolgt durch Verknüpfung mit σ_ϵ, und die anschließende Translation durch Verknüpfung mit τ_α. Dies ergibt Faltungsoperatoren und ihre Inversen, die durch das Tripel (r, α, ϵ) beschrieben sind:

$$U(r, \alpha, \epsilon) = \tau_\alpha \sigma_\epsilon U(r) \sigma_\epsilon^* \tau_\alpha^*; \qquad U^*(r, \alpha, \epsilon) = \tau_\alpha \sigma_\epsilon U^*(r) \sigma_\epsilon^* \tau_\alpha^*. \qquad (4.12)$$

Um später darauf Bezug nehmen zu können, geben wir die Formel für $U(r, \alpha, \epsilon)f$ und $U^*(r, \alpha, \epsilon)f$ ausführlich an:

$$U(r, \alpha, \epsilon) f(t) = \begin{cases} r(\frac{t-\alpha}{\epsilon})f(t) + r(\frac{\alpha-t}{\epsilon})f(2\alpha - t), & \text{falls } \alpha < t < \alpha + \epsilon, \\ \bar{r}(\frac{\alpha-t}{\epsilon})f(t) - \bar{r}(\frac{t-\alpha}{\epsilon})f(2\alpha - t), & \text{falls } \alpha - \epsilon < t < \alpha, \\ f(t), & \text{sonst;} \end{cases} \qquad (4.13)$$

$$U^*(r, \alpha, \epsilon) f(t) = \begin{cases} \bar{r}(\frac{t-\alpha}{\epsilon})f(t) - r(\frac{\alpha-t}{\epsilon})f(2\alpha - t), & \text{falls } \alpha < t < \alpha + \epsilon, \\ r(\frac{\alpha-t}{\epsilon})f(t) + \bar{r}(\frac{t-\alpha}{\epsilon})f(2\alpha - t), & \text{falls } \alpha - \epsilon < t < \alpha, \\ f(t), & \text{sonst.} \end{cases} \qquad (4.14)$$

Gegebenenfalls werden wir U_0 für $U(r_0, \alpha_0, \epsilon_0)$ schreiben, etc.

Wir bezeichnen das Intervall $(\alpha-\epsilon, \alpha+\epsilon)$ mit $B_\epsilon(\alpha)$, der „Kugel" mit Radius ϵ und Mittelpunkt α. Dies können wir den *Aktionsbereich* des Faltungsoperators $U = U(r, \alpha, \epsilon)$ nennen, da der Operator außerhalb dieser Kugel wie die Identität wirkt. Unsere späteren Konstruktionen werden Familien von Faltungsoperatoren und ihren Inversen mit verschiedenen Aktionsbereichen verwenden. In einer etwas unpräzisen Notation nennen wir eine Familie von Faltungsoperatoren und ihren Inversen *disjunkt*, falls die folgende Dichotomie für ihre Aktionsbereiche und die Abschneidefunktionen gilt:

- Je zwei verschiedene Aktionsbereiche sind disjunkt.

- Jeder Aktionsbereich besitzt seine eigene eindeutig bestimmte Abschneidefunktion.

In einer solchen disjunkten Familie kommutieren je zwei Operatoren.

Bezug zu Fenstertechniken

Ist die Funktion $f = f(t)$ gerade auf $[-1, 1]$, d.h. gilt $f(t) = f(-t)$ für alle $-1 \leq t \leq 1$, so kann der Faltungsoperator als Multiplikation mit einer Funktion dargestellt werden:

$$Uf(t) = \begin{cases} [r(t) + r(-t)] f(t), & \text{falls } t > 0, \\ [\bar{r}(-t) - \bar{r}(t)] f(t), & \text{falls } t < 0. \end{cases} \qquad (4.15)$$

Ist andererseits $f(t) = -f(-t)$ ungerade auf $[-1, 1]$, so ergibt sich

$$Uf(t) = \begin{cases} [r(t) - r(-t)] f(t), & \text{falls } t > 0, \\ [\bar{r}(-t) + \bar{r}(t)] f(t), & \text{falls } t < 0. \end{cases} \qquad (4.16)$$

Ist r reellwertig, so gehen die beiden Multiplikatoren durch Spiegelung auseinander hervor. Bild 4.2 kann als Darstellung des ersten Multiplikators aufgefaßt werden, da die konstante Funktion $f(t) = 1$ gerade ist.

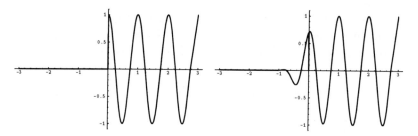

Bild 4.3 Restriktion des Cosinus auf die rechte Halbachse, und Bild unter der inversen Faltung.

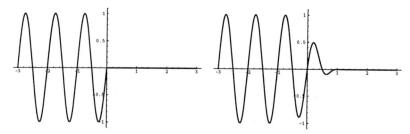

Bild 4.4 Restriktion des Sinus auf die linke Halbachse und Bild unter der inversen Faltung.

Hat f seinen Träger auf der rechten Halbachse, so vereinfacht sich der inverse Faltungsoperator ebenso zur Multiplikation mit der (konjugiert-komplexen) Abschneidefunktion:

$$U^* f(t) = \bar{r}(t) f^g(t) \stackrel{\text{def}}{=} \begin{cases} \bar{r}(t) f(t), & \text{falls } t > 0, \\ \bar{r}(t) f(-t), & \text{falls } t < 0. \end{cases} \quad (4.17)$$

Dabei bezeichnet f^g die gerade Fortsetzung von f auf die linke Halbachse. Zum Beispiel ergibt sich $U^* \mathbf{1}_{\mathbf{R}_+} \cos(2\pi t) = r(t) \cos(2\pi t)$; diese Funktion ist ebenso glatt wie r, besitzt aber den Träger $[-1, \infty)$. Bild 4.3 zeigt den Effekt dieser Anwendung des inversen Faltungsoperators.

Hat f seinen Träger auf der linken Halbachse, so multiplizieren wir in ähnlicher Weise die ungerade Fortsetzung f^u von f auf die rechte Halbachse mit der Spiegelung der Abschneidefunktion:

$$U^* f(t) = r(-t) f^u(t) \stackrel{\text{def}}{=} \begin{cases} -r(-t) f(-t), & \text{falls } t > 0, \\ r(-t) f(t), & \text{falls } t < 0. \end{cases} \quad (4.18)$$

In diesem Falle dient $U^* \mathbf{1}_{\mathbf{R}_+} \sin(2\pi t) = r(-t) \sin(2\pi t)$ als Beispiel, da die Sinus-Funktion eine glatte ungerade Fortsetzung zuläßt. Bild 4.4 zeigt, wie diese inverse Faltung eine glatte Funktion mit Träger in $(-\infty, 1]$ erzeugt.

Lokale Cosinus- und Sinusfunktionen

Für $n \in \mathbf{Z}$ definieren wir $C_n(t) = \cos\left[\pi(n + \frac{1}{2})t\right]$ als Cosinusfunktion mit Frequenz in $\frac{1}{2}\mathbf{Z}$. Wir betrachten $\mathbf{1}(t) C_n(t)$, die Restriktion des Cosinus auf das Intervall $[0, 1]$; dies wollen

4.1 Hilfsmittel und Beispiele 99

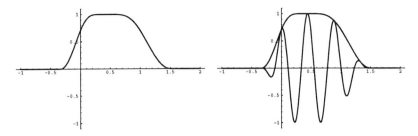

Bild 4.5 Glockenkurve und ihre lokale Cosinusfunktion.

wir einen *Cosinusblock* nennen. Im Ursprung gleicht diese Funktion dem abgeschnittenen Cosinus aus Bild 4.3, im Punkte 1 der abgeschnittenen Sinusfunktion aus Bild 4.4. Dies liegt daran, daß wir eine Frequenz aus $\frac{1}{2}\mathbf{Z}$ gewählt haben.

Wir wenden nun die beiden inversen Faltungsoperatoren $U_0^* = U^*(r, 0, 1/3)$ und $U_1^* = U^*(r, 1, 1/2)$ an, deren Aktionsbereiche disjunkt sind und jeweils nur einen Endpunkt des Trägerintervalls enthalten. Die Disjunktheit erlaubt es uns, diese Operatoren in beliebiger Reihenfolge anzuwenden. Ein Beispiel der resultierenden Funktion $U_0^* U_1^* \mathbf{1} C_4$ ist auf der rechten Seite von Bild 4.5 dargestellt. Dies ist eine gerade Fortsetzung der Cosinusblockfunktion über den linken Randpunkt des Intervalls $[0, 1]$ und eine ungerade Fortsetzung über den rechten Randpunkt hinaus, multipliziert mit $r(3t)r(2-2t)$.

Dieser Multiplikator ist eine *Glockenkurve* oder *Fensterfunktion*, deren Träger im Intervall $[-\frac{1}{3}, \frac{3}{2}]$ liegt. Die linke Hälfte von Bild 4.5 zeigt die Glocke, die man erhält, wenn man die Abschneidefunktion $r_{[1]}$ aus Gleichung 4.7 verwendet. Da $r_{[1]}$ glatt ist in $(-1, 1)$ und in den Randpunkten verschwindende Ableitungen besitzt, hat die Glockenkurve stetige Ableitungen auf $\mathbf{R}$. Um höhere Ableitungsordnungen zu erhalten, können wir $r_{[m]}$ mit $m > 1$ verwenden.

Über die Formeln $C_{n,k}(t) = \sqrt{\frac{2}{|I_k|}} C_n\left(\frac{t-\alpha_j}{|I_k|}\right)$ und $\mathbf{1}_{I_k}(t) = \mathbf{1}\left(\frac{t-\alpha_j}{|I_k|}\right)$ können die Cosinusblockfunktionen gestreckt, normiert und verschoben werden auf das Intervall $I_k = [\alpha_k, \alpha_{k+1}]$. Auf $\mathbf{1}_{I_k} C_{n,k}$ können wir dann die inverse Faltung anwenden, wobei wir Aktionsbereiche der Radien ϵ_k und ϵ_{k+1} betrachten und gegebenenfalls verschiedene Abschneidefunktionen r_k und r_{k+1} in jedem Aktionsbereich verwenden. Dies ist äquivalent dazu, daß $C_{n,k}$ mit der Fensterfunktion b_k multipliziert wird, die den Träger $[\alpha_k - \epsilon_k, \alpha_{k+1} + \epsilon_{k+1}]$ besitzt und durch die folgende Formel definiert ist:

$$b_k(t) \stackrel{\text{def}}{=} r_k\left(\frac{t-\alpha_k}{\epsilon_k}\right) r_{k+1}\left(\frac{\alpha_{k+1}-t}{\epsilon_{k+1}}\right). \tag{4.19}$$

Solche gefensterte oder invers gefaltete Cosinusblockfunktionen werden wir *lokale Cosinusfunktionen* nennen. Für vorgegebene ganze Zahlen $n \geq 0$ and k sind sie durch die folgenden Formeln gegeben:

$$\begin{aligned}\psi_{nk}(t) &= U^*(r_k, \alpha_k, \epsilon_k)\, U^*(r_{k+1}, \alpha_{k+1}, \epsilon_{k+1})\, \mathbf{1}_{I_k}(t)\, C_{n,k}(t) \tag{4.20}\\ &= b_k(t) C_{n,k}(t) \\ &= \sqrt{\frac{2}{\alpha_{k+1}-\alpha_k}}\, r_k\left(\frac{t-\alpha_k}{\epsilon_k}\right) r_{k+1}\left(\frac{\alpha_{k+1}-t}{\epsilon_{k+1}}\right) \cos\left[\frac{\pi(n+\frac{1}{2})(t-\alpha_k)}{\alpha_{k+1}-\alpha_k}\right].\end{aligned}$$

Ersetzt man hier den Cosinus durch die Sinusfunktion, so erhält man *lokale Sinusfunktionen*. Andere Modifikationen sind ebenfalls möglich; zum Beispiel können wir Kombinationen von Sinus– und Cosinusfunktionen auf verschiedenen Intervallen erzeugen, indem wir die Glockenkurven geeignet anpassen.

Randbedingungen an der Faltungsstelle

Es spielt keine Rolle, wie $Uf(0)$ oder $U^*f(0)$ für Funktionen $f \in L^2$ definiert ist; für glattes f können wir $Uf(0) \stackrel{\text{def}}{=} f(0)$ setzen, und für f mit gewissen Glattheits– und Randbedingungen werden wir zeigen, daß eine eindeutige glatte Fortsetzung von U^*f in $t = 0$ existiert.

Lemma 4.1 *Sei* $r \in C^d(\mathbf{R})$ *für* $0 \leq d \leq \infty$. *Ist* $f \in C^d(\mathbf{R})$, *so hat* Uf d *stetige Ableitungen auf* $\mathbf{R} \setminus \{0\}$, *und für* $0 \leq n \leq d$ *existieren die Grenzwerte* $[Uf]^{(n)}(0+)$ *und* $[Uf]^{(n)}(0-)$ *gemäß:*

$$\lim_{t \to 0+} [Uf]^{(n)}(t) = 0 \quad \textit{falls n ungerade ist,} \qquad (4.21)$$

$$\lim_{t \to 0-} [Uf]^{(n)}(t) = 0 \quad \textit{falls n gerade ist.} \qquad (4.22)$$

Gehört f *umgekehrt zu* $C^d(\mathbf{R} \setminus \{0\})$, *und besitzt* f *die Grenzwerte* $f^{(n)}(0+)$ *und* $f^{(n)}(0-)$ *für* $0 \leq n \leq d$ *mit*

$$\lim_{t \to 0+} f^{(n)}(t) = 0 \quad \textit{falls n ungerade ist,} \qquad (4.23)$$

$$\lim_{t \to 0-} f^{(n)}(t) = 0 \quad \textit{falls n gerade ist,} \qquad (4.24)$$

so hat U^*f *eine eindeutige stetige Fortsetzung (in* $t = 0$*), die in* $C^d(\mathbf{R})$ *liegt.*

Beweis: Die Glattheit von Uf und U^*f auf $(0, \infty)$ und $(-\infty, 0)$ folgt aus elementaren Rechnungen. Die einseitigen Grenzwerte der Ableitungen können wir folgendermaßen berechnen:

$$\lim_{t \to 0+} [Uf]^{(n)}(t) = \sum_{k=0}^{n} \binom{n}{k} \Big[r^{(n-k)}(0) f^{(k)}(0+) \qquad (4.25)$$
$$+ (-1)^n r^{(n-k)}(0) f^{(k)}(0-) \Big]$$

$$\lim_{t \to 0-} [Uf]^{(n)}(t) = \sum_{k=0}^{n} \binom{n}{k} (-1)^k \Big[(-1)^n \overline{r^{(n-k)}(0)} f^{(k)}(0-) \qquad (4.26)$$
$$- \overline{r^{(n-k)}(0)} f^{(k)}(0+) \Big].$$

Ist n ungerade und $0 \leq n \leq d$, so sind die Summanden auf der rechten Seite von 4.25 gegeben durch $r^{(n-k)}(0)[f^{(k)}(0+) - f^{(k)}(0-)] = 0$, da $f^{(k)}$ im Ursprung für alle $0 \leq k \leq d$ stetig ist. Für gerades n nehmen die Summanden auf der rechten Seite von Gleichung 4.26 aus dem gleichen Grund die Form $r^{(n-k)}(0)[f^{(k)}(0-) - f^{(k)}(0+)] = 0$ an.

Für die Umkehrung müssen wir zeigen, daß die beiden einseitigen Grenzwerte gleich sind:

4.1 Hilfsmittel und Beispiele   101

$$[U^*f]^{(n)}(0+) - [U^*f]^{(n)}(0-) \quad (4.27)$$
$$= \sum_{k=0}^{n} \binom{n}{k} \left[\overline{r^{(n-k)}(0)} f^{(k)}(0+) - (-1)^n r^{(n-k)}(0) f^{(k)}(0-) \right.$$
$$\left. - (-1)^{n-k} r^{(n-k)}(0) f^{(k)}(0-) - (-1)^k \overline{r^{(n-k)}(0)} f^{(k)}(0+) \right]$$
$$= \sum_{k=0}^{n} \binom{n}{k} \left[\{1 - (-1)^k\} \overline{r^{(n-k)}(0)} f^{(k)}(0+) \right.$$
$$\left. - (-1)^n \{1 + (-1)^k\} r^{(n-k)}(0) f^{(k)}(0-) \right].$$

Die rechte Seite ist Null, weil $\{1-(-1)^k\} f^{(k)}(0+)$ und $\{1+(-1)^k\} f^{(k)}(0-)$ für jedes k verschwindet. Da die einseitigen Grenzwerte übereinstimmen, existieren also die beidseitigen Grenzwerte $\lim_{t\to 0} [U^*f]^{(n)}(t)$ für $0 \leq n \leq d$. Also kann die Funktion U^*f in $t=0$ stetig fortgesetzt werden. Nach dem Mittelwertsatz existiert zu jedem $t \neq 0$ ein t_0 zwischen 0 und t derart, daß

$$\frac{[U^*f]^{(k)}(t) - [U^*f]^{(k)}(0)}{t} = [U^*f]^{(k+1)}(t_0). \quad (4.28)$$

Die Grenzbetrachtung $t \to 0$ in dieser Gleichung zeigt $[U^*f]^{(k)}(0) = \lim_{t\to 0} [U^*f]^{(k)}(t) \Rightarrow [U^*f]^{(k+1)}(0) = \lim_{t\to 0} [U^*f]^{(k+1)}(t)$ für $0 \leq k < d$. Induktion über k liefert dann, daß die eindeutige stetige Fortsetzung von U^*f in $C^d(\mathbf{R})$ liegt. $\square$

Dieses Lemma verdeutlicht, daß wir nur eine einfache Randbedingung fordern müssen, um Glattheit zu erzeugen. Insbesondere erfüllt die konstante Funktion $f(t) = 0$ diese Bedingung in jedem Punkt. Diese Tatsache liefert einen weiteren Aspekt der Bilder 4.3 und 4.4.

Die Randbedingungen im Punkt α nach Faltung mit Aktionsbereich $B_\epsilon(\alpha)$ sind analog zu den Randbedingungen im Nullpunkt, wie in Lemma 4.1 beschrieben. Analog verhält es sich mit der inversen Faltung. Für jedes $\epsilon > 0$ ergeben sich hierbei die gleichen Randbedingungen.

4.1.2 Glatte orthogonale Projektionen

In [5] werden zwei orthogonale Projektionen direkt über die Abschneidefunktion definiert:

$$P_0 f(t) = |r(t)|^2 f(t) + \bar{r}(t) r(-t) f(-t); \quad (4.29)$$
$$P^0 f(t) = |r(-t)|^2 f(t) - \bar{r}(t) r(-t) f(-t). \quad (4.30)$$

Wir können P_0, P^0 über die trivialen orthogonalen Projektionen ausdrücken, die durch die Restriktion auf Intervalle gegeben sind. Hierzu definieren wir zunächst den Restriktionsoperator:

$$\mathbf{1}_I f(t) = \begin{cases} f(t), & \text{falls } t \in I, \\ 0, & \text{sonst.} \end{cases} \quad (4.31)$$

Eine einfache Rechnung zeigt dann, daß P^0 und P_0 mit der Restriktion auf die Halbachsen zusammenhängen:

$$P_0 = U^* \mathbf{1}_{\mathbf{R}_+} U; \qquad P^0 = U^* \mathbf{1}_{\mathbf{R}_-} U. \qquad (4.32)$$

Offensichtlich folgt aus beiden Formeln, daß $P_0 + P^0 = I$ gilt, und daß sowohl P_0 als auch P^0 selbstadjungiert sind. Zusätzlich ergibt sich $P^0 P_0 = P_0 P^0 = 0$.

Da die Operatoren P_0, P^0 aus den trivialen orthogonalen Projektionen durch eine Verknüpfung mit unitären Operatoren entstehen, sind sie selbst orthogonale Projektionen in $L^2(\mathbf{R})$. Wir nennen sie *glatte Projektionen* auf Halbachsen, weil die folgende Eigenschaft gilt:

Korollar 4.2 *Ist $f \in C^d(\mathbf{R})$, so liegen die eindeutigen stetigen Fortsetzungen von $P_0 f$ und $P^0 f$ in $C^d(\mathbf{R})$, und es gilt* supp $P^0 f \subset (-\infty, 1]$ *und* supp $P_0 f \subset [-1, \infty)$.

Beweis: Die Aussage ergibt sich durch Anwendung von Lemma 4.1, da $\mathbf{1}_{\mathbf{R}_+} U f(t)$ und $\mathbf{1}_{\mathbf{R}_-} U f(t)$ Gleichung 4.23 in $t = 0$ erfüllen. $\square$

Bemerkung. Die Projektionsoperatoren P^0 und P_0 lernte ich 1985 durch R.R. Coifman in einer Diskussion über Arbeiten von Y. Meyer kennen. Sie wurden ursprünglich eingesetzt zur Approximation der Hilbert–Transformation mit H_ϵ, wobei $\widehat{(H_\epsilon f)} = P_{0\epsilon} \hat{f} - P^{0\epsilon} \hat{f}$ (vgl. Gleichung 4.33); dies sind handlichere Operatoren, die die algebraischen Eigenschaften der Hilbert–Transformation erhalten.

Projektionen über Intervallen

Die glatten Projektionen P^0 und P_0 können auch geshiftet und skaliert werden, um ihren Aktionsbereich von $[-1, 1]$ nach $(\alpha - \epsilon, \alpha + \epsilon)$ zu verschieben. Dies erfolgt mit den Translations– und Skalierungsoperatoren τ_α und σ_ϵ aus Gleichungen 4.10, 4.11:

$$P_{\alpha\epsilon} = \tau_\alpha \sigma_\epsilon P_0 \sigma_\epsilon^* \tau_\alpha^*; \qquad P^{\alpha\epsilon} = \tau_\alpha \sigma_\epsilon P^0 \sigma_\epsilon^* \tau_\alpha^*. \qquad (4.33)$$

Für $\epsilon_0 + \epsilon_1 < \alpha_1 - \alpha_0$ sind die Aktionsbereiche $B_{\epsilon_0}(\alpha_0)$ und $B_{\epsilon_1}(\alpha_1)$ disjunkt, die Operatoren $P^{\alpha_0 \epsilon_0}$ und $P_{\alpha_1 \epsilon_1}$ also vertauschbar. In diesem Fall ergibt sich der folgende Operator als eine orthogonale Projektion:

$$P_{(\alpha_0, \alpha_1)} = P_{\alpha_0 \epsilon_0} P^{\alpha_1 \epsilon_1}. \qquad (4.34)$$

Diese Projektion bildet glatte Funktionen auf der reellen Achse ab in glatte Funktionen, deren Träger in $[\alpha_0 - \epsilon_0, \alpha_1 + \epsilon_1]$ liegt. P kann auch über die Translationen und Dilatationen der Faltungs– und inversen Faltungsoperatoren ausgedrückt werden, die ihrerseits wegen der Annahme über die Disjunktheit vertauschbar sind:

$$P_{(\alpha_0, \alpha_1)} = U_0^* U_1^* \mathbf{1}_{(\alpha_0, \alpha_1)} U_1 U_0. \qquad (4.35)$$

Kompatible Nachbarintervalle werden in [5] definiert als Intervalle $I = (\alpha_0, \alpha_1)$ und $J = (\alpha_1, \alpha_2)$, die zu paarweise disjunkten Aktionsbereichen $B_{\epsilon_i}(\alpha_i)$, $i = 0, 1, 2$, gehören und deren glatte Abschneidefunktionen r_i, $i = 0, 1, 2$, der Gleichung 4.1 genügen. Unter Verwendung der Faktorisierung von P können wir einen einfachen Beweis für eines der Lemmata aus jener Arbeit geben:

4.1 Hilfsmittel und Beispiele   103

Lemma 4.3 *Sind I und J kompatible Nachbarintervalle, so gilt $P_I + P_J = P_{I \cup J}$ und $P_I P_J = P_J P_I = 0$.*

Beweis: Wegen der Disjunktheit der Aktionsbereiche kommutieren die Operatoren der Familien $\{U_0, U_1, U_2\}$ und $\{U_0^*, U_1^*, U_2^*\}$. Außerdem kommutieren U_0 und U_0^* mit $\mathbf{1}_J$, sowie U_2 und U_2^* mit $\mathbf{1}_I$. Deshalb gilt:

$$\begin{aligned} P_I + P_J &= U_0^* U_1^* \mathbf{1}_I U_1 U_0 + U_1^* U_2^* \mathbf{1}_J U_2 U_1 \\ &= U_1^* \left[U_0^* \mathbf{1}_I U_0 + U_2^* \mathbf{1}_J U_2 \right] U_1 \\ &= U_0^* U_2^* U_1^* \left[\mathbf{1}_I + \mathbf{1}_J \right] U_1 U_2 U_0. \end{aligned}$$

Nun sind U_1 und U_1^* vertauschbar mit $[\mathbf{1}_I + \mathbf{1}_J] = \mathbf{1}_{I \cup J}$, und sie sind zueinander invers. Dies zeigt $P_I + P_J = P_{I \cup J}$.

Ähnlich erhält man durch Vertauschung miteinander kommutierender Operatoren, daß $P_J P_I = P_I P_J = U_0^* U_1^* \mathbf{1}_I U_1 U_0 U_1^* U_2^* \mathbf{1}_J U_2 U_1 = U_0^* U_1^* U_2^* \mathbf{1}_I \mathbf{1}_J U_0 U_2 U_1 = 0$. □

Glatte orthogonale Abbildungen

Die Faktorisierung von P_I vereinfacht nicht nur den Beweis von Lemma 4.3, sie zeigt auch den Weg für eine natürliche Verallgemeinerung: Wir können verschiedene Abschneidefunktionen zur Faltung und inversen Faltung verwenden. Dazu machen wir die folgenden Annahmen:

- $I = (\alpha_0, \alpha_1)$ wie zuvor;

- r_0, r_1, r_2, r_3 sind Abschneidefunktionen in $C^d(\mathbf{R})$;

- $\epsilon_0 > 0$, $\epsilon_1 > 0$ sind so gewählt, daß $U_0 = U(r_0, \alpha_0, \epsilon_0)$ und $U_1 = U(r_1, \alpha_1, \epsilon_1)$ disjunkte Faltungsoperatoren sind;

- $\epsilon_2 > 0$, $\epsilon_3 > 0$ sind so gewählt, daß $V_0^* = U^*(r_2, \alpha_0, \epsilon_2)$ und $V_1^* = U^*(r_3, \alpha_1, \epsilon_3)$ disjunkte inverse Faltungsoperatoren sind.

Wir setzen dann $Q_I f \stackrel{\text{def}}{=} V_0^* V_1^* \mathbf{1}_I U_1 U_0 f$, so daß $Q_I^* = U_0^* U_1^* \mathbf{1}_I V_1 V_0$.

Lemma 4.4 *Q_I ist ein unitärer Hilbertraum–Isomorphismus zwischen $Q_I^* L^2(\mathbf{R})$ und $Q_I L^2(\mathbf{R})$. Für $f \in C^d(\mathbf{R})$ hat $Q_I f$ eine eindeutige stetige Fortsetzung in $C^d(\mathbf{R})$, mit Träger im Intervall $[\alpha_0 - \epsilon_2, \alpha_1 + \epsilon_3]$.*

Beweis: Die Glattheits– und Trägereigenschaften von $Q_I f$ folgen aus Lemma 4.1, da $\mathbf{1}_I U_1 U_0 f$ Gleichung 4.23 in $t = \alpha_0$ und $t = \alpha_1$ erfüllt und einen Träger in I besitzt.

Da U_0 und U_1 Isomorphismen sind, gilt $Q_I L^2(\mathbf{R}) \cong V_0^* V_1^* \mathbf{1}_I L^2(\mathbf{R})$. In analoger Weise folgt $Q_I^* L^2(\mathbf{R}) \cong U_0^* U_1^* \mathbf{1}_I L^2(\mathbf{R})$; dies zeigt, daß Q_I ein Isomorphismus ist zwischen $Q_I^* L^2(\mathbf{R})$ und $Q_I L^2(\mathbf{R})$, mit inverser Abbildung Q_I^*. □

Erwähnt sei, daß der Hilbertraum $Q_I L^2(\mathbf{R})$ auch unitär isomorph ist zu $L^2(I)$, wobei der Isomorphismus durch $V_0 V_1$ gegeben ist. Wir wenden uns nun I-periodischen Funktionen zu und zeigen, wie sie mit Funktionen in $Q_I L^2(\mathbf{R})$ identifiziert werden können:

Korollar 4.5 *Ist Q_I der Operator aus Lemma 4.4, so gilt für zwei orthogonale I-periodische Funktionen f und h die Aussage*

$$\langle Q_I f, Q_I h\rangle = \langle \mathbf{1}_I f, \mathbf{1}_I h\rangle.$$

Beweis: Um eine mühsame Rechnung nicht zu wiederholen, verschieben wir einen Teil des Beweises auf den nächsten Abschnitt. Dort führen wir einen unitären Operator $W = W(r, I, \epsilon)$ ein, und wir zeigen in Lemma 4.7 und Gleichung 4.46, daß dieser Operator für I-periodische Funktionen f die folgende Eigenschaft hat

$$\mathbf{1}_I U_0 U_1 f = W \mathbf{1}_I f.$$

Damit gilt aber, weil V_0^* und V_1^* ebenfalls unitär sind:

$$\begin{aligned}\langle Q_I f, Q_I h\rangle &= \langle V_0^* V_1^* \mathbf{1}_I U_0 U_1 f, V_0^* V_1^* \mathbf{1}_I U_0 U_1 h\rangle \\ &= \langle \mathbf{1}_I U_0 U_1 f, \mathbf{1}_I U_0 U_1 h\rangle = \langle W \mathbf{1}_I f, W \mathbf{1}_I h\rangle = \langle \mathbf{1}_I f, \mathbf{1}_I h\rangle.\end{aligned}$$

□

Ist f insbesondere I-periodisch, so gilt $\|Q_I f\| = \|\mathbf{1}_I f\|$, und sind f und h beide I-periodisch und orthogonal, so sind auch $Q_I f$ und $Q_I h$ orthogonal.

Dieser Isomorphismus kann an Stelle der üblichen Fenstertechniken für periodische Funktionen benutzt werden, um eine glatte Restriktion auf Intervalle zu erhalten. Wir erwähnen, daß Q_I genau dann eine Projektion ist, wenn $V_0^* U_0 = U_0 V_0^* = Id$ und $V_1^* U_1 = U_1 V_1^* = Id$ gilt. Da diese Operatoren alle unitär sind, ist dies äquivalent zu $U_0 = V_1$ und $U_1 = V_2$.

Verwenden wir $U_0 \neq V_1$ und $U_1 \neq V_2$, so wird der Operator Q_I die Funktion in der Nähe der Endpunkte des Intervalls *verzerren*. Dies kann für gewisse Anwendungen in der Signalverarbeitung, insbesondere im zweidimensionalen Fall, eine Rolle spielen.

Korollar 4.6 *Sind I und J kompatible Nachbarintervalle, so gilt $Q_I + Q_J = Q_{I \cup J}$ und $Q_I Q_J = Q_J Q_I = 0$.*

Beweis: Im Beweis von Lemma 4.3 ersetze man U_i^* durch V_i^*, $i = 0, 1, 2$. □

Bezug zu Fenstertechniken

Ist $f(t) = f(-t)$ für $-1 \leq t \leq 1$, so vereinfachen sich die beiden grundlegenden Projektionsoperatoren zu Multiplikationen:

$$P_0 f(t) = \left[|r(t)|^2 + \bar{r}(t) r(-t)\right] f(t); \qquad (4.36)$$
$$P^0 f(t) = \left[|r(-t)|^2 - \bar{r}(-t) r(-t)\right] f(t). \qquad (4.37)$$

4.1 Hilfsmittel und Beispiele

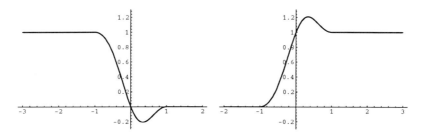

Bild 4.6 Multiplikatoren für glatte Projektionen auf $\mathbf{R}_-$ und $\mathbf{R}_+$, bei Einschränkung auf gerade Funktionen.

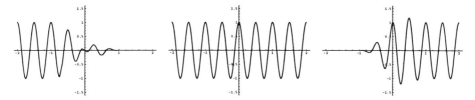

Bild 4.7 Die Projektion von $\cos(4\pi t)$ auf $\mathbf{R}_-$ und $\mathbf{R}_+$.

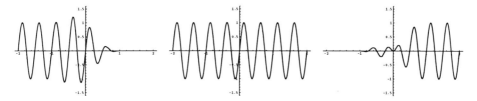

Bild 4.8 Die Projektion von $\sin(4\pi t)$ auf $\mathbf{R}_-$ und $\mathbf{R}_+$.

Ist andererseits $f(t) = -f(-t)$ ungerade auf $[-1, 1]$, so gilt

$$P_0 f(t) = \left[|r(t)|^2 - \bar{r}(t) r(-t)\right] f(t); \tag{4.38}$$
$$P^0 f(t) = \left[|r(-t)|^2 + \bar{r}(t) r(-t)\right] f(t). \tag{4.39}$$

Die Summe der beiden Funktionen, die als Multiplikatoren auftreten, ist identisch 1, und die Funktionen haben dieselbe Differenzierbarkeitsordnung wie die Abschneidefunktion r. Starten wir mit einer geraden Funktion wie zum Beispiel $\cos(t)$, so ist die glatte orthogonale Projektion äquivalent zur Multiplikation mit einer glatten Teilung der Eins, die zur Zerlegung $\mathbf{R} = \mathbf{R}_- \cup \mathbf{R}_+$ der reellen Achse gehört. Dieses Beispiel haben wir in Bild 4.6 dargestellt, wobei wir wiederum die Abschneidefunktion $r_{[1]}$ verwendet haben.

Die Anwendung der Projektionen auf $\cos(4\pi t)$ verdeutlicht Bild 4.7.

Ein ähnliches Ergebnis gilt für eine ungerade Funktion wie zum Beispiel $\sin(t)$; in diesem Falle sind aber die Multiplikatoren gespiegelt in dem Sinne, daß man t durch $-t$ ersetzt und konjugiert–komplexe Werte nimmt. Das Beispiel $\sin(4\pi t)$ und seine Projektionen sind in Bild 4.8 dargestellt. Man achte auf den feinen Unterschied im Ursprung, den diese Projektionen gegenüber denen für $\cos(4\pi t)$ aufweisen.

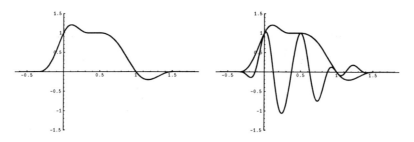

Bild 4.9 Fensterfunktion und glatte Projektion einer Cosinusfunktion.

Kombinieren wir diese beiden glatten Projektionsoperatoren, indem wir sie auf disjunkte Aktionsbereiche transformieren, so wird eine glatte Funktion orthogonal projiziert auf eine glatte Funktion mit kompaktem Träger. Bild 4.9 zeigt das Beispiel der Funktion $\cos(4\pi t)$, die unter Verwendung der Operatoren mit Aktionsbereichen $B_{1/3}(0)$ und $B_{1/2}(1)$ projiziert wird.

Die Grundidee, eine Orthonormalbasis von glatten Fensterfunktionen zu erhalten, ist damit vorgegeben. Man startet mit einer Familie von Funktionen, die entweder „lokal gerade" oder „lokal ungerade" in den Endpunkten des Intervalls I sind; dann wendet man die geshiftete und skalierte glatte orthogonale Projektion P_I an. Die Orthogonalität folgt aus den speziellen Eigenschaften des Faltungs- und inversen Faltungsoperators, das Ergebnis läßt sich aber interpretieren als Multiplikation mit einer glatten Fensterfunktion mit kompaktem Träger.

Lokale Exponentialfunktionen

Jede glatte periodische Funktion kann orthogonal abgebildet werden auf eine glatte Funktion mit kompaktem Träger. Dies ist eine übliche Methode, um Testfunktionen zu konstruieren.

Die komplexe Exponentialfunktion $E_n(t) = e^{2\pi i n t}$, für ganzzahliges n, besitzt einen Realteil, der bei $t = 0$ und $t = 1$ gerade ist, und einen Imaginärteil, der in diesen Punkten ungerade ist. Wenden wir den glatten Projektionsoperator P_I auf E_n an, so bewirkt dies eine Multiplikation des Realteils und des Imaginärteils von E_n mit verschiedenen Fensterfunktionen, deren Träger im wesentlichen in I liegt.

Im Beispiel $P_I E_1$ aus Bild 4.10 wurde $I = (0, 4)$ gesetzt, die Aktionsbereiche zur Faltung und inversen Faltung sind gegeben durch $(-1, 1)$ und $(3, 5)$; dabei wird die Abschneidefunktion $r = r_{[1]}$ aus Gleichung 4.7 benutzt.

4.1.3 Periodisierung

Verwenden wir nur ein ϵ und ein r, so sind das Intervall $I = (\alpha_0, \alpha_1)$ und sein Nachbarintervall, das durch Translation um $|I| = \alpha_1 - \alpha_0$ entsteht, kompatibel. Als wesentliche Konsequenz hieraus ergibt sich, daß die Verknüpfung P_I mit der I-Periodisierung weiterhin einen unitären Isomorphismus liefert.

4.1 Hilfsmittel und Beispiele

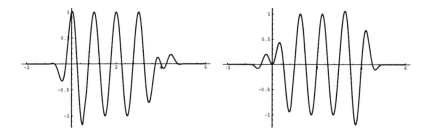

Bild 4.10 Real- und Imaginärteil einer lokalisierten Exponentialfunktion.

Die *q-Periodisierung* f_q einer Funktion $f = f(t)$ ist definiert durch die folgende Formel:

$$f_q(t) \stackrel{\text{def}}{=} \sum_{k \in \mathbf{Z}} f(t + kq) = \sum_{k \in \mathbf{Z}} \tau_{kq} f(t). \qquad (4.40)$$

Ist $f \in L^2(\mathbf{R})$ mit kompaktem Träger, so liegt f_q in $L^2_{loc}(\mathbf{R})$, und die Periodisierung ist periodisch mit der Periode q. Für $f \in C^d(\mathbf{R})$ liegt f_q ebenfalls in $C^d(\mathbf{R})$. Der Einfachheit halber schreiben wir f_I anstelle von f_q mit $q = |I|$, ebenso wie wir I-periodisch statt $|I|$-periodisch geschrieben haben.

Periodisiertes Falten und dessen Umkehrung

Wir sind nun in der Lage, eine bezüglich des Intervalls $I = (\alpha_0, \alpha_1)$ periodisierte Version der Faltungs- und inversen Faltungsoperatoren zu definieren. Die Periodisierung tritt in den folgenden Formeln versteckt auf:

$$\begin{aligned}
Wf(t) &= W(r, I, \epsilon) f(t) \qquad &(4.41)\\
&= \begin{cases} r(\frac{t-\alpha_0}{\epsilon})f(t) + r(\frac{\alpha_0-t}{\epsilon})f(\alpha_0 + \alpha_1 - t), & \text{falls } \alpha_0 < t \leq \alpha_0 + \epsilon,\\ \bar{r}(\frac{\alpha_1-t}{\epsilon})f(t) - \bar{r}(\frac{t-\alpha_1}{\epsilon})f(\alpha_0 + \alpha_1 - t), & \text{falls } \alpha_1 - \epsilon \leq t < \alpha_1,\\ f(t), & \text{sonst;} \end{cases}\\
W^*f(t) &= W^*(r, I, \epsilon) f(t) \qquad &(4.42)\\
&= \begin{cases} \bar{r}(\frac{t-\alpha_0}{\epsilon})f(t) - r(\frac{\alpha_0-t}{\epsilon})f(\alpha_0 + \alpha_1 - t), & \text{falls } \alpha_0 < t \leq \alpha_0 + \epsilon,\\ r(\frac{\alpha_1-t}{\epsilon})f(t) + \bar{r}(\frac{t-\alpha_1}{\epsilon})f(\alpha_0 + \alpha_1 - t), & \text{falls } \alpha_1 - \epsilon \leq t < \alpha_1,\\ f(t), & \text{sonst.} \end{cases}
\end{aligned}$$

Diese Operatoren verknüpfen den rechten Endpunkt des Segments mit dem linken Endpunkt; man vermeidet dabei Werte außerhalb des Intervalls. Damit die Operatoren wohldefiniert sind, nehmen wir an, daß $B_\epsilon(\alpha_0)$ und $B_\epsilon(\alpha_1)$ disjunkt sind. Wir schreiben auch W_I für $W(r, I, \epsilon)$ und unterdrücken r und ϵ, falls keine Verwechslung auftreten kann.

Eine direkte Rechnung zeigt, daß W_I unitär ist: $W_I^* W_I = W_I W_I^* = \text{Id}$. Dies ergibt sich wie zuvor aus der Identität $|r(t)|^2 + |r(-t)|^2 = 1$ für alle $t \in \mathbf{R}$.

Der Aktionsbereich für W_I und W_I^* ist die Vereinigung der beiden Halb„kugeln" $[\alpha_0, \alpha_0 + \epsilon] \cup [\alpha_1 - \epsilon, \alpha_1]$. Deren Restriktion auf I und Periodisierung liefert $B_\epsilon(\alpha_0)$ zusammen mit seinen um $k|I|$, $k \in \mathbf{Z}$, verschobenen Translaten. Unter Verwendung der I-Periodisierung können wir eine Beziehung zwischen W und U gewinnen:

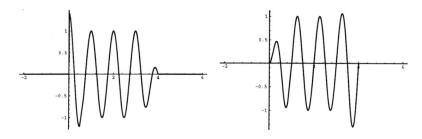

Bild 4.11 Sinus- und Cosinusblöcke nach periodischer Faltung.

Lemma 4.7 *Es seien $B_{\epsilon_0}(\alpha_0)$ und $B_{\epsilon_1}(\alpha_1)$ disjunkt und r eine glatte Abschneidefunktion. Dann gilt für jede Funktion f:*

$$W(r,I,\epsilon)\mathbf{1}_I f = (\mathbf{1}_I U(r,\alpha_0,\epsilon)U(r,\alpha_1,\epsilon)\mathbf{1}_I f)_I ; \qquad (4.43)$$

$$W^*(r,I,\epsilon)\mathbf{1}_I f = (\mathbf{1}_I U^*(r,\alpha_0,\epsilon)U^*(r,\alpha_1,\epsilon)\mathbf{1}_I f)_I . \qquad (4.44)$$

Beweis: Für die periodische Funktion $\tilde{f} = (\mathbf{1}_I f)_I$ der Periode $|I| = \alpha_1 - \alpha_0$ gilt die folgende Identität:

$$\tilde{f}(\alpha_0 + \alpha_1 - t) = \tilde{f}(2\alpha_0 - t) = \tilde{f}(2\alpha_1 - t). \qquad (4.45)$$

Ebenso gilt $f(t) = \tilde{f}(t)$ für alle $t \in I$. Unter Verwendung dieser Tatsachen und Gleichung 4.13 läßt sich $W_I f$ für $t \in I$ folgendermaßen schreiben:

$$W(r,I,\epsilon) f(t) = \begin{cases} r(\frac{t-\alpha_0}{\epsilon})\tilde{f}(t) + r(\frac{\alpha_0-t}{\epsilon})\tilde{f}(2\alpha_0 - t), & \text{falls } \alpha_0 < t \leq \alpha_0 + \epsilon, \\ \bar{r}(\frac{\alpha_1-t}{\epsilon})\tilde{f}(t) - \bar{r}(\frac{t-\alpha_1}{\epsilon})\tilde{f}(2\alpha_1 - t), & \text{falls } \alpha_1 - \epsilon \leq t < \alpha_1, \\ f(t), & \text{sonst}; \end{cases}$$

$$= \begin{cases} U(r,\alpha_0,\epsilon)\tilde{f}(t), & \text{falls } \alpha_0 < t \leq \alpha_0 + \epsilon, \\ U(r,\alpha_1,\epsilon)\tilde{f}(t), & \text{falls } \alpha_1 - \epsilon \leq t < \alpha_1. \\ f(t), & \text{sonst}. \end{cases}$$

Da die beiden disjunkten Faltungsoperatoren vertauschbar sind, kann die letzte Formel geschrieben werden als $U(r,\alpha_0,\epsilon)U(r,\alpha_1,\epsilon)\tilde{f}(t)$.

Für $t \notin I$ bemerken wir schließlich, daß beide Seiten der Gleichung verschwinden. □

Für I-periodisches f beachtet man $f = (\mathbf{1}_I f)_I$ und damit

$$W(r,I,\epsilon)\mathbf{1}_I f = \mathbf{1}_I U(r,\alpha_0,\epsilon)U(r,\alpha_1,\epsilon) f. \qquad (4.46)$$

Diese Tatsache wurde im Beweis von Korollar 4.5 benutzt.

Wir illustrieren die Aktion von W_I auf Cosinus- und Sinusfunktionen, die auf ein Intervall eingeschränkt sind. Bild 4.11 stellt den Real- und den Imaginärteil von $W_I E_1$ dar; hierbei ist $I = (0, 4)$, und die Aktionsbereiche der periodisierten Faltung sind gegeben durch $(0, 1)$ und $(3, 4)$. Als Abschneidefunktion wurde $r = r_{[1]}$ aus Gleichung 4.7 benutzt.

4.1 Hilfsmittel und Beispiele

Randbedingungen und periodische Fortsetzungen

Man beachtet, daß W_I und W_I^* unitäre Isomorphismen von $L^2(I)$ darstellen (d.h. $W_I^* W_I = W_I W_I^* = Id$), da $|r(t)|^2 + |r(-t)|^2 = 1$ für alle t gilt. Für $t < \alpha_0$ oder $t > \alpha_1$ hat man zusätzlich $W_I f(t) = f(t)$ und $W_I^* f(t) = f(t)$; damit lassen sich die beiden Operationen auch als unitäre Isomorphismen von $L^2(\mathbf{R})$ auffassen. Eine weitere Konsequenz ist die, daß die Operatoren W_I, W_I^*, W_J und W_J^* alle kommutieren, falls I und J disjunkte Intervalle sind.

Wir betrachten nun ein festes Intervall $I = (\alpha_0, \alpha_1)$ und nehmen an, daß

- $B_\epsilon(\alpha_0)$ und $B_\epsilon(\alpha_1)$ für $\epsilon > 0$ disjunkt sind;

- r eine Abschneidefunktion in C^d ist;

- $f \in C^d(\mathbf{R})$ I-periodisch ist.

Wir betrachten $W_I = W(r, I, \epsilon)$. Für $f \in C^d(I)$ gilt auch $W_I f \in C^d(I)$. Wir zeigen nun, daß $W_I f$ in α_0+ und α_1- die gleichen Randbedingungen erfüllt wie $U_0 U_1 f$ zuvor:

Lemma 4.8 *Für $f \in C^d(\mathbf{R})$ gilt $W_I f \in C^d(\mathbf{R} \setminus \{\alpha_0, \alpha_1\})$, und die einseitigen Grenzwerte $[W_I f]^{(n)}(\alpha_0+)$ und $[W_I f]^{(n)}(\alpha_1-)$ existieren für alle $0 \leq n \leq d$ gemäß:*

$$\lim_{t \to \alpha_0+} [W_I f]^{(n)}(t) = 0, \quad \text{falls } n \text{ ungerade ist;} \quad (4.47)$$

$$\lim_{t \to \alpha_1-} [W_I f]^{(n)}(t) = 0, \quad \text{falls } n \text{ gerade ist.} \quad (4.48)$$

Gilt umgekehrt $f \in C^d(I)$, und existieren die einseitigen Grenzwerte $f^{(n)}(\alpha_0+)$ und $f^{(n)}(\alpha_1-)$ für alle $0 \leq n \leq d$ gemäß

$$\lim_{t \to \alpha_0+} f^{(n)}(t) = 0, \quad \text{falls } n \text{ ungerade ist;} \quad (4.49)$$

$$\lim_{t \to \alpha_1-} f^{(n)}(t) = 0, \quad \text{falls } n \text{ gerade ist,} \quad (4.50)$$

so genügt $W_I^* f$ den Gleichungen

$$\lim_{t \to \alpha_0+} [W_I^* f]^{(n)}(t) = \lim_{t \to \alpha_1-} [W_I^* f]^{(n)}(t), \quad \text{für alle } 0 \leq n \leq d. \quad (4.51)$$

Damit hat $W_I^* \mathbf{1}_I f$ eine stetige periodische Fortsetzung in $C^d(\mathbf{R})$.

Beweis: Für I-periodisches f gilt $(\mathbf{1}_I f)_I = f$. Damit folgt Gleichung 4.47 aus Lemma 4.7 und einer Anwendung von Lemma 4.1 in α_0+ und α_1-.

Aus Gleichung 4.8 folgt, daß $\tilde{f} = (\mathbf{1}_I f)_I$ die folgenden Bedingungen erfüllt:

$$\tilde{f}^{(n)}(\alpha_0+) = \tilde{f}^{(n)}(\alpha_1+) = 0, \quad \text{für ungerades } n; \quad (4.52)$$

$$\tilde{f}^{(n)}(\alpha_0-) = \tilde{f}^{(n)}(\alpha_1-) = 0, \quad \text{für gerades } n. \quad (4.53)$$

Die einseitigen Grenzwerte in Gleichung 4.51 können wir unter Verwendung von Lemma 4.7 berechnen:

$$[W^*(r, I, \epsilon) f]^{(n)} (\alpha_0+) = \left[U_0^* \tilde{f}\right]^{(n)} (\alpha_0+), \quad \text{für alle } 0 \leq n \leq d; \quad (4.54)$$

$$[W^*(r, I, \epsilon) f]^{(n)} (\alpha_1-) = \left[U_1^* \tilde{f}\right]^{(n)} (\alpha_1-), \quad \text{für alle } 0 \leq n \leq d. \quad (4.55)$$

Nun gilt $U_1^* \tilde{f} = \eta_{|I|} U_0^* \tau_{|I|}^* \tilde{f} = \eta_{|I|} U_0^* \tilde{f}$, da $\tilde{f}$ I-periodisch ist, und damit $\left[U_0^* \tilde{f}\right]^{(n)} (\alpha_0+) = \left[U_1^* \tilde{f}\right]^{(n)} (\alpha_1+)$ und $\left[U_0^* \tilde{f}\right]^{(n)} (\alpha_0-) = \left[U_1^* \tilde{f}\right]^{(n)} (\alpha_1-)$. Eine Anwendung der Umkehraussage aus Lemma 4.1 in α_0 (oder genauso in α_1) liefert schließlich $\left[U_0^* \tilde{f}\right]^{(n)} (\alpha_0+) = \left[U_0^* \tilde{f}\right]^{(n)} (\alpha_0-)$ für alle $0 \leq n \leq d$ und damit Gleichung 4.51. □

Glatte orthogonale Periodisierung

Das Hauptergebnis dieses Abschnitts ist die folgende Konstruktion. Wir benutzen die Faltungs– und inversen Faltungsoperatoren, um orthogonale Transformationen aufzubauen, die Funktionen auf der reellen Achse auf Intervalle einschränken und sie dann periodisieren, wobei die Glattheitseigenschaften erhalten bleiben. In der Praxis ist es oft nützlich, Funktionen auf Intervallen als periodisch fortgesetzt zu betrachten, wie es zum Beispiel in der Kurzzeitform der diskreten Fourieranalyse geschieht.

Die Hilfsmittel hierbei sind:

- Drei Abschneidefunktionen r_0, r_1, r in $C^d(\mathbf{R})$;
- Ein Intervall $I = (\alpha_0, \alpha_1)$;
- Faltungsoperatoren $U_0 = U(r_0, \alpha_0, \epsilon_0)$ und $U_1 = U(r_1, \alpha_1, \epsilon_1)$ in den Endpunkten von I, mit disjunkten Aktionsbereichen;
- Ein periodisierter inverser Faltungsoperator $W_I^* = W^*(r, I, \epsilon)$, dessen zwei Aktionsbereiche disjunkt sind.

Die Bedingungen $2\epsilon \leq \alpha_1 - \alpha_0$ und $\epsilon_0 + \epsilon_1 \leq \alpha_1 - \alpha_0$ reichen aus, um Disjunktheit zu garantieren.

Einen *glatten periodischen Restriktionsoperator auf ein Intervall* definieren wir durch

$$T_I f \stackrel{\text{def}}{=} W_I^* \mathbf{1}_I U_0 U_1 f. \quad (4.56)$$

Dann gilt das folgende Hauptergebnis dieses Abschnittes:

Theorem 4.9 *Für $f \in C^d(\mathbf{R})$ besitzt $T_I f$ eine I-periodische Fortsetzung aus $C^d(\mathbf{R})$. Außerdem ist T_I ein unitärer Hilbertraum–Isomorphismus von $U_0^* U_1^* \mathbf{1}_I L^2(\mathbf{R})$ nach $L^2(I)$.*

Beweis: Da $\mathbf{1}_I U_0 U_1 f$ der Gleichung 4.8 genügt, zeigt die Umkehraussage von Lemma 4.8, daß für alle $0 \leq n \leq d$ folgendes gilt:

$$\lim_{t \to \alpha_0+} [W_I^* \mathbf{1}_I U_0 U_1 f]^{(n)} (t) = \lim_{t \to \alpha_1-} [W_I^* \mathbf{1}_I U_0 U_1 f]^{(n)} (t). \quad (4.57)$$

4.1 Hilfsmittel und Beispiele   111

Damit hat $W_I^* \mathbf{1}_I U_0 U_1 f$ eine eindeutige stetige Fortsetzung aus $C^d(\mathbf{R})$.

Um die zweite Aussage zu zeigen, bemerken wir, daß $U_0 U_1$ einen unitären Isomorphismus zwischen $U_0^* U_1^* \mathbf{1}_I L^2(\mathbf{R})$ und $\mathbf{1}_I L^2(\mathbf{R}) \cong L^2(I)$ darstellt, und daß $W_I^* \mathbf{1}_I$ ein unitärer Automorphismus auf $\mathbf{1}_I L^2(\mathbf{R})$ ist. $\square$

4.1.4 Einige analytische Eigenschaften

Zeit-Frequenz-Lokalisierung

Jede lokale Cosinusfunktion ψ_{nk} aus Gleichung 4.20 ist sowohl bezüglich der Zeit, als auch bezüglich der Frequenz lokalisiert. Im Zeitbereich hat sie den Träger $[\alpha_k - \epsilon_k, \alpha_{k+1} + \epsilon_{k+1}]$; die Unschärfe ist also höchstens gleich dem Durchmesser dieses kompakten Intervalls. Im Frequenzbereich besteht $\hat{\psi}_{nk}$ aus zwei modulierten glockenartigen Kurven, die ihren Mittelpunkt bei $n + \frac{1}{2}$ bzw. $-n - \frac{1}{2}$ besitzen; die Unschärfe ist dabei durch die Unschärfe der Fouriertransformierten $\hat{b}_k$ der Glockenkurve gegeben.

Wir unterlassen die Indizierung und bemerken, daß diese Frequenzunschärfe von der relativen Steilheit der beiden Seiten der Glockenkurve abhängt; tatsächlich ist sie gegeben durch $\|b'\|/\|b\|$. Wir betrachten nun den Fall, daß b reellwertig und symmetrisch bezüglich $t = 0$ ist und den Träger $[-a, a]$ besitzt. Dann gilt $b(t) = r(2t/a - 1)r(1 - 2t/a)$ für eine geeignete Abschneidefunktion r. In diesem Fall wirkt b auf dem Intervall $[-a/2, a/2]$ mit Aktionsbereichen $B_{a/2}(\pm a/2)$. Damit folgt

$$\|b\|^2 = \int_{-a}^{a} |r(2t/a+1)r(1-2t/a)|^2 \, dt = \frac{a}{2} \int_{-2}^{2} |r(t+1)r(1-t)|^2 \, dt$$
$$= \frac{a}{2} \int_{-1}^{1} |r(t) \cdot 1|^2 + |1 \cdot r(-t)|^2 \, dt = a.$$

Man könnte a die charakteristische Breite von b nennen; eine elementare Abschätzung von $\int t^2 |b(t)|^2 \, dt$ ergibt nämlich die Ungleichungen

$$\frac{a}{\sqrt{12}} \leq \frac{1}{\|b\|} \left[\int_{-a/2}^{a/2} t^2 \, dt \right]^{1/2} \leq \triangle x(b) \leq \frac{1}{\|b\|} \left[\int_{-a}^{-a/2} + \int_{a/2}^{a} t^2 \, dt \right]^{1/2} \leq a\sqrt{\frac{7}{12}}.$$

Hat b endliche Frequenzunschärfe, so muß b' in L^2 liegen. Wegen $b'(t) = 0$ für alle $|t| > a$ muß b' auch integrierbar sein. Wegen $b(-a) = b(a) = 0$ und $b(0) = 1$ muß die Totalvariation von b auf $[-a, a]$ mindestens gleich 2 sein. Deshalb liefert die Cauchy-Schwarz-Ungleichung:

$$2 \leq \int_{-a}^{a} |b'(t)| \, dt \leq \left(\int_{-a}^{a} |b'(t)|^2 \, dt \right)^{\frac{1}{2}} \left(\int_{-a}^{a} 1 \, dt \right)^{\frac{1}{2}} = \|b\| \triangle \xi(b) \sqrt{2a}.$$

Eine Verknüpfung der beiden Ungleichungen erlaubt es uns, das Heisenberg-Produkt für diese Glockenkurve abzuschätzen:

$$\triangle x(b) \cdot \triangle \xi(b) \geq \frac{1}{\sqrt{6}} \approx 0.41. \tag{4.58}$$

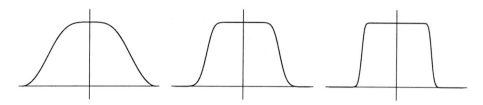

Bild 4.12 Glockenkurven (von links nach rechts) bezüglich $r_{[1]}$, $r_{[3]}$ und $r_{[5]}$.

Dies ist natürlich größer als der minimale Wert $\frac{1}{4\pi} \approx 0.08$, aber immer noch hinreichend klein. Die obere Schranke hängt stark von der Glockenkurve ab; sie kann beliebig groß werden, wenn r in den Randbereichen steiler wird. Dieses Steilerwerden erkennt man in Bild 4.12, das die Glockenkurven bezüglich $r_{[1]}$, $r_{[3]}$ und $r_{[5]}$ darstellt.

Minimierung dieser Varianz ist eine Übungsaufgabe aus der Variationsrechnung. Wir können dies für die iterierten Sinusglockenkurven behandeln. Zunächst beachten wir, daß das Produkt in Gleichung 4.58 von a nicht abhängt; wir können also den am besten geeigneten Wert $a = 2$ verwenden. Dann gilt

$$\|b\| = \sqrt{2};$$

$$\triangle\xi(b) = \frac{1}{\|b\|}\left(\int_{-2}^{2}|b'(t)|^2\,dt\right)^{1/2} = \left(\int_{-1}^{1}|r'(t)|^2\,dt\right)^{1/2};$$

$$\triangle x(b) = \frac{1}{\|b\|}\left(\int_{-2}^{2}t^2|b(t)|^2\,dt\right)^{1/2} = \left(\frac{4}{3}-2\int_{-1}^{1}t|r(t)|^2\,dt\right)^{1/2}.$$

Einige dieser Integrale können analytisch berechnet werden, andere über numerische Integration. Wir benötigen nur grobe Approximationen; die ersten sechs Iterierten sind in Tabelle 4.1 aufgeführt. Man sieht, daß die Werte in der $\triangle x$-Spalte monoton abnehmen gegen $1/\sqrt{3} \approx 0.577$, während die Werte in der $\triangle\xi$-Spalte gegen $+\infty$ anwachsen.

n	$\triangle x(r_{[n]})$	$\triangle\xi(r_{[n]})$	$\triangle x \cdot \triangle\xi$
0	$\left(\frac{4}{3}-\frac{8}{\pi^2}\right)^{1/2} \approx 0.723$	$\frac{\pi}{4} \approx 0.785$	0.568
1	0.653	$\frac{\pi^2}{\sqrt{128}} \approx 0.872$	0.570
2	0.612	1.053	0.645
3	0.592	1.302	0.771
4	0.584	1.622	0.947
5	0.580	2.029	1.177

Tabelle 4.1 Heisenberg–Produkte für die iterierten Sinusglockenkurven.

Andererseits kann das Minimierungsproblem auch auf ein endlich–dimensionales Optimierungsproblem zurückgeführt werden, das die Diskretisierung der Glockenkurve und ihrer Fouriertransformierten verwendet. Wir werden diese Idee nicht weiter verfolgen und nur die diskrete Fouriertransformierte der Länge 256 für die Glockenfunktionen bezüglich $r_{[1]}$, $r_{[3]}$ und $r_{[5]}$ darstellen. Da die Glockenkurven gerade Funktionen sind, sind die Fouriertransformierten reellwertig. In Bild 4.13 haben wir den wesentlichen Bereich in der Nähe des Ursprungs dargestellt. Man achte darauf, daß die Ausläufer abseits

4.1 Hilfsmittel und Beispiele

Bild 4.13 Fouriertransformierte der Glockenfunktionen aus Bild 4.12.

der zentralen Spitze breiter werden, wenn die Glockenkurve in den Randbereichen steiler wird.

Umgehen des Balian–Low–Diktats

Es sei $G = \{g(t-n)e^{2\pi i m t} : n, m \in \mathbf{Z}\}$ eine Familie von Funktionen in $L^2(\mathbf{R})$, wobei g eine feste, quadratisch integrierbare Funktion ist. Der Satz von Balian–Low (vgl. [37], S.108) besagt, daß das Heisenberg-Produkt von g Unendlich sein muß, wenn G eine orthogonale Basis darstellt. Diese Einschränkung hält uns von dem berechtigten Wunsch ab, Orthonormalbasen aus gefensterten Exponentialfunktionen aufzubauen. Die Funktionen in einer solchen Basis haben die Eigenschaft einer eigentlich erwünschten Zeit–Frequenz–Lokalisierung: im Zeitbereich bestehen sie im wesentlichen aus einer einzelnen Stoßfunktion g, während im Frequenzbereich ebenfalls eine einzelne Stoßfunktion $\hat{g}$ auftritt. Die Gauss-Funktion $g(t) = e^{-t^2}$ hat zum Beispiel die Eigenschaft, daß sowohl g als auch $\hat{g}$ in geringer Entfernung vom Maximum praktisch verschwinden. Man kann dies so ausdrücken, daß $g(t-n)e^{2\pi i m t}$ die *Position* n und die *Frequenz* m besitzt.

Verschiedene „Wilson-Basen" wurden konstruiert, die das Balian–Low–Diktat umgehen; in [64, 40, 4, 117] findet man einige der vielen Beispiele hierzu. Alle diese Beispiele sind gefensterte, modulierte Funktionen; gemeinsam ist ihnen die Eigenschaft, daß sie auf Sinus- und Cosinusfunktionen statt auf Exponentialfunktionen zurückgreifen. Die lokalen Cosinusfunktionen und die überlappenden orthogonalen Funktionen von [74, 24] teilen diese Eigenschaft. Diese Vorgehensweise erzeugt Basisfunktionen, die den gleichen Energieanteil im Bereich der positiven Frequenzen wie im Bereich der negativen Frequenzen enthalten.

Mit glatten lokalisierten Orthonormalbasen können wir das Balian–Low–Phänomen vermeiden und trotzdem Funktionen benutzen, die die gesamte Energie, bis auf einen beliebig kleinen Anteil, im positiven Teil des Frequenzspektrums lokalisiert haben. Um dies einzusehen, betrachten wir die Wirkung des glatten Projektionsoperators aus Gleichung 4.35 über dem Intervall $I = [-1, 1]$ auf die Exponentialfunktion:

$$P_I f(t) = |r(1-t)|^2 |r(t+1)|^2 f(t) + \bar{r}(t+1)r(-t-1)f(-2-t) - \bar{r}(t-1)r(1-t)f(2-t).$$

Wir haben hier $\epsilon = 1$ gesetzt, um die maximalen Aktionsbereiche $B_1(\pm 1)$ zu erhalten. Wenden wir dies auf die Exponentialfunktion an, so erhalten wir zwei Terme:

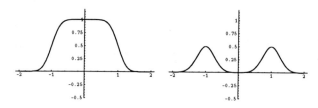

Bild 4.14 Die Funktionen b_+ und b_- für $r_{[2]}$.

$$\begin{aligned}
P_I e^{2\pi i m t} &= |r(1-t)|^2 |r(t+1)|^2 e^{2\pi i m t} \\
&\quad + \left[\bar{r}(t+1)r(-t-1)e^{-4\pi i m} - \bar{r}(t-1)r(1-t)e^{4\pi i m}\right] e^{2\pi i (-m)t} \\
&\stackrel{\text{def}}{=} b_+(t) e^{2\pi i m t} + b_-(t) e^{2\pi i (-m)t}.
\end{aligned}$$

Die Koeffizientenfunktionen b_+ und b_- deuten auf den relativen Anteil der positiven und negativen Frequenzkomponenten von $P_I e^{2\pi i m t}$ hin. Bild 4.14 stellt den Absolutwert von b_+ und b_- für $r_{[2]}$ dar. Tabelle 4.2 gibt die relativen Energieanteile in b_+ und b_- an, die bei den sechs Abschneidefunktionen $r_{[0]}$–$r_{[5]}$ auftreten.

n	$\|b_+\|^2$ for $r_{[n]}$	$\|b_-\|^2$ for $r_{[n]}$	$\|b_-\|^2/(\|b_+\|^2 + \|b_-\|^2)$
0	1.5	0.5	0.25
1	1.65212	0.347879	0.173939
2	1.76898	0.231016	0.115508
3	1.85019	0.149811	0.0749057
4	1.90389	0.0961145	0.0480572
5	1.93862	0.0613835	0.0306918

Tabelle 4.2 Relative Energieanteile für positive und negative Frequenzkomponenten.

Tatsächlich gilt $\|b_+\|^2 \to 2$ und $\|b_-\|^2 \to 0$ für $n \to \infty$, was uns zu folgendem Schluß führt:

Theorem 4.10 *Zu jedem $\epsilon > 0$ gibt es eine glatte orthogonale Projektion $P_{[-1,1]}$ derart, daß $\|b_-\|^2/(\|b_+\|^2 + \|b_-\|^2) < \epsilon$ gilt.* □

4.2 Orthogonalbasen

Unter Verwendung von Projektionen und unitären Operatoren können wir orthonormale Basen von glatten Funktionen mit kompaktem Träger auf der reellen Achse erzeugen, die viele Eigenschaften mit Sinus- und Cosinusfunktionen gemein haben. Die reelle Achse kann hierbei durch ein Intervall oder durch die Kreislinie ersetzt werden: aus der zusätzlichen Lokalisierung im Zeitbereich können wir weiterhin Nutzen ziehen.

Solche glatten lokalisierten Basen können in der mathematischen Analysis angewendet werden, um zum Beispiel spezielle Funktionenräume zu konstruieren. Sie sind auch

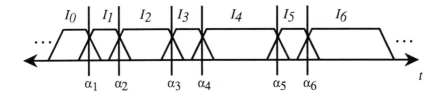

Bild 4.15 Einige der Fensterfunktionen für eine glatte lokalisierte Orthonormalbasis bezüglich einer Partition der reellen Achse.

nützlich in praktischen Anwendungen, da wir diskrete Versionen dieser Basen erhalten, indem wir die stetigen Basisfunktionen einfach bezüglich eines regulären Gitters abtasten. Für die diskreten Basen existieren schnelle Transformationen, die mit der FFT verwandt sind; die Faltungs- und inversen Faltungsoperatoren erhöhen nicht die Komplexität der Transformation.

4.2.1 Kompatible Partitionen

Wir gehen aus von einer Partition $\mathbf{R} = \bigcup_k I_k$ und konstruieren eine zugehörige Orthonormalbasis, indem wir die Projektionen P_{I_k} verwenden. Wir können uns dies so vorstellen, daß wir über jedes Intervall eine glatte Glocken- oder Fensterfunktion setzen und diese modulieren, um Orthonormalität zu erzeugen. Der Träger jeder Fensterfunktion überlappt dabei mit den beiden Nachbarintervallen. Dieser Sachverhalt ist in Bild 4.15 schematisch dargestellt. Bei hinreichender Modulation erhält man eine Orthonormalbasis für jedes Intervall; nimmt man dann alle Intervalle zusammen, so ergibt sich eine Orthonormalbasis für $L^2(\mathbf{R})$.

Konstruktion aus inneren Punkten

Wir müssen zunächst eine Partition $\mathbf{R} = \bigcup_k I_k$ von disjunkten Intervallen $\{I_k\}$ konstruieren und Aktionsbereiche an den Endpunkten der Intervalle festlegen. Am einfachsten und bequemsten ist es, die Intervalle über eine Folge von Punkten innerhalb der Intervalle zu konstruieren. Benachbart aufgeführte Punkte sind dann Schranken für den Aktionsbereich der Faltungsoperatoren, die bei der Verschmelzung benachbarter Fensterfunktionen benutzt werden. Die Intervallendpunkte und damit die Mittelpunkte der Aktionsbereiche sind so die Mittelpunkte zwischen benachbarten Punkten aus der vorgegebenen Folge.

Sei also $\{c_k : k \in \mathbf{Z}\}$ eine Folge von Punkten, die den folgenden Bedingungen genügt:

Monotonie: $k < j \Rightarrow c_k < c_j$;

Unbeschränktheit: $c_k \to \infty$ und $c_{-k} \to -\infty$ für $k \to \infty$.

Für jedes k setzen wir $\alpha_k = \frac{1}{2}(c_k + c_{k+1})$. Die Intervalle sind dann $I_k = [\alpha_k, \alpha_{k+1}]$. Setzen wir zusätzlich $\epsilon_k = \frac{1}{2}(c_{k+1} - c_k) = c_{k+1} - \alpha_k = \alpha_k - c_k$, so gilt $|I_k| = \alpha_{k+1} - \alpha_k = \epsilon_k + \epsilon_{k+1}$. Die Art dieser Indizierung ist in Bild 4.16 dargestellt.

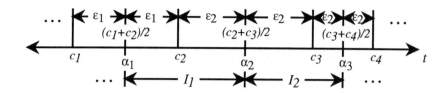

Bild 4.16 Kompatible Nachbarintervalle, konstruiert aus inneren Punkten.

Bemerkung. Man könnte auch zulassen, daß die Folge $\{c_k\}$ einen Häufungspunkt besitzt, was ein Abnehmen der Fensterbreite gegen Null bewirkt. Bei der lokalen Sinus- und Cosinuskonstruktion der Meyer–Wavelets [5] tritt dieser Fall im Nullpunkt auf.

Die Kugeln $B_k \stackrel{\text{def}}{=} B_{\epsilon_k}(\alpha_k)$ und $B_{k+1} \stackrel{\text{def}}{=} B_{\epsilon_{k+1}}(\alpha_{k+1})$ definieren die Aktionsbereiche im linken und rechten Endpunkt von I_k. Nach Konstruktion sind sie disjunkt, da $\alpha_k + \epsilon_k = c_{k+1} = \alpha_{k+1} - \epsilon_{k+1}$. Wir haben damit eine Partition von **R** in kompatible Nachbarintervalle erzeugt. Die vorgegebenen Punkte $\{c_k\}$ dienen zur Bezeichnung der Intervallmittelpunkte. Im Fall der lokalen Sinus- und Cosinusfunktionen können sie als „Peaks" der Fensterfunktionen aufgefaßt werden, die wir in unserer Basiskonstruktion verwenden.

Wir wählen $r_k = r_k(t)$ als eine Familie von glatten, reellwertigen Abschneidefunktionen mit Aktionsbereich $[-1, 1]$. Durch Translation und Dilatation verschieben wir sie auf die Aktionsbereiche $B_{\epsilon_k}(\alpha_k) = [c_k, c_{k+1}]$. Man beachte, daß wir in jedem Faltungspunkt eine andere Funktion ansetzen können; der Einfachheit halber setzen wir aber $r_k \equiv r$ unabhängig vom Intervall.

Wählen wir anstatt einer Partition der reellen Achse eine solche der ganzen Zahlen, und verwenden wir diskrete Orthonormalbasen auf endlichen Teilmengen der ganzen Zahlen, so erhalten wir eine Orthonormalbasis von ℓ^2. Ebenso kann man eine Partition eines endlichen Intervalls von ganzen Zahlen oder der „periodisierten" ganzen Zahlen betrachten, um diskrete Versionen von lokalen Basen zur Approximation auf einem Intervall oder auf der Kreislinie zu erhalten.

Sukzessive Verfeinerungen

Wir können auch verschiedene Partitionen gleichzeitig betrachten. Handelt es sich um sukzessive Verfeinerungen, so liegt eine natürliche Baumstruktur der Fensterfunktionen vor. Die Teilintervalle eines Intervalls nach einem Verfeinerungsschritt können als dessen Kinder betrachtet werden, und die Gesamtheit aller Intervalle bildet Bäume von Familien, wobei jedes Intervall in der gröbsten Stufe der Verfeinerungen eine Wurzel liefert. Dieser Sachverhalt ist in Bild 4.17 schematisch dargestellt; es zeigt einen Baum mit dyadischer Verfeinerung auf jeder Stufe.

Nehmen wir zum Beispiel an, daß die Anfangspartition der reellen Achse durch die ganzen Zahlen gegeben ist:

4.2 Orthogonalbasen 117

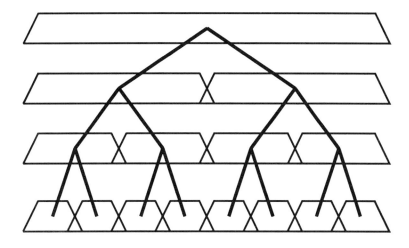

Bild 4.17 Baum sukzessiver Verfeinerungen zu benachbarten orthogonalen Fenstern.

$$\mathbf{R} = \bigcup_{k \in \mathbf{Z}} [k, k+1) \stackrel{\text{def}}{=} \bigcup_{k \in \mathbf{Z}} I_{0,k}. \tag{4.59}$$

Wir verfeinern dann die Partition, indem wir die Intervalle jeweils in der Mitte aufteilen. Auf der j-ten Stufe haben die Intervalle dann die Breite 2^{-j}:

$$I_{j,k} \stackrel{\text{def}}{=} [\frac{k}{2^j}, \frac{k+1}{2^j}); \qquad \mathbf{R} = \bigcup_{k \in \mathbf{Z}} I_{j,k}. \tag{4.60}$$

Die Art der Verfeinerung wird ausgedrückt durch die Gleichung $I_{j,k} = I_{j+1,2k} \cup I_{j+1,2k+1}$ bei disjunkter Vereinigung. Durch Induktion erkennt man auf der Stufe L:

$$I_{0,0} = \bigcup_{k=0}^{2^L - 1} I_{L,k}. \tag{4.61}$$

Nach einer Verfeinerung von $I_{j,k}$ in die beiden Teilintervalle $I_{j+1,2k}$ und $I_{j+1,2k+1}$ führen wir eine Faltungsoperation bezüglich des Mittelpunkts $(k+\frac{1}{2})/2^j$ aus. Wir können dabei auf zwei Weisen vorgehen. Bei *indexunabhängiger Faltung* betrachten wir Aktionsbereiche mit festem Radius $\epsilon > 0$; die bei Verfeinerung verwendeten Faltungsoperatoren bleiben dann disjunkt, solange $2^{-j-1} \geq \epsilon$ gilt. Indexunabhängige Faltung kann deshalb nur bei einer endlichen Anzahl von Verfeinerungen benutzt werden. Sie hat jedoch den Vorteil, daß der Träger der Basisfunktion bezüglich $I_{j,k}$ gegeben ist durch das Intervall $[(k-\frac{1}{2})/2^j, (k+\frac{3}{2})/2^j]$, dessen Durchmesser gerade doppelt so groß ist wie der Durchmesser von $I_{j,k}$. Basisfunktionen für kleine Intervalle haben also kleinen Träger. Ein Nachteil ist allerdings, daß das Heisenberg–Produkt der Basisfunktionen bei indexunabhängiger Faltung mit wachsendem j anwächst.

Bei *indexabhängiger Faltung* wählen wir den Radius des Aktionsbereichs in Abhängigkeit von der Stufe der Verfeinerung. Zum Beispiel können wir im Mittelpunkt $(k+\frac{1}{2})/2^j$ den Radius $\epsilon_j \stackrel{\text{def}}{=} 2^{-j-1}$ nehmen, was die Faltungsoperatoren disjunkt hält. In diesem Falle haben wir a priori keine Schranke für die Anzahl der Stufen unserer Verfeinerungen. Es kann dabei allerdings auftreten, daß der Durchmesser des Trägers einer Basisfunktion auf Stufe j, die durch indexabhängiges Falten entstanden ist, ungefähr gleich Eins ist unabhängig von der Tiefe j, weil selbst kleine Intervalle durch die vorherigen Stufen der Verfeinerungen mit relativ weit entfernten Punkten durch die Faltungsoperationen verknüpft werden. Dieses Phänomen wird in [45] diskutiert. Man kann es durch geeignete Wahl der Funktion $j \mapsto \epsilon_j$ kontrollieren. Indexabhängiges Falten kann benutzt werden, um das Heisenberg–Produkt der Basisfunktionen gleichmäßig klein zu halten.

4.2.2 Orthonormalbasen auf der reellen Achse

Wir beginnen mit der Konstruktion lokaler Cosinusbasen und anderer glatter lokalisierter Orthonormalbasen auf der reellen Achse, weil in diesem Falle die Formeln am einfachsten sind. Alle Konstruktionen sind „lokal" in dem Sinne, daß wir Operatoren anwenden, die sich außerhalb eines kleinen Einflußbereiches wie die Identität verhalten. Die gleichen Konstruktionen können damit auf die Kreislinie oder ein Intervall angewendet werden; dabei muß nur auf die unterschiedliche Wirkungsweise in „weiter Entfernung" vom Mittelpunkt geachtet werden.

Stetige lokale Cosinusbasen

Die Restriktion der Funktionen $\{\sqrt{2} \cos\left[\pi(n+\frac{1}{2})t\right] : n = 0, 1, \ldots\}$ auf das Intervall $[0,1]$ bildet eine Orthonormalbasis für $L^2([0,1])$, da sie eine vollständige Menge von Eigenfunktionen für das folgende Sturm–Liouville–Eigenwertproblem darstellen:

$$-y'' = \lambda y; \qquad y'(0) = 0, y(1) = 0. \tag{4.62}$$

Die Eigenwerte sind dabei gegeben durch $\{\pi^2 \left(n+\frac{1}{2}\right)^2 : n = 0, 1, 2, \ldots\}$. Die Restriktion kann als Multiplikation mit der charakteristischen Funktion **1** des Intervalls $[0,1]$ aufgefaßt werden.

Ist $\mathbf{R} = \bigcup_k I_k$ eine kompatible Partition in Intervalle, so bildet die Familie $\{\psi_{nk} : n \in \mathbf{N}, k \in \mathbf{Z}\}$ aus Gleichung 4.20 eine Orthonormalbasis für $L^2(\mathbf{R})$. Dies mag der Leser als eine Übungsaufgabe verifizieren.

Wegen $\psi_{nk} = U_k^* U_{k+1}^* \mathbf{1}_{I_k} C_{n,k}$ können wir das innere Produkt einer Funktion f mit einer lokalen Cosinusfunktion wie folgt berechnen:

$$\langle f, \psi_{nk} \rangle = \langle U_k U_{k+1} f, \mathbf{1}_{I_k} C_{nk} \rangle. \tag{4.63}$$

Diese einfache Tatsache ist für die Praxis besonders wichtig; sie bedeutet nämlich, daß wir f durch Faltung vorbehandeln und dann eine gewöhnliche Cosinustransformation ausführen können, um die lokale Cosinustransformation zu berechnen.

4.2 Orthogonalbasen

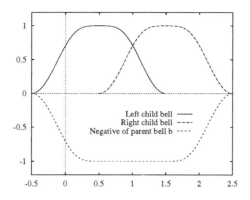

Bild 4.18 Kombination benachbarter Fenster.

Mehrdimensionaler Fall

Setzen wir $\Psi_{nk}(x) = \psi_{n_1 k_1}(x_1) \ldots \psi_{n_d k_d}(x_d)$ für Multiindizes n und k, so erhalten wir eine Orthonormalbasis für $\mathbf{R}^d$, die aus Tensorprodukten aufgebaut ist. Es ist natürlich möglich, daß wir in jedem Dimensionsanteil eine verschiedene Partition und auch eine verschiedene Fensterfunktion wählen. Den mehrdimensionalen Fall werden wir im Detail in Kapitel 9 untersuchen.

Adaptive lokale Cosinusbasen

Die Unterräume von $L^2(\mathbf{R})$, die durch die lokalen Cosinusfunktionen in benachbarten Fenstern aufgespannt werden, sind orthogonal, und ihre direkte Summe ist gleich dem Raum der lokalen Cosinusfunktionen im „Vaterfenster". Ist $b_{j,k}$ die Glockenfunktion bezüglich des Intervalls $I_{j,k}$, so haben wir

$$|b_{j,k}(t)|^2 = |b_{j+1,2k}(t)|^2 + |b_{j+1,2k+1}(t)|^2. \tag{4.64}$$

Das Überlappen dieser Glockenkurven ist in Bild 4.18 dargestellt. Benachbarte Vaterfenster spannen orthogonale Räume auf, die ihrerseits kombiniert werden können zu Unterräumen bezüglich der Großeltern, usw. Die Familie der lokalen Cosinusfunktionen, die wir mit diesen Glockenkurven verschiedener Größe konstruiert haben, nennen wir *adaptive lokale Cosinusfunktionen*.

Für den Fall der indexunabhängigen Faltung können wir den Baum der Bibliothek lokaler trigonometrischer Funktionen schematisch darstellen wie in Bild 4.17, wobei wir uns auf einige wenige Stufen beschränken. Die lokale trigonometrische Transformation beinhaltet keine Restriktion hinsichtlich der Trägerintervalle der Glocken und damit auch nicht bezüglich der Größe der Unterräume. Es ist auch nicht notwendig, die Fenster in Paaren zusammenzufassen: der Baum kann je nach Wunsch auch inhomogen sein.

Wir verwenden Gleichung 4.63, um innere Produkte mit adaptiven lokalen Cosinusfunktionen zu berechnen. Dies erfordert eine sukzessive Vorbehandlung der Funktion,

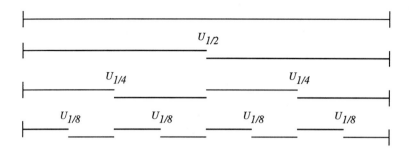

Bild 4.19 Faltung bezüglich der Mittelpunkte erzeugt sukzessive Verfeinerungen.

die entwickelt werden soll: wir falten sukzessive die Funktion innerhalb des Intervalls auf Stufe j, um in den Endpunkten der Intervalle auf Stufe $j+1$ die geeigneten Randbedingungen zu erhalten. Für den Fall einer dyadischen Verfeinerung ist diese Vorgehensweise in Bild 4.19 dargestellt.

Im Fall der indexabhängigen Faltung haben die Aktionsbereiche der Faltungsoperatoren bezüglich des linken und des rechten Endpunkts eines Intervalls im allgemeinen nicht denselben Durchmesser. Der zugehörige Algorithmus erzeugt asymmetrische Glockenfunktionen.

Glatte lokalisierte Orthonormalbasen

Die lokale Cosinusbasis baut auf zwei schönen Tatsachen auf. Erstens bilden die Cosinusfunktionen mit Frequenzen aus $\frac{1}{2}\mathbf{Z}$ eine Orthonormalbasis für $L^2([0,1])$. Zweitens erzeugen solche Cosinusfunktionen glatte Funktionen mit kompaktem Träger, wenn man sie mit der scharfen Abschneidefunktion **1** multipliziert und dann einer inversen Faltung in Null und Eins unterwirft. Man erhält eine einfache gefensterte Orthonormalbasis; die Technik kann aber nicht auf den allgemeinen Fall angewendet werden, da dann die benötigten Randbedingungen nicht notwendig erfüllt sind.

Ein möglicher Ausweg ist der, mit periodischen Funktionen zu starten und dann den Faltungsoperator anzuwenden, um die richtigen Randbedingungen zu erhalten. Dies ist äquivalent dazu, die orthogonale Transformation P_I aus Lemma 4.4 zu verwenden. Bei Anwendung auf eine periodische Basis ergibt sich eine lokale Orthonormalbasis.

Wir setzen voraus:

- $I = (\alpha_0, \alpha_1)$;

- r, r_0 und r_1 sind Abschneidefunktionen in $C^d(\mathbf{R})$;

- $W_I = W(r, I, \epsilon)$ ist ein periodisierter Faltungsoperator mit disjunkten Aktionsbereichen $B_\epsilon(\alpha_1)$ und $B_\epsilon(\alpha_0)$;

- $U_0^* = U^*(r_0, \alpha_0, \epsilon_0)$ und $U_1^* = U^*(r_1, \alpha_1, \epsilon_1)$ sind disjunkte inverse Faltungsoperatoren;

4.2 Orthogonalbasen

- $\{e_j : j \in \mathbf{Z}\}$ ist eine Familie I-periodischer Funktionen, deren Restriktion auf I eine Orthonormalbasis von $L^2(I)$ darstellt.

Wir setzen $T_I^* = U_0^* U_1^* \mathbf{1}_I W_I$. Mit diesem Operator können wir eine orthogonale Menge von glatten Funktionen mit kompaktem Träger erzeugen.

Korollar 4.11 *Die Menge $\{T_I^* e_j : j \in \mathbf{Z}\}$ ist eine Orthonormalbasis von $U_0^* U_1^* \mathbf{1}_I L^2(\mathbf{R})$. Ist zusätzlich $e_j \in C^d(\mathbf{R})$, so gehört jede Funktion $T_I^* e_j$ zu $C_0^d(\mathbf{R})$.*

Beweis: Die Funktionen $\{\mathbf{1}_I W_I e_j : j \in \mathbf{Z}\}$ bilden eine Orthonormalbasis von $L^2(I)$, weil W_I unitär ist. Folglich ist auch $\{T_I^* e_j : j \in \mathbf{Z}\}$ eine Orthonormalbasis auf $U_0^* U_1^* \mathbf{1}_I L^2(\mathbf{R})$, da $U_0^* U_1^*$ unitär auf $L^2(\mathbf{R})$ ist.

Lemma 4.8 impliziert, daß $\mathbf{1}_I W_I e_j$ Gleichung 4.23 in α_0 und α_1 erfüllt. Die Umkehraussage von Lemma 4.1 zeigt dann, daß jede Funktion aus der Basis zu $C_0^d(\mathbf{R})$ gehört; tatsächlich ist der Träger im Intervall $[\alpha_0-\epsilon_0, \alpha_1+\epsilon_1]$ enthalten. □

Man beachte, daß T_I^* dann mit dem Operator Q_I aus Lemma 4.4 übereinstimmt, wenn wir $U(r, \alpha_0, \epsilon) U_1(r, \alpha_1, \epsilon)$ anstatt W_I schreiben. Mit dieser neuen Notation betonen wir, daß diese Basiskonstruktion invers ist zur glatten periodischen Restriktion auf Intervalle.

In der Praxis ist es oft besser, eine glatte Funktion zu einer glatten periodischen Funktion fortzusetzen und sie dann bezüglich einer periodischen Basis zu entwickeln; dies ist natürlich eine andere Methode als die Entwicklung einer glatten Funktion bezüglich der hier beschriebenen Basis. Der Vorzug liegt darin, daß für die erste Vorgehensweise gut getestete Computerprogramme existieren, während sie für den letzteren Fall nicht vorliegen. Wir können aber innere Produkte wieder durch Übergang zu den adjungierten Operatoren ausdrücken:

$$\langle f, T_I^* e_j \rangle = \langle T_I f, e_j \rangle. \tag{4.65}$$

Damit können wir die Transformation berechnen, indem wir zunächst die glatte periodische Restriktion auf Intervalle anwenden und dann existierende Software verwenden, um die Entwicklung bezüglich der Basis $\{e_j\}$ vorzunehmen.

Verwenden wir eine beliebige Unterteilung $\mathbf{R} = \bigcup_{k \in \mathbf{Z}} I_k$ in benachbarte kompatible Intervalle, so können wir eine glatte Orthonormalbasis von $L^2(\mathbf{R})$ mit *kompaktem Träger* aufbauen. Wir nehmen an, daß für jedes $k \in \mathbf{Z}$ eine Familie $\{e_{kj} : j \in \mathbf{Z}\}$ von I_k-periodischen Funktionen vorliegt mit der Eigenschaft, daß deren Restriktion auf I_k eine Orthonormalbasis von $L^2(I_k)$ bildet. Sei T_k^* der Operator aus Korollar 4.11 über dem Intervall I_k.

Theorem 4.12 *Die Familie $\{T_k^* e_{kj} : j, k \in \mathbf{Z}\}$ ist eine Orthonormalbasis für $L^2(\mathbf{R})$, die aus Funktionen mit kompaktem Träger besteht. Liegen die Funktionen e_{kj} und r_k, $k, j \in \mathbf{Z}$, zusätzlich in $C^d(\mathbf{R})$, so gehören die Basisfunktionen zu $C_0^d(\mathbf{R})$.*

Beweis: Da benachbarte Intervalle I_k, I_{k+1} für alle $k \in \mathbf{Z}$ kompatibel sind, liefert uns Lemma 4.6 die Zerlegung $L^2(\mathbf{R}) = \bigoplus_{k \in \mathbf{Z}} T_k^* L^2(\mathbf{R})$. Nach Korollar 4.11 hat jeder der Räume $U_0^* U_1^* \mathbf{1}_{I_k} L^2(\mathbf{R})$ eine Orthonormalbasis $\{T_k^* e_{kj} : j \in \mathbf{Z}\}$. Setzt man diese Basen zusammen, so ergibt sich die Aussage des Satzes. □

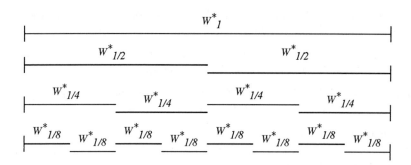

Bild 4.20 Lokale Periodisierung nach Falten bezüglich sukzessiver Verfeinerungen.

Adaptive lokalisierte Orthonormalbasen

Um eine Folge von Transformationen über sukzessiven Verfeinerungen einer Partition aufzubauen, führen wir entweder indexunabhängiges oder indexabhängiges Falten in den neuen Mittelpunkten durch, die auf jeder Stufe der Verfeinerung eingeführt wurden. Dies erfolgt ebenso wie im lokalen Cosinus–Fall, der in Bild 4.19 dargestellt ist. Dann führen wir statt einer Anwendung der Cosinustransformation eine Vorbehandlung mit einem periodischen inversen Faltungsoperator auf jedem Intervall aus. Dies ist in Bild 4.20 illustriert.

Die beiden Vorgehensweisen in Bild 4.19 und Bild 4.20 verwenden auf jedem Intervall $I_{j,k}$ einen Operator $T_{I_{j,k}}$. Anschließend können wir innerhalb der Teilintervalle irgendeine periodische Transformation durchführen. Nach Gleichung 4.65 ergibt dies die Entwicklung einer Funktion bezüglich einer glatten lokalisierten periodischen Basis.

4.2.3 Diskrete Orthonormalbasen

Diskrete Versionen der lokalen Cosinusbasen und anderer Basen erhalten wir, indem wir die reelle Achse durch die ganzen Zahlen ersetzen, und die diskrete Cosinustransformation verwenden.

Diskrete lokale Cosinusfunktionen

Im diskreten Fall können wir fast dieselben Formeln verwenden, die wir im stetigen Fall benutzt haben; die Variablen nehmen nur ganzzahlige Werte statt reeller Werte an. Wir setzen folgendes voraus:

- $\alpha_k < \alpha_{k+1}$ sind ganze Zahlen;

- das Signal wird über den ganzzahligen Punkten t, $\alpha_k \leq t < \alpha_{k+1}$ abgetastet, was uns $N \stackrel{\text{def}}{=} \alpha_{k+1} - \alpha_k$ Abtastwerte liefert;

- r_k und r_{k+1} sind Abschneidefunktionen;

4.2 Orthogonalbasen

- $\epsilon_k > 0$ und $\epsilon_{k+1} > 0$ mit $\epsilon_k + \epsilon_{k+1} \leq N$, um sicherzustellen, daß die Aktionsbereiche disjunkt sind.

Da es eine ganze Familie von diskreten Cosinustransformationen gibt, müssen wir eine Wahl vornehmen. Wir untersuchen zunächst, was geschieht, wenn wir einfach die stetigen Formeln nehmen und die reellen Variablen durch ganze Zahlen ersetzen. Damit definieren wir die folgende diskrete lokale Cosinusbasisfunktion:

$$\psi_{nk}^{\text{DCT-III}}(t) = r_k\left(\frac{t-\alpha_k}{\epsilon_k}\right) r_{k+1}\left(\frac{\alpha_{k+1}-t}{\epsilon_{k+1}}\right) \qquad (4.66)$$

$$\times \sqrt{\frac{2}{\alpha_{k+1}-\alpha_k}} \cos\left[\frac{\pi(n+\frac{1}{2})(t-\alpha_k)}{\alpha_{k+1}-\alpha_k}\right].$$

Ist r Abschneidefunktion auf der reellen Achse, so erfüllen die Abtastwerte $r(n/N)$ die Gleichung 4.1:

$$|r(n/N)|^2 + |r(-n/N)|^2 = 1. \qquad (4.67)$$

Wählt man r dabei so steil, daß $r(n/N) = 1$ für alle $n > 0$ und $r(n/N) = 0$ für alle $n < 0$ gilt, so erhalten wir die gewöhnliche diskrete Cosinustransformation. Man beachte dabei, daß $|r(0)| = 1/\sqrt{2}$ den Korrekturterm in 0 liefert; die resultierende diskrete Cosinusfunktion ist offensichtlich diejenige, die in DCT-III benutzt wurde.

Die diskreten Faltungs- und inversen Faltungsoperatoren werden in diesem Fall unter Verwendung der gleichen Formeln wie in Gleichung 4.13 und 4.14 definiert. Wir bemerken, daß sich die Faltung auf den linken Endpunkt α_k nicht auswirkt. Diese Version der lokalen Cosinustransformation erfordert also eine Anwendung von $U(r_k, \alpha_k, \epsilon_k)$ und $U(r_{k+1}, \alpha_{k+1}, \epsilon_{k+1})$ in beliebiger Reihenfolge und eine anschließende Anwendung von DCT-III auf die N Punkte $\alpha_k, \ldots, \alpha_{k+1} - 1$. Um die inverse Transformation durchzuführen, wenden wir DCT-II, als Inverse von DCT-III an, und anschließend $U^*(r_k, \alpha_k, \epsilon_k)$ und $U^*(r_{k+1}, \alpha_{k+1}, \epsilon_{k+1})$ in beliebiger Reihenfolge.

Diese Formeln behandeln linken und rechten Endpunkt in unterschiedlicher Weise, weil der linke Endpunkt zu den Abtastpunkten des Abtastintervalls gehört. Eine symmetrischere Vorgehensweise verwendet Abtastwerte aus dem Inneren des Intervalls, die dadurch erhalten werden, daß man die Funktion in Gleichung 4.66 verwendet und t jeweils durch $t + \frac{1}{2}$ ersetzt. Die Basisfunktionen für diese Transformation können wir auffassen als Cosinusfunktionen, die zwischen den Gitterpunkten abgetastet werden. Die Abschneidefunktion wird ebenfalls zwischen den Gitterpunkten ausgewertet. Das Ergebnis ist die folgende Familie von diskreten lokalen Cosinusfunktionen:

$$\psi_{nk}^{\text{DCT-IV}}(t) = r_k\left(\frac{t+\frac{1}{2}-\alpha_k}{\epsilon_k}\right) r_{k+1}\left(\frac{\alpha_{k+1}-t-\frac{1}{2}}{\epsilon_{k+1}}\right) \qquad (4.68)$$

$$\times \sqrt{\frac{2}{\alpha_{k+1}-\alpha_k}} \cos\left[\frac{\pi(n+\frac{1}{2})(t+\frac{1}{2}-\alpha_k)}{\alpha_{k+1}-\alpha_k}\right].$$

Es ist offensichtlich, daß $\psi_{nk}^{\text{DCT-IV}}(t) = \psi_{nk}^{\text{DCT-III}}(t + \frac{1}{2})$. Die Cosinusfunktionen sind also gerade diejenigen der DCT-IV. Die Faltungs- und inversen Faltungsoperatoren müssen in diesem Fall auch um 1/2 geshiftet werden.

Um diese DCT-IV Version der lokalen Cosinustransformation anzuwenden, führen wir erst die Faltung in α_k und α_{k+1} durch und wenden dann DCT-IV an. Die inverse Transformation verwendet ebenfalls DCT-IV, die zu sich selbst invers ist, und dann die inverse Faltung in α_k und α_{k+1}. Man muß hierbei auf die Indizierung der Abtastwerte achten. In diesem Shift–1/2–Fall ist es üblich, das Signal mit Index k als Abtastwert bezüglich des Punktes $k + \frac{1}{2}$ aufzufassen. Dies bedeutet zum Beispiel, daß die Spiegelung von $r(t)$ durch $r(-t-1)$ anstatt durch $r(-t)$ gegeben ist. Damit treten keine Punkte auf, die unter Faltung oder inverser Faltung nicht beeinflußt werden; der diskrete Operator U wirkt sich auf jeden Abtastwert des Signals aus. Wir werden auf diese technischen Aspekte im Abschnitt über Implementierung zurückkommen.

In all diesen Formeln können wir den Cosinus durch den Sinus ersetzen und erhalten dann die lokale Sinustransformation. Wir können auch abwechselnd DCT-I auf den ungeraden Intervallen und DST-I auf den geraden Intervallen verwenden, um eine gemischte lokale Cosinus–Sinus–Basis zu erhalten. Einige dieser Varianten werden in den Übungsaufgaben behandelt.

Diskrete adaptive lokale Cosinusfunktionen

Da die faktorisierten DCT–Algorithmen am besten arbeiten, wenn die Anzahl der Abtastwerte durch eine Potenz von Zwei gegeben ist, startet man möglichst mit einem diskreten Anfangsintervall von $N = 2^L$ Abtastwerten und verwendet dyadische Verfeinerungen, um die Teilintervalle für eine adaptive lokale Cosinusanalyse zu erzeugen. Der resultierende Baum hat dann höchstens L Zerlegungsstufen.

Bei indexunabhängiger Faltung mit Aktionsbereich vom Radius 2^R, $0 \leq R < L$, können wir höchstens $L - R$ Stufen absteigen. Verwenden wir indexabhängige Faltung und reduzieren wir den Radius sukzessive, so können wir immer sämtliche Stufen durchlaufen.

Diskrete Versionen von glatten lokalisierten Orthonormalbasen

Wir müssen uns in diesem Fall dafür entscheiden, ob wir in den ganzen Zahlen oder dazwischen abtasten. Dies hat Auswirkungen auf die Indizierung der Faltungs– und inversen Faltungsoperatoren. Berechnet man T_I, so muß für die beiden Faltungsoperatoren U_0, U_1 und den periodisierten inversen Faltungsoperator W_I^* die gleiche Indexkonvention beachtet werden.

Die adaptive Version dieses Algorithmus hat ebenfalls zwei Varianten: indexunabhängiges Falten und indexabhängiges Falten. Es ist eine sinnvolle Übungsaufgabe, in beiden Fällen, für verschiedene zugrundegelegte periodische Basen, Beispiele von Basisfunktionen zu erzeugen.

Bei der diskreten Version der glatten periodischen Restriktion auf Intervalle muß ebenso auf die gleiche Indexkonvention für alle Faltungs– und inversen Faltungsoperatoren geachtet werden.

4.3 Implementierung der Grundoperationen

Numerische Approximationen der stetigen lokalen trigonometrischen Transformation können manchmal durch symbolische Integration und allgemein durch numerische Integration berechnet werden. Die Faltungs– und inversen Faltungsoperatoren werden vor der Integration angewendet, das Ergebnis sind entweder analytische Formeln oder numerische Approximationen für die stetigen Transformationen. Dieser Zugang führt zu den gleichen Schwierigkeiten mit schnell oszillierenden Integranden, die wir bei der numerischen Approximation der Fourier–Integraltransformation ins Auge fassen mußten.

Statt diese Betrachtungen weiterzuführen, werden wir nur die diskreten lokalen Sinus– und Cosinus–Transformationen implementieren, sowie die diskreten Versionen der Algorithmen der lokalen Periodisierung. Dies erlaubt es uns, mit FFT und den DCT– und DST–Varianten (vgl. Kapitel 3) zu arbeiten statt mit symbolischer oder numerischer Integration. Die Last der Wahl der Approximation wird dabei dem Nutzer auferlegt, der das abgetastete Signal bereitstellt; für bandbeschränkte Signale können wir jedoch eine schnelle Konvergenz der abgetasteten Versionen der stetigen Transformation erhalten, indem wir die Abtastrate erhöhen.

4.3.1 Abschneidefunktionen

Wir beginnen mit einigen Hilfsprogrammen, die einen Vektor mit Abtastwerten einer glatten Abschneidefunktion auffüllen, die der Gleichung 4.1 genügt.

Iterierte Sinusfunktionen

Für die gewünschte Anzahl n der Iterationen und einen Punkt t gibt diese Funktion den Wert $r_{[n]}(t)$ zurück, wobei die Gleichungen 4.6 und 4.7 zur Anwendung kommen.

Iterierter Sinus als Abschneidefunktion

```
rcfis( N, T ):
  If T > -1.0 then
      If T < 1.0 then
  For I = 0 to N-1
    Let T = sin( 0.5 * PI * T )
  Let T = sin( 0.25 * PI * (1.0 + T) )
      Else
  Let T = 1.0
    Else
      Let T = 0.0
    Return T
```

Man beachte, daß `PI` als die Konstante π definiert wurde.

Integrale von glatten Stoßfunktionen

Um numerische Integration zu vermeiden, definieren wir eine allgemeine reellwertige Abschneidefunktion über die Phasenfunktion θ, statt über die integrierbare Stoßfunktion, die die Ableitung von θ ist. Wir implementieren zuerst diese Funktion, zum Beispiel mit einem Präprozessormacro, das für ein Argument, d.h. für eine reelle Zahl zwischen -1 und $+1$, einen Funktionswert zwischen 0 und $\frac{\pi}{2}$ bereitstellt. Zum Beispiel können wir $\theta(t) \stackrel{\text{def}}{=} \frac{\pi}{4}(1+t)$ als den Winkelanteil der Funktion $r = r_{[0]}$ wählen, oder wir können das kubische Polynom aus Gleichung 4.5 benutzen. Die Auswahl treffen wir dann durch ein drittes Macro:

```
#define theta1(T)   (0.25*PI * (1.0 + (T)))
#define theta3(T)   (0.125*PI * (2.0 +(T)*(3.0 - (T)*(T))))
#define th    theta1
```

Wir müssen nun prüfen, ob θ in den Abtastpunkten definiert ist, bevor wir die Abschneidefunktion abtasten. Dies kann über ein (relativ kompliziertes) Macro geschehen, das eine bedingte Zuweisung in Standard C verwendet. Ist θ auf $[-1, 1]$ definiert, so ergibt sich:

```
#define rcfth0(T)  ( T>-1 ? ( T<1 ? sin(th(T)) :1 ) : 0 )
```

Wegen $\theta(-t) = \frac{\pi}{2} - \theta(t)$ genügt es, θ auf $[0, 1]$ zu definieren. Dies ist besonders hilfreich, wenn θ in tabellierter Form vorliegt. Wir implementieren dies, indem wir vor der Auswertung auf $t \in [-1, 0[$ oder $t \in [0, 1]$ testen und dann Sinus und Cosinus anwenden:

```
#define rcfth(T)  (T>-1?(T<0?cos(th(-T)):(T<1?sin(th(T)):1)):0)
```

Unter diesen Abschneidefunktionen können wir dann mit einem weiteren Macro eine Auswahl treffen:

Zwei Möglichkeiten, eine Abschneidefunktion zu definieren

```
#define rcf(T)    rcfis( 1, T )
     OR
#define th   theta3
#define rcf  rcfth
```

Bei einer festen Implementierung ist es sinnvoll, die Berechnung von θ und r mit einer Funktion zu verbinden, die auch die Abtastwerte in den Gitterpunkten, die für den diskreten Algorithmus verwendet werden, liefert.

Gitterpunkte oder innere Punkte?

Die Funktionswerte der Abschneidefunktion r, die man bei der Faltung und der inversen Faltung verwendet, werden zuerst berechnet und in einer INTERVAL Datenstruktur abgelegt. Zuvor müssen wir aber die Entscheidung treffen, ob wir die Faltung in den Gitterpunkten oder in dazwischenliegenden Punkten ausführen. Die beiden Möglichkeiten liefern verschiedene Interpretationen für die Abtastwerte von r und führen

4.3 Implementierung der Grundoperationen

zu verschiedenen Indexkonventionen. In beiden Fällen nehmen wir an, daß ein Vektor RISE.ORIGIN[] angelegt wurde, der genügend Speicherplätze enthält, um die benötigten Abtastwerte von r aufzunehmen.

Es sei E der Radius der Faltungsoperation: dies bedeutet, daß die Gitterpunkte mit Index $\pm E$ als erste außerhalb des Aktionsbereiches im Nullpunkt zu liegen kommen.

Verwenden wir Faltung in den Gitterpunkten, so gilt R.ORIGIN[N]$= r(N/E)$, und wir haben für jedes zulässige N die Identität:

R.ORIGIN[N] * R.ORIGIN[N] + R.ORIGIN[-N] * R.ORIGIN[-N] == 1.

In diesem Falle gilt R.LEAST$= -E+1$ und R.FINAL$= E-1$, und wir müssen den Vektor mit $2*E-1$ Werten auffüllen. Dies bewirkt die folgende Funktion:

Abschneidefunktion, abgetastet in den Gitterpunkten

```
rcfgrid( R ):
  Let X   = 0.0
  Let DX  = 1.0/(R.FINAL+1.0)
  Let R.ORIGIN[0] = sqrt(0.5)
  For J = 1 to R.FINAL
    X += DX
    Let R.ORIGIN[J]  = rcf(X)
    Let R.ORIGIN[-J] = rcf(-X)
```

Falten wir andererseits zwischen den Gitterpunkten, so gilt R.ORIGIN[N]$= r\left(\frac{N+1/2}{E}\right)$, und die Identität, die wir aus Gleichung 4.1 ableiten, ist gegeben durch:

R.ORIGIN[N]*R.ORIGIN[N] + R.ORIGIN[-N-1]*R.ORIGIN[-N-1] == 1.

Dies gilt für jedes N, das als Indexwert auftritt. In diesem Fall müssen wir den Vektor mit $2E$ Werten auffüllen, und es gilt R.LEAST$= -E$ und R.FINAL$= E-1$.

Abschneidefunktion, abgetastet zwischen den Gitterpunkten

```
rcfmidp( R ):
  Let X  = 0.5/(R.FINAL+1.0)
  Let DX = 1.0/(R.FINAL+1.0)
  For J = 0 to R.FINAL
    Let R.ORIGIN[J]    = rcf(X)
    Let R.ORIGIN[-J-1] = rcf(-X)
    X += DX
```

Man beachte, daß wir in beiden Fällen mit den mittleren Gitterpunkten beginnen, und dann auf beiden Seiten nach außen gehen. Dies hat einen wesentlichen Vorteil gegenüber der Vorgehensweise, von einem Ende zum anderen Ende zu laufen; die Identität $|r(t)|^2 + |r(-t)|^2 = 1$ bleibt so nämlich in guter Approximation gültig trotz der Rundungsfehler, die bei der Berechnung der Gitterpunkte akkumulieren.

4.3.2 Faltung und inverse Faltung in Zwischenpunkten

Wir müssen die Indizierung der Gitterpunkte und der Zwischenpunkte auseinanderhalten. Speziell geben wir die vollständige Implementierung nur für den Fall des Faltens in Zwischenpunkten an. Dies erfolgt durch Anlegen einer INTERVAL Datenstruktur, die mit rcfmidp() aufgefüllt wird. Wir verwenden auch zwei Inputvektoren für die Signalanteile rechts und links des Faltungspunktes.

Es ist auch nützlich, sowohl eine in-place als auch eine disjunkte Version des Algorithmus zu definieren. In-place-Faltung spart Speicherplätze; Faltung unter Zugriff auf verschiedene Datenvektoren kann im mehrdimensionalen Fall und in der adaptiven lokalen Cosinus-Analyse verwendet werden, um einige weitere Schritte zu vermeiden.

Disjunkter Input und Output

Wir implementieren zunächst die disjunkte (oder compute-and-copy) Version der Faltungsoperatoren in inneren Punkten. Wir nehmen an, daß die Inputvektoren je N Elemente enthalten. Dann werden auch dem Outputvektor N Elemente zugewiesen, selbst wenn der Faltungsradius E kleiner als N ist. Der Anteil des Inputvektors, der außerhalb des Radius liegt, wird in den Outputvektor kopiert. Der Anteil innerhalb des Aktionsbereiches wird neu berechnet.

Unterscheidet man zwischen dem positiv und dem negativ indizierten Anteil der Outputvektoren und zwischen Sinus- und Cosinus-Fall, so entstehen insgesamt vier Funktionen.

fdcn(): [F]alten eines gegebenen Vektors in einen [d]isjunkten Outputvektor, [C]osinus-Fall (links ungerade und rechts gerade), [n]egativer Anteil des Outputvektors.

Disjunktes Falten mit Cosinus, negativer Teil

```
fdcn( ONEG, STEP, INEG, IPOS, N, RISE ):
  For K = -N to RISE.LEAST-1
    Let ONEG[K*STEP] = INEG[K]
  For K = RISE.LEAST to -1
    Let ONEG[K*STEP] = RISE.ORIGIN[-1-K] * INEG[K]
         - RISE.ORIGIN[K] * IPOS[-1-K]
```

fdcp(): [F]alten eines gegebenen Vektors in einen [d]isjunkten Outputvektor, [C]osinus-Fall (links ungerade und rechts gerade), [p]ositiver Anteil des Outputvektors.

Disjunktes Falten mit Cosinus, positiver Anteil

```
fdcp( OPOS, STEP, INEG, IPOS, N, RISE ):
  For K = 0 to RISE.FINAL
    Let OPOS[K*STEP] = RISE.ORIGIN[K] * IPOS[K]
         + RISE.ORIGIN[-1-K] * INEG[-1-K]
  For K = RISE.FINAL+1 to N-1
    OPOS[K*STEP]=IPOS[K]
```

4.3 Implementierung der Grundoperationen

fdsn(): [F]alten eines gegebenen Vektors in einen [d]isjunkten Outputvektor, [S]inus–Fall (links gerade und rechts ungerade), [n]egativer Anteil des Outputvektors. Die Bedingungen sind die gleichen wie für `fdcn()`:

Disjunktes Falten mit Sinus, negativer Anteil

```
fdsn( ONEG, STEP, INEG, IPOS, N, RISE ):
  For K = -N to RISE.LEAST-1
    Let ONEG[K*STEP] = INEG[K]
  For K = RISE.LEAST to -1
    Let ONEG[K*STEP] = RISE.ORIGIN[-1-K] * INEG[K]
                    + RISE.ORIGIN[K] * IPOS[-1-K]
```

fdsp(): [F]alten eines gegebenen Vektors in einen [d]isjunkten Outputvektor, [S]inus–Fall (links gerade und rechts ungerade), [p]ositiver Anteil des Outputvektors. Die Bedingungen sind die gleichen wie für `fdcp()`:

Disjunktes Falten mit Sinus, positiver Anteil

```
fdsp( OPOS, STEP, INEG, IPOS, N, RISE ):
  For K = 0 to RISE.FINAL
    Let OPOS[K*STEP] = RISE.ORIGIN[K] * IPOS[K]
                    - RISE.ORIGIN[-1-K] * INEG[-1-K]
  For K = RISE.FINAL+1 to N-1
    OPOS[K*STEP]=IPOS[K]
```

Da Input– und Outputvektoren disjunkt sind, können wir gleichzeitig zu den Faltungsoperationen mehrdimensionale Vektortranspositionen ausführen. Für dieses zusätzliche Hilfsprogramm müssen wir andere Outputinkremente als Eins zulassen. Dies wird durch einen der Inputparameter, `STEP`, berücksichtigt. Die N Positionen des Outputvektors sind jeweils durch den Abstand `STEP` getrennt. Im disjunkten Fall dürfen diese Positionen nicht mit irgendeinem der Inputvektoren überlappen. Wir nehmen auch an, daß $N \geq E > 0$ und `STEP`> 0 gilt.

Man beachtet, daß die inversen Faltungsfunktionen denen der Faltungsfunktionen gleichen, wobei nur andere Fallunterscheidungen beachtet werden müssen. Sie können also über ein Präprozessormacro implementiert werden, das eine Umbenennung vornimmt:

```
#define udcn fdsn    /* [U]nfold [D]isj. [C]os. [N]egative. */
#define udcp fdsp    /* [U]nfold [D]isj. [C]os. [P]ositive. */
#define udsn fdcn    /* [U]nfold [D]isj. [S]in. [N]egative. */
#define udsp fdcp    /* [U]nfold [D]isj. [S]in. [P]ositive. */
```

In–Place–Falten und inverses Falten

Unter Verwendung nur einer einzigen weiteren Hilfsvariablen können wir Faltungs– und inverse Faltungstransformation auf dem gleichen Vektor vornehmen. Dies wird als In–Place–Transformation von zwei Vektoren implementiert:

```
                -- linke Haelfte --     |    --rechte Haelfte--
                ONEG[-E] ... ONEG[-1]   |    OPOS[0] ... OPOS[E-1]
```

Dabei ist E eine positive ganze Zahl. Diese Indizierung ist so gewählt, daß OPOS und ONEG im typischen Fall identische Zeiger auf das erste Elemente eines Blocks des gegebenen Vektors sind. Die Funktion faltet dann die Vorderkante des Blocks in die Hinterkante des vorherigen Blocks hinein. Die Vektorpositionen ONEG[-E],...,ONEG[-1], OPOS[0],...,OPOS[E-1] dürfen nicht überlappen.

Es gibt zwei Fallunterscheidungen, den Sinus- und den Cosinus-Fall:

fipc(): Bei vorgegebenem Vektor bildet der Faltungsoperator im *Cosinus-Fall* den ungeraden Teil in die linke Hälfte und den geraden Teil in die rechte Hälfte ab.

In–Place–Faltung, Cosinus–Fall

```
fipc( ONEG, OPOS, RISE ):
  For K = 0 to RISE.FINAL
    Let TEMP = RISE.ORIGIN[K] * OPOS[K]
  + RISE.ORIGIN[-K-1] * ONEG[-K-1]
    Let ONEG[-K-1] = RISE.ORIGIN[K] * ONEG[-K-1]
       - RISE.ORIGIN[-K-1] * OPOS[K]
    Let OPOS[K] = TEMP
```

fips(): Andererseits können wir den geraden Teil in die linke Hälfte und den ungeraden Teil in die rechte Hälfte falten. Dies ist der *Sinus-Fall*:

In–Place–Faltung, Sinus–Fall

```
fips( ONEG, OPOS, RISE ):
  For K = 0 to RISE.FINAL
    Let TEMP = RISE.ORIGIN[K] * OPOS[K]
  - RISE.ORIGIN[-K-1] * ONEG[K]
    Let ONEG[-K-1] = RISE.ORIGIN[K] * ONEG[-K-1]
       + RISE.ORIGIN[-K-1] * OPOS[K]
    Let OPOS[K] = TEMP
```

Inverses Falten im jeweiligen Fall ist identisch mit Falten im entgegengesetzten Fall; wir können also wieder ein Präprozessormacro verwenden, um die entsprechenden inversen Faltungsfunktionen zu definieren:

```
#define uipc fips     /* [U]nfold [I]n [P]lace, [C]os polarity */
#define uips fipc     /* [U]nfold [I]n [P]lace, [S]in polarity */
```

4.3.3 Lokale trigonometrische Transformationen in Zwischenpunkten

Wir gehen aus von einem Vektor SIG[], der Abtastwerte eines Signals in Zwischenpunkten enthält, und interessieren uns für die Berechnung der lokalen Sinus- oder Cosinus-Transformation in der Nähe des Intervalls $[0, N-1]$. Wir benötigen einige weitere Abtastwerte: Ist die Abschneidefunktion RISE[] definiert für die Indizes $-E, \ldots, E-1$, mit einer positiven Zahl E, so benötigen wir in der Rechnung die Werte SIG[-E], ..., SIG[N+E-1]. Dabei müssen wir $N \geq 2E$ annehmen. Die lokale Cosinus-Transformation auf dem Vektor hat die folgende allgemeine Form:

Lokale In–Place–Cosinus–Transformation auf N Zwischenpunkten

```
lct( SIG, N, RISE ):
   fipc( SIG, SIG, RISE )
   fipc( SIG+N, SIG+N, RISE )
   dctiv( SIG, N )
```

Lokale In–Place–Sinus–Transformation auf N Zwischenpunkten

```
lst( SIG, N, RISE ):
   fips( SIG, SIG, RISE )
   fips( SIG+N, SIG+N, RISE )
   dstiv( SIG, N )
```

Jeweiliges Falten des Inputvektors in den Endpunkten 0 und N setzt die Randbedingungen voraus, die später eine glatte Rekonstruktion erlauben. Wir wenden dann die diskreten Cosinus- oder Sinus-Transformationen an, die auf diese Randbedingungen zugeschnitten sind.

Die Transformationen werden invertiert, indem man zuerst die Cosinus- oder Sinus-Transformation invertiert und dann inverses Falten anwendet:

Inverse lokale In–Place–Cosinus–Transformation auf N Zwischenpunkten

```
ilct( SIG, N, RISE ):
   dctiv( SIG, N )
   uipc( SIG, SIG, RISE )
   uipc( SIG+N, SIG+N, RISE )
```

Inverse lokale In–Place–Sinus–Transformation auf N Zwischenpunkten

```
ilst( SIG, N, RISE ):
   dstiv( SIG, N )
   uips( SIG, SIG, RISE )
   uips( SIG+N, SIG+N, RISE )
```

Alle vier Funktionen der lokalen trigonometrischen Transformation erfordern gewisse vordefinierte Hilfsvektoren, wie zum Beispiel die Abtastwerte der Abschneidefunktion und die tabellierten Sinus- und Cosinuswerte, die bei DST oder DCT verwendet werden. Diese können zum Beispiel ganz am Anfang mit einer betreffenden Funktion bereitgestellt werden. Werden mehrere LCTs oder LSTs durchgeführt, so können diese Hilfsvektoren beibehalten werden, bis die Berechnungen abgeschlossen sind.

Bemerkung. Die `dctiv()` und `dstiv()` Transformationen sind zu sich selbst invers. Hätten wir das Signal in den Gitterpunkten ausgewertet und `dctiii()` oder `dstiii()` verwendet, um die Cosinus- oder Sinus-Transformation in „Vorwärts"richtung durchzuführen, so müßten wir `dctii()` (bzw. `dstii()`) in der inversen Richtung anwenden.

4.3.4 Lokale Periodisierung bei Zwischenpunkten

Unter den gleichen Annahmen an `SIG[]` wie zuvor können wir eine beliebige lokale periodische In–Place–Transformation auf dem Vektor durchführen:

Lokale In–Place–Periodisierung in N Punkten, Cosinus–Fall

```
lpic( SIG, N, RISE ):
   fipc( SIG, SIG, RISE )
   fipc( SIG+N, SIG+N, RISE )
   uipc( SIG+N, SIG, RISE )
```

Die Werte `SIG[0]`,...,`SIG[N-1]` werden hierbei in–place transformiert derart, daß dieser Teil des Vektors als eine Periode eines Signals ohne zusätzliche, durch die Periodisierung neu entstandene Singularitäten betrachtet werden kann.

Die lokale Periodisierung auf einem einzelnen Intervall wird invertiert, indem man zuerst das rechte Intervallende mit dem linken zusammenfaltet und dann jeweils im linken und rechten Endpunkt eine inverse Faltung vornimmt:

Inverse lokale Periodisierung auf N Punkten, Cosinus–Fall

```
ilpic( SIG, N, RISE ):
   fipc( SIG+N, SIG, RISE )
   uipc( SIG, SIG, RISE )
   uipc( SIG+N, SIG+N, RISE )
```

Bemerkung. Eine analoge, wenn auch andere Funktion `lpis()` erhalten wir im lokalen Sinus–Fall. Dies liefert auch eine inverse lokale Periodisierung mit einer entsprechenden anderen Funktion `ilpis()`. Invertiert man die Periodisierung aus dem Sinus–Fall mit dem Cosinus–Fall, so erhält man kein glattes Signal, da die Werte außerhalb des Hauptintervalls $[0, N-1]$ ein falsches Verhalten aufweisen.

Die speziellen Werte `SIG[N]` bis `SIG[N+E-1]` und `SIG[-E]` bis `SIG[-1]` werden durch In–Place–Falten und inverses Falten auf eine Weise verändert, die es erlaubt, die lokale Periodisierung für eine Folge von kompatiblen Nachbarintervallen zusammenzufassen. Als Ergebnis erhält man eine Segmentierung des Inputs in eine Folge von benachbarten Teilvektoren, wobei jeder dieser Teilvektoren eine Periode einer glatten periodischen Funktion darstellt.

Um eine solche Segmentierung zu definieren, müssen wir die Länge der Teilvektoren spezifizieren. Wir nehmen an, daß `LENGTHS[]` ein Vektor solcher `NUM` Längen ist, die alle mindestens doppelt so lang sind wie `E`, und deren Summe höchstens die Gesamtlänge des

Vektors SIG[] ausmacht. Diese können wir zur Zerlegung des Signals in eine Folge von Segmenten verwenden; innerhalb jedes Segments können wir dann die lokale Periodisierung durchführen:

Lokale In–Place–Periodisierung von Nachbarintervallen

```
lpica( SIG, LENGTHS, NUM, RISE ):
   fipc( SIG, SIG, RISE )
   For I = 0 to NUM-1
      fipc( SIG+LENGTHS[I], SIG+LENGTHS[I], RISE )
      uipc( SIG+LENGTHS[I], SIG, RISE )
      SIG += LENGTHS[I]
```

Analog können wir die lokale Sinusversion lpisa() implementieren, indem wir fipc() durch fips() und uipc() durch uips() ersetzen.

Die Implementierungen der zugehörigen inversen Funktionen ilpica() und ilpisa() werden dem Leser als Übungsaufgabe überlassen.

Will man noch allgemeinere Fälle zulassen, so kann man zum Beispiel einen Vektor von verschiedenen Aktionsbereichen und verschiedenen Abschneidefunktionen für jeden Aktionsbereich spezifizieren.

4.4 Implementierung adaptiver Transformationen

Die adaptive Transformation erzeugt mehr Daten als eine einfache lokale Cosinus–Transformation oder eine lokale periodische Transformation auf einem Intervall. Wir werden verschiedene Datenstrukturen und Funktionen aus Kapitel 2 verwenden, um diese Daten einzurichten und zu verarbeiten.

Speziell wollen wir uns auf die Transformationen beschränken, die Zwischenpunkte verwenden und damit auf DCT–IV aufbauen; damit können wir die schon definierten Abschneidefunktionen und Faltungsoperationen benützen.

4.4.1 Adaptive lokale Cosinus–Analyse

In ihrer vollen Allgemeinheit hat eine *adaptive lokale Cosinus–Analyse* eine Vielzahl von Parametern; als ein erstes Beispiel ist sie deshalb zu komplex. Statt dessen konzentrieren wir uns auf den einfacheren dyadischen Fall der Tiefe L, der $1 + L$ Kopien des Signals enthält, die auf die Stufen eines Binärbaumes verteilt sind. Bei einem periodischen Signal von $N \geq 2^L$ Punkten bedeutet dies, daß wir insgesamt $N(L+1)$ Koeffizienten berechnen müssen.

Wir werden den indexunabhängigen und den indexabhängigen Faltungsfall separat behandeln. Im indexunabhängigen Faltungsfall verwenden wir einen Binärbaumvektor, der die Koeffizienten enthält; im indexabhängigen Fall ordnen wir den Output als einen Binärbaum von BTN Datenstrukturen.

Indexunabhängiges Falten

Die Intervalle auf der untersten Stufe L sollten die Länge $N/2^L > 1$ haben. Wir nehmen an, daß dies eine Zweierpotenz ist, so daß wir den schnellen faktorisierten DCT Algorithmus auf jeder Stufe verwenden können. *Indexunabhängiges Falten* bedeutet, daß wir auf jeder Stufe die gleiche abgetastete Abschneidefunktion verwenden mit einem Aktionsbereich, der durch die Hälfte dieser minimalen Intervallänge gegeben ist.

Zunächst müssen wir genügend Speicherplatz anlegen, der die $L+1$ Outputvektoren der jeweiligen Länge N aufnimmt, die ihrerseits die lokalen Cosinus–Transformationen der Fensterbreite $N, N/2, N/4, \ldots, N/2^L$ darstellen. Dies kann mit einem einzelnen Binärbaumvektor der Länge $(L+1)N$ vorgenommen werden in der Weise, wie dies in Bild 2.2 von Kapitel 2 dargestellt ist.

Wir beginnen damit, den Inputvektor auf die ersten N Positionen zu kopieren. Ist das ursprüngliche Signal periodisch, so ist es notwendig, den rechten Endpunkt des Inputs mit dem linken Endpunkt zu falten, damit in den Endpunkten die geeigneten Randbedingungen erfüllt sind. Wir werden deshalb die Faltungsroutinen für den disjunkten Fall benützen und den Kopierprozess mit dem Vorbereiten der Randbedingungen in den Endpunkten verbinden. Der Inputparameter `PARENT` sollte ein Binärbaumvektor sein, der das initialisierte Signal in der ersten Zeile enthält.

Um entlang des Binärbaums von sukzessiv kleineren Intervallen abzusteigen, gehen wir stufenweise vor; zwei *Kind-Intervalle* entstehen durch Falten und Kopieren aus jedem Eltern–Intervall, bevor DCT-IV auf das Eltern–Intervall angewendet wird:

Vollständige dyadische adaptive lokale Cosinus–Analyse bei indexunabhängigem Falten

```
lcadf( PARENT, N, L, RISE ):
   Let NP = N
   For LEVEL = 0 to L-1
       Let NC = NP/2
       For PBLOCK = 1 to 1<<LEVEL
   Let MIDP = PARENT + NC
   Let CHILD = MIDP + N
   fdcn( CHILD, 1, MIDP, MIDP, NC, RISE )
   fdcp( CHILD, 1, MIDP, MIDP, NC, RISE )
   dctiv( PARENT, NP )
   PARENT += NP
       Let NP = NC
     For PBLOCK = 1 to 1<<L
       dctiv( PARENT, NP )
       PARENT += NP
```

Wir müssen auch die Hilfsvektoren anlegen und zuweisen, die wir für DCT und für die Faltungsoperation benötigen. Zum Beispiel kann ein Vektor für die abgetastete Abschneidefunktion mit einer Initialisierungsroutine angelegt und zugewiesen werden:

4.4 Implementierung adaptiver Transformationen

Anlegen der Abtastwerte einer Abschneidefunktion

```
initrcf( E ):
   Let RISE = makeinterval(NULL, -E, E-1 )
   rcfmidp( RISE )
   Return RISE
```

Dabei nehmen wir an, daß die Winkelfunktion und die Abschneidefunktion schon vorher durch Macros definiert wurden. Den Speicherplatz für diesen Vektor können wir später mit `freeinterval()` freigeben.

Bemerkung. Die Funktion `lcadf()` setzt voraus, daß E kleiner ist als die Hälfte der minimalen Intervallänge $N/2^L$. Dies sollte mit einer `assert()`-Anweisung getestet werden.

Indexabhängiges Falten

Wir können auf jeder Stufe einen anderen Radius des Aktionsbereichs verwenden:

Verschiedene Abschneidefunktionen auf jeder Stufe

```
initrcfs( N, L ):
   Allocate an array of L INTERVALs at RS
   For I = 0 to L-1
      Let RS[I] = initrcf( (N/2)>>I )
   Return RS
```

Die Funktion für den Radius des Aktionsbereiches auf verschiedenen Stufen kann dabei angepaßt werden, um Varianten des Algorithmus zu erhalten. Nimmt man die konstante Funktion $N/2^{L+1}$, so erhält man die Faltungstransformation für den indexunabhängigen Fall. Wir können aber auch den indexunabhängigen und den indexabhängigen Fall miteinander verbinden, indem wir bis zu einer bestimmten Tiefe einen konstanten Radius nehmen und ihn dann in den weiteren Stufen verkleinern. Dabei darf jeder Radius nicht größer sein als die Hälfte der Länge $N/2^K$ des jeweiligen Intervalls.

Den Inputvektor legen wir in INTERVAL im Inhaltsteil einer BTN Datenstruktur ab, nachdem wir zuerst die Enden miteinander gefaltet haben:

Vorbereiten des Inputs als BTN Knoten für eine lokale Cosinus–Analyse

```
initlcabtn( IN, N, RISE )
   Let ROOT = makebtn( NULL, NULL, NULL, NULL )
   Let ROOT.CONTENT = makeinterval( IN, 0, N-1 )
   fipc( ROOT.CONTENT.ORIGIN+N, ROOT.CONTENT.ORIGIN, RISE )
   Return ROOT
```

Die weiteren Knoten werden vorbelegt und zugewiesen, indem man den Binärbaum rekursiv aufbaut:

Vollständige dyadische adaptive lokale Cosinus–Analyse bei indexabhängigem Falten

```
lcadm( ROOT, S, L, RS ):
  Let LENGTH = 1 + ROOT.CONTENT.FINAL
  If S < L then
     Let NC = LENGTH/2
     Let MIDP = ROOT.CONTENT.ORIGIN + NC
     Let LCHILD = makeinterval( NULL, 0, NC-1 )
     Let ROOT.LEFT = makebtn( LCHILD, NULL, NULL, NULL )
     fdcn( LCHILD.ORIGIN+NC, 1, MIDP, MIDP, NC, RS[S] )
     lcadm( ROOT.LEFT, S+1, L, RS )
     Let RCHILD = makeinterval( NULL, 0, NC-1 )
     Let ROOT.RIGHT = makebtn( RCHILD, NULL, NULL, NULL )
     fdcp( RCHILD.ORIGIN, 1, MIDP, MIDP, NC, RS[S] )
     lcadm( ROOT.RIGHT, S+1, L, RS )
  dctiv( ROOT.CONTENT.ORIGIN, LENGTH )
  Return
```

Dabei nehmen wir an, daß der INTERVAL–Inhaltsteil jedes BTNs mit Anfangsindex 0 startet.

4.4.2 Auswahl der Koeffizienten

Die meisten der benötigten Funktionen für die Auswahl der Koeffizienten aus einer lokalen trigonometrischen Analyse wurden schon in Kapitel 2 definiert.

Bestimmung einer Hecke aus einer indexunabhängigen Faltungsanalyse

Ist ein Vektor einmal aufgefüllt mit den Koeffizienten der lokalen Cosinus–Transformation für alle dyadischen Fenstergrößen, so können wir eine spezielle Basis auswählen, indem wir die Intervallgrößen der betreffenden Partition spezifizieren. Genauer spezifizieren wir hierbei den Stufenvektor einer HEDGE Datenstruktur, und wir benützen die Hilfsfunktion abt2hedge(), um den Teil der Struktur aufzufüllen, der die Koeffizienten enthält.

Sei N die Länge des Signals im Inputsvektor IN[] und L der Index der untersten Zerlegungsstufe. In der Hecke muß ein Vektor für die Stufen angelegt und zugewiesen worden sein; ebenso muß ein Vektor für den Inhaltsteil angelegt worden sein, der lang genug ist, um Zeiger auf die Outputblöcke der Koeffizienten aufzunehmen. Der Rückgabewert ist der Anfang eines Binärbaumvektors, der die gesamte Analyse enthält.

Der folgende Pseudocode gibt ein Beispiel einer vollständigen dyadischen lokalen Cosinus–Analyse bei indexunabhängigem Falten; er beginnt mit der Vorbereitung des periodischen Inputs, indem die beiden Enden ineinandergefaltet werden, und führt dann die Auswahl einer Basismenge aus, die zu einer Hecke führt:

4.4 Implementierung adaptiver Transformationen

Basisauswahl bei adaptiver dyadischer lokaler Cosinus–Transformation, indexunabhängier Fall

```
lcadf2hedge( GRAPH, IN, N, L )
  Let RISE = initrcf( (N>>L)/2 )
  Allocate an array binary tree of length (1+L)*N at OUT
  fdcp( OUT, 1, IN+N, IN, N/2, RISE )
  fdcn( OUT+N, 1, IN+N, IN, N/2, RISE )
  lcadf( OUT, N, L, RISE )
  abt2hedge( GRAPH, OUT, N )
  freeinterval( RISE )
  Return OUT
```

Es ist sinnvoll zu verifizieren, daß die Inputliste für die gegebene Analyse zulässig ist. Hauptsächlich sollte man prüfen, daß die Summe der Intervallängen aus der Liste gleich N ist. Zusätzlich sollte man sicherstellen, daß die maximale Stufe in der Liste nicht die maximale Tiefe der Analyse übertrifft, und daß keine unzulässigen Daten wie zum Beispiel eine Stufe mit negativem Index vorliegen. All dies erfolgt mit einer kurzen Schleife und einigen wenigen **assert()**-Anweisungen.

Bestimmung einer Hecke aus einer indexabhängigen Faltungsanalyse

Hier nehmen wir an, daß ein Baum von BTN Datenstrukturen vorliegt, der aus einem N-punktigen periodischen Signal durch eine vollständige dyadische lokale Cosinus–Analyse mit indexabhängigem Falten entstanden ist. Wir können Koeffizienten auswählen und folgendermaßen eine teilweise belegte Hecke auffüllen:

Basisauswahl bei adaptiver dyadischer lokaler Cosinus–Transformation, indexabhängiger Fall

```
lcadm2hedge( GRAPH, IN, N, L )
   Let RS = initrcfs( N, L )
   Let ROOT = initlcabtn( IN, N, RS[0] )
   lcadm( ROOT, 0, L, RS )
   btnt2hedge( GRAPH, ROOT )
   For I = 0 to L-1
      freeinterval( RS[I] )
   Deallocate the array at RS
   Return ROOT
```

Hier ist N wieder die Länge des ursprünglichen Signals im Inputvektor **IN[]** und L die gewünschte Anzahl der Stufen in der Zerlegung.

4.4.3 Adaptive lokale Cosinus–Synthese

Die inverse lokale Cosinus–Transformation bezüglich eines einzelnen Intervalls wurde schon beschrieben. Nun gehen wir auf das Problem der Rekonstruktion eines Signals aus einer adaptiven lokalen Cosinus–Analyse ein. Wir wollen dies eine *adaptive lokale Cosinus–Synthese* nennen, da sie die Superposition von lokalen Cosinus–Basisfunktionen verwendet, in Analogie zur additiven Synthese in Musikstücken.

Wir nehmen an, daß wir für ein periodisches Signal der Länge $N \geq 2^L$ eine HEDGE Datenstruktur vorliegen haben; diese soll auf einen gemeinsamen Input- und Outputvektor DATA[] zeigen, dessen N Koeffizienten durch die N Signalwerte ersetzt werden. Die folgende Funktion rekonstruiert dann das periodische Signal aus den lokalen Cosinusanteilen:

**Dyadische iLCT aus einer Hecke,
indexunabhängiges Falten in Zwischenpunkten**

```
lcsdf( GRAPH, N, RISE ):
   Let DATA = GRAPH.CONTENTS[0]
   Let NSEG = N>>GRAPH.LEVELS[0]
   dctiv( DATA, NSEG )
   For BLOCK = 1 to GRAPH.BLOCKS-1
      Let SEG = GRAPH.CONTENTS[BLOCK]
      Let NSEG = N>>GRAPH.LEVELS[BLOCK]
      dctiv( SEG, NSEG )
      uipc( SEG, SEG, RISE )
   uipc( DATA+N, DATA, RISE )
```

Der Aufruf von uipc() im letzten Statement bewirkt ein inverses Falten in den Endpunkten des Signalintervalls und hebt damit den Vorbereitungsschritt von lcadf() auf. Dies setzt natürlich voraus, daß das ursprüngliche Signal periodisch war, und vermeidet damit die Frage, was außerhalb des rekonstruierten Intervalls geschieht. Es ist nicht viel schwieriger, eine adaptive lokale Cosinus–Analyse auf einem „aperiodischen" Startintervall durchzuführen, das glatt aus einem längeren Signal herausgeschnitten wurde. Die Modifikationen des Algorithmus erfordern hauptsächlich eine sauberes Nachhalten der einzelnen Schritte, und die Aufrufe von fdcn() und fdcp() werden durch einfaches Kopieren ersetzt.

4.5 Übungsaufgaben

1. Man zeige, daß die Funktion r_n aus Gleichung 4.7 in den Punkten $+1$ und -1 stetige Ableitungen bis zur Ordnung $2^n - 1$ besitzt.

2. Man zeige, daß für die Operatoren U und U^* aus Gleichungen 4.8 und 4.9 die Aussage $UU^* = U^*U = Id$ gilt.

4.5 Übungsaufgaben

3. Man zeige, daß die Operatoren P^0 und P_0 aus Gleichungen 4.30 und 4.29 tatsächlich orthogonale Projektionen darstellen. D.h. es ist zu verifizieren, daß $P_0 P_0 = P_0$, $P^0 P^0 = P^0$, und daß P^0 und P_0 selbstadjungiert sind. Zum Beispiel zeige man, daß Gleichung 4.32 die Gleichungen 4.30 und 4.29 impliziert.

4. Für $f = f(t)$ mit der geraden Symmetrieeigenschaft $f(t) = f(-t)$ für alle $-1 \leq t \leq 1$ und die Abschneidefunktion $r = r(t)$ aus Gleichung 4.1 zeige man die folgende Aussage:
$$\int_{-\infty}^{\infty} |r(t)|^2 f(t)\, dt = \int_0^{\infty} f(t)\, dt.$$

5. Man zeige, daß die Funktionen $c_k(n) \stackrel{\text{def}}{=} \cos \frac{\pi}{N}(k + \frac{1}{2})(n + \frac{1}{2})$, die für jedes $k = 0, 1, \ldots, N-1$ auf den ganzen Zahlen $n = 0, 1, 2, \ldots, N-1$ definiert sind, eine orthogonale Basis von $\mathbf{R}^N$ darstellen. Man beachte, daß das gleiche Ergebnis gilt, falls Cosinus durch Sinus ersetzt wird.

6. Man zeige, daß die Familie $\{\psi_{nk} : n \geq 0; k \in \mathbf{Z}\}$ aus Gleichung 4.20 eine Orthonormalbasis von $L^2(\mathbf{R})$ darstellt.

7. Man erzeuge einige wenige DCT-III lokale Cosinusfunktionen und ebenso einige DCT-IV lokale Cosinusfunktionen und plotte sie. Kann man einen Unterschied erkennen? Sind die Unterschiede am größten in den niedrigen oder in den hohen Frequenzen?

8. Wir betrachten die dyadische adaptive lokale Cosinus–Transformation auf $[0, 1]$, indem wir drei Stufen absteigen und die Abschneidefunktion $r_{[1]}$ verwenden.

    (a) Wie groß ist der maximal mögliche Radius der Aktionsbereiche bei indexunabhängigem Falten?

    (b) Wie groß ist der Radius der Aktionsbereiche auf jeder Stufe bei indexabhängigem Falten?

    (c) Was ist der Träger einer adaptiven lokalen Cosinusfunktion auf jeder Stufe, falls man jeweils den maximalen Radius wählt?

9. Man schreibe einen Pseudocode für die Implementierung der lokalen Sinusversionen `lpis()` bzw. `ilpis()` für die lokale In–Place–Periodisierung und für die inversen Operationen.

10. Man schreibe einen Pseudocode `ilpica()` für die Implementierung der Inversen von `lpica()`, d.h. für die inverse lokale Periodisierung von sukzessiven Nachbarintervallen. Das gleiche führe man aus für `ilpisa()`, die Inverse von `lpisa()`.

5 Quadraturfilter

Unter einem *Quadraturfilter* oder einfach *Filter* verstehen wir einen Operator, der eine Faltung und dann eine Dezimation ausführt. Filteroperationen werden wir sowohl auf Folgen, als auch auf Funktionen einer reellen Variablen definieren. Solche Aktionen können wir auch auf periodische Folgen und periodische Funktionen projizieren und auf diese Weise *periodisierte Filter* erzeugen.

Ist f summierbar, so kann die Faltung mit f aufgefaßt werden als eine Multiplikation mit der beschränkten, stetigen Fouriertransformierten von f. Der Approximationssatz von Weierstraß stellt sicher, daß wir eine beliebige stetige, 1-periodische Funktion gleichmäßig durch ein trigonometrisches Polynom, also durch die Fouriertransformierte $\hat{f}$ einer Folge f mit endlichem Träger, approximieren können. Wir können so einen Operator F finden, der pro Outputwert nur endliche viele Operationen benötigt und im fouriertransformierten Bereich eine Multiplikation durch eine Funktion darstellt, die gewisse Werte vermindert (d.h. sie mit Null oder kleinen Zahlen multipliziert), während sie andere Werte erhält oder verstärkt (sie mit Eins oder einer großen Zahl multipliziert). Da die Fouriertransformierte des Inputs eine Zerlegung in monochromatische Wellen $e^{2\pi i x \xi}$ darstellt, modifiziert der Operator F das Frequenzspektrum des Inputs und gibt diese Modifikation als Output zurück. Dies erklärt den Namen „Filter", den wir aus der Elektrotechnik übernehmen.

Hat die Filterfolge einen endlichen Träger, so sprechen wir von einem *FIR (finite impulse response)* Filter, andernfalls von einem *IIR (infinite impulse response)* Filter.

Ein einzelnes Quadraturfilter ist nicht allgemein invertierbar; es verliert während des Dezimationsschritts Information. Man kann jedoch zwei komplementäre Filter finden, bei denen ein Filter die durch das andere Filter verlorene Information erhält; dieses Paar kann dann so kombiniert werden, daß ein invertierbarer Operator entsteht. Jeder dieser komplementären Operatoren besitzt einen *adjungierten* Operator: Verwenden wir ein solches Filterpaar, um Funktionen und Folgen in Stücke zu zerlegen, so sind es die adjungierten Operatoren, die diese Stücke wieder zusammensetzen. Die Operation ist reversibel und stellt das ursprüngliche Signal wieder her, falls wir sogenannte *exakte Rekonstruktionsfilter* vorliegen haben. Bei *orthogonalen Filtern* sind die Zerlegungsanteile orthogonal; in diesem Fall ist die Zerlegung gegeben durch ein Paar von orthogonalen Projektionen, die wir unten definieren werden. Solche Paare müssen gewisse algebraische Bedingungen erfüllen, die in [36], S.156–166, vollständig hergeleitet werden.

Eine Möglichkeit, exakte Rekonstruktion zu garantieren, baut auf der „Spiegelsymmetrie" der Fouriertransformierten jedes Filters bezüglich $\xi = \frac{1}{2}$ auf; dies führt zu den von Esteban und Galand [43] so genannten *QMFs (quadrature mirror filter)*. Es gibt jedoch keine FIR QMF Filter, die orthogonal sind und exakt rekonstruieren.

Mintzer [86], Smith und Barnwell [101] und Vetterli [107] fanden eine andere Symmetrievoraussetzung, die in der Tat orthogonale FIR Filter mit exakter Rekonstruktion erlaubt. Smith und Barnwell nennen dies *CQFs (conjugate quadrature filter)*.

Cohen, Daubechies und Feauveau [19] ließen die Orthogonalitätsbedingung fallen und erhielten so eine große Familie von *biorthogonalen* Filtern, die exakte Rekonstruktion erlauben. Solche Filter sind durch zwei Paare definiert: Die analysierenden Filter, die das Signal in zwei Anteile aufspalten, und die synthetisierenden Filter, deren Adjungierten das Signal wieder zusammensetzen. Man kann hier mit FIR Filtern arbeiten, und die zusätzlichen Freiheitsgrade sind beim Filterdesign sehr nützlich.

5.1 Definitionen und grundlegende Eigenschaften

Ein Faltungs–Dezimations–Operator kann auf mindestens drei Arten realisiert werden, die von dem Definitionsbereich der Funktionen abhängen, auf denen er wirkt. Diese drei Fälle betreffen Funktionen einer reellen Variablen, bi–infinite Folgen und $2q$–periodische Folgen. Für alle drei Fälle werden wir die Bezeichnung *QF (quadrature filter, Quadraturfilter)* benutzen, da der Definitionsbereich üblicherweise aus dem Zusammenhang hervorgeht.

5.1.1 Wirkungsweise auf Folgen

Hier ist $u = u(n)$ mit $n \in \mathbf{Z}$ im *aperiodischen* Fall, oder $n \in \mathbf{Z}/q\mathbf{Z} = \{0, 1, \ldots, q-1\}$ im *periodischen* Fall. Faltung ist in diesem Fall eine spezielle Art der Summation.

Aperiodische Filter

Es sei $f = \{f(n) : n \in \mathbf{Z}\}$ eine absolut summierbare Folge. Wir definieren einen *Faltungs–Dezimations–Operator* F und seine *Adjungierte* F^* als Operatoren auf bi–infiniten Folgen gemäß:

$$Fu(i) = \sum_{j=-\infty}^{\infty} f(2i-j)u(j) = \sum_{j=-\infty}^{\infty} f(j)u(2i-j), \quad i \in \mathbf{Z}; \quad (5.1)$$

$$F^*u(j) = \sum_{i=-\infty}^{\infty} \bar{f}(2i-j)u(i) = \begin{cases} \sum_{i=-\infty}^{\infty} \bar{f}(2i)u(i+\frac{j}{2}), & j \in \mathbf{Z} \text{ gerade}, \\ \sum_{i=-\infty}^{\infty} \bar{f}(2i+1)u(i+\frac{j+1}{2}), & j \in \mathbf{Z} \text{ ungerade}. \end{cases} \quad (5.2)$$

Periodische Filter

Ist f_{2q} eine $2q$-periodische Folge (d.h. wir betrachten eine gerade Periode), so definiert diese einen *periodischen Faltungs-Dezimations-Operator* F_{2q}, der $2q$-periodische auf q-periodische Folgen abbildet, und den zugehörigen *periodischen adjungierten Operator* F_{2q}^*, der q-periodische in $2q$-periodische Folgen transformiert. Diese Operatoren sind jeweils gegeben durch

$$F_{2q}u(i) = \sum_{j=0}^{2q-1} f_{2q}(2i-j)u(j) = \sum_{j=0}^{2q-1} f_{2q}(j)u(2i-j), \qquad 0 \le i < q, \qquad (5.3)$$

und

$$F_{2q}^{*}u(j) = \sum_{i=0}^{q-1} \bar{f}_{2q}(2i-j)u(i) \qquad (5.4)$$

$$= \begin{cases} \displaystyle\sum_{i=0}^{q-1} \bar{f}_{2q}(2i)u(i+\frac{j}{2}), & \text{falls } j \in [0, 2q-2] \text{ gerade ist,} \\ \displaystyle\sum_{i=0}^{q-1} \bar{f}_{2q}(2i+1)u(i+\frac{j+1}{2}), & \text{falls } j \in [1, 2q-1] \text{ ungerade ist.} \end{cases} \qquad (5.5)$$

Periodisierung kommutiert mit Faltungs–Dezimation: Wir erhalten die gleiche periodische Folge, falls wir eine unendliche Folge zuerst falten, dann dezimieren und das Ergebnis anschließend periodisieren, oder falls wir erst die Folge und das Filter periodisieren und dann eine periodische Faltungs–Dezimation ausführen. Die folgende Proposition präzisiert diesen Sachverhalt:

Proposition 5.1 $\quad (Fu)_q = F_{2q}u_{2q}$ und $(F^*u)_{2q} = F_{2q}^*u_q$.

Beweis: Es gilt

$$\begin{aligned}
(Fu)_q(i) &= \sum_{k=-\infty}^{\infty} Fu(i+qk) = \sum_{k=-\infty}^{\infty}\sum_{j=-\infty}^{\infty} f(2[i+qk]-j)u(j) \\
&= \sum_{j=-\infty}^{\infty}\left(\sum_{k=-\infty}^{\infty} f(2i+2qk-j)\right)u(j) = \sum_{j=-\infty}^{\infty} f_{2q}(2i-j)u(j) \\
&= \sum_{j=0}^{2q-1}\sum_{k=-\infty}^{\infty} f_{2q}(2i-j-2qk)u(j+2qk) \\
&= \sum_{j=0}^{2q-1} f_{2q}(2i-j)\sum_{k=-\infty}^{\infty} u(j+2qk) = \sum_{j=0}^{2q-1} f_{2q}(2i-j)u_{2q}(j).
\end{aligned}$$

Außerdem folgt

$$\begin{aligned}
(F^*u)_{2q}(j) &= \sum_{k=-\infty}^{\infty} F^*u(j+2qk) = \sum_{k=-\infty}^{\infty}\sum_{i=-\infty}^{\infty} \bar{f}(2i-[j+2qk])u(i) \\
&= \sum_{i=-\infty}^{\infty}\left(\sum_{k=-\infty}^{\infty} \bar{f}(2i-j-2qk)\right)u(i) = \sum_{i=-\infty}^{\infty} \bar{f}_{2q}(2i-j)u(i) \\
&= \sum_{i=0}^{q-1}\sum_{k=-\infty}^{\infty} \bar{f}_{2q}(2i+2qk-j)u(i+qk) \\
&= \sum_{i=0}^{q-1} \bar{f}_{2q}(2i-j)\sum_{k=-\infty}^{\infty} u(i+qk) = \sum_{i=0}^{q-1} \bar{f}_{2q}(2i-j)u_q(i). \qquad \square
\end{aligned}$$

5.1 Definitionen und grundlegende Eigenschaften

5.1.2 Biorthogonale QFs

Ein Quadrupel H, H', G, G' von Faltungs–Dezimations–Operatoren oder Filtern heißt ein *BQF* (*biorthogonal quadrature filter, biorthogonales Quadraturfilter*), falls die Filter den folgenden Bedingungen genügen:

Dualität: $H'H^* = G'G^* = I = HH'^* = GG'^*$;

Unabhängigkeit: $G'H^* = H'G^* = 0 = GH'^* = HG'^*$;

Exakte Rekonstruktion: $H^*H' + G^*G' = I = H'^*H + G'^*G$;

Normierung: $H\mathbf{1} = H'\mathbf{1} = \sqrt{2}\,\mathbf{1}$ und $G\mathbf{1} = G'\mathbf{1} = \mathbf{0}$.

Hierbei haben wir $\mathbf{1} = \{\ldots, 1, 1, 1, \ldots\}$ und $\mathbf{0} = \{\ldots, 0, 0, 0, \ldots\}$ gesetzt. Die ersten beiden Bedingungen können über die den Filtern H, H', G, G' zugeordneten Filterfolgen h, h', g, g' ausgedrückt werden:

$$\begin{aligned}\sum_k h'(k)\bar{h}(k+2n) &= \delta(n) = \sum_k g'(k)\bar{g}(k+2n); \\ \sum_k g'(k)\bar{h}(k+2n) &= 0 = \sum_k h'(k)\bar{g}(k+2n).\end{aligned} \qquad (5.6)$$

Die Normierungsbedingung kann so aufgefaßt werden, daß H und H' *Tiefpaß–Filter* und G und G' *Hochpaß–Filter* sind. In äquivalenter Form lautet diese Normierung:

$$\begin{aligned}\sum_k h(k) &= \sqrt{2}; & \sum_k g(2k) &= -\sum_k g(2k+1); \\ \sum_k h'(k) &= \sqrt{2}; & \sum_k g'(2k) &= -\sum_k g'(2k+1).\end{aligned} \qquad (5.7)$$

Vier Operatoren liefern hinreichend viele Freiheitsgrade, um Filter mit speziellen Eigenschaften zu konstruieren; es gibt aber eine Standardmethode, die Filter G, G' aus H und H' zu erzeugen. Sind die beiden Folgen $\{h(k)\}$ und $\{h'(k)\}$ gemäß Gleichung 5.6 vorgegeben, so erhalten wir die Folgen $\{g(k)\}$ und $\{g'(k)\}$ eines *konjugierten Quadraturfilters* durch die folgenden Formeln, wobei M eine beliebige ganze Zahl ist:

$$g(k) = (-1)^k \bar{h}'(2M+1-k); \qquad g'(k) = (-1)^k \bar{h}(2M+1-k). \qquad (5.8)$$

Das folgende Ergebnis bezieht sich auf Lemma 12 in [52] und ein ähnliches Ergebnis in [65]:

Lemma 5.2 *Die Bedingungen für ein BQF implizieren* $H^*\mathbf{1} = H'^*\mathbf{1} = \frac{1}{\sqrt{2}}\mathbf{1}$.

Beweis: Bei exakter Rekonstruktion gilt $\mathbf{1} = \left(H'^*H + G'^*G\right)\mathbf{1} = \sqrt{2}\,H'^*\mathbf{1}$, da $H\mathbf{1} = \sqrt{2}\,\mathbf{1}$ und $G\mathbf{1} = \mathbf{0}$. In analoger Weise folgt $\mathbf{1} = \left(H^*H' + G^*G'\right)\mathbf{1} = \sqrt{2}\,H^*\mathbf{1}$, da $H'\mathbf{1} = \sqrt{2}\,\mathbf{1}$ und $G'\mathbf{1} = \mathbf{0}$. □

Bemerkung. Die Folgerung aus Lemma 5.2 kann auch geschrieben werden als:

$$\sum_k h(2k) = \sum_k h(2k+1) = \frac{1}{\sqrt{2}} = \sum_k h'(2k) = \sum_k h'(2k+1). \tag{5.9}$$

Setzen wir Dualität, Unabhängigkeit, exakte Rekonstruktion zusammen mit $H\mathbf{1} = H'\mathbf{1} = \sqrt{2}\,\mathbf{1}$ voraus, aber keine Normierung bezüglich G oder G', so muß mindestens eine der folgenden beiden Aussagen gelten:

$$G'\mathbf{1} = \mathbf{0} \text{ und } H^*\mathbf{1} = \frac{1}{\sqrt{2}}\mathbf{1}, \quad \text{oder} \quad G\mathbf{1} = \mathbf{0} \text{ und } H'^*\mathbf{1} = \frac{1}{\sqrt{2}}\mathbf{1}.$$

Die oben gestellten Anforderungen an ein BQF stellen jedoch sicher, daß die Paare H, G und H', G' in unseren Untersuchungen vertauschbar sind.

Stellen H, H', G, G' ein biorthogonales QF dar, und ist $\rho \neq 0$ eine Konstante, so liefert $H, H', \bar{\rho}G, \rho^{-1}G'$ wieder ein BQF. Diese Aussage können wir zur Normierung der Filter G und G' verwenden derart, daß

$$\sum_k g(2k) = -\sum_k g(2k+1) = \frac{1}{\sqrt{2}} = \sum_k g'(2k) = -\sum_k g'(2k+1). \tag{5.10}$$

Dies nennen wir die *übliche Normierung* (conventional normalization) für die Hochpaß–Filter.

Wegen $H^*H'H^*H' = H^*H'$ und $G^*G'G^*G' = G^*G'$ sind H^*H' und G^*G' Projektionen, wenn auch im allgemeinen nicht orthogonal. Letzteres liegt daran, daß sie nicht notwendig identisch sind mit den adjungierten Projektionen H'^*H und G'^*G.

Ein Argument ähnlich zu demjenigen in Proposition 5.1 zeigt, daß die Periodisierung eines biorthogonalen QF mit gerader Periode $2q$ die Biorthogonalitätsbedingungen erhält. Sind h_{2q}, h'_{2q}, g_{2q} und g'_{2q} die $2q$-Periodisierungen von h, h', g und g', so folgt:

$$\begin{aligned} \sum_k h'_{2q}(k)\bar{h}_{2q}(k+2n) &= \delta(n \bmod q) = \sum_k g'_{2q}(k)\bar{g}_{2q}(k+2n); \\ \sum_k g'_{2q}(k)\bar{h}_{2q}(k+2n) &= 0 = \sum_k h'_{2q}(k)\bar{g}_{2q}(k+2n). \end{aligned} \tag{5.11}$$

Hierbei ist das periodisierte Kronecker–Delta folgendermaßen definiert:

$$\delta(n \bmod q) \stackrel{\text{def}}{=} \sum_{k=-\infty}^{\infty} \delta(n+qk) = \begin{cases} 1, & \text{falls } n \equiv 0 \pmod{q}, \\ 0, & \text{sonst.} \end{cases} \tag{5.12}$$

Periodisierung mit gerader Periode erhält auch die Summen über die geraden und ungeraden Indizes; Lemma 5.2 bleibt also gültig, falls wir h, h', g und g' durch h_{2q}, h'_{2q}, g_{2q} und g'_{2q} ersetzen.

5.1.3 Orthogonale QFs

Gilt $H = H'$ und $G = G'$ in einem BQF, so heißt H, G ein Paar *orthogonaler Quadraturfilter*. In diesem Fall gelten die folgenden Bedingungen:

Selbstdualität: $HH^* = GG^* = I$;

Unabhängigkeit: $GH^* = HG^* = 0$;

Exakte Rekonstruktion: $H^*H + G^*G = I$;

Normierung: $H\mathbf{1} = \sqrt{2}\,\mathbf{1}$, wobei $\mathbf{1} = \{\ldots,1,1,1,\ldots\}$.

Die Abkürzung OQF wird sich immer auf ein oder beide Elemente eines solchen Paares beziehen: Bei dieser Normierung ist H das Tiefpaß–Filter und G das Hochpaß–Filter.

Entstehen H und G aus den Folgen h bzw. g, so sind die Dualitäts– und Unabhängigkeitsbedingungen eines OQF–Paares äquivalent zu den folgenden Gleichungen:

$$\sum_k h(k)\bar{h}(k+2n) = \delta(n) = \sum_k g(k)\bar{g}(k+2n);$$
$$\sum_k g(k)\bar{h}(k+2n) = 0 = \sum_k h(k)\bar{g}(k+2n). \tag{5.13}$$

Für orthogonale QFs läßt sich die Aussage von Lemma 5.2 verschärfen:

Lemma 5.3 *Aus den Bedingungen für ein orthogonales QF folgt $G\mathbf{1} = 0$, $H^*\mathbf{1} = \frac{1}{\sqrt{2}}\mathbf{1}$ und $|G^*\mathbf{1}| = \frac{1}{\sqrt{2}}\mathbf{1}$.*

Beweis: Die Bedingungen können folgendermaßen geschrieben werden:

$$\sum_k g(2k) = -\sum_k g(2k+1); \tag{5.14}$$

$$\sum_k h(2k) = \sum_k h(2k+1) = \frac{1}{\sqrt{2}}; \tag{5.15}$$

$$\left|\sum_k g(2k)\right| = \left|\sum_k g(2k+1)\right| = \frac{1}{\sqrt{2}}. \tag{5.16}$$

Unter Verwendung von $H\mathbf{1} = \sqrt{2}\,\mathbf{1}$ ergibt sich:

$$2 = \left|\sum_k h(k)\right|^2 = \sum_j \sum_k h(k)\bar{h}(k+2j) + \sum_j \sum_k h(k)\bar{h}(k+2j+1).$$

Die erste Summe ist 1, die zweite Summe zerlegen wir in geraden und ungeraden Anteil und erhalten

$$1 = 2\Re\left(\sum_k h(2k)\right)\left(\sum_j \bar{h}(2j+1)\right). \tag{5.17}$$

Setzt man hier $X = \sum_k h(2k)$ und $Y = \sum_k h(2k+1)$, und beachtet man $|X-Y|^2 = |X+Y|^2 - 4\Re X\bar{Y} = 0$, so ergibt sich $X = Y = \frac{1}{\sqrt{2}}$ oder äquivalent $H^*\mathbf{1} = \frac{1}{\sqrt{2}}\mathbf{1}$. Wegen der Unabhängigkeitsbedingung gilt $0 = GH^*\mathbf{1} = \frac{1}{\sqrt{2}}G\mathbf{1}$.

Setzt man andererseits $U = \sum_k g(2k)$ und $V = \sum_k g(2k+1)$ so folgt $|U+V|^2 = 0$ aus $G\mathbf{1} = 0$. Die Selbstdualität für G ergibt $|U-V|^2 = 1$; daraus folgt $|U| = |V| = \frac{1}{\sqrt{2}}$. □

Ist H, G ein Paar orthogonaler QFs und ρ eine Konstante mit $|\rho| = 1$, so ergibt $H, \rho G$ wieder ein orthogonales QF. Nimmt man $\rho = \sqrt{2}\sum_k \bar{g}(2k)$, so können wir erreichen, daß

$$\sum_k g(2k) = -\sum_k g(2k+1) = \frac{1}{\sqrt{2}}. \qquad (5.18)$$

Wie in Gleichung 5.10 nennen wir dies die *übliche Normierung* eines orthogonalen Hochpaß–Filters.

Erfüllt h Gleichung 5.13, so können wir ein passendes g erzeugen, das die restlichen Bedingungen eines OQF erfüllt, indem wir die Koeffizienten folgendermaßen wählen [36]:

$$g(n) = (-1)^n \bar{h}(2M+1-n), \qquad n \in \mathbf{Z}. \qquad (5.19)$$

Dabei ist M eine beliebige ganze Zahl. Man beachte, daß bei dieser Folge g die übliche Normierung vorliegt.

Proposition 5.1 zeigt, daß die Periodisierung eines orthogonalen QF–Paares mit gerader Periode $2q$ die Orthogonalitätsbedingungen erhält; ebenso bleiben die Summen über die geraden und ungeraden Indizes invariant. Lemma 5.3 bleibt also gültig, falls wir h und g durch h_{2q} und g_{2q} ersetzen.

Selbstdualität liefert $H^*HH^*H = H^*H$ und $G^*GG^*G = G^*G$. Weiter sind H^*H und G^*G selbstadjungiert und damit orthogonale Projektionen.

5.1.4 Wirkungsweise auf Funktionen

Eine Filterfolge f können wir auch auf eine Funktion einer reellen Variablen anwenden. Eine *Faltungs–Dezimation* F und ihre *Adjungierte* F^*, als Operatoren auf Funktionen einer reellen Variablen, sind gegeben durch die folgenden Formeln:

$$Fu(t) = \sqrt{2}\sum_{j \in \mathbf{Z}} f(j)u(2t-j), \qquad t \in \mathbf{R}, \qquad (5.20)$$

$$F^*u(t) = \frac{1}{\sqrt{2}}\sum_{k \in \mathbf{Z}} \bar{f}(k)u\left(\frac{t+k}{2}\right), \qquad t \in \mathbf{R}. \qquad (5.21)$$

Dabei ist $u \in L^2(\mathbf{R})$ und $t \in \mathbf{R}$. Zur Vereinfachung verwenden wir eine etwas ungenaue Notation. Die Normierungsfaktoren $\sqrt{2}$ und $1/\sqrt{2}$ treten auf, weil wir eine Dilatation um den Faktor 2 anstelle einer Dezimation um den Faktor 2 verwenden; dabei bleibt die Norm für Funktionen auf der reellen Achse erhalten.

Wir müssen allerdings vorsichtig vorgehen, da die Operation auf L^2 nicht die Bedingungen des orthogonalen QF erfüllt, selbst wenn das Filter den Gleichungen 5.13 genügt. Der Grund hierfür wird später aus Korollar 5.12 klar werden. Immerhin haben wir die folgende Aussage:

5.1 Definitionen und grundlegende Eigenschaften

Lemma 5.4 *Sind h, g, h' und g' eine biorthogonale Menge konjugierter QFs wie in Gleichung 5.8, und sind H, G, H' und G' die zugehörigen Operatoren auf $L^2(\mathbf{R})$, so gilt*

$$H'H^* + G'G^* = 2I; \qquad H'G^* + G'H^* = 0;$$
$$H^*H' + G^*G' = 2I; \qquad H^*G' + G^*H' = 0.$$

Beweis: Die Anwendung von $H'H^*$ wird beschrieben durch:

$$H'H^*u(t) = \sum_{j,k\in\mathbf{Z}} h'(j)\bar{h}(k)u\left(\frac{2t-j+k}{2}\right) = \sum_{j,k\in\mathbf{Z}} h'(j)\bar{h}(k+j)u\left(t+\frac{k}{2}\right)$$

$$= \sum_{k\in\mathbf{Z}}\left(\sum_{j\in\mathbf{Z}} h'(j)\bar{h}(2k+j)\right)u(t+k) + \sum_{k\in\mathbf{Z}}\left(\sum_{j\in\mathbf{Z}} h'(j)\bar{h}(2k+j+1)\right)u(t+k+\frac{1}{2})$$

$$= u(t) + \sum_{k\in\mathbf{Z}} c_{h'h}(k)u(t+k+\frac{1}{2}).$$

Dabei gilt $c_{h'h}(k) = \sum_{j\in\mathbf{Z}} h'(j)\bar{h}(2k+j+1)$. Ebenso folgt:

$$G'G^*u(t) = u(t) + \sum_{k\in\mathbf{Z}} c_{g'g}(k)u(t+k+\frac{1}{2});$$

$$H^*H'u(t) = u(t) + \sum_{k\in\mathbf{Z}} c_{h'h}(k)u(t+2k+1);$$

$$G^*G'u(t) = u(t) + \sum_{k\in\mathbf{Z}} c_{g'g}(k)u(t+2k+1).$$

Gleichung 5.8 erlaubt es uns, $c_{g'g}$ durch $c_{h'h}$ auszudrücken:

$$c_{g'g}(k) = \sum_{j\in\mathbf{Z}} g'(j)\bar{g}(j+2k+1)$$

$$= \sum_{j\in\mathbf{Z}} (-1)^j\bar{h}(2M+1-j)(-1)^{j+2k+1}h'(2M-j-2k)$$

$$= -\sum_{j\in\mathbf{Z}} \bar{h}(2M+1-j)h'(2M-j-2k)$$

$$= -\sum_{j'\in\mathbf{Z}} \bar{h}(j'+2k+1)h'(j') = -c_{h'h}(k).$$

Im letzten Schritt haben wir die Substitution $j = 2M - 2k - j'$ vorgenommen und über j' summiert. Damit gilt aber $c_{h'h}(k) + c_{g'g}(k) = 0$ für alle k, und dies beweist die „$2I$"-Gleichungen des Lemmas.

Zum Beweis der anderen Gleichungen verwenden wir:

$$H'G^*u(t) = \sum_{k\in\mathbf{Z}} c_{h'g}(k)u(t+k+\frac{1}{2}); \qquad G'H^*u(t) = \sum_{k\in\mathbf{Z}} c_{g'h}(k)u(t+k+\frac{1}{2});$$

$$H^*G'u(t) = \sum_{k\in\mathbf{Z}} c_{g'h}(k)u(t+2k+1); \qquad G^*H'u(t) = \sum_{k\in\mathbf{Z}} c_{h'g}(k)u(t+2k+1).$$

Kombinieren wir dies mit den Identitäten $c_{h'g} + c_{g'h} \equiv 0$ und $c_{hg'} + c_{gh'} \equiv 0$, die wieder aus Gleichung 5.8 folgen, so erhält man das gewünschte Ergebnis. □

Bemerkung. Die Folgen c_{gh} und c_{hg} sind verknüpft durch $c_{gh}(k) = \bar{c}_{hg}(-1-k)$. Sind also H und G orthogonale konjugierte QF, so gilt $c_{hh}(k) = \bar{c}_{hh}(-1-k)$ und $c_{gg}(k) = \bar{c}_{gg}(-1-k)$; die Folgen sind damit konjugiert–symmetrisch bezüglich des Punktes $-1/2$.

Im vorliegenden Fall der Anwendung auf Funktionen stellen $H'H^*$ und $G'G^*$ im allgemeinen nicht die Identität I dar, selbst wenn man von einem orthogonalen Paar von QFs ausgeht. $H'G^*$ und $G'H^*$ sind im allgemeinen auch nicht der Nulloperator (ebensowenig wie G^*H' und H^*G'), was im folgenden Beispiel klar wird. Für die Haar–Walsh–Filter H, G gilt

$$c_{hh}(k) = \begin{cases} \frac{1}{2}, & \text{falls } k = -1, 0; \\ 0, & \text{sonst;} \end{cases} \qquad c_{gg}(k) = \begin{cases} -\frac{1}{2}, & \text{falls } k = -1, 0; \\ 0, & \text{sonst;} \end{cases}$$

$$c_{hg}(k) = -c_{gh}(k) = \begin{cases} \frac{1}{2}, & \text{falls } k = -1; \\ -\frac{1}{2}, & \text{falls } k = 0; \\ 0, & \text{sonst.} \end{cases}$$

Damit folgt $HH^*u(t) = \frac{1}{2}u(t-\frac{1}{2}) + u(t) + \frac{1}{2}u(t+\frac{1}{2})$ und $GG^*u(t) = -\frac{1}{2}u(t-\frac{1}{2}) + u(t) - \frac{1}{2}u(t+\frac{1}{2})$; in beiden Fällen erhält man also nicht die Identität. Ebenso gilt $HG^*u(t) = \frac{1}{2}u(t-\frac{1}{2}) - \frac{1}{2}u(t+\frac{1}{2})$ und $GH^*u(t) = -\frac{1}{2}u(t-\frac{1}{2}) + \frac{1}{2}u(t+\frac{1}{2})$, und diese Ausdrücke verschwinden im allgemeinen nicht. Die restlichen Kombinationen seien dem Leser als Übungsaufgabe überlassen.

Auswirkung auf den Träger

Wir betrachten hier ein FIR–Quadraturfilter F, dessen Filterfolge f einen Träger im Indexintervall $[a, b]$ besitzt; d.h. $f = \{\ldots, 0, f(a), f(a+1), \ldots, f(b-1), f(b), 0, \ldots\}$. Aufgrund der Dilatation $t \mapsto 2t$ schränkt F den Träger von Funktionen ein. Als ein nützlicher Nebeneffekt wird die Energie einer quadratisch integrierbaren Funktion auf das Trägerintervall des Filters konzentriert. Wir präzisieren dies in zwei Lemmata:

Lemma 5.5 *Es sei F ein FIR QF mit Trägerindexintervall $[a, b]$. Aus $\operatorname{supp} u \subset [c, d]$ folgt dann*

$$\operatorname{supp} Fu \subset \left[\frac{a+c}{2}, \frac{b+d}{2}\right], \tag{5.22}$$

$$\operatorname{supp} F^*u \subset [2c - b, 2d - a]. \tag{5.23}$$

Beweis: Im Falle des Operators F beachtet man, daß aus $t \in \operatorname{supp} Fu$ die Aussage $2t - j \in [c, d]$ für ein $j = a, \ldots, b$ folgt. Deshalb gilt $2t - a \geq c$ und $2t - b \leq d$. Die entsprechende Überlegung für F^* mag als Übung durchgeführt werden. □

Nach N Anwendungen ergibt sich

$$\operatorname{supp} F^N u \subset \left[2^{-N}c + (1 - 2^{-N})a, 2^{-N}d + (1 - 2^{-N})b\right]. \tag{5.24}$$

Für den Grenzfall $N \to \infty$ erhält man das Intervall $[a, b]$.

Ist u quadratisch integrierbar, so reduziert ein FIR–Filter F mit Träger in $[a, b]$ den Energieanteil in u außerhalb dieses Intervalls. Um dies einzusehen, geben wir uns ein $\epsilon > 0$ vor und wählen M so groß, daß

$$\int_{-\infty}^{-M} |u(t)|^2\, dt + \int_{M}^{\infty} |u(t)|^2\, dt < \epsilon \|u\|^2.$$

Wir setzen $u_0 = u\mathbf{1}_{[-M,M]}$ und $u_\infty = u - u_0$. Da der Träger von u_0 im kompakten Intervall $[-M, M]$ liegt, zeigt das vorhergehende Lemma für hinreichend großes N die Inklusion $\operatorname{supp} F^N u_0 \subset [a - \epsilon, b + \epsilon]$. Die restliche Energie außerhalb $[a, b]$ ist für jedes N beschränkt durch $\sup\{\|F^N u_\infty\|^2 : N \geq 0\}$; da F aber Operatornorm 1 besitzt, ergibt sich die Abschätzung $\|F^N u_\infty\|^2 \leq \|u_\infty\|^2 = \epsilon\|u\|^2$ für alle $N \geq 0$. Wir haben damit das folgende Lemma bewiesen:

Lemma 5.6 *Es sei F ein FIR QF mit Trägerindexintervall $[a, b]$. Ist u quadratisch integrierbar, so können wir u für jedes $\epsilon > 0$ in zwei Anteile $u = u_0 + u_\infty$ zerlegen derart, daß für hinreichend großes N gilt:*

$$\operatorname{supp} F^N u_0 \subset [a - \epsilon, b + \epsilon] \quad \textit{und} \quad \|F^N u_\infty\|^2 < \epsilon \|u\|^2.$$

$\square$

5.2 Phasenantwort

Unser Ziel ist es, charakteristische Merkmale des ursprünglichen Signals aus den Koeffizienten zu erkennen, die durch Transformationen mit QFs erzeugt worden sind; es ist deshalb notwendig zu verfolgen, welcher Anteil der Folge Energie zur gefilterten Folge beiträgt.

Sei F ein Filter mit endlichem Träger und Filterfolge $f(n)$. Ist bei vorgegebener Folge $u \in \ell^2$ der Wert $Fu(n)$ für einen Index $n \in \mathbf{Z}$ groß, so schließen wir, daß auch $u(k)$ für Indizes k in der Nähe von $2n$ groß sein muß. In ähnlicher Weise muß bei großem $F^* u(n)$ ein wesentlicher Energieanteil in $u(k)$ für k in der Nähe von $n/2$ vorhanden sein. Was wir hier unter „Nähe" verstehen, können wir unter Verwendung des Trägers von f quantifizieren, oder auch dadurch, daß wir die Position von f und die Unschärfe wie in Gleichungen 1.57 und 1.60 berechnen. Ist der Träger von f groß, so liefert letztere Methode eine genauere Vorstellung davon, wo die analysierte Funktion „konzentriert" ist.

Wir betrachten den Fall, daß $f(n)$ in der Nähe von $n = 2T$ konzentriert ist:

$$Fu(n) = \sum_{j \in \mathbf{Z}} f(j)u(2n - j) = \sum_{j \in \mathbf{Z}} f(j + 2T))u(2n - j - 2T). \tag{5.25}$$

Da $f(j + 2T)$ in der Nähe von $j = 0$ konzentriert ist, können wir wie zuvor schließen, daß für großes $Fu(n)$ auch $u(k)$ für $k \approx 2n - 2T$ groß sein muß. In analoger Weise gilt

$$F^*u(n) = \sum_{j \in \mathbf{Z}} \bar{f}(2j - n)u(j) = \sum_{j \in \mathbf{Z}} \bar{f}(2j - n + 2T))u(j + T). \qquad (5.26)$$

Da $\bar{f}(2j - n + 2T)$ in der Nähe von $2j - n = 0$ konzentriert ist, schließen wir auch hier, daß bei großem $F^*u(n)$ auch $u(j+T)$ für $j \approx n/2$ groß sein muß, und dies zeigt, daß $u(k)$ für $k \approx \frac{n}{2} + T$ groß sein muß.

Dezimation durch den Faktor 2 und die zugehörige adjungierte Operation bewirken eine Verdopplung bzw. eine Halbierung der Indizes n, die die Positionen bestimmen, in denen u groß sein muß. Translation um T oder $-2T$ kann als „Shift" aufgefaßt werden, der durch die Faltung mit dem Filter herbeigeführt wird. Wir können die Position von Signalanteilen genau quantifizieren und den Shift messen und korrigieren, falls wir die Koeffizienten, die durch die Anwendungen von F und F^* entstanden sind, interpretieren. Dabei werden wir sehen, daß nichtsymmetrische Filter die Eigenschaft haben, verschiedene Signale um verschiedene Anteile zu shiften, wobei dieser Effekt durch einen einfachen Ausdruck aus den Filterkoeffizienten geschätzt werden kann. Die nennen wir die *Phasenantwort (phase response)* des Filters.

5.2.1 Shifts für Folgen

In Analogie zu Gleichung 1.60 definieren wir die Position einer Folge, indem wir Summen statt Integralen verwenden:

$$c[u] \stackrel{\text{def}}{=} \frac{1}{\|u\|^2} \sum_{k \in \mathbf{Z}} k|u(k)|^2. \qquad (5.27)$$

Ist diese Größe endlich, so sprechen wir vom *Mittelpunkt (oder Zentrum) der Energie (center of energy)* der Folge $u \in \ell^2$.

Der Mittelpunkt der Energie ist das erste Moment der Verteilungsfunktion $|u(n)|^2/\|u\|^2$. Die Folge heißt *gut lokalisiert*, falls das zweite Moment dieser Verteilungsfunktion ebenfalls existiert, d.h. falls

$$\sum_{k \in \mathbf{Z}} k^2|u(k)|^2 = \|ku\|^2 < \infty. \qquad (5.28)$$

Mit dem zweiten Moment ist auch das erste Moment endlich, da nach der Cauchy-Schwarz-Ungleichung (Gleichung 1.9) folgt:

$$\sum_{k \in \mathbf{Z}} k|u(k)|^2 = \langle ku, u \rangle \leq \|ku\| \|u\| < \infty.$$

Hat $u \in \ell^2$ endlichen Träger im Intervall $[a, b]$, so gilt $a \leq c[u] \leq b$.

Unter Verwendung der Dirac'schen (Bra–Ket–) Notation schreibt man $c[u]$ gemäß:

$$\|u\|^2 c[u] = \langle u|X|u \rangle \stackrel{\text{def}}{=} \langle u, Xu \rangle = \sum_{i \in \mathbf{Z}} \bar{u}(i) X(i,j) u(j), \qquad (5.29)$$

wobei

5.2 Phasenantwort

$$X(i,j) \stackrel{\text{def}}{=} i\delta(i-j) = \begin{cases} i, & \text{falls } i = j, \\ 0, & \text{falls } i \neq j, \end{cases}$$
$$= \text{diag}[\ldots, -2, -1, 0, 1, 2, 3, \ldots].$$

Der Einfachheit halber werden wir immer annehmen, daß $\|u\| = 1$ gilt. Wir können auch voraussetzen, daß f ein orthogonales QF ist, d.h. $\sum_k \bar{f}(k) f(k+2j) = \delta(j)$. Dann gilt $FF^* = I$ und F^* ist eine Isometrie, F^*F eine orthogonale Projektion. Wegen $\|F^*u\| = \|u\| = 1$ können wir das Zentrum der Energie von F^*u berechnen zu $c[F^*u] = \langle F^*u | X | F^*u \rangle = \langle u | FXF^* | u \rangle$. Die hier auftretende Matrix FXF^* nennen wir die *Phasenantwort* des adjungierten Faltungs–Dezimations-Operators F^*. Sie ist durch die Filterfolge f gegeben gemäß

$$FXF^*(i,j) = \sum_k k f(2i-k) \bar{f}(2j-k). \tag{5.30}$$

Nun gilt

$$FXF^*(i,j) = \sum_k ([i+j]+k) f([i-j]-k) \bar{f}([j-i]-k) \stackrel{\text{def}}{=} 2X(i,j) - C_f(i,j).$$

Da f ein orthogonales QF ist, folgt hier $2X(i,j) = (i+j)\sum_k f([i-j]-k)\bar{f}([j-i]-k) = 2i\delta(i-j)$, während

$$C_f(i,j) \stackrel{\text{def}}{=} \sum_k k f(k-[i-j]) \bar{f}(k-[j-i]). \tag{5.31}$$

Damit gilt $c[F^*u] = 2c[u] - \langle u | C_f | u \rangle$. C_f ist offensichtlich eine Faltungsmatrix: $C_f(i,j) = \gamma(i-j)$, also $C_f u = \gamma * u$. Die Funktion γ ist dabei durch die folgende Formel gegeben:

$$\gamma(n) \stackrel{\text{def}}{=} \sum_k k f(k-n) \bar{f}(k+n). \tag{5.32}$$

Aus dieser Formel erkennt man $\gamma(n) = \bar{\gamma}(-n)$, also $\hat{\gamma}(\xi) = \hat{\bar{\gamma}}(-\xi) = \overline{\hat{\gamma}}(\xi)$ und damit $\hat{\gamma} \in \mathbf{R}$. Wegen dieser Symmetrie von γ ist die Matrix C_f selbstadjungiert. Entlang der Hauptdiagonale gilt $C_f(i,i) = \gamma(0) = c[f]$. Entlang der Nebendiagonalen ist C_f ebenfalls konstant, und falls f endlichen Träger im Intervall $[a,b]$ besitzt, gilt $C_f(i,j) = \gamma(i-j) = 0$ für $|i-j| > |b-a|$.

Subtrahieren wir die Diagonale von C_f, so erhalten wir $C_f = C_f^0 + c[f]I$, was der Zerlegung $\gamma(n) = \gamma^0(n) + c[f]\delta(n)$ entspricht. Dies liefert die folgende Zerlegung der Matrix der Phasenantwort:

$$FXF^* = 2X - c[f]I - C_f^0.$$

FXF^* ist also die Multiplikation mit der linearen Funktion $2x - c[f]$ abzüglich der Faltung mit γ^0. Ist $\gamma^0 \equiv 0$, so sprechen wir von *linearer Phasenantwort*.

Proposition 5.7 *Für $f = \{f(n) : n \in \mathbf{Z}\}$ gelte $\sum_k \bar{f}(k-n) f(k+n) = \delta(n)$ für alle $n \in \mathbf{Z}$. Ist f konjugiert-symmetrisch oder antisymmetrisch bezüglich eines Punktes in $\mathbf{Z}$ oder $\frac{1}{2}\mathbf{Z}$, so besitzt f lineare Phasenantwort.*

Beweis: Wir haben $f(n) = \pm \bar{f}(2T-n)$ für alle $n \in \mathbf{Z}$, wobei $+$ im symmetrischen und $-$ im antisymmetrischen Fall zu nehmen ist. Nun gilt $\gamma^0(0) = 0$ für jedes Filter. Für $n \neq 0$ haben wir

$$\begin{aligned}\gamma^0(n) &= \sum_k k f(k-n)\bar{f}(k+n) = \sum_k k \bar{f}(2T-k+n)f(2T-k-n) \\ &= 2T \sum_k \bar{f}(k+n)f(k-n) - \sum_k k\bar{f}(k+n)f(k-n) = 0 - \gamma^0(n).\end{aligned}$$

Deshalb folgt $\gamma^0(n) = 0$ für alle $n \in \mathbf{Z}$. □

Die lineare Funktion verschiebt das Zentrum x der Energie nach $2x - c[f]$, und der Faltungsoperator γ^0 stört dies durch eine „Abweichung" $\langle u, \gamma^0 * u \rangle / \|u\|^2$. Wir bezeichnen den maximalen Wert dieser Störung mit $d[f]$. Nach dem Satz von Plancherel und dem Faltungssatz ist die Abweichung gegeben durch $\langle \hat{u}, \hat{\gamma}^0 \hat{u} \rangle / \|u\|^2$, und der maximale Wert ergibt sich (unter Verwendung von Proposition 1.19) als der maximale Absolutwert von $\hat{\gamma}^0(\xi)$:

$$d[f] = \sup\{|\hat{\gamma}^0(\xi)| : \xi \in [0,1]\}. \tag{5.33}$$

Nun ist $\gamma^0(n) = \bar{\gamma}^0(-n)$ ebenfalls symmetrisch wie γ; die Fouriertransformierte $\hat{\gamma}^0$ ist also rein reell und kann damit als Cosinusreihe geschrieben werden:

$$\hat{\gamma}^0(\xi) = 2 \sum_{n=1}^{\infty} \gamma(n) \cos 2\pi n \xi. \tag{5.34}$$

Die kritischen Punkte von $\hat{\gamma}^0$ findet man durch Ableiten dieser Gleichung:

$$\hat{\gamma}_0'(\xi) = -4\pi \sum_{n=1}^{\infty} n \gamma(n) \sin 2\pi n \xi. \tag{5.35}$$

Es ist offensichtlich, daß $\xi = 0$ und $\xi = \frac{1}{2}$ kritische Punkte sind. Für die im Anhang aufgeführten QFs kann man zeigen, daß $|\hat{\gamma}^0(\xi)|$ das Maximum in $\xi = \frac{1}{2}$ annimmt mit dem Wert

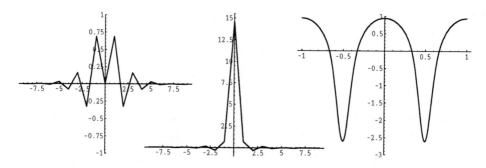

Bild 5.1 γ^0, γ und $\hat{\gamma}^0$ für das „Beylkin 18" Hochpaß OQF.

5.2 Phasenantwort

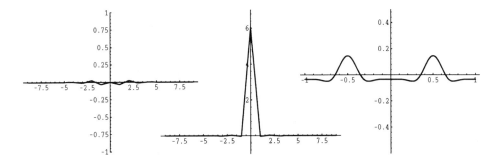

Bild 5.2 γ^0, γ und $\hat{\gamma}^0$ für das „Coiflet 18" Tiefpaß OQF.

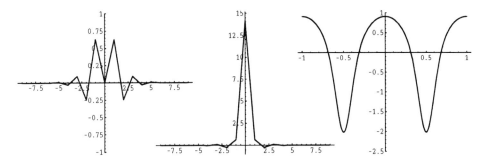

Bild 5.3 γ^0, γ und $\hat{\gamma}^0$ für das „Daubechies 18" Hochpaß OQF.

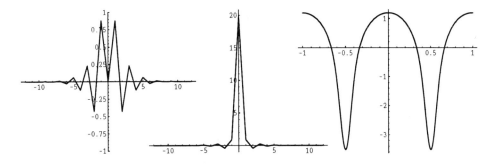

Bild 5.4 γ^0, γ und $\hat{\gamma}^0$ für das „Vaidyanathan 24" Tiefpaß OQF.

$$\hat{\gamma}^0\left(\frac{1}{2}\right) = 2\sum_{n=1}^{\infty}(-1)^n\gamma(n) = 2\sum_{k=-\infty}^{\infty}\sum_{n=1}^{\infty}(-1)^n k f(k-n)\bar{f}(k+n). \qquad (5.36)$$

Für einige Beispiele von OQFs sind die Schaubilder von $\hat{\gamma}^0$ in den Bildern 5.1 – 5.4 dargestellt.

In Tabelle 5.1 sind die Werte der Größen $c[f]$ und $d[f]$ für einige Beispiele von OQFs aufgelistet. Gilt $g(n) = (-1)^n \bar{h}(2M + 1 - n)$, so daß h und g ein konjugiertes Paar von Filtern darstellen, und ist $|\operatorname{supp} g| = |\operatorname{supp} h| = 2M$ die Länge der Filter, so folgt

$d[g] = d[h]$ und $c[g] + c[h] = 2M - 1$. Damit ergibt sich $C_h(i,j) = -C_g(i,j)$; die Funktion $\hat{\gamma}^0$ zum Filter h ergibt sich also aus derjenigen zum Filter g durch Multiplikation mit -1.

f	$|\text{supp } f|$	H oder G	$c[f]$	$d[f]$
B	18	H	2.4439712920	2.6048841893
		G	14.5560287079	2.6048841893
C	6	H	3.6160691415	0.4990076823
		G	1.3839308584	0.4990076823
	12	H	4.0342243997	0.0868935216
		G	6.9657756002	0.0868935217
	18	H	6.0336041704	0.1453284669
		G	10.9663958295	0.1453284670
	24	H	8.0333521640	0.1953517707
		G	14.9666478359	0.1953517692
	30	H	10.0333426139	0.2400335062
		G	18.9666573864	0.2400330874
D	2	H	0.5000000000	0.0000000000
		G	0.5000000000	0.0000000000
	4	H	0.8504809471	0.2165063509
		G	2.1495190528	0.2165063509
	6	H	1.1641377716	0.4604317871
		G	3.8358622283	0.4604317871
	8	H	1.4613339067	0.7136488576
		G	5.5386660932	0.7136488576
	10	H	1.7491114972	0.9711171403
		G	7.2508885027	0.9711171403
	12	H	2.0307505738	1.2308332718
		G	8.9692494261	1.2308332718
	14	H	2.3080529576	1.4918354676
		G	10.6919470423	1.4918354676
	16	H	2.5821186257	1.7536045071
		G	12.4178813742	1.7536045071
	18	H	2.8536703515	2.0158368941
		G	14.1463296483	2.0158368941
	20	H	3.1232095535	2.2783448731
		G	15.8767904464	2.2783448731
V	24	H	19.8624838621	3.5116226595
		G	3.1375161379	3.5116226595

Tabelle 5.1 $c[f]$ und $d[f]$ für einige Beispiele von OQFs.

Die vorstehenden Formeln fassen wir in einem Satz zusammen:

Theorem 5.8 (OQF Phasen-Shifts) *Es sei $u \in \ell^2$, und $F : \ell^2 \to \ell^2$ bezeichne eine Faltungs-Dezimation mit Faktor 2 bei orthogonalem QF mit zugehöriger Folge $f \in \ell^1$. Sind $c[u]$ und $c[f]$ endlich, so folgt*

$$c[F^*u] = 2c[u] - c[f] - \langle u, \gamma^0 * u \rangle / \|u\|^2,$$

5.2 Phasenantwort

wobei $\gamma^0 \in \ell^2$ gegeben ist durch

$$\gamma^0(n) = \begin{cases} 0, & \text{falls } n = 0, \\ \sum_k k f(k-n)\bar{f}(k+n), & \text{falls } n \neq 0. \end{cases}$$

Der letzte Term in der Darstellung für $c[F^*u]$ läßt sich abschätzen durch die scharfe Ungleichung

$$|\langle u, \gamma^0 * u \rangle| \leq d[f] \|u\|^2,$$

mit

$$d[f] = 2 \left| \sum_{k=-\infty}^{\infty} \sum_{n=1}^{\infty} (-1)^n k f(k-n) \bar{f}(k+n) \right|.$$

□

Ist $d[f]$ klein, so weicht F^*u nur geringfügig ab von einer Verschiebung von u um $c[f]$. In diesem Falle schreiben wir $c[F^*u] \approx 2c[u] - c[f]$ und $c[Fu] \approx \frac{1}{2}c[u] + \frac{1}{2}c[f]$. Wir sehen, daß die „C"-Filter die kleinste Abweichung $d[f]$ zeigen; diese Filter sollten also benutzt werden, falls wir hinreichend genaue Information über die Position gewinnen wollen.

Wenden wir eine Folge von Filtern $F_1^* F_2^* \cdots F_L^*$ an, so erhält man die Shifts per Induktion nach L gemäß:

$$c[F_1^* F_2^* \cdots F_L^* u] = 2^L c[u] - 2^{L-1} c[f_L] - \cdots - 2^1 c[f_2] - c[f_1] - \epsilon^* \tag{5.37}$$

mit

$$|\epsilon^*| \leq 2^{L-1} d[f_L] + \cdots + 2^1 d[f_2] + d[f_1]. \tag{5.38}$$

Analog gilt für $v = F_1^* F_2^* \cdots F_L^* u$, d.h. $F_L \cdots F_2 F_1 v = u$:

$$c[F_L \cdots F_2 F_1 v] = 2^{-L} c[v] + 2^{-L} c[f_1] + 2^{-L+1} c[f_2] + \cdots + 2^{-1} c[f_L] + \epsilon \tag{5.39}$$

mit

$$|\epsilon| \leq 2^{-1} d[f_L] + \cdots + 2^{-L+1} d[f_2] + 2^{-L} d[f_1]. \tag{5.40}$$

Ist nun (h, g) ein konjugiertes Paar von OQFs und $f_i \in \{h, g\}$ für jedes $i = 1, 2, \ldots, L$, so ist $d[f_i] = d[h]$, und wir erhalten einfachere Abschätzungen für die Abweichung von einer reinen Verschiebung:

$$|\epsilon^*| \leq (2^L - 1) d[h] \approx 2^L d[h] \quad \text{und} \quad |\epsilon| \leq (1 - 2^{-L}) d[h] \approx d[h]. \tag{5.41}$$

Die Filterfolge $F_1^* F_2^* \cdots F_L^*$ kann man nun kodieren durch die ganze Zahl $b = b_1 2^{L-1} + b_2 2^{L-2} + \cdots + b_L 2^0$ mit

$$b_k = \begin{cases} 0, & \text{falls } F_k = H; \\ 1, & \text{falls } F_k = G. \end{cases} \tag{5.42}$$

Dann gilt $c[f_k] = b_k c[g] + (1 - b_k) c[h] = c[h] + b_k (c[g] - c[h])$. Die Bit-Umkehrung von b, aufgefaßt als eine L-Bit Binärzahl, ist die Zahl $b' = b_1 2^0 + b_2 2^1 + \cdots + b_L 2^{L-1}$. Dies ergibt die folgende Vereinfachung der Formel für die Phasenverschiebung:

Korollar 5.9 *Sind h und g ein konjugiertes Paar von OQFs mit Energiezentrum c[h] bzw. c[g], so gilt*

$$c[F_1^* F_2^* \cdots F_L^* u] = 2^L c[u] - \left(2^L - 1\right) c[h] - (c[g] - c[h]) b' - \epsilon^* \qquad (5.43)$$

mit $|\epsilon^*| \leq (2^L - 1) d[h]$; *hierbei kodiert* $b = b_1 2^{L-1} + b_2 2^{L-2} + \cdots + b_L$ *die Filterfolge gemäß Gleichung 5.42, und b' ist die Bit–Inversion von b als L-Bit Binärzahl.*

Beweis: Man beachtet

$$\begin{aligned}
c[F_1^* F_2^* \cdots F_L^* u] &= 2^L c[u] - \sum_{k=1}^{L} 2^{L-k} \left[c[h] + b_{L-k+1}(c[g] - c[h]) \right] - \epsilon^* \\
&= 2^L c[u] - c[h] \sum_{s=0}^{L-1} 2^s - (c[g] - c[h]) \sum_{s=0}^{L-1} b_{s+1} 2^s - \epsilon^* \\
&= 2^L c[u] - \left(2^L - 1\right) c[h] - (c[g] - c[h]) b' - \epsilon^*.
\end{aligned}$$

Die Abschätzung für ϵ^* folgt dann aus Gleichung 5.41. □

5.2.2 Shifts im periodischen Fall

Die Definition des Energiezentrums für ein periodisches Signal wirft Probleme auf. Enthält das Signal jedoch eine wesentliche Komponente auf einem kleinen Anteil des Periodenintervalls, so mag es erwünscht sein, diese Komponente innerhalb der Periode zu lokalisieren. Ist diese Komponente charakterisiert durch eine große Amplitude des gefilterten Signals, so können wir sie dadurch lokalisieren, daß wir die Information über die Position des Filteroutputs geeignet interpretieren. Dabei müssen wir auf eine Verschiebung des Energiezentrums und auf Störungen bei nicht–linearer Phasenantwort achten. Im periodischen Fall kann ein Shift als eine zyklische Permutation der Outputkoeffizienten aufgefaßt werden.

Das Energiezentrum einer q-periodischen Folge $u_q \neq 0$ kann folgendermaßen berechnet werden:

$$c[u_q] = \frac{1}{\|u_q\|^2} \sum_{k=0}^{q-1} k |u_q(k)|^2.$$

Damit ist $c[u_q]$ eine konvexe Kombination der Zahlen $0, 1, \ldots, q-1$, so daß $0 \leq c[u_q] \leq q-1$. Sei u_q die q-Periodisierung von u. Wir nehmen an, daß die Energie der Folge u bis auf einen Anteil ϵ durch die Koeffizienten in einem Periodenintervall $J_0 \stackrel{\text{def}}{=} [j_0 q, j_0 q + q - 1]$ mit geeignetem $j_0 \in \mathbf{Z}$ gegeben ist, wobei $\epsilon \ll 1$ eine positive Zahl ist. Dabei müssen wir zusätzlich voraussetzen, daß u eine endliche Ortsunschärfe kleiner als q besitzt. Diese Bedingungen können in kompakter Form folgendermaßen geschrieben werden:

$$\left(\sum_{j \notin J_0} \left[j - (j_0 + \tfrac{1}{2}) q \right]^2 |u(j)|^2 \right)^{\frac{1}{2}} < q \epsilon \|u\|. \qquad (5.44)$$

5.2 Phasenantwort

Hieraus folgen unmittelbar zwei Tatsachen. Wegen $|j - (j_0 + \frac{1}{2})q| \geq \frac{q}{2}$ für alle $j \notin J_0$ ergibt sich

$$\left(\sum_{j \notin J_0} |u(j)|^2\right)^{\frac{1}{2}} < 2\epsilon\|u\|. \tag{5.45}$$

Außerdem haben wir

$$\left|\frac{k + jq - (j_0 + \frac{1}{2})q}{(j - j_0)q}\right| = \left|1 - \frac{\frac{k}{q} - \frac{1}{2}}{j - j_0}\right| \geq \frac{1}{2}$$

für $k = 0, 1, \ldots, q-1$, so daß eine Anwendung der Cauchy–Schwarz–Ungleichung die folgende Abschätzung liefert:

$$\sum_{k=0}^{q-1} \left|\sum_{j \neq j_0} u(k + jq)\right|^2 \leq \sum_{k=0}^{q-1} \left|\sum_{j \neq j_0} \frac{1}{(j - j_0)q}\left[k + jq - (j_0 + \frac{1}{2})q\right] u(k + jq)\right|^2$$

$$\leq 4 \sum_{k=0}^{q-1} \left(\sum_{j \neq j_0} \frac{1}{(j - j_0)^2 q^2}\right) \left(\sum_{j \neq j_0} \left[k + jq - (j_0 + \frac{1}{2})q\right]^2 |u(k + jq)|^2\right)$$

$$\leq \frac{4\pi^2}{3q^2} \sum_{k=0}^{q-1} \sum_{j \neq j_0} \left[k + jq - (j_0 + \frac{1}{2})q\right]^2 |u(k + jq)|^2$$

$$= \frac{4\pi^2}{3q^2} \sum_{j \notin J_0} \left[j + (j_0 - \frac{1}{2})q\right]^2 |u(j)|^2.$$

Unter Anwendung von 5.44 ergibt sich damit die folgende Ungleichung:

$$\left(\sum_{k=0}^{q-1} \left|\sum_{j \neq j_0} u(k + jq)\right|^2\right)^{\frac{1}{2}} < 4\epsilon\|u\|. \tag{5.46}$$

Bei hinreichend kleinem ϵ kann man das Energiezentrum von u_q durch dasjenige von u ausdrücken. Dies erfolgt durch eine Anzahl von Zerlegungen und Abschätzungen der auftretenden Summen. Zuerst nehmen wir die folgende Zerlegung vor:

$$\|u_q\|^2 \left[c[u_q] - \frac{q}{2}\right] = \sum_{k=0}^{q-1} \left[k - \frac{q}{2}\right] |u_q(k)|^2 = \sum_{k=0}^{q-1} \left[k - \frac{q}{2}\right] \left|\sum_{j=-\infty}^{\infty} u(k + jq)\right|^2$$

$$= \sum_{k=0}^{q-1} \left[k - \frac{q}{2}\right] \left|u(k + j_0 q) + \sum_{j \neq j_0} u(k + jq)\right|^2$$

$$= \sum_{k=0}^{q-1} \left[k - \frac{q}{2}\right] |u(k + j_0 q)|^2 \tag{5.47}$$

$$+ 2\Re \sum_{k=0}^{q-1} \sum_{j \neq j_0} \left[k - \frac{q}{2}\right] u(k + j_0 q) \overline{u(k + jq)} \tag{5.48}$$

$$+ \sum_{k=0}^{q-1} \left[k - \frac{q}{2} \right] \left| \sum_{j \neq j_0} u(k+jq) \right|^2. \quad (5.49)$$

Unter Verwendung von $\sum_{k=0}^{q-1} \left[k - \frac{q}{2} \right] |u(k+j_0q)|^2 = \sum_{j \in J_0} \left[j - q(j_0 + \frac{1}{2}) \right] |u(j)|^2$ läßt sich 5.47 folgendermaßen schreiben, wobei wir $[j - q(j_0 + \frac{1}{2})]$ mit j' bezeichnen:

$$\sum_{j \in J_0} j' |u(j)|^2 = \sum_{j=-\infty}^{\infty} j' |u(j)|^2 - \sum_{j \notin J_0} j' |u(j)|^2$$

$$= \|u\|^2 (c[u] - j_0 q - \frac{q}{2}) - \sum_{j \notin J_0} j' |u(j)|^2.$$

Den zweiten Term schätzen wir mit der Cauchy–Schwarz–Ungleichung ab, indem wir Gleichungen 5.45 und 5.46 verwenden:

$$\left| \sum_{j \notin J_0} j' |u(j)|^2 \right| \leq \left(\sum_{j \notin J_0} (j')^2 |u(j)|^2 \right)^{\frac{1}{2}} \left(\sum_{j \notin J_0} |u(j)|^2 \right)^{\frac{1}{2}} < 2q\epsilon^2 \|u\|^2.$$

In ähnlicher Weise erhält man eine Abschätzung für 5.48:

$$\left| \sum_{k=0}^{q-1} \left[k - \frac{q}{2} \right] u(k+j_0q) \sum_{j \neq j_0} \bar{u}(k+jq) \right| \leq \frac{q}{2} \|u\| \left(\sum_{k=0}^{q-1} \left| \sum_{j \neq j_0} \bar{u}(k+jq) \right|^2 \right)^{\frac{1}{2}}$$

$$< \frac{q}{2} \|u\| \times 4\epsilon \|u\| = 2q\epsilon \|u\|^2.$$

Schließlich schätzen wir 5.49 folgendermaßen ab:

$$\left| \sum_{k=0}^{q-1} \left[k - \frac{q}{2} \right] \left| \sum_{j \neq j_0} u(k+jq) \right|^2 \right| < \frac{q}{2} \sum_{k=0}^{q-1} \left| \sum_{j \neq j_0} u(k+jq) \right|^2 < 8q\epsilon^2 \|u\|^2.$$

Faßt man diese Abschätzungen zusammen, so ergibt sich:

$$\left| \|u_q\|^2 \left[c[u_q] - \frac{q}{2} \right] - \|u\|^2 \left[c[u] - j_0 q - \frac{q}{2} \right] \right| < 2q\epsilon (1 + 5\epsilon) \|u\|^2. \quad (5.50)$$

Würde man eine ähnliche Zerlegung und Abschätzung für $\|u_q\|^2$ statt $\|u_q\|^2 [c[u_q] - \frac{q}{2}]$ vornehmen, so würde man die folgende Ungleichung erhalten:

$$\left| \|u_q\|^2 - \|u\|^2 \right| < 4\epsilon (1 + 5\epsilon) \|u\|^2. \quad (5.51)$$

In Gleichung 5.50 können wir deshalb $\|u_q\|^2$ durch $\|u\|^2$ ersetzen:

$$|c[u_q] - c[u] + j_0 q| < 4q\epsilon (1 + 5\epsilon). \quad (5.52)$$

Die Aussagen von 5.44 bis 5.52 können folgendermaßen zusammengefaßt werden: ist fast die gesamte Energie von u konzentriert auf ein Intervall der Länge q, so haben die Übergangsmerkmale von u eine Größenordnung kleiner als q, und sie werden zu Übergangsmerkmalen für u_q durch q-Periodisierung. Erfüllt u Gleichung 5.44 mit $\epsilon < \frac{1}{8q}$, so wird das Energiezentrum einer periodisierten Folge in folgender Weise in einem Index lokalisiert:

5.3 Frequenzantwort

$$c[u_q] \stackrel{\text{def}}{=} c[u] \bmod q. \tag{5.53}$$

Wir interpretieren dabei den Ausdruck „$x \bmod q$" als die eindeutige reelle Zahl x' im Intervall $[0, q[$, für die $x = x' + nq$ gilt mit einer ganzen Zahl n.

Mit Proposition 5.1 ergibt sich nun:

$$\begin{aligned} c[F_{2q}^* u_q] &= c[(F^* u)_{2q}] = c[F^* u] \bmod 2q \\ &= 2c[u] - c[f] - \langle u, \gamma^0 * u \rangle / \|u\|^2 \bmod 2q. \end{aligned}$$

Der Ausdruck $\langle u, \gamma^0 * u \rangle / \|u\|^2$ ist beschränkt durch $d[f]$, so daß wir dies wie zuvor vernachlässigen werden; wir haben jedoch dabei noch zu verifizieren, daß das verwendete OQF Gleichung 5.44 mit hinreichend kleinem ϵ erfüllt. Tabelle 5.2 zeigt die Werte für ϵ im Fall einiger OQFs und gewisser Periodisierungen. In allen Fällen gilt $\epsilon < 1$; die Tabelle gibt deshalb nur die Dezimalstellen nach dem Dezimalpunkt an.

Da es keine eindeutige Methode gibt, u_q zu einer unendlichen Folge zu *deperiodisieren*, müssen wir hier eine Konvention festlegen. Der einfachste Weg ist der folgende:

$$u(n) = \begin{cases} u_q(n), & \text{falls } 0 \leq n < q, \\ 0, & \text{sonst.} \end{cases} \tag{5.54}$$

5.3 Frequenzantwort

Anwendung eines Faltungs–Dezimations–Operators auf ein Signal u ist äquivalent zur Multiplikation der Fouriertransformation von u mit einer beschränkten periodischen Funktion. Die Funktion ist dabei bestimmt durch die Filterkoeffizienten; wir nennen sie *Filtermultiplikator (filter multiplier)* zur Filterfolge f, und sie ist definiert durch:

$$m(\xi) \stackrel{\text{def}}{=} \sum_{k \in \mathbf{Z}} f(k) e^{-2\pi i k \xi} = \hat{f}(\xi). \tag{5.55}$$

Man nennt diese Funktion auch die *Frequenzantwort (frequency response)* des Filters.

Bei absolut summierbaren Filterfolgen ist der Filtermultiplikator gegeben durch eine gleichmäßig konvergente Reihe von beschränkten stetigen Funktionen, nach Proposition 1.1 also selbst stetig. Nimmt die Filterfolge bei $\pm\infty$ rasch ab, so ist die Frequenzantwort eine glatte Funktion, da die Fouriertransformation die Differentiation von m in eine Multiplikation (von $f(k)$ durch $-2\pi i k$) umsetzt. Glattheit ist eine nützliche Voraussetzung; wir werden deshalb annehmen, daß ein $\alpha > 0$ existiert derart, daß

$$\sum_{k \in \mathbf{Z}} |f(k)| \, |k|^\alpha < \infty. \tag{5.56}$$

Dies garantiert, daß m in jedem Punkte eine *Hölder-Bedingung* erfüllt, insbesondere im Nullpunkt. Es gilt nämlich:

Lemma 5.10 *Erfüllt f Gleichung 5.56 für ein $0 < \alpha < 1$, so gilt für jedes ξ die Abschätzung $|m(\xi) - m(0)| < C|\xi|^\alpha$.*

f	$|\text{supp} f|$	H oder G	$q=2$ / $q=16$	$q=4$ / $q=18$	$q=6$ / $q=20$	$q=8$ / $q=22$	$q=10$ / $q=24$	$q=12$ / $q=26$	$q=14$ / $q=28$
B	18	H	.703612 .001415	.279300	.142238	.074249	.033688	.014072	.005406
		G	.734120 .001590	.324821	.163452	.087139	.038976	.016137	.006156
C	6	H	.247013	.102745					
		G	.268885	.069768					
	12	H	.263115	.072831	.033281	.010694	.001009		
		G	.251051	.070544	.028711	.009039	.001205		
	18	H	.299435 .000040	.100032	.052849	.018963	.007231	.002661	.000621
		G	.291211 .000045	.098243	.046702	.017889	.007332	.002556	.000708
	24	H	.329096 .000890	.120402 .000331	.065564 .000036	.027330 .000002	.014121	.005809	.002328
		G	.322880 .000936	.119051 .000367	.060292 .000039	.027004 .000002	.013983	.005754	.002531
	30	H	.354113 .002035	.136558 .000958	.075916 .000291	.035107 .000138	.020482 .000026	.009303 .000002	.004743 .000000
		G	.349093 .002111	.135636 .001051	.071338 .000285	.035330 .000134	.020121 .000024	.009401 .000002	.005009 .000000
D	4	H	.171193						
		G	.273971						
	6	H	.304120	.050230					
		G	.259392	.073125					
	8	H	.308900	.102651	.017895				
		G	.323009	.122720	.023634				
	10	H	.342554	.135552	.040530	.006627			
		G	.449328	.116023	.053618	.008251			
	12	H	.422494	.137647	.058646	.016224	.002475		
		G	.463486	.160047	.064599	.020210	.002964		
	14	H	.524235	.169394	.072909	.023686	.006412	.000924	
		G	.508880	.223013	.076843	.029062	.007680	.001077	
	16	H	.524480	.210433	.085366	.032061	.009408	.002489	.000344
		G	.587024	.220427	.103528	.038321	.011119	.002899	.000393
	18	H	.564454 .000128	.243878	.102607	.045068	.014338	.003662	.000948
		G	.636888 .000144	.238832	.128066	.050826	.016666	.004213	.001082
	20	H	.634131 .000354	.248979 .000047	.120135	.051443	.024453	.006775	.001411
		G	.672192 .000398	.282813 .000053	.138670	.060597	.025714	.007739	.001591
V	24	H	.872011 .006270	.390176 .001937	.217686 .000629	.116186 .000191	.062451	.036782	.017151
		G	.829783 .005653	.355441 .001764	.190529 .000574	.101064 .000175	.057180	.034695	.015266

Tabelle 5.2 Konzentration der Energie für einige Beispiele orthogonaler QFs.

5.3 Frequenzantwort

Beweis: Wir werden zeigen, daß $|m(\xi) - m(0)| |\xi|^{-\alpha}$ eine beschränkte Funktion ist. Dies ist für $|\xi| \geq 1$ sicher richtig, da f summierbar ist und deshalb $|m(\xi) - m(0)| |\xi|^{-\alpha} \leq 2|m(\xi)|$ beschränkt ist. Für $|\xi| < 1$ gilt folgendes:

$$(m(\xi) - m(0)) |\xi|^{-\alpha} = \sum_{k \in \mathbf{Z}} f(k) \left(e^{-2\pi i k \xi} - 1\right) |\xi|^{-\alpha}.$$

Schreiben wir hier $\eta = k\xi$, so ergibt sich

$$\frac{|e^{-2\pi i k \xi} - 1|}{|\xi|^\alpha} = \frac{|e^{-2\pi i \eta} - 1|}{|\eta|^\alpha} |k|^\alpha < 2\pi |k|^\alpha.$$

Diese Ungleichung gilt für jedes $\alpha < 1$. Das Ergebnis folgt nun aus der Dreiecksungleichung und aus der Beschränktheit der Summe in Gleichung 5.56. $\square$

Sind h und g ein Paar konjugierter QFs gemäß Gleichung 5.19, so sind ihre Filtermultiplikatoren verknüpft durch die Formel

$$m_g(\xi) = e^{-2\pi i (2M+1)(\xi+\frac{1}{2})} \bar{m}_h(\xi + \frac{1}{2}). \tag{5.57}$$

5.3.1 Wirkungsweise einer einzelnen Filteranwendung

In jedem Einzelfall, den wir hier betrachten — Folgen und Funktionen, periodischer und aperiodischer Fall —, ist es möglich, die Wirkungsweise eines Faltungs–Dezimations–Operators auf ein Signal durch m und die Fouriertransformierte des Signals auszudrücken.

Lemma 5.11 *Für $u \in L^2(\mathbf{R})$ gilt sowohl $\widehat{Fu}(\xi) \in L^2(\mathbf{R})$, als auch $\widehat{F^*u}(\xi) \in L^2(\mathbf{R})$, wobei $\widehat{Fu}(\xi) = \frac{1}{\sqrt{2}} m(\frac{\xi}{2}) \hat{u}(\frac{\xi}{2})$ und $\widehat{F^*u}(\xi) = \sqrt{2}\, \bar{m}(\xi) \hat{u}(2\xi)$.*

Beweis:

$$\widehat{Fu}(\xi) = \int_{\mathbf{R}} Fu(t) e^{-2\pi i t \xi}\, dt = \int_{\mathbf{R}} \sqrt{2} \sum_k f(k) u(2t-k) e^{-2\pi i t \xi}\, dt$$

$$= \frac{1}{\sqrt{2}} \sum_k f(k) \int_{\mathbf{R}} u(t) e^{-2\pi i (\frac{t+k}{2})\xi}\, dt$$

$$= \frac{1}{\sqrt{2}} \sum_k f(k) e^{-2\pi i k \frac{\xi}{2}} \int_{\mathbf{R}} u(t) e^{-2\pi i t (\frac{\xi}{2})}\, dt = \frac{1}{\sqrt{2}} m\left(\frac{\xi}{2}\right) \hat{u}\left(\frac{\xi}{2}\right);$$

$$\widehat{F^*u}(\xi) = \int_{\mathbf{R}} F^*u(t) e^{-2\pi i t \xi}\, dt = \int_{\mathbf{R}} \frac{1}{\sqrt{2}} \sum_k \bar{f}(k) u\left(\frac{t+k}{2}\right) e^{-2\pi i t \xi}\, dt$$

$$= \sqrt{2} \sum_k \bar{f}(k) \int_{\mathbf{R}} u(t) e^{-2\pi i (2t-k)\xi}\, dt$$

$$= \sqrt{2} \sum_k \overline{f(k) e^{-2\pi i k \xi}} \int_{\mathbf{R}} u(t) e^{-2\pi i t (2\xi)}\, dt = \sqrt{2}\, \bar{m}(\xi)\, \hat{u}(2\xi).$$

$\square$

Bild 5.5 Ein Grenzfall eines Filtermultiplikators m.

Korollar 5.12 *Für $u \in L^2(\mathbf{R})$ folgt sowohl $F_1^* F_2 u \in L^2(\mathbf{R})$, als auch $F_1 F_2^* u \in L^2(\mathbf{R})$, wobei $\widehat{F_1^* F_2 u}(\xi) = \bar{m}_1(\xi) m_2(\xi) \hat{u}(\xi)$ und $\widehat{F_1 F_2^* u}(\xi) = m_1(\xi/2) \bar{m}_2(\xi/2) \hat{u}(\xi)$.* □

Insbesondere folgt $\widehat{F^* F u}(\xi) = |m(\xi)|^2 \hat{u}(\xi)$ und $\widehat{F F^* u}(\xi) = |m(\xi/2)|^2 \hat{u}(\xi)$ für $u \in L^2(\mathbf{R})$. Wie wir früher erwähnt haben, gilt weder $H'H^* = I$ noch $G'G^* = I$ als Operatoren auf $L^2(\mathbf{R})$. Im orthogonalen Fall sind die Operatoren H^*H und G^*G nur dann Projektionen, falls $|m|^2$ nur die Werte 0 oder 1 annimmt. Solche Multiplikatoren sind entweder unstetig oder konstant und damit trivial. Der unstetige, aber nicht–triviale Fall $m(\xi) = \sqrt{2} \sum_k \mathbf{1}_{[-\frac{1}{4}, \frac{1}{4}]}(\xi - k)$, den wir in Bild 5.5 dargestellt haben, kann bei einem QF nie auftreten, da eine absolut summierbare Filterfolge einen stetigen Filtermultiplikator erzeugt. Ein solches m wird aber trotzdem für Berechnungen nützlich sein, da es einen Grenzfall darstellt, für den gewisse Formeln drastisch vereinfacht werden.

Die Wirkungsweise auf Folgen ist etwas komplizierter:

Lemma 5.13 *Für $u \in \ell^2$ gilt $\widehat{Fu}(\xi) \in L^2(\mathbf{T})$ und $\widehat{F^*u}(\xi) \in L^2(\mathbf{T})$, mit*

$$\widehat{Fu}(\xi) = \frac{1}{2} m\left(\frac{\xi}{2}\right) \hat{u}\left(\frac{\xi}{2}\right) + \frac{1}{2} m\left(\frac{\xi}{2} + \frac{1}{2}\right) \hat{u}\left(\frac{\xi}{2} + \frac{1}{2}\right),$$

$$\widehat{F^*u}(\xi) = \bar{m}(\xi) \hat{u}(2\xi).$$

Beweis: Für Fu:

$$\widehat{Fu}(\xi) = \sum_n Fu(n) e^{-2\pi i n \xi} = \sum_n \sum_k f(k) u(2n-k) e^{-2\pi i n \xi}$$

$$= \sum_n \left(\sum_k f(2k) u(2n-2k) e^{-2\pi i n \xi} + \sum_k f(2k+1) u(2n-2k-1) e^{-2\pi i n \xi} \right)$$

$$= \sum_k f(2k) e^{-2\pi i k \xi} \sum_n u(2n) e^{-2\pi i n \xi}$$

$$+ \sum_k f(2k+1) e^{-2\pi i k \xi} \sum_n u(2n+1) e^{-2\pi i n \xi}.$$

Damit gilt

$$\widehat{Fu}(\xi) = \hat{f}_e(\xi) \hat{u}_e(\xi) + \hat{f}_o(\xi) \hat{u}_o(\xi), \tag{5.58}$$

wobei wir die Bezeichnung $f_e(n) = f(2n)$ und $f_o(n) = f(2n+1)$ für $n \in \mathbf{Z}$ verwenden. Nun gilt $\hat{f}_e(\xi) + \hat{f}_o(\xi) e^{-\pi i \xi} = \hat{f}(\frac{\xi}{2})$, und da $\hat{f}_e$ und $\hat{f}_o$ 1-periodische Funktionen sind, folgt $\hat{f}_e(\xi) - \hat{f}_o(\xi) e^{-\pi i \xi} = \hat{f}(\frac{\xi+1}{2})$. Damit ergibt sich

5.3 Frequenzantwort

$$\hat{f}_e(\xi) = \frac{1}{2}\left[\hat{f}\left(\frac{\xi}{2}\right) + \hat{f}\left(\frac{\xi}{2} + \frac{1}{2}\right)\right], \tag{5.59}$$

$$\hat{f}_o(\xi) = \frac{1}{2}\left[\hat{f}\left(\frac{\xi}{2}\right) - \hat{f}\left(\frac{\xi}{2} + \frac{1}{2}\right)\right]e^{\pi i\xi}. \tag{5.60}$$

Diese Formeln gelten auch, falls wir f durch u ersetzen. Setzen wir diese Ausdrücke für f_e, f_o, u_e, u_o in Gleichung 5.58 ein, so ergibt sich $\widehat{Fu}(\xi) = \frac{1}{2}\hat{f}(\frac{\xi}{2})\hat{u}(\frac{\xi}{2}) + \frac{1}{2}\hat{f}(\frac{\xi}{2}+\frac{1}{2})\hat{u}(\frac{\xi}{2}+\frac{1}{2})$ und damit das gewünschte Ergebnis.

Für F^*u:

$$\widehat{F^*u}(\xi) = \sum_n F^*u(n)e^{-2\pi in\xi} = \sum_n \sum_k \bar{f}(2k-n)u(n)e^{-2\pi in\xi}$$

$$= \sum_n \overline{f(n)e^{-2\pi in\xi}} \sum_k u(k)e^{-2\pi i(2k)\xi} = \bar{m}(\xi)\hat{u}(2\xi).$$

□

Korollar 5.14 *Für $u \in \ell^2$ gilt*

$$\widehat{F_1^*F_2 u}(\xi) = \frac{1}{2}\bar{m}_1(\xi)m_2(\xi)\hat{u}(\xi) + \frac{1}{2}\bar{m}_1(\xi + \frac{1}{2})m_2(\xi + \frac{1}{2})\hat{u}(\xi + \frac{1}{2});$$

$$\widehat{F_1 F_2^* u}(\xi) = \frac{1}{2}\left(m_1(\frac{\xi}{2})\bar{m}_2(\frac{\xi}{2}) + m_1(\frac{\xi}{2}+\frac{1}{2})\bar{m}_2(\frac{\xi}{2}+\frac{1}{2})\right)\hat{u}(\xi).$$

Dabei ist m_i die Frequenzantwort des Filteroperators F_i für $i = 1, 2$.   □

Wir können damit die BQF-Bedingungen als Funktionalgleichungen für die Filtermultiplikatoren schreiben.

Theorem 5.15 *Die Bedingungen für ein (biorthogonales) Quadraturfilter, das durch H, H', G und G' beschrieben ist, sind äquivalent zu den folgenden Gleichungen für die Filtermultiplikatoren m_h, $m_{h'}$, m_g und $m_{g'}$:*

1. $m_{h'}(\xi)\bar{m}_h(\xi) + m_{h'}(\xi + \frac{1}{2})\bar{m}_h(\xi + \frac{1}{2}) = 2;$
2. $m_{g'}(\xi)\bar{m}_g(\xi) + m_{g'}(\xi + \frac{1}{2})\bar{m}_g(\xi + \frac{1}{2}) = 2;$
3. $m_{h'}(\xi)\bar{m}_g(\xi) + m_{h'}(\xi + \frac{1}{2})\bar{m}_g(\xi + \frac{1}{2}) = 0;$
4. $m_{g'}(\xi)\bar{m}_h(\xi) + m_{g'}(\xi + \frac{1}{2})\bar{m}_h(\xi + \frac{1}{2}) = 0;$
5. $m_{h'}(\xi)\bar{m}_h(\xi) + m_{g'}(\xi)\bar{m}_g(\xi) = 2$ *für alle $\xi \in \mathbf{R}$;*
6. $m_{h'}(0) = m_h(0) = \sqrt{2}$ *und* $m_{g'}(0) = m_g(0) = 0$.

Beweis: Mit Korollar 5.14 können wir die Dualitätsbedingung als das erste Paar von Gleichungen schreiben und die Unabhängigkeitsbedingungen als das zweite Paar. Nach Korollar 5.4 ist die fünfte Gleichung äquivalent zur exakten Rekonstruktionseigenschaft. Das letzte Paar von Gleichungen ist äquivalent zu den Normierungsbedingungen.   □

Die BQF–Bedingungen bei üblicher Normierung sind äquivalent zu der Matrixgleichung $\mathbf{M}^*\mathbf{M}' = 2I$ mit der „Anfangsbedingung" $\mathbf{M}(0) = \mathbf{M}'(0) = \sqrt{2}\,I$, wobei

$$\mathbf{M} = \mathbf{M}(\xi) \stackrel{\text{def}}{=} \begin{pmatrix} m_h(\xi) & m_g(\xi) \\ m_h(\xi + \tfrac{1}{2}) & m_g(\xi + \tfrac{1}{2}) \end{pmatrix}. \tag{5.61}$$

Um $\mathbf{M}' = \mathbf{M}'(\xi)$ zu erhalten, ersetzen wir in Gleichung 5.61 jeweils h durch h' und g durch g'. Für konjugierte Paare h, g' und h', g können wir Gleichung 5.57 anwenden und $\mathbf{M}, \mathbf{M}'$ durch m_h und $m_{h'}$ ausdrücken:

$$\mathbf{M} = \begin{pmatrix} m_h(\xi) & -\bar{m}_{h'}(\xi + \tfrac{1}{2}) \\ m_h(\xi + \tfrac{1}{2}) & \bar{m}_{h'}(\xi) \end{pmatrix} \mathbf{D} \stackrel{\text{def}}{=} \mathbf{M}_0 \mathbf{D}; \tag{5.62}$$

$$\mathbf{M}' = \begin{pmatrix} m_{h'}(\xi) & -\bar{m}_h(\xi + \tfrac{1}{2}) \\ m_{h'}(\xi + \tfrac{1}{2}) & \bar{m}_h(\xi) \end{pmatrix} \mathbf{D} = 2(\mathbf{M}_0^*)^{-1} \mathbf{D}. \tag{5.63}$$

Hierbei ist $\mathbf{D} = \text{diag}\left(1, e^{-2\pi i(2M+1)\xi}\right)$ eine unitäre Diagonalmatrix; sie tritt in der Matrixgleichung $\mathbf{M}^*\mathbf{M}' = 2I$ nicht mehr auf, weil $\mathbf{D}^*\mathbf{D} = I$ gilt. Die BQF–Bedingungen für konjugierte Filter sind damit äquivalent zu der Matrixgleichung $\mathbf{M}_0^*\mathbf{M}_0' = 2I$.

Gilt speziell $H = H'$ und $G = G'$, so folgt $\mathbf{M} = \mathbf{M}'$, und die orthogonalen QF–Bedingungen sind äquivalent zu der Matrixgleichung $\mathbf{M}^*\mathbf{M} = 2I$. Sind m_h und m_g die zugehörigen Filtermultiplikatoren, so folgt für alle $\xi \in \mathbf{R}$:

$$|m_h(\xi)|^2 + |m_h(\xi + \tfrac{1}{2})|^2 = 2; \quad |m_g(\xi)|^2 + |m_g(\xi + \tfrac{1}{2})|^2 = 2;$$

$$m_h(\xi)\bar{m}_g(\xi) + m_h(\xi + \tfrac{1}{2})\bar{m}_g(\xi + \tfrac{1}{2}) = 0. \tag{5.64}$$

Dies ist äquivalent dazu, daß die folgende Matrix für alle ξ unitär ist:

$$\frac{1}{\sqrt{2}} \begin{pmatrix} m_h(\xi) & m_g(\xi) \\ m_h(\xi + \tfrac{1}{2}) & m_g(\xi + \tfrac{1}{2}) \end{pmatrix}. \tag{5.65}$$

Korollar 5.16 *Sind H und G ein Paar orthogonaler QFs, so erfüllen ihre Multiplikatoren m_h und m_g die Gleichung*

$$|m_h(\xi)|^2 + |m_g(\xi)|^2 = 2$$

für alle $\xi \in \mathbf{R}$. Insbesondere gilt $|m_h(\xi)| \le \sqrt{2}$ und $|m_g(\xi)| \le \sqrt{2}$. □

Im konjugierten QF–Fall können wir auch m_g durch m_h ausdrücken, wie in Gleichungen 5.62 und 5.63. Da $\mathbf{D}$ unitär ist, genügt es zu fordern, daß $\frac{1}{\sqrt{2}}\mathbf{M}_0$ unitär ist:

Korollar 5.17 *H und G sind genau dann konjugierte orthogonale QFs, falls die folgende Matrix für alle $\xi \in \mathbf{R}$ unitär ist:*

$$\frac{1}{\sqrt{2}} \begin{pmatrix} m_h(\xi) & -\bar{m}_h(\xi + \tfrac{1}{2}) \\ m_h(\xi + \tfrac{1}{2}) & \bar{m}_h(\xi) \end{pmatrix}.$$

Dabei sind H und G genau dann in der üblichen Weise normiert, wenn diese Matrix für $\xi = 0$ durch I gegeben ist. □

5.3 Frequenzantwort

Bemerkung. Korollar 5.17 und Gleichungen 5.59 und 5.60 zeigen für jede Folge f, die der Gleichung 5.13 genügt, die Eigenschaft:

$$|\hat{f}_e(\xi)|^2 + |\hat{f}_o(\xi)|^2 = 1. \tag{5.66}$$

Bemerkung. Wir können auch den Filtermultiplikator einer orthogonalen QF–Folge f verwenden, um die Phasenantwort des Filteroperators F zu schätzen. Aus der Definition von γ in Gleichung 5.32 errechnet man die Fouriertransformierte:

$$\begin{aligned}
\hat{\gamma}(\xi) &= \sum_n \sum_k k f(k-n) \bar{f}(k+n) e^{-2\pi i n \xi} \\
&= \sum_k 2k f(2k) \sum_n \bar{f}(2k+2n) e^{-2\pi i n \xi} \\
&\quad + \sum_k (2k+1) f(2k+1) \sum_n \bar{f}(2k+2n+1) e^{-2\pi i n \xi} \\
&= \sum_k 2k f(2k) e^{2\pi i k \xi} \sum_n \overline{f(2n) e^{2\pi i n \xi}} \\
&\quad + \sum_k (2k+1) f(2k+1) e^{2\pi i k \xi} \sum_n \overline{f(2n+1) e^{2\pi i n \xi}} \\
&= \overline{\check{f}_e(\xi)} \sum_k 2k f(2k) e^{2\pi i k \xi} + \overline{\check{f}_o(\xi)} \sum_k (2k+1) f(2k+1) e^{2\pi i k \xi} \\
&= \frac{1}{i\pi} \overline{\check{f}_e(\xi)} \check{f}'_e(\xi) + \frac{1}{i\pi} \overline{\check{f}_o(\xi) e^{\pi i \xi}} \left(\check{f}_o(\xi) e^{\pi i \xi} \right)'.
\end{aligned}$$

Gleichungen 5.59 und 5.60 und die Eigenschaft $\check{f}(\xi) = \hat{f}(-\xi)$ führen zu einem Ausdruck für $\hat{\gamma}$, der nur auf $\check{f}$ und $\check{f}'$ zugreift:

$$8\pi i \hat{\gamma}(\xi) = \overline{\check{f}\left(\frac{\xi}{2}\right)} \check{f}'\left(\frac{\xi}{2}\right) + \overline{\check{f}\left(\frac{\xi}{2}+\frac{1}{2}\right)} \check{f}'\left(\frac{\xi}{2}+\frac{1}{2}\right). \tag{5.67}$$

Die Abweichung $d[f]$ von linearer Phase ist gegeben durch das Maximum von $|\hat{\gamma}(\xi) - 1|$.

5.3.2 Wirkungsweise iterierter Filteranwendungen

Daubechies Ergebnisse in [36] sind die Keimzelle für umfassende Untersuchungen, die sich mit Eigenschaften von Grenzwerten iterierter Faltungs–Dezimations–Operatoren befassen. Man vergleiche zum Beispiel [19, 28, 85, 65, 47].

Grenzwerte iterierter Tiefpaß QFs

Eine sorgfältige Behandlung dieses Gegenstandes kann man in [37] finden. Hier werden wir nur zwei kleine Aspekte behandeln: den QF–Interpolationsalgorithmus, und die Formel für die Skalierungsfunktion einer reellen Variablen. Ersteren kann man benutzen, um glatte Kurven und Abtastfunktionen zu erzeugen, ebenso wie graphische Approximationen der Basisfunktionen, die wir später benutzen werden. Letztere ist eine Grundlage für Daubechies Methode, die Regularität der Wavelets und die analytischen Eigenschaften der Basisfunktionen zu bestimmen.

Quadraturfilter–Interpolation kann folgendermaßen beschrieben werden: Zu vorgegebenen Daten $\{u_0(i) : i \in \mathbf{Z}\}$ interpolieren wir neue Werte in $\frac{1}{2}\mathbf{Z}$ und passen die alten Werte in den ganzen Zahlen an, indem wir die Adjungierte H^* des Tiefpaß–QF anwenden:

$$u_1(i/2) = H^* u_0(i) = \sum_{j=-\infty}^{\infty} \bar{h}(2j - i) u_0(j).$$

Im allgemeinen müssen wir einen Indexshift vornehmen, der durch QFs verursacht wird, falls man die Werte von u_1 mit denen von u_0 vergleichen will. Es ist deshalb günstiger, symmetrische QFs mit Mittelpunkt im Ursprung zu verwenden. Nichts hält uns davon ab, diese Operation zu iterieren und $u_2, u_3, \ldots, u_L$ zu erzeugen, so daß u_L Daten auf einem Gitter mit Schrittweite 2^{-L} darstellt.

Eine *Skalierungsfunktion (scaling function)* für eine Multiskalen–Analyse von $L^2(\mathbf{R})$ ist ein normierter Fixpunkt des Tiefpaß QF-Operators H. Mit anderen Worten ist dies eine Funktion $\phi \in L^2 \cap L^1$ mit $\int_{\mathbf{R}} \phi = 1$ derart, daß $\phi = H\phi$, oder

$$\phi(t) = \sqrt{2} \sum_{j \in \mathbf{Z}} h(j) \phi(2t - j), \quad t \in \mathbf{R}. \tag{5.68}$$

Durch wiederholte Anwendung von Lemma 5.11 ergibt sich damit die Gleichung

$$\hat{\phi}(\xi) = \frac{1}{\sqrt{2}} m(\frac{\xi}{2}) \hat{\phi}(\frac{\xi}{2}) = 2^{-L/2} m(\frac{\xi}{2}) \cdots m(\frac{\xi}{2^L}) \hat{\phi}(\frac{\xi}{2^L}), \quad L > 0.$$

Integrierbarkeit und Normierungsbedingung $\int_{\mathbf{R}} \phi = 1$ liefern $\hat{\phi}(0) = 1$ und die Stetigkeit von $\hat{\phi}$ im Nullpunkt, so daß $\hat{\phi}(\xi/2^L) \to 1$ für $L \to \infty$ folgt. Ebenso muß der Filtermultiplikator $m = m(\xi)$ eines Tiefpaß–QF aufgrund von Gleichung 5.9 in $\xi = 0$ den Wert $\sqrt{2}$ annehmen, so daß wegen Lemma 5.10 die Abschätzung $\left|\frac{1}{\sqrt{2}} m(\frac{\xi}{2^L}) - 1\right| < 2\pi 2^{-\alpha L} |\xi|^\alpha$ für $L \to \infty$ gilt. Da die Reihe $\{a(n) = 2\pi 2^{-\alpha n} |\xi|^\alpha : n = 0, 1, \ldots\}$ absolut summierbar ist, liefert der Weierstraß–Test die Konvergenz des folgenden unendlichen Produktes in jedem Punkt ξ:

$$\hat{\phi}(\xi) = \prod_{k=1}^{\infty} \frac{1}{\sqrt{2}} m(\frac{\xi}{2^k}). \tag{5.69}$$

Daubechies ursprüngliche Methoden zu zeigen, daß ϕ regulär ist, beginnt mit Gleichung 5.69 und verifiziert dann, daß für geeignete Wahl von Filtern h mit endlichem Träger die so definierte Funktion $\hat{\phi}$ für $|\xi| \to \infty$ gegen 0 geht. Um zu zeigen, daß durch die Iteration mit H eine glatte Skalierungsfunktion ϕ entstehen kann, untersuchen wir zwei Beispiele von Filtermultiplikatoren m, die ohne die trickreiche Analysis in [36] auskommen.

Beispiel 1: *Die Shannon–Skalierungsfunktion.* Hier nehmen wir m als die folgende Treppenfunktion:

$$m(\xi) = \sqrt{2} e^{-\pi i \xi} \sum_{k=-\infty}^{\infty} \mathbf{1}_{[-\frac{1}{4}, \frac{1}{4}]}(\xi - k). \tag{5.70}$$

5.3 Frequenzantwort

Diese Funktion ist 1-periodisch auf **R** und Hölder-stetig (tatsächlich unendlich oft differenzierbar) in 0. Bild 5.5 zeigt den Graph einiger Perioden des Absolutwerts dieser Funktion. Sei H der Tiefpaß–Faltungs–Dezimations–Operator, dessen Frequenzantwort durch die spezielle Funktion m gegeben ist. Wir können die Fouriertransformierte der Skalierungsfunktion ϕ aus $\phi = H\phi$ exakt berechnen. In Gleichung 5.69 bemerken wir, daß aus $2^j < |\xi| \leq 2^{j+1}$ für $j \geq -1$ die Aussage $1/4 < |\xi|/2^k \leq 1/2$ für $k = 2+j \geq 1$ folgt. Dies impliziert aber $m(\xi/2^k) = 0$, also $\hat{\phi}(\xi) = 0$. Andererseits folgt aus $|\xi| \leq 1/2$ für alle $k = 1, 2, \ldots$ die Abschätzung $|\xi|/2^k \leq 1/4$ und damit die Identität $\frac{1}{\sqrt{2}}m(\xi/2^k) = e^{-\pi i \xi/2^k}$. Damit gilt aber $\hat{\phi}(\xi) = e^{-\pi i \xi}$ und wir haben folgendes gezeigt:

$$\hat{\phi}(\xi) = e^{-\pi i \xi} \mathbf{1}_{[-\frac{1}{2}, \frac{1}{2}]}(\xi). \tag{5.71}$$

Für die spezielle Wahl von m wie in Gleichung 5.70 hat damit die normierte Fixpunktfunktion $\phi = H\phi$ eine Fouriertransformierte mit kompaktem Träger und ist damit reell analytisch. Tatsächlich ist sie eine Translation der *Shannon-Skalierungsfunktion* oder *sinc-Funktion*:

$$\phi(t) = \frac{\sin \pi(t - \frac{1}{2})}{\pi(t - \frac{1}{2})}. \tag{5.72}$$

Das durch $h(n) = \check{m}(n) = \int_{\mathbf{T}} m(\xi) e^{2\pi i n \xi} \, d\xi$ definierte reellwertige Filter erfüllt Gleichung 5.13, eine der Bedingungen für ein orthogonales QF. Der zugeordnete Operator H erzeugt eine orthogonale Projektion H^*H und erfüllt die weiteren Bedingungen für ein orthogonales QF, sowohl im Funktionenfall, als auch im Folgenfall. h besitzt jedoch keinen endlichen Träger:

$$h(n) = \int_{-1/4}^{1/4} \sqrt{2}\, e^{-\pi i \xi} e^{2\pi i n \xi} \, d\xi = \frac{\sqrt{2} \sin \frac{\pi}{2}(n - \frac{1}{2})}{\pi(n - \frac{1}{2})}. \tag{5.73}$$

Daraus erkennt man $h(n) = O(1/|n|)$ für $n \to \pm\infty$, und diese Abklingrate ist nicht schnell genug, um absolute Summierbarkeit zu garantieren. Nichtsdestoweniger können wir m beliebig genau durch orthogonale QFs mit endlichem Träger approximieren in der L^2-Norm (Satz von Plancherel) oder in der Maximumsnorm auf dem Komplement einer beliebig kleinen Menge (Satz von Weierstraß).

Beispiel 2: *Die Haar-Skalierungsfunktion.* Die kürzeste Folge h, die Gleichung 5.13 erfüllt, ist gegeben durch

$$h(n) = \begin{cases} 1/\sqrt{2}, & \text{falls } n = 0 \text{ oder } n = 1, \\ 0, & \text{falls } n \notin \{0, 1\}. \end{cases} \tag{5.74}$$

Der zugeordnete Filtermultiplikator ergibt sich als:

$$m(\xi) = \frac{1}{\sqrt{2}} \left(1 + e^{-2\pi i \xi}\right) = \sqrt{2}\, e^{-\pi i \xi} \cos \pi \xi. \tag{5.75}$$

Wir können $\hat{\phi}$ exakt berechnen:

$$\prod_{k=1}^{\infty} \frac{1}{\sqrt{2}} m\left(\frac{\xi}{2^k}\right) = e^{-\pi i \sum_{k=1}^{\infty} \frac{\xi}{2^k}} \prod_{k=1}^{\infty} \cos\left(\frac{\pi \xi}{2^k}\right). \tag{5.76}$$

Wegen $\sum_{k=1}^{\infty} \frac{\xi}{2^k} = \xi$ ist der erste Faktor gegeben durch $e^{-\pi i \xi}$. Daß der zweite Faktor durch $\sin(\pi\xi)/\pi\xi$ ausgedrückt werden kann, zeigt die folgende einfache Rechnung:

$$\begin{aligned}\sin(x) &= 2\sin(x/2)\cos(x/2) = 4\sin(x/4)\cos(x/4)\cos(x/2) = \cdots \\ &= 2^L \sin(x/2^L) \prod_{k=1}^{L} \cos(x/2^k) \\ \Rightarrow \prod_{k=1}^{L} \cos(x/2^k) &= \frac{\sin x}{x} \frac{x/2^L}{\sin(x/2^L)}.\end{aligned} \qquad (5.77)$$

Die rechte Seite geht gegen den Grenzwert $\frac{\sin x}{x}$ für $L \to \infty$. Damit gilt

$$\hat{\phi}(\xi) = e^{-\pi i \xi} \frac{\sin \pi \xi}{\pi \xi} \quad \Rightarrow \quad \phi(t) = \mathbf{1}_{[0,1]}(t). \qquad (5.78)$$

Dies nennt man die *Haar–Skalierungsfunktion*. Man beachte, daß die Haar- und die Shannon–Skalierungsfunktionen i.w. durch Fouriertransformation auseinander hervorgehen.

Träger der Skalierungsfunktion

Ist H ein Tiefpaß–FIR–Quadraturfilter und Teil eines orthogonalen konjugierten Paares, so besitzt das Fixpunktproblem $\phi = H\phi$ eine Lösung mit kompaktem Träger. Diese Lösung kann durch Iteration des Filters konstruiert werden, wobei eine geringfügige Verallgemeinerung eines grundlegenden Ergebnisses von Mallat [70] benötigt wird:

Theorem 5.18 *Es seien H, G' und H', G konjugierte Paare von biorthogonalen FIR QFs, deren Filterfolgen h und h' ihren Träger in den Indexintervallen $[a, b]$ bzw. $[a', b']$ besitzen. Existieren nicht-triviale Lösungen $\phi, \phi' \in L^2$ für die Fixpunktgleichungen $\phi = H\phi$ und $\phi' = H'\phi'$, so sind ϕ und ϕ' integrierbar, und es gilt $\operatorname{supp} \phi = [a, b]$ und $\operatorname{supp} \phi' = [a', b']$. Normieren wir die Funktionen gemäß $\int \phi = \int \phi' = 1$, so sind die Lösungen ϕ und ϕ' eindeutig bestimmt.*

Beweis: Wir bemerken zunächst, daß in den folgenden Betrachtungen H durch H' ersetzt werden kann, so daß alle Ergebnisse für ϕ entsprechend auch für ϕ' gelten.

Ist ϕ eine quadratisch integrierbare Lösung, so gilt $\phi = H\phi = H^N\phi$ für alle $N > 0$. Lemma 5.6 zeigt, daß für jedes $\epsilon > 0$ die Gesamtenergie von ϕ außerhalb des Intervalls $[a - \epsilon, b + \epsilon]$ kleiner als ϵ sein muß; der Träger von ϕ muß also im Intervall $[a, b]$ liegen.

Aufgrund der Cauchy–Schwarz–Ungleichung ergibt sich, daß eine quadratisch integrierbare Funktion mit kompaktem Träger auch integrierbar ist: $\|\phi\|_1 = \int_a^b |\phi| \leq \sqrt{b-a}\,\|\phi\| < \infty$. Damit ist ϕ auch integrierbar.

Um die Eindeutigkeit zu zeigen, beachten wir zunächst, daß die Normierung $\int \phi = 1$ bei Anwendung von H erhalten bleibt:

$$\int H\phi(t)\,dt = \sqrt{2} \sum_{k=a}^{b} h(k) \int \phi(2t - k)\,dt = \frac{1}{\sqrt{2}} \sum_{k} h(k) \int \phi(t)\,dt = 1. \qquad (5.79)$$

Nun besitzt jede normierte integrierbare Lösung von $\phi = H\phi$ eine stetige Fouriertransformierte $\hat{\phi} = \hat{\phi}(\xi)$, die gemäß Gleichung 5.69 in jedem Punkt ξ mit $\prod_{k=1}^{\infty} 2^{-1/2} m(\xi/2^k)$ übereinstimmt. Die Differenz zweier solcher normierter Lösungen hat deshalb eine identisch verschwindende Fouriertransformierte; zwei solche Lösungen müssen also gleich sein.

□

Frequenzantwort der Skalierungsfunktion

Die Treppenfunktion m aus Beispiel 1 ist im Ursprung flach von unendlicher Ordnung: $|m(0)|^2 = 2$, und alle Ableitungen von $|m|^2$ verschwinden im Nullpunkt. Der Filtermultiplikator aus Beispiel 2 ist im Ursprung nur flach von erster Ordnung: In diesem Falle gilt $|m(\xi)|^2 = 1 + \cos 2\pi\xi$. Bei endlichen Filtern kann man im Ursprung nur Flachheit von endlicher Ordnung erreichen. Dies reicht jedoch aus um zu garantieren, daß $|\hat{\phi}(\xi)|$ für $\xi \to \pm\infty$ von jeder erwünschten Ordnung gegen Null geht. Daubechies zeigt zum Beispiel ([37],S.226), daß es zu jedem hinreichend großen $d > 0$ ein orthogonales Tiefpaß-QF gibt mit endlichem Träger und Trägerdurchmesser kleiner als $d/10$ derart, daß $|\hat{\phi}(\xi)| \leq C(1 + |\xi|)^{-d}$ gilt. Diese Abfallgeschwindigkeit garantiert wiederum, daß ϕ mindestens $d - 2$ stetige Ableitungen besitzt.

Um die im Grenzfall des Beispiels 1 vorhandene scharfe Frequenzlokalisierung zu erhalten, ist es notwendig, einen Multiplikator ähnlich zu jenem speziellen m zu erzeugen. Die hier betrachteten Familien orthogonaler QFs ergeben ziemlich gute Approximationen, wie wir aus Bild 5.6 entnehmen. Die für die Treppenfunktion m leicht zu berechnenden Ergebnisse können also benützt werden, um zumindest grob die Eigenschaften für die Beispiele unserer QFs wiederzugeben.

Graycode-Permutation

Wir definieren eine Abbildung GC auf der Menge der nicht-negativen ganzen Zahlen durch $GC(n)_i = n_i + n_{i+1} \pmod 2$, wenn n_i die i-te Binärstelle von n bezeichnet. Dann heißt $GC(n)$ der *Graycode* von n. Die Abbildung stellt eine Permutation dar; sie ist invertierbar mit inverser Abbildung $GC^{-1}(n)_i = n_i + n_{i+1} + n_{i+2} + \cdots \pmod 2$, wobei die Summe wegen $n_j = 0$ für $n < 2^j$ endlich ist. Die Permutation läßt alle Teilmengen der Form $\{0, 1, \ldots, 2^L - 1\}$ invariant, da unter der Voraussetzung $n_j = 0$ für alle $j \geq i$ die Aussage $GC(n)_i = 0$ gilt. Für die inverse Graycode-Permutation kann man auch eine rekursive Definition verwenden:

$$GC^{-1}(2n) = \begin{cases} 2GC^{-1}(n), & \text{falls } GC^{-1}(n) \text{ gerade ist,} \\ 2GC^{-1}(n) + 1, & \text{falls } GC^{-1}(n) \text{ ungerade ist;} \end{cases} \quad (5.80)$$

$$GC^{-1}(2n+1) = \begin{cases} 2GC^{-1}(n) + 1, & \text{falls } GC^{-1}(n) \text{ gerade ist,} \\ 2GC^{-1}(n), & \text{falls } GC^{-1}(n) \text{ ungerade ist.} \end{cases} \quad (5.81)$$

Graycode-Permutation stellt die Beziehung her zwischen Paley-Ordnung und Sequenz-Ordnung bei den Walsh-Funktionen, und tritt deshalb in natürlicher Weise auf bei der Frequenzlokalisierung der Waveletpakete, die die Walsh-Funktionen verallgemeinern.

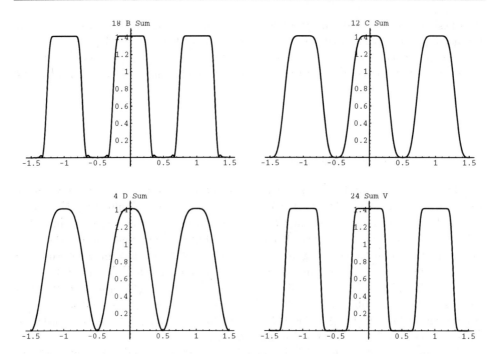

Bild 5.6 Absolutwerte der Filtermultiplikatoren für einige Beispiele orthogonaler Tiefpaß–QFs.

Gray–Kodierung wurde ursprünglich bei der Herstellung von elektrischen Zählern angewendet. Da sich $GC(n)$ und $GC(n+1)$ in genau einem Bit unterscheiden, muß ein Binärzähler, der sein Inkrement in Graycode–Form vornimmt, nie zwei Bits gleichzeitig ändern; er ist deshalb wenig anfällig gegenüber gewissen transienten Fehlern.

Bei C Programmierung können wir den Operator (^) anwenden, um Bitaddition modulo 2 zu implementieren. $GC(n)$ ist dann definiert durch das Makro:

Graycode–Permutation

```
#define graycode(N)    ((N)^((N)>>1))
```

Die Inverse $GC^{-1}(n)$ wird über eine Schleife berechnet:

Inverse Graycode–Permutation

```
igraycode( N ):
    Let M = N>>1
    While M > 0
N ^= M
M >>= 1
    Return N
```

5.3 Frequenzantwort

Iteration von Hochpaß- und Tiefpaß-QFs

Orthogonale QFs H und G können iteriert werden, um spezielle Frequenzbereiche aus einem Signal zu extrahieren. Wir verwenden die Graycode–Permutation, um die Folge der Operatoren, z.B. $HGHHG$ zu finden, mit der wir eine spezielle Frequenz ausdrücken können. Den Grund hierfür erläutern wir anhand der vorangegangenen beiden Beispiele.

Es sei n eine nicht–negative ganze Zahl mit Binärdarstellung

$$n = (n_{j-1} \cdots n_1 n_0)_2 \stackrel{\text{def}}{=} 2^{j-1} n_{j-1} + \cdots + 2n_1 + n_0,$$

wobei $2^j > n$. Wir betrachten die Komposition

$$\psi = \psi_n = F_0 F_1 \cdots F_{j-1} \phi, \tag{5.82}$$

wobei wie zuvor $\phi = H\phi$ gilt, und wir wählen die Filter in Abhängigkeit von n:

$$F_k = \begin{cases} H, & \text{falls } n_k = 0, \\ G, & \text{falls } n_k = 1, \end{cases} \quad \text{für } k = 0, 1, \ldots, j.$$

G bestimmen wir hier aus H in der üblichen Normierung $g(k) = (-1)^k \bar{h}(1-k)$. ψ_n hängt hierbei nicht von j ab: Schreiben wir $n = (0 \cdots 0 n_{j-1} n_{j-2} \cdots n_1 n_0)_2$ mit führenden Nullen, so ergibt sich $F_0 \cdots F_{j-1} H \cdots H \phi = F_0 \cdots F_{j-1} \phi = \psi_n$.

Beispiel 1: *Shannon–Funktionen.* Es sei m_h der Filtermultiplikator aus Gleichung 5.70, so daß ϕ definiert ist durch $\hat{\phi} = e^{-\pi i \xi} \mathbf{1}_{[-\frac{1}{2}, \frac{1}{2}]}$ entsprechend Gleichung 5.71. Die Filterfolge g und der Multiplikator m_g für G sind gegeben durch

$$g(n) = (-1)^n \frac{\sqrt{2} \sin \frac{\pi}{2}(n - \frac{1}{2})}{\pi(n - \frac{1}{2})} \tag{5.83}$$

$$m_g(\xi) = \sqrt{2} e^{-\pi i (\xi + \frac{1}{2})} \sum_{k=-\infty}^{\infty} \mathbf{1}_{[\frac{1}{4}, \frac{3}{4}]}(\xi - k). \tag{5.84}$$

Theorem 5.19 ψ_n *ergibt sich aus* $\hat{\psi}_n(\xi) = e^{-\pi i (\xi + \xi_n)} \mathbf{1}_{[0,1]}(2|\xi| - n')$, *wenn* $2\xi_n = \#\{k : n_k = 1\}$ *die Anzahl der Einsen in der dyadischen Entwicklung von* n *und* $n' = GC^{-1}(n)$ *ist.*

Beweis: Dies ist sicher richtig für $n' = 0 = GC^{-1}(0)$, weil $\psi_0 = \phi$. Wir verwenden Induktion und berechnen $\hat{\psi}_{2n}$ und $\hat{\psi}_{2n+1}$ aus $\hat{\psi}_n$. Aus $n = (n_{j-1} n_{j-2} \cdots n_1 n_0)_2$ folgt aber $2n = (n_{j-1} \cdots n_1 n_0 0)_2$, so daß

$$\begin{aligned} \hat{\psi}_{2n}(\xi) &= \frac{1}{\sqrt{2}} \hat{\psi}_n(\xi/2) m_h(\xi/2) \\ &= e^{-\pi i (\frac{\xi}{2} + \xi_n)} \mathbf{1}_{[0,1]}(|\xi| - n') e^{-\pi i \frac{\xi}{2}} \sum_{k=-\infty}^{\infty} \mathbf{1}_{[-\frac{1}{4}, \frac{1}{4}]}(\frac{\xi}{2} - k) \\ &= \begin{cases} e^{-\pi i (\xi + \xi_n)} \mathbf{1}_{[0,1]}(2|\xi| - 2n'), & \text{falls } n' \text{ gerade ist,} \\ e^{-\pi i (\xi + \xi_n)} \mathbf{1}_{[0,1]}(2|\xi| - (2n'+1)), & \text{falls } n' \text{ ungerade ist;} \end{cases} \\ &= e^{-\pi i (\xi + \xi_{2n})} \mathbf{1}_{[0,1]}(2|\xi| - (2n)'). \end{aligned}$$

Im letzten Schritt haben wir Gleichung 5.80 verwendet. Man beachte dabei, daß $\xi_{2n} = \xi_n$ gilt.

Ebenso folgt $2n+1 = (n_{j-1}\cdots n_1 n_0 1)_2$, so daß

$$\begin{aligned}
\hat{\psi}_{2n+1}(\xi) &= \frac{1}{\sqrt{2}} \hat{\psi}_n(\xi/2) m_g(\xi/2) \\
&= e^{-\pi i(\frac{\xi}{2}+\xi_n)} \mathbf{1}_{[0,1]}(|\xi|-n') e^{-\pi i(\frac{\xi}{2}+\frac{1}{2})} \sum_{k=-\infty}^{\infty} \mathbf{1}_{[\frac{1}{4},\frac{3}{4}]}\left(\frac{\xi}{2}-k\right) \\
&= \begin{cases} e^{-\pi i(\xi+[\xi_n+\frac{1}{2}])} \mathbf{1}_{[0,1]}\left(2|\xi|-(2n'+1)\right), & \text{falls } n' \text{ gerade ist,} \\ e^{-\pi i(\xi+[\xi_n+\frac{1}{2}])} \mathbf{1}_{[0,1]}\left(2|\xi|-2n'\right), & \text{falls } n' \text{ ungerade ist;} \end{cases} \\
&= e^{-\pi i(\xi+\xi_{2n+1})} \mathbf{1}_{[0,1]}\left(2|\xi|-(2n+1)'\right).
\end{aligned}$$

Hier haben wir im letzten Schritt Gleichung 5.81 verwendet, und es gilt $\xi_{2n+1} = \xi_n + \frac{1}{2}$. Um $2\xi_n = \#\{k : n_k = 1\}$ zu zeigen, beachtet man $\xi_0 = 0$ und die Tatsache, daß aus der Gültigkeit dieser Identität für n ebenfalls die Gültigkeit für $2n$ und $2n+1$ folgt. □

Auf Grund dieses Theorems können wir sagen, daß die Funktion ψ_n die „Frequenz" $n'/2$ besitzt, da die Fouriertransformierte den Träger in den Intervallen $[\frac{n'}{2}, \frac{n'+1}{2}]$ und $[\frac{-n'-1}{2}, \frac{-n'}{2}]$ besitzt.

Beispiel 2: *Haar-Walsh-Funktionen.* Es sei m_h der Filtermultiplikator aus Gleichung 5.75, so daß ϕ wie in Gleichung 5.78 gegeben ist durch $\phi = \mathbf{1}_{[0,1]}$. Die Filterfolge g und der Multiplikator m_g zu G sind gegeben durch

$$g(k) = \begin{cases} 1/\sqrt{2}, & \text{falls } k=0, \\ -1/\sqrt{2}, & \text{falls } k=1, \\ 0, & \text{falls } k \notin \{0,1\}; \end{cases} \tag{5.85}$$

$$m_g(\xi) = \frac{1}{\sqrt{2}} \left(1 - e^{-2\pi i \xi}\right) = \sqrt{2} e^{-\pi i(\xi-\frac{1}{2})} \sin \pi\xi. \tag{5.86}$$

Iteriert man H und G, so erzeugt man die *Walsh-Funktionen auf dem Intervall* $[0,1]$; diese können durch verschiedene Formeln definiert werden, wie zum Beispiel durch die folgende Rekursion:

$$\psi_{2n}(t) = \psi_n(2t) + \psi_n(2t-1); \tag{5.87}$$

$$\psi_{2n+1}(t) = \psi_n(2t) - \psi_n(2t-1). \tag{5.88}$$

Man erkennt $\operatorname{supp} \psi_n = [0,1]$ für alle n, und die Funktion ψ_n nimmt in $[0,1]$ nur die Werte 1 und -1 an. Tatsächlich bestehen linke und rechte Hälfte von ψ_{2n} aus gequetschten Versionen von ψ_n, während ψ_{2n+1} aus einer gequetschten Version von ψ_n als linke Hälfte und einer gequetschten Version von $-\psi_n$ als rechte Hälfte entsteht.

Theorem 5.20 *Die Anzahl der Vorzeichenwechsel für $\psi_n(t)$, wenn t von 0 bis 1 läuft, ist gegeben durch $GC^{-1}(n)$.*

5.3 Frequenzantwort

Beweis: Es sei n' die Anzahl der Nulldurchgänge von ψ_n. Da $\psi_0 = \phi = \mathbf{1}_{[0,1]}$ keine Nullstelle hat, gilt $0' = GC^{-1}(0)$. Wir nehmen nun an, daß ψ_n genau $n' = GC^{-1}(n)$ Nulldurchgänge besitzt. Ist n' gerade, so haben $\psi_n(0)$ und $\psi_n(1)$ das gleiche Vorzeichen; dann besitzt ψ_{2n} genau $2n'$ Nulldurchgänge und ψ_{2n+1} genau $2n'+1$ Nulldurchgänge. Ist n' ungerade, so haben $\psi_n(0)$ und $\psi_n(1)$ verschiedenes Vorzeichen; in diesem Falle hat ψ_{2n} genau $2n'+1$ Nulldurchgänge und ψ_{2n+1} genau $2n'$ Nulldurchgänge. Es gilt also

$$(2n)' = \begin{cases} 2n', & \text{falls } n' \text{ gerade ist,} \\ 2n'+1, & \text{falls } n' \text{ ungerade ist;} \end{cases} \quad (2n+1)' = \begin{cases} 2n'+1, & \text{falls } n' \text{ gerade ist,} \\ 2n', & \text{falls } n' \text{ ungerade ist.} \end{cases}$$

Vergleicht man dies mit Gleichungen 5.80 und 5.81, so ergibt sich die Behauptung. $\square$

Die Anzahl der Vorzeichenwechsel oder Nulldurchgänge zielt auf eine andere Vorstellung der Frequenz ab. Die Funktion $\cos kt$, die die „übliche" Frequenz k besitzt, hat $2k$ Nulldurchgänge in einem Periodenintervall $[0, 2\pi]$. Wir werden deshalb sagen, daß die Frequenz von ψ_n im Haar–Walsh–Fall gegeben ist durch $n'/2$.

Die beiden Beispiele verwenden zwei Frequenzbegriffe: Lokalisierung der Fouriertransformierten und Anzahl der Nulldurchgänge oder „Oszillationen". Der erste Begriff ist sinnvoll für die Shannon–Skalierungsfunktion und daraus abgeleitete Beispiele, da die Fouriertransformierte dieser Funktionen einen kompakten Träger besitzt. Der zweite Begriff ist sinnvoll für den Fall der Haar–Walsh–Funktionen, weil diese Funktionen zwischen den Werten $+1$ und -1 oszillieren. Shannon– und Haar–Walsh–Funktionen sind zwei Grenzfälle von Beispielen, aber die Beziehung zwischen n und der Frequenz ist in beiden Fällen gleich.

Wir würden gerne diese Begriffe auf andere Filter mit endlichem Träger übertragen, da diese „zwischen" den Haar–Walsh– und den Shannon–Funktionen liegen. Man kann dies auch tatsächlich durchführen, aber wir wollen die technischen Einzelheiten dieser Konstruktion nicht angeben. Wir sagen einfach, daß die Frequenz der Funktion ψ_n, die durch die Iteration konjugierter QFs H und G entsteht, gegeben ist durch $\frac{1}{2}GC^{-1}(n)$.

Ein interessantes Merkmal bei all diesen Fällen mit endlichem Träger, mit Ausnahme der Haar–Walsh–Funktion, ist die Tatsache, daß die ℓ^∞-Norm von ψ_n nicht beschränkt ist. Das Wachstum wird kontrolliert durch n^δ mit geeignetem $0 < \delta \leq 1/4$ [28]. Dies impliziert, daß der Träger von $\hat{\psi}_n$ sich bei wachsendem n wie n^δ verhält, was zu einer immer schwächeren Frequenzlokalisierung führt. Dieses Verhalten des Trägers kann sich auf praktische Anwendungen nachteilig auswirken, wir können es aber durch eine der folgenden beiden Maßnahmen kontrollieren. Die Größe von n kann durch Fenstertechniken beschränkt werden, um die Anzahl der Abtastwerte innerhalb eines Fensters unterhalb einer Schranke zu halten, die durch die geforderte Frequenzgenauigkeit bestimmt wird. In Kapitel 4 haben wir Techniken diskutiert, die es erlauben, glatte periodische Anteile aus einem langen abgetasteten Signal zu extrahieren. Andererseits können wir auch längere Filter mit besserer Frequenzauflösung benutzen, oder sogar die Filterlänge mit der Iteration vergrößern. Wie in [56] beschrieben, können wir eine Familie von Filtern konstruieren, deren Länge im Iterationsschritt L durch $O(L^2)$ gegeben ist, wobei die Funktionen ψ_n gleichmäßig beschränkt sind.

5.4 Implementierung der Faltungs–Dezimation

Wir konzentrieren uns auf die Faltung von Folgen. Dabei sind zwei Fälle zu unterscheiden: *aperiodische* Faltungs–Dezimation zweier Folgen mit endlichem Träger und *periodische* Faltungs–Dezimation zweier periodischer Folgen.

5.4.1 Allgemeine Annahmen

Um größte Einfachheit, Sicherheit und Flexibilität zu gewinnen, schreibt man am besten ein allgemeines Funktionsprogramm für die Faltungs–Dezimation, das bei verschiedenen Transformationen aufgerufen werden kann. Diese Funktion wird als letzte in die Liste der Hilfsprogramme eingefügt und wird als erste wiederholt abgearbeitet sein, weil sie die wesentlichste Arithmetik durchführt und weil die betrachteten Transformationen rekursiv arbeiten. Wenn wir diesen Schritt sorgfältig planen, können wir viel an Schnelligkeit und Zuverlässigkeit gewinnen.

Man ist gut beraten, notwendige Speichermanipulationen auf diejenigen Funktionen zu beschränken, die am wenigsten aufgerufen werden. Man sollte auch restriktive Voraussetzungen vermeiden, die sich auf das Lesen von Eingabewerten beziehen, bevor ein Ausgabewert geschrieben wird. Wir werden deshalb annehmen, daß Eingabe– und Ausgabedaten auf verschiedene Vektoren zugreifen, die zuvor angelegt worden sind. Notwendige Hilfsvektoren werden wir ebenfalls davon getrennt halten und zuvor angelegt haben.

Da Faltungs–Dezimation eine lineare Operation ist, wird man den Outputvektor sukzessive mit den berechneten Werten überschreiben. Dazu ist es nötig, den Outputvektor zu initialisieren, entweder mit Nullen oder mit einem zuvor berechneten Signal. Wir nehmen auch an, daß notwendige Hilfsvektoren zuvor mit Nullen belegt wurden.

Ist die Faltungs–Dezimation Teil einer separablen multivariaten diskreten Wavelettransformation (vgl. Kapitel 9), so kann es sein, daß wir die Koeffizienten des Outputvektors nicht in der durch die Berechnung gegebenen Anordnung schreiben, um den expliziten Transpositionsschritt zu vermeiden. Wir nehmen jedoch an, daß der Inputvektor die Daten in „benachbarter" Form enthält, da dies die typische Anordnung für zeilenweise gescannte, mehrdimensionale Signale darstellt.

Diese Annahmen und die *variable Länge der Filtervektoren* zwingen uns dazu, eine ziemlich große Anzahl von Parametern zu verwenden, falls wir eine allgemeine Faltungs–Dezimations–Routine bereitstellen wollen:

- Einen Zeiger auf den Outputvektor;
- Das Inkrement, das zwischen Outputwerten benutzt wird;
- Einen Zeiger auf den Inputvektor;
- Die Integergrößen, die den Träger des Inputvektors beschreiben;
- Die Spezifikation des Quadraturfilters.

Aus diesen Daten können wir die Länge des Outputvektors berechnen. Diese Länge muß tatsächlich vor der Anwendung der Faltungs–Dezimation bestimmt werden, da entsprechend viele Speicherplätze angelegt werden müssen.

5.4 Implementierung der Faltungs-Dezimation

Da die Indizierung des QF sich auf den Zusammenhang zwischen Input- und Outputindizes auswirkt, ist es notwendig, einige Konventionen vorzunehmen. Wir spezifizieren das Trägerintervall $[\alpha, \omega]$ der Filterfolge und die Werte der Folge $f = \{f(n)\}$ auf diesem Intervall, d.h. $f(\alpha), f(\alpha+1), \ldots, f(\omega)$, wobei diese Liste alle nicht verschwindenden Werte enthält. In einigen Fällen haben wir etwas Freiheit und können die Folge shiften: die freie Wahl von M in Gleichung 5.19 ist ein Beispiel dafür. Wir werden eine Standardmethode verwenden, um Filter- und Signalfolgen zu speichern, und dies alles als *übliche Indizierung (conventional indexing)* bezeichnen.

Die erste Annahme ist die, daß die Filterfolge f einen Träger $[\alpha, \omega]$ hat, wobei die Indexgrenzen der folgenden Bedingung genügen:

$$\alpha \leq 0 \leq \omega. \tag{5.89}$$

Wir können es immer so einrichten, daß beide Teile eines orthogonalen Paars von QFs diese Eigenschaft haben, und wir werden diese Konvention in die Funktionen aufnehmen, die die Filterspezifikationen erzeugen.

Übliche Indizierung stellt zusätzliche Anforderungen, die von dem benützen Filtertyp abhängen. Für ein konjugiertes orthogonales Paar h, g von QFs des Daubechies-Typs, die gleichen, geraden Trägerdurchmesser $2R$ besitzen, bedeutet übliche Indizierung, daß $\alpha = 0$ und $\omega = 2R - 1$ ist. Dies impliziert $g(n) = (-1)^n h(2R - 1 - n)$.

Für ein symmetrisches oder antisymmetrisches Quadrupel h, g, h', g' von biorthogonalen Filterfolgen müssen wir nur die Hälfte der Koeffizienten jeder Filterfolge abspeichern. Übliche Indizierung in diesem Fall bedeutet, daß diese Hälfte jeweils in den Positionen $f(0), f(1), \ldots, f(\omega)$ abgelegt wird. Wir werden jedoch auch die andere Hälfte der Koeffizienten, d.h. diejenigen in $f(\alpha), f(\alpha+1), \ldots, f(-1)$ abspeichern, damit wir in diesem Fall die gleiche Faltungs-Dezimations-Funktion anwenden können wie im nicht symmetrischen Fall. Die Symmetrie impliziert die folgenden Zusammenhänge zwischen den in der üblichen Weise indizierten Vektoren:

Symmetrie bezüglich $n = 0$: $h(-n) = h(n)$ für $n = 1, 2, \ldots, \omega$: Die Anzahl $2\omega + 1$ der Filterkoeffizienten ist ungerade, und $\alpha = -\omega$;

Symmetrie bezüglich $n = -1/2$: $h(-n) = h(n-1)$ für $n = 1, 2, \ldots, \omega$: Es liegt eine gerade Zahl $2\omega + 2$ von Filterkoeffizienten vor, und $\alpha = -\omega - 1$;

Antisymmetrie bezüglich $n = -1/2$: $h(-n) = -h(n-1)$ für $n = 1, 2, \ldots, \omega$: Es liegt eine gerade Zahl $2\omega + 2$ von Filterkoeffizienten vor, und $\alpha = -\omega - 1$.

Nutzt man die Symmetrie zur Reduktion von Platz- und Laufzeitanforderungen, so fällt dies in die Kategorie der „Beschleunigungstricks", die am Ende dieses Kapitels diskutiert werden; dafür muß allerdings eine spezielle Faltungs-Dezimations-Routine vorgesehen werden.

Wir nehmen stets an, daß das QF und die Inputfolgen reellwertig sind. Dies bedeutet, daß F und F^* den gleichen Vektor als Filterfolge verwenden können und daß gewöhnliche Standard C Gleitpunktarithmetik angewendet werden kann. Auch die Outputfolgen werden dann reellwertig sein. Die Filterfolge f kann als *PQF* Datenstruktur (*prepared quadrature filter*) mit den folgenden Bestandteilen bereitgestellt werden:

- *PQF.F*, die ursprüngliche Filterfolge mit üblicher Indizierung;

- *PQF.ALPHA*, der kleinste Index der ursprünglichen Filterfolge mit nicht verschwindendem Filterkoeffizienten;

- *PQF.OMEGA*, der größte Index der ursprünglichen Filterfolge mit nicht verschwindendem Filterkoeffizienten.

Es ist zusätzlich sinnvoll, diejenigen Größen zu berechnen und abzuspeichern, die zur Korrektur des Phasenshifts des Filters benutzt werden:

- *PQF.CENTER*, das Energiezentrum $c[f]$ der Filterfolge;

- *PQF.DEVIATION*, die maximale Abweichung $d[f]$ von der linearen Phase.

Wir lassen auch Platz für Vektoren von vorperiodisierten Koeffizienten, die bei periodischer Faltungs–Dezimation verwendet werden:

- *PQF.FP*, je eine vorperiodisierte Folge für jede gerade Periode $q > 0$ mit q kleiner oder gleich `PQF.OMEGA-PQF.ALPHA`.

Bemerkung. Wahlweise können wir die vorperiodisierte Folge als eine Liste von einzelnen Vektoren oder als einen einzigen verketteten Vektor abspeichern. Im letzteren Fall, den wir hier anwenden werden, müssen wir eine Indexfunktion schreiben, die den Startindex für jeden periodisierten Subvektor berechnet.

Um für eine Filterfolge das Energiezentrum und die Abweichung von der linearen Phase zu berechnen, verwenden wir zwei Hilfsprogramme. Diese sind allgemeiner anwendbar und nicht wesentlich langsamer, wenn wir die Voraussetzung fallen lassen, daß die Folge die Norm 1 hat.

Energiezentrum für eine beliebige Folge

```
coe( U, LEAST, FINAL ):
  Let ENERGY = 0
  Let CENTER = 0
  For I = LEAST to FINAL
     Let USQUARED = U[I]*U[I]
     CENTER += I*USQUARED
     ENERGY += USQUARED
  If ENERGY>0 then
     CENTER /= ENERGY
  Return CENTER
```

5.4 Implementierung der Faltungs–Dezimation

Abweichung von der linearen Phase für eine Filterfolge

```
lphdev( F, ALPHA, OMEGA ):
   Let ENERGY = 0
   For K = ALPHA to OMEGA
      ENERGY += F[K]*F[K]
   Let DEVIATION = 0
   If ENERGY>0 then
      Let SGN = -1
      For N = 1 to IFH(OMEGA-ALPHA)
   Let  FX = 0
   For K = N+ALPHA to OMEGA-N
      FX += K * F[K-N] * F[K+N]
   DEVIATION += SGN*FX
   Let SGN = -SGN
         Let DEVIATION = 2 * absval(DEVIATION) / ENERGY
   Return DEVIATION
```

Hilfsprogramme zur Berechnung der vorperiodisierten Filterkoeffizienten werden wir im Abschnitt über periodische Faltungs–Dezimation beschreiben.

5.4.2 Aperiodische Faltungs–Dezimation

Dieser Algorithmus kann auf Inputfolgen beliebiger endlicher Länge angewendet werden. Es sei f eine Filterfolge mit Träger $[\alpha, \omega]$ und üblicher Indizierung. Sei u eine weitere Folge mit endlichem Träger, deren nicht verschwindende Elemente gegeben sind durch $\{u(a), u(a+1), \ldots, u(0), \ldots, u(b)\}$ mit geeignetem $a \leq 0$ und $b \geq 0$. Die Formel für die Faltungs–Dezimation auf der rechten Seite von Gleichung 5.1 ergibt sich dann zu

$$Fu(i) = \sum_{j=\alpha}^{\omega} f(j) u(2i - j). \tag{5.90}$$

Für $2i - \alpha < a$ oder $2i - \omega > b$ verschwindet der Summand. Außerdem müssen wir die Werte der Faltungs–Dezimation nur für die Indizes $i \in \{a', \ldots, 1, 0, 1, \ldots, b'\}$ berechnen mit

$$a' = \lceil (a+\alpha)/2 \rceil; \qquad b' = \lfloor (b+\omega)/2 \rfloor. \tag{5.91}$$

Nun gilt

$$\lceil n/2 \rceil = \begin{cases} n/2, & \text{falls } n \text{ gerade,} \\ (n+1)/2, & \text{falls } n \text{ ungerade;} \end{cases} \qquad \lfloor m/2 \rfloor = \begin{cases} m/2, & \text{falls } m \text{ gerade,} \\ (m-1)/2, & \text{falls } m \text{ ungerade.} \end{cases}$$

Wir können damit $\lceil n/2 \rceil$ und $\lfloor m/2 \rfloor$ über die folgenden Präprozessormakros implementieren:

```
#define ICH(n)        ((n)&1?((n)+1)/2:(n)/2)
#define IFH(m)        ((m)&1?((m)-1)/2:(m)/2)
```

Bemerkung. In Standard C rundet Integerdivision Quotienten gegen Null. Mit anderen Worten gilt folgendes für Integergrößen n:

$$n/2 = \begin{cases} \lfloor n/2 \rfloor, & \text{falls } n > 0, \\ \lceil n/2 \rceil, & \text{falls } n < 0. \end{cases}$$

Nun gilt $b \geq 0 \Rightarrow b' \geq 0$ und ebenso $a \leq 0 \Rightarrow a' \leq 0$, falls wir üblich indizierte QFs verwenden. Starten wir also mit einer Folge v, deren Träger die 0 überdeckt, so können wir einfache Integerdivision verwenden zur Berechnung von a', b' aus a, b. Die Verwendung von `ICH()` und `IFH()` geht aber von wenigen Annahmen aus und ist die sicherere Methode.

Gleichung 5.90 zeigt auch, daß für jeden Outputindex i die einzigen Werte $j \in [\alpha, \omega]$, für die der Summand nicht verschwindet, durch $a \leq 2i - j \leq b$ beschrieben werden. Die Summation ist also von $j = \max\{\alpha, 2i - b\}$ bis $j = \min\{\omega, 2i - a\}$ vorzunehmen. Diese Summationsgrenzen können mit Hilfe der beiden Präprozessormakros aus Kapitel 2 berechnet werden.

Aus Gleichung 5.90 erhalten wir die folgende Implementierung einer Funktion für aperiodische Faltungs–Dezimation:

Aperiodische Faltungs–Dezimation: sequentielle Outputversion

```
cdao( OUT, STEP, IN, A, B, F ):
  Let APRIME = ICH(A+F.ALPHA)
  Let BPRIME = IFH(B+F.OMEGA)
  For I = APRIME to BPRIME
    Let BEGIN = max( F.ALPHA, 2*I-B )
    Let END   = min( F.OMEGA, 2*I-A )
    For J = BEGIN to END
      OUT[I*STEP] += F.F[J]*IN[2*I-J]
```

Dieser Code schließt die Berechnung jedes sukzessiven Werts von `OUT[]` ab, bevor auf den nächsten eingegangen wird. Man achte darauf, daß dieser Code einen Parameter `STEP` enthält, der möglicherweise von 1 verschieden ist, und der ein Inkrement im Vektor `OUT[]` darstellt.

Wollen wir Outputwerte zuweisen anstatt sie jeweils zuzuaddieren, so müssen wir nur den Inkrementoperator in dem `OUT[]` Statement durch einen Zuweisungsoperator ersetzen. Die entsprechende Modifikation von `cdao()` wollen wir mit `cdae()` bezeichnen; sie hat dieselbe Parameterliste.

Andererseits können wir die Anordnung der beiden „for"-Schleifen vertauschen. Dann müssen wir in Betracht ziehen, welche Outputindizes i durch jeden Inputwert betroffen sind. Auf Grund der linken Seite von Gleichung 5.1 erkennen wir

$$Fu(i) = \sum_{j=a}^{b} f(2i - j)u(j). \tag{5.92}$$

5.4 Implementierung der Faltungs–Dezimation

Außer für $\alpha \leq 2i - j \leq \omega$ verschwindet der Summand, so daß wir bei festem $j \in [a, b]$ den Output für $\lceil (j + \alpha)/2 \rceil \leq i \leq \lfloor (j + \omega)/2 \rfloor$ berechnen müssen. Man achte darauf, daß diese Endpunkte von gleichem Vorzeichen sein können; wir müssen also in diesem Falle ICH() und IFH() statt Integerdivision verwenden. Damit erhalten wir eine zweite Implementierung der aperiodischen Faltungs–Dezimation:

Aperiodische Faltungs–Dezimation: sequentielle Inputversion

```
cdai( OUT, STEP, IN, A, B, F ):
   For J = A to B
      Let BEGIN = ICH(J+F.ALPHA)
      Let END   = IFH(J+F.OMEGA)
      For I = BEGIN to END
         OUT[I*STEP] += F.F[2*I-J]*IN[J]
```

Diese Implementierung schließt die Verwendung jedes Inputwertes ab, bevor der nachfolgende Wert gelesen wird. Welche der beiden Implementierungen sollte nun in einem speziellen Fall verwendet werden? Können die Outputwerte nicht gepuffert werden, oder werden sie sukzessive in einen Datenstrom geschrieben, so müssen wir die *sequentielle Outputversion* verwenden. Vermischen wir die „Zuaddierung" und die „Zuweisung" so ist es besser, die sequentielle Outputversion zu verwenden, da die Summationsreihenfolge in beiden Versionen die gleiche ist. Lesen wir von einem Datenstrom, der uns nicht die Möglichkeit gibt, Daten zurückzuverfolgen, so müssen wir die *sequentielle Inputversion* verwenden. Auch die Anzahl der Operationen ist in beiden Versionen verschieden, was am zusätzlichen Aufwand zur Berechnung der Laufbereiche für die Schleifen und der Indizes liegt. Diese Unterschiede sind jedoch marginal.

5.4.3 Adjungierte aperiodische Faltungs–Dezimation

Gleichung 5.2 liefert bei einem in üblicher Weise indizierten reellen QF mit Filterfolge f und einer Folge u mit Träger in $[c, d]$ die folgende Formel:

$$F^* u(j) = \sum_{i=c}^{d} f(2i - j) u(i). \qquad (5.93)$$

Die Summanden verschwinden, außer für die Fälle $\alpha \leq 2i - j \leq \omega$ und $c \leq i \leq d$. Außerdem läuft der Outputindex j nur über das Intervall $[c', d']$ mit

$$c' = 2c - \omega; \qquad d' = 2d - \alpha. \qquad (5.94)$$

Für jedes solche j läuft der Summationsindex von $i = \max\{\lceil (j + \alpha)/2 \rceil, c\}$ bis zu $i = \min\{\lfloor (j + \omega)/2 \rfloor, d\}$. Damit kann eine Version des adjungierten Faltungs–Dezimations–Algorithmus in folgender Weise implementiert werden:

Adjungierte aperiodische Faltungs–Dezimation: sequentieller Output

```
acdao( OUT, STEP, IN, C, D, F ):
   Let CPRIME = 2*C-F.OMEGA
   Let DPRIME = 2*D-F.ALPHA
   For J = CPRIME to DPRIME
      Let BEGIN = max( ICH(J+F.ALPHA ), C )
      Let END   = min( IFH(J+F.OMEGA ), D )
      For I = BEGIN to END
         OUT[J*STEP] += F.F[2*I-J]*IN[I]
```

Auch für diesen adjungierten Fall haben wir eine zweite Version. D.h. wir können die Inputwerte sequentiell lesen und die Outputwerte entsprechend aufbauen. Für jeden Inputindex i im Indexbereich $[c, d]$ haben wir in Gleichung 5.93 höchstens dann eine nicht verschwindende Summe, falls $\alpha \leq 2i - j \leq \omega$ gilt; äquivalent hierzu verwenden wir in dem nachfolgenden Codefragment $2i - \omega \leq j \leq 2i - \alpha$:

```
...
For I = C to D
   Let BEGIN = 2*I-F.OMEGA
   Let END   = 2*I-F.ALPHA
   For J = BEGIN to END
      OUT[J*STEP] += F.F[2*I-J]*IN[I]
...
```

Es ist allerdings umständlich, die geshifteten Grenzen für j zu berechnen und diesen Shift in der innersten Schleife wieder rückgängig zu machen; wir ersetzen also j durch $2i - j$ in der tatsächlichen Implementierung der Funktion:

Adjungierte aperiodische Faltungs–Dezimation: sequentieller Input

```
acdai( OUT, STEP, IN, C, D, F ):
   For I = C to D
      For J = F.ALPHA to F.OMEGA
         OUT[(2*I-J)*STEP] += F.F[J]*IN[I]
```

Wollen wir Outputwerte zuweisen anstatt sie zuzuaddieren, so müssen wir nur den Inkrementoperator in dem `OUT[]` Statement durch einen Zuweisungsoperator ersetzen. Die entsprechende Modifikation von `acdao()` werden wir wieder mit `acdae()` bezeichnen; dabei tritt dieselbe Parameterliste auf wie für `acdao()` oder `acdai()`.

Wie zuvor gibt es Fälle, in denen eine der beiden Versionen vorzuziehen wäre. Die Kriterien für den adjungierten Fall sind hierbei die gleichen wie für die übliche Faltungs–Dezimation.

5.4.4 Periodische Faltungs–Dezimation

Wir beschränken uns auf den Fall der Faltung mit anschließender Dezimation um den Faktor 2. Im q-periodischen Fall nehmen wir an, daß die Periode durch 2 teilbar ist, so

5.4 Implementierung der Faltungs–Dezimation

daß die dezimierte Folge die ganzzahlige Periode $q/2$ besitzt.

Vorperiodisierte QFs

Wir gehen aus von einer Filterfolge $f = \{f(\alpha), \ldots, f(\omega)\}$ mit endlichem Träger und üblicher Indizierung, und erzeugen alle periodisierten Folgen $f_2, f_4, \ldots$ mit gerader Periode q, wobei q kleiner oder gleich der Länge $1 + \omega - \alpha$ des Trägers von f ist. Diese periodisierten Folgen sind durch die folgende Gleichung definiert:

$$f_q(k) \stackrel{\text{def}}{=} \sum_{j=\lceil(\alpha-k)/q\rceil}^{\lfloor(\omega-k)/q\rfloor} f(k+jq), \qquad \text{für } k = 0, 1, \ldots, q-1. \qquad (5.95)$$

Zunächst müssen wir uns darüber klar werden, wie wir die Koeffizienten speichern. Für den Augenblick wollen wir annehmen, daß der FP Anteil der PQF-Datenstruktur aus einem einzelnen langen Vektor besteht und daß die mit gerader Periode `Q` vorperiodisierten Koeffizienten beim Relativabstand `FQ = F.FP+PQFO(Q/2)` beginnen. Wir werden später die Funktion `PQFO()` definieren, die diesen Abstand berechnet.

Die Vorperiodisierung kann mit einem einfachen Hilfsprogramm erfolgen. Wir müssen nur herausfinden, welche Werte von $k+jq$ im Träger des Filters liegen. Hier wirkt sich die übliche Indizierung vorteilhaft aus, da der Ausdruck $\alpha - k$ nie größer als 0 ist für alle $k = 0, \ldots, q-1$. Wir können deshalb $\lceil(\alpha-k)/q\rceil = (\alpha-k)/q$ in Standard C durch negative Integerdivision berechnen. In einer Programmiersprache, die nicht der Regel folgt, daß Integerquotienten gegen 0 gerundet werden, müßten wir ein Statement „`If K+J*Q<ALPHA then J+=1`" vor der „while"-Schleife einfügen:

q-Periodisierung einer Folge

```
periodize( FQ, Q, F, ALPHA, OMEGA ):
    For K = 0 to Q-1
        Let FQ[K] = 0
        Let J = (ALPHA-K)/Q
        While K+J*Q <= OMEGA
            FQ[K] += F[K+J*Q]
            J += 1
```

Wir haben hier ebenfalls angenommen, daß der Outputvektor zuvor angelegt wurde, obwohl er nicht mit Nullen initialisiert zu werden braucht.

Periodische Faltungs–Dezimation mit dem „mod"-Operator

Sind u und f zwei q-periodische Folgen, so müssen wir jeweils nur q Werte speichern, zum Beispiel $u(0), \ldots, u(q-1)$ und $f(0), \ldots, f(q-1)$. Wir verwenden die rechte Seite von Gleichung 5.3, um die Formel für die periodisierte Faltungs–Dezimation zu erhalten für $i = 0, 1, \ldots, q/2 - 1$:

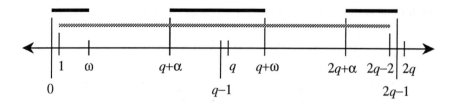

Bild 5.7 Indexintervalle $q + 2i - j \in [1, 2q-2]$ und $2i - j \in [\alpha, \omega] \bmod q$.

$$Fu(i) = \begin{cases} \sum_{j=\alpha}^{\omega} f(j) u(2i - j \bmod q), & \text{falls } q > \omega - \alpha; \\ \sum_{j=0}^{q-1} f_q(j) u(2i - j \bmod q), & \text{falls } q \leq \omega - \alpha. \end{cases} \quad (5.96)$$

Man achte darauf, daß die Summation bei verschiedenen Perioden verschiedene Filterkoeffizienten verwendet.

Wir wollen annehmen, daß die Filterfolge f in der vorher beschriebenen PQF–Datenstruktur abgelegt wurde. Um die periodische Faltungs–Dezimation zu implementieren, können wir den Rest– oder „mod"-Operator verwenden, der in Standard C durch „%" bezeichnet wird. Man achte darauf, daß wir q addieren, um sicherzustellen, daß das linke Argument von „mod" nicht negativ ist:

Modulare Faltungs–Dezimation: sequentieller Output

```
cdmo( OUT, STEP, IN, Q, F ):
  Let Q2 = Q/2
  If Q > F.OMEGA-F.ALPHA then
     Let FILTER = F.F
     For I = 0 to Q2-1
        For J = F.ALPHA to F.OMEGA
           OUT[I*STEP] += FILTER[J]*IN[(Q+2*I-J)%Q]
  Else
     Let FILTER = F.FP + PQFO(Q2)
     For I = 0 to Q2-1
        For J = 0 to Q-1
           OUT[I*STEP] += FILTER[J]*IN[(Q+2*I-J)%Q]
```

Wir können auch die Summationsreihenfolge vertauschen und die linke Seite von Gleichung 5.3 verwenden, um einen Algorithmus bei *sequentiellem Input* zu erhalten. Dabei sind zwei Fälle zu betrachten:

- Für $q \leq \omega - \alpha$ ist $f_q(j)$ definiert für alle $j = 0, 1, \ldots, q-1$; wir verwenden die Tatsache, daß $1 \leq q + 2i - j \leq 2q - 2$ für alle $0 \leq j < q$ und alle $0 \leq i < q/2$, so daß die Operanden von mod alle positiv sind. Dieser Laufbereich für die Werte ist durch die graue Linie in Bild 5.7 hervorgehoben.

5.4 Implementierung der Faltungs–Dezimation

- Für $q > \omega - \alpha$ ist $f_q(n)$, $0 \leq n < q$, nur dann ungleich Null, falls $n \in [0, \omega] \cup [q + \alpha, q-1]$. Sei $n = 2i - j \bmod q$; wegen $-q + 2 \leq 2i - j \leq q - 1$ erhalten wir drei benachbarte Intervalle, auf denen $f_q(2i - j)$ nicht verschwindet. Diese sind durch die schwarzen Linien in Bild 5.7 hervorgehoben.

Im ersten Fall können wir wieder die Doppelschleife aus `cdmo()` verwenden, wobei die Summationen bezüglich i und j vertauscht sind, so daß wir die Inputwerte sequentiell lesen. Wie zuvor addieren wir q zum Inputindex $2i - j$, um eine positives Argument für den „mod"-Operator zu erhalten.

Im zweiten Fall können die drei i-Intervalle folgendermaßen berechnet werden:

$$-q+1 \leq 2i-j \leq -q+\omega \quad \Rightarrow \quad \left\lceil\frac{j+1}{2}\right\rceil - \frac{q}{2} \leq i \leq \left\lfloor\frac{j+\omega}{2}\right\rfloor - \frac{q}{2},$$

$$\alpha \leq 2i-j \leq \omega \quad \Rightarrow \quad \left\lceil\frac{j+\alpha}{2}\right\rceil \leq i \leq \left\lfloor\frac{j+\omega}{2}\right\rfloor, \quad (5.97)$$

$$q+\alpha \leq 2i-j \leq q-2 \quad \Rightarrow \quad \left\lceil\frac{j+\alpha}{2}\right\rceil + \frac{q}{2} \leq i \leq \left\lfloor\frac{j}{2}\right\rfloor + \frac{q}{2} - 1.$$

Wegen $0 \leq i \leq \frac{q}{2} - 1$ kann man diese i-Intervalle noch verkleinern:

$$\max\left\{0, \left\lceil\frac{j+1}{2}\right\rceil - \frac{q}{2}\right\} \leq i \leq \min\left\{\frac{q}{2}-1, \left\lfloor\frac{j+\omega}{2}\right\rfloor - \frac{q}{2}\right\},$$

$$\max\left\{0, \left\lceil\frac{j+\alpha}{2}\right\rceil\right\} \leq i \leq \min\left\{\frac{q}{2}-1, \left\lfloor\frac{j+\omega}{2}\right\rfloor\right\}, \quad (5.98)$$

$$\max\left\{0, \left\lceil\frac{j+\alpha}{2}\right\rceil + \frac{q}{2}\right\} \leq i \leq \min\left\{\frac{q}{2}-1, \left\lfloor\frac{j}{2}\right\rfloor + \frac{q}{2} - 1\right\}.$$

Übliche Indizierung erlaubt es uns, einige der Endpunkte anzugeben:

$$0 \leq i \leq \left\lfloor\frac{j+\omega}{2}\right\rfloor - \frac{q}{2},$$

$$\max\left\{0, \left\lceil\frac{j+\alpha}{2}\right\rceil\right\} \leq i \leq \min\left\{\frac{q}{2}-1, \left\lfloor\frac{j+\omega}{2}\right\rfloor\right\}, \quad (5.99)$$

$$\left\lceil\frac{j+\alpha}{2}\right\rceil + \frac{q}{2} \leq i \leq \frac{q}{2} - 1.$$

Einige dieser Intervalle können dabei leer sein, und wir müssen darauf achten, daß dies beim Abarbeiten der Schleifen richtig gehandhabt wird, wie es in unserem Pseudocode der Fall ist. Wir können $q/2$, $\lceil(j+\alpha)/2\rceil$ und $\lfloor(j+\omega)/2\rfloor$ berechnen und in Hilfsvariablen ablegen, da sie während der Rechnung immer wieder benutzt werden:

Modulare Faltungs–Dezimation: sequentieller Input

```
cdmi( OUT, STEP, IN, Q, F ):
  Let Q2  = Q/2
  If Q > F.OMEGA-F.ALPHA then
    Let FILTER = F.F
    For J = 0 to Q-1
      Let JA2 = ICH(J+F.ALPHA)
      Let JO2 = IFH(J+F.OMEGA)
      For I = 0 to JO2-Q2
        OUT[I*STEP] += FILTER[Q+2*I-J]*IN[J]
      For I = max(0,JA2) to min(Q2-1,JO2)
        OUT[I*STEP] += FILTER[2*I-J]*IN[J]
      For I = JA2+Q2 to Q2-1
        OUT[I*STEP] += FILTER[2*I-J-Q]*IN[J]
  Else
    Let FILTER = F.FP + PQFO(Q)
    For J = 0 to Q-1
      For I = 0 to Q2-1
        OUT[I*STEP] += FILTER[(Q+2*I-J)%Q]*IN[J]
```

Vermeiden des „mod"-Operators

Für $0 \leq i \leq \frac{q}{2} - 1$ und $0 \leq j \leq q-1$ liegt der Wert von $2i - j$ zwischen $-q + 1$ und $q - 2$. Ergänzen wir also die periodisierte Filterfolge $\{f_q(0), f_q(1), \ldots, f_q(q-1)\}$ dadurch, daß wir die Werte $\{f_q(-q) = f_q(0), f_q(-q+1) = f_q(1), f_q(-q+2) = f_q(2), \ldots, f_q(-1) = f_q(q-1)\}$ kopieren, so kommen wir ohne den Restoperator aus.

Diese erweiterten Vorperiodisierungen sind Vektoren der Länge $2+2, 4+4, \ldots, 2M+2M$ mit $M = \lfloor (\omega - \alpha)/2 \rfloor$. Die Gesamtlänge aller Vektoren ist damit $4(1 + 2 + \cdots + M) = 2M(M+1)$. Verketten wir die Vektoren mit wachsender Länge, indem wir mit demjenigen der Periodie 2 beginnen, so hat der „Nullpunkt" des Teilvektors der Länge $q = 2m$ den Abstand $2m(m + 1) - 2m = 2m^2$ vom Vektoranfang.

Die folgenden beiden Makros können zur Berechnung dieses Abstands und der Gesamtlänge verwendet werden:

Länge und Nullpunkt für verkettete, vorperiodisierte Filtervektoren

```
#define PQFL(m)      (2*(m)*(m+1))
#define PQFO(m)      (2*(m)*(m))
```

Der verkettete Vektor FP[], angelegt mit Länge PQFL(M), sollte $f_q(n)$ im Indexabstand PQFO(Q/2)+N enthalten, wobei $M = \lfloor (\omega - \alpha)/2 \rfloor$ und $-q \leq n < q$ gilt. Das folgende Hilfsprogramm führt die entsprechende Zuweisung aus:

5.4 Implementierung der Faltungs–Dezimation

Ergänzung eines vorperiodisierten QF

```
qfcirc(FP, F, ALPHA, OMEGA):
  Let M = IFH(OMEGA-ALPHA)
  For N = 1 to M
    Let Q = 2*N
    Let FQ = FP + PQFO(N)
    periodize( FQ, Q, F, ALPHA, OMEGA )
    For K = 0 to Q-1
      Let FQ[K-Q] = FQ[K]
```

Nach diesen Vorbereitungen können wir den „mod"-Operator aus der sequentiellen Inputversion der periodischen Faltungs–Dezimation eliminieren:

Periodische Faltungs–Dezimation: sequentieller Input

```
cdpi( OUT, STEP, IN, Q, F ):
  Let Q2   = Q/2
  If Q > F.OMEGA-F.ALPHA then
    Let FILTER = F.F
    For J = 0 to Q-1
      Let JA2 = ICH(J+F.ALPHA)
      Let JO2 = IFH(J+F.OMEGA)
      For I = 0 to JO2-Q2
        OUT[I*STEP] += FILTER[Q+2*I-J]*IN[J]
      For I = max(0,JA2) to min(Q2-1,JO2)
        OUT[I*STEP] += FILTER[2*I-J]*IN[J]
      For I = JA2+Q2 to Q2-1
        OUT[I*STEP] += FILTER[2*I-J-Q]*IN[J]
  Else
    Let FILTER = F.FP+PQFO(Q2)
    For J = 0 to Q-1
      For I = 0 to Q2-1
        OUT[I*STEP] += FILTER[2*I-J]*IN[J]
```

In der sequentiellen Outputversion müssen wir wieder den „mod"-Operator im Fall $q > \omega - \alpha$ eliminieren. Wieder verwenden wir die linke Seite von Gleichung 5.3 und nehmen übliche Indizierung an, dieses Mal bestimmen wir aber die j-Intervalle. Dabei können folgende drei Fälle auftreten:

$$\begin{aligned}
-q+1 \leq 2i-j \leq -q+\omega &\Rightarrow 2i+q-\omega \leq j \leq 2i+q-1, \\
\alpha \leq 2i-j \leq \omega &\Rightarrow 2i-\omega \leq j \leq 2i-\alpha, \\
q+\alpha \leq 2i-j \leq q-2 &\Rightarrow 2i-q+2 \leq j \leq 2i-q-\alpha.
\end{aligned} \quad (5.100)$$

Wegen $0 \leq j \leq q-1$ kann man diese j-Intervalle weiter einschränken:

$$\begin{aligned}
\max\{0, 2i+q-\omega\} &\leq j \leq \min\{q-1, 2i+q-1\}, \\
\max\{0, 2i-\omega\} &\leq j \leq \min\{q-1, 2i-\alpha\},
\end{aligned} \quad (5.101)$$

$$\max\{0, 2i - q + 2\} \leq j \leq \min\{q - 1, 2i - q - \alpha\}.$$

Unter Verwendung der Annahmen über übliche Indizierung vereinfacht sich dies zu:

$$\begin{aligned} 2i + q - \omega &\leq j \leq q - 1, \\ \max\{0, 2i - \omega\} &\leq j \leq \min\{q - 1, 2i - \alpha\}, \\ 0 &\leq j \leq 2i - q - \alpha. \end{aligned} \quad (5.102)$$

Entsprechend spalten wir die j-Summation auf, wobei wir zulassen, daß einige dieser Intervalle leer sind:

Periodische Faltungs–Dezimation: sequentieller Output (1)

```
cdpo1( OUT, STEP, IN, Q, F ):
  Let Q2  = Q/2
  If Q > F.OMEGA-F.ALPHA then
    Let FILTER = F.F
    For I = 0 to Q2-1
      Let A2I = 2*I-F.ALPHA
      Let O2I = 2*I-F.OMEGA
      For J = 0 to A2I-Q
        OUT[I*STEP] += FILTER[2*I-J-Q]*IN[J]
      For J = max(0,O2I) to min(Q-1,A2I)
        OUT[I*STEP] += FILTER[2*I-J]*IN[J]
      For J = O2I+Q to Q-1
        OUT[I*STEP] += FILTER[Q+2*I-J]*IN[J]
  Else
    Let FILTER = F.FP+PQFO(Q2)
    For I = 0 to Q2-1
      For J = 0 to Q-1
        OUT[I*STEP] += FILTER[2*I-J]*IN[J]
```

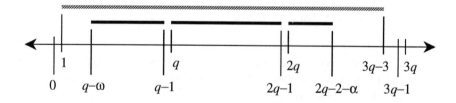

Bild 5.8 Indexintervalle $q + 2i - j \in [1, 2q - 2]$ und $j \in [\alpha, \omega] \bmod q$.

Verwenden wir die rechte Seite von Gleichung 5.3, so erhalten wir eine Variante dieser Implementierung. Die Laufbereiche sind nun $0 \leq i \leq \frac{q}{2} - 1$ und $\alpha \leq j \leq \omega$, so daß $1 \leq q - \omega \leq q + 2i - j \leq 2q - 2 - \alpha \leq 3q - 3$. Die j-Summation erstreckt sich damit über möglicherweise drei benachbarte Intervalle, dargestellt durch die schwarzen Linien in Bild 5.8. Die Endpunkte dieser Intervalle ergeben sich zu:

5.4 Implementierung der Faltungs-Dezimation

$$q - \omega \leq q + 2i - j \leq q - 1 \quad \Rightarrow \quad 2i + 1 \leq j \leq 2i + \omega,$$
$$q \leq q + 2i - j \leq 2q - 1 \quad \Rightarrow \quad 2i - q + 1 \leq j \leq 2i, \quad (5.103)$$
$$2q \leq q + 2i - j \leq 2q - 2 - \alpha \quad \Rightarrow \quad 2i + \alpha - q - 2 \leq j \leq 2i - q.$$

Wegen $\alpha \leq j \leq \omega$ reduzieren sich die j-Intervalle auf:

$$\max\{\alpha, 2i+1\} \leq j \leq \min\{\omega, 2i+\omega\},$$
$$\max\{\alpha, 2i-q+1\} \leq j \leq \min\{\omega, 2i\}, \quad (5.104)$$
$$\max\{\alpha, 2i+\alpha-q-2\} \leq j \leq \min\{\omega, 2i-q\}.$$

Übliche Indizierung erlaubt es uns wiederum, die Werte einiger der Endpunkte anzugeben:

$$2i+1 \leq j \leq \omega,$$
$$\max\{\alpha, 2i-q+1\} \leq j \leq \min\{\omega, 2i\}, \quad (5.105)$$
$$\alpha \leq j \leq 2i-q.$$

Diese j-Intervalle sind in verkehrter Reihenfolge angeordnet; das letzte liegt links vom mittleren, und dieses wieder links vom ersten. Dabei können manche der Intervalle wieder leer sein.

Wir kombinieren die Summation über diese Intervalle, wobei wir wieder annehmen, daß die Schleifensyntax leere Intervalle korrekt behandelt. Dabei kann der Aufwand etwas reduziert werden, indem man die Werte der Endpunkte zwischen den Schleifensegmenten berechnet und zur Verfügung hält, da die Segmente nebeneinander liegen.

Periodische Faltungs-Dezimation: sequentieller Output (2)

```
cdpo2( OUT, STEP, IN, Q, F ):
   Let Q2 = Q/2
   If Q > F.OMEGA-F.ALPHA then
      Let FILTER = F.F
      For I = 0 to Q2-1
         Let END   = 2*I-Q
         For J = F.ALPHA to END
            OUT[I*STEP] += FILTER[J]*IN[Q+2*I-J]
         Let BEGIN = max(F.ALPHA, END+1)
         Let END   = min(F.OMEGA, 2*I)
         For J = BEGIN to END
            OUT[I*STEP] += FILTER[J]*IN[2*I-J]
         Let BEGIN = 2*I+1
         For J = BEGIN to F.OMEGA
            OUT[I*STEP] += FILTER[J]*IN[2*I-J-Q]
   Else
      Let FILTER = F.FP+PQFO(Q2)
      For I = 0 to Q2-1
         For J = 0 to Q-1
            OUT[I*STEP] += FILTER[2*I-J]*IN[J]
```

Da die beiden Implementierungen `cdpo1()` und `cdpo2()` die gleichen Berechnungen in verschiedener Reihenfolge durchführen, können sie dazu benutzt werden, die Arithmetik auf einem speziellen Rechner auf ihre Richtigkeit hin zu testen. Natürlich kann man auf diese Weise auch die Kompetenz des Programmierers testen: die Implementierung ist sicher inkorrekt, falls die beiden Funktionen Werte liefern, die sich um mehr als ein kleines Vielfaches der Maschinengenauigkeit unterscheiden.

Bei einer aktuellen Implementierung wählen wir einfach eine voreingestellte Version durch ein Präprozessormakro:

Festlegung einer voreingestellten Faltungs–Dezimation:
sequentieller Output

```
#define cdpo cdpo2
```

Natürlich könnte man hier genauso gut als voreingestellte Version `cdpo1()` verwenden.

Wenn man wiederholt Vektoren benutzt, ist es gelegentlich effizienter, im Output eher Werte zuzuweisen als zuzuaddieren. In diesem Falle müssen wir die sequentielle Outputversion der Faltungs–Dezimation verwenden, wir ersetzen aber in allen Statements, die `OUT[]` auf der linken Seite enthalten, den Inkrementoperator durch einen Zuweisungsoperator. Die resultierende Funktion wollen wir mit `cdpe()` bezeichnen; sie hat die gleiche Parameterliste wie `cdpi()` und `cdpo()`.

5.4.5 Adjungierte periodische Faltungs–Dezimation

Die adjungierte der periodischen Faltungs–Dezimation kann ebenfalls günstig arrangiert werden, falls vorperiodisierte und ergänzte Vektoren vorliegen. Hierbei erzeugt das Filter f_q einen Outputvektor der Länge q aus einem Inputvektor der Länge $q/2$.

Die „mod"-Implementierung überlassen wir dem Leser als eine Übungsaufgabe; statt dessen geben wir zwei Implementierungen an, die diesen „mod"-Operator vermeiden. Zuerst betrachten wir den sequentiellen Output–Fall: für $j = 0, 1, \ldots, q-1$ summieren wir über i.

Für $q \leq \omega - \alpha$ kann Gleichung 5.4 direkt in der Implementierung verwendet werden.

Für $q > \omega - \alpha$ spaltet man die Summation auf in die Stücke wie in Bild 5.7, wobei die Endpunkte der i-Intervalle durch die Gleichungen 5.99 gegeben sind. Es überrascht nicht, daß die sequentielle Outputversion der adjungierten Faltungs–Dezimation der sequentiellen Inputversion der Faltungs–Dezimation sehr ähnlich sieht, wobei nur i und j vertauschte Rollen spielen:

5.4 Implementierung der Faltungs–Dezimation

Periodische adjungierte Faltungs–Dezimation: sequentieller Output

```
acdpo( OUT, STEP, IN, Q2, F ):
   Let Q = 2*Q2
   If Q > F.OMEGA-F.ALPHA then
      Let FILTER = F.F
      For J = 0 to Q-1
         Let JA2 = ICH(J+F.ALPHA)
         Let JO2 = IFH(J+F.OMEGA)
         For I = 0 to JO2-Q2
            OUT[I*STEP] += FILTER[Q+2*I-J]*IN[I]
         For I = max(0,JA2) to min(Q2-1,JO2)
            OUT[I*STEP] += FILTER[2*I-J]*IN[I]
         For I = JA2+Q2 to Q2-1
            OUT[I*STEP] += FILTER[2*I-J-Q]*IN[I]
   Else
      Let FILTER = F.FP+PQFO(Q2)
      For J = 0 to Q-1
         For I = 0 to Q2-1
            OUT[J*STEP] += FILTER[2*I-J]*IN[I]
```

Vertauscht man die Summationen bezüglich i und j, so erhält man eine sequentielle Inputversion des gleichen Algorithmus. Dies kann wieder auf mindestens zwei Weisen implementiert werden. Eine dieser Möglichkeiten verwendet Gleichung 5.5 und Formeln analog zu Gleichungen 5.103 und 5.105. Will man die Adjungierten dieser Formeln finden, so kann man dies gut als Test für das Verständnis der Prinzipien periodischer Faltung einsetzen; dies überlassen wir dem Leser als eine Übungsaufgabe.

Hier ist es manchmal wieder nützlich, die Outputwerte direkt zuzuweisen anstatt sie zuzuaddieren. Dazu können wir den sequentiellen Outputalgorithmus verwenden, wobei wir in allen Statements, die OUT[] auf der linken Seite enthalten, die Inkremente durch Zuweisungen ersetzen. Die resultierende Funktion nennen wir acdpe(); sie hat die gleiche Parameterliste wie acdpo().

Die zweite Methode verwendet Gleichung 5.4 und läßt j über geeignete Teilmengen des Indexbereichs $0, \ldots, q-1$ laufen. Diese Adjungierte ist fast identisch mit der sequentiellen Outputversion der Faltungs–Dezimation, nur daß die Variablen i und j ihre Plätze als Indizes für den Input- und Outputvektor tauschen.

Für $q \leq \omega - \alpha$ ist nichts weiteres zu beachten. Im Fall $q > \omega - \alpha$ greifen wir auf die drei j-Intervalle aus Gleichung 5.102 zurück. Die resultierende Funktion ergibt sich dann als:

Periodische adjungierte Faltungs–Dezimation: sequentieller Input

```
acdpi( OUT, STEP, IN, Q2, F ):
   Let Q = 2*Q2
   If Q > F.OMEGA-F.ALPHA then
      Let FILTER = F.F
      For I = 0 to Q2-1
         Let A2I = 2*I-F.ALPHA
         Let O2I = 2*I-F.OMEGA
         For J = 0 to A2I-Q
            OUT[J*STEP] += FILTER[2*I-J-Q]*IN[I]
         For J = max(0,O2I) to min(Q-1,A2I)
            OUT[J*STEP] += FILTER[2*I-J]*IN[I]
         For J = O2I+Q to Q-1
            OUT[J*STEP] += FILTER[Q+2*I-J]*IN[I]
   Else
      Let FILTER = F.FP+PQFO(Q2)
      For I = 0 to Q2-1
         For J = 0 to Q-1
            OUT[J*STEP] += FILTER[2*I-J]*IN[I]
```

5.4.6 Kunstgriffe

Programmiersicherheit

Da Faltungs–Dezimation und die zugehörige Adjungierte zueinander invers sind, falls wir ein duales Paar von QFs verwenden, ist es möglich, die Implementierungen zu testen, indem wir die perfekte Rekonstruktion von Testsignalen verschiedener Länge prüfen. Eine solche Liste von Testsignalen sollte sowohl kurze, als auch lange Signale im Vergleich zur Länge des Filters enthalten.

Am Anfang ist es sogar nützlich, das Filter $\{\ldots, 0, 1, 1, 0, \ldots\}$ zu benutzen; dies erfüllt zwar nicht die Bedingungen für ein biorthogonales QF, erzeugt aber Ergebnisse, die von Hand geprüft werden können. Besteht das Inputsignal aus ganzen Zahlen, so enthält auch der Output ganze Zahlen. Kein Faltungs–Dezimations–Programm sollte je benutzt werden, bevor man solche elementare Tests durchgeführt hat.

Sind die Faltungs–Dezimations–Funktionen verifiziert, so können sie zum Test von QF–Filterfolgen verwendet werden. Solche Folgen sind selbst das Ergebnis von Rechnungen, die fehlerhaft sein könnten; sie könnten auch aus Quellen wie zum Beispiel Anhang C kopiert sein und typographische oder Druckfehler enthalten. Es ist immer gut zu prüfen, ob angeblich perfekte Rekonstruktionsfilter wirklich perfekte Rekonstruktionen liefern.

5.4 Implementierung der Faltungs–Dezimation

Schnelle Faltung durch FFT

Die Komplexität von Faltung und Dezimation kann reduziert werden, wenn man den Faltungssatz und die „schnelle" diskrete Fouriertransformation verwendet. Wegen des zusätzlichen Aufwands für die Realisierung der komplexen Multiplikation wird dies nur für lange QFs eine tatsächliche Steigerung der Effizienz liefern.

Vorgegebene Koeffizienten bei vorgegebener Software

Bei festen Anwendungen oder vorgegebenen Softwareprogrammen trifft man die Wahl für ein Quadraturfilter manchmal dann, wenn die Faltungs-Dezimations-Funktion geschrieben wird. Nach dieser Vorauswahl kann man die Geschwindigkeit für die Abarbeitung der innersten Schleife steigern. Ist das Filter nicht zu lang, so wird man die Routine so ändern, daß die Filterkoeffizienten als numerische Konstanten im Code auftreten. Bei manchen Computern (CISCs) können der Koeffizient und die Multiplikationsinstruktion gleichzeitig während eines Taktzyklus geladen werden, so daß Speicherzugriff und Indexberechnung entfallen. Diesem Kunstgriff steht als praktische Einschränkung nur die Größe des resultierenden ausführbaren Programms entgegen. Bei manchen Standard C Compilern wird der Präprozessorsymbolspeicher überfüllt sein, falls man die vorperiodisierten Koeffizienten eines Filters der Länge 30 oder größer eingibt. Man sollte nach Möglichkeit mit kurzen Filtern wie insbesondere Haar–Walsh–Filtern arbeiten.

Entwickeln der Schleifen

Es kann vorteilhaft sein, die innersten Schleifen in der Faltung zu „entwickeln". Dies kann den zusätzlichen Aufwand wie Abfrage auf Beendigung der Schleife oder Vergrößerung des Schleifenindex reduzieren. Man erhält dann auch eine vollständige Information über die Anzahl der arithmetischen Ausdrücke oder „r–Werte" ([98], S.36) zum Zeitpunkt der Compilierung, was für einen optimierenden Compiler hilfreich sein kann. Es ist mühsam, solche Programme von Hand zu schreiben; am besten werden sie mechanisch über ein programmerzeugendes Hilfsprogramm generiert.

Ausnützen der Symmetrien

Ist $f(n) = \pm f(-n-1)$ und liegt der Träger von f in $[-R, R-1]$, so können wir die Faltungs–Dezimation folgendermaßen schreiben:

$$Fu(n) = \sum_{k=-R}^{R-1} f(k) u(2n+k) = \sum_{k=0}^{R-1} f(k) \left[u(2n+k) \pm u(2n-k-1)\right]. \qquad (5.106)$$

Dies hat den Vorteil, daß statt $2R$ nur R Multiplikationen benötigt werden, wobei die Anzahl ($2R$) der Additionen beibehalten wird. Der Speicherbedarf für das Filter wird ebenfalls von $2R$ auf R reduziert. Um diesen Vorteil hinsichtlich Platz- und Laufzeitbedarf auszunutzen, muß man eine spezielle Funktion für Faltungs–Dezimation schreiben, die auf Gleichung 5.106 zurückgreift. Wir gewinnen kürzere Laufzeiten, verlieren aber größere Allgemeinheit und die Möglichkeit der Wiederverwendung eines Codes; nur kommerzielle oder Realtime–Anwendungen werden also hiervon profitieren.

5.5 Übungsaufgaben

1. Man zeige Gleichung 5.11, indem man die Beweisführung von Proposition 5.1 verwendet.

2. Man verifiziere die Schranken in Gleichung 5.51.

3. Man zeige, daß man die Hochpaß–Filter in einer biorthogonalen Menge von CQFs, wie nach Lemma 5.2 behauptet, stets in üblicher Weise normieren kann.

4. Man berechne $H^*Hu(t)$, $G^*Gu(t)$, $H^*Gu(t)$ und $G^*Hu(t)$ für ein Paar H, G von orthogonalen QFs, wobei die Operation auf Funktionen erfolgen soll.

5. Man beweise Gleichung 5.23, den zweiten Teil von Lemma 5.5.

6. Man beweise die Gleichungen 5.80 und 5.81.

7. Man bestimme $\psi_n(t)$ im Fall der Shannon–Funktionen, d.h. man berechne die inverse Fouriertransformierte der Funktionen in Theorem 5.19. Man nennt dies das *Shannon–Wavelet*.

8. Man schreibe ein Pseudocode–Programm, das aus einer Tiefpaß-QF-Folge eine vollständige PQF-Datenstruktur erzeugt. Mit einem zweiten Programm erzeuge man die konjugierte Struktur in normierter Form und üblicher Indizierung.

9. Man implementiere die adjungierte periodische Faltungs–Dezimation unter Verwendung des „mod"-Operators. Man vergleiche die Laufzeiten mit der „Nicht-mod"–Implementierung.

10. Man implementiere die sequentielle Output–Version der adjungierten periodischen Faltungs–Dezimation unter Verwendung von Gleichung 5.5. Man vergleiche das Ergebnis mit der Implementierung von acdpo(), wie sie im Text beschrieben ist.

11. Man implementiere die periodische Faltungs–Dezimation unter Rückgriff auf FFT. Für welche Filterlängen ergeben sich tatsächlich Laufzeitgewinne?

12. Man starte mit einer aperiodischen Folge mit Träger in $[a, b]$ und wende Faltungs–Dezimation F (mit Träger in $[0, R-1]$) insgesamt L-mal an. Wie sieht der Träger der resultierenden gefilterten Folge aus? Man wende nun F^* insgesamt L-mal auf die gefilterte Folge an. Wie sieht der Träger des Endergebnisses aus?

6 Diskrete Wavelet–Transformation

In der Fourieranalyse betrachtet man auch Entwicklungen von Funktionen nach anderen Basen als solche aus Exponential– oder trigonometrischen Funktionen. Unser Ziel ist es, zu jeder speziellen Funktionenklasse die „Wellenformen" der Basis adaptiv zu wählen, so daß die Koeffizienten der Entwicklung eine maximale Information über die Funktionen liefern. Für die Auswahl dieser Basen ist es notwendig, einige mathematische Eigenschaften der Wellenformen, wie Größe, Glattheit, Orthogonalität und Träger, zu bestimmen. Einige dieser Eigenschaften werden am besten mit klassischen Methoden, wie zum Beispiel der Fouriertransformation, untersucht.

Haben wir diese Eigenschaften gefunden, indem wir auf Aussagen über Sinus-, Cosinus- und Exponentialfunktionen zurückgreifen, so können wir die neuen Transformationen auch in Zusammenhängen verwenden, in denen die Fourieranalyse keine besonders guten Ergebnisse liefert; die neuen Transformationen zeigen dann möglicherweise Vorteile. Einige tiefe Ergebnisse über eine spezielle Basis können dabei zu einem breiten Verständnis für einen ganzen Katalog von Basiswellenformen führen.

Dies trifft insbesondere für *Wavelets* zu. Für diese Funktionen kann man die Glattheit vorschreiben, sie sind sowohl im Zeit– als auch im Frequenzbereich gut lokalisiert, und sie bilden günstige Basen für viele wichtige Funktionenräume der mathematischen Analysis. Eine besonders interessante Eigenschaft der Waveletbasen ist ihre *Selbstähnlichkeit*: Jede Funktion in einer Waveletbasis entsteht durch Dilatation und Translation einer (oder vielleicht einiger weniger) *Mutterfunktionen*. Kennen wir diese Mutterfunktionen, so kennen wir auch die ganze Basis.

Im diskreten Fall führt die Frage der Komplexität auf ähnliche Überlegungen wie bei der DFT, da die Matrix der Wavelet–Transformation im allgemeinen nicht dünn besetzt ist. Wir gehen dieses Problem in derselben Weise an wie bei der FFT: Wir faktorisieren die diskrete Wavelet–Transformation als ein Produkt von einigen wenigen dünn besetzten Matrizen, wobei wir die Eigenschaft der Selbstähnlichkeit verwenden. Das Ergebnis ist ein Algorithmus, der für die Transformation eines Vektors der Länge N nur $O(N)$ Operationen benötigt. Dies ist die „schnelle" diskrete Wavelet–Transformation von Mallat und Daubechies, die wir nun in Einzelheiten studieren werden.

6.1 Einige Grundtatsachen über Wavelets

Im Gegensatz zur Fouriertransformation ist die *DWT* (diskrete Wavelet–Transformation) nicht ein einzelnes klar definiertes Objekt. Ein Blockdiagramm für die allgemeine „schnelle" DWT ist in Bild 6.1 dargestellt; dahinter verbirgt sich in Wirklichkeit aber eine ganze Familie von Transformationen. Individuelle Mitglieder dieser Familie sind dadurch charakterisiert, welche QFs für H und G gewählt werden, und ob wir x als eine perio-

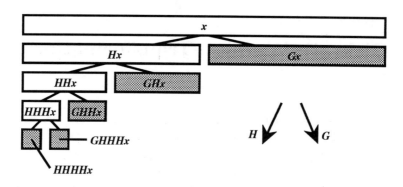

Bild 6.1 Diskrete Wavelet-Transformation.

disierte Folge, als eine Folge von endlichem Träger, oder als Restriktion einer Folge auf ein Intervall betrachten.

6.1.1 Ursprünge

Wie viele mathematische Ideen hat die schnelle oder faktorisierte DWT viele Väter. Sie geht zurück auf eine Konstruktion von Strömberg [105], die wiederum Aussagen von Haar [54] und Franklin [49] verallgemeinert, und hängt in allgemeinerer Form zusammen mit der Littlewood–Paley-Zerlegung von Operatoren und Funktionen [88]. Die Konstruktion einer Basis durch Faltung und Dezimation wird von Elektroingenieuren in der *Subband-Codierung* schon mindestens seit einem Jahrzehnt verwendet, wobei die Waveletbasis als *Oktav-Subband-Zerlegung* erscheint. Die zweidimensionale diskrete Wavelet-Transformation geht zurück auf das *Schema der Laplace-Pyramide* von Burt und Adelson [12]. Daubechies, Grossmann und Meyer [39] erkannten den Zusammenhang zwischen pyramidalen Schemata und Littlewood–Paley-Entwicklungen. Meyer konstruierte *glatte* und *orthogonale* Waveletbasen. Mallat [71, 70] zeigte, daß oktavenartige Subband–Codierung eine Multiskalen–Zerlegung von Funktionen liefert, die mit der visuellen Transformation von [76] zusammenhängt. Daubechies [36] zeigte, daß man durch eine geeignete Wahl von Filtern Wavelets mit *kompaktem Träger*, mit erwünschter *Regularität* und mit beliebiger Anzahl *verschwindender Momente* erzeugen kann. Der in Bild 6.1 skizzierte Algorithmus ist derjenige von Mallat; die in unseren Implementierungen verwendeten Filter gehen zurück auf Daubechies und ihre Mitarbeiter.

Der Input für jede DWT besteht aus einer Folge im obersten sogenannten *Root*-Block, der Output aus Folgen in im Bild grau unterlegten Blöcken. Eine Verbindungslinie zwischen zwei Blöcken deutet auf Faltung und Dezimation mit einem QF-Operator H oder G hin. Die natürliche Datenstruktur für diesen Algorithmus ist ein Binärbaum von Koeffizientenvektoren. Der Inputvektor gehört zu den Abtastwerten einer Zeitreihe und unterliegt damit einer natürlichen Ordnung, die Anordnung der Output-Blöcke und auch der Koeffizienten innerhalb dieser Blöcke bedarf aber einer Konvention. Die Zahlen innerhalb dieser Output-Blöcke tragen zwei Indizes:

- einen *Skalen–* oder *Stufen–Index*, der angibt, wie viele Anwendungen von H oder G erforderlich sind, um diesen Block von der Wurzel aus zu erreichen;

- einen *Orts–* oder *Positions–Index* innerhalb des Blocks.

Wir werden eine Indexkonvention vornehmen, die zu möglichst einfachen Computerprogrammen führt.

6.1.2 Die DWT–Familie

Besteht der Input aus einer unendlichen Folge mit endlichem Träger, so hat die Outputfolge ebenfalls endlichen Träger und es liegt die *aperiodische DWT* vor. Diese Transformation ist mathematisch am einfachsten zu beschreiben, ihre Implementierung erfordert aber eine komplizierte Indexrechnung, die den Träger der zwischenzeitlich verwendeten Folgen berücksichtigt. Diese Indexschwierigkeiten können wir durch Modifikation der Operatoren H, G wie in [20] vermeiden; in diesem Fall liegt dann die *DWT auf einem Intervall* vor.

Geht man von einem orthogonalen Paar H, G von QFs aus, so erhält man die *orthogonale DWT*; sind H, G biorthogonal mit Dualen $H' \neq H, G' \neq G$, so liegt die *biorthogonale DWT* vor.

Ist die Inputfolge q-periodisch, so sind die Output–Blöcke in Bild 6.1 periodische Folgen, und H, G können als periodisierte QFs betrachtet werden. Die durch diese Annahmen gegebene Teilfamilie von DWTs nennt man *periodisch*. Die Inputfolge für eine q-periodische DWT besteht einfach aus q Zahlen.

6.1.3 Multiskalen–Analyse

Für eine exakte Notation benötigen wir einige abstrakte Definitionen. Eine *Multiskalen–Analyse* von $L^2(\mathbf{R})$ oder MRA (*multiresolution analysis*), ist eine Kette von (abgeschlossenen) Teilräumen $\{V_j : j \in \mathbf{Z}\}$, die die folgenden Annahmen erfüllen:

Verkettung: $V_j \subset V_{j-1} \subset L^2$ für alle $j \in \mathbf{Z}$;

Ausdünnung: $\lim_{j \to \infty} V_j = 0$, d.h. $\bigcap_{j>N} V_j = \{0\}$ für alle N;

Ausschöpfung: $\lim_{j \to -\infty} V_j = L^2$, d.h. $\overline{\bigcup_{j<N} V_j} = L^2$ für alle N;

Dilatation: $v(2t) \in V_{j-1} \iff v(t) \in V_j$;

Riesz–Basis–Eigenschaft: es gibt eine Funktion $\phi \in V_0$, deren Translate $\{\phi(t-k) : k \in \mathbf{Z}\}$ eine Riesz–Basis von V_0 bilden.

Man beachte, daß unter diesen Voraussetzungen $\{\phi(2^{-L}t - k) : k \in \mathbf{Z}\}$ eine Riesz–Basis von V_L darstellt. OBdA können wir $\|\phi\| = 1$ annehmen. Eine *orthogonale MRA* liegt vor, falls die Riesz–Basis für V_0 eine Orthonormalbasis bildet.

Bemerkung. Bei der Indizierung der Unterräume einer MRA folgen wir Daubechies [37]: $V_j \to L^2$ für $j \to -\infty$. Diese Bezeichnungsweise hat in erster Linie das Abtastintervall im Auge; das abgetastete Signal gehört zu V_0, und die Größenordnung eines Wavelets wächst mit j. Dies entspricht der Indizierung, die durch unsere Softwareimplementierung vorgenommen wird.

Die alternative „Mallat"–Indizierung [71] verwendet eine umgekehrte Anordnung der Skalen: $V_j \to L^2$ für $j \to +\infty$. In diesem Falle hat man als Ausgangsgröße die Skala des größten Wavelets im Auge; ein Abtastintervall der Größenordnung 2^{-L} entspricht dann einem Signal in V_L. Diese Art der Indizierung führt zu einfachen Formeln, falls ein Signal vorgegebener Größe bei verschiedenen Auflösungen betrachtet wird.

Die beiden Indexkonventionen sind äquivalent und führen zu den gleichen Koeffizienten; sie unterscheiden sich nur in der Art und Weise, wie die Koeffizienten für die weitere Rechnung gekennzeichnet werden.

Aus der Verkettungs-, Dilatations- und Riesz–Basis–Eigenschaft schließen wir auf die Existenz einer normierten Funktion ϕ, die die sogenannte *Zwei–Skalen–Relation* erfüllt:

$$\phi(t) = \sqrt{2} \sum_{k \in \mathbf{Z}} h(k)\phi(2t - k) \stackrel{\text{def}}{=} H\phi(t). \tag{6.1}$$

Dabei ist $\{h(k)\}$ eine quadratisch summierbare Folge von Koeffizienten, die den linearen Operator H definiert. Man erkennt hier eine Analogie zu Quadraturfiltern.

Definieren wir *komplementäre Unterräume* gemäß $W_j = V_{j-1} - V_j$, so daß $V_{j-1} = V_j + W_j$, so können wir die Ausschöpfungs-Eigenschaft in der folgenden Form schreiben:

$$L^2 = \sum_{j \in \mathbf{Z}} W_j. \tag{6.2}$$

Diese Räume W_j nennt man die *Waveleträume*, und Gleichung 6.2 nennt man die *Waveletzerlegung* von L^2. Eine Riesz–Basis von W_0 wird erzeugt durch die Funktion ψ, die durch die folgende *Waveletgleichung* gegeben ist:

$$\psi(t) = \sqrt{2} \sum_{k \in \mathbf{Z}} g(k)\phi(2t - k) \stackrel{\text{def}}{=} G\phi(t); \qquad g(k) = (-1)^k \bar{h}(1-k). \tag{6.3}$$

Diese Funktion nennt man das *Mutterwavelet*. Unter geeigneten Annahmen über ϕ oder H erzeugt $\{\psi(2^{-j}t - k) : k \in \mathbf{Z}\}$ eine Riesz–Basis von W_j und $\{2^{-j/2}\psi(2^{-j}t - k) : j, k \in \mathbf{Z}\}$ eine Riesz–Basis für L^2.

Im Fall einer orthogonalen MRA stellen die Funktionen $\{2^{-j/2}\psi(2^{-j}t - k) : j, k \in \mathbf{Z}\}$ eine orthonormale *Waveletbasis* dar für L^2. In diesem Falle gilt $W_j = V_{j-1} \cap V_j^\perp$, die Zerlegung $V_{j-1} = V_j \oplus W_j$ ist direkt und

$$L^2 = \bigoplus_{j \in \mathbf{Z}} W_j \tag{6.4}$$

ist eine Zerlegung von L^2 in orthogonale Unterräume. Solche orthogonale MRAs erhält man, wenn man in der Zwei–Skalen–Relation und der Waveletgleichung ein orthogonales Paar von QFs verwendet. In [37] und [68] findet man weitere Eigenschaften solcher orthogonaler MRAs.

6.1.4 Die Projektion von Funktionen

Es sei $x = x(t)$ eine Funktion in $L^2(\mathbf{R})$. Wir bezeichnen mit $\{\omega(p) : p \in \mathbf{Z}\}$ die Koeffizienten der Projektion P_L auf V_L:

$$\omega(p) \stackrel{\text{def}}{=} \langle \sigma_2^L \tau_p \phi, x \rangle = \int 2^{-L/2} \bar{\phi}(2^{-L} t - p) \, x(t) \, dt;$$

$$P_L x(t) \stackrel{\text{def}}{=} \sum_p \omega(p) \sigma_2^L \tau_p \phi(t) = \sum_p \omega(p) \, 2^{-L/2} \phi(2^{-L} t - p).$$

Hierbei ist ϕ eine geeignete Impulsfunktion, deren **Z**-Translate eine Orthonormalbasis für V_L bilden. Die durch diese Projektion erhaltene L^2-Funktion bezeichnen wir mit $x_L = P_L x$. Der zugehörige Approximationsfehler $\|x - x_L\|$ ergibt sich aus der Projektion $I - P_L$ von x auf das orthogonale Komplement $V_L^\perp$ in L^2. Dieser Fehler wird klein sein, falls sowohl x als auch ϕ regulär sind. Wir haben die folgenden Ergebnisse aus der Littlewood–Paley-Theorie:

Proposition 6.1 *Haben x und ϕ stetige Ableitungen bis zur Ordnung d, so existiert eine Konstante C derart, daß $\|x - x_L\| < C 2^{dL} \|x\|$.* □

Proposition 6.2 *Haben x und ϕ stetige Ableitungen bis zur Ordnung d, und hat ϕ verschwindende Momente:*

$$\int t^k \phi(t) \, dt = 0 \qquad \text{für alle } 0 < k < d,$$

so gilt $\|x - 2^{L/2} \omega(n)\|_* < C \|x\|_* 2^{-dL}$, mit $\|x\|_* = \sup\{|x(t)| : n < 2^L t < n+1\}$. □

Beweise für diese Aussagen können in der exzellenten zweibändigen Monographie von Meyer [79, 80] gefunden werden. Nehmen wir nun eine physikalische Messung vor bei einer stetig veränderlichen Größe $x = x(t)$, so bestimmen wir in Wirklichkeit ein bewichtetes Mittel $\langle \varphi, x \rangle$ mit einer unbekannten Funktion φ. Im allgemeinen wird diese *Abtastfunktion (sampling function)* oder *Instrumentantwort (intrument response)* von unserer Skalierungsfunktion ϕ abweichen. Unter den oben gemachten vernünftigen Glattheitsannahmen können wir jedoch Proposition 6.2 anwenden und darauf schließen, daß das gesuchte bewichtete Mittel in etwa durch einen Abtastwert $x(t_n)$ gegeben ist. Proposition 6.2 zeigt auch, daß wir $\omega(n)$ durch den Abtastwert $x(t_n)$ approximieren können. Die Güte beider Approximationen hängt vom Abtastintervall 2^L ab; ist dieses klein genug, so liefern die physikalischen Daten gute Approximationen an die Skalierungskoeffizienten.

6.2 Implementierungen

Die DWT besitzt eine besonders einfache rekursive Struktur. Eine natürliche Indizierung ist gegeben durch die Tiefe der Rekursion, d.h. die Anzahl der Filteranwendungen, und die rekursiven Schritte sind stets gleich. Wir gehen davon aus, daß wir eine Funktion auf Intervallen gleicher Größe abtasten, und betrachten ein spezielles Abtastintervall als unsere Ausgangsgröße. V_0 ist dann der Raum, in dem wir dieses Signal approximieren, V_k ist der approximierende Raum nach k Filteranwendungen und W_k bezieht sich auf die Waveletkoeffizienten auf der Stufe k. Bild 6.2 stellt einen Schritt in der DWT und der inversen DWT dar.

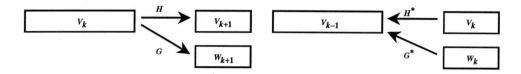

Bild 6.2   Ein Schritt in einer rekursiven DWT bzw. einer rekursiven iDWT.

Das folgende Hilfsprogramm liefert ein Grundgerüst für die DWT:

Allgemeine diskrete Wavelet–Transformation

```
Allocate an array SUMS
Read the input into SUMS
Define MAXIMUM_LEVEL
Allocate MAXIMUM_LEVEL+1 arrays for DIFS
For L = 0 to MAXIMUM_LEVEL-1
   Filter SUMS at L into DIFS at L+1 with the high-pass QF
   Filter SUMS at L into SUMS at L+1 with the low-pass QF
Write SUMS into DIFS at 1+MAXIMUM_LEVEL
```

Dies können wir nun auf verschiedene konkrete Beispiele anwenden, indem wir die Output–Datenstrukturen und die Hilfsroutine für Faltungs–Dezimation spezifizieren. Wir achten dabei auf eine einfache Indexanordnung für die Daten, um in der Lage zu sein, zu einer nicht–rekursiven Implementierung überzugehen, falls dies von Vorteil sein sollte. Bei vorgegebener Software mit festen Parametern oder bei Realzeit–Anwendungen in der Signalverarbeitung kann es sich auszahlen, den durch rekursive Funktionsaufrufe entstehenden Aufwand zu reduzieren. Nicht–rekursive Versionen können auch bei einer größeren Anzahl von Programmiersprachen implementiert werden.

Für die inverse (oder adjungierte) diskrete Wavelet–Transformation ergibt sich die folgende grundsätzliche Implementierung:

Allgemeine inverse diskrete Wavelet–Transformation

```
Read the MAXIMUM_LEVEL
Allocate MAXIMUM_LEVEL+1 arrays for DIFS
Read the input into DIFS
Allocate an array SUMS
Let L = MAXIMUM_LEVEL
While L > 0,
    Adjoint-filter SUMS at L with the low-pass QF
    Assign the result into SUMS at L-1
    Adjoint-filter DIFS at L with the high-pass QF
    Superpose the result into SUMS at L-1
    Decrement L -= 1
Write SUMS into the output
```

Die Output–Datenstrukturen und die Faltungs–Dezimations–Routine sollten für DWT und iDWT aufeinander abgestimmt sein. Verwenden wir ein biorthogonales Filter H, H', G, G' so berechnen wir die DWT mit den Filtern H, G und die iDWT mit den Filtern H', G'.

6.2.1 Periodische DWT und iDWT

Dies ist der einfachste Fall einer diskreten Wavelet–Transformation. Bei 2^L Inputwerten können wir eine Dezimation um den Faktor 2 in L Stufen vornehmen. Nach s Dezimationsschritten, $1 \leq s \leq L$, werden 2^{L-s} Koeffizienten in die Output–Datenstruktur geschrieben. Der Vektor auf der Stufe s entspricht dem Waveletraum W_s; er wird aus dem Inputvektor x erzeugt durch $s-1$ Faltungs–Dezimationen mit dem Tiefpaß–Filter H und anschließender Faltungs–Dezimation mit dem Hochpaß–Filter G. Auf der Stufe L ergibt sich als weiterer Vektor V_L, das Ergebnis aus L Faltungs–Dezimationen mit dem Tiefpaß–Filter. Die Summe der Längen dieser $L+1$ Vektoren ist gegeben durch

$$\overbrace{2^0}^{\text{Skalierungsvektor}} + \overbrace{2^0 + 2^1 + \cdots + 2^{L-2} + 2^{L-1}}^{\text{Waveletvektoren}} = 2^L;$$

als Output–Datenstruktur können wir deshalb einen einzelnen Vektor verwenden, der die gleiche Länge hat wie der Inputvektor.

Periodische DWT der Länge $N = 2^L$

Wir vereinbaren eine Anordnung der verketteten Outputvektoren gemäß V_L, W_L, W_{L-1}, $W_{L-2}, \ldots, W_2, W_1$, wie in Bild 6.3 dargestellt. Dies bedeutet, daß die Koeffizienten geordnet sind nach fallender Skala oder äquivalent nach wachsender Bandbreite, wobei die Bandbreite einer Funktion durch die Größe $\triangle \xi$ in Gleichung 1.58 gegeben ist. Da für Wavelets $\triangle \xi \propto \xi_0$ mit einem „Frequenzparameter" ξ_0 gilt, erzeugen wir also Koeffizienten mit wachsender Ordnung der Frequenz, wie bei der Fouriertransformation.

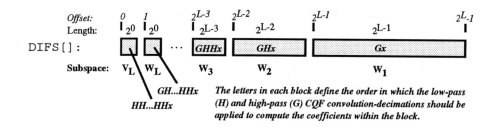

Bild 6.3 Anordnung einer 2^L-periodischen DWT von x als Vektor der Länge 2^L.

Als Nebeneffekt bei der Berechnung der DWT müssen wir die Koeffizienten der Form $H\cdots Hx$ bestimmen; diese können von weiterem Nutzen sein, und wir werden sie deshalb als Teil des Outputs unserer Implementierung zur Verfügung stellen. Diese Zahlen ergeben eine Zerlegung von x in verschiedene approximierende Räume $V_1, V_2, \ldots, V_{L-1}, V_L$. Das ursprüngliche Signal x besteht aus Koeffizienten bezüglich V_0. Im 2^L-periodischen Fall erfordert der Raum V_s insgesamt 2^{L-s} Koeffizienten, so daß die Verkettung aller dieser Vektoren eine Gesamtlänge $2^{L-1}+\cdots+2^1+2^0 = 2^L-1$ ergibt, wie in Bild 6.4 dargestellt. Wir haben hierbei SUMS[0]=0 festgelegt, damit die Indexformeln einfach werden: Die Teilvektoren zu den Unterräumen V_s und W_s beginnen im Abstand 2^{L-s}.

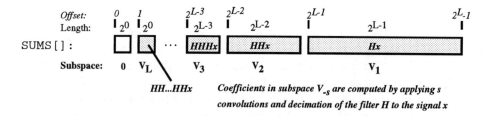

Bild 6.4 V_s-Anteile während der Berechnung der 2^L-periodischen DWT von x.

Wir verwenden nun periodische Faltungs–Dezimation, indem wir auf Funktionen wie z.B. cdpo() aus Kapitel 5 zurückgreifen. Dabei kann die sequentielle Input–Version durch die sequentielle Output–Version ersetzt werden, falls dies von Vorteil ist. Haben wir die Funktion für die Faltungs–Dezimation einmal implementiert, so benötigt der Code für die DWT nur ein paar Zeilen. Dabei unterscheiden wir zwei Versionen: Die erste Variante geht davon aus, daß Input– und Outputvektoren getrennt gehalten werden, die andere Variante führt eine In–Place–Transformation aus, indem der Inputvektor durch die Waveletkoeffizienten ersetzt wird. Der folgende Pseudocode stellt eine Implementierung im disjunkten Fall dar:

Rekursive disjunkte L-stufige periodische DWT der Länge $N = 2^L$

```
dwtpd0( DIFS, SUMS, IN, N, H, G ):
   If N > 1 then
      cdpo( DIFS+N/2, 1, IN, N, G )
      cdpo( SUMS+N/2, 1, IN, N, H )
      dwtpd0( DIFS, SUMS, SUMS+N/2, N/2, H, G )
   Else
      DIFS[0] += IN[0]
   Return
```

Vor Aufruf dieser Funktion sollten drei disjunkte Vektoren in IN[], SUMS[] und DIFS[] der Länge $N = 2^L$ angelegt und der Input in den Vektor IN[] eingelesen worden sein.

Man beachte, daß zuvor alle Elemente von SUMS[] auf Null gesetzt werden müssen. Während SUMS[] am Ende der Rechnung nützliche Information enthält, wird dieser Vektor zwischenzeitlich als Arbeitsvektor verwendet, und das Ergebnis wird wenig sinnvoll sein, falls dieser Vektor am Anfang Elemente ungleich Null enthält. Ebenso wird die DWT in DIFS[] *hineinaddiert*, so daß dieser Vektor am Anfang ebenfalls auf Null gesetzt werden muß. Um eine einfache DWT zu berechnen, müssen wir deshalb entweder den vorangelegten Outputvektor mit Nullen auffüllen oder cdpe() statt cdpo() verwenden.

Wir werden zwar die rekursive Version zu allgemeineren DWTs weiterentwickeln; es ist jedoch auch einfach, eine nicht-rekursive Version von dwtpd0() zu implementieren:

Nicht-rekursive disjunkte L-stufige periodische DWT der Länge $N = 2^L$

```
dwtpd0n( DIFS, SUMS, IN, N, H, G ):
   While N > 1
      cdpo( DIFS+(N/2), 1, IN, N, G )
      cdpo( SUMS+(N/2), 1, IN, N, H )
      Let IN = SUMS+(N/2)
      N /= 2
   DIFS[0] += IN[0]
```

Sind Input- und Outputvektoren identisch, so müssen wir einen Hilfsvektor verwenden, der die Tiefpaß-gefilterte Folge enthält. Diese In-Place-Transformation kann wiederum rekursiv oder nicht-rekursiv erfolgen; wir verwenden cdpe(), so daß der Hilfsvektor nicht notwendig auf Null gesetzt werden muß:

Nicht–rekursive in–place L-stufige periodische DWT der Länge $N = 2^L$

```
dwtpi0n( DATA, WORK, N, H, G ):
   While N > 1
      cdpe( WORK+N/2, 1, DATA, N, G )
      cdpe( WORK,     1, DATA, N, H )
      N /= 2
      For I = 0 to N-1
         Let DATA[I] = WORK[I]
```

Rekursive in–place L-stufige periodische DWT der Länge $N = 2^L$

```
dwtpi0( DATA, WORK, N, H, G ):
   If N > 1 then
      cdpe( WORK+N/2, 1, DATA, N, G )
      cdpe( WORK,     1, DATA, N, H )
      For I = 0 to N/2-1
         Let DATA[I] = WORK[I]
      dwtpi0( DATA, WORK, N/2, H, G )
   Return
```

Periodische L-stufige DWT der Länge $M2^L$

Ist die Länge des Inputvektors zwar keine Potenz von 2^L, aber durch 2^L teilbar, so läßt sich die Subroutine `dwtpd0()` modifizieren und weiterhin eine L-stufige diskrete Wavelet–Transformation berechnen. Die neue Funktion `dwtpd()` benutzt den Stufenparameter `L` als Kontrolle für die Tiefe der Rekursion. Nachdem `N` L-mal durch 2 geteilt wurde, wird es mit dem aktuellen Wert `M` im letzten Aufruf von `dwtpd()` übergeben. Zu diesem Zeitpunkt ist der Parameter `IN` ein Zeiger auf Element M in `SUMS[]`, so daß die abschließende Schleife die Werte `SUMS[M]`,...,`SUMS[2M − 1]` in `DIFS[0]`,...,`DIFS[M − 1]` kopiert. Nach der Transformation besteht der Output aus den Vektoren `DIFS[]` und `SUMS[]`, die entsprechend Bild 6.5 strukturiert sind.

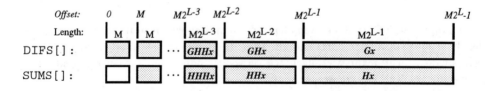

Bild 6.5 L-stufige DWT eines $M2^L$-periodischen Signals x.

Ein Pseudocode für die Implementierung dieser Transformation ergibt sich folgendermaßen:

Rekursive disjunkte L-stufige periodische DWT der Länge $N = M * 2^L$

```
dwtpd( DIFS, SUMS, IN, N, L, H, G ):
    If L > 0 then
        cdpo( DIFS+N/2, 1, IN, N, G )
        cdpo( SUMS+N/2, 1, IN, N, H )
        dwtpd( DIFS, SUMS, SUMS+N/2, N/2, L-1, H, G )
    Else
        For K = 0 to N-1
            DIFS[K] += IN[K]
    Return
```

Wir haben hierbei angenommen, daß IN[], SUMS[] und DIFS[] paarweise verschiedene Vektoren sind, und daß SUMS[] mit Nullen aufgefüllt wurde. Letztere Annahme ist unwesentlich, falls man cdpe() statt cdpo() verwendet.

Die Behandlung der nicht–rekursiven Version dwtpdn() überlassen wir dem Leser als eine Übungsaufgabe.

Ebenso erlaubt eine Modifikation von dwtpi0() eine In–Place–Variante der vorhergehenden Transformation. Dies führt man am besten mit den Varianten der Faltungs–Dezimation aus, die Zuweisungen statt Zuadditionen verwenden, da sowohl Daten- als auch Hilfsvektoren überschrieben werden müssen:

Rekursive in–place L-stufige periodische DWT der Länge $N = M * 2^L$

```
dwtpi( DATA, WORK, N, L, H, G ):
    If L > 0 then
        cdpe( WORK+N/2, 1, DATA, N, G )
        cdpe( WORK, 1, DATA, N, H )
        For I = 0 to N/2-1
            Let DATA[I] = WORK[I]
        dwtpi( DATA, WORK, N/2, L-1, H, G )
    Return
```

Auch hier erhält man eine nicht–rekursive Implementierung dwtpin(), was wir als Übungsaufgabe stellen.

All diese Funktionen dwtpdn(), dwtpd(), dwtpin() und dwtpi() behandeln den trivialen Fall $L = 0$ in der Weise, daß die N Inputwerte in den Vektor DIFS[] kopiert werden. Sie behandeln auch den Fall $N = 2^L$ korrekt, so daß es sich um eine Verallgemeinerung von dwtpd0n(), dwtpd0(), dwtpi0n() und dwtpi0() handelt. Der Programmierer muß allerdings verifizieren, daß N durch 2^L teilbar ist, z.B. durch eine Anweisung vom Typ assert((N>>L)<<L == N).

Inverse der periodischen DWT der Länge $N = 2^L$

Die inverse periodische DWT kann folgendermaßen nicht–rekursiv implementiert werden:

Nicht–rekursive disjunkte L-stufige periodische iDWT der Länge $N = 2^L$

```
idwtpdOn( OUT, SUMS, IN, N, H, G ):
   If N > 1 then
      SUMS += 1
      Let M = 1
      Let SUMS[0] = IN[0]
      IN += 1
      While M < N/2
         acdpo( SUMS+M, 1, SUMS, M, H )
         acdpo( SUMS+M, 1,   IN, M, G )
         SUMS += M
         IN   += M
         M *= 2
      acdpo( OUT, 1, SUMS, N/2, H )
      acdpo( OUT, 1,   IN, N/2, G )
   Else
      OUT[0] += IN[0]
```

Wir haben dabei die Funktion `acdpo()` der adjungierten periodischen Faltungs–Dezimation aus Kapitel 5 verwendet. Dabei nehmen wir an, daß der Input für den inversen Algorithmus wie in Bild 6.3 angeordnet ist, und daß Input–, Output– und Hilfsvektoren alle disjunkt sind. Der vorangelegte Hilfsvektor `SUMS[]` sollte auf Null gesetzt worden sein; er kann durch das aufrufende Programm initialisiert werden, wir können aber auch `idwtpd0()` und `idwtpd0n()` ergänzen durch diese Nullzuweisungen innerhalb einer Schleife. Die rekonstruierten Werte werden auf den Outputvektor `OUT[]` addiert; deshalb muß `OUT[]` zuvor ebenfalls auf Null gesetzt worden sein.

Alternativ können wir den Filterprozeß mit der Funktion `acdpe()` durchführen, der zwar dieselbe Rechnung ausführt wie `acdpo()`, im Ergebnis aber Werte direkt zuweist anstatt sie im Outputvektor zuzuaddieren. In dieser Weise wollen wir die Funktionen `idwtpd0()` und `idwtpd0n()` modifizieren, so daß sie eine In–Place–Rekonstruktion des Signals erlauben. Wir sparen Speicherplätze, weil die Koeffizienten mit dem Signal überschrieben werden, aber wir benötigen weiterhin einen Hilfsvektor von der gleichen Länge wie das Signal:

6.2 Implementierungen

Nicht–rekursive in–place L-stufige periodische iDWT der Länge $N = 2^L$

```
idwtpi0n( DATA, WORK, N, H, G ):
   Let M = 1
   While M < N
      acdpe( WORK, 1, DATA,   M, H )
      acdpo( WORK, 1, DATA+M, M, G )
      For I = 0 to 2*M-1
         Let DATA[I] = WORK[I]
      M *= 2
```

Inverse L-stufige periodische DWT der Länge $N = M2^L$

Wir nehmen zuerst an, daß Input– und Outputvektoren disjunkt sind:

Rekursive disjunkte L-stufige periodische iDWT der Länge $N = M * 2^L$

```
idwtpd( OUT, SUMS, IN, N, L, H, G ):
   If L > 0 then
      N /= 2
      idwtpd( SUMS+N, SUMS, IN, N, L-1, H, G )
      acdpo( OUT, 1, SUMS+N, N, H )
      acdpo( OUT, 1,  IN +N, N, G )
   Else
      For K = 0 to N-1
         OUT[K] += IN[K]
   Return
```

Dabei haben wir angenommen, daß der Input für den inversen Algorithmus wie in Bild 6.5 angeordnet ist. Wir haben wieder die Funktion `acdpo()` der adjungierten periodischen Faltungs–Dezimation verwendet. Es ist deshalb wiederum notwendig, `SUMS[]` mit Nullen zu initialisieren. Die Werte dieser periodischen iDWT werden auf `OUT[]` zuaddiert.

Andererseits können wir `acdpo()` durch `acdpe()` ersetzen und wieder direkt Zuweisungen vornehmen; dann wird der Inhalt der Output– und Hilfsvektoren einfach überschrieben. In gleicher Weise können wir eine In–Place–Version der iDWT verwenden und Speicher sparen. Dabei benötigen wir weiterhin einen Hilfsvektor von N Elementen:

Rekursive in–place L-stufige periodische iDWT der Länge $N = M * 2^L$

```
idwtpi( DATA, WORK, N, L, H, G ):
   If L > 0 then
      Let M = N/2
      idwtpi( DATA, WORK, M, L-1, H, G )
      acdpe( WORK, 1,  DATA,   M, H )
      acdpo( WORK, 1,  DATA+M, M, G )
      For I = 0 to N-1
         Let DATA[I] = WORK[I]
```

Für die In–Place–Transformationen ist es notwendig vorauszusetzen, daß `DATA[]` und `WORK[]` disjunkte Vektoren sind.

Sowohl `idwtpd()`, als auch `idwtpi()` lassen eine nicht–rekursive Implementierung `idwtpdn()` und `idwtpin()` zu, was wir als Übungsaufgabe stellen.

Sind DWT und iDWT einmal implementiert, so sollte man testen, ob sie tatsächlich zueinander invers sind. Dies sollte zunächst mit kurzen QFs, wie z.B. den Haar–Walsh–Filtern durchgeführt werden, wobei zufällige Signale mit variierender Länge gewählt werden sollten. Man kann dabei alle Versionen der Faltungs–Dezimation durchgehen: sequentieller Output und sequentieller Input, modular und periodisch, wobei wir auf die Gleichungen 5.3 – 5.5 zurückgreifen.

6.2.2 Aperiodische DWT und iDWT

Wir gehen davon aus, daß die Inputkoeffizientenfolge einen Träger im Intervall $[c, d]$ besitzt, so daß das Signal die Länge $N = 1 + d - c$ hat. In diesem Falle spielt es keine Rolle, ob N eine Zweierpotenz ist oder durch eine solche teilbar ist. Wir müssen jedoch die Anzahl L der Zerlegungsstufen für das Signal spezifizieren wie im periodischen Fall $N = M2^L$. Der Hauptaspekt dieser neuen Variante liegt darin, daß wir bei jeder Anwendung von H oder G ein neues Trägerintervall erhalten und daß die Summe der Längen aller Outputvektoren im allgemeinen länger sein wird als der Inputvektor. Das Ergebnis ist eine Ansammlung von Vektoren variierender Länge, wie dies in Bild 6.6 dargestellt ist.

Dehalb müssen wir eine kompliziertere Speicher– und Indizierungstechnik für die Koeffizienten verwenden, die zu den Unterräumen $V_1, \ldots, V_L$ und $W_1, \ldots, W_L$ gehören. Diese Aufgabe lösen wir, indem wir die INTERVAL-Datenstrukturen aus Kapitel 2 zur Beschreibung der Unterräume benutzen, während die aktuellen Koeffizienten in lange verkettete Vektoren `SUMS[]` und `DIFS[]` geschrieben werden. Die ORIGIN–Anteile in den Outputintervallen V_k und W_k werden auf diese langen Vektoren zeigen, und ihre LEAST– und FINAL–Anteile sind die Relativabstände der Endpunkte zu diesen Nullpunkten.

6.2 Implementierungen

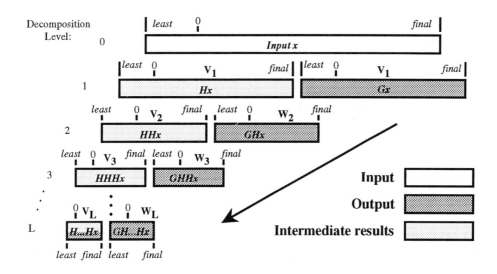

Bild 6.6 Intervalle für die L-stufige aperiodische DWT.

Anordnung der Koeffizienten in absteigender Reihenfolge

Besitzt die Filterfolge f im aperiodischen Fall das Trägerintervall $[\alpha, \omega]$ und die Inputsignalfolge x das Trägerintervall $[a, b]$, so hat die Outputfolge y den Träger $[a', b']$, wobei $a' = \lceil (a+\alpha)/2 \rceil$ und $b' = \lfloor (b+\omega)/2 \rfloor$ durch Gleichung 5.91 gegeben sind. Die Abbildungen $a \mapsto a'$ und $b \mapsto b'$ können wir über die Präprozessormakros ICH() und IFH() aus Kapitel 5 implementieren:

Intervallendpunkte nach aperiodischer Faltungs–Dezimation

```
#define cdaleast(I,F)     ICH(I.LEAST+F.ALPHA)
#define cdafinal(I,F)     IFH(I.FINAL+F.OMEGA)
```

Auf jeder Stufe müssen wir die Folge abspeichern, die durch das Filter G aus der H-Folge der früheren Stufe entsteht. Zuerst bestimmen wir die Intervallendpunkte der V- und W-Vektoren, die durch die Endpunkte des Intervalls des Inputsignals bestimmt sind. Dabei nehmen wir an, daß die V- und W-Vektoren als L bzw. $L+1$ INTERVAL–Datenstrukturen angelegt sind:

V- und W-Intervallendpunkte für die aperiodische DWT

```
dwtaintervals( V, W, IN, L, H, G ):
   If L>0 then
      Let V.LEAST = cdaleast( IN, H )
      Let V.FINAL = cdafinal( IN, H )
      Let W.LEAST = cdaleast( IN, G )
      Let W.FINAL = cdafinal( IN, G )
      dwtaintervals( V+1, W+1, V, L-1, H, G )
   Else
      Let W.LEAST = IN.LEAST
      Let W.FINAL = IN.FINAL
   Return
```

Man beachte, daß wir eine Kopie von V_L an das Ende des W-Vektors anhängen, so daß der einzelne Vektor DIFS[] tatsächlich die gesamte Transformation enthält. Der W-Vektor muß deshalb eine zusätzliche INTERVAL-Datenstruktur aufnehmen.

Addieren wir die Längen der V-Intervalle auf den Stufen 1 bis L, so erhalten wir den gesamten Speicherbedarf für den Vektor SUMS[]; ebenso liefert die Länge der W-Intervalle plus V_L die Gesamtlänge von DIFS[]. Da die Länge der beiden QFs H und G verschieden sein kann, wirft der aperiodische Fall die zusätzliche Schwierigkeit auf, daß die Vektoren SUMS[] und DIFS[] (wie auch deren Teilvektoren) von verschiedener Länge sein können. Die jeweiligen Längen werden berechnet durch die in Kapitel 2 definierten Funktionen intervalstotal(V,L) und intervalstotal(W,L+1). Wir legen diese Vektoren an und weisen dann Zeiger zu auf die Nullpunkte der V- und W-Anteile, so daß der Output von DWTA richtig strukturiert ist. Dies kann auf verschiedene Arten geschehen; wir wählen eine Anordnung der Koeffizienten in der Weise, daß die gröbste Skala oder niedrigste Frequenz am Anfang von W berücksichtigt wird; dies bedeutet, daß die Koeffizienten bezüglich wachsender Frequenz angeordnet sind. Wir müssen also am Ende von DIFS[] beginnen.

Shifts für die Verkettung von Intervallen, bei wachsender Frequenz

```
#define shifttoorigin(I)         (-1-I.FINAL)
#define shifttonextinterval(I)   (I.LEAST-I.FINAL-1)
```

Geht man umgekehrt vor, so erhält man die Koeffizienten in der Anordnung nach abnehmender Frequenz:

Shifts für die Verkettung von Intervallen, bei abnehmender Frequenz

```
#define shifttoorigin(I)         (-I.LEAST)
#define shifttonextinterval(I)   (1+I.FINAL-I.LEAST)
```

Aus Konsistenzüberlegungen nehmen wir für die Teilintervalle in SUMS[] und DIFS[] die gleiche Anordnung vor, obwohl dies nicht unbedingt so erfolgen müßte:

Setzen der ORIGIN–Zeiger

```
dwtaorigins( V, W, SUMS, DIFS, L ):
   If L>0 then
      Let V.ORIGIN = SUMS + shifttoorigin( V )
      Let W.ORIGIN = DIFS + shifttoorigin( W )
      SUMS += shifttonextinterval( V )
      DIFS += shifttonextinterval( W )
      dwtaorigins( V+1, W+1, SUMS, DIFS, L-1 )
   Else
      Let W.ORIGIN = DIFS + shifttoorigin( V )
   Return
```

Aperiodische DWT auf einem Intervall

Wir nehmen hier an, daß das Inputsignal in einer INTERVAL–Datenstruktur abgelegt ist. Daraus berechnen wir die Koeffizienten bezüglich der Waveleträume $W_1, W_2, \ldots, W_L$ und der Approximationsräume $V_1, V_2, \ldots, V_L$; die Ergebnisse schreiben wir in einen langen verketteten Vektor, wobei wir mit zwei Vektoren von INTERVAL–Strukturen die jeweiligen Unterräume charakterisieren.

Die meiste Arbeit wird durch die Funktion cdao() der aperiodischen Faltungs–Dezimation aus Kapitel 5 erledigt. Sie geht aus von einem Inputvektor mit definiertem Indexintervall, faltet ihn mit dem gegebenen QF und schreibt die berechneten Werte mit gegebenem Inkrement in den Outputvektor. Wir können auch cdai(), die sequentielle Input–Version der gleichen Funktion verwenden. Man beachte dabei, daß jede dieser Funktionen die berechneten Werte in den Outputvektor *zuaddiert*. Diese Eigenschaft kann dazu verwendet werden, mehrere Operationen der Faltungs–Dezimation in einen einzelnen Vektor zu superponieren, zwingt uns andererseits aber auch dazu, Vektoren zwischenzeitlich auf Null zu setzen.

Wir wollen nur auf eine rekursive Implementierung des aperiodischen Algorithmus eingehen. Es ist natürlich möglich, den rekursiven Aufruf der Funktion durch geeignete Indexrechnung zu ersetzen.

Als Input benötigen wir die folgenden Parameter:

- IN[], das INTERVAL, das das ursprüngliche Signal enthält; dieses wird in der Rechnung nicht verändert,

- V, ein Vektor von L INTERVALs, die die Endpunkte und die Nullpunkte der Intervalle für die Skalierungskoeffizienten enthalten;

- W, ein Vektor von $L + 1$ INTERVALs, die die Endpunkte und die Nullpunkte der Intervalle für die Waveletkoeffizienten und für das letzte Skalierungsintervall enthalten;

- L, die Anzahl der Zerlegungsstufen;

- H,G, das Tiefpaß– und Hochpaß–QF in PQF–Datenstrukturen.

Hinter den Zeigervektoren liegen zwei lange Vektoren von Koeffizienten:

- `SUMS[]`, ein REAL–Vektor, der lang genug sein muß, um alle Skalierungskoeffizienten auf allen Stufen aufnehmen zu können;

- `DIFS[]`, ein REAL–Vektor, der lang genug sein muß, um die Waveletkoeffizienten auf allen Stufen und die Skalierungskoeffizienten auf der niedrigsten Stufe aufzunehmen.

Wir nehmen an, daß diese Strukturen alle angelegt und ihnen Werte zugewiesen wurden, indem die Funktionen `dwtaintervals()`, `intervalstotal()` und `dwtaorigins()` aufgerufen wurden. Die aktuelle Realisierung von DWTA erfolgt dann über einige wenige Programmzeilen:

L-stufige aperiodische DWT auf einem INTERVAL

```
dwta( V, W, IN, L, H, G ):
  If L > 0
      cdao( V.ORIGIN, 1, IN.ORIGIN, IN.LEAST, IN.FINAL, H )
      cdao( W.ORIGIN, 1, IN.ORIGIN, IN.LEAST, IN.FINAL, G )
      dwta( V+1, W+1, V, L-1, H, G )
  Else
      For N = IN.LEAST to IN.FINAL
          Let W.ORIGIN[N] = IN.ORIGIN[N]
  Return
```

Man beachte, daß wir auf der letzten Stufe das Inputintervall in das letzte der Waveletintervalle hineinkopieren. Im typischen Fall $L > 0$ legt man so den Skalierungsraum V_L gröbster Skalierungsstufe am Ende des Vektors der Waveletkoeffizienten ab. Im trivialen Fall $L = 0$ wird nur die Inputfolge in den Vektor für die Waveletkoeffizienten kopiert. Damit benötigen wir stets nur die Vektoren `DIFS[]` und `W[]`, um das Signal zu rekonstruieren.

Da bei üblicher Standard C Indizierung ein Vektor mit Index Null beginnt, entspricht der Unterraum W_k dem Intervall `W[K-1]`, V_k dem Intervall `V[K-1]`, und der Skalierungsraum V_L gröbster Skalierungsstufe entspricht den Intervallen `V[L-1]` und `W[L]`.

Daß wir mehr als nur die Anfangs–Indexgrenzen a und b in den Output der aperiodischen DWT aufnehmen, sollte genauer motiviert werden; schließlich bestimmen diese beiden Zahlen vollständig alle anderen Relativabstände, und diese könnten nach Bedarf berechnet werden. Wir wollen jedoch allgemeiner vorgehen und nicht notwendig annehmen, daß die Waveletkoeffizienten aus einer vollständigen *aperiodischen Waveletanalyse* wie `dwta()` hervorgehen. Vielmehr lassen wir allgemeine Superpositionen von Wavelets aus beliebigen Kombinationen von Skalierungsräumen zu, um einen allgemeineren Algorithmus für die *aperiodische Waveletsynthese* zu erhalten. Der Output unserer Waveletanalyse stimmt damit mit den allgemeineren Anforderungen für die Synthese überein.

6.2 Implementierungen

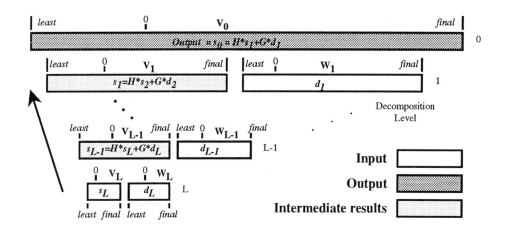

Bild 6.7 Input (weiß) und Output (unterlegt) für die L-stufige iDWTA.

Anordnung der Koeffizienten in aufsteigender Reihenfolge

Der Input für die inverse DWT besteht aus einem Vektor von INTERVALs, je ein INTERVAL pro Stufe, die zum Approximationsraum V_L und den Waveleträumen $W_L, \ldots, W_1$ gehören. Die Anordnung dieser Unterräume ist durch die weißen Kästchen in Bild 6.7 beschrieben. Wir müssen auch die Anzahl der INTERVALs in dieser Liste spezifizieren, das ist die Anzahl der Stufen L plus Eins. Die Gesamtanzahl der Koeffizienten kann dann berechnet werden, indem man die Längen der INTERVALs addiert. Die Gesamtlänge des Vektors `DIFS[]`, der durch `idwta()` aufgefüllt wird, ist durch den Übergabewert von `intervalstotal(W,L+1)` gegeben.

Ist x das Ergebnis der adjungierten aperiodischen Faltungs–Dezimation auf der Inputfolge y, und liegt der Träger der Filterfolge f in $[\alpha, \omega]$ und der Träger von y im Intervall $[c, d]$, so besitzt x einen Träger im Intervall $[c', d']$, wobei $c' = 2c - \omega$ und $d' = 2d - \alpha$ durch Gleichung 5.94 gegeben sind. Diese Tatsache kann durch Präprozessormakros implementiert werden:

Intervallendpunkte nach adjungierter aperiodischer Faltungs–Dezimation

```
#define acdaleast(I,F)    (2*I.LEAST-F.OMEGA)
#define acdafinal(I,F)    (2*I.FINAL-F.ALPHA)
```

Die aperiodische DWT rekonstruiert V_{k-1} rekursiv durch adjungierte Faltungs–Dezimation sowohl von W_k als auch von V_k; der temporäre Vektor V_{k-1} muß deshalb mit genügend Speicherplatz angelegt sein. Falls die Koeffizientenfolgen für W_k und V_k sich auf die Indexintervalle $[c_w, d_w]$ bzw. $[c_v, d_v x]$ beziehen, so erzeugt die adjungierte Filteroperation eine Folge für V_{k-1} mit Indexbereich $[c', d']$, wobei

$$c' = \min\{2c_w - \omega_g, 2c_v - \omega_h\}; \qquad d' = \min\{2d_w - \alpha_g, 2d_v - \alpha_h\}. \qquad (6.5)$$

Hierbei beziehen sich h und g auf das Tiefpaß– bzw. Hochpaß–QF.

Wir verketten die Vektorinhalte der INTERVALs zu einem einzelnen Vektor ebenso, wie die Funktion `dwta()` die Teilvektoren der Outputintervalle zu einem einzelnen Vektor verkettet hat. Die folgende Funktion berechnet die Gesamtlänge aller Vektoren, die die Anteile von $V_1, V_2, \ldots, V_L$ repräsentieren und in der inversen aperiodischen DWT verwendet werden. Wir haben dies so eingerichtet, daß das rekonstruierte Signal in einem separaten Outputvektor abgelegt werden kann. Dabei verwenden wir die Information über die Endpunkte und Nullpunkte der Intervalle in dem zuvor angelegten Vektor V von L INTERVAL-Datenstrukturen, und wir berechnen und übergeben die Endpunkte des Outputintervalls.

Berechnung der Intervallendpunkte und Intervallängen für iDWTA

```
idwtaintervals( OUT, V, W, L, H, G ):
    If L>0 then
        idwtaintervals( V, V+1, W+1, L-1, H, G )
        Let OUT.LEAST = min( acdaleast(V,H), acdaleast(W,G) )
        Let OUT.FINAL = max( acdafinal(V,H), acdafinal(W,G) )
    Else
        Let OUT.LEAST = W.LEAST
        Let OUT.FINAL = W.FINAL
    Return
```

Haben wir einmal die Endpunkte der Zwischenintervalle bestimmt, so können wir einen Vektor `SUMS[]` anlegen, der lang genug ist, um die verketteten Intervallinhalte aufzunehmen. Die Länge ist gegeben durch den Übergabewert von `intervalstotal(V,L)`. Wir können damit Zeiger in diesen langen Vektor bestimmen, die auf die ORIGIN-Anteile der V-Intervalle zeigen:

Verkettung der V-Vektoren zu SUMS für iDWTA

```
idwtaorigins( V, SUMS, L ):
    If L>0 then
        Let V.ORIGIN = SUMS + shifttoorigin( V )
        SUMS += shifttonextinterval( V )
        idwtaorigins( V, SUMS, V+1, L-1 )
    Return
```

Dabei verwenden wir wieder das Präprozessormakro, das uns bei der Anordnung der Daten die Wahl zwischen wachsender und fallender Frequenz erlaubt.

Inverse aperiodische DWT auf einem Vektor von INTERVAL-Datenstrukturen

Für den inversen Algorithmus verwenden wir die Funktion der adjungierten aperiodischen Faltungs-Dezimation aus Kapitel 5: `acdao()` greift auf eine Folge mit gegebenem Trägerintervall zu, berechnet die aperiodische adjungierte Faltungs-Dezimation mit dem gewünschten Filter, und addiert das Ergebnis in einen Outputvektor bei gegebenem Inkrement. Der betroffene Indexbereich wird dabei berechnet, man geht aber davon aus, daß der Outputvektor schon mit hinreichender Länge angelegt wurde; der Outputbereich muß also durch das aufrufende Programm ebenfalls bestimmt werden.

Für den Output müssen wir zwei Vektoren anlegen:

- `SUMS[]` für die Koeffizienten in den Intervallen $V_1, \ldots, V_L$. Die Länge dieses Vektors ist gegeben durch den Übergabewert von `idwtaintervals()`. Der Vektor sollte auf Null gesetzt sein;

- `OUT.ORIGIN[]` für das rekonstruierte Signal. Die Indizes `OUT.LEAST` bis `OUT.FINAL` müssen gültig sein, der Vektor also die Mindestlänge `1+OUT.FINAL-OUT.LEAST` haben. Das rekonstruierte Signal wird auf diesen Vektor superponiert.

Ein Aufruf von `idwtaintervals()`, `idwtaorigins()` und `intervalstotal()` mit gegebenem W bestimmt die Längen dieser beiden Vektoren. Dann legen wir sie in der üblichen Weise an. Die Einzelheiten sind dem Leser überlassen.

Die anderen Inputparameter sind durch die folgende Liste gegeben:

- `OUT`, ein Intervall mit geeignet zugewiesenen LEAST- und FINAL-Anteilen und mit einem ORIGIN-Anteil, der auf einen angelegten Vektor zeigt, für den `OUT.LEAST` bis `OUT.FINAL` gültige Indizes sind;

- `V`, ein Vektor von L INTERVALs, der die Relativabstände der Endpunkte und die Nullpunkte der Intervalle für die Skalierungskoeffizienten enthält, die bei der Rekonstruktion entstehen;

- `W`, ein Vektor von $L+1$ INTERVALs, der die Endpunkte und die Nullpunkte für die Intervalle der Waveletkoeffizienten und für das Skalierungsintervall auf gröbster Skalierungsstufe enthält;

- `L`, die Anzahl der Zerlegungsstufen;

- `H, G`, das Tiefpaß- und Hochpaß-QF für die adjungierte Faltungs-Dezimation.

Die Vektoren `DIFS[]` und `SUMS[]` werden implizit verwendet, da die ORIGIN-Anteile der Elemente von `W` bzw. `V` auf diese Vektoren zeigen.

L-stufige aperiodische iDWT aus Unterräumen

```
idwta( OUT, V, W, L, H, G ):
   If L>0 then
      idwta( V, V+1, W+1, L-1, H, G )
      acdao( OUT.ORIGIN, 1, V.ORIGIN, V.LEAST, V.FINAL, H )
      acdao( OUT.ORIGIN, 1, W.ORIGIN, W.LEAST, W.FINAL, G )
   Else
      For N = W.LEAST to W.FINAL
         Let OUT.ORIGIN[N] = W.ORIGIN[N]
   Return
```

Wir überlassen es dem Leser, diese Schritte zu einer vollständigen Implementierung von DWTA und iDWTA zusammenzusetzen.

6.2.3 Bemerkungen

Wir weisen darauf hin, daß die einzige Änderung bei der Verwendung von biorthogonalen QFs darin besteht, daß eines der Paare für die Analyse verwendet wird, während das duale Paar bei der Synthese zum Einsatz kommt.

Verwendet man ein Paar orthogonaler QFs für die Analyse und ein anderes Paar für die Synthese, so ergibt sich eine glatte orthogonale Transformation des Inputsignals.

Um die Wavelet–Transformation auf Intervallen zu implementieren, muß man andere Funktionen für die Faltungs–Dezimation als diejenigen aus Kapitel 5 verwenden. Der Hauptunterschied besteht darin, daß Outputwerte in der Nähe des Randes des Intervalls in einer anderen Weise berechnet werden als Outputwerte im Inneren des Intervalls. Diese Modifikation wird in [20] vollständig beschrieben.

6.3 Übungsaufgaben

1. Wir betrachten ein QF mit R Koeffizienten, um eine L-stufige periodische DWT auf einem Signal der Länge $M2^L$ zu berechnen. Wie viele Additionen und Multiplikationen sind erforderlich? Man teste das Ergebnis durch Bestimmung der Laufzeit für eine der Implementierungen.

2. Man zeige, daß die Wahl der Hut–Funktion aus Gleichung 1.76 als Funktion ϕ eine MRA erzeugt. Man finde den Operator H derart, daß $\phi = H\phi$. Ist dies ein OQF? Man finde die konjugierten und dualen Elemente.

3. Man implementiere `dwtpdn()`, die nicht–rekursive Version von `dwtpd()`. (Hinweis: Man beachte `dwtpd0n()`.)

4. Man implementiere `dwtpin()`, die nicht–rekursive Version von `dwtpi()`. (Hinweis: Man beachte `dwtpi0n()`.)

5. Man implementiere `idwtpd0()`, die rekursive Version von `idwtpd0n()`.

6. Man implementiere `idwtpi0()`, die rekursive Version von `idwtpi0n()`.

7. Man implementiere `idwtpdn()`, die nicht–rekursive Version von `idwtpd()`.

8. Man implementiere `idwtpin()`, die nicht–rekursive Version von `idwtpi()`.

9. Man implementiere `dwtan()`, die nicht–rekursive Version von `dwta()`.

10. Man verwende die bisher definierten Funktionen, um eine Funktion DWTA der folgenden Art zu implementieren: Zu gegebenem Vektor und gegebener Länge soll nur ein Zeiger auf einen Vektor von INTERVALs übergeben werden, die die Waveletteilräume $W_1, \ldots, W_L$ und den Skalierungsraum V_L beschreiben.

11. Man verwende die bisher definierten Funktionen, um iDWTA als eine Funktion der folgenden Art zu implementieren: Zu vorgegebenem Vektor von INTERVALs, die $W_1, \ldots, W_L$ und V_L beschreiben, soll nur ein INTERVAL zurückgegeben werden, das das rekonstruierte Signal enthält.

12. Man implementiere `dwta()` in der Form, daß die Vektoren für Intervalle und Koeffizienten lose (in nicht verketteter Form) angelegt werden.

7 Wavelet–Pakete

Wavelet–Pakete sind spezielle Linearkombinationen oder Superpositionen von Wavelets. Man hat sie auch *baumartige (arborescent) Wavelets* genannt [87]. Es handelt sich hierbei um Basen, die viele Eigenschaften der ursprünglichen Wavelets hinsichtlich Orthogonalität, Glattheit und Lokalisierung beibehalten. Die Koeffizienten dieser Linearkombinationen werden durch faktorisierte oder rekursive Algorithmen berechnet, so daß die Entwicklung nach Basen von Wavelet–Paketen eine niedrige Berechnungskomplexität aufzeigt.

Eine *diskrete Wavelet–Paket–Analyse* oder *DWPA* ist eine Transformation in die Koordinaten bezüglich einer ganzen Sammlung von Wavelet–Paketen, während eine *diskrete Waveletpaket–Transformation* oder *DWPT* durch die Koordinaten bezüglich einer Basis gegeben ist. Da viele Basen von Wavelet–Paketen in dieser Sammlung auftreten können, ist die DWPA nicht genau spezifiziert, falls die gewählte Basis nicht entsprechend beschrieben ist. Der *Aufwand für diese Basiswahl* reduziert sich auf eine erträgliche Menge an Information, weil Wavelet–Pakete eine effizient kodierte Kombination von Wavelets darstellen, die ihrerseits eine feste Basis mit wenig Spezifikationsmerkmalen sind.

Andererseits geht eine *diskrete Wavelet–Paket–Synthese* oder *DWPS* aus von einer Liste von Koeffizientenfolgen bezüglich Wavelet–Paketen und setzt die betreffenden Waveletpaket–Anteile zur Outputfolge zusammen. Besteht der Input aus einer Basismenge von Komponenten, so rekonstruiert die DWPS das Signal auf perfekte Art und Weise.

Eine diskrete Wavelet–Transformation ist ein Spezialfall einer DWPA, und eine inverse diskrete Wavelet–Transformation ist ein Speziallfall einer DWPS. Also können DWPS- und DWPA-Implementierungen anstelle der speziellen DWT- und iDWT-Implementierungen aus Kapitel 6 verwendet werden. Der speziellere Code kann sich allerdings auch vorteilhaft auswirken auf Schnelligkeit und Speicherbedarf.

Die historische Entwicklung der DWPA ist nicht so einfach zu beschreiben. Wavelet–Pakete sind Basisfunktionen, auf denen die *Subbandkodierung* aufbaut; letztere verwendet man schon seit Jahren bei der Kodierung von akustischen Signalen und Bildsignalen. Daubechies Konstruktion glatter orthogonaler Wavelets läßt sich auf Wavelet–Pakete übertragen ([25, 30]).

7.1 Definitionen und allgemeine Eigenschaften

Wir verwenden die Bezeichnungen und die Terminologie der Kapitel 5 und 6 und die in diesen Kapiteln enthaltenen Ergebnisse.

Es seien H, G ein konjugiertes Paar von Quadraturfiltern bezüglich einer orthogonalen oder biorthogonalen Menge. Damit existieren zwei weitere QFs H' und G', die möglicherweise mit H und G übereinstimmen, so daß die Abbildungen H^*H' und G^*G' Projek-

7.1 Definitionen und allgemeine Eigenschaften

tionen auf ℓ^2 darstellen und $H^*H' + G^*G' = I$ gilt.

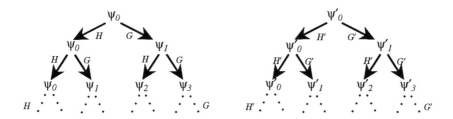

Bild 7.1 Wavelet–Pakete bei fester Skala.

7.1.1 Wavelet–Pakete auf R bei fester Skala

Über die QFs H und G definieren wir rekursiv die folgenden Funktionenfolgen:

$$\psi_0 \stackrel{\text{def}}{=} H\psi_0; \quad \int_{\mathbf{R}} \psi_0(t)\,dt = 1, \tag{7.1}$$

$$\psi_{2n} \stackrel{\text{def}}{=} H\psi_n; \quad \psi_{2n}(t) = \sqrt{2}\sum_{j\in\mathbf{Z}} h(j)\psi_n(2t-j), \tag{7.2}$$

$$\psi_{2n+1} \stackrel{\text{def}}{=} G\psi_n; \quad \psi_{2n+1}(t) = \sqrt{2}\sum_{j\in\mathbf{Z}} g(j)\psi_n(2t-j). \tag{7.3}$$

Die Funktion ψ_0 ist dabei eindeutig definiert; sie kann identifiziert werden mit der Funktion ϕ in [36] und Gleichung 5.68. Die Normierungsbedingung bedeutet hierbei, daß die Funktion Gesamtmasse Eins besitzt. Die Funktion ψ_1 ist das *Mutterwavelet* bezüglich der Filter H und G. Die zugeordneten Funktionen ψ_n können identifiziert werden mit den Funktionen ψ_n aus Gleichung 5.82. Die Gesamtheit dieser Funktionen für $n = 0, 1, \ldots$ nennen wir die *Wavelet–Pakete* bezüglich H und G. Die Rekursionsformeln aus Gleichungen 7.1 bis 7.3 liefern eine natürliche Anordnung in Form eines Binärbaums gemäß Bild 7.1. Analog werden die *dualen Wavelet–Pakete* $\{\psi'_n : n \geq 0\}$ bezüglich der dualen QFs H' und G' definiert:

$$\int_{\mathbf{R}} \psi'_0(t)\,dt = 1; \quad \psi'_{2n} \stackrel{\text{def}}{=} H'\psi'_n; \quad \psi'_{2n+1} \stackrel{\text{def}}{=} G'\psi'_n. \tag{7.4}$$

Betrachten wir $a(j) \stackrel{\text{def}}{=} \sqrt{2}\psi_n(2t+j)$ als eine Folge bezüglich des Index j bei festem (t,n), so können wir Gleichungen 7.2 und 7.3 folgendermaßen schreiben:

$$\psi_{2n}(t+i) = \sqrt{2}\sum_{j\in\mathbf{Z}} h(2i-j)\psi_n(2t+j) = Ha(i); \tag{7.5}$$

$$\psi_{2n+1}(t+i) = \sqrt{2}\sum_{j\in\mathbf{Z}} g(2i-j)\psi_n(2t+j) = Ga(i). \tag{7.6}$$

Ähnliche Formeln gelten für ψ'_n unter Bezug auf die Folgen h' und g'. Wir können damit zeigen, daß duale Wavelet–Pakete tatsächlich zu Wavelet–Pakten dual sind:

Lemma 7.1 $\langle \psi_n(t-i), \psi'_m(t-j)\rangle_{L^2} = \delta(n-m)\delta(i-j)$.

Beweis: Wir zeigen das Ergebnis zuerst für $n = m = 0$. Sei **1** die charakteristische Funktion des Intervalls $[0,1]$; dann ist offensichtlich $\langle \mathbf{1}(t+i), \mathbf{1}(t+j)\rangle = \delta(i-j)$. Setzen wir $\phi_n = H^n \mathbf{1}$ und $\phi'_n = (H')^n \mathbf{1}$, so gilt

$$\langle \phi_{n+1}(t+i), \phi'_{n+1}(t+j)\rangle = 2\int_{\mathbf{R}} \sum_{k,k'} \bar{h}(2i-k)h'(2j-k')\bar{\phi}_n(2t+k)\phi'_n(2t+k')\,dt$$

$$= \sum_{k,k'} \bar{h}(2i-k)h'(2j-k')\delta(k-k') = \delta(i-j).$$

Nun impliziert Gleichung 5.79, daß $\int_{\mathbf{R}} \phi_n = 1$ für alle $n > 0$. Dies gilt auch für ϕ'_n, so daß ϕ_n und ϕ'_n die Bedingung der Gesamtmasse Eins erfüllen. Setzen wir $\psi_0 = \lim_{n\to\infty} \phi_n$ und $\psi'_0 = \lim_{n\to\infty} \phi'_n$, so ergibt sich damit

$$\langle \psi_0(t+i), \psi'_0(t+j)\rangle = \delta(i-j). \tag{7.7}$$

Wir nehmen nun an, daß das Ergebnis für alle $i,j \in \mathbf{Z}$ und $n,m < N$ bewiesen ist. Gleichungen 7.5 und 7.6 und eine analoge Rechnung zu der, die uns zu dem Ergebnis in Gleichung 7.7 für ψ_0, ψ'_0 geführt hat, liefern dann:

$$\langle \psi_{2n}(t+i), \psi'_{2m}(t+j)\rangle = \delta(n-m)\delta(i-j); \tag{7.8}$$
$$\langle \psi_{2n+1}(t+i), \psi'_{2m+1}(t+j)\rangle = \delta(n-m)\delta(i-j); \tag{7.9}$$
$$\langle \psi_{2n+1}(t+i), \psi'_{2m}(t+j)\rangle = 0; \tag{7.10}$$
$$\langle \psi_{2n}(t+i), \psi'_{2m+1}(t+j)\rangle = 0. \tag{7.11}$$

Die ersten beiden Gleichungen folgen hierbei aus der Dualität von H, H' und G, G', während die letzten beiden Gleichungen aus der Unabhängigkeit von H', G und G', H folgen. Damit folgt die Behauptung für $0 \le n, m < 2N$, und Induktion liefert die Aussage für alle n. Um den Beweis abzuschließen, betrachtet man die Substitution $i \leftarrow -i$ und $j \leftarrow -j$. □

Korollar 7.2 *Die Menge $\{\psi_n(t-k) : n, k \in \mathbf{Z}, n \ge 0\}$ ist linear unabhängig.*

Beweis: Für $x(t) = \sum_{n,k} a_{nk}\psi_n(t-k) \equiv 0$ gilt $a_{nk} = \langle \psi'_n(t-k), x(t)\rangle = 0$. □

Korollar 7.3 *Sind H, G orthogonale QFs, so ist $\{\psi_n(t-k) : n,k \in \mathbf{Z}, n \ge 0\}$ eine orthonormale Menge.* □

Die abgeschlossene lineare Hülle der ganzzahligen Translate der Wavelet–Pakete ψ_n wollen wir mit Λ_n bezeichnen:

$$\Lambda_n \stackrel{\text{def}}{=} \left\{ x(t) = \sum_k c(k)\psi_n(t-k) \right\} \subset L^2(\mathbf{R}). \tag{7.12}$$

7.1 Definitionen und allgemeine Eigenschaften

Hinsichtlich der Verknüpfung von Translationen und QFs liefern Gleichungen 7.1 – 7.3, daß

$$\Lambda_{2n} = H\Lambda_n \quad \text{und} \quad \Lambda_{2n+1} = G\Lambda_n. \tag{7.13}$$

Dabei ist Λ_0 gegeben durch V_0, den Approximationsraum auf Stufe Null, der durch das Tiefpaß–Filter H gegeben ist. Für die Räume erhält man eine natürliche Basis:

Korollar 7.4 *Die Menge* $\{\psi_n(t-k) : k \in \mathbf{Z}\}$ *stellt eine Basis dar für* Λ_n. □

Korollar 7.5 *Sind* H, G *orthogonale QFs, so ist* $\{\psi_n(t-k) : k \in \mathbf{Z}\}$ *eine Orthonormalbasis für* Λ_n. □

Setzt man die Basen für $\Lambda_n, n \geq 0$, zusammen, so ergibt sich eine Basis für $L^2(\mathbf{R})$. Wir zeigen dies, indem wir die Methode von Coifman und Meyer [23] geringfügig abändern und unserer Notation anpassen, um den biorthogonalen Fall mit einzuschließen. Unter Bezug auf die dualen Filter H' und G' und die Eigenschaft der exakten Rekonstruktion finden wir:

$$\psi_n(t+j) = \frac{1}{\sqrt{2}} \sum_{i \in \mathbf{Z}} \bar{h}'(2i-j)\psi_{2n}\left(\frac{t}{2}+i\right) + \frac{1}{\sqrt{2}} \sum_{i \in \mathbf{Z}} \bar{g}'(2i-j)\psi_{2n+1}\left(\frac{t}{2}+i\right). \tag{7.14}$$

Für $x = x(t) = \sum_{k \in \mathbf{Z}} \bar{\lambda}_n(k)\psi_n(t+k)$ ergibt sich über Gleichung 7.14 die folgende Reihendarstellung für x:

$$\begin{aligned}
x(t) &= \frac{1}{\sqrt{2}} \sum_i \left(\sum_j \bar{h}'(2i-j)\bar{\lambda}_n(j)\right) \psi_{2n}\left(\frac{t}{2}+i\right) \\
&\quad + \frac{1}{\sqrt{2}} \sum_i \left(\sum_j \bar{g}'(2i-j)\bar{\lambda}_n(j)\right) \psi_{2n+1}\left(\frac{t}{2}+i\right) \\
&= \sum_i \overline{H'\lambda_n(i)} \frac{1}{\sqrt{2}} \psi_{2n}\left(\frac{t}{2}+i\right) + \sum_i \overline{G'\lambda_n(i)} \frac{1}{\sqrt{2}} \psi_{2n+1}\left(\frac{t}{2}+i\right).
\end{aligned} \tag{7.15}$$

Die rechte Seite stellt eine Entwicklung von x dar unter Verwendung von Dilatationen der Basisfunktionen in Λ_{2n} und Λ_{2n+1}, wobei die Koeffizientenfolgen durch $\overline{H'\lambda_n}$ und $\overline{G'\lambda_n}$ gegeben sind. In äquivalenter Darstellung ergibt sich für $x \in \Lambda_n$:

$$x(t) = \frac{1}{\sqrt{2}} y\left(\frac{t}{2}\right) + \frac{1}{\sqrt{2}} z\left(\frac{t}{2}\right) \quad \text{für } y \in \Lambda_{2n} \text{ und } z \in \Lambda_{2n+1}. \tag{7.16}$$

Setzen wir also $\sigma x(t) = \frac{1}{\sqrt{2}} x\left(\frac{t}{2}\right)$ und $\sigma\Lambda_n = \{\sigma x : x \in \Lambda_n\}$, so zeigt Gleichung 7.16 die Eigenschaft $\Lambda_n = \sigma H\Lambda_n + \sigma G\Lambda_n = \sigma\Lambda_{2n} + \sigma\Lambda_{2n+1}$ oder

$$\Lambda_0 = \sigma\Lambda_0 + \sigma\Lambda_1 = \cdots = \sigma^k\Lambda_0 + \sigma^k\Lambda_1 + \cdots + \sigma^k\Lambda_{2^k-1}, \tag{7.17}$$

und in allgemeiner Form

$$\Lambda_n = \sigma^k\Lambda_{2^k n} + \cdots + \sigma^k\Lambda_{2^k(n+1)-1} \quad \text{für alle } n, k \geq 0. \tag{7.18}$$

Ebenso ergibt sich für negatives k

$$\sigma^k \Lambda_n = \Lambda_{2^{-k}n} + \cdots + \Lambda_{2^{-k}(n+1)-1} \qquad \text{für alle } n \geq 0,\, k \leq 0. \qquad (7.19)$$

Die Anteile in dieser Zerlegung schöpfen schließlich ganz L^2 aus:

Theorem 7.6 *Die Funktionen* $\{\psi_n(t-j) : j, n \in \mathbf{Z}, n \geq 0\}$ *bilden eine Basis für* $L^2(\mathbf{R})$.

Beweis: Die Funktionen sind orthonormal und erzeugen den Raum $\Lambda_0 + \Lambda_1 + \cdots$, der $\sigma^{-k}\Lambda_0$ für jedes k enthält. Nun gilt aber $\sigma^{-k}\Lambda_0 = \sigma^{-k}V_0 = V_{-k}$, und aus $\int_{\mathbf{R}} \psi_0(t)\,dt = 1$ ergibt sich $V_{-k} \to L^2(\mathbf{R})$ für $k \to \infty$. Damit ist das System $\{\psi_n(t-j) : n \geq 0, n, j \in \mathbf{Z}\}$ vollständig. □

Korollar 7.7 *Sind H und G orthogonale QFs, so ist* $\{\psi_n(t-j) : j, n \in \mathbf{Z}, n \geq 0\}$ *eine Orthonormalbasis für* $L^2(\mathbf{R})$. □

Wir erwähnen, daß die Funktionen $\{\psi_n : n \geq 0\}$ eine Verallgemeinerung der Walsh-Funktionen darstellen und daß n als „Frequenz"-Index gedeutet werden kann. Damit liefert $\{\Lambda_n : n \geq 0\}$ eine Zerlegung von L^2 in (möglicherweise orthogonale) Unterräume von Funktionen einheitlicher Skala und verschiedener Frequenz.

7.1.2 Multiskalen–Wavelet–Pakete auf R

Alle Funktionen ψ_n des vorangegangenen Abschnitts besitzen eine einheitliche Skala; der Übergang zu Multiskalen-Zerlegungen von L^2 ist aber ebenfalls möglich. Unter Translation, Dilatation und Normierung betrachten wir Funktionen $\psi_{sfp} \stackrel{\text{def}}{=} 2^{-s/2}\psi_f(2^{-s}t - p)$ als ein *Wavelet-Paket* zum *Skalenindex s, Frequenzindex f* und *Orts- oder Positionsindex p*. Die Wavelet-Pakete $\{\psi_{sfp} : p \in \mathbf{Z}\}$ bilden eine Basis für $\sigma^s \Lambda_f$. Sind H und G orthogonale QFs, so wollen wir dies *orthonormale Wavelet-Pakete* nennen.

Der Skalenindex bezieht sich auf die relative Ausdehnung der Funktion. Die Ortsunschärfe $\triangle x(\psi_{sfp})$ aus Gleichung 1.57 für das skalierte Wavelet-Paket ist gegeben durch 2^s mal der Ortsunschärfe $\triangle x(\psi_f)$ von ψ_f. Sind H und G in üblicher Weise indizierte FIR Filter mit Träger in $[0, R]$, so besitzt ψ_f den Träger $[0, R]$ und ψ_{sfp} den Träger $[2^s p, 2^s(p+R)]$, so daß sich der Durchmesser des Intervalls um den Faktor 2^s verändert.

Im orthogonalen Haar-Walsh-Fall und im Beispiel der Shannonfunktionen bezieht sich der Frequenzindex unter der Graycode-Permutation auf die mittlere Frequenz (vgl. Gleichungen 5.80 und 5.81). In Analogie zu Theorem 5.19 und 5.20 sprechen wir deshalb bei ψ_f von einer *Nominalfrequenz (nominal frequency)* $\frac{1}{2}GC^{-1}(f)$. Dilatation um den Faktor 2^s skaliert diese Nominalfrequenz auf $\frac{1}{2}2^s GC^{-1}(f)$.

Der Ortsindex bezieht sich auf das Energiezentrum x_0 der Funktion ψ_0, mit einer Korrektur der Phasenverschiebung, die durch die QFs verursacht wird. Beginnen wir mit der untersten Stufe: Die Koeffizienten $\{\lambda_0(n)\}$ von $x_0(t) = \psi_0(t+j)$ in Λ_0 bestehen aus einer einzelnen Eins in Position $n = j$, während alle anderen Eingänge Null sind. Deshalb gilt $c[\lambda_0] = j$ gemäß Gleichung 5.27. Der Phasenverschiebungssatz (5.8) für OQFs erlaubt es

7.1 Definitionen und allgemeine Eigenschaften

uns dann, für ψ_n das Energiezentrum näherungsweise aus der Filterfolge für n zu berechnen. Dies multiplizieren wir dann mit 2^{-s}, um die *Nominalposition (nominal position)* des Wavelet-Pakets ψ_{sfp} zu erhalten.

Position, Skala und Frequenz sind für das Beispiel der *Haar-Walsh-Wavelet-Pakete* leicht zu definieren und zu berechnen. Seien $H = \{\frac{1}{\sqrt{2}}, \frac{1}{\sqrt{2}}\}$ und $G = \{\frac{1}{\sqrt{2}}, \frac{-1}{\sqrt{2}}\}$ die Haar–Walsh–Filter. Dann gilt:

- $\psi_0 = \mathbf{1}_{[0,1]}$ ist die charakteristische Funktion des Intervalls $[0, 1]$;
- ψ_n hat einen Träger in $[0, 1]$, wobei nur die Funktionswerte ± 1 angenommen werden;
- ψ_n hat $GC^{-1}(n)$ Nulldurchgänge und damit eine Nominalfrequenz von $\frac{1}{2} GC^{-1}(n)$;
- $\psi_{knj}(t) = 2^{-k/2} \psi_n(2^{-k}t - j)$ hat einen Träger im Intervall $[2^k j, 2^k(j+1)]$ der Länge 2^k.

Das duale Wavelet–Paket bezeichnen wir mit ψ'_{sfp}, weil $\langle \psi_{sfp}, \psi'_{sfp} \rangle = 1$ gilt, aber Dualität ist hier etwas komplizierter als im Fall einer festen Skala. Zuerst definieren wir ein *dyadisches Intervall* $I_{kn} \subset \mathbf{R}$ durch die Formel

$$I_{kn} \stackrel{\text{def}}{=} \left[\frac{n}{2^k}, \frac{n+1}{2^k} \right[. \tag{7.20}$$

Dadurch, daß wir den rechten Endpunkt auslassen, sind benachbarte dyadische Intervalle disjunkt. Man beachte, daß zwei dyadische Intervalle entweder disjunkt sind, oder daß das eine das andere enthält.

Zwischen dyadischen Teilintervallen und Unterräumen von L^2 besteht eine natürliche Korrespondenz:

$$I_{sf} \longleftrightarrow \sigma^s \Lambda_f. \tag{7.21}$$

Verwendet man dyadische Indexintervalle für die Charakterisierung von Multiskalen–Wavelet–Paketen, so kann man Lemma 7.1 verallgemeinern:

Lemma 7.8 *Sind die dyadischen Intervalle $I_{s'f'}$ und I_{sf} disjunkt, oder gilt $I_{s'f'} = I_{sf}$ bei $p' \neq p$, so folgt $\langle \psi_{sfp}, \psi'_{s'f'p'} \rangle = 0$.*

Beweis: Ist $I_{s'f'} = I_{sf}$, so gilt $s' = s$ und $f' = f$; Skalierung um den Faktor 2^s erhält das innere Produkt und mit Lemma 7.1 ergibt sich $\langle \psi_f(t-p), \psi'_f(t-p') \rangle = \delta(p-p')$.

Ist $s' = s$, aber $f' \neq f$, so führen wir wieder eine Skalierung um den Faktor 2^s durch und berechnen das innere Produkt über das gleiche Lemma zu $\langle \psi_f(t-p), \psi'_{f'}(t-p') \rangle = 0$.

Im Falle $s' \neq s$ können wir oBdA $s' < s$ annehmen und setzen $r = s - s' > 0$. Dann gehört ψ_{sfp} zu $\sigma^s \Lambda_f$, während nach Gleichung 7.19:

$$\psi'_{s'f'p'} \in \sigma^{s'} \Lambda'_{f'} = \sigma^s \sigma^{-r} \Lambda'_{f'} = \sum_{n=2^r f'}^{2^r(f'+1)-1} \sigma^s \Lambda'_n.$$

Sind nun die dyadischen Intervalle $I_{s'f'}$ und I_{sf} disjunkt, so ist jede Komponente Λ'_n, $2^r f' \leq n < 2^r(f'+1)$, orthogonal zu der einzelnen Komponente Λ_f. □

Wir verfeinern nun die Zerlegung $L^2 = \sum_n \Lambda_n$, indem wir variable Skalierung zulassen. Es sei $\mathcal{I}$ eine *disjunkte dyadische Überdeckung* von $\mathbf{R}^+$, d.h. eine Gesamtheit disjunkter dyadischer Intervalle I_{kn}, deren Vereinigung die positive reelle Achse ergibt. Um aus einer allgemeinen dyadischen Zerlegung eine Basis zu bestimmen, benötigen wir einige technische Voraussetzungen über die Skalierungsfunktion und die zugeordneten Wavelet–Pakete. Diese Bedingungen sind in [28] beschrieben; sie sind von der dyadischen Überdeckung unabhängig. Solche Wavelet–Pakete wollen wir *gutartig (well-behaved)* nennen.

Theorem 7.9 *Ist $\mathcal{I}$ eine disjunkte dyadische Überdeckung von $\mathbf{R}^+$, so bilden die gutartigen Wavelet–Pakete $\{\psi_{sfp} : I_{sf} \in \mathcal{I}, p \in \mathbf{Z}\}$ eine Basis für $L^2(\mathbf{R})$.*

Beweis: Da $\{\psi_{sfp} : p \in \mathbf{Z}\}$ eine Basis für $\sigma^s \Lambda_f$ darstellt und da zwei Räume einen trivialen Durchschnitt haben, falls die zugehörigen dyadischen Indexintervalle disjunkt sind, genügt es zu zeigen, daß $\{\sigma^s \Lambda_f : I_{sf} \in \mathcal{I}\}$ dicht ist in L^2.

Wir betrachten zuerst den Spezialfall $s \leq 0$ für alle $I_{sf} \in \mathcal{I}$. Gemäß Gleichung 7.19 gehört dann jedes I_{sf} zu $\sigma^s \Lambda_f = \Lambda_{2^{-s}f} + \cdots + \Lambda_{2^{-s}(f+1)-1}$, und die Indizes für diese Räume sind genau die ganzen Zahlen im Indexintervall I_{sf}. Wegen $\bigcup I_{sf} = \mathbf{R}^+$ ergibt sich also $\sum \sigma^s \Lambda_f = \sum_{n=0}^{\infty} \Lambda_n$, und der Abschluß hiervon ist L^2.

Gilt $s \leq k$ für alle Intervalle I_{sf} in dieser Überdeckung, so folgt $\sum \sigma^s \Lambda_f = \sigma^k \sum_{n=0}^{\infty} \Lambda_n$. Der Abschluß dieser Summe ist $\sigma^k L^2$, und dies stimmt mit L^2 überein.

Im allgemeinen Fall muß man voraussetzen, daß die Wavelet–Pakete gutartig sind; dies wird in [28], Theorem 5 und Theorem 6 bewiesen. □

Theorem 7.9 wollen wir das *Graph–Theorem* nennen, weil disjunkte dyadische Überdeckungen als Graphen angesehen werden können, die Partitionen von $\mathbf{R}^+$ mit Basen in L^2 verknüpfen. Im Fall orthogonaler Filter erhalten wir zusätzlich orthonormale *Graphbasen*:

Korollar 7.10 *Sind H und G orthogonale QFs, und ist $\mathcal{I}$ eine disjunkte dyadische Überdeckung von $\mathbf{R}$, so stellt $\{\psi_{sfp} : p \in \mathbf{Z}, I_{sf} \in \mathcal{I}\}$ eine Orthonormalbasis dar für $L^2(\mathbf{R})$.* □

Bemerkung. Alle in der Praxis auftretenden Fälle erfüllen die Skalierungsbedingung $s \leq L$ für ein gegebenes L. Für in Anwendungen abgetastete Signale liegt auch eine minimale Größenordnung vor, nämlich das Abtastintervall. OBdA können wir $s = 0$ mit der *Größenordnung des Abtastintervalls* identifizieren; dann bezieht sich L auf die *Tiefe der Zerlegung* der Waveletpaket–Basis. In diesem Falle entspricht 2^{-L} der Länge der kleinsten Intervalle in der dyadischen Überdeckung.

Eine *(orthonormale) Waveletpaket–Basis* von $L^2(\mathbf{R})$ ist eine (orthonormale) Basis, die aus den Funktionen ψ_{sfp} ausgewählt ist. Hierunter liefern Graphbasen eine riesige, wenn auch nicht die allgemeinste Wahlmöglichkeit. Einige einfach zu beschreibende Beispiele von Graphbasen für Wavelet–Pakete sind die Orthonormalbasis $\Lambda_0 \oplus \Lambda_1 \oplus \cdots \oplus \Lambda_k \oplus \cdots$ vom *Walsh–Typ*, die *Subbandbasis* $\sigma^L \Lambda_0 \oplus \sigma^L \Lambda_1 \oplus \cdots \oplus \sigma^L \Lambda_n \oplus \cdots$ und die *Waveletbasis* $\cdots \oplus \sigma^{-1} \Lambda_1 \oplus \Lambda_1 \oplus \sigma \Lambda_1 \oplus \cdots \oplus \sigma^k \Lambda_1 \oplus \cdots$.

7.1 Definitionen und allgemeine Eigenschaften

Beschränken wir uns auf das dyadische Intervall $[0,1[$ der Länge Eins, so können wir Graphbasen für den zugehörigen Approximationsraum $V_0 \subset L^2(\mathbf{R})$ charakterisieren. Wegen $V_0 = \bigcup_{k=0}^{L} V_k$ für $L \geq 0$ bestehen Graphzerlegungen dieses Raums bei endlicher Tiefe L aus Anteilen der feineren Approximationsräume V_k, $0 \leq k \leq L$. Diese Anteile korrespondieren eineindeutig mit dyadischen Teilintervallen des halboffenen Intervalls $[0,1[$, wobei $s \geq 0$ und $0 \leq f < 2^s$.

Für zwei verschiedene dyadische Intervalle sind auch die Unterräume von V_0 verschieden, und in diesem Falle sind auch die zugehörigen Unterräume unabhängig. Eine disjunkte dyadische Überdeckung $\mathcal{I}$ von $[0,1[$ entspricht also einer (orthonormalen) Waveletpaket-Basis:

Korollar 7.11 *Ist $\mathcal{I}$ eine disjunkte dyadische Überdeckung von $[0,1[$, so bilden die Wavelet-Pakete $\{\psi_{sfp} : I_{sf} \in \mathcal{I}, p \in \mathbf{Z}\}$ eine Basis für V_0.*

Beweis: Für $\bigcup_{I_{sf} \in \mathcal{I}} I_{sf} = [0,1[$ gilt $\sum_{I_{sf} \in \mathcal{I}} \sigma^s \Lambda_f = \sum_{n=0}^{2^s-1} \sigma^s \Lambda_n = \Lambda_0 = V_0$. $\square$

Korollar 7.12 *Sind H und G orthogonale QFs und $\mathcal{I}$ eine disjunkte dyadische Überdeckung von $[0,1[$, so bildet $\{\psi_{sfp} : p \in \mathbf{Z}, I_{sf} \in \mathcal{I}\}$ eine Orthonormalbasis von V_0.*
$\square$

7.1.3 Numerische Berechnung der Koeffizienten von Wavelet-Paketen

Es sei $\{\lambda_{sf}(p) : p \in \mathbf{Z}\}$ die Folge der inneren Produkte einer Funktion $x = x(t)$ in $L^2(\mathbf{R})$ mit den „gespiegelten" Basisfunktion $\sigma^s \Lambda_f$:

$$\lambda_{sf}(p) \stackrel{\text{def}}{=} \langle x, \psi_{sfp}^{<}\rangle = \int_{\mathbf{R}} \bar{x}(t) 2^{-s/2} \psi_f(p - 2^{-s}t) \, dt. \tag{7.22}$$

Hierbei ist $s, p \in \mathbf{Z}$, $f \geq 0$ und $\psi_{sfp}^{<}(t) \stackrel{\text{def}}{=} 2^{-s/2}\psi_f(p-2^{-s}t)$. Aus Dualitätsgründen folgt aus $x = \psi'^{<}_{sfp'}$, daß $\lambda_{sf}(p) = \delta(p-p')$. Ebenso sind die Zahlen $\bar{\lambda}_{sf}(p)$ die Koeffizienten der Entwicklung von x nach den Funktionen von $\sigma^s \Lambda'_f$:

$$x(t) = \sum_p \bar{\lambda}_{sf}(p) \psi'^{<}_{sfp}(t) \quad \Rightarrow \quad \langle x, \psi_{sfp}^{<}\rangle = \lambda_{sf}(p). \tag{7.23}$$

Wir verwenden zusätzlich die Bezeichnung $\{\lambda\}$ oder $\{\lambda_{00}\}$ für die „gespiegelten" inneren Produkte von $x(t)$ mit den Basisfunktionen von $\sigma^0 \Lambda_0 = V_0$. Aus diesen können wir die inneren Produkte von $x(t)$ mit den Wavelet-Paketen in jedem weiteren Raum $\sigma^s \Lambda_f$ für $s > 0$ und $0 \leq f < 2^s$ berechnen, indem wir die Operatoren H und G insgesamt s-mal anwenden. Dies folgt aus dem

Lemma 7.13 *Die Koeffizientenfolgen $\{\lambda_{sf}\}$ erfüllen die Rekursionsgleichungen*

$$\lambda_{s+1,2f}(p) = H\lambda_{sf}(p), \tag{7.24}$$
$$\lambda_{s+1,2f+1}(p) = G\lambda_{sf}(p). \tag{7.25}$$

Beweis:

$$\begin{aligned}
\lambda_{s+1,2f}(p) &= \int_{\mathbf{R}} \bar{x}(t) 2^{\frac{-s-1}{2}} \psi_{2f}(p - 2^{-s-1}t)\, dt \\
&= \int_{\mathbf{R}} \bar{x}(t) 2^{\frac{-s-1}{2}} \left[2^{\frac{1}{2}} \sum_{j \in \mathbf{Z}} h(j) \psi_f \left(2[p - 2^{-s-1}t] - j\right) \right] dt \\
&= \sum_{j \in \mathbf{Z}} h(j) \int_{\mathbf{R}} \bar{x}(t) 2^{\frac{-s}{2}} \psi_f \left(2p - j - 2^{-s}t\right) dt \\
&= \sum_{j \in \mathbf{Z}} h(j) \lambda_{sf}(2p - j) \quad = H\lambda_{sf}(p).
\end{aligned}$$

Der Beweis für $\lambda_{s+1,2f+1}(p)$ folgt entsprechend, indem man h durch g ersetzt. □

Bemerkung. Die Verwendung von $\psi_{sfp}^<$ statt ψ_{sfp} im inneren Produkt ist ein technischer Trick, der für Funktionen und für Folgen die gleichen Formeln für die Filterfaltung zuläßt.

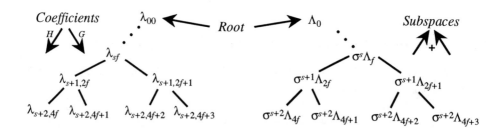

Bild 7.2 Wavelet–Paket–Analyse und –Synthese.

Die Gesamtheit der Wavelet–Pakete $\{\psi_{sfp}\} = \{2^{s/2}\psi_f(2^s t - p)\}$ in diesen inneren Produkten bildet eine Bibliothek von Funktionen, deren Aufbau sich aus Lemma 7.13 ergibt. Wir können sie als Binärbaum auffassen, wobei die Knoten durch die Räume $\sigma^s \Lambda_f$ gegeben sind. Die Wurzel ist $V_0 = \Lambda_0$, die Blätter sind $\sigma^L \Lambda_0, \ldots, \sigma^L \Lambda_{2^L - 1}$, und der Aufbau ergibt sich wie im rechtsstehenden Diagramm von Bild 7.2. Jeder Knoten ist die Summe zweier unmittelbarer Nachfolger oder *Kinder*. Sind die QFs orthogonal, so ist auch die Summe orthogonal. Starten wir umgekehrt mit einer Folge $\lambda = \lambda_{00}$ von Waveletpaket-Koeffizienten auf der niedrigsten Stufe, so bilden die Koeffizientenfolgen λ_{sf} der Multiskalen–Wavelet–Pakete die Knoten eines Binärbaums, wie wir das im linken Diagramm von Bild 7.2 dargestellt haben.

Um eine Wavelet–Paket–Analyse einer Funktion durchzuführen, bestimmen wir zuerst die Koeffizientenfolgen im zur Wurzel gehörenden Unterraum und folgen dann den Zweigen des Baumes der Waveletpaket-Koeffizienten, um die Entwicklung in den nachfolgenden Unterräumen zu finden. Zweige in diesem Baum gehören zu Indizes s, f und damit

7.1 Definitionen und allgemeine Eigenschaften

zu Folgen der Filter H und G. Der Zusammenhang kann dabei aus Lemma 7.13 bestimmt werden. Ist $f = (f_{k-1} \cdots f_1 f_0)_2$ die Binärdarstellung der ganzen Zahl $f \in [0, 2^k - 1]$, so ergibt sich folgendes:

Theorem 7.14 *Für alle $s \geq 0$ und $0 \leq f < 2^s$ gilt*

$$\lambda_{sf} = F_0 \cdots F_{s-1} \lambda(p);$$

dabei ist $F_i = H$ für $f_i = 0$ und $F_i = G$ für $f_i = 1$. □

Der in diesem Theorem versteckte Algorithmus hat in folgendem Sinne niedrige Komplexität. Wir gehen davon aus, daß die Waveletpaket–Koeffizienten $\{\lambda(p) : p \in \mathbf{Z}\}$ einer Funktion $x = x(t)$ auf unterster Stufe gegeben sind. Dabei nehmen wir an, daß $|\lambda(p)|$ für $|p| \geq N$ vernachlässigbar klein ist. Verwenden wir endliche Filter, so führt jede Anwendung von H oder G auf die Koeffizientenfolge zu $O(N)$ Multiplikationen und Additionen. Theorem 7.14 ergibt damit eine schnelle Konstruktion für alle wesentlichen inneren Produkte $\lambda_{sf}(p)$: Die Komplexität für ihre Bestimmung ist gegeben durch $O(sN) \approx O(N \log N)$. Dies ist eine Schranke für den Aufwand einer *Wavelet–Paket–Analyse*, d.h. für die Bestimmung der Koeffizienten $\{\lambda_{sf}(p)\}$ aus $\{\lambda(p)\}$.

Bei der *Synthese* bestimmen wir die Koeffizienten $\{\lambda\} = \{\lambda_{00}\}$ der Wurzel, indem wir die adjungierten H'^* und G'^* der Dualen QFs H' und G' auf die Folge $\{\lambda_{sf}\}$ anwenden. In den folgenden Ergebnissen setzen wir $F_i'^* = H'^*$ und $F_i = H$ falls die i-te Binärstelle f_i von f gleich Null ist; andernfalls ist $F_i'^* = G'^*$ und $F_i = G$:

Theorem 7.15 *Für $s \geq 0$ und $0 \leq f < 2^s$ gilt $\psi_{sfp}'^< = \sum_{n \in \mathbf{Z}} \bar{\lambda}(n) \psi_{00n}'^<$, wobei die Koeffizientenfolge $\{\lambda\}$ gegeben ist durch*

$$\lambda = F_{s-1}'^* \cdots F_1'^* F_0'^* \mathbf{1}_p;$$

dabei bezeichnet $\mathbf{1}_p$ diejenige Folge, die in der Position p eine Eins enthält, und sonst Nullen. □

Man beachte dabei, daß nach Lemma 7.1 ein einzelnes Wavelet–Paket ψ_{sfp}' dadurch charakterisiert ist, daß die Koeffizientenfolge gegeben ist durch $\lambda_{sf}(p) = 1$ und $\lambda_{sf'}(p') = 0$ falls $f \neq f'$ oder $p \neq p'$ gilt.

Theorem 7.15 ergibt die folgende Formel für ψ_f' auf der Basis von ψ_0' und der Koeffizientenfolge λ aus $\lambda_{sf} = \mathbf{1}_p$:

$$\psi_f'(t) = \sum_k \bar{\lambda}(k) 2^{s/2} \psi_0' \left(2^s t + [k-p]\right). \tag{7.26}$$

Eine Superposition von Wavelet–Paketen gewinnt man durch eine Koeffizientenfolge, die ihrerseits durch Superposition elementarer Folgen entsteht. Sei $\mathcal{B}$ irgendeine Teilmenge von Indextripeln (s, f, p), für die $s \geq 0$, $0 \leq f < 2^s$ und $p \in \mathbf{Z}$ gilt. Eine Superposition von Wavelet–Paketen mit diesen Indizes kann dann dargestellt werden als eine Summe im Approximationsraum V_0':

Korollar 7.16 *Es gilt die Darstellung*

$$x = \sum_{(s,f,p)\in\mathcal{B}} \bar{\lambda}_{sf}(p)\psi'^{<}_{sfp} = \sum_{n\in\mathbf{Z}} \bar{\lambda}(n)\psi'^{<}_{00n}$$

mit

$$\lambda = \sum_{(s,f,p)\in\mathcal{B}} F'^{*}_{s-1} \cdots F'^{*}_{1} F'^{*}_{0} \lambda_{sf}(p) \mathbf{1}_p;$$

dabei bezeichnet $\mathbf{1}_p$ *die Folge, die in der Position p eine Eins enthält und sonst Nullen.* □

Durch Kombination der beiden Operationen der Analyse und der Synthese erhalten wir Projektionsoperatoren:

Korollar 7.17 *Es sei* $P : V'_0 \to \sigma^s \Lambda'_f$ *definiert durch* $Px(t) = \sum_p \bar{a}(p)\psi'^{<}_{00p}(t)$, *wobei für jedes* $x = \sum_p \bar{\lambda}(p)\psi'^{<}_{00p}$

$$a = F'^{*}_{s-1} \cdots F'^{*}_{1} F'^{*}_{0} F_0 F_1 \cdots F_{s-1} \lambda \tag{7.27}$$

gesetzt wird. Dann ist P eine Projektion. Sind $H = H'$ *und* $G = G'$ *orthogonale QFs, so ist P eine orthogonale Projektion.* □

Jede Anwendung der endlichen adjungierten Filter H'^{*} und G'^{*} benötigt ebenfalls $O(N)$ Multiplikationen und Additionen. Damit ist die *Wavelet-Paket-Synthese*, oder die Rekonstruktion von $\{\lambda_{00}\}$ aus den Koeffizienten $\{\lambda_{sf}(p)\}$ ebenfalls ein Algorithmus der Komplexität $O(sN) \approx O(N\log N)$.

Wir konzentrieren uns nun auf den Baum der Koeffizientenfolgen $\{\lambda_{sf}\}$, da wir diese Koeffizienten in der Praxis berechnen. Es ist nützlich, sich diesen Baum für ein einfaches Beispiel bildlich vorzustellen, wie zum Beispiel für den Fall einer 8-Punkt Folge $\lambda(n) = x_n$, $n = 0, 1, \ldots, 7$, die in drei Stufen mit Haar-Walsh-Filtern analysiert wird. Der vollständige Baum kann dann wie in Bild 7.3 dargestellt werden. Die linksstehende Zeilennumerierung ist der Skalenindex s; er beginnt oben (an der „Wurzel") mit 0. Die Spaltennumerierung ist eine Kombination von Frequenzindex und Positionsindex. Der Index innerhalb jedes Blocks ist der Positionsindex, während die Blocknummer, von links nach rechts gezählt, den Frequenzindex angibt; letzterer kann aus der Buchstabenfolge innerhalb des Blocks abgeleitet werden.

Legen wir dieses Rechteck über das Einheitsintervall, so liegen die Koeffizientenblöcke über dyadischen Teilintervallen, entsprechend der Korrespondenz von Gleichung 7.21: Die Koeffizientenfolge λ_{sf} ist enthalten in dem Block über dem Indexintervall I_{sf}.

Jede Koeffizientenzeile wird aus der darüber stehenden Zeile berechnet, indem jeweils einmal H oder G angewendet wird; dies können wir als „Summen" (s) oder „Differenzen" (d) auffassen. Der Teilblock $\{ss_0, ss_1\}$ entsteht zum Beispiel dadurch, daß H auf $\{s_0, s_1, s_2, s_3\}$ angewendet wird, während $\{ds_0, ds_1\}$ auf ähnliche Weise durch G entsteht. Im Haar-Walsh-Falle haben wir also $ss_0 = \frac{1}{\sqrt{2}}(s_0 + s_1)$, $ss_1 = \frac{1}{\sqrt{2}}(s_2 + s_3)$, $ds_0 = \frac{1}{\sqrt{2}}(s_0 - s_1)$ und $ds_1 = \frac{1}{\sqrt{2}}(s_2 - s_3)$.

Die beiden nachfolgenden Teilblöcke H und G auf Zeile $n+1$ sind bestimmt durch ihren jeweiligen Vorgänger in Zeile n, der seinerseits wiederum aus diesen durch Anwendung der

7.1 Definitionen und allgemeine Eigenschaften

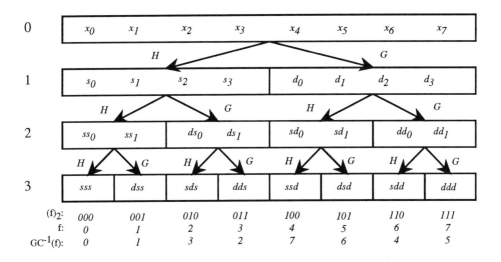

Bild 7.3 Koeffizienten der Haar–Walsh–Wavelet–Pakete, natürliche Ordnung, Rang 8.

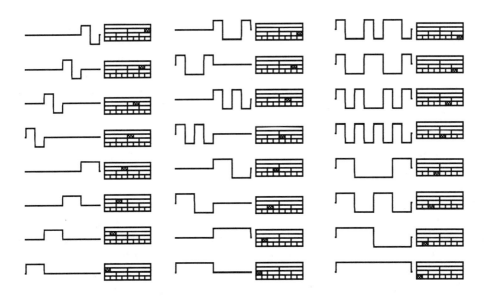

Bild 7.4 Haar–Walsh–Wavelet–Pakete, Rang 8.

adjungierten inversen Faltung H'^* und G'^* zurückgewonnen wird. Wir wollen die Funktionen zeichnen, die zu den Eingängen in unserem Beispiel gehören. Dies sind die Haar–Walsh–Wavelet–Pakete in Bild 7.4. Jede Wellenform in der linken Hälfte einer Spalte gehört zu dem Koeffizienten im schwarz hinterlegten Block der rechten Spaltenhälfte. In diesem 8-dimensionalen Raum entstehen so 24 Wellenformen. Dadurch können mehrere

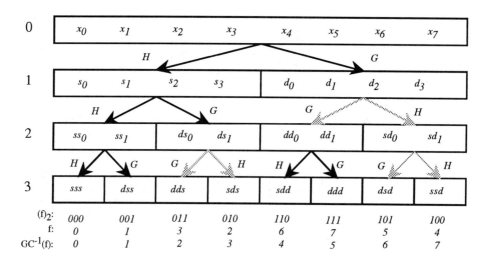

Bild 7.5 Sequentiell geordnete Wavelet–Pakete, Rang 8.

Basen ausgewählt werden, und wir können diese Basiswahl in Abhängigkeit vom speziellen Signal vornehmen. In Kapitel 8 werden wir mehrere Auswahlmethoden diskutieren.

Die Anzahl der Oszillationen in einer Wellenform nimmt gelegentlich ab, wenn man innerhalb einer Stufe des Baumes von links nach rechts fortschreitet. Dies liegt daran, daß der Algorithmus eine Wavelet–Paket–Analyse der *natürlichen (Paley-) Ordnung* liefert. Man kann dies einfach modifizieren und eine *sequentiell* geordnete Wavelet–Paket–Analyse erzeugen, die die gleichen Koeffizientenfolgen enthält, sie aber so anordnet, daß die Nominalfrequenz der zugehörigen Wavelet–Pakete von links nach rechts zunimmt. Bild 7.5 stellt die permutierte Wavelet–Paket–Analyse auf einem 8-Punkt Signal dar; falls wir Haar–Walsh–Filter benutzen, ist dies äquivalent zur Walsh–Transformation bei sequentieller Ordnung.

Die Tauschregel für G und H, um die sequentiell geordnete Transformation zu erhalten, ist einfach: Man tauscht H und G bei jedem Vorgänger in ungerader Position. Dies kann man aus Gleichungen 5.80 und 5.81 folgendermaßen herleiten. Wir wollen dabei den Baum der Wavelet–Paket–Analyse auf die Weise erzeugen, daß die Koeffizienten im Block I_{sf}, mit Stufenindex s und Frequenzindex f, durch die zu $n = GC(f)$ bestimmte Filterfolge der Länge s erzeugt werden. Damit hat der von links gezählte f-te Knoten auf Stufe s eine Nominalfrequenz $\frac{1}{2}GC^{-1}(n) = \frac{1}{2}f$, so daß die Nominalfrequenz monoton wächst. Dies ist natürlich auch für die oberste Stufe 0 richtig, was den Anfang eines Induktionsbeweises liefert. Im Induktionsschritt $s \longrightarrow s+1$ ändern wir die Indizes folgendermaßen:

- Ist $f = GC^{-1}(n)$ gerade, so folgt $2f = GC^{-1}(2n)$ und $2f+1 = GC^{-1}(2n+1)$; wir erzeugen also $\lambda_{s+1,2f}$ mit H und $\lambda_{s+1,2f+1}$ mit G;

- Ist $f = GC^{-1}(n)$ ungerade, so folgt $2f = GC^{-1}(2n+1)$ und $2f+1 = GC^{-1}(2n)$; wir erzeugen also $\lambda_{s+1,2f}$ mit G und $\lambda_{s+1,2f+1}$ mit H.

7.1 Definitionen und allgemeine Eigenschaften

In Bild 7.5 deuten die grauen Pfeile an, welche Filter ausgetauscht wurden, um Frequenzindizes bezüglich des Graycodes zu erzeugen.

Zwei Nachteile sind zu berücksichtigen, falls man Graycode–Permutation parallel mit einer Wavelet–Paket–Analyse durchführt. Weniger schwerwiegend ist der Aufwand, daß jede Analyse mit einer Marke versehen werden muß, die auf die Auswahl unter diesen beiden Fällen hindeutet. Stärker ins Gewicht fällt die Tatsache, daß wir den aktuellen Frequenzindex genau im Auge halten müssen, was einen weiteren Parameter bei den Knotendaten erforderlich macht. Der Vorteil der sequentiell geordneten Analyse ist natürlich der, daß wir die Frequenzindizes leichter interpretieren können.

7.1.4 Die Familie der diskreten Wavelet–Paket–Analysen

Wie die diskrete Wavelet–Transformation oder DWT stellt auch die diskrete Wavelet–Paket–Analyse in Wirklichkeit eine ganze Familie von Transformationen dar. Jedes Glied der DWPA–Familie liefert die Zerlegung des Inputsignals in eine ganze Sammlung von Wavelet–Paket–Komponenten, die natürlich mehr als eine Basismenge darstellen. Für jede Analyse müssen wir die folgenden Parameter spezifizieren:

- L: die Anzahl der Zerlegungsstufen;
- H und G: die Filter beim Übergang von einer Stufe zur nächsten;
- λ: die Inputfolge, die durch die Skalierungskoeffizienten gegeben ist.

Um eine diskrete Wavelet–Paket–Transformation oder DWPT zu erhalten, müssen wir zusätzlich eine Basisteilmenge spezifizieren. Dies kann zum Beispiel dadurch erfolgen, daß man eine Liste von Skalen-, Frequenz- und Positionsindizes des Waveletpakets in der gewählten Basis angibt, oder im Fall einer Graphbasis, daß man die Folge der Blockskalen im Graph in einer vorgegebenen Ordnung vorsieht.

Ist der Input eine Folge mit endlichem Träger, so hat auch der Output endlichen Träger; dies ist die *aperiodische DWPA*. Diese Analyse hat den Nachteil, daß sie den Rang nicht erhält: Die Anzahl der Outputkoeffizienten wird im allgemeinen viel größer sein als die Anzahl der Inputwerte. Betrachten wir den einfachsten Fall, in dem H und G QFs von gleicher Länge sind, mit Träger in $[\alpha, \omega]$ wobei $\omega - \alpha > 0$. Ein Vatervektor mit Träger in $[a, b]$ erzeugt ein Paar von Kindern mit Trägern in $[a', b']$, wobei $a' = \lceil (a+\alpha)/2 \rceil$ und $b' = \lfloor (b+\omega)/2 \rfloor$ wie in Gleichung 5.91 gegeben sind. Die Gesamtlänge des Vorgängers ist gegeben durch $1 + b - a$; die Gesamtlänge jedes Kindes ergibt sich zu

$$1 + b' - a' = 1 + \left\lfloor \frac{b+\omega}{2} \right\rfloor - \left\lceil \frac{a+\alpha}{2} \right\rceil \geq \frac{1+b-a}{2} + \frac{\omega-\alpha-1}{2}. \qquad (7.28)$$

Sei $E \stackrel{\text{def}}{=} \omega - \alpha - 1$; dann ist $E = 0$ für Haar–Walsh–Filter, während E für alle anderen Filter einen positiven Wert annimmt. Die Anzahl der Koeffizienten für jedes Kind ist dann mindestens gegeben durch die Hälfte der Koeffizienten des Vorgängers plus $E/2$. Dieser Effekt setzt sich auf die Nachfolger fort: Nach L Zerlegungsstufen ergeben sich mindestens

$$\frac{1+b-a}{2^L} + \frac{E}{2^L} + \frac{E}{2^{L-1}} + \cdots + \frac{E}{2} = \frac{1+b-a}{2^L} + \frac{2^L - 1}{2^L} E \qquad (7.29)$$

Koeffizienten in einem Unterraum. Dies ist eine scharfe untere Schranke. Die Gesamtzahl der extra benötigten Koeffizienten in den 2^L Unterräumen auf Stufe L ist mindestens $(2^L - 1)E$. Eine L-stufige aperiodische DWPA benötigt damit mindestens

$$\sum_{s=0}^{L} [(1 + b - a) + (2^s - 1)E] = (L+1)(1+b-a) + (2^{L+1} - L - 2)E \qquad (7.30)$$

Koeffizienten. Ist $E > 0$, so wächst diese Größe rasch mit der Anzahl der Stufen.

Eine scharfe obere Schranke in Gleichung 7.28 erhalten wir, wenn wir $E + 2$ anstelle von E einsetzen; die Gesamtzahl der Koeffizienten, die durch eine L-stufige aperiodische DWPA erzeugt werden, ist damit höchstens

$$(L+1)(1+b-a) + (2^{L+1} - L - 2)(E+2). \qquad (7.31)$$

Ist $N = 1 + b - a$, und führen wir $L \leq \log_2 N$ Zerlegungen durch, so bedeutet dies, daß die Gesamtzahl der Koeffizienten einer vollständigen aperiodischen Analyse gegeben ist durch $O(N[2E + \log_2 N])$. Dies ist natürlich nur eine grobe Schätzung, und die genaue Anzahl der zusätzlich benötigten Koeffizienten muß zuvor errechnet werden, falls wir den für die Analyse benötigten Speicher anlegen wollen. Haben die QFs H und G verschiedene Länge, so tritt die zusätzliche Schwierigkeit auf, daß der Träger der Koeffizientenfolge im Unterraum Λ_{sf} auch von f, und nicht nur von s abhängt. Die analytischen Formeln hierfür sind kompliziert, aber die Träger selbst können ziemlich einfach berechnet werden.

Die Anzahl der Koeffizienten kann auch während der Wavelet–Paket–Synthese anwachsen, da die adjungierte aperiodische Faltungs–Dezimation mit langen Filtern die Länge des Inputs mehr als verdoppelt. Der Einfachheit halber nehmen wir wieder an, daß H' und G' gleichen Träger $[\alpha, \omega]$ besitzen. Starten wir mit einer Folge λ_{sf} mit Träger in $[c, d]$, so ergibt eine Anwendung eines adjungierten QF eine Folge $\lambda_{s-1, \lfloor f/2 \rfloor}$ mit Träger in $[c', d']$, wobei $c' = 2c - \omega$ und $d' = 2d - \alpha$ gilt. Diese Endpunkte können über Gleichung 5.94 berechnet werden. Die Länge des Trägers wächst also an von $1 + d - c$ auf $1 + d' - c' = 2(1 + d - c) + E$, wobei $E = \omega - \alpha - 1$ wie zuvor definiert ist. Nach L Stufen ergibt sich eine Folge in Λ_0, wobei die Länge des Trägers gegeben ist durch

$$2^L(1 + d - c) + (2^L - 1)E. \qquad (7.32)$$

Eine Superposition von M Wavelet–Paketen aus verschiedenen Unterräumen $\sigma^s \Lambda'_f$ erzeugt eine Folge λ_{00} mit $M 2^L(1 + E)$ Koeffizienten, wobei $L = \max\{s\}$ gilt. Weniger Koeffizienten treten auf, falls die Wavelet–Pakete überlappen. Selbst bei größtmöglicher Überlappung erzeugt die aperiodische DWPS aus einer Folge λ_{Lf} von M nicht verschwindenden Koeffizienten eine Folge λ_{00}, deren Länge von der Größenordnung $2^L[M + E]$ ist.

Bemerkung. Der Projektionsoperator von Korollar 7.17 kann den Träger einer Funktion ziemlich stark vergrößern. Verwendet man nur eine Teilmenge der Wavelet–Paket–Komponenten, so kann der Fall eintreten, daß wir Anteile streichen, die für die Annulierung außerhalb des Trägers der Funktion benötigt werden.

7.1 Definitionen und allgemeine Eigenschaften

Ist die Inputfolge q-periodisch, so besteht auch der Output aus periodischen Folgen, und H, G können als periodische QFs aufgefaßt werden. Die Teilfamilie der DWPAs unter diesen Voraussetzungen werden wir *periodische DWPAs* nennen. Die Inputfolge für eine q-periodische DWPA besteht aus q Einträgen.

Der Ouput der DWPA ist eine Liste von Vektoren, je ein Vektor pro Folge λ_{sf} für $0 \leq s < L$ und $0 \leq f < 2^s$. Diese können als Binärbaum–Datenstruktur mit Zeigern angeordnet oder zu einem einzelnen Vektor in einer vorher definierten Reihenfolge verkettet werden. Letztere Methode ist nur dann praktikabel, wenn wir von Anfang an die Anzahl und die Gesamtlänge der Outputvektoren kennen.

Bei einem orthogonalen Paar H, G von QFs erhalten wir die *orthogonale DWPA*, während biorthogonale H, G mit dualen $H' \neq H, G' \neq G$ die *biorthogonale DWPA* liefern. Modifikation der Filter im Hinblick auf spezielle Behandlung der Intervallendpunkte ergibt die *DWPA auf einem Intervall*.

Entsprechend unterscheiden wir die diskreten Wavelet–Paket–Transformationen, falls wir die DWPAs auf spezielle Basisteilmengen einschränken.

Entsprechendes gilt für die *periodische* und *aperiodische* diskrete Wavelet–Paket–Synthese oder DWPS, im *orthogonalen* oder *biorthogonalen* Fall, oder *auf einem Intervall*. Ist der Input für diese Algorithmen eine Basismenge der zugeordneten Wavelet–Paket–Komponenten, so liefert der Output eine perfekte Rekonstruktion des analysierten Signales.

7.1.5 Orthonormalbasen von Wavelet–Paketen

Wegen der wichtigen Orthogonalitätseigenschaften, die sich aus den Bedingungen für orthogonale QFs ergeben, existieren viele Teilmengen von Wavelet–Paketen, die Orthonormalbasen für $V_0 = \sigma^0 \Lambda_0$ bilden. Die vielleicht nützlichsten unter ihnen sind die *orthonormalen Graphbasen* aus Korollar 7.10. Es handelt sich hier um eine große Sammlung von Basen, die leicht zu konstruieren und zu indizieren sind, und ihre Organisation läßt effiziente Suchalgorithmen für Extremwerte gewisser Kostenfunktionen zu.

Wir wählen ein festes $L > 0$ und konstruieren einen Baum von Koeffizienten von Wavelet–Paketen, der unterhalb der Wurzel L zusätzliche Stufen besitzt. Aus diesem Baum können wir eine Teilmenge von Knoten auswählen, die zu einer Orthonormalbasis gehören; die Koeffizientenfolgen in diesen Knoten sind dann die Koordinaten bezüglich dieser Basis.

Eine solche Basis liefert die diskrete Wavelet–Transformation. Eine dreistufige Entwicklung entspricht der Zerlegung von $V_0 = \sigma^3 \Lambda_0 \oplus \sigma^3 \Lambda_1 \oplus \sigma^2 \Lambda_1 \oplus \sigma^1 \Lambda_1$. Dies ist eine Teilmenge des Baumes der Wavelet–Pakete, die wir in Bild 7.6 als grau unterlegte Rechtecke gekennzeichnet haben. Da der Frequenzindex eines Waveletkoeffizienten immer Eins oder Null ist, wobei der Wert durch GC^{-1} bestimmt ist, spielt es keine Rolle, ob wir die Koeffizienten in Paley–Ordnung oder in sequentieller Ordnung berechnen.

Wir können auch andere Teilmengen von Orthonormalbasen auswählen. Eine einzelne Zeile des Rechtecks entspricht Wavelet–Paketen gleicher Skala, was in etwa analog gesehen werden kann zu gefensterten Sinus- und Cosinusfunktionen. Im oben beschriebenen Haar–Walsh–Fall liefert die unterste Stufe exakt die Walsh–Basis, während die Zwischenstufen durch gefensterte Walsh–Basen mit dyadischen Fensterbreiten gegeben sind.

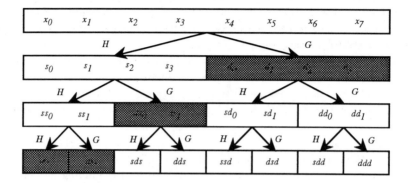

Bild 7.6 Diskrete Waveletbasis, Rang 8.

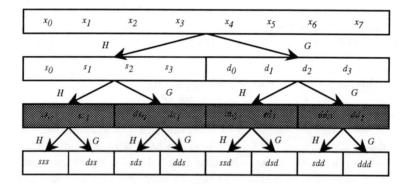

Bild 7.7 Wavelet–Paket–Basis auf einer Stufe, Paley–Ordnung, Rang 8.

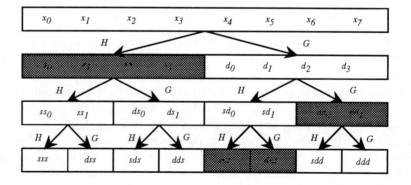

Bild 7.8 Eine weitere Basis von Wavelet–Paketen, Paley–Ordnung, Rang 8.

7.1 Definitionen und allgemeine Eigenschaften

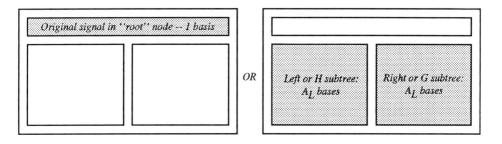

Bild 7.9 Rekursive Zählweise für die Graphbasen.

Längere Filter ergeben glattere Walsh–ähnliche Funktionen, die eher dem Sinus und Cosinus entsprechen, obwohl diese Analogie natürlich nicht exakt ist. Die Zwischenstufen ergeben eine Frequenzauflösung in Subbändern. Zum Beispiel entspricht die in Bild 7.7 ausgezeichnete Stufe der Zerlegung $V_0 = \sigma^2 \Lambda_0 \oplus \sigma^2 \Lambda_1 \oplus \sigma^2 \Lambda_2 \oplus \sigma^2 \Lambda_3$.

Natürlich kann man auch andere Teilmengen zu disjunkten dyadischen Zerlegungen betrachten, wie zum Beispiel die Basis $V_0 = \sigma^1 \Lambda_0 \oplus \Lambda_4 \oplus \Lambda_5 \oplus \sigma^2 \Lambda_3$ aus Bild 7.8.

Der Term „Graphbasis" geht zurück auf die Überlegung, daß die in Theorem 7.9 beschriebenen Basen dargestellt werden können als der Graph einer Funktion, die den Skalenindex mit einer Kombination von Frequenz- und Positionsindizes verbindet.

Nach Korollar 7.11 entspricht jede disjunkte dyadische Überdeckung von $[0, 1[$ einer Basis für V_0. Die Anzahl solcher Überdeckungen mit Teilintervallen der Länge 2^{-L} kann durch Induktion nach L abgezählt werden. Sei A_L die Anzahl der Graphbasen in einem Baum mit $1 + L$ Stufen. Dann gilt $A_0 = 1$, und Bild 7.9 zeigt wie A_{L+1} in zwei Anteile zerlegt werden kann. Der linke Teilbaum ist unabhängig vom rechten, so daß die folgende Beziehung gilt:

$$A_{L+1} = 1 + A_L^2. \tag{7.33}$$

Eine einfache Abschätzung ergibt dann $A_{L+1} > 2^{2^L}$ für alle $L > 1$.

Starten wir mit einer Folge von $N = 2^L$ nicht verschwindenden Koeffizienten, so können wir mindestens L-mal eine Dezimation um den Faktor 2 durchführen, und dies wird mehr als 2^N Basen erzeugen. Sind die QFs orthogonal, so werden dies Orthonormalbasen sein.

Graphbasen sind besonders nützlich und zahlreich, sie stellen aber nicht alle möglichen Basen von Wavelet–Paketen dar. Verwenden wir zum Beispiel die Haar–Walsh–Filter, so existieren Orthonormalbasen von Waveletpaketen, die nicht zu einer Zerlegung in ganze Blöcke gehören. Dies wird in Kapitel 10, Theorem 10.5 bewiesen. Ein solches Beispiel kann man leicht in Bild 7.4 auswählen. Bild 7.10 listet sämtliche sieben Basen von Haar–Walsh–Wavelet–Paketen des Rangs 4 auf, worunter nur fünf Graphbasen dieses Rangs zu erkennen sind. Die beiden Rechtecke rechts oben führen nicht zu disjunkten dyadischen Überdeckungen von $[0, 1[$. Die Anzahl der Orthonormalbasen von Wavelet–Paketen werden wir in Kapitel 10 bestimmen, nachdem wir den Begriff der Informationszellen zur Verfügung haben werden.

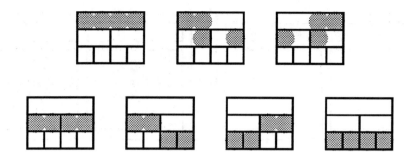

Bild 7.10 Basen von Haar–Walsh–Wavelet–Paketen in $\mathbf{R}^4$.

7.2 Implementierungen

Wavelet–Paket–Analyse ist rekursiv aufgebaut. Jede neu berechnete Koeffizientenfolge eines Wavelet–Pakets wird zu einer Wurzel eines eigenen Analysebaumes, wie auf der linken Seite von Bild 7.11 dargestellt. Die rechte Seite des Bildes zeigt einen Schritt der entsprechenden Wavelet–Paket–Synthese. Diese arbeitet ebenfalls rekursiv, da wir erst beide Nachfolger H und G eines Knotens rekonstruieren müssen, bevor wir den Knoten selbst aus diesen Nachfolgern rekonstruieren können. Die Rechtecke im Bild sind Datenstrukturen, die die Knoten in dem Baum repräsentieren.

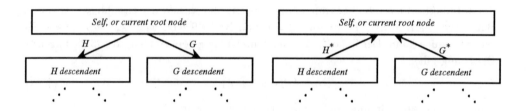

Bild 7.11 Ein Schritt in einer rekursiven DWPA und DWPS.

Wir haben noch freie Wahl, wieviel Information wir in jeder zu einem Knoten gehörenden Datenstruktur abspeichern wollen. Zumindest muß der Vektor der Waveletpaket-Koeffizienten abgelegt sein. Jegliche weitere Information kann in Nebentabellen enthalten sein; man kann diese Information aber auch aus wenigen wichtigen Parametern wie Signallänge und Tiefe der Analyse berechnen. Dies werden wir im periodischen Fall so durchführen, da hier die Indexkonventionen einfache Formeln liefern. Im aperiodischen Fall ist es jedoch nützlich, Information über die Länge oder den Träger jedes Koeffizientenvektors verfügbar zu halten; deshalb werden wir für die Koeffizientenräume Λ_{sf} Datenstrukturen verwenden, die die Information über die Länge, den Koeffizientenvektor selbst, und Zeiger auf die beiden unmittelbaren Nachfolger enthalten.

7.2.1 Allgemeine Algorithmen

Wir skizzieren zuerst die Grundzüge einer DWTA–Implementierung. Dies wird später ausgebaut, wenn wir die speziellen Glieder der DWTA–Familie betrachten. Insbesondere sind noch Funktionen, die Nachfolger geeigneter Größe anlegen, und die Anwendung der Filter zu spezifizieren.

Um im Pseudocode nicht initialisierte globale Variablen zu vermeiden, übergibt unsere typische Implementierung die Filterstrukturen HQF und GQF explizit als Parameter. Natürlich sollten diese letztendlich als globale statische Vektoren auf einer vorhergehenden Stufe initialisiert worden sein.

Allgemeine diskrete Wavelet–Paket–Analyse, natürliche Ordnung

```
dwpa0( SELF, LEVEL, HQF, GQF ):
    If LEVEL>0 then
        Filter SELF to its left descendent LEFT using H
        dwpa0( LEFT, LEVEL-1, HQF, GQF)
        Filter SELF to its right descendent RIGHT using G
        dwpa0( RIGHT, LEVEL-1, HQF, GQF)
```

Der Stufenindex wird hier zur Beendigung der Rekursion benützt. Diese Implementierung kann nebenbei dazu verwendet werden, einen Binärbaum verknüpfter Datenstrukturen zu erzeugen. Eine Datenstruktur kann als Blatt erkannt werden, falls linker und rechter Nachfolger leer sind. Jede Datenstruktur ist die Wurzel ihres eigenen Baumes einer aperiodischen Wavelet–Paket–Analyse, und der Input besteht aus einer Datenstruktur, die die Folge λ_{00} enthält.

Andererseits kann dieser Code auch dazu benutzt werden, die verschiedenen Anteile eines angelegten linearen Vektors mit den Koeffizienten periodischer Wavelet–Pakete aufzufüllen. Da die Größe des Baumes leicht aus der Signallänge und der Anzahl der Stufen berechnet werden kann, benötigt man keine Nullzeiger, die die Blätter kennzeichnen.

Zur Erläuterung der beiden Implementierungen werden wir im aperiodischen Fall die Binärbaumstruktur und im periodischen Fall die Struktur eines langen verketteten Vektors verwenden. Man sollte hierbei auf die Ähnlichkeit zwischen den Grundformen der diskreten Wavelet–Paket–Analyse und der diskreten Wavelet–Transformation achten.

Wir gehen nun weiter und skizzieren die Grundzüge der Implementierung der diskreten Wavelet–Paket–Synthese oder DWPS. Dieser Code geht davon aus, daß der Input aus einer Binärbaumdatenstruktur besteht, in der alle Vektoren von Koeffizientenfolgen so angelegt sind, daß ihre Länge auf die Anwendung der adjungierten QFs zugeschnitten ist. Diese Längen ergeben sich für jedes Glied der DWPA–Familie in charakteristischer Weise. Der Code setzt ebenfalls voraus, daß die Datenvektoren anfänglich mit Nullen initialisiert sind, mit Ausnahme der Anteile für die Wavelet–Pakete, die wir zur Synthese verwenden.

Wir übergeben auch einen Parameter, der angibt, wie tief wir in unserer Suche nach Wavelet–Paketen gehen sollen. In einigen Fällen ist es nicht notwendig, die Anzahl der Stufen einer Zerlegung zu spezifizieren: Verwenden wir Datenstrukturen in einem Binärbaum, und wollen wir eine vollständige Superposition aller Wavelet–Pakete verwenden, so wird die Rekursion dann enden, wenn linker und rechter Nachfolger leere Zeiger sind.

Wie im DWPA–Fall übergeben wir die Filter als Parameter, um nicht initialisierte globale Variable im Pseudocode zu vermeiden. Eine effizientere vollständige Implementierung würde die Filterfolgen als globale statische Variablen übergeben; diese würden dann auf einer vorhergehenden Stufe durch eine aufrufende Routine oder ein Interface festgelegt.

Allgemeine diskrete Wavelet–Paket–Synthese, natürliche Ordnung

```
dwps0( SELF, LEVEL, HQF, GQF ):
    If there is a left descendent LEFT then
        dwps0( LEFT, LEVEL-1, HQF, GQF )
        Adjoint filter LEFT to SELF using H
    If there is a right descendent RIGHT then
        dwps0( RIGHT, LEVEL-1, HQF, GQF )
        Adjoint filter RIGHT to SELF using G
```

Da eine Wavelet–Paket–Analyse der Tiefe L um den Faktor $L+1$ redundant ist, enthält die rekonstruierte Folge, die durch eine Wavelet–Paket–Synthese aus dem Output einer L-stufigen Analyse erzeugt wird, gegenüber der ursprünglichen Koeffizientenfolge den Faktor $1+L$. Dies ist anders als bei der inversen diskreten Wavelet–Transformation, die eine Synthese des Signals auf Grund einer Basisteilmenge vornimmt und so das Signal perfekt rekonstruiert.

Für die Datenstrukturen einer Wavelet–Paket–Analyse nehmen wir an, daß es sich hierbei um *Binärbaumknoten* oder **BTN** Datenstrukturen handelt, wie sie in Kapitel 2 definiert wurden. Zusätzliche Identifizierungen und vorher berechnete Daten können wir dabei im Kennzeichnungsteil ablegen. Dieser kann folgende Parameter enthalten: Einen Zeiger auf den Vaterknoten, die Skalen- und Frequenzindizes, Hinweise auf die eventuelle Verwendung von Graycode–Ordnung, abgeleitete Größen aus den Koeffizienten wie z.B. deren Quadratsumme, Kennzeichnungen für die Filter oder andere Operatoren, die für die Berechnung der Koeffizienten verwendet wurden; auch andere zufällige Größen, die für die weitere Rechnung nützlich sein könnten, werden hier abgelegt.

Die *Wavelet–Paket–Koeffizienten* im Outputvektor der DWPA bestehen aus Amplituden, die mit den zugeordneten Skalen-, Frequenz- und Positionsindizes versehen sind. Für diese Information können wir die **TFA1** Datenstrukturen aus Kapitel 2 verwenden, die neben dem Amplitudenteil auch Kennzeichnungen für Stufe, Block und Relativabstand besitzen. Für Wavelet–Pakete der Analyse in natürlicher oder Paley–Ordnung ist die Stufenkennzeichnung gegeben durch den nominalen Skalenindex, die Blockkennzeichnung entspricht dem nominalen Frequenzindex in natürlicher oder Paley–Ordnung, und die Kennzeichnung für den Relativabstand deutet an, bei welchem Index die Amplitude im Datenvektor des Knotens zu finden ist.

Stufe und Frequenz sind nicht unabhängig voneinander. Ein Wavelet–Paket der Stufe s, das durch 2^s Abtastwerte gegeben ist und ν Oszillationen pro Abtastintervall enthält, hat eine nominale *zentrierte Frequenz* von $\lfloor \frac{1}{2} + 2^s \nu \rfloor$. Als (zentrierter) nominaler Frequenzindex ergibt sich deshalb $GC(\lfloor \frac{1}{2} + 2^{1+s}\nu \rfloor)$. Da dieser Zusammenhang so leicht zu berechnen ist, setzen wir künftig voraus, daß alle Bäume in natürlicher Ordnung vor-

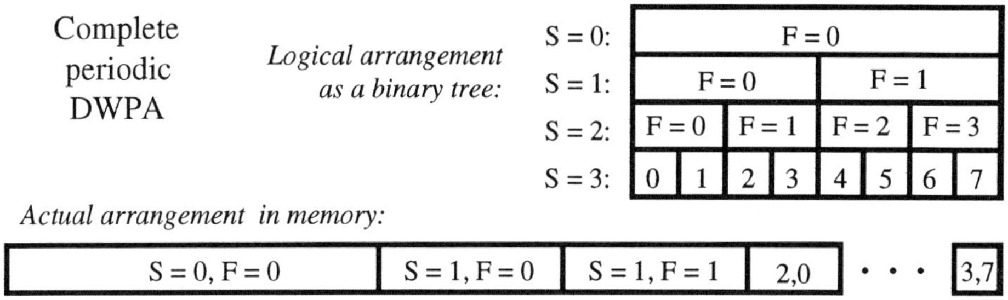

7.2 Implementierungen

Complete periodic DWPA	Logical arrangement as a binary tree:	S = 0:			F=0				
		S = 1:		F = 0			F = 1		
		S = 2:	F = 0		F = 1		F = 2		F = 3
		S = 3:	0	1	2	3	4	5	6	7

Actual arrangement in memory:

| S = 0, F = 0 | S = 1, F = 0 | S = 1, F = 1 | 2,0 | · · · | 3,7 |

Bild 7.12 Anordnung der Datenstrukturen in einer periodischen DWPA.

liegen. Notwendige Permutationen werden wir erst vornehmen, *nachdem* die Koeffizienten berechnet wurden.

Ebenso müssen wir bei gegebener nominaler Position p den Positionsindex aus der Phasenantwort der QFs und dem Frequenzindex f bestimmen. Es ist möglich, die Positionsindizes in den Datenvektoren der Knoten während der Durchführung der Analyse zu shiften. Wir wollen aber unseren grundlegenden Prinzipien bei der Programmierung treu bleiben und verschiedene Aspekte der Berechnung möglichst voneinander unabhängig halten; deshalb setzen wir künfig voraus, daß alle Filterfolgen und Koeffizientenvektoren in üblicher Weise indiziert sind. Notwendige Indextransformationen werden wir erst dann vornehmen, wenn die Koeffizienten berechnet sind.

7.2.2 Periodische DWPA und DWPS

Im periodischen Fall ist die Länge des Datenvektors eines Nachfolgers gegeben durch die Hälfte der Länge des Vorgängers. Deshalb kann der Baum als einzelner linearer Vektor abgespeichert werden, und zur Berechnung des ersten Indexes eines Datenvektors für einen speziellen Knoten können wir eine Indexfunktion verwenden. Bild 7.12 zeigt eine mögliche Anordnung dieser Datenvektoren. Bei dieser Anordnung beginnt der Koeffizientenvektor λ_{sf} eines Signals der Länge N im Abstand $sN + f2^{-s}N$, und dieser Abstand kann durch die Funktion `abtblock(N,S,F)` berechnet werden. Zusätzlich ist die Länge des Vektors λ_{sf} gegeben durch $2^{-s}N$, was über die Funktion `abtblength(N,S)` berechnet werden kann. Für eine L-stufige Analyse eines Signals der Periode N ergibt sich als Totallänge des linearen Vektors der Wert $(L+1)N$. Dieser Speicherbedarf kann insgesamt vor Beginn der Analyse angelegt werden. Natürlich müssen wir hierbei voraussetzen, daß N teilbar ist durch 2^L und daß die Ungleichungen $0 \leq s \leq L$ und $0 \leq f < 2^s$ gültig sind. Diese Bedingungen werden getestet durch die Funktion `tfalsinabt()`.

Vollständige periodische DWPA

Wir passen nun die allgemeine DWPA der Datenanordnung in Bild 7.12 an. Da die Position der Kinder und die Länge ihrer Datenvektoren vollständig durch die drei Parameter N, s, f bestimmt sind, brauchen wir keine Datenstrukturen zu verwenden. Man kann natürlich den nachfolgenden Code auch nichtrekursiv implementieren.

Vollständige periodische DWPA bei vorher angelegtem Binärbaumvektor

```
dwpap2abt0( DATA, N, MAXLEVEL, HQF, GQF ):
   For L = 0 to MAXLEVEL-1
      Let NPARENT = abtblength( N, L )
      For B = 0 to (1<<L)-1
         Let PARENT = DATA + abtblock( N, L, B )
         Let CHILD = DATA + abtblock( N, L+1, 2*B )
         cdpe( CHILD, 1, PARENT, NPARENT, HQF )
         Let CHILD = DATA + abtblock( N, L+1, 2*B+1 )
         cdpe( CHILD, 1, PARENT, NPARENT, GQF )
```

Um die Implementierung zu vervollständigen, müssen wir die Basistransformation in ein kleines Programm einbinden, die für den Output einen Binärbaumvektor anlegt und den Inputvektor in die entsprechende erste Zeile kopiert. Die folgende Funktion übernimmt diese Aufgaben und gibt einen Zeiger auf den Output-Binärbaumvektor zurück:

Vollständige periodische DWPA

```
dwpap2abt( IN, N, MAXLEVEL, HQF, GQF ):
   Allocate an array of (MAXLEVEL+1)*N REALs at DATA
   For I = 0 to N-1
      Let DATA[I] = IN[I]
   dwpap2abt0( DATA, N, MAXLEVEL, HQF, GQF )
   Return DATA
```

Bemerkung. Das ursprüngliche Signal bleibt bei dieser Funktion unverändert erhalten. Es sollte klar sein, daß wir Speicherplatz einsparen können, indem wir die erste Zeile des Output-Binärbaumvektors streichen.

Periodische DWPA zu einer Graphbasis

Liegt ein Inputsignal vor und eine Liste für die Stufen einer Graphbasis-Teilmenge, so benötigen wir nicht die vollständige periodische DWPA; wir müssen dann nur die Amplituden der Wavelet-Pakete in den gewünschten Blöcken berechnen. Da die Gesamtzahl der Amplituden im Graph mit der ursprünglichen Zahl der Signalabtastwerte übereinstimmt, kann diese Transformation in-place vorgenommen werden, indem man einen Hilfsvektor der gleichen Länge wie der des Signals verwendet. Berechnung und Zuweisung kann über die folgende rekursive Funktion erfolgen:

7.2 Implementierungen

Rekursion für periodische „in–place" DWPA zu einer Hecke

```
dwpap2hedger( GRAPH, J, N, S, HQF, GQF, WORK ):
  If GRAPH.LEVELS[J]==S then
    J += 1
  Else
    Let PARENT = GRAPH.CONTENTS[J]
    cdpe( WORK, 1, PARENT, N, HQF )
    cdpe( WORK+N/2, 1, PARENT, N, GQF )
    For I = 0 to N-1
      Let PARENT[I] = WORK[I]
    Let J = dwpap2hedger( GRAPH, J, N/2, S+1, HQF, GQF, WORK )
    Let GRAPH.CONTENTS[J] = PARENT + N/2
    Let J = dwpap2hedger( GRAPH, J, N/2, S+1, HQF, GQF, WORK )
  Return J
```

Der Zähler J wird hierbei jedesmal dann höhergesetzt, wenn ein Zeiger zum Inhaltsvektor hinzukommt; er dient dazu, die Grenzen der Stufen- und Indexvektoren im Auge zu halten.

Bei der Initialisierung legen wir einen Inhaltsvektor an, der Zeiger auf den Input- und Outputvektor enthält, plazieren diesen und den Vektor für die Inputstufen mit dessen Länge in eine HEDGE Datenstruktur und legen einen Hilfsvektor von gleicher Länge wie der des Inputs an:

Periodische „in–place" DWPA zu einer Hecke

```
dwpap2hedge( IN, LENGTH, LEVELS, BLOCKS, HQF, GQF ):
  Let GRAPH = makehedge( BLOCKS, NULL, LEVELS, NULL )
  Let GRAPH.CONTENTS[0] = IN
  Allocate an array of LENGTH REALs at WORK
  dwpap2hedger( GRAPH, 0, LENGTH, 0, HQF, GQF, WORK )
  Deallocate WORK[]
  Return GRAPH
```

Bemerkung. Verwendet man `dwpap2hedge()` bei einer Hecke mit einer $(L+1)$-elementigen Stufenliste $\{L, L, L-1, L-2, \ldots, 2, 1\}$, so erzeugt man die periodische diskrete Wavelet–Transformation. Die In–Place–Transformation ist äquivalent zur Implementierung in Kapitel 6.

Periodische DWPS aus beliebigen Atomen

Die DWPS kann durchgeführt werden unter Bezug auf den Binärbaumvektor in Bild 7.12. Wir nehmen zunächst an, daß ein solcher Vektor angelegt wurde, wobei jede Position, die keine Wavelet–Paket–Amplitude enthält, mit Null belegt ist. Die Länge und die maximale Zerlegungsstufe des betreffenden Signals müssen bekannt sein, um die Größe des Baumes zu bestimmen. Dann wird von unten nach oben der adjungierte

Filterprozeß durchgeführt, indem die zu den Amplituden gehörenden Wavelet–Pakete überlagert werden, so daß das rekonstruierte Signal schließlich in der ersten Zeile entsteht:

Periodische DWPS aus einem vorhandenen Binärbaumvektor

```
abt2dwpsp( DATA, N, MAXLEVEL, HQF, GQF ):
   Let L = MAXLEVEL
   While L>0
      Let NCHILD = abtblength( N, L )
      L -= 1
      For B = 0 to (1<<L)-1
         Let DPARENT = DATA + abtblock( N, L, B )
         Let DCHILD = DATA + abtblock( N, L+1, 2*B )
         acdpi( DPARENT, 1, DCHILD, NCHILD, HQF )
         Let DCHILD = DATA + abtblock( N, L+1, 2*B+1 )
         acdpi( DPARENT, 1, DCHILD, NCHILD, GQF )
```

Der Binärbaumvektor wird vorbereitet, indem man mit `tfals2abt()` Amplituden aus einer Liste von Atomen überlagert. Man beachte dabei, daß Amplituden mehrmals zur gleichen Position hinzuaddiert werden können und daß auch eine Addition zu den Outputpositionen in der ersten Zeile erfolgen kann:

Periodische DWPS aus einer Liste von Atomen

```
tfals2dwpsp( ATOMS, NUM, N, HQF, GQF ):
   Let MAXLEVEL = ATOMS[0].LEVEL
   For I = 1 to NUM-1
      Let MAXLEVEL = max( MAXLEVEL, ATOMS[I].LEVEL )
   Allocate an array of N*(MAXLEVEL+1) 0s at DATA
   tfals2abt( DATA, N, ATOMS, NUM )
   abt2dwpsp( DATA, N, MAXLEVEL, HQF, GQF )
   Return DATA
```

Man kann diesen Code noch verbessern, indem man mit `tfalsinabt()` den Laufbereich prüft und damit sicherstellt, daß die Atome im Baum untergebracht werden können. Außerdem läßt sich Zeit sparen, indem man leere Anteile extrahiert und sie bei der Rekonstruktion nicht berücksichtigt. Sind die Koeffizienten jedoch gleichmäßig über den Baum verteilt, so bleibt die Komplexität bei $O(N \log N)$.

Verwendet man `tfals2dwpsp()` mit einer einelementigen Atomliste, so rekonstruiert man ein einzelnes periodisches Wavelet–Paket. Damit lassen sich Plots für Funktionen erzeugen, die bei der Wavelet–Paket–Transformation auftreten; man kann so auch Beispiele von Folgen konstruieren, die dann über einen Digital–Analog–Konverter als Tonsignale abgespielt werden können.

7.2 Implementierungen

Periodische DWPS aus einer Hecke

Amplituden können auch aus einer Hecke in einen Binärbaumvektor geschrieben werden, indem man die Funktion `hedge2abt()` benutzt. Man nützt jedoch besser den Vorteil aus, daß das Signal und der Vektor der Graphbasis–Amplituden gleiche Länge haben, und rekonstruiert das Signal „in–place":

Rekursion für in–place periodische DWPS aus einer Hecke

```
hedge2dwpspr( GRAPH, J, N, S, HQF, GQF, WORK ):
  If S < GRAPH.LEVELS[J] then
    Let LEFT = GRAPH.CONTENTS[J]
    Let J = hedge2dwpspr( GRAPH, J, N/2, S+1, HQF, GQF, WORK )
    Let RIGHT = GRAPH.CONTENTS[J]
    Let J = hedge2dwpspr( GRAPH, J, N/2, S+1, HQF, GQF, WORK )
    acdpe( WORK, 1, LEFT, N/2, HQF )
    acdpo( WORK, 1, RIGHT, N/2, GQF )
    For I = 0 to N-1
      Let LEFT[I] = WORK[I]
  Else
    J += 1
  Return J
```

Der Blockzähler J wird hierbei jeweils höhergesetzt, wenn ein Block aus den Nachfolgern rekonstruiert wird. Initialisierungen führen wir mit einem kurzen Programm aus, das einen Zeiger auf den Beginn des rekonstruierten Signals zurückgibt:

Periodische in–place DWPS aus einer Hecke

```
hedge2dwpsp( GRAPH, LENGTH, HQF, GQF ):
  Allocate an array of LENGTH REALs at WORK
  hedge2dwpspr( GRAPH, 0, LENGTH, 0, HQF, GQF, WORK )
  Deallocate WORK[]
  Return GRAPH.CONTENTS[0]
```

Bemerkung. Verwendet man `hedge2dwpsp()` bei einer Hecke mit $(L+1)$-elementiger Stufenliste $\{L, L, L-1, L-2, \ldots, 2, 1\}$, so erzeugt man die inverse periodische diskrete Wavelet–Transformation. Das Ergebnis ist äquivalent zu `idwtpd()` aus Kapitel 6.

7.2.3 Aperiodische DWPA und DWPS

Die aperiodische DWPA legt die notwendigen `BTN` Datenstrukturen an und verkettet sie zu einem Binärbaum. Außerdem werden separate `INTERVAL` Datenstrukturen für die Knoten angelegt und mit den Wavelet–Paket–Koeffizienten aufgefüllt. Als Ergebnis erhält man eine Anordnung von Datenstrukturen wie in Bild 7.13.

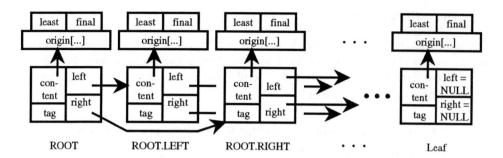

Bild 7.13 Anordnung der Datenstrukturen in einer DWPA.

Die Datenvektoren in einem Knoten können dabei beliebige Länge haben und der erste und der letzte Index einen beliebigen Wert annehmen. Mit Gleichung 5.91 werden die Nachfolger angelegt und mit Werten belegt. `cdai()` dient zur Berechnung der Faltung mit dem Filter und der Dezimation. Die folgende Funktion führt einen rekursiven Schritt der Faltungs–Dezimation durch, so daß aus einem Vaterintervall der unmittelbare Nachfolger *ein Kind* entsteht:

Anlegen und Berechnen eines Nachfolgerintervalls bei aperiodischer DWPA

```
cdachild( CHILD, PARENT, F ):
  If PARENT != NULL then
    If PARENT.ORIGIN != NULL
      Let CLEAST = cdaleast( PARENT, F )
      Let CFINAL = cdafinal( PARENT, F )
      Let CHILD = enlargeinterval( CHILD, CLEAST, CFINAL )
      cdai( CHILD.ORIGIN, 1, PARENT.ORIGIN,
                   PARENT.LEAST, PARENT.FINAL, F )
  Return CHILD
```

Dabei werden die beiden Makros `cdaleast()` und `cdafinal()` aus Kapitel 6 wiederverwendet, um die für die Aufnahme der Nachfolger notwendigen Dimensionen zu berechnen.

Ist ein Nachfolgerintervall leer oder zu klein, so wird es durch einen Aufruf der Funktion `enlargeinterval()` erzeugt oder vergrößert. Die aufrufende Routine sollte hierbei den Übergabewert dem eigenen Zeiger des Nachfolgers zuweisen, um Wiederbelegungen vorteilhaft auszunutzen. Gegebenenfalls werden die Werte im Datenvektor des Nachfolgers überschrieben. Bei leerem Vorgänger wird der Nachfolger unverändert zurückgegeben.

7.2 Implementierungen

Vollständige aperiodische Wavelet–Paket–Analyse

Führt man den rekursiven Schritt durch und berechnet man die Inhalte von BTNs, so erzeugt man einen vollständigen Teilbaum. Verwendet man hierbei das Tiefpaß–Filter H im linken und das Hochpaß–Filter G im rechten Zweig, so ergibt sich die natürliche Ordnung oder Paley–Ordnung:

Rekursiver Schritt für vollständige aperiodische DWPA, natürliche Ordnung

```
dwpaa2btntr( NODE, LEVEL, HQF, GQF ):
  If LEVEL>0 then
     Let CHILD = cdachild( NULL, NODE.CONTENT, HQF )
     Let NODE.LEFT = makebtn( CHILD, NULL, NULL, NULL )
     dwpaa2btntr( NODE.LEFT, LEVEL-1, HQF, GQF )
     Let CHILD = cdachild( NULL, NODE.CONTENT, GQF )
     Let NODE.RIGHT = makebtn( CHILD, NULL, NULL, NULL )
     dwpaa2btntr( NODE.RIGHT, LEVEL-1, HQF, GQF )
  Return
```

Um die Implementierung zu vervollständigen, benötigt man eine kurze Interfacefunktion, die einen Inputvektor in eine geeignete BTN Datenstruktur kopiert, die maximale Zerlegungsstufe festsetzt, und das Tiefpaß– und Hochpaß–QF auswählt:

Vollständige aperiodische DWPA, natürliche Ordnung

```
dwpaa2btnt( IN, LEAST, FINAL, MAXLEVEL, HQF, GQF ):
  Let ROOT = makebtn( NULL, NULL, NULL, NULL )
  Let ROOT.CONTENT = makeinterval( IN, LEAST, FINAL )
  dwpaa2btntr( ROOT, MAXLEVEL, HQF, GQF )
  Return ROOT
```

Der Output ist ein Binärbaum von BTN Datenstrukturen, deren Inhalte aus Intervallen verschiedener Größen bestehen. Blätter sind dadurch gekennzeichnet, daß sie statt linken und rechten Nachfolgern Nullzeiger enthalten.

Aperiodische DWPA in einer Hecke

Ein Signal kann in eine aperiodische Graphbasis entwickelt werden, indem man zuerst die vollständige DWPA findet und dann mit `btnt2hedge()` eine Hecke aus dem BTN Baum extrahiert. Statt den ganzen Baum aufzufüllen, ist es vorteilhafter, den Baum nur in den Knoten weiterzuentwickeln, die durch die Hecke spezifiziert sind. Dies erfolgt mit einer rekursiven Funktion:

Abstieg in einer aperiodischen DWPA bezüglich einer Hecke

```
dwpaa2hedger( GRAPH, NODE, J, S, HQF, GQF ):
  If GRAPH.LEVELS[J]==S then
    Let GRAPH.CONTENTS[J] = NODE.CONTENT
    Let NODE.CONTENT = NULL
    J += 1
  Else
    Let CHILD = cdachild( NULL, NODE.CONTENT, HQF )
    Let NODE.LEFT = makebtn( CHILD, NULL, NULL, NULL )
    Let J = dwpaa2hedger( GRAPH, NODE.LEFT, J, S+1, HQF, GQF )
    Let CHILD = cdachild( NULL, NODE.CONTENT, GQF )
    Let NODE.RIGHT = makebtn( CHILD, NULL, NULL, NULL )
    Let J = dwpaa2hedger( GRAPH, NODE.RIGHT, J, S+1, HQF, GQF )
  Return J
```

Wir ersetzen den Inhalt jedes extrahierten Knotens mit einem Nullzeiger, so daß wir später den Baum ohne Auswirkungen auf die ausgewählten Intervalle freigeben können. Man muß die Funktion mit einigen wenigen Interfacezeilen versehen:

Aperiodische DWPA in einer Hecke

```
dwpaa2hedge( LEVELS, BLOCKS, DATA, LEAST, FINAL, HQF, GQF ):
  Let ROOT = makebtn( NULL, NULL, NULL, NULL )
  Let ROOT.CONTENT = makeinterval( DATA, LEAST, FINAL )
  Let GRAPH = makehedge( BLOCKS, NULL, LEVELS, NULL )
  dwpaa2hedger( GRAPH, ROOT, 0, HQF, GQF )
  Let ROOT.CONTENT = NULL
  freebtnt( ROOT, freeinterval, free )
  Return GRAPH
```

Bemerkung. Verwendet man `dwpaa2hedge()` mit der Stufenliste $\{L, L, L-1, L-2, \ldots, 2, 1\}$, so erzeugt man die aperiodische diskrete Wavelet–Transformation. Man sollte diese Methode vergleichen mit der Implementierung der aperiodischen DWT in Kapitel 6. Dort haben wir alle Amplituden in einen zusammenhängenden Vektor geschrieben und durch INTERVALs die Relativabstände kontrolliert. Hier legen wir viele kleine Vektoren in Form von INTERVALs an und ordnen jedem die eigenen Indexgrenzen zu.

7.2 Implementierungen

Extraktion von Wavelet–Paket–Amplituden aus BTN Bäumen

Liest man Koeffizienten aus einem Baum, so sollte man darauf achten, nur auf die Knoten zuzugreifen, die tatsächlich in dem Baum vorhanden sind. Andererseits kann auch der Programmierer einige elementare Laufbereichtests einfügen, die durchgeführt werden, bevor man auf einen Knoten zugreift. In einer L-stufigen DWPA muß zum Beispiel ein gültiges Indexpaar s, f für einen Knoten die Bedingungen $0 \leq s \leq L$ und $0 \leq f < 2^s$ erfüllen.

Einige dieser Laufbereichtests können vermieden werden, falls wir die Eigenschaften der Hilfsfunktionen aus Kapitel 2, die wir zur Extraktion von BTNs verwenden, vorteilhaft einsetzen. Sind `LEVEL` und `BLOCK` für einen vollständigen Baum einer Wavelet–Paket–Analyse validiert, die durch `dwpaa2btnr()` in `ROOT` erzeugt wurde, so übergibt die Funktion `btnt2btn(ROOT,LEVEL,BLOCK)` einen Zeiger auf die gewünschte BTN Struktur. Andernfalls übergibt das Programm einen Nullzeiger. Ausnahmefälle können wir dabei meistens dadurch in den Griff bekommen, daß wir leere Intervalle als mit Nullen besetzte Intervalle behandeln.

Bei einem nicht leeren Intervall können wir testen, ob die erforderliche Relativadresse zwischen dem kleinsten und dem größten Index liegt, indem wir auf `ininterval()` zugreifen. Trifft dies nicht zu, so können wir wieder annehmen, daß die zugehörige Amplitude Null ist. Auf diese Weise behandelt die Funktion `btnt2tfa1()` Ausnahmefälle.

Zusammenfassend verhalten sich unsere Hilfsprogramme in folgender Weise:

- Ist `ATOM` eine TFA1 Datenstruktur mit gültigem Stufen-, Block- und Abstandsindex und gehört diese Datenstruktur zum Baum in `ROOT`, so erzeugt ein Aufruf von `btnt2tfa1(ATOM,ROOT)` die Amplitude des zugeordneten aperiodischen Wavelet–Pakets;

- Andernfalls wird eine Null in den Amplitudenanteil von `ATOM` geschrieben.

Dieses Verhalten mag in Anwendungen weniger nützlich sein, in denen wir die Amplitude des Wavelet–Pakets bestimmen müssen, weil sie nicht vorher berechnet worden ist oder weil sie in einem partiellen DWPA-Baum nicht auftaucht. In diesen Fällen muß man zusätzliche Amplituden vor der Extraktion berechnen. Diese Berechnung einzelner Amplituden kann ziemlich aufwendig sein; Wavelet–Paket–Analyse ist nur deshalb effizient, weil der große arithmetische Aufwand über eine große Anzahl von Koeffizienten verteilt wird.

Aperiodische Wavelet–Paket–Synthese

Um die Wavelet–Paket–Koeffizienten eines Vorgängerintervalls aus den Entwicklungen in einem der Nachfolgerintervalle zu berechnen, müssen wir zuerst sicherstellen, daß das Nachfolgerintervall existiert und daß das Vorgängerintervall genügend Platz bereithält, um den Output der aperiodischen adjungierten Faltungs–Dezimation zu speichern. Ist das Vorgängerintervall leer, oder ist es zu klein, um den Output der adjungierten Faltung und der Dezimation aufzunehmen, so wird es neu angelegt und durch die betreffende Funktion zurückgegeben. Wir verwenden wieder die beiden Makros `acdaleast()` und `acdafinal()` aus Kapitel 6 und die Funktion `enlargeinterval()` aus Kapitel 2, um die erforderliche Größe für den Vorgänger zu berechnen:

Aperiodische DWPS eines Vorgängerintervalls aus einem Nachfolger

```
acdaparent( PARENT, CHILD, F ):
   If CHILD != NULL then
      If CHILD.ORIGIN != NULL then
         Let LEAST = acdaleast( CHILD, F )
         Let FINAL = acdafinal( CHILD, F )
         If PARENT != NULL then
            Let LEAST = min( PARENT.LEAST, LEAST )
            Let FINAL = max( PARENT.FINAL, FINAL )
         Let PARENT = enlargeinterval( PARENT, LEAST, FINAL )
         acdai( PARENT.ORIGIN, 1, CHILD.ORIGIN,
                              CHILD.LEAST, CHILD.FINAL, F )
   Return PARENT
```

Für die aperiodische DWPS gehen wir aus von einem BTN Baum, der einige nicht leere Knoten enthält, die ihrerseits nicht verschwindende Amplituden von aperiodischen Wavelet–Paketen darstellen. Um den Baum für die Synthese zu erzeugen, beginnen wir damit, für die Wurzel eine BTN Datenstruktur anzulegen, die das rekonstruierte Signal enthalten wird. Dies kann mittels `makebtn()` aus Kapitel 2 erfolgen.

Als nächstes bauen wir einen partiellen BTN Baum, der Zweige zu allen nicht leeren Knoten enthält, unter Verwendung der Funktionen `btn2branch()` und `btnt2btn()`. Die erste Funktion legt alle Zwischenknoten entlang des Zweiges einschließlich der Wurzel und des Zielknotens selbst an. Sie weist auch Nullzeiger zu auf alle entlang des Zweiges nicht benutzten Nachfolger. Die zweite Funktion übergibt einen Zeiger auf den Zielknoten.

Schließlich schreiben wir die Amplituden in die INTERVAL Strukturen der Zielknoten. Dabei kann es erforderlich sein, einige Vektoren zu vergrößern, um die neuen Daten aufzunehmen.

Um diese drei Aufgaben für einen Vektor von Atomen durchzuführen, verwenden wir `tfa1s2btnt()`, und dies erzeugt einen Binärbaum von BTN Datenstrukturen mit den folgenden Eigenschaften:

- Jeder zu einem Blatt gehörende Knoten hat Nullzeiger auf linke und rechte Nachfolger,

- Leere BTNs, d.h. solche mit keinen nicht verschwindenden Amplituden, haben Nullzeiger anstelle des Inhalts,

- Jeder nicht leere BTN besitzt als Inhalt ein validiertes INTERVAL.

Für die Synthese rekonstruieren wir rekursiv die Inhaltsintervalle in den Knoten zwischen den Blättern und der Wurzel. Intervalle in den Zwischenknoten haben im allgemeinen unterschiedliche Längen und müssen gegebenenfalls vergrößert werden, um die partiellen Rekonstruktionen des Signals aufzunehmen. Schließlich wird die Koeffizientenfolge in der Wurzel des Baumes rekonstruiert:

Aperiodische DWPS aus einem BTN Baum, natürliche Ordnung

```
btnt2dwpsa( ROOT, HQF, GQF ):
   If ROOT != NULL then
      btnt2dwpsa( ROOT.LEFT, HQF, GQF )
      If ROOT.LEFT != NULL then
         Let ROOT.CONTENT = acdaparent( ROOT.CONTENT,
                                  ROOT.LEFT.CONTENT, HQF )
      btnt2dwpsa( ROOT.RIGHT, HQF, GQF )
      If ROOT.RIGHT != NULL then
         Let ROOT.CONTENT = acdaparent( ROOT.CONTENT,
                                  ROOT.RIGHT.CONTENT, GQF )
   Return
```

Das rekonstruierte Signal belegt nur den Inhalt von INTERVAL im BTN der Wurzel. Um den nicht benutzten Anteil des Baumes freizugeben, können wir `freebtnt()` aufrufen.

Bemerkung. Die erwartete benötigte Anzahl von Speicherplätzen in einer Waveletpaket–Synthese ist $O(N \log N)$ selbst dann, wenn wir nur von einer Basisteilmenge von $O(N)$ nicht verschwindenden Amplituden ausgehen. Dies liegt daran, daß wir die Zwischenkoeffizienten zwischen der Wurzel und den Blättern berechnen müssen. Sind die Wavelet–Paket–Koeffizienten innerhalb des Baumes ungefähr gleichmäßig verteilt, so wird etwa die Hälfte der Blätter auf Stufen zu finden sein, deren Index größer ist als die Hälfte des maximalen Stufenindex; in diesem Falle haben wir mindestens die Hälfte des gesamten Baumes anzulegen. Wir können aber einiges an Speicherplatz einsparen, indem wir Knoten, die abgearbeitet sind, sofort freigeben; diese Modifikation von `btnt2dwpsa()` überlassen wir dem Leser als eine einfache Übung.

Aperiodische DWPS aus einer Liste von Atomen

Gehen wir von einem beliebigen Vektor von TFA1s aus, so können wir einen partiellen BTN Baum mit der Hilfsfunktion `tfa1s2btnt()` aus Kapitel 2 erzeugen. Dann rekonstruieren wir den Knoten zur Wurzel, dessen Intervallinhalt das rekonstruierte Signal darstellt, und schließlich können wir dieses Intervall extrahieren und den Rest des Baumes freigeben:

Aperiodische DWPS aus Atomen

```
tfa1s2dwpsa( ATOMS, NUM, HQF, GQF ):
   Let ROOT = makebtn( NULL,NULL, NULL, NULL )
   tfa1s2btnt( ROOT, ATOMS, NUM )
   btnt2dwpsa( ROOT, HQF, GQF )
   Let OUT = ROOT.CONTENT
   Let ROOT.CONTENT = NULL
   freebtnt( ROOT, freeinterval, free )
   Return OUT
```

Aperiodische DWPS aus einer Hecke

Geht man von einer Hecke oder einer Graphbasis aus, so können wir mit der Hilfsfunktion `hedge2btnt()` aus Kapitel 2 einen partiellen BTN Baum erzeugen. Wir wenden `btnt2dwpsa()` an, um den Knoten an der Wurzel zu rekonstruieren, extrahieren das Signal aus dem Intervall der Wurzel und geben Speicherplatz frei:

Aperiodische DWPS aus einer Hecke

```
hedge2dwpsa( GRAPH, HQF, GQF ):
   Let ROOT = makebtn( NULL,NULL, NULL, NULL )
   hedge2btnt( ROOT, GRAPH )
   btnt2dwpsa( ROOT, HQF, GQF )
   Let OUT = ROOT.CONTENT
   Let ROOT.CONTENT = NULL
   freebtnt( ROOT, freeinterval, free )
   Return OUT
```

Bemerkung. Verwenden wir `hedge2dwpsa()` aus einer Hecke mit Stufenliste $\{L, L, L-1, L-2, \ldots, 2, 1\}$, so erzeugen wir die aperiodische inverse diskrete Wavelet–Transformation. Im Gegensatz zur Implementierung der aperiodischen DWT in Kapitel 6, wo wir alle partiellen Ergebnisse in einem Paar zusammenhängender Vektoren mitgeführt haben, verwenden wir hier eine große Anzahl von kleinen Zwischenvektoren in den BTN Zweigen und ihren INTERVALs.

7.2.4 Biorthogonale DWPA und DWPS

Für die Übertragung der DWPA– und DWPS–Algorithmen auf den biorthogonalen Fall ist keine wesentliche Änderung notwendig. Verwenden wir die Filter H und G für die Analyse, so kommen für die Synthese einfach die dualen Filter H' und G' zum Tragen.

Die zugrundeliegenden Funktionen sind nicht orthogonal in L^2 und auch die zugehörigen Abtastfolgen sind nicht orthogonal in ℓ^2, außer falls die QFs selbstdual, d.h. orthogonal sind. Da die Funktionen aber einen kompakten Träger haben, sind hinreichend separierte biorthogonale Wavelet–Pakete orthogonal, und Paare von nahe beieinander liegenden Funktionen haben ein kleines inneres Produkt.

7.3 Übungsaufgaben

1. Man beweise den zweiten Teil von Lemma 7.13, d.h. man zeige $\lambda_{s+1,2f+1}(p) = G\lambda_{sf}(p)$.

2. Man vervollständige die Induktion und beweise Theorem 7.14.

3. Man schreibe ein Programm, das die Funktion `hedge2abt()` verwendet, die Amplituden aus einer Hecke in einem Binärbaumvektor überlagert, und dann die periodische diskrete Wavelet–Paket–Synthese ausführt.

7.3 Übungsaufgaben

4. Man modifiziere die Funktion `btnt2dwpsa()` in der Weise, daß die BTN Strukturen freigegeben werden, sobald die Vorgänger rekonstruiert sind.

5. Die Funktionen `hedge2dwpsp()` und `dwpap2hedge()` erkennen direkt, wann sie nicht weiter nach neuen Blöcken suchen müssen. Man erkläre dies.

8 Der Algorithmus der besten Basis

Kann man die Basis zur Darstellung eines Signals auswählen, so wird man nach Möglichkeit die nach einem gewissen Kriterium beste Basis suchen. Ist der Algorithmus zur Auswahl der Basis nicht zu aufwendig, so kann man jedem Signal eine eigene adaptive Basis zuordnen, die sogenannte *Basis der adaptiven Wellenformen*. Die ausgewählte Basis enthält dann wesentliche Information über das Signal; die ausgewählten Wellenformen sind dem Signal angepaßt. Ist die Basis effizient zu beschreiben, so kann man dies als Kompression der Information auffassen.

Sei $\mathcal{B}$ eine Familie von (abzählbaren) Basen eines (separablen) Hilbertraums X. Wünschenswerte Eigenschaften für $\mathcal{B}$ sind:

- Effiziente Berechnung der inneren Produkte mit den Basisfunktionen aus $\mathcal{B}$, um die Komplexität der Entwicklung nach der Basis niedrig zu halten;

- Effiziente Superposition der Basisfunktionen, um die Komplexität der Rekonstruktion niedrig zu halten;

- Gute Lokalisierung im Zeitbereich, um Anteile eines Signales identifizieren zu können, die zu großen Komponenten führen;

- Regularität oder gute Lokalisierung im Frequenzbereich, um Oszillationen im Signal identifizieren zu können;

- Unabhängigkeit in dem Sinne, daß nicht zu viele Basiselemente mit dem gleichen Anteil des Signals korrelieren.

Die erste Eigenschaft ist sinnvoll für Approximationen von endlichem Rang; sie liegt vor bei faktorisierten, rekursiven Transformationen wie der „schnellen" DFT oder der Wavelet–Transformation. Die zweite Eigenschaft gilt für schnelle orthogonale Transformationen, deren Inverse die gleiche Komplexität besitzen. Die Eigenschaft der Lokalisierung im Zeitbereich erfordert Funktionen mit kompaktem Träger oder solche, die zumindest rasch abfallen; im Falle diskreter Signale bedeutet gute Lokalisierung im Zeitbereich, daß jedes Basiselement nur in wenigen, nahe beieinanderliegenden Abtastpunkten nicht verschwindet. Gute Frequenzlokalisierung heißt gute Lokalisierung der Fouriertransformierten bzw. der DFT des Signals. So sind z.B. Testfunktionen gleichzeitig gut lokalisiert im Zeit- und im Frequenzbereich.

Wavelets sind deshalb so intensiv studiert worden, weil eine glatte Waveletbasis mit kompaktem Träger alle diese fünf wünschenswerten Eigenschaften besitzt. Die Eigenschaften liegen auch vor bei Basen von Waveletpaketen und von lokalisierten trigonometrischen Funktionen; sie stellen eine riesige Sammlung von Basen dar, aus denen man nach Belieben auswählen kann.

Ist ein Vektor $x \in X$ vorgegeben, so können wir ihn nach jeder der Basen in $\mathcal{B}$ entwickeln und nach Darstellungen mit folgenden beiden Eigenschaften suchen: Nur eine relativ kleine Anzahl von Koeffizienten in der Entwicklung sollten wesentlich sein, und die Überlagerung der Beiträge der unwesentlichen Koeffizienten sollten einen vernachlässigbaren Anteil des Vektors ausmachen. Eine rasch abfallende Koeffizientenfolge hat diese Eigenschaften ebenso wie eine Folge, die eine Umordnung zu einer rasch abfallenden Folge zuläßt. Wir suchen also nach einer Basis, bezüglich der die Koeffizienten, der Größe nach angeordnet, so rasch wie möglich abfallen. Wir werden Hilfsmittel aus der klassischen harmonischen Analysis verwenden, um die Abklingrate zu bewerten, wie z.B. *Entropie* oder andere *Kostenfunktionen der Information*.

Ist X endlichdimensional, so ist die vollständige Menge der Orthonormalbasen kompakt, und es existiert ein globales Minimum für jede stetige Kostenfunktion M. In der Regel wird aber die zu einem Minimum gehörende Basis nicht schnell zu berechnen sein, und auch die Suche nach dem Minimum wird ein relativ komplexes Problem darstellen. Wir werden uns deshalb auf speziellere Basen beschränken. So werden wir zum Beispiel fordern, daß jede Basis in $\mathcal{B}$ eine zugehörige Transformation der Komplexität $O(N \log N)$ besitzt und daß die inverse Transformation die gleiche Komplexität aufweist. Wir werden auch darauf achten, daß $\mathcal{B}$ so organisiert ist, daß die Suche nach dem globalen Minimum von M höchstens $O(N)$ Operationen erfordert.

Der nächste Abschnitt befaßt sich mit Hilfsmitteln, die eine Bewertung der oben genannten wünschenswerten Eigenschaften zulassen; der Rest des Kapitels beschreibt einen Algorithmus zur Bestimmung der besten Basis.

8.1 Definitionen

8.1.1 Informationskosten und beste Basis

Bevor wir optimale Darstellungen kennzeichnen können, benötigen wir den Begriff der *Informationskosten*, d.h. des Speicheraufwands für die gewählte Darstellung. Unter einem *Kostenfunktional* für reelle oder komplexe Zahlenfolgen verstehen wir jedes reellwertige Funktional M, das die folgende Additivitätsbedingung erfüllt:

$$M(u) = \sum_{k \in \mathbf{Z}} \mu(|u(k)|); \qquad \mu(0) = 0. \tag{8.1}$$

Hierbei ist μ eine reellwertige Funktion auf $[0, \infty)$. Wir fordern, daß $\sum_k \mu(|u(k)|)$ absolut konvergiert; dann ist M invariant gegenüber Umordnungen der Folge u. Der Wert unter M bleibt auch unverändert, falls $u(k)$ für ein k mit -1, oder im Falle komplexwertiger Folgen mit einer Konstanten vom Betrag 1 multipliziert wird. M soll deshalb reellwertig sein, weil wir den Vergleich von zwei Folgen u und v auf den Vergleich von $M(u)$ und $M(v)$ zurückführen wollen.

Für jedes $x \in X$ setzen wir $u(k) = B^* x(k) = \langle b_k, x \rangle$, wenn $b_k \in B$ der k-te Vektor in der Basis $B \in \mathcal{B}$ ist. Im endlichen Fall können wir b_k als die k-te Spalte der Matrix B auffassen. Die Informationskosten der Darstellung von x bezüglich der Basis B sind dann gegeben durch $M(B^*x)$. Auf diese Weise ergibt sich ein Funktional $\mathcal{M}_x$ auf der Familie der Basen $\mathcal{B}$ von X:

$$\mathcal{M}_x : \mathcal{B} \to \mathbf{R}; \qquad B \mapsto M(B^*x). \tag{8.2}$$

Wir nennen dies die *M-Informationskosten von x bezüglich der Basis B*.

Als *beste Basis* zu $x \in X$, bezüglich der Familie $\mathcal{B}$ und des Kostenfunktionals M, bezeichnen wir eine Basis $B \in \mathcal{B}$, für die $M(B^*x)$ minimal ist. Ist $\mathcal{B}$ die vollständige Familie der Orthonormalbasen von X, so definiert $\mathcal{M}_x$ ein Funktional auf der Gruppe $\mathbf{O}(X)$ der orthogonalen oder unitären linearen Transformationen auf X. Die betreffende Gruppenstruktur können wir verwenden, um *Bewertungen für die Informationskosten* zu konstruieren und unsere Algorithmen geometrisch zu interpretieren.

Unter allen möglichen reellwertigen Funktionalen M sind diejenigen besonderes nützlich, die in einer gewissen Weise die Signaldichte messen. Mit anderen Worten sollte M dann groß sein, wenn die Elemente der Folge alle in etwa die gleiche Größe haben, und M sollte einen kleinen Werte annehmen, wenn fast alle Elemente vernachlässigbar klein sind. Diese Eigenschaft sollte auf der Einheitskugel in ℓ^2 gelten, falls wir orthonormale Basen miteinander vergleichen, während im Fall des Vergleichs von Riesz–Basen oder von Frames „Ellipsoide" in ℓ^2 betrachtet werden.

Beispiele von Kostenfunktionalen sind:

- *Anzahl der Elemente oberhalb eines Schwellenwerts*

    Hierbei gehen wir aus von einem Schwellenwert ϵ und zählen die Elemente in der Folge x, deren Absolutwert mindestens so groß ist wie ϵ. D.h., wir setzen

    $$\mu(w) = \begin{cases} 1, & \text{falls } |w| \geq \epsilon, \\ 0, & \text{falls } |w| < \epsilon. \end{cases}$$

    Dieses Kostenfunktional zählt die Anzahl der Folgenelemente, die benötigt werden, um ein Signal zu übertragen, falls der Empfänger nur Signale des Abstands ϵ unterscheiden kann.

- *Konzentration in ℓ^p*

    Für $0 < p < 2$ setzen wir $\mu(w) = |w|^p$ und damit $M(u) = \|\{u\}\|_p^p$. Haben wir hier zwei Folgen mit gleicher Energie $\|u\| = \|v\|$, gilt aber $M(u) < M(v)$, so bedeutet dies, daß bei u die Energie auf weniger Elemente konzentriert ist.

- *Entropie*

    Die *Entropie* eines Vektors $u = \{u(k)\}$ ist definiert durch

    $$\mathcal{H}(u) = \sum_k p(k) \log \frac{1}{p(k)}, \tag{8.3}$$

    wenn $p(k) = |u(k)|^2/\|u\|^2$ die normalisierte Energie des k-ten Elements der Folge darstellt; hierbei setzen wir $p \log \frac{1}{p} = 0$ für $p = 0$. Dies ist die Entropie der durch p gegebenen Verteilungsfunktion. $\mathcal{H}$ ist selbst kein Kostenfunktional, ein solches ist jedoch gegeben durch $l(u) = \sum_k |u(k)|^2 \log(1/|u(k)|^2)$. Aufgrund der Relation

    $$\mathcal{H}(u) = \|u\|^{-2} l(u) + \log \|u\|^2, \tag{8.4}$$

    kann das Minimumproblem für l auf ein solches für $\mathcal{H}$ zurückgeführt werden.

- *Logarithmus der Energie*

  In diesem Falle setzen wir $M(u) = \sum_{k=1}^{N} \log|u(k)|^2$. Dies kann als die Entropie eines Gauß–Markov-Prozesses $k \mapsto u(k)$ interpretiert werden zur Erzeugung von N-Vektoren, deren Koordinaten die Varianzen $\sigma_1^2 = |u(1)|^2, \ldots, \sigma_N^2 = |u(N)|^2$ besitzen. Hierbei müssen wir $\sigma_k^2 \neq 0$ für $k = 1, \ldots, N$ annehmen. Minimiert man $M(u)$ über $B \in \mathbf{O}(X)$, so findet man die *Karhunen–Loève-Basis* für den Prozeß; führt man die Minimierung über eine „schnelle" Bibliothek $\mathcal{B}$ durch, so findet man die beste „schnelle" Approximation an die Karhunen–Loève-Basis.

8.1.2 Entropie, Information und theoretische Dimension

Wir nehmen an, daß $\{x(n)\}_{n=1}^{\infty}$ in $L^2 \cap L^2 \log L$ liegt. Gilt $x(n) = 0$ für alle hinreichend großen n, so ist das Signal tatsächlich endlichdimensional. Allgemeiner können wir Folgen durch ihr Abklingverhalten vergleichen, d.h. man mißt die Rate, mit der die Elemente vernachlässigbar klein werden, falls man sie der Größe nach anordnet.

Die *theoretische Dimension* einer Folge $\{x(n) : n \in \mathbf{Z}\}$ definiert man über

$$d = \exp\left(\sum_n p(n) \log \frac{1}{p(n)}\right) \tag{8.5}$$

wobei $p(n) = |x(n)|^2/\|x\|^2$. Es gilt also $d = \exp \mathcal{H}(x)$, wenn $\mathcal{H}(x)$ die in Gleichung 8.3 definierte Entropie der Folge x bezeichnet.

Elementare Aussagen über das Entropiefunktional

Wir gehen aus von einer Folge $\{p(n) : n = 1, 2, \ldots\}$ mit $p(n) \geq 0$ für alle n und $\sum_n p(n) = 1$. Diese Folge können wir als Verteilungsfunktion über $\mathbf{N}$ interpretieren. Wir definieren

$$H(p) = \sum_{n=1}^{\infty} p(n) \log \frac{1}{p(n)} \tag{8.6}$$

als *Entropie* dieser Verteilungsfunktion. Wie üblich setzen wir $0 \log(1/0) \stackrel{\text{def}}{=} 0$, um die Funktion $t \to t \log \frac{1}{t}$ im Nullpunkt stetig zu ergänzen.

Wir zeigen nun einige elementare Eigenschaften der Entropie und der theoretischen Dimension. Die erste Aussage ist die, daß die Entropie ein konvexes Funktional über den Verteilungsfunktionen darstellt:

Proposition 8.1 *Sind p und q Verteilungsfunktionen und $0 \leq \theta \leq 1$, so ist $\theta p + (1-\theta)q$ eine Wahrscheinlichkeitsverteilung und $H(\theta p + (1-\theta)q) \geq \theta H(p) + (1-\theta)H(q)$.*

Beweis: Wir prüfen zuerst, daß $\theta p + (1 - \theta)q$ eine Verteilungsfunktion ist. Nun gilt $0 \leq \theta p(n) + (1-\theta)q(n) \leq 1$ für $n = 1, 2, \ldots$ und

$$\sum_{n=1}^{\infty} \Big(\theta p(n) + (1-\theta)q(n)\Big) = \theta \sum_{n=1}^{\infty} p(n) + (1-\theta) \sum_{n=1}^{\infty} q(n) = \theta + (1-\theta) = 1.$$

Weiter ist $H(p) = \sum_n f(p(n))$ mit $f(t) = t\log\frac{1}{t}$. Wegen $f''(t) = -\frac{1}{t}$ ist $f(t)$ auf dem Intervall $[0,1]$ konkav. Deshalb gilt $f(\theta t + (1-\theta)s) \geq \theta f(t) + (1-\theta)f(s)$. Wir setzen $t = p(n)$ und $s = q(n)$, summieren die Ungleichungen für $n = 1, 2, \ldots$ und erhalten das behauptete Ergebnis. □

Korollar 8.2 *Sind p_i für $i = 1, 2, \ldots, M$ Verteilungsfunktionen und $\alpha_i \in [0,1]$ mit $\sum_{i=1}^{M} \alpha_i = 1$, so ist auch $q = \sum_{i=1}^{M} \alpha_i p_i$ eine Verteilungsfunktion, und es gilt $H(q) \geq \sum_{i=1}^{M} \alpha_i H(p_i)$.* □

Die Entropie eines Tensorprodukts zweier Verteilungsfunktionen ist die Summe ihrer Entropien:

Proposition 8.3 *Sind p und q Verteilungsfunktionen über $\mathbf{N}$, so ist $p \otimes q \stackrel{\text{def}}{=} \{p(i)q(j) : i, j \in \mathbf{N}\}$ eine Verteilungsfunktion über $\mathbf{N}^2$ und $H(p \otimes q) = H(p) + H(q)$.*

Beweis: Wir prüfen zuerst, daß $p \otimes q$ eine Verteilungsfunktion ist. Offensichtlich gilt aber $0 \leq p(i)q(j) \leq 1$ und

$$\sum_{i \in \mathbf{N}} \sum_{j \in \mathbf{N}} p(i)q(j) = \left(\sum_{i \in \mathbf{N}} p(i)\right)\left(\sum_{j \in \mathbf{N}} q(j)\right) = 1.$$

Weiter können wir $H(p \otimes q)$ direkt berechnen:

$$\begin{aligned}
H(p \otimes q) &= \sum_{i \in \mathbf{N}} \sum_{j \in \mathbf{N}} p(i)q(j) \log \frac{1}{p(i)q(j)} \\
&= \sum_{i \in \mathbf{N}} \sum_{j \in \mathbf{N}} p(i)q(j) \left[\log \frac{1}{p(i)} + \log \frac{1}{q(j)}\right] \\
&= \sum_{i \in \mathbf{N}} p(i) \left(\sum_{j \in \mathbf{Z}} q(j)\right) \log \frac{1}{p(i)} + \sum_{j \in \mathbf{Z}} \left(\sum_{i \in \mathbf{Z}} p(i)\right) q(j) \log \frac{1}{q(j)} \\
&= \sum_{i \in \mathbf{Z}} p(i) \log \frac{1}{p(i)} + \sum_{j \in \mathbf{Z}} q(j) \log \frac{1}{q(j)} = H(p) + H(q).
\end{aligned}$$

□

Lemma 8.4 *Sind p und q Verteilungsfunktionen, so gilt die Abschätzung $\sum_k p(k) \log \frac{1}{p(k)} \leq \sum_k p(k) \log \frac{1}{q(k)}$ mit Gleichheit genau dann, wenn $p(k) = q(k)$ für alle k gilt.*

Beweis: $\log t$ ist eine konvexe Funktion; ihr Graph liegt also unterhalb der Tangente im Punkte $t = 1$. Dies bedeutet $\log t \leq t - 1$ mit Gleichheit genau dann, wenn $t = 1$ gilt. Damit folgt $\log(q(k)/p(k)) \leq (q(k)/p(k)) - 1$ mit Gleichheit genau dann, wenn $p(k) = q(k)$. Multiplikation mit $p(k)$ und Summation über k liefert

8.1 Definitionen

$$\sum_k p(k) \log \frac{q(k)}{p(k)} \leq \sum_k (q(k) - p(k)) = 0, \Rightarrow \sum_k p(k) \log \frac{1}{p(k)} \leq \sum_k p(k) \log \frac{1}{q(k)},$$

mit Gleichheit genau dann, wenn $p(k) = q(k)$ für alle k gilt. □

Proposition 8.5 *Es sei p eine Verteilungsfunktion über einem N-Punkt Stichprobenraum. Dann gilt $0 \leq H(p) \leq \log N$; hierbei ist $H(p) = 0$ genau dann, wenn für geeignetes i die Aussage $p(i) = 1$ und $p(n) = 0$ für alle $n \neq i$ gilt, und $H(p) = \log N$ ergibt sich genau dann, wenn $p(1) = p(2) = \cdots = p(N) = \frac{1}{N}$.*

Beweis: Es ist klar, daß $H(p) \geq 0$ gilt mit Gleichheit genau dann, wenn $p(n) = 0$ für $n \neq i$ und geeignetes i folgt; es gilt nämlich $t \log \frac{1}{t} \geq 0$ für alle $t \in [0, 1]$ mit Gleichheit genau für $t = 0$ oder $t = 1$. Nach Lemma 8.4 folgt andererseits $H(p) = \sum_k p(i) \log \frac{1}{p(i)} \leq \sum_k p(i) \log N = \log N$, wobei Gleichheit genau für den Fall $p(i) = 1/N$, $i = 1, 2, \ldots, N$, eintritt. □

Unter einer *stochastischen Matrix* verstehen wir eine Matrix $A = (a(i, j) : i, j = 1, 2, \ldots, N)$ mit den Eigenschaften

- $a(i, j) \geq 0$ für alle $i, j = 1, 2, \ldots, N$;
- $\sum_{i=1}^{N} a(i, j) = 1$ für alle $j = 1, 2, \ldots, N$.

Ist p eine Verteilungsfunktion über N Punkten, und schreiben wir p als Spaltenvektor

$$p = \begin{pmatrix} p(1) \\ p(2) \\ \vdots \\ p(N) \end{pmatrix},$$

so ist Ap ebenfalls eine Verteilungsfunktion.

Eine Matrix A nennen wir *doppelt stochastisch*, wenn zusätzlich zu den obigen beiden Eigenschaften die folgende Aussage gilt:

- $\sum_{j=1}^{N} a(i, j) = 1$ für alle $i = 1, 2, \ldots, N$.

Wendet man eine doppelt stochastische Matrix auf eine Verteilungsfunktion an, so ergibt sich eine weitere Verteilungsfunktion, die durch Mittelung aus der ursprünglichen Verteilung entsteht. Die neue Verteilungsfunktion hat größere Entropie:

Proposition 8.6 *Ist $A = (a(i, j) : i, j = 1, 2, \ldots, N)$ eine doppelt stochastische Matrix und p eine Verteilungsfunktion, so ist auch Ap eine Verteilungsfunktion und $H(Ap) \geq H(p)$.*

Beweis: Dies ergibt sich durch direktes Nachrechnen. Setzt man $f(t) = t \log \frac{1}{t}$, so ergibt sich:

$$H(Ap) = \sum_{i=1}^{N} f\left([Ap](i)\right) = \sum_{i=1}^{N} f\left(\sum_{j=1}^{N} a(i,j)p(j)\right)$$

$$\geq \sum_{i=1}^{N} \sum_{j=1}^{N} a(i,j)f(p(j)) \qquad \text{da } f \text{ konkav ist,}$$

$$= \sum_{j=1}^{N} \left(\sum_{i=1}^{N} a(i,j)\right) f(p(j)) = \sum_{j=1}^{N} f(p(j)) = H(p).$$

□

Konzentration und abfallende Umordnungen

Schneller abfallende Folgen haben in einem noch näher zu beschreibenden Sinne kleinere Entropie. Zu einer vorgegebenen Folge $\{p(i) : i = 1, 2, \ldots\}$ definieren wir als *Folge der Partialsummen* $S[p]$ die Folge $S[p](k) \stackrel{\text{def}}{=} \sum_{i=1}^{k} p(i)$. Um einige Formeln zu vereinfachen, setzen wir zusätzlich $S[p](0) = 0$. Für eine Verteilungsfunktion p ergeben sich auf einfache Weise die Aussagen $0 \leq S[p](k) \leq 1$ für alle $k = 0, 1, \ldots$, $S[p]$ ist eine nicht fallende Folge, und $S[p](k) \to 1$ für $k \to \infty$.

Für eine Folge $q = \{q(i) : i = 1, 2, \ldots\}$ definieren wir ihre *abfallende Umordnung* q^* als Ergebnis der Umnummerierung der Koeffizienten in der Weise, daß $q^*(i) \geq q^*(i+1)$ für alle $i = 1, 2, \ldots$ gilt. Mit q ist dann auch q^* eine Verteilungsfunktion. Die abfallende Umordnung ist eindeutig bestimmt, während die zugehörige Umnummerierung nicht notwendig eindeutig ist.

Abfallende Umordnungen haben Extremaleigenschaften für gewisse Funktionale. Zum Beispiel gilt:

Lemma 8.7 $S[q^*](k) \geq S[q](k)$ *für alle* $k = 0, 1, \ldots$. □

Da q^* abfällt, muß auch die Folge der Mittelwerte der ersten Glieder abfallen:

Lemma 8.8 *Für* $j \leq k$ *gilt* $jS[q^*](k) \leq kS[q^*](j)$. □

Durch dreifache Anwendung dieses Lemmas können wir darauf schließen, daß die Partialsummen einer abfallenden Umordnung eine *konvexe* Folge bilden:

Lemma 8.9 *Für* $i \leq j \leq k$ *gilt* $(k-i)S[q^*](j) \geq (k-j)S[q^*](i) + (j-i)S[q^*](k)$. □

Im Falle $S[p^*] \geq S[q^*]$ nennen wir die Verteilungsfunktion p *stärker konzentriert* als die Verteilungsfunktion q. Stärkere Konzentration impliziert kleinere Entropie:

Proposition 8.10 *Sind* p *und* q *Verteilungsfunktionen und* $S[p^*] \geq S[q^*]$, *so gilt* $H(p) \leq H(q)$.

Beweis: Um die Notation zu vereinfachen, nehmen wir oBdA an, daß $q = q^*$ und $p = p^*$ gilt. Wegen $S[p] \geq S[q]$ gilt $1 - S[p] \leq 1 - S[q]$. Da q abfällt, ergibt sich $\log[q(j)/q(j+1)] \geq 0$ für $j = 0, 1, \ldots$, falls wir $q(0) = 1$ setzen. Damit ergibt sich für $j = 0, 1, \ldots$

8.1 Definitionen

$$\left(1 - S[p](j)\right) \log \frac{q(j)}{q(j+1)} \leq \left(1 - S[q](j)\right) \log \frac{q(j)}{q(j+1)}. \tag{8.7}$$

Wegen $1 - S[p](j) = \sum_{i=j+1}^{\infty} p(i)$ impliziert Ungleichung 8.7, daß

$$\sum_{j=0}^{\infty} \sum_{i=j+1}^{\infty} p(i) \log \frac{q(j)}{q(j+1)} \leq \sum_{j=0}^{\infty} \sum_{i=j+1}^{\infty} q(i) \log \frac{q(j)}{q(j+1)}.$$

Durch Vertauschung der Summationsreihenfolge folgt

$$\sum_{i=1}^{\infty} p(i) \sum_{j=0}^{i-1} \log \frac{q(j)}{q(j+1)} \leq \sum_{i=1}^{\infty} q(i) \sum_{j=0}^{i-1} \log \frac{q(j)}{q(j+1)}.$$

Bei der inneren Summation handelt es sich um eine Teleskopsumme, so daß:

$$\sum_{i=1}^{\infty} p(i) \log \frac{1}{q(i)} \leq \sum_{i=1}^{\infty} q(i) \log \frac{1}{q(i)}.$$

Der Ausdruck auf der rechten Seite entspricht $H(q)$, und nach Lemma 8.4 ist der Ausdruck auf der linken Seite größer als $H(p)$. Dies schließt den Beweis ab. □

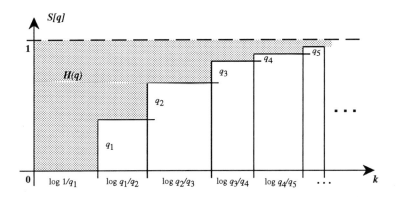

Bild 8.1 Entropie entspricht der Fläche über den Partialsummen.

Bemerkung. Die Beziehung zwischen Entropie und der Zuwachsrate der Partialsummen einer abfallenden Verteilungsfunktion ist in Bild 8.1 dargestellt. Ist $q = q^*$ eine fallende Folge, so entspricht $H(q)$ der schattierten Fläche oberhalb $S[q]$.

Ein ähnliches Ergebnis gilt für Summen der r-ten Potenzen einer Verteilungsfunktion, falls $r < 1$:

Lemma 8.11 *Sind p und q Verteilungsfunktionen mit $S[p^*](k) \geq S[q^*](k)$ für alle $k = 1, 2, \ldots$, so gilt $\sum_{k=1}^{\infty} p(k)^r \leq \sum_{k=1}^{\infty} q(k)^r$ für alle $0 < r < 1$.*

Beweis: Die Summe der r-ten Potenzen ist unter Umordnungen invariant, wir können also oBdA annehmen, daß $q = q^*$ und $p = p^*$ gilt. In Bild 8.1 ergeben sich dann auf der horizontalen Achse Intervalle der Länge $q(1)^{r-1}, q(2)^{r-1} - q(1)^{r-1}, \ldots$. Die Fläche oberhalb des Histogramms ist dann gegeben durch $\sum_{k=1}^{\infty} q(k)^r$. Verwenden wir hier zur Beschreibung der Höhe des k-ten Rechtecks die Folge p, so verringert sich die Fläche oberhalb des Histogramms, und die Gesamtfläche ergibt sich dann zu $\sum_{k=1}^{\infty} p(k)q(k)^{r-1} \geq \sum_{k=1}^{\infty} p(k)^r$; letztere Abschätzung folgt aus einer ähnlichen Betrachtung wie in Lemma 8.4, da der Graph von $y = x^r$ ebenfalls unterhalb der Tangente liegt. □

Bemerkung. Natürlich zeigt der Fall $r = 0$ für $\sum_k p(k)^r$ am besten die stärkere Konzentration der Verteilungsfunktion; diese Wahl ist aber hier nicht zulässig. David Donoho hat jedoch darauf hingewiesen, daß das Entropiefunktional im wesentlichen die lineare Approximation für $\sum_k p(k)^0$ ergibt, falls man die Tangente in $r = 1$ ansetzt. Für eine Verteilungsfunktion p und $f(r) = \sum p(k)^r$ folgt nämlich $f(1) = 1$ und

$$f(0) \approx f(1) - f'(1) \cdot 1 = 1 - \frac{d}{dr}\sum_k p(k)^r \bigg|_{r=1} = 1 + \sum_k p(k)\log 1/p(k). \tag{8.8}$$

8.2 Bestimmung der besten Basis

Eine *Bibliothek (library)* von Basen in einem linearen Raum X ist eine Sammlung, deren Elemente so konstruiert werden, daß man aus einer großen Menge von Vektoren individuelle Basisteilmengen auswählt. Die Gesamtheit dieser Vektoren muß hierbei X erzeugen, lineare Unabhängigkeit wird aber nicht vorausgesetzt. Durch geeignete Auswahl unabhängiger Teilmengen erhalten wir dann eine Reihe von individuellen Basen.

Sei X ein separabler Hilbertraum und $\{b_\alpha : \alpha \in T\} \subset X$ eine Menge von Einheitsvektoren in X, die den Raum aufspannen. α läuft hier über eine Indexmenge T, die wir unten für einige Beispiele solcher Mengen spezifizieren werden. Aus dieser Sammlung von Vektoren können wir verschiedene Teilmengen $\{b_\alpha : \alpha \in T_\beta\} \subset X$ auswählen, wobei β über eine andere Indexmenge läuft, und dann den Teilraum $V_\beta \subset X$ als zugehörige (abgeschlossene) lineare Hülle festlegen:

$$V_\beta \stackrel{\text{def}}{=} \text{span}\{b_\alpha : \alpha \in T_\beta\}. \tag{8.9}$$

Als Beispiel betrachten wir $X = \mathbf{R}^N$ mit $N = 2^L$, wobei wir als Vektoren die vollständige Menge der Haar–Walsh Waveletpakete zu N Punkten verwenden. Die Indexmenge T enthält dann alle Tripel $\alpha = (s, f, p)$ mit $0 \leq s \leq L$, $0 \leq f < 2^s$ und $0 \leq p < 2^{L-s}$. Dann ist $b_\alpha = b_{(s,f,p)}$ das Waveletpaket zum Skalenindex s, Frequenzindex f und Positionsindex p. Geht man aus von einer vollständigen L-stufigen Waveletpaket-Analyse, so lassen sich die zu Blöcken von Waveletpaketen gehörenden Teilräume identifizieren durch die Paare $\beta = (s, f)$ mit $0 \leq s \leq L$, $0 \leq f < 2^s$. In diesem Falle ist $T_\beta = T_{(s,f)} = \{\alpha = (s, f, p) : 0 \leq p < 2^{L-s}\}$. Die Bibliothek ist dann die Menge der Graph–Basen von Haar–Walsh Waveletpaketen.

8.2.1 Bibliotheksbäume

Jede Bibliothek von Basen eines Raums X kann als *Baum* aufgefaßt werden, indem man die Unterräume bezüglich Inklusion partiell anordnet. D.h. wir setzen $V_{\beta'} \leq V_\beta \iff V_\beta \subset V_{\beta'}$. „Kleinere" Unterräume im Sinne dieser partiellen Ordnung sind solche, die den vollen Raum X stärker ausschöpfen, und X selbst bildet die *Wurzel* und damit das eindeutige minimale Element des betreffenden Baumes. Die partielle Ordnung kann auf die Indizes übertragen werden; wir können also festlegen, daß $\beta' \leq \beta \iff V_{\beta'} \leq V_\beta$. Diese Struktur wird dann von Interesse sein, wenn wir Indizes β konstruieren, für die diese partielle Ordnung natürlich und leicht zu berechnen ist.

Im L-stufigen Haar–Walsh-Fall können wir dyadische Teilintervalle von $[0,1[$ als „Indizes" für die Waveletpaket–Teilräume benutzen: $\beta = (s,f)$ entspricht dem Intervall

$$I_{sf} \stackrel{\text{def}}{=} \left[\frac{f}{2^s}, \frac{f+1}{2^s}\right[. \tag{8.10}$$

Dann gilt $\beta' \leq \beta \iff \beta \subset \beta'$, und die Inklusionsrelation für Indizes spiegelt die Inklusionsrelation für Unterräume wider. Der zur Wurzel gehörende Raum X trägt als Index das gesamte Intervall $[0,1[$. Außerdem sind Unterräume zu disjunkten Indexintervallen orthogonal:

$$\beta \cap \beta' = \emptyset \Rightarrow V_\beta \perp V_{\beta'}. \tag{8.11}$$

Man beachtet hierbei $I_{sf} = I_{s+1,2f} \cup' I_{s+1,2f+1}$, wenn $\cup'$ disjunkte Vereinigung bedeutet, und die zugehörigen Unterräume liefern eine orthogonale Zerlegung

$$V_{sf} = V_{s+1,2f} \oplus V_{s+1,2f+1}. \tag{8.12}$$

Die Haar–Walsh-Bibliothek ist also wie ein homogener Binärbaum organisiert, und die orthogonalen Basisteilmengen sind dabei einfach zu charakterisieren. Diese Baumstruktur ist so nützlich, daß wir sie formalisieren und andere Bibliotheken suchen werden, die diese Struktur besitzen; das Haar–Walsh-Beispiel verwenden wird dabei als ein Modell.

8.2.2 Schnelle Suchalgorithmen für minimale Informationskosten

Ist die Bibliothek ein Baum von endliche Tiefe L, so können wir die beste Basis dadurch finden, daß wir die Informationskosten eines Vektors in jedem Knoten des Baums berechnen und anschließend von unten her die Kinder jeweils mit den Vorgängern vergleichen. Dies ist ein Suchalgorithmus von geringer Komplexität; die Additivitätseigenschaft der Kostenfunktion führt nämlich dazu, daß jeder Knoten nur zweimal untersucht wird: Einmal als Kind und einmal als Vorgänger. Um eine L-stufige Zerlegung eines periodischen Signals mit $N = 2^L$ Abtastwerten abzusuchen, benötigt man also nur $O(N)$ Vergleiche.

Der Suchalgorithmus arbeitet rekursiv und findet die beste Basis auf folgende Weise. Mit B_{kn} bezeichnen wir die Standardbasis zum Knoten, der als Index das dyadische Intervall I_{kn} trägt. Wir fixieren k und nehmen an, daß wir für alle $0 \leq n < 2^k$ schon eine Basis A_{kn} aus der Bibliothek gewählt haben, die zur Restriktion von v auf den Aufspann von B_{kn} gehört. Wir wählen dann $A_{k-1,n}$ für $0 \leq n < 2^{k-1}$ so, daß die Kostenfunktion

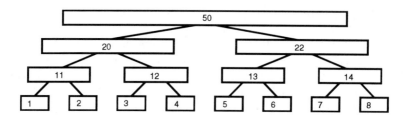

Bild 8.2 Beispiel von Informationskosten in einem Bibliotheksbaum.

minimiert wird. Seien $M_B \stackrel{\text{def}}{=} M(B^*_{k-1,n}v)$ und $M_A \stackrel{\text{def}}{=} M(A^*_{k,2n}v) + M(A^*_{k,2n+1}v)$ die M-Informationskosten für v, falls wir bezüglich $B_{k-1,n}$ bzw. $A_{k,2n} \oplus A_{k,2n+1}$ entwickeln. Für $A_{k-1,n}$ wählen wir nun die billigere Entwicklung:

$$A_{k-1,n} = \begin{cases} A_{k,2n} \oplus A_{k,2n+1}, & \text{falls } M_A < M_B, \\ B_{k-1,n}, & \text{sonst.} \end{cases} \qquad (8.13)$$

Dann gilt die folgende Aussage:

Proposition 8.12 *Der Algorithmus aus Gleichung 8.13 liefert die beste Basis für jeden festen Vektor* $v \in V_{00}$, *bezüglich der Kostenfunktion M und des Bibliotheksbaums $\mathcal{B}$.*

Beweis: Dies kann per Induktion nach L gezeigt werden. Für $L = 0$ enthält die Bibliothek nur die Standardbasis für V_{00}; hier ist also kein Vergleich notwendig.

Wir nehmen nun an, daß der Algorithmus die beste Basis für jeden Baum der Tiefe L liefert, und bezeichnen mit $A = A_{00}$ die Basis für V_{00}, die der Algorithmus für einen Baum der Tiefe $L+1$ wählt. Ist A' irgendeine Basis für V_{00}, so gilt entweder $A' = B_{00}$, oder $A' = A'_0 \oplus A'_1$ ist die direkte Summe von Basen für V_{10} und V_{11}. Wir bezeichnen mit A_{10} und A_{11} die besten Basen in diesen Unterräumen, die unser Algorithmus in den L-stufigen linken und rechten Teilbäumen der Wurzel gefunden hat. Nach Induktionsvoraussetzung gilt $M(A^*_i v) \leq M(A'^*_i v)$ für $i = 0, 1$. Nach Gleichung 8.13 folgt dann $M(A^*v) \leq \min\{M(B^*_{00}v), M(A^*_{01}v) + M(A^*_{11}v)\} \leq M(A'^*v)$. □

Um den Algorithmus zu verdeutlichen, betrachten wir als Beispiel die folgende Entwicklung in einen dreistufigen Bibliotheksbaum von Waveletpaketen. In Bild 8.2 haben wir die Knoten des Baumes mit den zugehörigen Informationskosten versehen. Wir beginnen damit, daß wir alle unteren Knoten mit Sternchen versehen, wie wir dies in Bild 8.3 dargestellt haben. Die Summe dieser Informationskosten ist ein Anfangswert, den wir durch den Algorithmus verkleinern wollen. Da nur eine endliche Anzahl von Stufen vorliegt, bricht der Algorithmus ab. Wann immer ein Vorgängerknoten geringere Informationskosten trägt als die beiden Kinder, markieren wir diesen Vorgänger mit einem Sternchen. Tragen die Kinder niedrigere Informationskosten, so markieren wir den Vorgänger nicht, übertragen aber die Gesamtinformationskosten von den Kindern auf den Vorgänger. Dieser induktive Schritt hält uns davon ab, einen Knoten öfter als zweimal zu untersuchen: Einmal als Kind und einmal als Vorgänger. In Bild 8.4 haben wir die vorhergehenden Informationskosten der Knoten in Klammern mit aufgenommen.

8.2 Bestimmung der besten Basis

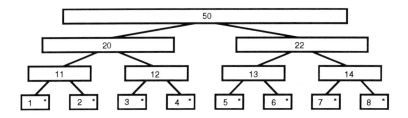

Bild 8.3 Schritt 1 des Suchalgorithmus: Markierung aller unteren Knoten.

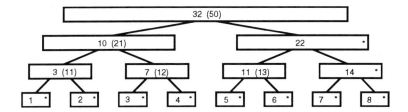

Bild 8.4 Schritt 2 des Suchalgorithmus: Markierung aller Knoten mit niedrigeren Kosten.

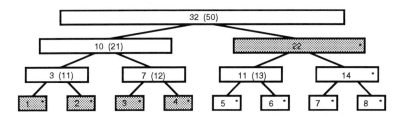

Bild 8.5 Schritt 3 im Suchalgorithmus: Auswahl der markierten Knoten höchster Stufe.

Diese Markierung kann gleichzeitig mit der Berechnung der Koeffizientenwerte in den Knoten vorgenommen werden, falls die Konstruktion des Baumes entsprechend angelegt ist. Die Informationskosten für die beste Graph–Basis unterhalb jedes Knotens sind dann bekannt, bevor der rekursive Abstieg in diesen Knoten zurückkommt. Der Algorithmus bricht ab, weil der Baum endliche Tiefe besitzt. Durch Induktion erkennt man, daß der oberste Knoten (oder die „Wurzel" des Baumes) die minimalen Informationskosten jeder Basisteilmenge unterhalb des Knotens, d.h. die beste Basis, zurückgibt.

Nachdem alle Knoten untersucht worden sind, wählen wir schließlich diejenigen markierten Knoten aus, die im Schema am weitesten oben stehen; nach Theorem 7.9 stellen diese Knoten eine Basis dar. In Bild 8.5 sind diese Knoten der besten Basis als grau unterlegte Blöcke dargestellt. Wird ein derart markierter Knoten berücksichtigt, so fallen alle darunter liegenden Knoten weg.

Der Suchalgorithmus für eine beste Basis kann leicht als rekursive Funktion implementiert werden. Naturgemäß zerfällt er in zwei Anteile: Suche nach den Knoten, die die beste Basis darstellen, und Auswahl der Daten in den markierten Knoten, die am nächsten zur Wurzel liegen.

Die betreffenden Koeffizienten werden in eine Output–Liste geschrieben. Dies kann gleichzeitig mit der Suche nach den oberen markierten Knoten erfolgen. Die Kennzeichnung der Koeffizienten kann auf die zugehörigen Parameter des betreffenden Knotens zurückgreifen, d.h. man betrachtet Quadrupel (a, f, s, p), die auf Amplitude, Frequenz, Skala und Position Bezug nehmen. Der Gesamtaufwand dafür, daß man aus dem ursprünglichen Signal diese Liste erhält, liegt bei $O(N \log N)$ Operationen.

8.2.3 Meta–Algorithmus für eine adaptive Wellenform–Analyse

Yves Meyer [83] prägte den Begriff eines *Meta–Algorithmus* für eine Analyse. Geht man aus von einer *komplizierten Funktion oder einem Operator* (z.B. einem abgetasteten Sprachsignal) und ist das *Ziel der Analyse* vorgegeben (z.B. klares Unterscheiden der verschiedenen Wörter), so beginnen wir mit der Auswahl der zu messenden Größen, um das Ziel der Analyse (wie z.B. die Intervalle, die speziellen Frequenzen enthalten) zu erreichen. Dann wählen wir eine Bibliothek von Wellenformen, deren Elemente Eigenschaften besitzen, die gut zu der Funktion und zu den zu messenden Eigenschaften passen (ähnliche Glattheit, ähnliche Verteilung der Frequenzen). Wir können hierbei auf eine reiche Vielfalt von in letzter Zeit entwickelten Bibliotheken zurückgreifen; die Auwahl kann aber nur auf einige wenige einfache Kriterien Bezug nehmen. Im allgemeinen können wir nicht zu selektiv vorgehen, da wir anfangs i.a. wenig Kenntnis von der Funktion haben. Schließlich passen wir eine Basis aus der gewählten Bibliothek der Darstellung der Funktion an, indem wir ein Maß für die Bewertung der Informationskosten minimieren; dieses Maß gibt uns eine Bewertung der Effizienz (z.B. die Gesamtzahl der nicht zu vernachlässigenden Elemente in einer Gabor–Entwicklung des Signals).

Einen solchen Meta–Algorithmus nennen wir eine *adaptive Wellenform–Analyse (adapted waveform analysis.* Sie liefert eine Auswahl von *effizienten Repräsentanten*, den Wellenformen, die der komplizierten Funktion gut angepaßt sind, und eine *Darstellungsfolge* von Koordinaten bezüglich dieser Wellenformen, aus der eine gute Approximation an die Funktion rekonstruiert werden kann. Die Wahl der Repräsentanten kann dabei zusätzliche Information enthalten, die für das Aufspüren spezieller Merkmale nützlich ist; der Prozeß kann aber schlecht konditioniert sein in dem Sinne, daß nahe beieinanderliegende Funktionen zu stark abweichenden Repräsentanten führen. Die Darstellungsfolge kann bei weiteren Rechnungen mit der Funktion benutzt werden; ist die zugrundeliegende Basis orthonormal oder fast orthonormal, und halten wir die einmal gewählten Repräsentanten fest, so sind diese Zahlen gut konditioniert.

8.3 Implementierung

Der Hauptbestandteil in einem Suchalgorithmus für die beste Basis ist der Bibliotheksbaum von Koeffizienten, der dadurch erzeugt wird, daß die inneren Produkte des Input–Signals mit den verschiedenen analysierenden Funktionen berechnet werden. Wir gehen hier davon aus, daß solche Entwicklungen schon durchgeführt wurden und daß wir verschiedene Felder von Koeffizienten zur Verfügung haben. Dabei müssen wir auch darauf achten, wie diese Koeffizienten mit den Basisteilmengen zusammenhängen.

8.3.1 Kostenfunktionen

Die Eigenschaften der additiven Kostenfunktionale erlauben es, die Informationskosten eines Vektors in der Weise zu bestimmen, daß man jedes Element für sich betrachtet. Alle Implementierungen werden deshalb von einem Vektor und seiner Länge als Input–Parameter ausgehen und dann die Elemente des Vektors in einer Schleife abarbeiten.

8.3.2 Additive Kostenfunktionen

Wir können die Kosten einer Folge von Koeffizienten dadurch messen, daß wir die Anzahl der Koeffizienten bestimmen, die *einen Schwellenwert übertreffen*. Man wählt also eine Schranke ϵ und zählt einfach, wieviele Elemente des Input–Vektors Absolutwerte besitzen, die oberhalb dieser Schranke liegen. Hierbei greift man auf die vordefinierte Funktion absval() zu, die den Absolutwert des Arguments zurückgibt:

Kostenfunktional bei Vergleich mit einer Schranke

```
thresh( U, LEAST, FINAL, EPSILON ):
   Let COST = 0
   For K = LEAST to FINAL
      If absval(U[K]) > EPSILON then
         COST += 1
   Return COST
```

Entwicklungen können wir bezüglich der *Konzentration in ℓ^p* vergleichen, indem wir die p-ten Potenzen ihrer Koeffizienten, für $0 < p < 2$, aufsummieren. Das folgende Beispiel liefert die Implementierung im Falle $p = 1$; es verwendet ebenfalls die vordefinierte Funktion absval():

Kostenfunktional bezüglich ℓ^1

```
l1norm( U, LEAST, FINAL ):
   Let COST = 0
   For K = LEAST to FINAL
      COST += absval( U[K] )
   Return COST
```

Im Falle $p \neq 1$ müssen wir auf $|u(k)| = 0$ testen. Diese Implementierung benutzt die vordefinierten Funktionen exp() und log() wie in Standard C; in FORTRAN könnten wir statt dessen bei der Exponentialfunktion mit ** arbeiten.

Kostenfunktional bezüglich ℓ^p

```
lpnormp( U, LEAST, FINAL, P ):
   Let COST = 0
   For K = LEAST to FINAL
      Let ABSU = absval( U[K] )
      If ABSU > 0 then
         COST += exp( P*log( ABSU ) )
   Return COST
```

Die *Entropie* selbst ist kein Kostenfunktional, da sie von einer normierten Folge ausgeht und deshalb nicht additiv ist. Statt dessen verwenden wir die $-\ell^2 \log \ell^2$-„Norm", die die Additivitätsforderung für ein Kostenfunktional in Gleichung 8.1 tatsächlich erfüllt und gleiche Monotonieeigenschaften wie die Entropie einer Folge besitzt. Dies kann folgendermaßen implementiert werden:

Kostenfunktional bezüglich $-\ell^2 \log \ell^2$ oder der „Entropie"

```
ml2logl2( U, LEAST, FINAL ):
   Let COST = 0
   For K = LEAST to FINAL
      Let USQ = U[K] * U[K]
      If USQ > 0 then
         COST -= USQ * log( USQ )
   Return COST
```

Andere Kostenfunktionen

Gelegentlich werden wir auch Kostenfunktionen verwenden, die nicht additiv sind, d.h. solche, die Gleichung 8.1 nicht erfüllen.

Die Entropie eines Gauß–Markov–Prozesses ergibt sich als Summe über die *Logarithmen der Varianzen* seiner Komponenten. Haben diese Komponenten den Erwartungswert Null, so können die Varianzen approximiert werden durch die Energie der Komponenten. Dies ergibt die folgende Implementierung:

(Gauß–Markov–) Kostenfunktional bezüglich $\log \ell^2$

```
logl2( U, LEAST, FINAL ):
   Let COST = 0
   For K = LEAST to FINAL
      COST += log( U[K] * U[K] )
   Return COST
```

8.3 Implementierung

Eine einfache Standard C Funktion zur Berechnung der *theoretischen Dimension* kann auf der oben definierten Funktion ml2logl2() aufbauen. Wir benötigen hierbei die Energie und die $\ell^2 \log \ell^2$-„Norm" der Folge, wobei wir beide gleichzeitig berechnen, um ein wiederholtes Quadrieren der Elemente des Feldes zu vermeiden.

Theoretische Dimension einer Folge

```
tdim( U, LEAST, FINAL ):
   Let MU2LOGU2 = 0
   Let ENERGY = 0
   For K = LEAST to FINAL
      Let USQ =  U[K] * U[K]
      If USQ > 0 then
         MU2LOGU2 -= USQ * log( USQ )
         ENERGY += USQ
   If ENERGY > 0 then
      Let THEODIM =  ENERGY * exp( MU2LOGU2 / ENERGY )
   Else
      Let THEODIM = 0
   Return THEODIM
```

8.3.3 Auswahl einer Basisteilmenge

Für die Rekonstruktion eines Signals benötigen wir zwei Informationsbestandteile: Die *Beschreibung der Basis*, nach der entwickelt wird, und die *Koeffizienten* des Signals bezüglich dieser Basis. Die Kodierung kann hierbei auf vielerlei Arten erfolgen, und die am besten angepaßte Form wird von der betreffenden Anwendung abhängen. Zum Beispiel wird die für die Übertragung von komprimierten Daten am besten angepaßte Form darauf achten, daß alle Redundanz eliminiert wird auf Kosten einfacher Rekonstruktion. Andererseits wird man für die Manipulation und die weitere rechnerische Verarbeitung im allgemeinen zusätzliche Information wie z.B. Bezeichnungen für die Koeffizienten bereitstellen, um durch einfaches Identifizieren der Koeffizienten die Komplexität der Rechnung zu reduzieren.

Wir gehen auf zwei Output–Typen ein. Der eine Typ imitiert die **HEDGE** Datenstruktur aus Kapitel 4, bei der die Basisbeschreibung ein separater und kompakter Informationsanteil ist, aus dem wir mit etwas Aufwand die Lage der Koeffizienten im ursprünglichen Bibliotheksbaum rekonstruieren können. Dabei ziehen wir in Betracht, die vollständige Beschreibung der Basis in exakter Form und die vollständige Koeffizientenliste in Näherungsform zu speichern oder zu übertragen.

Der andere Typ erzeugt **TFA1** Datenstrukturen, wie sie ebenfalls in Kapitel 4 eingeführt wurden. Hierbei versehen wir jeden Koeffizienten mit einer Kennzeichnung, die ihn im Bibliotheksbaum lokalisiert. Auf diese Weise soll eine willkürliche Anzahl von Koeffizienten erhalten bleiben, ohne die Möglichkeit zu unterbinden, den zugehörigen Anteil des Signals zu rekonstruieren.

In beiden Fällen wird der erste Schritt darin bestehen zu erkennen, welche Knoten im Bibliotheksbaum zur Basisteilmenge gehören.

Auswahl der besten Basis

Wir führen eine rekursive Suche nach der besten Basis im Bibliotheksbaum durch, indem wir eine additive Kostenfunktion verwenden. Diese Kostenfunktion muß zuerst ausgewählt werden; man kann sie durch eine Präprozessordefinition spezifizieren:

Auswahl der „Entropie" als Informationskosten

```
#define infocost ml2logl2
```

Verwendet man eine Kostenfunktion mit anderer Parameterliste, so muß die Definition den Wert der Parameter spezifizieren:

Auswahl von „$\ell^{1/4}$" als Informationskosten

```
#define infocost(IN,LEAST,FINAL)   lpnormp(IN,LEAST,FINAL,0.25)
```

Im rekursiven Schritt vergleicht man die Informationskosten des Vorgängers mit der Summe der Informationskosten, die für die besten Basen der Kinder auftreten. Hat die BTN Datenstruktur des Vorgängers niedrigere Informationskosten als alle Nachfolger, so wird die Stufe dieses Knotens eingebunden in die Beschreibung der Stufen für die beste Basis; der Inhaltsteil dieses Knotens wird dann zum Vektor der Inhaltszeiger hinzugefügt, und die zuvor aufgebaute Beschreibung der besten Basis unterhalb dieses Vorgängers wird getilgt. Dies erfolgt dadurch, daß man den Blockzähler zurücksetzt auf die Anzahl der Blöcke, die bis zu diesem Vorgänger berücksichtigt wurden, so daß man die später zu berücksichtigenden Nachfolger ignoriert. Der Blockzähler wird um 1 erhöht, um diesen Vorgängerknoten mitzuzählen. Dann geben wir die Informationskosten für den Vorgänger zurück, damit ein Vergleich mit dessen Vorgänger angestellt werden kann.

Wird der Vorgängerknoten nicht berücksichtigt, so behalten wir die rekursiv entwikkelte beste Basis der Nachfolger in der Hecke bei und übergeben die Summe der Informationskosten für die besten Basen der Kinder. Auf diese Weise gehen wir vor, indem wir in den untersten Knoten oder *Blättern* des Baumes beginnen und nach oben aufsteigen, bis wir zum *Wurzelknoten* kommen.

Die Informationskosten werden im Bezeichnungsteil der BTN Datenstrukturen gespeichert. Um den Suchalgorithmus möglichst allgemein zu halten, nehmen wir an, daß die Informationskosten des Input–BTN–Baumes zuvor berechnet worden sind, wobei die zugehörige Bewertung auf die Inhaltsvektoren des Amplitudenteils zugeschnitten war.

8.3 Implementierung

Der folgende Pseudocode führt die Suche in einem solchen Baum durch; er setzt voraus, daß GRAPH.BLOCKS zu Beginn der Suche leer ist.

Hecke der besten Basis in einem mit Kosten bewerteten BTN Baum

```
costs2bbasis( GRAPH, ROOT, LEVEL ):
   If ROOT.LEFT==NULL && ROOT.RIGHT==NULL then
      Let GRAPH.LEVELS[GRAPH.BLOCKS] = LEVEL
      Let GRAPH.CONTENTS[GRAPH.BLOCKS] = ROOT.CONTENT
      GRAPH.BLOCKS += 1
      Let BESTCOST = ROOT.TAG
   Else
      Let BLOCKS = GRAPH.BLOCKS
      Let COST = 0
      If ROOT.LEFT != NULL then
         COST += costs2bbasis( GRAPH, ROOT.LEFT, LEVEL+1 )
      If ROOT.RIGHT != NULL then
         COST += costs2bbasis( GRAPH, ROOT.RIGHT, LEVEL+1 )
      If ROOT.TAG>COST then
         Let BESTCOST = COST
      Else
         Let BESTCOST = ROOT.TAG
         Let GRAPH.BLOCKS = BLOCKS
         Let GRAPH.LEVELS[GRAPH.BLOCKS] = LEVEL
         Let GRAPH.CONTENTS[GRAPH.BLOCKS] = ROOT.CONTENT
         GRAPH.BLOCKS += 1
   Return BESTCOST
```

Bemerkung. Die Rekursion wird gestoppt, wenn beide Kinder Nullzeiger sind. Dies erlaubt es uns, sowohl partielle BTN Bäume, als auch vollständige Bäume bis zu einem gewissen Level abzusuchen.

Um die beste Basis in einem BTN Baum zu finden, müssen zuerst die Informationskosten in den Kennzeichnungsteil eingespeichert werden; dies liefert die folgende Funktion:

Aufnahme der Kosten in einen BTN Baum von INTERVALs

```
btnt2costs( ROOT ):
   If ROOT != NULL then
      Let I = NODE.CONTENT
      Let ROOT.TAG = infocost(I.ORIGIN, I.LEAST, I.FINAL)
      btnt2costs( ROOT.LEFT )
      btnt2costs( ROOT.RIGHT )
   Return
```

Man benötigt einige Initialisierungszeilen, und kann dann die Funktion `costs2bbasis()` verwenden, um den Baum nach der Hecke der besten Basis abzusuchen:

Übergabe einer besten Basis aus einem BTN Baum von INTERVALs

```
btnt2bbasis( ROOT, MAXLEVEL ):
   btnt2costs( ROOT )
   Let GRAPH = makehedge( 1<<MAXLEVEL, NULL, NULL, NULL )
   Let GRAPH.BLOCKS = 0
   costs2bbasis( GRAPH, ROOT, 0 )
   Return GRAPH
```

Als nächstes wenden wir uns Binärbaumvektoren zu. Die BTN Suchfunktion kann wiederbenutzt werden, nachdem man die Informationskosten in einen separaten Binärbaum von BTN Datenstrukturen abgelegt hat:

Aufbau eines mit Kosten bewerteten BTN Baumes aus einem Binärbaumvektor

```
abt2costs( DATA, LENGTH, MAXLEVEL ):
   Let COSTS = makebtnt( MAXLEVEL )
   For LEVEL = 0 to MAXLEVEL
      For BLOCK = 0 to (1<<LEVEL)-1
         Let ORIGIN = DATA + abtblock( LENGTH, LEVEL, BLOCK )
         Let BLENGTH = abtblength( LENGTH, LEVEL )
         Let CNODE = btnt2btn( COSTS, LEVEL, BLOCK )
         Let CNODE.TAG = infocost( ORIGIN, 0, BLENGTH-1 )
         Let CNODE.CONTENT = ORIGIN
   Return COSTS
```

Hat man die Hecke der besten Basis mit `costs2bbasis()` gefunden, so kann man die Hilfsstrukturen freigeben. Wir geben die Knoten frei, erhalten aber die Inhaltsanteile:

Übergabe der Hecke der besten Basis aus einem Binärbaumvektor

```
abt2bbasis( DATA, LENGTH, MAXLEVEL ):
   Let COSTS = abt2costs( DATA, LENGTH, MAXLEVEL )
   Let GRAPH = makehedge( 1<<MAXLEVEL, NULL, NULL, NULL )
   Let GRAPH.BLOCKS = 0
   costs2bbasis( GRAPH, COSTS, 0 )
   freebtnt( COSTS, NULL, free )
   Return GRAPH
```

8.3 Implementierung

Auswahl der besten Stufenbasis

Wir definieren zuerst eine Funktion, die die Informationskosten einer vollständigen Stufe zurückgibt:

Informationskosten einer Stufe in einem BTN Baum

```
levelcost( ROOT, LEVEL ):
  Let COST = 0
  For BLOCK = 0 to (1<<LEVEL)-1
    Let NODE = btnt2btn( ROOT, LEVEL, BLOCK )
    COST += NODE.TAG
  Return COST
```

Die *beste Stufenbasis* eines BTN Baumes findet man über einen einfachen Sortierungsalgorithmus:

Auffinden der besten Stufe in einem BTN Baum

```
costs2blevel( GRAPH, ROOT, MINLEVEL, MAXLEVEL ):
  Let BESTLEVEL = MINLEVEL
  Let BESTCOST = levelcost( ROOT, MINLEVEL )
  For LEVEL = MINLEVEL+1 to MAXLEVEL
    Let COST = levelcost( ROOT, LEVEL )
    If COST<BESTCOST then
      Let BESTCOST = COST
      Let BESTLEVEL = LEVEL
  Let GRAPH.BLOCKS = 1<<BESTLEVEL
  For BLOCK = 0 to GRAPH.BLOCKS-1
    Let GRAPH.LEVELS[BLOCK] = BESTLEVEL
    Let GRAPH.CONTENTS[BLOCK] = btnt2btn(ROOT,BESTLEVEL,BLOCK)
  Return BESTCOST
```

Hierbei wird eine Schleife bezüglich der Stufen abgearbeitet, wobei für jede Stufe die Informationskosten berechnet werden, und dann die Hecke der Knoten der billigsten Stufe zurückgegeben.

Diese Funktion läßt auch zu, den Bereich der Stufen, die in die Suche eingeschlossen werden sollen, zu spezifizieren. Dabei wird natürlich angenommen, daß der untere Stufenparameter nicht größer ist als der obere Stufenparameter; dies sollte mit einem `assert()`-Statement getestet werden. Es wird auch vorausgesetzt, daß alle Stufen, die in Betracht gezogen werden, vollständig sind; dies kann dadurch getestet werden, daß `NODE` in der `levelcost()`-Funktion nicht Null ist.

Da tiefere Zerlegungsstufen teurer zu berechnen sind, ziehen wir niedrigere Zerlegungsstufen vor. Die besten Informationskosten werden initialisiert durch die Kosten der niedrigsten Zerlegungsstufe. Man beachte dabei, daß eine Kostenfunktion jeden beliebigen reellen Wert annehmen kann; es gibt also keine *a priori*-Schranke für maximale Informationskosten.

Die Kombinationen zur Implementierung von `btnt2blevel()` und `abt2blevel()` überlassen wir dem Leser als Übung.

Extraktion von Atomen

Zur Extraktion eines Vektors von `TFA1` Datenstrukturen bezüglich der besten Basis benutzen wir die Hilfsfunktionen aus Kapitel 2. Mit `intervalhedge2tfa1s()` erzeugen wir eine Liste von Atomen aus einer Hecke, die INTERVALs enthält, und mit `abthedge2tfa1s()` erzeugen wir Atome aus einer Hecke, die Zeiger auf einen Binärbaumvektor enthält.

8.3.4 Auswahl eines Zweiges

Man kann auch einen Zweig von der Wurzel zu einem Blatt eines BTN Baumes in der Weise auswählen, daß die Informationskosten der Inhaltsanteile der Knoten entlang dieses Zweiges minimiert werden. Man baut dazu einen BTN Baum von Kostenkennzeichnungen und addiert dann rekursiv die Kosten eines Vorgängers zu jedem der beiden Kinder, indem man den Baum von der Wurzel her abarbeitet. Zum Schluß enthält der Kennzeichnungsteil jedes Blattknotens in dem Kostenbaum die Gesamtkosten des Zweiges, der von der Wurzel zu diesem Blatt läuft. Die Implementierung eines Algorithmus, der den *besten Zweig* sucht, überlassen wir als Übungsaufgabe.

Wavelet–Registrierung

Die Methode des besten Zweiges verdeutlichen wir durch eine spezifische Anwendung: Entwicklung eines Algorithmus zur Bestimmung einer *translationsinvarianten* periodischen diskreten Wavelet–Transformation. Dieses Verfahren findet heraus, welcher periodische Shift eines Signals die niedrigsten Informationskosten erzeugt. Es wurde von Beylkin teilweise in [8] beschrieben; er hatte schon früher bemerkt, daß bei der Berechnung der DWTPs aller N zirkulanten Shifts eines N-punktigen periodischen Signales nur $N \log_2 N$ Koeffizienten bestimmt werden müssen. Bauen wir so einen vollständigen BTN Baum auf, wobei die Informationskosten bezüglich geeigneter Teilmengen von geshifteten Koeffizienten bestimmt werden, so liefert der beste vollständige Zweig eine Darstellung desjenigen zirkulanten Shifts, der die DWTP mit den niedrigsten Kosten liefert. Der berechnete Shift kann dann als *Registrierungspunkt (registration point)* für das Signal benutzt werden.

Zuerst baut man einen BTN Baum der Informationskosten für die Waveletteilräume, indem man alle zirkulanten Shifts behandelt. Die Kosten eines Zweiges werden hierbei direkt zusammen mit der Berechnung der Koeffizienten im Blatt akkumuliert.

Die folgende Funktion geht davon aus, daß das Q-periodische Input–Signal durch einen Vektor der Länge $Q + 1$ gegeben ist, wobei das erste Element `IN[0]` in der letzten Position `IN[Q]` wiederholt wird. Es wird auch angenommen, daß der Output–Vektor mindestens die Länge $Q + \log_2 Q$ besitzt, damit alle Zwischenergebnisse der Länge $Q/2^k + 1$, $k = 1, \ldots, \log_2 Q$, untergebracht werden können. Wir legen auch eine leere BTN Datenstruktur an, die als Wurzel des Kostenbaums dient:

Kosten der zirkulanten Shifts für die DWTP

```
shiftscosts( COSTS, OUT, Q, IN, HQF, GQF ):
  If Q>1 then
    Let Q2 = Q/2
    Let COSTS.LEFT = makebtn( NULL, NULL, NULL, COSTS.TAG )
    cdpe( OUT, 1, IN,   Q, GQF )
    COSTS.LEFT.TAG += infocost( OUT, 0, Q2-1 )
    Let COSTS.RIGHT = makebtn( NULL, NULL, NULL, COSTS.TAG )
    cdpe( OUT, 1, IN+1, Q, GQF )
    COSTS.RIGHT.TAG += infocost( OUT, 0, Q2-1 )
    cdpe( OUT, 1, IN,   Q, HQF )
    Let OUT[Q2] = OUT[0]
    shiftscosts( COSTS.LEFT,  OUT+Q2+1, Q2, OUT, HQF, GQF )
    cdpe( OUT, 1, IN+1, Q, HQF )
    Let OUT[Q2] = OUT[0]
    shiftscosts( COSTS.RIGHT, OUT+Q2+1, Q2, OUT, HQF, GQF )
  Return
```

Die Funktion `shiftscosts()` akkumuliert die Kosten, wenn man entlang eines Zweiges läuft. Die Informationskosten einer 2^L-Punkt DWTP, geshiftet um T, findet man dann in dem Knoten der Stufe L, dessen Blockindex sich durch Bitumkehrung von T ergibt. Diese Werte können wir mit den Hilfsmitteln aus Kapitel 2 bestimmen, darunter den Fall mit den niedrigsten Kosten suchen, und dessen Index zurückgeben. Dies liefert den besten zirkulanten Shift, der die minimalen Informationskosten trägt:

Bester zirkulanter Shift mit minimalen DWTP–Kosten

```
registrationpoint( COSTS, MAXLEVEL ):
  Let LEAF = btnt2btn( COSTS, 0, MAXLEVEL )
  Let BESTCOST = LEAF.TAG
  Let BESTSHIFT = 0
  For SHIFT = 1 to (1<<MAXLEVEL)-1
    Let BLOCK = br( SHIFT, MAXLEVEL )
    Let LEAF = btnt2btn( COSTS, BLOCK, MAXLEVEL )
    Let SHIFTCOST = LEAF.TAG
    If SHIFTCOST<BESTCOST then
      Let BESTCOST = SHIFTCOST
      Let BESTSHIFT = SHIFT
  Return BESTSHIFT
```

Um ein periodisches Signal zu *registrieren*, berechnen wir den Registrierungspunkt und führen dann den zirkulanten Shift durch, der den Registrierungspunkt in den Nullpunkt überführt:

In–Place–Shift zu minimalen DWTP–Kosten

```
waveletregistration( IN, L, HQF, GQF ):
  Let Q = 1<<L
  Allocate an array of Q+1 REALs at DATA
  For I = 0 to Q-1
     Let DATA[I] = IN[I]
  Let DATA[Q] = IN[0]
  Allocate an array of Q+log2(Q) REALs at WORK
  Let COSTS = makebtn( NULL, NULL, NULL, NULL )
  shiftscosts( COSTS, WORK, Q, DATA, HQF, GQF )
  Let REGPOINT = registrationpoint( COSTS, L )
  If REGPOINT>0 then
     For I = 0 to REGPOINT-1
        Let DATA[Q+I-REGPOINT] = IN[I]
     For I = REGPOINT to Q-1
        Let DATA[I-REGPOINT] = IN[I]
     For I = 0 to Q-1
        Let IN[I] = DATA[I]
  freebtnt( COSTS )
  Deallocate WORK[] and DATA[]
  Return REGPOINT
```

Man kann auch die Verwendung eines BTN Baumes vermeiden, indem man die Kosten zirkulant geshifteter DWTPs in einen Vektor schreibt; diese Version überlassen wir dem Leser als Übungsaufgabe.

Wavelet–Registrierung ist aus dem Grunde möglich, weil die Informationskosten des Wavelet–Teilraums W_k eines 2^L-periodischen Signales für $0 \leq k \leq L$ jeweils 2^k-periodisch sind. Die Kennzeichnung im Knoten zur Stufe k und dem Block n sind damit die Informationskosten von W_k mit einem zirkulanten Shift um n' (mod 2^k), wenn n' die Bitumkehrung von n der Länge k ist. Ein Zweig zu einem Blattknoten mit Blockindex n enthält die Wavelet–Teilräume $W_1, \ldots, W_L$ der DWTP mit Shift n'. Der Skalenraum V_L enthält im periodischen Fall immer das unbewichtete Mittel der Koeffizienten, und dieses ist unter Shifts invariant.

Als *Shift-Kostenfunktion* für ein 2^L-periodisches Signal definieren wir die Abbildung $f(n) = c_{n'L}$, wobei letzteres die Informationskosten des Kosten–BTN zur Stufe L und zum Blockindex n' bezeichnet.

Zwei 2^L-Signale, die sich im wesentlichen durch einen zirkulanten Shift unterscheiden, können dadurch miteinander verglichen werden, daß auf ihre Shift–Kostenfunktionen Kreuzkorrelation angewendet wird. Dies ist eine Alternative zur üblichen Kreuzkorrelation der Signale selbst, oder zur Multiskalen–Kreuzkorrelation ihrer Wavelet- und Skalenräume, wie man dies in [58] findet.

8.4 Übungsaufgaben

1. Man beweise Lemma 8.7.

2. Man beweise Lemma 8.8.

3. Man beweise das folgende Korollar zu Lemma 8.8: Für $k \leq k'$ und $j \leq j'$ gilt
$$\frac{S[p^*](k) - S[p^*](j)}{k - j} \geq \frac{S[p^*](k') - S[p^*](j')}{k' - j'}.$$

4. Man beweise Lemma 8.9 unter Verwendung des Ergebnisses aus Übungsaufgabe 3.

5. Man schreibe einen Pseudocode für die Funktion btnt2bbhedge(), die die Informationskosten des aktuellen BTN Baumes von INTERVALs berechnet und eine vollständige Hecke aufbaut, die die beste Basis für diesen Baum enthält. (Hinweis: Als Modell verwende man die Funktion costs2bbasis().)

6. Man implementiere btnt2blevel() als eine Funktion, die eine vollständige Hecke zu einer besten Stufenbasis zurückgibt; man gehe dabei aus von einem Baum von BTNs, der INTERVALs besitzt, und man spezifiziere Grenzen für die Stufenindizes.

7. Man schreibe einen Pseudocode für die Funktion btnt2blhedge(), der eine vollständige Hecke zur besten Stufenbasis für den aktuellen BTN Baum von INTERVALs aufbaut. (Hinweis: Als Modell diene die Funktion costs2blevel(), und man schreibe eine neue Version von levelcost(), die den ursprünglichen BTN Baum verwendet.)

8. Man implementiere abt2blevel() als eine Funktion, die eine vollständige Hecke zur besten Stufenbasis zwischen zwei spezifizierten Stufen in einem Binärbaumvektor zurückgibt.

9. In einem Binärbaumvektor ist es einfacher, die beste Stufe direkt aus dem Baum herauszufinden, da die Speicherung der Amplituden fortlaufend nach den Stufen vorgenommen wird. Man schreibe einen Pseudocode abt2blhedge(), der eine zuvor angelegte Hecke mit einer vollständigen Beschreibung, einschließlich der Stufen und der Inhalte, der besten Stufenbasis in einem Binärbaumvektor auffüllt.

10. Man implementiere den Algorithmus der Wavelet–Registrierung ohne Verwendung eines BTN Baumes, indem man direkt die Kosten der Wavelet–Teilräume unter den jeweiligen Shifts in einen Vektor schreibt.

11. Man implementiere den Algorithmus des besten Zweigs: Man gehe dabei aus von einem Kosten–BTN–Baum und akkumuliere die Kosten eines Zweiges rekursiv in den Blattknoten; dann suche man die Blätter nach den minimalen Kosten ab.

9 Mehrdimensionale Bibliotheksbäume

Die Algorithmen für lokale trigonometrische Filter und konjugierte Quadraturfilter lassen sich auf mehrdimensionale Signale übertragen. Wir betrachten drei Vorgehensweisen. Die ersten beiden bestehen aus *Tensorprodukten* von eindimensionalen Basiselementen, die in der Weise kombiniert werden, daß sich als die d-dimensionalen Basisfunktionen Produkte von d eindimensionalen Basisfunktionen ergeben: $b(x) = b(x_1, \ldots, x_d) = b_1(x_1) \cdots b_d(x_d)$. Solche Tensorprodukt-Basiselemente nennt man *separabel*, weil man sie in Summen und Integralen so faktorisieren kann, daß man eine Folge von d eindimensionalen Problemen erhält, in denen man jede Variable separat behandelt.

Der Einfachheit halber betrachten wir den zweidimensionalen Fall. Es seien $E = \{e_k : k \in I\}$ und $F = \{f_k : k \in J\}$ Basen von $L^2(\mathbf{R})$, wobei I und J die Indexmengen für die Basiselemente darstellen. Man kann dann zwei Typen von separablen Basen für $L^2(\mathbf{R}^2)$ erzeugen:

- $E \otimes F \stackrel{\text{def}}{=} \{e_n \otimes f_m : (n,m) \in I \times J\}$, das separable Tensorprodukt der Basen E und F;

- $\{e_n \otimes f_m : (n,m) \in B\}$, eine Basis von separablen elementaren Tensoren aus einer *Basisteilmenge* B, die nicht notwendig aus ganz $I \times J$ besteht.

Im zweiten Fall werden wir die Indexmenge auf geometrische Weise beschreiben, um die Charakterisierung von *Basisteilmengen* im mehrdimensionalen Fall zu vereinfachen. Wir wollen uns hauptsächlich mit separablen Basen beschäftigen, da sie in typischer Weise Transformationen von niedriger Komplexität liefern, die überdies parallel auf mehreren Prozessoren durchgeführt werden können.

Das Diagramm in Bild 9.1 stellt eine Zerlegung des Einheitsquadrates dar, wobei zwei Iterationen eines typischen zweidimensionalen, separablen Aufteilungsalgorithmus durchgeführt wurden. Man erkennt, daß auf diese Weise ein *Viererbaum (quadtree)*, d.h. ein homogener Baum mit 4 Kindern pro Knoten erzeugt wird, falls wir die Quadrate als Knoten auffassen. Im Wavelet-Paket-Fall liefert eine rekursive Anwendung der CQFs eine homogene baumartige Zerlegung nach Frequenzanteilen. Im Fall der trigonometrischen Blocktransformation liefert die sukzessive Unterteilung des Bereichs eine Segmentierung in dyadische Teilblöcke.

Andererseits können wir eine Basis von $L^2(\mathbf{R}^d)$ auch so konstruieren, daß wir den Raum als einen abstrakten Raum auffassen, die zusätzliche Struktur der „d-Dimensionalität" also ignorieren, und eine Aufteilung unter Verwendung von nicht separablen d-dimensionalen Faltungs-Dezimationen oder anderen orthogonalen Projektionen durchführen. Solche nicht separable Algorithmen sind natürlich viel allgemeiner, andererseits aber auch schwieriger zu charakterisieren und zu implementieren; wir werden sie deshalb nur am Rande erwähnen.

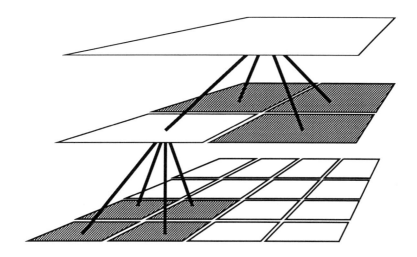

Bild 9.1 Zweidimensionale Viererbaum–Zerlegung: Stufen 0, 1 und 2.

9.1 Mehrdimensionale Zerlegungsoperatoren

In abstrakter Sprechweise liegt ein Zerlegungsalgorithmus immer dann vor, wenn wir eine Familie $F_1, \ldots, F_m$ von Operatoren in einem Hilbertraum X betrachten mit dualen Operatoren $F'_1, \ldots, F'_m$ derart, daß

$$F'_j F^*_i = F_i F'^*_j = \delta(i-j)I \quad \text{und} \quad F'^*_1 F_1 + \cdots + F'^*_m F_m = I. \tag{9.1}$$

Gilt hierbei $F_i = F'_i$ für alle i, so liefert die zweite Gleichung eine orthogonale Zerlegung. In den vorhergehenden Kapiteln haben wir den Fall $m = 2$ behandelt, und der Raum X war der Raum $L^2(\mathbf{R})$ oder einer seiner Approximationsräume V_0; die Formeln bleiben aber in allgemeinerem Zusammenhang gültig. Dies ist eher eine Frage der geeigneten Sprechweise, wie in [115] ausgeführt.

Ist $x = (x_1, \ldots, x_d) \in \mathbf{R}^d$, so kann man den Operator F beispielsweise über *Quadraturen (quadratures)* mit einem *Kern* $f = f(x,y)$ realisieren:

$$Fu(x) = \sum_y f(x,y)u(y) \stackrel{\text{def}}{=} \sum_{y_1} \cdots \sum_{y_d} f(x_1, \ldots, x_d, y_1, \ldots, y_d)u(y_1, \ldots, y_d).$$

Eine solcher Operator verallgemeinert ein Quadraturfilter; dort ist $d = 1$ und $f(x,y) = h(2x - y)$ im Tiefpaß–Fall. Die Komplexität der Berechnung von Fu in dieser Form ist proportional zum Inhalt des Trägers von f. Ist f mehr oder weniger isotrop, und liegt der Träger in einem d-dimensionalen Würfel der Seitenlänge N, so liegt der Aufwand zur Berechnung von $Fu(x)$ bei $O(N^d)$ und der Gesamtaufwand zur Berechnung aller Werte bei $O(N^{2d})$, falls u einen mit f vergleichbaren Träger besitzt.

Wir spezialisieren uns auf den separablen Fall, in dem der Quadraturkern ein Produkt von d Funktionen in einer Variablen ist. Die Summation kann dann in jeder Variablen separat durchgeführt werden, so daß uns jeder Output–Wert höchstens $O(dN)$ Operationen kostet und der Gesamtaufwand bei $O(dN^{d+1})$ liegt. Haben die eindimensionalen

Kerne weitere speziellen Eigenschaften, und lassen sie sich in dünn besetzte Matrizen faktorisieren, so wird die Komplexität noch niedriger sein. Stellen die eindimensionalen Transformationen Entwicklungen nach Bibliotheksbäumen dar, so erhalten wir so automatisch einen Bibliotheksbaum für das mehrdimensionale Produkt.

Als zwei Typen separabler Baumkonstruktionen betrachten wir Wavelet–Pakete und lokale trigonometrische Funktionen. Die zugehörigen Zerlegungsoperatoren sind Tensorprodukt–QFs, Tensorprodukte von Fourier–Sinus– und –Cosinus–Transformationen und Tensorprodukte von unitären Faltungs- und inversen Faltungsoperatoren.

9.1.1 Tensorprodukte von CQFs

Es seien H und G ein konjugiertes Paar von Quadraturfiltern, die jeweils durch die eindimensionalen Folgen h und g bestimmt sind. Unter dem *Tensorprodukt* $H \otimes G$ von H und G verstehen wir den folgenden Operator auf bivariaten Folgen $u = u(x, y)$:

$$(H \otimes G)\, u(x,y) = \sum_{i,j} h(i) g(j) u(2x-i, 2y-j) = \sum_{i,j} h(2x-i) g(2y-j) u(i,j). \quad (9.2)$$

Die Adjungierte des Tensorproduktes ist gegeben durch $(H \otimes G)^* \stackrel{\text{def}}{=} H^* \otimes G^*$, so daß

$$(H^* \otimes G^*)\, u(x,y) = \sum_i \sum_j \bar{h}(2x-i) \bar{g}(2y-j) u(i,j). \quad (9.3)$$

Man erkennt, daß der erste „Faktor" des Tensorproduktes auf der ersten Variablen operiert, und so weiter. Man kann dies ausdrücken durch die Schreibweise $H \otimes G = H_x G_y$; dies ist ein Produkt von eindimensionalen QFs, die jeweils bezüglich der im Index aufgeführten Variablen operieren.

Diese Definitionen lassen sich in natürlicher Weise auf eine beliebige Anzahl d von Dimensionen übertragen. Ist z.B. $\mathbf{x} = (x_1, \ldots, x_d)$ und $F^i \in \{H, G\}$ für $i = 1, \ldots, d$, so definiert man ein d-dimensionales Tensorprodukt–Filter folgendermaßen:

$$\begin{aligned}
(F^1 \otimes \cdots \otimes F^d)\, u(\mathbf{x}) &\stackrel{\text{def}}{=} \sum_{k_1} \cdots \sum_{k_d} f_1(k_1) \cdots f_d(k_d) u(2x_1-k_1, \ldots, 2x_d-k_d) \\
&= F^1_{x_1} F^2_{x_2} \cdots F^d_{x_d} u(\mathbf{x}). \quad (9.4)
\end{aligned}$$

Wir konzentrieren uns allerdings auf den zweidimensionalen Fall, da hier alle wesentlichen Eigenschaften des allgemeinen Falles auftreten und unnötige Schwierigkeiten vermieden werden.

Sind H und G ein Paar von orthogonalen CQFs, so ist $H \otimes H = H_x H_y$, $H \otimes G = H_x G_y$, $G \otimes H = G_x H_y$ und $G \otimes G = G_x G_y$ eine Familie von vier orthogonalen Filtern für $\mathbf{R}^2$. Als solche spalten sie das Input–Signal in vier Bestandteile auf. Diese können wir gemäß 0 für $H_x H_y$, 1 für $H_x G_y$, 2 für $G_x H_y$ und 3 für $G_x G_y$ numerieren. Jedes zweidimensionale Filter führt eine Dezimation um den Faktor 2 in beiden x- und y-Richtungen durch, es reduziert also die Anzahl der Koeffizienten um den Faktor 4. Die Koeffizienten in den verschiedenen Kästchen von Bild 9.2 werden berechnet durch Anwendung der Filter gemäß der im Bild vorgenommenen Numerierung.

9.1 Mehrdimensionale Zerlegungsoperatoren

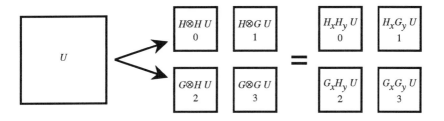

Bild 9.2 Eine Stufe einer Wavelet–Paket–Zerlegung mit Tensorprodukt–CQFs.

Man erkennt hierbei, daß die Numerierung den Binärzahlen $\epsilon_1\epsilon_2$ entspricht, wenn

$$\epsilon_1 = \begin{cases} 0, & \text{falls } H \text{ das } x\text{-Filter ist,} \\ 1, & \text{falls } G \text{ das } x\text{-Filter ist;} \end{cases} \qquad \epsilon_2 = \begin{cases} 0, & \text{falls } H \text{ das } y\text{-Filter ist,} \\ 1, & \text{falls } G \text{ das } y\text{-Filter ist.} \end{cases}$$

Der Einfachheit halber betrachten wir zweidimensionale Signale oder Bilder als periodisch bezüglich beider Variablen, und wir nehmen an, daß die x-Periode (die „Höhe" $N_x = 2^{n_x}$) und die y-Periode (die „Breite" $N_y = 2^{n_y}$) jeweils positive ganzzahlige Potenzen von 2 sind, so daß wir immer bei Dezimation um den Faktor 2 eine ganzzahlige Periode beibehalten. Der Raum solcher Bilder kann zerlegt werden in eine partiell angeordnete Menge $\mathbf{W}$ von Unterräumen $W(m,n)$, die wir *Subbänder* nennen, wobei $m \geq 0$ und $0 \leq n < 4^m$ gilt. Dies sind die Bilder von orthogonalen Projektionen, die aus Produkten von Faltungs–Dezimationen zusammengesetzt sind. Man bezeichnet den Raum der $N_x \times N_y$ Bilder mit $W(0,0)$ (er ist $N_x \times N_y$-dimensional) und definiert rekursiv

$$W(m+1, 4n+i) = F_i^* F_i W(m,n) \subset W(0,0) \qquad \text{für } i = 0,1,2,3. \tag{9.5}$$

Die Orthogonalitätsbedingung für die CQFs impliziert, daß die Projektionen von $W(0,0)$ auf $W(m,n)$ orthogonal sind, d.h. sie erhalten die Energie. Der Unterraum $W(m,n)$ ist $(N_x 2^{-m}) \times (N_y 2^{-m})$-dimensional. Diese Unterräume können durch die Inklusion partiell angeordnet werden. Teilräume eines Raumes nennen wir so seine *Nachkommen*, wobei die erste Generation der Nachkommen in natürlicher Weise *Kinder* genannt werden. Die Orthogonalitätsbedingung liefert speziell für die vier Tensorprodukt CQFs die Beziehung

$$W = F_0^* F_0 W \oplus F_1^* F_1 W \oplus F_2^* F_2 W \oplus F_3^* F_3 W. \tag{9.6}$$

Die rechte Seite enthält hier alle Kinder von W.

Die Unterräume $W(m,n)$ nennt man *Subbänder*, und die beschriebene Transformation ist der erste Schritt bei der Bildkompression durch *Subband-Kodierung (subband coding)*, die wir in größerer Ausführlichkeit in Kapitel 11, Abschnitt 11.1 beschreiben werden. Ist $S \in W(0,0)$ ein Bild, so kann die zugehörige orthogonale Projektion auf $W(m,n)$ berechnet werden in den Standardkoordinaten von $W(m,n)$ gemäß Formel $F_{(1)} \ldots F_{(m)} W(0,0)$; hierbei ist jedes Filter $F_{(i)}$ aus der Filtermenge $F_0, \ldots, F_3$, und die Folge dieser Filter $F_{(1)} \ldots F_{(m)}$ ist eindeutig bestimmt durch n. Man kann damit die orthogonale Projektion von $W(0,0)$ auf den vollständigen Baum der Unterräume einfach berechnen durch rekursive Faltung und Dezimation.

278   9 Mehrdimensionale Bibliotheksbäume

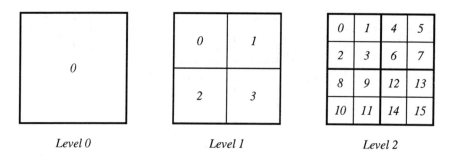

Level 0   *Level 1*   *Level 2*

Bild 9.3 Zwei Stufen der Subband–Zerlegung.

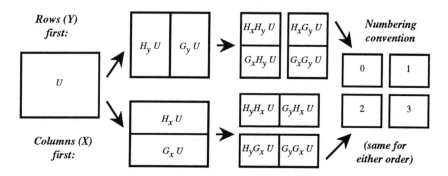

Bild 9.4 Anwendung eines separablen zweidimensionalen konjugierten Quadraturfilters.

Bild 9.3 zeigt das Ausgangsbild und zwei Generationen der als Nachfolger entstehenden Subbänder, die durch den Index n in $W(m,n)$ gekennzeichnet sind. Würden wir mit einem Bild aus $Z \times Z$ Pixeln beginnen, so könnten wir diesen Zerlegungsprozeß $\log_2(Z)$-mal wiederholen.

Man bemerkt, daß die Frequenznumerierung innerhalb einer speziellen Stufe nach der folgenden einfachen, rekursiv angewendeten Regel erzeugt wird:

> Numeriere den Block links oben, gehe dann weiter zum oberen rechten Nachbar, dann zum unteren linken Nachbar und schließlich zum unteren rechten Nachbar.

Dabei ist ein „Block" eine Sammlung von 4^s Quadraten, wobei $s = 0, 1, 2, \ldots, L$. Die Numerierung beginnt dabei ausgehend vom ursprünglichen Signal und seinen vier Kindern, indem man zur Stufe L absteigt und jewels in der oberen linken Position bleibt.

Die beiden Summationen in Gleichungen 9.2 und 9.3 können jeweils durchgeführt werden wie in Bild 9.4 dargestellt, wobei man zuerst die Filter in der y-Richtung und dann in der x-Richtung anwendet. Im separablen Fall sind diese beiden Filteroperationen vertauschbar, so daß wir die Summationen in beliebiger Ordnung vornehmen können. Da Felder aber üblicherweise aus Listen von Zeilen bestehen, ist es bequemer, mit der y-Richtung zu beginnen. Dies beeinflußt auch unsere Bezeichnungskonvention für Nachfolger.

9.1 Mehrdimensionale Zerlegungsoperatoren

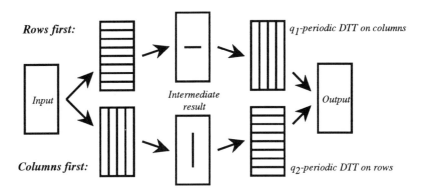

Bild 9.5 Zweidimensionale diskrete trigonometrische Transformation.

Für allgemeine d-dimensionale Signale verwenden wir eine aus 2^d Elementen bestehende Familie von Filtern $F_{\epsilon_1} \otimes \cdots \otimes F_{\epsilon_d}$, wobei $\epsilon_i \in \{0,1\}$ für $i = 1, \ldots, d$, $F_0 = H$ und $F_1 = G$. Der Output dieser separablen Filter wird mit der Binärzahl $\epsilon_1 \epsilon_2 \ldots \epsilon_d$ versehen. Die durch solche Filterprozesse erzeugten Wavelet–Pakete sind Produkte der eindimensionalen Wavelet–Pakete $W_n(\mathbf{x}) = \prod_{i=1}^{d} W_{n_i}(x_i)$, zusammen mit ihren Dilatationen und Translationen auf beliebige Gitterpunkte.

Innere Produkte mit mehrdimensionalen Wavelet–Paketen werden wie im eindimensionalen Fall über bewichtete Mittel auf kleinster Skala berechnet. Die Koeffizienten können hierbei in der Form eines Stapels von d-dimensionalen Würfeln angeordnet sein, und es existiert eine Aussage analog zum Graph–Theorem (7.9), das Basisteilmengen charakterisiert.

9.1.2 Tensorprodukte von DTTs und LTTs

Ein d-dimensionales Fourier–Basiselement ist ein Tensorprodukt von d eindimensionalen Elementen: $e^{2\pi i x \cdot \xi} = e^{2\pi i x_1 \xi_1} \times \cdots \times e^{2\pi i x_d \xi_d}$. Die Fouriertransformation, ihre diskrete Version und alle darauf aufbauenden trigonometrischen Transformationen wie DCT und DST können so separat in jeder Dimension berechnet werden. Im bivariaten q-periodischen Folgenfall ist dies äquivalent dazu, die Doppelsumme durch eine iterierte Summation zu ersetzen:

$$\sum_{x_1,x_2=0}^{q-1} e^{2\pi i (x \cdot k)/q} u(x_1,x_2) = \sum_{x_1=0}^{q-1} e^{2\pi i x_1 k_1/q} \left(\sum_{x_2=0}^{q-1} e^{2\pi i x_2 k_2/q} u(x_1,x_2) \right). \qquad (9.7)$$

Ist die bivariate Folge q_1-periodisch im ersten Index und q_2-periodisch im zweiten Index, so sind die Fourier–Basiselemente gegeben durch $e^{2\pi i x_1 k_1/q_1} e^{2\pi i x_2 k_2/q_2}$, und die Summen in Gleichung 9.7 enthalten dann q_1 bzw. q_2 Terme. Betrachten wir eine Periode einer solchen bivariaten Folge als ein Rechteck von Koeffizienten mit Seiten (Höhe) q_1 und (Breite) q_2, so kann die DFT in zwei Schritten, wie in Bild 9.5 dargestellt, angewendet werden. Dasselbe gilt für die anderen diskreten trigonometrischen Transformationen

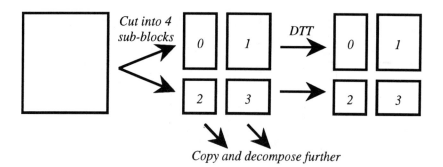

Bild 9.6 Zweidimensionale Block–DTT.

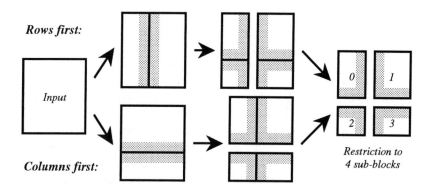

Bild 9.7 Zweidimensionale Faltung in zwei Schritten.

(DTTs), wie die DCT-I oder DST-IV.

Eine zweidimensionale DTT können wir auf vier kleineren Teilblöcken des Signals durchführen, indem wir erst das ursprüngliche Signal in vier Anteile zerlegen und dann die DTT auf jeden Anteil anwenden. Dies ist in Bild 9.6 dargestellt. Diese Vorgehensweise kann rekursiv angewendet werden, und man erhält so eine Zerlegung in immer kleinere Blöcke, falls wir eine Kopie des ausgeschnittenen Teilblocks jeweils vor Anwendung der DTT anlegen.

Um die zweidimensionale lokale trigonometrische Transformation (LTT) auf Teilblöcken zu erhalten, muß man erst das Signal in beiden x- und y-Richtungen „falten" und dann, wie in Bild 9.7 dargestellt, auf Teilblöcke einschränken. Die schattierten Bereiche deuten die Koeffizienten an, die durch den Faltungsoperator beeinflußt werden.

Wir nehmen nun an, daß das Signal selbst als Ergebnis vorhergehender Faltung und Einschränkung entstanden ist. Dann erfüllen die vier Teilblöcke die passenden Randbedingungen in beiden x- und y-Richtungen, so daß die Anwendung der zweidimensionalen DTT die Koeffizienten der lokalen trigonometrischen Transformation liefert. Diese Kombination von Faltung, Restriktion und trigonometrischer Transformation ist in Bild 9.8

9.1 Mehrdimensionale Zerlegungsoperatoren   281

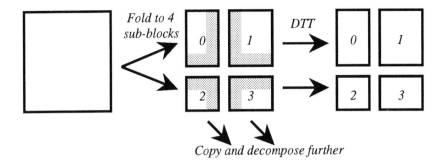

Bild 9.8 Zweidimensionale diskrete trigonometrische Transformation.

dargestellt.

Wollen wir eine rekursive Zerlegung des Signals in immer kleinere Stücke vornehmen, so müssen wir wie im Block–DTT-Fall die Unterblöcke nach Faltung und Restriktion kopieren, bevor die DTT ausgeführt wird.

9.1.3 Komplexität des d-dimensionalen Algorithmus der besten Basis

Der Einfachheit halber gehen wir aus von einem d-dimensionalen periodischen Signal der Größe $N = 2^L \times \ldots \times 2^L = 2^{Ld}$. Dies kann entwickelt werden bis zur Stufe L, in der dann jeder Unterraum aus einem einzelnen Element besteht. Jede Stufe erfordert $O(N)$ Operationen, und die dabei auftretende Konstante ist proportional zum Produkt von d und der Länge des konjugierten Quadraturfilters. Die Gesamtkomplexität für die Berechnung der Wavelet–Paket-Koeffizienten ist damit $O(N \log N)$.

Es sei A_L die Anzahl der Blätter in einem d-dimensionalen Tableau der Stufen 0 bis L. Dann gilt $A_0 = 1$ und $A_{L+1} = 1 + A_L^{2^d}$, so daß sich die Abschätzung $A_{L+1} \geq 2^{2^{Ld}}$ ergibt. Für ein periodisches Signal aus $N = 2^{Ld}$ Punkten bedeutet dies, daß mehr als 2^N Basen möglich sind. Der Baum enthält $1 + 2^d + \ldots + (2^d)^L = (2^{(L+1)d} - 1)/(2^d - 1) = O(N)$ Unterblöcke, und jeder dieser Unterblöcke wird bei der Suche nach der besten Basis höchstens dreimal geprüft. Dies zeigt, daß die Auswahl der besten Basis die Komplexität $O(N)$ mit kleiner Konstanten besitzt.

Rekonstruktion aus einer Basis hat die gleiche Komplexität, da der Algorithmus eine orthogonale Transformation darstellt.

9.1.4 Anisotropische Dilatationen in mehreren Dimensionen

Bisher haben wir nur mehrdimensionale Wavelets betrachtet, die in jeder Koordinatenrichtung die gleiche Skala aufweisen. Betrachten wir Basen von Wavelet–Paketen mit verschiedenen Skalen in verschiedenen Richtungen, so wächst die Anzahl der Koeffizienten und die Anzahl der Basen beträchtlich. Bild 9.9 zeigt eine Möglichkeit, wie die Berechnung der zweidimensionalen Wavelet–Paket-Koeffizienten angelegt sein kann. Die

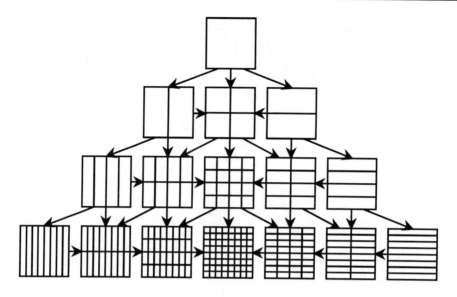

Bild 9.9 Alle Tensorprodukte von Wavelet–Paketen.

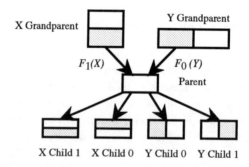

Bild 9.10 Entstehung der Tensorprodukte von Wavelet–Paketen.

Pfeile stellen Faltungs–Dezimationen mit Filtern in einer der beiden Variablen, X oder Y, dar. Das Diagramm zeigt, daß im zweidimensionalen Fall $O(N[\log N]^2)$ Koeffizienten auftreten. Allgemeiner kann man zeigen, daß im d-dimensionalen Fall $O(N[\log N]^d)$ Koeffizienten zu berücksichtigen sind.

Bei anisotropischen Dilatationen stellen die Wavelet–Paket–Koeffizienten keinen Baum mehr dar. Jeder Unterraum hat d Vorgänger, je einen pro Filter, wie dies im zweidimensionalen Fall durch das Schema in Bild 9.10 verdeutlicht wird. Indem man rekursiv für jede Generation doppelte Kopien des Vorgängers, je eine für jeden Großelternteil, anlegt, kann die betreffende Struktur zu einem inhomogenen Baum ausgebaut werden. Dies liefert schon für den 4×4 Fall einen sehr großen Baum, wie aus dem Diagramm in Bild 9.11 ersichtlich.

Innerhalb dieses Baumes wird jeder Knoten indiziert durch die Folge der Faltungs–

9.1 Mehrdimensionale Zerlegungsoperatoren 283

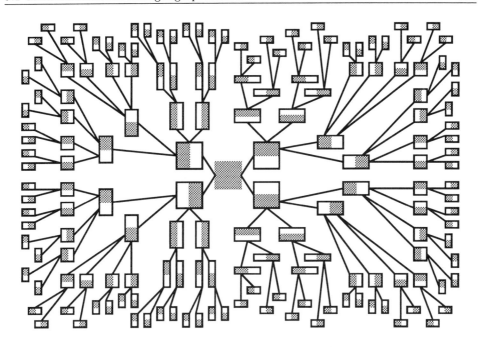

Bild 9.11 Der anisotropische Baum für ein 4×4 Signal enthält doppelte Knoten.

Dezimations-Operatoren, die ihn erzeugt haben, d.h. $G_m \ldots G_2 G_1$, wobei $m \leq 2L$ ist und G_i einen der Operatoren $F_0(X)$, $F_0(Y)$, $F_1(X)$ oder $F_1(Y)$ darstellt. Die Anordnung der Operatoren ist hierbei wesentlich, und es können in jeder Variablen X oder Y höchstens L Faltungs-Dezimationen auftreten. Zählt man diese ab, so erhält man

$$\sum_{x=0}^{L} \sum_{y=0}^{L} \frac{(x+y)!}{x!\,y!} 2^x 2^y. \tag{9.8}$$

Dieser Ausdruck wächst wie N^2, wenn $N = 2^L \times 2^L$ die Anzahl der Abtastpunkte in dem Bild ist. In höheren Dimensionen schlägt das Wachstum noch stärker zu Buche, und dies zeigt, daß Tensorprodukt-Wavelet-Pakete für diesen Zweck nicht geeignet sind.

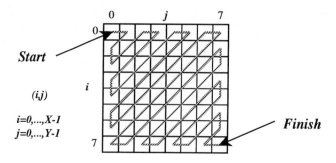

Bild 9.12 Zickzack–Raster für ein 8 × 8 Feld.

9.2 Praktische Überlegungen

Bei der Implementierung der Algorithmen treten einige praktische Aspekte auf, die mit den mathematischen Grundlagen der Transformation wenig zu tun haben. Wir betrachten, wie sich Wavelets mit kompaktem Träger im nicht periodischen Fall über die Skalen verteilen, und welche Speicheranforderungen die Algorithmen besitzen.

9.2.1 Bezeichnung der Basen

Eine Basis im d-dimensionalen Fall ist die disjunkte Überdeckung des d-dimensionalen Einheitswürfels mit dyadischen Würfeln. Bild 9.13 zeigt im zweidimensionalen Fall ein Beispiel einer solchen Überdeckung mit Quadraten. Jedes Teilquadrat kann als zweidimensionales Feld von Wavelet–Paket–Koeffizienten angesehen werden, die alle die gleichen Skalen- und Frequenzindizes besitzen. Ein solches Teilquadrat enthält alle Translate eines Wavelet–Pakets fester Form bezüglich dieser Skala und Frequenz, und die Vereinigung der Teilquadrate bildet eine Graph–Basis. Die Beschreibung einer solchen Basis läuft also darauf hinaus zu zeigen, welche Quadrate in Betracht zu ziehen sind, und festzulegen, wie die Koeffizienten aus jedem Quadrat herausgerastert werden können.

Eine mögliche Rasteranordnung erfolgt traditionell Zeile nach Zeile, von links nach rechts und von oben nach unten, was der abendländischen Art zu lesen entspricht. Eine andere Möglichkeit ist die *Zickzack*-Ordnung, die in einer Ecke beginnt und dann schrittweise diagonal bis zur gegenüberliegenden Ecke läuft. Zum Beispiel durchläuft die Zickzack-Ordnung eines 8×8 Feldes die Elemente $\{(i,j) : 0 \le i < X, 0 \le j < Y\}$ in der Anordnung $(0,0), (0,1), (1,0), (2,0), \ldots, (7,7)$, wie in Bild 9.12 dargestellt.

Ist die Rasterordnung einmal vorgegeben, so braucht man keine weitere Zusatzinformation über Translationen. Wir werden uns deshalb darauf konzentrieren, die Überdeckung durch Teilquadrate zu beschreiben.

Wir beginnen mit der Frequenznumerierung aus Bild 9.4. Diese Numerierung auf einer bestimmten Stufe kann zu einer *Lage-Ordnung (encounter order)* für Quadrate in der Basisüberdeckung ergänzt werden, wie wir das für den Fall einer 2-stufigen Zerlegung

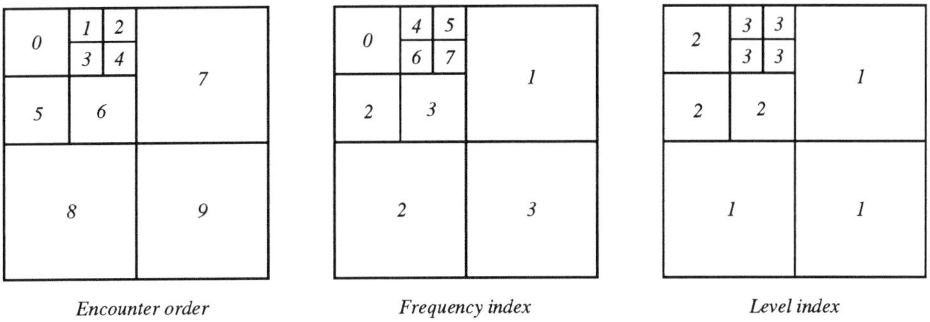

9.2 Praktische Überlegungen   285

| Encounter order | Frequency index | Level index |

Bild 9.13 Numerierung für ein Beispiel einer zweidimensionalen Wavelet–Paket–Basis.

in Bild 9.3 gezeigt haben. Enthält die Basis aber Teilquadrate aus verschiedenen Zerlegungstiefen, so bezieht sich die Lage–Ordnung nicht mehr direkt auf den Frequenzindex. Vielmehr trägt jedes Quadrat einen Stufen- oder Skalenindex. Bild 9.13 zeigt diese drei Parameter — die Lage–Ordnung, den Frequenzindex und den Stufenindex — für das Beispiel einer zweidimensionalen Wavelet–Paket–Basis. Kombinationen dieser Indizes können wir zur Bezeichnung der Basis wählen.

Eine Möglichkeit der Basisbeschreibung ist die, die Liste der geordneten Paare (s, f) zu den Skalen–Frequenz–Kombinationen in den Teilquadraten anzugeben. Jede Stufe s der Wavelet–Paket–Zerlegung hat ihre eigene Frequenznumerierung, und das geordnete Paar (s, f) definiert in eindeutiger Weise sowohl die Größe als auch die Lage eines speziellen Quadrates. Bei dieser Konvention würde die Basis in Bild 9.13 durch die Liste $\{(2,0),(3,4),(3,5),(3,6),(3,7),(2,2),(2,3),(1,1),(1,2),(1,3)\}$ in willkürlicher Ordnung beschrieben. Da wir die Anordnung der Liste nicht ausnutzen, liefert diese Methode nicht die effizienteste Basisbeschreibung. Tatsächlich bedeutet dies bei einer L-stufigen Zerlegung, daß wir für eine vollständige Basisbeschreibung insgesamt 4^L Paare von Zahlen angeben müssen, wobei jedes Paar $2L + \log_2 L$ Bits erfordert.

Um einen Vorteil aus dem Lage–Ordnungs–Schema zu ziehen, vereinbaren wir, daß die Beschreibung der Teilquadrate in der Reihenfolge angegeben wird, die die Lage–Ordnung vorgibt. Die Lage–Ordnung kann sich dabei auf die Entwicklung der Basis beziehen, was die Benutzung der resultierenden Daten vereinfacht. Die hier angenommene Lage–Ordnung entspricht einer rekursiven Entwicklung der Wavelet–Paket–Basis, wobei die Kinder in der Anordnung oben links, oben rechts, unten links, unten rechts gezählt werden. Diese Wahl folgt der Raster–Ordnung innerhalb eines Blockes, und sie wird traditionell so vorgenommen, obwohl man jede andere Konvention genauso benützen könnte. Um die Basis zu beschreiben, müssen wir nun einfach die Stufen der Teilquadrate in ihrer Lage–Ordnung angeben; dies legt die Stufe fest, in der die Rekursion abbricht, und definiert die Quadrate in eindeutiger Weise. Im Beispiel der Basis aus Bild 9.13 ergibt sich die angeordnete Liste der Stufen $(2, 3, 3, 3, 3, 2, 2, 1, 1, 1)$. Eine solches Schema verwendet zur Beschreibung einer Basis höchstens 4^L Zahlen mit $\log_2 L$ Bits, so daß der Aufwand gegenüber der vorhergehenden Methode wesentlich sinkt. Wir setzen dies als unsere Standardmethode fest und nennen sie die Methode der Basisbeschreibung durch

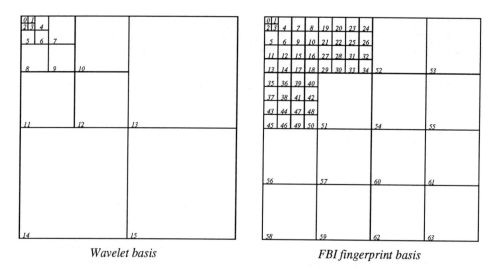

Bild 9.14 Beispiel von zweidimensionalen Wavelet–Paket–Basen.

eine *Stufenliste (levels list)*.

Bild 9.14 zeigt die Lage–Ordnungs–Zahlen für zwei gebräuchliche und nützliche Wavelet–Paket–Basen. Links ist eine 5-stufige Waveletbasis dargestellt; sie wird beschrieben durch die Stufenliste $(5,5,5,5,4,4,4,3,3,3,2,2,2,1,1,1)$. Wie alle Waveletbasen startet sie mit einem Quadrupel von Ls, gefolgt von Tripeln aller weiteren Stufenindizes zur Stufe 1. Rechts ist die Basis dargestellt, die vom FBI im Kompressionsalgorithmus für Fingerabdrücke verwendet wird [60]. Der betreffende Algorithmus wurde durch Experimente in der Weise abgestimmt, daß beste Basen für eine Standardmenge von Fingerabdrücken gefunden wurden. Als Basisbeschreibung ergibt sich eine Liste von vier Fünfen gefolgt von 47 Vieren und 13 Zweien.

Legen sich Sender und Empfänger auf eine feste Basis fest, so braucht man natürlich diese Information bei der Übertragung nicht zu berücksichtigen. Wollen wir aber mehrere gebräuchliche Basen verwenden, so können wir eine allgemeine Funktion für die Waveletpaket–Analyse und –Synthese schreiben, die die Daten und eine Basisbeschreibung als Input hat und dann entweder die betreffende Zerlegung oder die Rekonstruktion aus einer solchen Zerlegung erzeugt. Als Alternative kann man auch für jede Basis ein neues Funktionsprogramm schreiben.

9.2.2 Platzsparende Speicherung

Der Speicherbedarf für d-dimensionale Signale wächst rasch mit der Dimension d. Wird das Signal dezimiert um den Faktor 2 in insgesamt L Stufen, so benötigt man insgesamt mindestens 2^{Ld} Werte. Für großes d ist $N = 2^{Ld}$ selbst bei moderatem L enorm groß, so daß es nicht praktikabel sein wird, alle LN Wavelet–Paket–Koeffizienten abzuspeichern. Dieses Problem kann man dadurch umgehen, daß man Platz gegen Zeit aufrechnet und

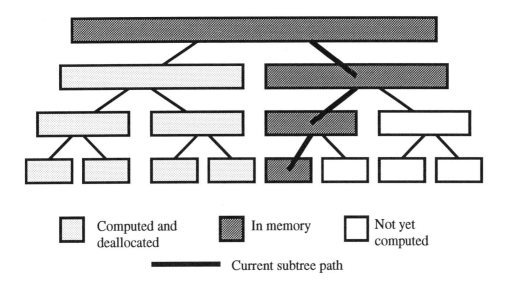

Bild 9.15 Platzsparende Suche nach einer besten Basis.

berechnete Koeffizienten löscht, sobald ihre Informationskosten registriert worden sind. Dazu müssen die Koeffizienten rekursiv in Ordnung der Stufentiefe berechnet werden, und der von einem Vorgänger–Unterraum belegte Speicherplatz wird freigegeben, sobald die Informationskosten dieses Vorgängers mit den Kosten der besten Basis unter den Nachkommen verglichen worden sind. Für den eindimensionalen Fall zeigt Bild 9.15 eine Zwischenstufe in einem solchen Algorithmus.

Man kann zeigen, daß die Suche nach einer besten Basis für ein N-Punkte Signal der Dimension d nicht mehr als $\frac{2^d}{2^d-1}N$ Speicherplätze belegt (zusätzlich eines konstanten, nur von d abhängigen Aufwands). Dafür muß gegebenenfalls jeder Wavelet–Paket–Koeffizient zweimal berechnet werden, so daß sich die Rechenzeit schlimmstenfalls verdoppelt.

Der Rekonstruktionsalgorithmus ist in natürlicher Weise so organisiert, daß er nicht mehr als $2N$ Speicherplätze für ein Signal von N Abtastwerten verwendet.

9.3 Implementierungen

Um die kombinatorisch bedingte Aufblähung des Aufwands zu umgehen, die mehrdimensionalen Transformationen innewohnt, werden wir nach Möglichkeit eindimensionale Algorithmen verwenden. Insbesondere benutzen wir rechteckige Felder und in jedem Schritt eine Transformation in einer einzigen Variablen. Dabei kommt uns die Indexkonvention typischer Computer entgegen, bei der Daten fortlaufend in Richtung des am schnellsten wechselnden Indexes im Speicher abgelegt werden. In Standard C bezieht sich dies immer auf den letzten Indexes.

Einige für spezielle Zwecke vorgesehene Computer besitzen extra Instruktionen, die es ihnen erlauben, gewisse mehrdimensionale Transformationen wie z.B. Transposition schnell auszuführen, oder sie können arithmetische Operationen simultan auf mehreren Operanden durchführen. Wir wollen uns nicht mit speziellen Techniken beschäftigen, die darauf ausgerichtet sind, das beste Laufzeitverhalten aus solchen Maschinen herauszuholen.

9.3.1 Transposition

Wir haben unsere Funktionen für Faltung und Dezimation so angelegt, daß mit ihnen eine Transposition in der Weise erfolgen kann, daß der Output sequentiell mit einem geeigneten Inkrement geschrieben wird. Diese Eigenschaft können wir dann ausnützen, falls genügend Speicherplatz bereitsteht, um disjunkte Input- und Output-Vektoren zu verwenden. Als Übungsaufgabe überlassen wir dem Leser das einfache Problem, eine Transposition mit gleichzeitigem Kopieren auf einen disjunkten Vektor zu implementieren.

Liegt allerdings nur genügend Speicher für eine einzelne Kopie eines Vektors vor, so müssen alle Transformationen einschließlich der Transposition in-place durchgeführt werden. Zunächst betrachten wir den zweidimensionalen Fall. Die Parameter X und Y sollen sich auf die Anzahl der „Zeilen" bzw. der „Spalten" eines Feldes beziehen. Im einfachen Fall $X = Y$ tauscht eine Transposition einfach Paare von Feldelementen. Ist $X \neq Y$, so müssen wir erst prüfen, ob ein Element des Feldes schon in den geeigneten Platz geschrieben wurde:

Zweidimensionale In–Place–Transposition

```
8xpi2( DATA, X, Y ):
    For N = 1 to X*Y-2
        If DATA[N] has not been permuted then
            Let TEMP = DATA[N]
            Let TARGET = N
            Let SOURCE = (N*Y) % (X*Y-1)
            While SOURCE > N
                Let DATA[TARGET] = DATA[SOURCE]
                Let TARGET = SOURCE
                Let SOURCE = (SOURCE*Y) % (X*Y-1)
            Let DATA[TARGET] = TEMP
```

DATA[] ist dabei ein eindimensionaler Vektor, hinter dem sich ein zweidimensionales Feld verbirgt: Wir behandeln DATA[I*Y+J] im Sinne von DATA[I][J].

Wir nehmen an, daß ein d-dimensionales Feld im Speicher unseres Computers abgespeichert ist als eine eindimensionale Sequenz aufeinanderfolgender Speicherplätze, wobei eine Indexformel d-Tupel in Relativabstände innerhalb des Vektors konvertiert. In Standard C liegt die Konvention vor, daß sich der letzte (oder d-te) Index am schnellsten ändert, wenn wir die Folge entlanglaufen. Hat ein dreidimensionales Feld A zum Beispiel die Dimensionen $x \times y \times z$, und indizieren wir mit Tripeln $[i][j][k]$, so ergeben sich die Relativabstände aus der Formel

9.3 Implementierungen

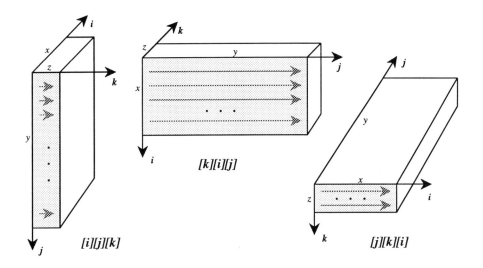

Bild 9.16 Zyklische Transpositionen.

$$A[i][j][k] = A[i\,yz + j\,z + k]. \tag{9.9}$$

Bewegen wir uns zur Stelle $A + i_0\,yz + j_0\,z$, so enthalten die nächsten z Plätze die Elemente $A[i_0][j_0][0], \ldots, A[i_0][j_0][z-1]$. Diese Anordnung ist günstig für die Anwendung eindimensionaler Transformationen entlang der k-Achse.

Um eine separable dreidimensionale Transformation mit einer eindimensionalen Funktion durchzuführen, wenden wir die Funktion zunächst entlang der k-Achse von A an; dann transponieren wir A in der Art, daß der j-Index sich am schnellsten ändert und wenden die Funktion wieder an; anschließend transponieren wir A so, daß der i-Index sich am schnellsten ändert, und wenden die Funktion ein drittes Mal an; schließlich transponieren wir A ein letztes Mal, so daß sich der k-Index am schnellsten ändert wie zu Beginn des Prozesses. In jedem Schritt können wir hierbei die gleiche Transpositionsfunktion verwenden, die die drei Indizes zyklisch permutiert $[i][j][k] \to [k][i][j] \to [j][k][i] \to [i][j][k]$; dies nennen wir eine *zyklische Transposition*. In Bild 9.16 sind von links nach rechts zwei Anwendungen der gleichen zyklischen Transposition beschrieben.

Bei der Ausführung der Transposition müssen wir das Element mit Index $[i][j][k]$ ersetzen durch das Element mit Index $[k][i][j]$. Die beiden Relativabstände sind dann gegeben durch $n = i\,yz + j\,z + k$ bzw. $n' = k\,xy + i\,y + j$, und man erkennt

$$n' = n\,xy \pmod{xyz - 1}; \quad n = n'\,x \pmod{xyz - 1}. \tag{9.10}$$

Wir bemerken weiter, daß xyz das *Volumen* des dreidimensionalen Feldes A ist, während xy die *Oberfläche* der schattierten Seite im mittleren, $[k][i][j]$-indizierten Feld von Bild 9.16 darstellt. Mit diesen Notationen läßt sich die Transpositionsformel einfach auf den d-dimensionalen Fall übertragen. Seien $x_1, x_2, \ldots, x_d$ die Dimensionen des Feldes und $i_1, i_2, \ldots, i_d$ die Indexvariablen. Wir gehen aus von einem gemäß $A[i_1][i_2]\ldots[i_d]$ indizierten Feld A. Man berechnet dann das Volumen $V = x_1 \cdots x_d$ und die Seitenfläche

$S = x_1 \cdots x_{d-1} = V/x_d$, und ersetzt das Element mit Relativabstand n mit demjenigen mit Relativabstand n', wobei

$$n' = n\, x_d \pmod{V-1}; \qquad n = n'\, S \pmod{V-1}. \qquad (9.11)$$

Dies kann durch eine Schleife erfolgen, wobei n von 0 bis $V-1$ läuft, und wir führen einen Tauschzyklus nur dann durch, falls n vorher noch nicht bewegt wurde. Anschließend müssen wir die Liste der Dimensionen ebenfalls zyklisch tauschen, so daß der Indexalgorithmus für die neue Anordnung $A[i_d][i_1]\ldots[i_{d-1}]$ korrekt ist. Sind die Dimensionen ursprünglich durch das geordnete Tupel $(x_1, x_2, \ldots, x_d)$ gegeben, so sollte der Output sich auf das d-Tupel $(x_d, x_1, x_2, \ldots, x_{d-1})$ beziehen. Eine solche Funktion erfordert $O(V)$ Operationen, und d Anwendungen liefern uns die ursprüngliche Anordnung von A.

Eine Implementierung der d-dimensionalen zyklischen In–Place–Transposition ergibt sich folgendermaßen:

Zyklische d-dimensionale In–Place–Transposition

```
xpid( DATA, LEN, D ):
   Let VOLUME = LEN[0]
   For K = 1 to D-1
      VOLUME *= LEN[K]
   For N = 1 to VOLUME-2
      If DATA[N] has not been permuted then
         Let TEMP = DATA[N]
         Let TARGET = N
         Let SOURCE = ( N*LEN[D-1] ) % (VOLUME-1)
         While SOURCE > N
            Let DATA[TARGET] = DATA[SOURCE]
            Let TARGET = SOURCE
            Let SOURCE = ( SOURCE*LEN[D-1] ) % (VOLUME-1)
         Let DATA[TARGET] = TEMP
   Let LTEMP = LEN[D-1]
   For K = 1 to D-1
      Let LEN[D-K] = LEN[D-K-1]
   Let LEN[0] = LTEMP
```

9.3.2 Separable Faltungs–Dezimation

Unsere früher definierten Funktionen der Faltungs–Dezimation gehen von einem zusammenhängenden Input–Vektor aus, können aber den Output–Vektor mit jedem regulären Inkrement schreiben. Im zweidimensionalen Fall wählen wir dieses Inkrement derart, daß der Output–Vektor transponiert wird.

Wir beginnen mit der Anwendung des Tiefpaß–Filters H_y entlang der Zeilen von IN[] und schreiben den Output in den Hilfsvektor WORK[] in der Weise, daß er in transponierter Form vorliegt. Wie in Bild 9.17 gezeigt, wenden wir dann sukzessive das Tiefpaß–Filter

9.3 Implementierungen

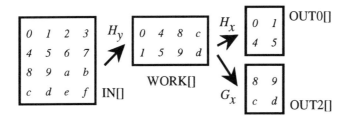

Bild 9.17 Erster Schritt bei einem zweidimensionalen separablen Filterprozeß.

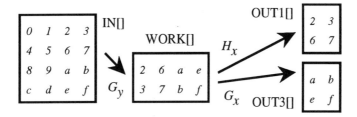

Bild 9.18 Zweiter Schritt bei einem zweidimensionalen separablen Filterprozeß.

H_x und das Hochpaß–Filter G_x auf WORK[] an. Dies liefert OUT0[] und OUT2[]. Die gleiche Prozedur wird dann noch einmal durchgeführt, wie in Bild 9.18 gezeigt, um OUT1[] und OUT3[] zu erhalten. Der Input–Vektor wird dabei zweimal gelesen, einmal bei der Anwendung des Tiefpaß–Filters entlang der Zeilen und dann nochmals bei der Anwendung des Hochpaß–Filters entlang der Zeilen. Jedesmal ergibt sich ein Zwischenergebnis der halben Länge, das in dem Hilfsvektor WORK[] gespeichert wird. Der Hilfsvektor braucht deshalb nur die halbe Länge des größten Input–Vektors zu besitzen. Da wir aber zwischen dem zweimaligen Lesen von IN[] auf den Output–Vektor schreiben, müssen Input– und Output–Vektoren disjunkt sein.

Als Ergebnis erhält man eine separable zweidimensionale periodische Faltungs–Dezimation des Input–Vektors. Der Input–Vektor ist hierbei eine Liste von Zeilen, d.h. IN[0], IN[1],...,IN[IY-1] sind die fortlaufenden Elemente der ersten Zeile von IN[]. Der Hilfsvektor WORK[] von IX*OY Elementen speichert die Zwischenergebnisse, und die Output–Vektoren OUT0[], OUT1[], OUT2[] und OUT3[] enthalten die vier Kinder des Inputs in der üblichen Ordnung 0, 1, 2, 3, wie in Bild 9.4 beschrieben.

Disjunkte separable zweidimensionale periodische Faltungs–Dezimation
```
scdpd2( OUT0, OUT1, OUT2, OUT3, IN, IX, IY, WORK, HQF, GQF ):
   Let OY = IY/2
   For I=0 to IX-1
      cdpe( WORK+I, IX, IN+I*IY, IY, HQF )
   For I=0 to OY-1
      cdpo( OUT0+I, OY, WORK+I*IX, IX, HQF )
      cdpo( OUT2+I, OY, WORK+I*IX, IX, GQF )
   For I=0 to IX-1
      cdpe( WORK+I, IX, IN+I*IY, IY, GQF )
   For I=0 to OY-1
      cdpo( OUT1+I, OY, WORK+I*IX, IX, HQF )
      cdpo( OUT3+I, OY, WORK+I*IX, IX, GQF )
```

Wir übergeben ein Paar von konjugierten Quadraturfiltern in zwei Datenstrukturen HQF und GQF, die das jeweilige Tiefpaß– bzw. Hochpaß–Filter darstellen. Die Output–Felder werden als Liste von Zeilen geschrieben. Die Anzahl der Zeilen und Spalten im Output ist dabei bestimmt durch die Anzahl der Input–Zeilen IX und –Spalten IY. Dabei nehmen wir an, daß diese Dimensionen gerade, aber nicht notwendig gleich sind. Da die Funktion der Faltungs–Dezimation cdpo() eine Zuaddition statt einer direkten Zuweisung vornimmt, trifft dies auch für den Output zu.

Ersetzt man hier jedes cdpo() durch ein cdpe(), so erhält man einer Variante scdpe2() des disjunkten Algorithmus, der den Output–Feldern direkt Werte zuweist, statt sie zuzuaddieren. Die gleiche Transformation kann auch als In–Place–Variante implementiert werden. Wir müssen dann zweimal den Speicherplatz (IX*IY Elemente) für den WORK[]–Vektor anlegen, so daß wir den gesamten Input wie in Bild 9.17 und 9.18 bearbeiten können, bevor wir auf den Output schreiben. In diesem Falle können wir die Speicherplätze, die durch DATA[] belegt sind, mit den vier Output–Vektoren überschreiben:

In–place separable zweidimensionale periodische Faltungs–Dezimation
```
scdpi2( DATA, IX, IY, WORK, HQF, GQF ):
   Let OY = IY/2
   Let N  = OY*IX/2
   Let WORK1 = WORK
   Let WORK2 = WORK + OY*IX
   For I=0 to IX-1
      cdpe( WORK1+I, IX, DATA+I*IY, IY, HQF )
      cdpe( WORK2+I, IX, DATA+I*IY, IY, GQF )
   For I=0 to OY-1
      cdpe( DATA+ I,    OY, WORK1+I*IX, IX, HQF )
      cdpe( DATA+2*N+I, OY, WORK1+I*IX, IX, GQF )
      cdpe( DATA+ N +I, OY, WORK2+I*IX, IX, HQF )
      cdpe( DATA+3*N+I, OY, WORK2+I*IX, IX, GQF )
```

9.3 Implementierungen

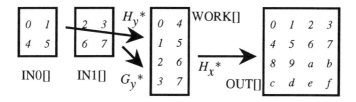

Bild 9.19 Erster Schritt bei einem zweidimensionalen separablen adjungierten Filterprozeß.

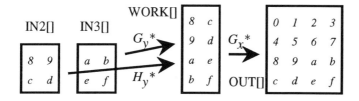

Bild 9.20 Zweiter Schritt bei einem zweidimensionalen separablen adjungierten Filterprozeß.

9.3.3 Separable adjungierte Faltungs–Dezimation

Wir beschränken uns auf den zweidimensionalen Fall. Die adjungierte Operation erzeugt den Vorgänger aus seinen vier Kindern. Wir rekonstruieren zuerst die Tiefpaß–gefilterten Spalten, indem wir H_y^* auf IN0[] und G_y^* auf IN1[] anwenden; dabei wird der Output in der Weise auf den Hilfsvektor WORK[] geschrieben, daß er in transponierter Form vorliegt. Durch Anwendung von H_x^* auf WORK[] erhält man dann einen anteiligen Output. Dies ist in Bild 9.19 dargestellt. Wir rekonstruieren dann die Hochpaß–gefilterten Spalten in transponierter Form, indem wir H_y^* auf IN2[] und G_y^* auf IN3[] anwenden; dabei muß das richtige Inkrement verwendet werden, wenn man das Zwischenergebnis in WORK[] schreibt. Schließlich wenden wir G_x^* auf WORK[] an und legen den Rest des Outputs über OUT[], wie in Bild 9.20 dargestellt.

Die Transformation läßt sich folgendermaßen implementieren. Dabei nehmen wir an, daß der Input aus vier Feldern gleicher Größe besteht, mit jeweils IX Zeilen und IY Spalten, und daß diese in der üblichen Ordnung wie in Bild 9.4 vorliegen. Weiter gehen wir davon aus, daß die Input-Felder als Liste von Zeilen vorliegen, und daß sie zu den ersten 4*IX*IY Elementen des Output-Feldes disjunkt sind. Schließlich benötigen wir einen vordefinierten Hilfsvektor WORK[], der groß genug ist, zwei der Input-Felder, d.h. 2*IY*IX Speicherplätze aufzunehmen. Dieser Bedarf muß durch das aufrufende Programm sichergestellt sein.

Disjunkte separable zweidimensionale periodische adjungierte Faltungs–Dezimation

```
sacdpd2( OUT, IN0, IN1, IN2, IN3, IX, IY, WORK, HQF, GQF ):
   Let OY = 2*IY
   For I=0 to IX-1
      acdpe( WORK+I, IX, IN0+I*IY, IY, HQF )
      acdpo( WORK+I, IX, IN1+I*IY, IY, GQF )
   For I=0 to OY-1
      acdpo( OUT+I, OY, WORK+I*IX, IX, HQF )
   For I=0 to IX-1
      acdpe( WORK+I, IX, IN2+I*IY, IY, HQF )
      acdpo( WORK+I, IX, IN3+I*IY, IY, GQF )
   For I=0 to OY-1
      acdpo( OUT+I, OY, WORK+I*IX, IX, GQF )
```

Modifiziert man die erste Funktion `acdpo()` zu `acdpe()`, so ergibt sich eine Variante `sacdpe2()`, die eine Zuordnung der Output-Werte statt einer Superposition vornimmt. Wie im Fall der Faltungs–Dezimation kann die Operation in–place durchgeführt werden, falls wir für den `WORK[]`-Vektor `4*IX*IY` Speicherplätze bereitstellen:

In–place separable zweidimensionale periodische adjungierte Faltungs–Dezimation

```
sacdpi2( DATA, IX, IY, WORK, HQF, GQF ):
   Let OY = 2*IY
   Let N = IY*IX
   Let WORK1 = WORK
   Let WORK2 = WORK + OY*IX
   For I=0 to IX-1
      acdpe( WORK1+I, IX, DATA  + I*IY, IY, HQF )
      acdpo( WORK1+I, IX, DATA+ N +I*IY, IY, GQF )
      acdpe( WORK2+I, IX, DATA+2*N+I*IY, IY, HQF )
      acdpo( WORK2+I, IX, DATA+3*N+I*IY, IY, GQF )
   For I=0 to OY-1
      acdpe( DATA+I, OY, WORK1+I*IX, IX, HQF )
      acdpo( DATA+I, OY, WORK2+I*IX, IX, GQF )
```

Bemerkung. Um speziell den Fall von leeren Kindern zu behandeln, können wir vor dem Aufruf von `acdpo()` oder `acdpe()` im adjungierten Algorithmus auf leere Input-Vektoren testen. In dieser Weise modifiziert kann der Algorithmus auch zur Rekonstruktion eines Vorgängers aus einem einzigen Kind benutzt werden. Andererseits können wir auch Anteile des adjungierten Algorithmus auswählen, um die Kinder einzeln zu superponieren.

Ebenso können wir beim Algorithmus der Faltungs–Dezimation auf den Aufruf von cdpo() oder cdpe() verzichten, falls der Output–Vektor leer ist; dieser Test kann dazu benutzt werden, ein einzelnes Kind aus einem Input–Vektor zu erzeugen. Indem man die Funktion der Faltungs–Dezimation aufteilt in einzelne Stücke, kann man die Kinder auch nacheinander erzeugen. Diese Varianten benötigen jedoch doppelt so viel Zeit pro Output–Koeffizient wie der Fall, in dem alle vier Kinder gleichzeitig behandelt werden, und man spart dabei keinen Speicherplatz.

9.3.4 Basen separabler Wavelet–Pakete

Wir wenden uns nun dem Problem zu, ein Signal in eine Basis von separablen Wavelet–Paketen zu entwickeln. Die im vorangegangenem Abschnitt implementierten Tensorprodukt–QFs müssen in der richtigen Reihenfolge aufgerufen werden, um die gewünschten Koeffizienten rekursiv zu entwickeln.

Ist die Basis von Anfang an bekannt, so folgen wir einem wohlbestimmten Pfad und führen die Entwicklung in–place durch. Entwickeln wir nach einem Tensorprodukt von zwei eindimensionalen Wavelet–Paket–Basen, so können wir auf allen Zeilen in–place die eindimensionale Transformation ausführen, in–place transponieren, dann auf allen Spalten in–place die eindimensionale Transformation durchführen und schließlich zurücktransponieren, um die ursprüngliche Konfiguration zu erhalten. Als Ergebnis erhält man das gleiche Feld, das die verschiedenen Unterräume in betreffenden Segmenten von Zeilen und Spalten enthält.

Suchen wir eine zweidimensionale Graph–Basis, so besteht das Ergebnis aus einem Anteil des vollständigen Viererbaums von Wavelet–Paket–Unterräumen. Die Koeffizienten werden dann in üblicher Weise angeordnet zu verketteten, zusammenhängenden Segmenten des Output-Feldes, je ein Segment pro Knoten. Im periodischen Fall stimmt die Länge des Outputs mit der Länge des Inputs überein, so daß diese Transformation in–place durchgeführt werden kann. Im aperiodischen Fall können mehr Output–Koeffizienten als Input–Koeffizienten auftreten, man kann aber weiterhin die zuvor beschriebene Anordnung des Outputs vornehmen. In jedem Fall setzt man die HEDGE Datenstruktur für den Output ein. Die Koeffizienten lassen sich in einen zusätzlichen Vektor schreiben, so daß man im Inhaltsanteil der Hecke nur Zeiger auf diesen zusätzlichen Vektor berücksichtigen muß.

Bei der Suche nach der besten Graph–Basis müssen wir verschiedentlich mehr Zwischenergebnisse abspeichern, als Input– oder Output–Werte vorliegen. Zusätzlich zum Platz für die abschließend ausgewählten Koeffizienten benötigt man deshalb Hilfsspeicher. Die Implementierung der zweidimensionalen Version werden wir nach dem speichersparenden Algorithmus von Bild 9.15 vornehmen; dies ist ein Kompromiß zwischen Rechengeschwindigkeit und ökonomischer Speicherung. Dabei haben wir praktische Anwendungen des Algorithmus der besten Basis in der Bildkompression im Auge.

Die beste Basis der Wavelet–Pakete

Hauptbestandteil ist eine rekursive Funktion, die aus einem Signal durch Filterung die unmittelbaren Nachfolger erzeugt, und dann die Entropie der besten Entwicklungen dieser Nachfolger mit der eigenen Entropie vergleicht. Das Signal muß dabei erhalten bleiben, bis die besten Basen der vier Kinder berechnet und in das Output–Feld geschrieben worden sind. Sind die Informationskosten des Signals dann geringer als die der Kinder, so schreibt man das Signal auf das Output–Feld über die zuvor dort gespeicherten Kinder. Einen solchen Datenfluß erhält man mit den Funktionen scdpd2() oder scdpe2() der disjunkten separablen Faltungs–Dezimation. Wir achten dabei auch auf die Position innerhalb des Ouput–Feldes und auf die Liste, in der die Abfolge der Stufen beschrieben wird, so daß wir diese gegebenenfalls überschreiben können:

Beste Basis für separable zweidimensionale periodische Wavelet–Pakete

```
bbwp2( GRAPH, KD, IN, X,Y, S, L, WK, H, G ):
  Let XY = X*Y
  Let COST = infocost( IN, 0, XY-1 )
  If   S<L then
    Let BLOCK = GRAPH.BLOCKS
    For J = 0 to 3
      Let K[J] = KD + J*XY/4
    Let KD = K[3]  + XY/4
    scdpe2( K[0], K[1], K[2], K[3], IN, X,Y, WK, H, G)
    Let KCOST = 0
    For J = 0 to 3
      KCOST += bbwp2(GRAPH,KD, K[J], X/2,Y/2, S+1, L, WK,H,G)
    If KCOST < COST then
      Let COST = KCOST
    Else
      Let GRAPH.LEVELS[BLOCK] = S
      Let OUT = GRAPH.CONTENTS[BLOCK]
      For I = 0 to XY-1
        Let OUT[I] = IN[I]
      Let GRAPH.BLOCKS = BLOCK+1
      Let GRAPH.CONTENTS[GRAPH.BLOCKS] = OUT + XY
  Else
    Let GRAPH.LEVELS[GRAPH.BLOCKS] = L
    Let OUT = GRAPH.CONTENTS[GRAPH.BLOCKS]
    For I = 0 to Y*X-1
      Let OUT[I] = IN[I]
    GRAPH.BLOCKS += 1
    Let GRAPH.CONTENTS[GRAPH.BLOCKS] = OUT + XY
  Return COST
```

Der Input besteht aus einer zuvor angelegten HEDGE Datenstruktur für den Graphen, wobei der erste Block des Inhaltsanteils auf ein Output–Feld der Länge X*Y zeigt, einem separaten Output–Vektor KD[] der Mindestlänge $\frac{4}{3}$X*Y, dem Input–Vektor IN[], der Anzahl Y der Spalten und X der Zeilen, dem augenblicklichen Stufenindex S, dem maximalen Stufenindex L, einem Hilfsvektor WK[] zur Transposition und den Tiefpaß– und Hochpaß–PQFs.

Der Inhaltsvektor der Hecke sollte mit $2^L + 1$ Speicherplätzen angelegt sein, einem Platz mehr als der Anzahl der Blöcke in einer L-stufigen Graph–Basis, da er einen extra Zeiger auf die erste Position nach dem letzten Block der Koeffizienten erhält. GRAPH.CONTENTS[0] sollte ein Vektor mit mindestens X*Y Speicherplätzen sein, der mit den Koeffizienten der besten Basis aufgefüllt wird.

Dieser Code kann auf verschiedene Arten verbessert werden. Die Kinder können vor der Faltungs–Dezimation permutiert werden, so daß die Frequenzindizes in sequentieller Ordnung statt in Paley-Ordnung vorliegen. Man muß dann einen zusätzlichen Parameter übergeben, die „Nachfolgerzahl" 0, 1, 2 oder 3 des aktuellen Knotens. Dabei zählt man den Nachfolger gemäß Bild 9.4. Um sequentielle Ordnung zu erhalten, ersetzt man im Aufruf von scdpd2() das Feld K[I] durch K[J], wobei I = J^DNO sich aus der Nachfolgerzahl von Kind und Vorgänger durch bitweise Exklusive–Oder Operation ergibt.

Die Felder WK[] und KD[] können Speicher gemeinsam nutzen, da der von scdpd2() für die Transposition benötigte Platz abnimmt, wenn wir den Baum entlanglaufen, und so Platz für die Entwicklung frei wird. Für WK[]+KD[] werden insgesamt 3*X*Y/2 Speicherplätze benötigt.

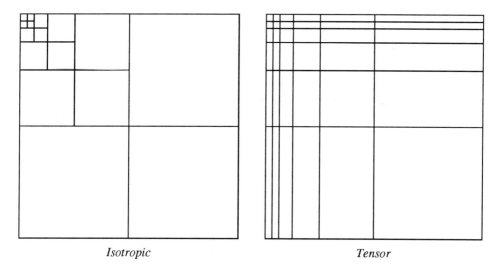

Isotropic *Tensor*

Bild 9.21   Zwei Beispiele von separablen zweidimensionalen Wavelet–Basen.

Die Funktion bbwp2() kann aus einem kurzen „Hauptprogramm" aufgerufen werden, das die Hecke und die Hilfsvektoren anlegt und globale Variablen zuordnet, damit die Parameterliste bei den rekursiven Aufrufen nicht zu lang ist. Nach der Transformation können dann die Hilfsvektoren wieder freigegeben und die HEDGE–Felder auf geeignete

Länge verkürzt werden.

Arbeiten mit einer Standardbasis von Wavelet–Paketen

Ist die Basis bekannt, mit der man arbeiten will, so kann man die Entwicklung eines Signals in–place unter Verwendung von `scdpi2()` vornehmen:

Separable zweidimensionale Standardbasis von periodischen Wavelet–Paketen

```
cbwp2( GRAPH, LEVEL, IX, IY, WORK, H, G ):
  If LEVEL < GRAPH.LEVELS[GRAPH.BLOCKS] then
    scdpi2( GRAPH.CONTENTS[GRAPH.BLOCKS], IX,IY, WORK, H, G )
    For K = 0 to 3
        cbwp2( GRAPH, LEVEL+1, IX/2, IY/2, WORK, H, G )
  Else
    Let GRAPH.CONTENTS[GRAPH.BLOCKS+1] =
              GRAPH.CONTENTS[GRAPH.BLOCKS] + IX*IY
    GRAPH.BLOCKS += 1
  Return
```

Das vom Inhaltsteil der Hecke angesprochene Feld dient gleichzeitig als Input und Output für diese Transformation; es muß mit `IX*IY` Elementen angelegt sein. Dabei spielt eine wesentliche Rolle, daß die Anzahl der Koeffizienten im Fall periodischer Wavelet–Pakete erhalten bleibt.

Als Spezialfall ergibt sich die Waveletbasis. Wir können `cbwp2()` mit folgender Stufenliste verwenden: Vier Ls gefolgt von drei $L-1$, drei $L-2$ und so weiter bis drei Einsen, wenn L der Index der höchsten Zerlegungsstufe ist. Dies erzeugt die isotropische zweidimensionale Waveletbasis-Zerlegung des Input–Signals, wie im linken Teil von Bild 9.21 dargestellt.

Tensorprodukte von Waveletbasen

Alternativ können wir die Waveletbasis berechnen, die das Tensorprodukt zweier eindimensionaler Waveletbasen ist; die entsprechende Zerlegung ist im rechten Teil von Bild 9.21 gegeben. Hierbei ist es nicht notwendig, in X- und Y-Richtung die gleiche Anzahl von Stufen zu verwenden.

Die Tensorbasis wird nicht durch einen Viererbaum beschrieben, so daß wir sie auf andere Art und Weise berechnen und abspeichern. Wir führen eine eindimensionale periodisierte diskrete Wavelet–Transformation auf Stufe `YLEVEL` in jeder Zeile aus, schließen eine In–Place–Transposition an und führen dann eine eindimensionale periodisierte diskrete Wavelet–Transformation auf Stufe `XLEVEL` in jeder Zeile (was einer Spalte im ursprünglichen Feld entspricht) durch. Folgender Pseudocode implementiert diese Transformation:

Zweidimensionale periodische Tensor–Waveletbasis

```
dwtpt2(DATA, IX,IY, XLEVEL,YLEVEL, HX,GX, HY,GY, WORK):
  Let I = 0
  While I < IY*IX
    dwtpi( DATA+I, WORK, IY, YLEVEL, HY, GY )
    I += IY
  xpi2( DATA, IX, IY )
  Let I = 0
  While I < IY*IX
    dwtpi( DATA+I, WORK, IX, XLEVEL, HX, GX )
    I += IX
  xpi2( DATA, IY, IX )
```

Die resultierende Transformation läßt die Daten im gleichen eindimensionalen Feld, bei unterschiedlicher Interpretation der Koeffizienten. Eine einfache Verallgemeinerung ergibt sich für den d-dimensionalen Fall. Wir gehen davon aus, daß die Daten durch ein d-dimensionales Rechteck der Seitenlängen LENGTHS[0] $\times \cdots \times$ LENGTHS[D$-$1] gegeben sind. Um den Blick für die Hauptidee freizuhalten, verwenden wir in jeder Dimension die gleichen Filter HQF und GQF:

d-dimensionale periodische Tensor–Waveletbasis

```
dwtptd( DATA, D, LENGTHS, LEVELS, HQF,GQF, WORK ):
  Let VOLUME = LENGTHS[0]
  For K = 1 to D-1
    VOLUME *= LENGTHS[K]
  For K = 1 to D
    Let I = 0
    While I < VOLUME
      dwtpi( DATA+I, WORK, LENGTHS[D-1], LEVELS[D-K], HQF,GQF )
      I += LENGTHS[D-1]
    xpid( DATA, LENGTHS, D )
```

9.3.5 Separables Falten und inverses Falten

Separables Falten und inverses Falten kann ähnlich zur separablen Faltungs–Dezimation implementiert werden. Der Hauptunterschied besteht darin, daß wir einen zusätzlichen Schritt, die diskrete Cosinus–Transformation, durchführen wollen, so daß die Daten dann für weitere Zerlegungen ungeeignet sind.

Wir betrachten nur den Fall des zweidimensionalen Faltens; separables zweidimensionales inverses Falten und höherdimensionale Versionen überlassen wir dem Leser als Übungsaufgaben. Die Parameter x_0, x_1, y_0 und y_1 stehen für die Anzahl der Zeilen und der Spalten in den vier Teilblöcken, und r_x, r_y sind die Abschneidefunktionen, die in den X- und Y-Richtungen angewendet werden:

Disjunktes separables zweidimensionales Falten mit dem Cosinus

```
fdc2(OUT0,OUT1,OUT2,OUT3, IN, X0,X1,Y0,Y1, WORK, RX,RY)
  Let IX = X0 + X1
  Let IY = Y0 + Y1
  Let IPTR = IN + Y0
  Let WPTR = WORK + Y0*IX
  For I = 0 to IX-1
    fdcn( WPTR+I, IX, IPTR, IPTR, Y0, RY )
    IPTR += IY
  Let WPTR = WORK + X0
  OUT0 += Y0*X0
  For I = 0 to Y0-1
    fdcn( OUT0+I, Y0, WPTR, WPTR, X0, RX )
    fdcp( OUT2+I, Y0, WPTR, WPTR, X1, RX )
    WPTR += IX
  Let IPTR = IN + Y0
  Let WPTR = WORK
  For I = 0 to IX-1
    fdcp( WPTR+I, IX, IPTR, IPTR, Y1, RY )
    IPTR += IY
  Let WPTR = WORK + X0
  OUT1 += X0*Y1
  For I=0 to Y1-1
    fdcn( OUT1+I, Y1, WPTR, WPTR, X0, RX )
    fdcp( OUT3+I, Y1, WPTR, WPTR, X1, RX )
    WPTR += IX
```

9.4 Übungsaufgaben

1. Man implementiere die d-dimensionale Tensorprodukt–Wavelet–Transformation, indem man rechteckige Datenmengen unterschiedlicher Seitenlänge, verschiedene Filter, und verschiedene Zerlegungsstufen in jeder Dimension zuläßt. Man nenne die Funktion `dwtpvd()`.

2. Man implementiere `dwtpi2()`, die zweidimensionale isotropische DWTP bei In–Place–Transposition.

3. Man beschreibe, wie man durch Modifikation von `dwtpt2()`, `dwtptd()`, `dwtpvd()` und `dwtpi2()` ihre Inversen `idwtpt2()`, `idwtptd()`, `idwtpvd()` und `idwtpi2()` erhält.

4. Man implementiere `xpd2()` als eine Funktion, die zweidimensionales Transponieren und Kopieren von einem Input–Vektor auf einen disjunkten Output–Vektor vornimmt.

9.4 Übungsaufgaben

5. Man modifiziere `bbwp2()`, um eine d-dimensionale beste Basis von Wavelet–Paketen zu erzeugen.

6. Man modifiziere `cbwp2()`, um eine d-dimensionale Standard–Wavelet–Paket–Basis zu erzeugen.

7. Man implementiere `udc2()` als die zweidimensionale separable inverse Faltung mit dem Cosinus.

8. Man beschreibe, wie man durch Modifikation von `fdc2()` und `udc2()` die entsprechenden Sinus–Versionen `fds2()` und `uds2()` erhält. Wie kann man diese modifizieren, um durch willkürliche Verwendung von Sinus oder Cosinus in verschiedenen Dimensionen verschiedene Varianten zu erzeugen?

9. Man implementiere den d-dimensionalen Fall für separables Falten.

10. Man implementiere den d-dimensionalen Fall für separables inverses Falten.

10 Zeit–Frequenz–Analyse

Wir wenden uns nun dem Problem zu, eindimensionale Signale so zu zerlegen, daß zwei wichtige Eigenschaften hervortreten: Lokalisierung von zeitlich abhängigen Eigenschaften, und Beiträge spezifischer Frequenzen. Unser Ausgangspunkt ist die Heisenbergsche Ungleichung, die uns die Grenzen für die exakte Bestimmung dieser Eigenschaften aufzeigt.

Das wesentliche Hilfsmittel ist die Entwicklung nach Orthonormalbasen, deren Elemente gute Zeit–Frequenz–Lokalisierung besitzen. Charakteristische Merkmale in diesem Zusammenhang sind dann eben in denjenigen Basiselementen zu suchen, die große Komponenten zur Entwicklung beitragen; diese sind aufgrund der Größenordnung der Entwicklungskoeffizienten zu erkennen. Andererseits können wir aber auch nach Kombinationen von Komponenten suchen, die ähnliche Zeit- oder Frequenz–Lokalisierung aufweisen. Die Lokalisierungseigenschaften der Basiselemente sind für uns die wesentliche Information; finden wir eine große Komponente, so markieren wir die Zeit–Frequenz–Lokalisierung des betreffenden Basiselementes und bauen auf diese Weise ein Zeit–Frequenz–Bild des analysierten Signals.

10.1 Die Zeit–Frequenz–Ebene

Die *Zeit-Frequenz-Ebene* ist ein zweidimensionaler Raum, der zwei meßbare Eigenschaften eines transienten Signals in idealisierter Weise darstellt. Die Darstellung in dieser Ebene kann auf verschiedene Arten erfolgen.

10.1.1 Wellenformen und Zeit–Frequenz–Atome

Sucht man nach der besten Darstellung eines gegebenen Signals, so kann man der Strategie folgen, das Signal in Anteile, sogenannte *Zeit-Frequenz-Atome*, zu zerlegen und diese in idealisierter Form in der Ebene darzustellen.

Wir gehen aus von einer modulierten Wellenform ψ endlicher Energie und nehmen an, daß Orts- und Impulsunschärfe von ψ endlich sind:

$$\triangle x(\psi) < \infty; \qquad \triangle \xi(\psi) < \infty. \tag{10.1}$$

Diese Größen wurden in Gleichungen 1.57 und 1.58 definiert. Endliches $\triangle x$ erfordert, daß $\psi(x)$ im Mittel schneller als $|x|^{-3/2}$ für $|x| \to \infty$ abfällt. Endliches $\triangle \xi$ entspricht der Forderung, daß ψ glatt ist in dem Sinne, daß auch ψ' endliche Energie besitzt. Jede Funktion ψ der Schwartz–Klasse $\mathcal{S}$ erfüllt natürlich Gleichung 10.1.

Beschreibt ψ den augenblicklichen Wert eines zeitlich veränderlichen Signales, so ist es sinnvoller, von *Zeit* und *Frequenz* statt von Ort und Impuls zu sprechen, insbesondere deshalb, weil beide Größen durch die Fouriertransformation miteinander verknüpft sind.

10.1 Die Zeit–Frequenz–Ebene

Ist das Produkt von Zeit- und Frequenzunschärfe klein, so nennen wir ψ *gut lokalisiert in Zeit und Frequenz*. Eine Musiknote ist ein Beispiel eines Zeit–Frequenz–Atoms. Sie besitzt zwei charakteristische Parameter, Tonlänge und Tonhöhe, die der zeitlichen Unschärfe und der Frequenz entsprechen. Ein dritter Parameter, die zeitliche Lokalisierung, kann aus der Lage der Note innerhalb der Partitur bestimmt werden, da traditionelle Musik auf ein diskretes Zeit–Frequenz–Gitter ausgelegt ist. Diese drei Parameter wollen wir *Skala*, *Frequenz* und *Position* nennen.

Die Heisenbergsche Ungleichung (Gleichungen 1.56 und 1.59) liefert eine untere Schranke für das *Heisenberg–Produkt*: $\Delta x \, \Delta \xi \geq \frac{1}{4\pi} \approx 0.08$. Was in diesem Zusammenhang „klein" bedeutet, brauchen wir nicht allzu genau zu definieren; es genügt, daß das Heisenberg–Produkt etwa den Wert 1 hat. Funktionen mit dieser Eigenschaft nennen wir *Zeit–Frequenz–Atome*. Nicht jede Schwartz–Funktion ist ein Zeit–Frequenz–Atom, aber jede solche Funktion kann als Linearkombination von „Einheitsatomen" mit rasch abfallenden Koeffizienten geschrieben werden:

Theorem 10.1 *Zu jedem $\psi \in \mathcal{S}$ gibt es eine Folge $\{\phi_n : n = 1, 2, \ldots\} \subset \mathcal{S}$ von Zeit–Frequenz–Atomen und eine Folge von Zahlen $\{c_n : n = 1, 2, \ldots\}$ derart, daß:*

1. *$\psi(t) = \sum_{n=1}^{\infty} c_n \phi_n(t)$ bei gleichmäßiger Konvergenz der Reihe;*

2. *$\|\phi_n\| = 1$ für alle $n \geq 1$;*

3. *$\Delta x(\phi_n) \, \Delta \xi(\phi_n) < 1$ für alle $n \geq 1$;*

4. *Für jedes $d > 0$ existiert eine Konstante M_d derart, daß $|c_n| n^d \leq M_d < \infty$ für alle $n \geq 1$.* □

Dieses Theorem beweist man durch Konstruktion der Littlewood-Paley–Zerlegung der gegebenen Funktion ψ. Erfüllt eine Funktion ψ die vier Eigenschaften des Theorems 10.1, so nennen wir sie ein *Zeit–Frequenz–Molekül*. Die letzte Eigenschaft impliziert, daß $\{c_n\}$ absolut summierbar ist.

Das Theorem besagt, daß alle Funktionen in $\mathcal{S}$ Zeit–Frequenz–Moleküle sind. Es zeigt auch, daß die Zeit–Frequenz–Atome dicht liegen in der Schwartz–Klasse. Da die Schwartz–Klasse wiederum dicht liegt in vielen anderen Funktionenräumen, erkennen wir, daß weniger reguläre Funktionen ebenfalls in Zeit–Frequenz–Atome zerlegt werden können, obwohl im allgemeinen die Koeffizienten $\{c_n\}$ dann nicht rasch abfallen. In diesem Zusammenhang ist die überraschende Entdeckung von Yves Meyer [78] zu nennen, daß für alle Schwartz–Funktionen, und damit für viele nützliche Funktionenräume, eine einzelne Folge von orthonormalen Zeit–Frequenz–Atomen ausreicht:

Theorem 10.2 *Es gibt eine Folge $\{\phi_n : n = 1, 2, \ldots\} \subset \mathcal{S}$ von Zeit–Frequenz–Atomen mit den nachstehenden Eigenschaften:*

1. *$\|\phi_n\| = 1$ für alle $n \geq 1$;*

2. *Für $m \neq n$ gilt $\langle \phi_m, \phi_n \rangle = 0$;*

3. *$\Delta x(\phi_n) \, \Delta \xi(\phi_n) < 1$ für alle $n \geq 1$;*

4. *Die Menge $\{\phi_n : n = 1, 2, \ldots\}$ liegt dicht in $\mathcal{S}$.*

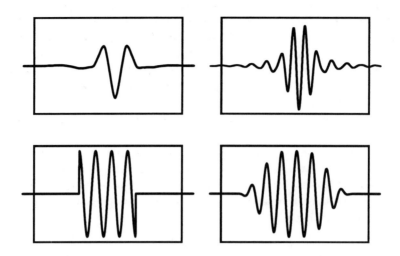

Bild 10.1 Beispiele von Wellenformen: Wavelet, Wavelet–Paket, Cosinus–Block, lokale Cosinus–Funktion.

Zusätzlich gibt es zu jedem $\psi \in \mathcal{S}$ eine Folge von Zahlen $\{c_n : n = 1, 2, \ldots\}$ derart, daß $\psi(t) = \sum_{n=1}^{\infty} c_n \phi_n(t)$ bezüglich gleichmäßiger Konvergenz, und zu jedem $d > 0$ existiert eine Konstante M_d derart, daß $|c_n| n^d \leq M_d < \infty$ für alle $n \geq 1$. □

Meyers Theorem ermöglicht es, Funktionenräume allein durch die Abfallrate positiver Folgen zu charakterisieren [50, 79, 80], und führt zu einer wesentlichen Vereinfachung der Fragestellung, Eigenschaften von Operatoren, wie z.B. die Stetigkeit, zu kennzeichnen.

In einer orthogonalen *adaptiven Wellenform-Analyse* hat der Nutzer eine Sammlung von Standardbibliotheken von Wellenformen — *Wavelets, Wavelet-Pakete* und *gefensterte trigonometrische Wellenformen* — zur Verfügung, die er so kombinieren kann, daß sie speziellen Klassen von Signalen angepaßt sind. Alle diese Funktionen sind Zeit–Frequenz–Atome. Manchmal ist es auch nützlich, orthogonale Funktionsbibliotheken zu betrachten, die ein großes oder ein unbeschränktes Heisenberg–Produkt besitzen, wie z.B. die *Haar–Walsh–Funktionen*, die *Sinus–Blöcke* oder die *Cosinus–Blöcke*.

Beispiele solcher Wellenformen sind in Bild 10.1 dargestellt.

Nicht orthogonale Beispiele von Zeit–Frequenz–Atomen lassen sich durch Modifikation glatter Stoßfunktionen leicht konstruieren. Sei ϕ eine Funktion mit endlichem Heisenberg–Produkt; z.B. können wir ϕ so wählen, daß sich die Funktion für $|t| \to \infty$ wie $O(t^{-2})$ verhält, und daß ϕ' stetig ist und für $|t| \to \infty$ wie $O(t^{-1})$ abfällt. ϕ liegt dann nicht notwendig in der Schwartz–Klasse $\mathcal{S}$, wird aber für viele praktische Anwendungen gut genug sein. Wir definieren dann die Operatoren der *Dilatation*, der *Modulation* und der *Translation* von ϕ durch $\sigma^s \phi \stackrel{\text{def}}{=} \sigma_2^s \phi(t) = 2^{-s/2} \phi(2^{-s} t)$, $\mu_f \phi(t) = e^{2\pi i f t} \phi(t)$ bzw. $\tau_p \phi(t) = \phi(t-p)$. Hat ϕ ein kleines Heisenberg–Produkt, so sind die gestreckten, modulierten und verschobenen Versionen von ϕ ebenfalls Zeit–Frequenz–Atome, da die Transformationen σ, μ, τ das Heisenberg–Produkt invariant lassen. Auch die Energie von

10.1 Die Zeit–Frequenz–Ebene

ϕ bleibt invariant, so daß wir oBdA annehmen können, daß die Wellenformen sämtlich Einheitsvektoren in L^2 sind, d.h. sie haben alle die Energie 1. Gilt $\triangle x(\phi) = 1$, $\xi_0(\phi) = 0$ und $x_0(\phi) = 0$, so transformiert eine Anwendung von $\sigma_2^s, \mu_f, \tau_p$ diese Parameter auf 2^s, f bzw. p.

Unter der Komponente einer Funktion u bzgl. s, f, p verstehen wir in unserer Analyse das innere Produkt von u mit der modulierten Wellenform zu den Parametern s, f, p. Ist diese Komponente groß, so können wir darauf schließen, daß u einen wesentlichen Energieanteil bezüglich der Skala s und in der Nähe der Frequenz f und der Position p besitzt.

Verwenden wir reellwertige Zeit–Frequenz–Atome, so müssen wir die Parameter anders festlegen, da die Aussagen über die Unschärfe hier irreführend sein können. Reellwertige Funktionen besitzen Fouriertransformierte mit hermitescher Symmetrie: für $u(x) = \bar{u}(x)$ gilt $\hat{u}(-\xi) = \overline{\hat{u}(\xi)}$. Unabhängig von den Oszillationen gilt für eine solche Funktion immer $\xi_0(u) = 0$, weil $\xi |\hat{u}(\xi)|^2$ eine ungerade Funktion ist. In diesem Fall benötigt man also eine andere Vorstellung von Frequenzlokalisierung. Wegen $\int_0^\infty |\hat{u}|^2 = \int_{-\infty}^0 |u|^2 = \|u\|^2/2$ können wir uns zum Beispiel auf die „positiven" Frequenzen beschränken und die folgende Größe einführen:

$$\xi_0^+ \stackrel{\text{def}}{=} \frac{\left(2 \int_0^\infty \xi |\hat{u}(\xi)|^2 \, d\xi\right)^{1/2}}{\left(\int_0^\infty |\hat{u}(\xi)|^2 \, d\xi\right)^{1/2}}. \tag{10.2}$$

Dies ist äquivalent dazu, daß man die Funktion u auf den Hardy–Raum H^2 projiziert, bevor man das Zentrum des Powerspektrums berechnet. Die orthogonale Projektion $P : L^2 \mapsto H^2$ ist dabei definiert durch $\widehat{Pu}(\xi) = \mathbf{1}_{\mathbf{R}_+}(\xi) \, u(\xi)$, und die Funktion Pu heißt das zu u gehörende *analytische Signal*.

Für reellwertiges u ist die mit $\xi_0^+ = \xi_0(Pu)$ berechnete Frequenzunschärfe $\triangle \xi(Pu)$ nie größer als die mit $\xi_0 = \xi_0(u)$ berechnete Unschärfe $\triangle \xi(u)$. Unglücklicherweise erhält der Operator P nicht die Eigenschaft des Abklingens; sogar Funktionen u mit kompaktem Träger können die Eigenschaft $\triangle x(Pu) = \infty$ besitzen. Die Annahme $\triangle x(Pu) \leq \triangle x(u) < \infty$ impliziert unter Verwendung der Cauchy–Schwarz–Ungleichung, daß $u \in L^1$ und $Pu \in L^1$ folgt. Für $Pu \in L^1$ muß aber nach dem Lemma von Riemann–Lebesgue die Fouriertransformierte $\widehat{Pu}(\xi)$ in $\xi = 0$ stetig sein. Dies führt auf die Forderung $\hat{u}(0) = 0$.

10.1.2 Die idealisierte Zeit–Frequenz–Ebene

Wir betrachten nun eine abstrakte zweidimensionale Darstellung von Signalen, bei der Zeit und Frequenz entlang der horizontalen bzw. der vertikalen Achse aufgetragen sind. Eine Wellenform wird wie in Bild 10.2 durch ein Rechteck in dieser Ebene dargestellt, dessen Seiten parallel zur Zeit- und Frequenzachse liegen. Ein solches Rechteck nennen wir eine *Informationszelle (information cell)*. Zeit und Frequenz einer Zelle können z.B. durch die Koordinaten der linken unteren Ecke des Rechtecks festgelegt werden. Zeitunschärfe und Frequenzunschärfe sind durch die Breite bzw. die Höhe des Rechtecks gegeben. Da für Zeit und Frequenz eine Unschärfe vorliegt in Abhängigkeit von den betreffenden Dimensionen der Zelle, spielt es keine so große Rolle, ob man die Frequenz und die Zeit im Mittelpunkt oder in einer Ecke des Rechtecks abliest. Das Produkt der Unschärfen

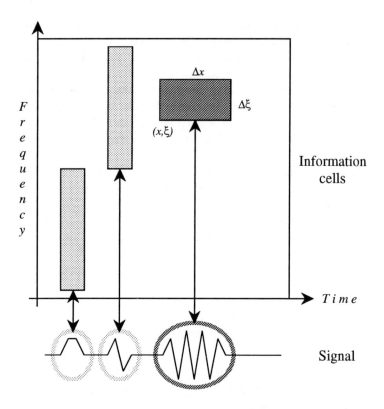

Bild 10.2 Informationszellen in der Zeit–Frequenz–Ebene.

entspricht der Fläche der Zelle; nach der Heisenbergschen Ungleichung kann diese nicht kleiner werden als $1/4\pi$.

Im unteren Teil von Bild 10.2 haben wir schematisch drei Wellenformen gezeichnet, deren Informationszellen näherungsweise minimale Fläche besitzen. Die beiden Signale links haben kleine zeitliche Unschärfe, aber eine große Unschärfe bezüglich der Frequenz, bei kleiner bzw. hoher Modulation. Da sie offensichtlich orthogonal sind, haben wir ihre Informationszellen als disjunkte Rechtecke gezeichnet. Die breitere Wellenform rechts hat kleinere Frequenzunschärfe, ihre Informationszelle ist deshalb nicht so hoch wie diejenigen der schmaleren Wellenformen. Sie enthält auch mehr Energie, weshalb ihre Zelle dunkler als die vorhergehenden gezeichnet wird. In dieser Idealisierung sitzt jede Informationszelle über dem Teil des Signals, der durch Einkreisen hervorgehoben wurde.

Die Amplitude einer Wellenform kann dadurch gekennzeichnet werden, daß man die Graustufe des Rechtecks proportional zur Energie der Wellenform wählt. Die idealisierte Zeit–Frequenz–Ebene ähnelt so einer Musikpartitur, und die Informationszellen spielen die Rolle der Noten. Die Art der Note in der Musikschrift gibt jedoch keine Information über die Unschärfe in der Tonhöhe; bei einem speziellen Instrument wird dies durch die Länge der Note und das Timbre des Instruments bestimmt. Außerdem verwendet die Musikschrift für die Kennzeichnung der Amplitude andere Hilfsmittel, die über das

10.1 Die Zeit–Frequenz–Ebene

Einschwärzen der Noten hinausgehen.

Das Heisenbergsche Unschärfeprinzip impliziert für stetige Wellenformen, daß die Fläche einer Informationszelle nie kleiner als $1/4\pi$ sein kann. Nur die *Gauß–Funktion* $g(t) = e^{-\pi t^2/2}$, zusammen mit ihren gestreckten, modulierten und verschobenen Versionen, hat diese minimalen Informationszellen. Andere Atome sind nicht zu weit davon entfernt, und wir vermeiden viele durch die Gauß–Funktion vorgegebene Einschränkungen, indem wir die Forderung nach der Minimalität aufgeben. Dafür zahlen wir den Preis, daß in der Praxis an die Stelle eines einzelnen Atoms manchmal einige wenige angenäherte Atome treten.

Wir diskutieren nun im Detail, wie eine genäherte Zeit–Frequenz–Analyse durchzuführen ist. Für ein Signal aus endlich vielen Punkten können wir eine endliche Version der Zeit–Frequenz–Ebene konstruieren. Die Signalfolge $\{a_N(k) : k = 0, 1, \ldots, N-1\}$ betrachten wir als Koeffizienten der Funktion bezüglich einer speziellen N-punktigen Synthese–Familie Φ_N von Zeit–Frequenz Atomen:

$$f_N(t) = \sum_{k=0}^{N-1} a_N(k)\phi_{N,k}(t). \tag{10.3}$$

Für jede solche endliche Signalapproximation liegen die Informationszellen in einem endlichen Teil der Zeit–Frequenz–Ebene, und die Ecken der Zahlen liegen in einer diskreten Punktemenge, die durch das Abtastintervall bestimmt ist. Wird das Signal äquidistant in N Punkten abgetastet, und nehmen wir ein Abtastintervall als Einheitslänge, so ist N auch die Breite des sichtbaren und relevanten Anteils der Zeit–Frequenz–Ebene. Ist $f \in L^2([0,1])$, und verwenden wir eine N-dimensionale Approximation aus dem Aufspann von N Zeit–Frequenz–Atomen, die sich durch Translation eines einzelnen Zeit–Frequenz–Atoms mit Träger in $[0,1]$ ergeben, so nimmt Gleichung 10.3 die folgende spezielle Form an:

$$f_N(t) = \sum_{k=0}^{N-1} a_N(k)\phi(Nt - k). \tag{10.4}$$

In diesem Fall kann das Signal dargestellt werden durch nebeneinanderliegende Informationszellen über den Gitterpunkten $\{\frac{k}{N} : 0 \leq k < N\}$, die gleiche Fläche besitzen und deren Graustufe sich auf die Amplitude $a(k)$ bezieht. Disjunkte Zellen deuten auf eine Funktion ϕ hin, die orthogonal ist zu ihren Translaten, d.h. $k \neq j \Rightarrow \int \phi(Nt-k)\phi(Nt-j)\,dt = 0$.

Die Exponentialfunktionen $1, e^{2\pi i x/N}, \ldots, e^{2\pi i (N-1)x/N}$ der Fourieranalyse bilden eine orthogonale Basis für alle solche in N Punkten abgetasteten Funktionen. Schreiben wir unsere oszillierenden Basisfunktionen als $e^{2\pi i \frac{fx}{N}}$, so bedeutet dies, daß der Frequenzindex f die Werte $0, 1, \ldots, N-1$ annimmt; dies sind N diskrete Werte für den Frequenzindex, die wir durch N äquidistant liegende Punkte auf der Frequenzachse kennzeichnen können. Der kleinste Bereich, der alle möglichen Zellen für ein Signal der Länge N enthält, besteht damit aus N Zeiteinheiten bezüglich der Breite und N Frequenzeinheiten bezüglich der Höhe, was eine Gesamtfläche von N^2 Zeit–Frequenz–Einheiten ausmacht.

Bei geradem N können wir die Numerierung der Frequenzindizes in folgender äquivalenter Weise vornehmen: $-\frac{N}{2}, \ldots, -1, 0, 1, \ldots, \frac{N}{2}-1$. In dieser Liste treten nur $N/2$ unterscheidbare Frequenzen auf, da wir die Exponentialfunktion der Frequenz f nicht von der der Frequenz $N-f$ unterscheiden können, falls wir allein Oszillationen zählen. Drückt man diesen Sachverhalt in rigoroser Form aus, so gelangt man zum *Nyquist-Theorem*; die maximal unterscheidbare Frequenz oder *Nyquist-Frequenz* für diese Abtastrate ist $N/2$ Oszillationen pro N Einheiten, also $1/2$.

10.1.3 Basen und Pflasterungen

Eine Familie von Zeit–Frequenz–Atomen mit gleichmäßig beschränktem Heisenberg–Produkt kann durch Informationszellen von ungefähr gleicher Fläche dargestellt werden. Eine Basis solcher Atome entspricht einer Überdeckung der Ebene mit Rechtecken; eine orthonormale Basis ergibt eine Überdeckung durch disjunkte Rechtecke. Gewisse Basen lassen sich durch die Form der Informationszellen charakterisieren, die bei dieser Überdeckung der Zeit–Frequenz–Ebene verwendet werden. Zum Beispiel besteht die *Standardbasis* oder *Dirac-Basis* aus einer Überdeckung mit den höchsten und schmalsten Rechtecken, die durch das Abtastintervall und die zugrundeliegenden Synthesefunktionen möglich sind. Diese Dirac–Basis zeigt optimale Zeitlokalisierung, aber keine Frequenzlokalisierung, während die Fourierbasis optimale Frequenzlokalisierung, aber keine Zeitlokalisierung besitzt. Diese beiden Basen sind in Bild 10.3 dargestellt.

Die Fouriertransformation kann als Rotation der Standardbasis um 90° angesehen werden, so daß sich die Informationszellen durch Transposition ergeben, indem man Zeit und Frequenz vertauscht. Man kann Elemente der *Hermite-Gruppe* [48] (manchmal auch *Fouriertransformation bezüglich eines Winkels* genannt) betrachten und erhält dann Informationszellen, die beliebige Winkel zu Zeit- und Frequenzachse zeigen. Diese Transformation stellt einen Pseudodifferentialoperator dar, der seinen Ursprung in der Quantenmechanik besitzt; er läßt sich formal darstellen durch $A_t \stackrel{\text{def}}{=} \exp(-itH)$, wobei t den Winkel zur horizontalen Achse bezeichnet, den wir bei unseren „gedrehten Atomen" berücksichtigen müssen, und H ein selbstadjungierter Hamilton-Operator ist, den man durch Quantisierung der Gleichung für den harmonischen Oszillator erhält:

$$H = \frac{1}{2}\left(\frac{d^2}{dx^2} + x^2\right). \tag{10.5}$$

A_t ist dann der Evolutions-Operator, der die Wellenfunktion $u(x,t) = A_t u(x,0)$ aus der Anfangsbedingung $u(x,0)$ erzeugt, wobei die Funktion u der Schrödinger-Gleichung genügt:

$$\frac{du}{dt} + Hu = 0. \tag{10.6}$$

Dies alles erwähnen wir hauptsächlich, um den Leser damit vertraut zu machen, daß viele Ideen der Zeit–Frequenz–Analyse von Signalen ihre Wurzeln in der Quantenmechanik besitzen und von Physikern und Mathematikern seit mehreren Generationen studiert wurden.

Gefensterte Fourier- oder trigonometrische Transformationen mit fester Fenstergröße gehören zu Überdeckungen mit kongruenten Informationszellen, deren Breite Δx proportional ist zur Fensterbreite. Das Verhältnis von Frequenzunschärfe zur Zeitunschärfe wird durch die Form der Informationszellen in Bild 10.4 verdeutlicht. Die Waveletbasis

10.1 Die Zeit–Frequenz–Ebene   309

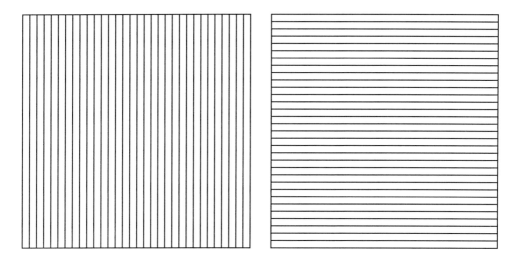

Bild 10.3 Pflasterung der Zeit–Frequenz–Ebene durch die Dirac- und die Fourierbasen.

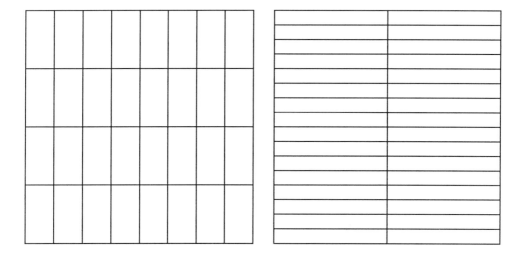

Bild 10.4 Pflasterung der Zeit–Frequenz–Ebene durch gefensterte Fourierbasen.

ist eine Zerlegung der Zeit–Frequenz–Ebene in Oktavbänder; sie ist im linken Teil von Bild 10.6 dargestellt. Wavelet–Paket–Basen ergeben allgemeinere Überdeckungen; die in Bild 10.6 rechts dargestellte Überdeckung eignet sich für ein Signal, das zwei annähernd reine Töne in der Nähe von 1/3 und 3/4 der Nyquist–Frequenzen enthält. Pflasterungen, die zu Graph–Basen aus Bibliotheksbäumen gehören, aufgebaut durch Faltung und Dezimation, müssen immer vollständige Zeilen von Zellen enthalten, da sie erst die vertikale (Frequenz-)Achse partitionieren und dann alle horizontalen (Zeit-)Positionen ausfüllen.

Eine adaptive lokale trigonometrische Transformation pflastert die Ebene wie im linken Teil von Bild 10.5. Solche Basen ergeben sich durch Transposition der Wavelet–Paket–

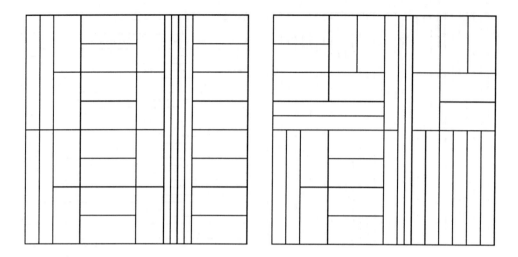

Bild 10.5 Adaptive lokale trigonometrische Pflasterung und eine allgemeine dyadische Pflasterung.

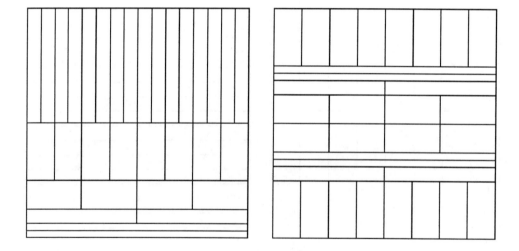

Bild 10.6 Pflasterung der Zeit–Frequenz–Ebene durch Wavelet- und Wavelet–Paket–Basen.

Basen, da Wavelet–Pakete mit lokalen trigonometrischen Funktionen über die Fouriertransformation verknüpft sind. Die zu Graphen in einem lokalen trigonometrischen Bibliotheksbaum gehörenden Pflasterungen müssen vollständige Spalten enthalten, da diese zuerst die horizontale (Zeit-)Achse unterteilen und dann alle vertikalen Positionen (oder Frequenzen) innerhalb jedes Segments ausfüllen.

Der rechte Teil von Bild 10.5 zeigt eine allgemeinere Pflasterung der Zeit–Frequenz–Ebene, die nicht zu einem Graphen in einem Bibliotheksbaum gehört. Solche Zerlegungen erhält man durch Verwendung von Haar–Quadraturfiltern, wenn man eine andere Basis als eine Graph–Basis wählt, oder durch Kombination der lokalen trigonometrischen und Wavelet–Paket–Basen auf einem segmentierten Signal. Die Anzahl der Möglichkeiten solcher Pflasterungen ist wesentlich größer als die Anzahl der Graph–Basen von Wavelet–Paketen.

10.1.4 Analyse und Kompression

Die Auswahl einer entropieminimierenden Basis aus einer Basisbibliothek von Zeit–Frequenz–Atomen können wir auf zwei Arten interpretieren. Zum einen wird die Überdeckung so auf das Signal zugeschnitten, daß die Anzahl der dunklen Informationszellen minimal wird. Betrachtet man eine solche angepaßte Zerlegung, und wählt man eine Quantisierungsschranke, durch die helle (unsichtbare) Informationszellen ausgesondert werden, so ist die *Kompression* für das abgetastete Signal gegeben durch das Verhältnis der Gesamtfläche in der Zeit–Frequenz–Ebene ($N \times N$ für ein Signal aus N Abtastwerten) zur Gesamtfläche der dunklen, sichtbaren Informationszellen (jeweils der Fläche N). Unterschiedliche Zusatzannahmen über die Bibliothek liefern verschiedene Überdeckungen: Die Pflasterung der besten Basis erlaubt Rechtecke beliebiger Form, während die beste Stufenbasis oder die adaptive Fensterbasis zu einer Überdeckung mit gleichartigen Rechtecken führt, die dem Signal angepaßt ist.

Die zweite Interpretation führt zu der Vorstellung, daß man die kleinste Anzahl von Zeit–Frequenz–Atomen so zusammensetzt, daß man eine akzeptable Approximation des gegebenen Signals erhält. Dazu muß man die interessanten zeitabhängigen Eigenschaften und die wahrnehmbaren Frequenzen des Signals herausfinden und diese Merkmale mit einer geeigneten modulierten Wellenform zu fassen suchen. Je besser die Analyse ist, um so effizienter werden diese Merkmale beschrieben und um so weniger Atome wird man benötigen. Zeichnet man dann für die approximierende Folge die idealisierte Darstellung in der Zeit–Frequenz–Ebene, so ist dies nur ein bequemes Mittel dafür, das Ergebnis der Analyse zu beschreiben. Die vernachlässigbaren Komponenten werden hierbei nicht gezeichnet, da die Wahl der Basis für den diesen Anteil enthaltenen Unterraum nicht relevant ist.

Wählt man eine Kostenfunktion wie z.B. die Entropie, so erzeugen beide Interpretationen das gleiche Zeit–Frequenz–Bild. Die Analyse eines Signals ist damit äquivalent zur Datenkompression durch Weglassen von Komponenten (lossy data compression).

10.1.5 Zeit–Frequenz–Analyse mit Bibliotheksbäumen

Die Skalen-, Frequenz- und Positionsindizes eines Elements in einem Bibliotheksbaum von Wavelet–Paketen oder lokalen trigonometrischen Funktionen können dazu verwendet werden, eine Informationszelle in der Zeit–Frequenz–Ebene zu zeichnen. Im folgenden leiten wir die Formeln für die Zahlenwerte von x_0, ξ_0, $\triangle x$ und $\triangle \xi$ für solche Funktionen her.

Wavelet–Pakete

Sei ψ_{sfp} das Wavelet–Paket zum Skalenindex s, Frequenzindex f und Positionsindex p. Für die Filter verwenden wir die übliche Indizierung und für die Frequenz die Paley- oder natürliche Ordnung. Wir gehen aus von einem Signal von $N = 2^L$ äquidistant liegenden Abtastwerten und betrachten einen Bibliotheksbaum, der eine vollständige Wavelet–Paket–Analyse zu L Stufen enthält. Damit gilt $0 \leq s \leq L$, $0 \leq f < 2^s$ und $0 \leq p < 2^{L-s}$.

Der Skalenparameter s bestimmt die Anzahl der Zerlegungsstufen unterhalb des ursprünglichen Signals. Wir setzen $\triangle x = 2^s$, da jede Anwendung einer Faltungs–Dezimation eine Verdoppelung hervorruft. Aus der üblichen Annahme $\triangle x \cdot \triangle \xi \approx N$ ergibt sich somit $\triangle \xi = 2^{L-s}$.

Der Frequenzparameter muß zuerst durch eine Anwendung der inversen Graycode–Permutation korrigiert werden; wir setzen also $f' = GC^{-1}(f)$. Dies erzeugt wiederum einen Index zwischen 0 und $2^s - 1$. Die linke untere Ecke der Informationszelle sollte dann in vertikaler Richtung die Position $\triangle \xi \cdot f' = 2^{L-s} f'$ haben.

Der Positionsparameter p muß geshiftet werden, um die (frequenzabhängige) Phasenantwort des Quadraturfilters zu korrigieren. Wie weit die horizontale Lage der Informationszelle verschoben werden muß, kann man aus dem Korollar zum Phasenshift–Theorem (Korollar 5.9) herauslesen:

$$p' = 2^s p + (2^s - 1)c[h] + (c[g] - c[h])f''. \tag{10.7}$$

Dabei sind $c[h]$ und $c[g]$ die Energiezentren der Tiefpaß– und Hochpaß–QFs h und g, und f'' ist die Bitumkehrung von f als s-Bit Binärzahl. Der auftretende Fehler hängt dabei davon ab, wie stark das Filter h von linearer Phase abweicht, wie wir dies in Theorem 5.8 gesehen haben. Würden wir die Wavelet–Paket–Koeffizienten mit periodisierter Faltungs–Dezimation berechnen, so müßten wir das Gleichheitszeichen in Gleichung 10.7 durch Kongruenz modulo 2^L ersetzen und p' im Wertebereich 0 bis $2^L - 1$ wählen.

Da die horizontale Position p' der Informationszelle eine Unschärfe $\triangle x = 2^s$ trägt, können wir die linke untere Ecke horizontal nach links zum nächsten Vielfachen von 2^s unterhalb p' verschieben. Die Unschärfe heben wir dadurch hervor, daß wir einen Positionsindex p'' im Bereich 0 bis $2^{L-s} - 1$ verwenden, wobei jeder Wert ein Intervall repräsentiert, das bei einem ganzzahligen Vielfachen von $\triangle x = 2^s$ beginnt:

$$p'' = \lfloor p'/2^s \rfloor = \lfloor p + (1 - 2^{-s})c[h] + 2^{-s}(c[g] - c[h])f'' \rfloor. \tag{10.8}$$

Im periodischen Fall liefern diese Festlegungen eine disjunkte Pflasterung, die das $N \times N = 2^L \times 2^L$ Quadrat der Zeit–Frequenz–Ebene exakt ausfüllt:

Theorem 10.3 *Ist $B = \{(s, f, p) \in B\}$ die Indexteilmenge für eine Graph–Basis von Wavelet–Paketen zu einem 2^L-Punkte Signal, so liefern die Rechtecke*

$$\{[2^s p'', 2^s(p'' + 1)[\times[2^{L-s}f', 2^{L-s}(f' + 1)[: (s, f, p) \in B\} \tag{10.9}$$

eine disjunkte Überdeckung des Quadrats $[0, 2^L[\times[0, 2^L[$. □

Aufgrund unserer Diskussionen in Kapitel 5 und 7 liegen diese Informationszellen in guter Näherung an der Stelle, an der sie das Zeit–Frequenz–Verhalten der Wavelet–Pakete exakt beschreiben würden.

10.1 Die Zeit–Frequenz-Ebene

Adaptive lokale trigonometrische Funktionen

Bei dieser Diskussion brauchen wir nicht zwischen lokalen Cosinus- oder lokalen Sinus-Funktionen zu unterscheiden. Der eine Fall geht aus dem anderen dadurch hervor, daß man die Zeitrichtung umkehrt, was keinen Einfluß hat auf die Geometrie der Informationszellen. Wir betrachten wiederum ein Signal von $N = 2^L$ äquidistant abgetasteten Werten, und gehen aus von einem Bibliotheksbaum, der alle lokalen trigonometrischen Analysen bis zur Stufe L, mit Fenstern der Größe $2^L, 2^{L-1}, \ldots, 1$ enthält. Die Basisfunktionen indizieren wir durch das Tripel (s, f, p), und es gilt $0 \leq s \leq L$, $0 \leq f < 2^{L-s}$ und $0 \leq p < 2^s$.

Der Skalenparameter s steht wieder für die Anzahl der Zerlegungen des ursprünglichen Signalfensters in Unterfenster. Jede Unterteilung halbiert die Fensterbreite, so daß wir $\triangle x = 2^{L-s}$ setzen. Mit der üblichen Annahme $\triangle x \cdot \triangle \xi \approx N$ ergibt sich so $\triangle \xi = 2^s$.

Der Positionsindex p numeriert die benachbarten Fenster, indem man im linken Endpunkt des Signals mit 0 startet. Die Informationszelle sollte deshalb über dem horizontalen (Zeit-)Intervall $I_{sp} \stackrel{\text{def}}{=} [2^{L-s}p, 2^{L-s}(p+1)[$ gezeichnet werden.

Eine mögliche lokale Cosinus-Basis für den Unterraum über dem Teilintervall I_{sp} besteht aus den (DCT-II) Funktionen $\cos \pi \left(f + \frac{1}{2}\right) n/2^{L-s} = \cos \pi 2^s \left(f + \frac{1}{2}\right) n/N$ mit $n \in I_{sp}$ und $0 \leq f < 2^{L-s}$, multipliziert mit der zu I_{sp} gehörenden Fensterfunktion. In Kapitel 4 sind diese orthonormalen Basisfunktionen genau definiert. Diese haben nominale Frequenzen $2^s \left(f + \frac{1}{2}\right)$, so daß wir die zugehörige Informationszelle längs des Intervalls $[2^s f, 2^s(f+1)[$ auf der vertikalen (Frequenz-)Achse zeichnen. Lokale Cosinus-Basen zu DCT-III oder DCT-IV oder lokale Sinus-Basen können auf die gleiche Weise dargestellt werden.

Eine Menge von Tripeln zu einer Graph-Basis erzeugt eine disjunkte Überdeckung durch solche Informationszellen:

Theorem 10.4 *Ist $B = \{(s, f, p) \in B\}$ die Indexteilmenge für eine adaptive lokale trigonometrische Graph-Basis zu einem 2^L-Punkte Signal, so liefern die Rechtecke*

$$\{[2^{L-s}p, 2^{L-s}(p+1)[\times[2^s f, 2^s(f+1)[: (s, f, p) \in B\} \tag{10.10}$$

eine disjunkte Überdeckung des Quadrats $[0, 2^L[\times[0, 2^L[$. □

Die Lage dieser Informationszellen in der Zeit–Frequenz-Ebene ist wiederum der Orts- und Frequenzinformation angepaßt. Für lokale trigonometrische Funktionen sind Skalen-, Frequenz- und Positionsindizes leichter zu interpretieren als für Wavelet-Pakete; man muß nicht auf Gray-Codes, Bitumkehrung oder Phasenshifts achten.

Beliebige Pflasterungen mit Haar-Walsh-Funktionen

Die Bibliothek der Haar-Walsh-Wavelet-Pakete hat spezielle Eigenschaften, die andere Bibliotheken von glatteren Wavelet-Paketen nicht aufweisen. Wir können nämlich alle Wellenformen ein-eindeutig mit dyadischen Informationszellen identifizieren, die an der richtigen Stelle lokalisiert sind; dabei entspricht jede disjunkte Überdeckung einer orthonormalen Basis. Die Anzahl der disjunkten Überdeckungen eines $2^L \times 2^L$ Quadrats durch dyadische Rechtecke — d.h. Rechtecke, deren Koordinaten die Form $n2^j$ für ganze Zahlen n und j besitzen — ist wesentlich größer als die Anzahl der Graph–Basen für ein 2^L-Punkte Signal bei L-stufiger Analyse.

Die Zuordnung können wir folgendermaßen vornehmen: Sei ψ_{sfp} das Haar–Walsh–Wavelet–Paket auf $N = 2^L$ Punkten zum Skalenindex $0 \le s \le L$, dem Frequenzindex $0 \le f < 2^s$ bzgl. Paley–Ordnung und dem Positionsindex $0 \le p < 2^{L-s}$. Dazu gehört das folgende Rechteck:

$$\psi_{sfp} \leftrightarrow R_{sfp} \stackrel{\text{def}}{=} [2^s p, 2^s(p+1)[\times[2^{L-s}\tilde{f}, 2^{L-s}(\tilde{f}+1)[\subset [0,N[\times[0,N[. \qquad (10.11)$$

Dabei bezeichnet $\tilde{f} = GC^{-1}(f)$ die inverse Gray–Code–Permutation von f; dadurch wird die vertikale Lage von R_{sfp} so angepaßt, daß sie proportional ist zur Anzahl der Oszillationen des Wavelet–Pakets ψ_{sfp}. Wegen $c[h] = 1/2$ und $c[g] - c[h] = 0$ für Haar–Walsh–Filter brauchen wir für die horizontale Lage der Informationszelle bezüglich des Positionsindexes p keine Verschiebung oder Bitumkehrung vorzunehmen. Damit liegt R_{sfp} an der geforderten Stelle, um die Lokalisierung und die Oszillation von ψ_{sfp} exakt zu beschreiben. Wir bemerken, daß zwei Rechtecke in der Sequenzordnung ihrer Frequenzindizes genau dann disjunkt sind, wenn sie bezüglich der Paley–Ordnung disjunkt sind.

Theorem 10.5 *Die Haar–Walsh–Wavelet–Pakete $\{\psi_{sfp} : (s,f,p) \in B\}$ bilden genau dann eine Orthonormalbasis von $\mathbf{R}^N$, wenn die dyadischen Rechtecke $\{R_{sfp} : (s,f,p) \in B\}$ eine disjunkte Überdeckung von $[0,N[\times[0,N[$ darstellen.*

Beweis: Da die Fläche von R_{sfp} durch N und die Fläche des Quadrates $[0,N[\times[0,N[$ durch N^2 gegeben ist, genügt es zu zeigen, daß zwei Rechtecke R_{sfp} und $R_{s'f'p'}$ genau dann disjunkt sind, wenn ψ_{sfp} und $\psi_{s'f'p'}$ orthogonal sind. Da genau N Rechtecke in das Quadrat passen und der Raum N-dimensional ist, muß dann eine Basis von Wavelet–Paketen vorliegen.

Es seien $I_{sp} = [2^s p, 2^s(p+1)[$ und $I_{s'p'} = [2^{s'}p', 2^{s'}(p'+1)[$ die Träger von ψ_{sfp} bzw. $\psi_{s'f'p'}$. Wir betrachten zwei Fälle:

$s = s'$: In diesem Fall sind ψ_{sfp} und $\psi_{sf'p'}$ genau dann orthogonal, wenn $f \neq f'$ oder $f = f'$ und $p \neq p'$, wobei einer dieser Fälle genau dann eintritt, wenn die kongruenten Rechtecke R_{sfp} und $R_{sf'p'}$ disjunkt sind. In diesem Fall sind sowohl ψ_{sfp}, als auch $\psi_{sf'p'}$ Elemente der gleichen Stufen- oder Subband–Basis, die eine orthonormale Graph–Basis ist.

$s \neq s'$: In diesem Fall sind ψ_{sfp} und $\psi_{s'f'p'}$ genau dann orthogonal, wenn

$$\int_{I_{sp} \cap I_{s'p'}} \psi_{sfp}(t) \psi_{s'f'p'}(t)\, dt = 0. \qquad (10.12)$$

Nun sind zwei dyadische Intervalle entweder disjunkt, oder ein Intervall enthält das andere. Im Fall $I_{sp} \cap I_{s'p'} = \emptyset$ folgt $R_{sfp} \cap R_{s'f'p'} = \emptyset$, da die horizontalen Koordinaten der Rechtecke disjunkt sind. Ist der Durchschnitt nicht leer, so können wir oBdA annehmen, daß $s < s'$ und damit $I_{sp} \subset I_{s'p'}$ gilt. Die *nominalen Frequenzintervalle* für ψ_{sfp} und $\psi_{s'f'p'}$ sind definiert durch $J_{sf} \stackrel{\text{def}}{=} [2^{L-s}\tilde{f}, 2^{L-s}(\tilde{f}+1)[$ bzw.

$J_{s'f'} = [2^{L-s'}\tilde{f}', 2^{L-s'}(\tilde{f}'+1)[$. Dies sind ebenfalls dyadische Intervalle, und es gilt $L-s > L-s'$. Man hat also entweder den Fall $J_{sf} \cap J_{s'f'} = \emptyset$, in dem die Rechtecke R_{sfp} und $R_{s'f'p'}$ disjunkt sind, oder den Fall $J_{s'f'} \subset J_{sf}$, in dem die Rechtecke R_{sfp} und $R_{s'f'p'}$ überlappen.

Sind J_{sf} und $J_{s'f'}$ disjunkt, so gehören ψ_{sfp} und $\psi_{s'f'p'}$ zu verschiedenen Zweigen des Wavelet-Paket-Baumes; sie können damit in eine Graph-Basis eingebettet werden und müssen folglich orthogonal sein. In all den Fällen, in denen R_{sfp} und $R_{s'f'p'}$ disjunkt sind, müssen die Funktionen ψ_{sfp} und $\psi_{s'f'p'}$ deshalb orthogonal sein.

Wir kommen damit zum letzten Fall der Fallunterscheidung, in dem R_{sfp} und $R_{s'f'p'}$ überlappen. In diesem Fall hat die Funktion ψ_{sfp} als Träger eines der $2^{s'-s}$ nebeneinanderliegenden Teilintervalle der Länge 2^s, die in $I_{s'p'}$ enthalten sind, und $\psi_{s'f'p'}$ ist ein direkter Nachfolger von ψ_{sfp} in dem Wavelet-Paket-Baum. Die Gleichungen 7.2 und 7.3 mit den Filtern $h = \{\frac{1}{\sqrt{2}}, \frac{1}{\sqrt{2}}\}$ und $g = \{\frac{1}{\sqrt{2}}, -\frac{1}{\sqrt{2}}\}$ liefern $\psi_{s'f'p'} = \pm 2^{(s-s')/2} \psi_{sfp}$ auf jedem dieser benachbarten Intervalle. Das innere Produkt in Gleichung 10.12 nimmt damit den Wert $2^{(s-s')/4} \neq 0$ an.

Auf die Normierung der Funktionen braucht man in diesem Theorem nicht zu achten, da alle Haar-Walsh-Wavelet-Pakete die Norm 1 besitzen. □

Coifman und Meyer haben darauf hingewiesen, daß der Beweis auch für glatte Zeit-Frequenz-Atome gültig bleibt, solange man Haar-Walsh-Filter für die Frequenz-Zerlegung einsetzt:

Korollar 10.6 *Ist ϕ ein Zeit-Frequenz-Atom, das orthogonal ist zu seinen ganzzahligen Translaten, und wird der Vektorraum X aufgespannt durch $\{\phi(t-n) : 0 \leq n < 2^L\}$, so gehört jede disjunkte Pflasterung des Quadrats $[0, 2^L[\times [0, 2^L[$ durch dyadische Rechtecke zu einer orthonormalen Basis von X aus Zeit-Frequenz-Atomen.* □

Mit Hilfe diese Korollars kann man viele glatte Orthonormalbasen in glatten Approximationsräumen konstruieren. Wir iterieren längere orthogonale Filter, um glatte Abtastfunktionen ϕ einer festen Skala zu erzeugen, und verwenden dann die Haar-Walsh-Filter für eine endliche Anzahl von Frequenz-Zerlegungen. Auf diese Weise vermeiden wir Haar-Walsh-Wavelet-Pakete, die ja keine Zeit-Frequenz-Atome sind, da unstetige Funktionen unendliche Frequenzunschärfe besitzen. Das Heisenberg-Produkt solcher hybrider Wavelet-Pakete wird aber mit der Anzahl L der Stufen des Zerlegungsprozesses stark anwachsen.

Die Idee, die zugrundeliegenden Abtastfunktionen $\phi_{N,k}$ von den Filtern abzukoppeln, die zur Zerlegung der Zeit-Frequenz-Ebene benutzt werden, ist auch in der Doktorarbeit [55] von Hess-Nielsen zu finden. Er hat gezeigt, daß es zu jeder glatten Abtastfunktion ϕ, zur Anzahl L von Zerlegungsstufen und zur gewünschten Filterlänge R eine optimale Menge von OQFs der Länge R gibt, die die mittlere Frequenzlokalisierung der Wavelet-Pakete optimiert. Das Kriterium für die Lokalisierung ist dabei die Energie innerhalb des gewünschten Bandes J_{sf} für das Wavelet-Paket ψ_{sfp}.

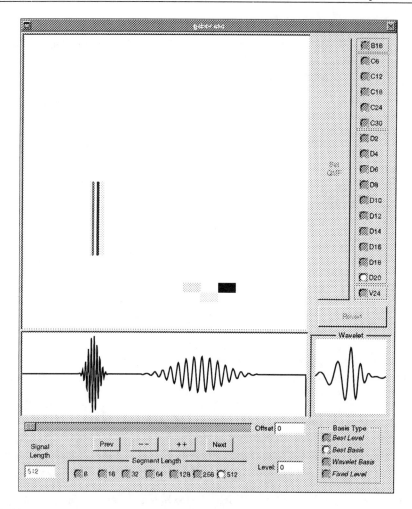

Bild 10.7 Beispiel einer Analyse in der Zeit–Frequenz–Ebene.

10.2 Zeit–Frequenz–Analyse einiger wichtiger Signale

Wir betrachten nun einige kanonische Signale und analysieren sie in verschiedenen Bibliotheken von Wavelet–Paketen unter Verwendung eines Arbeitsplatzrechners. Der Nutzer wählt in der rechts markierten Liste unter 17 Möglichkeiten ein konjugiertes Quadraturfilter aus, und das betreffende „Mutter"–Wavelet wird im quadratischen Fenster unten rechts angezeigt. Das Signal wird in dem unteren rechteckigen Fenster gezeichnet, während die Darstellung in der Zeit–Frequenz–Ebene im großen quadratischen Fenster angegeben wird.

Das erste Signal ist ein Paar gut separierter modulierter Gauß–Funktionen. Bild 10.7 zeigt den Output einer genäherten Analyse mit „D 20" Wavelet–Paketen. Man erkennt einige dunkle Informationszellen über jedem modulierten Impuls in der Signaldarstellung.

10.2 Zeit–Frequenz–Analyse einiger wichtiger Signale   317

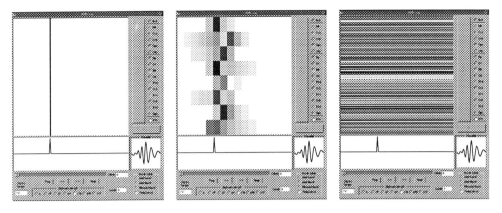

Bild 10.8 Zeit–Frequenz–Analyse eines Impulses bei wachsender Fenstergröße.

Die Amplituden benachbarter Informationszellen haben recht unterschiedliche Größe, und die Mittelpunkte liegen nicht exakt über den zu erkennenden Mittelpunkten der analysierten Impulsfunktionen. Diese Artefakte kommen von der Starrheit des Gitters, das bei der Darstellung der Informationszellen verwendet wird, und von der ungenauen Zeit–Frequenz–Lokalisierung der genäherten Atome. Man kann diesen Effekt nicht vollständig vermeiden, kann die Abweichungen aber in der Größenordnung der Zeit- und Frequenzunschärfe der Analyse- und Synthesefunktionen halten.

10.2.1 Vorteile adaptiver Vorgehensweise

Unabhängig davon, ob wir die Zerlegung zuerst in der Frequenz oder in der Zeit vornehmen, müssen wir eine für die Analyse geeignete Fenstergröße wählen. In der Zeit–Frequenz–Analyse eines Signals erkennt man die Kostenfunktion als Anteil der Fläche, die durch dunkle Informationszellen belegt ist, mit anderen Worten durch die Anzahl der wesentlichen Wellenformen. Viel weißer Raum bedeutet niedrige Informationskosten; in diesem Falle haben die meisten Komponenten vernachlässigbare Energie, so daß sich das Signal auf nur einige wenige Wellenformen konzentriert.

Sehr kurze (Zeit-) Fenster sind äußerst effizient für scharfe Impulse, während breite Fenster zu Informationszellen führen, die alle einen Energieanteil des Impulses tragen; dies erkennt man in Bild 10.8. Umgekehrt sind für lang anhaltende Töne breite Fenster effizienter als schmale Fenster, da sie mit dem fast periodischen Verhalten eines lang andauernden Tones gut korrelieren; dies erkennt man in Bild 10.9. Dieser Vergleich zeigt, daß es äußerst nützlich sein kann, ein Signal bei vielen Fenstergrößen gleichzeitig zu untersuchen, und dann die Darstellung der maximalen Effizienz anzupassen.

Bei diesem Vergleich haben wir nur Basisteilmengen einer *festen Stufe* untersucht, die wir aus einer Stufe eines vollständigen Wavelet–Paket–Baumes ausgewählt haben. In den Beispielen wurden „V 24" OQFs verwendet.

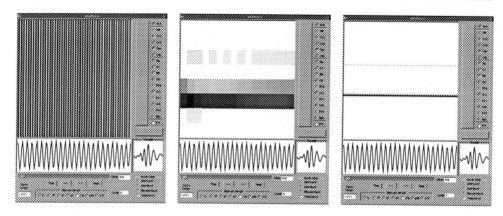

Bild 10.9 Zeit–Frequenz–Analyse eines reinen Tons bei wachsender Fenstergröße.

10.2.2 Vergleich von Wavelets und Wavelet–Paketen

Wir betrachten nun ein relativ glattes Zeitsignal, das sich über 7 von 512 Abtastwerten erstreckt. Seine Zerlegung in Informationszellen ist in Bild 10.10 dargestellt. Man erkennt, daß die Wavelet–Analyse im linken Teil des Bildes den Peak in den hohen Frequenzen korrekt lokalisiert, andererseits aber auch schlecht lokalisierte Elemente niedriger Frequenz enthält. Die Analyse der besten Basis auf der rechten Seite des Bildes findet die optimale Darstellung innerhalb der Bibliothek, was in diesem Falle zu annähernd einem einzigen Wavelet-Paket führt.

Das zweite Signal in Bild 10.11 ist Teil der Aufnahme (bei 8012 Abtastwerten pro Sekunde) einer pfeifenden Person. Hier kann die Waveletbasis im linken Teil des Bildes die Frequenz nur innerhalb einer Oktave lokalisieren, während die Analyse der besten Basis auf der rechten Seite des Bildes tatsächlich zeigt, daß die Frequenz in einem viel engeren Band liegt. Die vertikalen Streifen zwischen den Wavelet–Informationszellen können zur weiteren Lokalisierung der Frequenzen verwendet werden, die Zerlegung der besten Basis führt diese Analyse aber automatisch durch.

Die zeitlich abhängigen und die periodischen Anteile eines Signales wollen wir nun auf verschiedene Weisen kombinieren. In Bild 10.12 betrachten wir einen gedämpften Oszillator, der einen Impuls aufnimmt, und zerlegen die resultierende gedämpfte Schwingung in der Dirac–Basis und in der Waveletbasis. Die Analyse der Dirac–Basis zeigt eine einhüllende Funktion, da das Auge die Tendenz hat, über dunkle Komponenten in der Zeit–Frequenz–Ebene zu mitteln. Die Waveletzerlegung lokalisiert die Unstetigkeit, wobei in allen Stufen große Koeffizienten auftreten. Der exponentielle Abfall der Amplituden tritt in beiden Analysen deutlich hervor.

Bild 10.13 zeigt den gedämpften Oszillator in den Darstellungen mit der besten Stufenbasis und der besten Wavelet–Paket–Basis. Beide Fälle sind effizienter als die Waveletoder Dirac–Darstellung. Beide finden die Resonanzfrequenz des Oszillators, wobei die Analyse der besten Basis etwas präziser ist. Die Anzahl der dunklen Informationszellen ist sehr klein. Hierbei haben wir „D 20" Filter benutzt.

10.2 Zeit–Frequenz–Analyse einiger wichtiger Signale 319

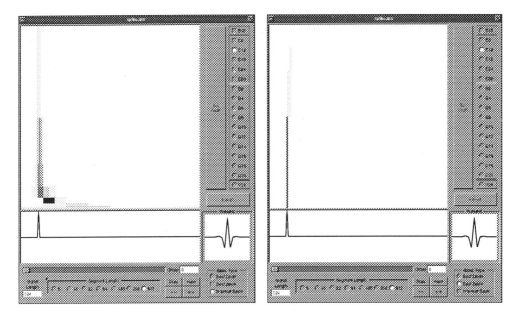

Bild 10.10 Analyse eines stark lokalisierten Zeitsignals in der Waveletbasis und der besten Wavelet–Paket–Basis.

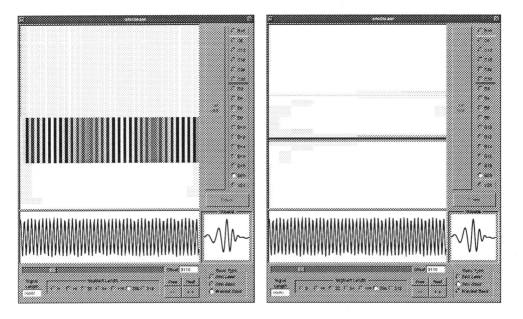

Bild 10.11 Analyse eines Pfiffs in der Waveletbasis und der besten Wavelet–Paket–Basis.

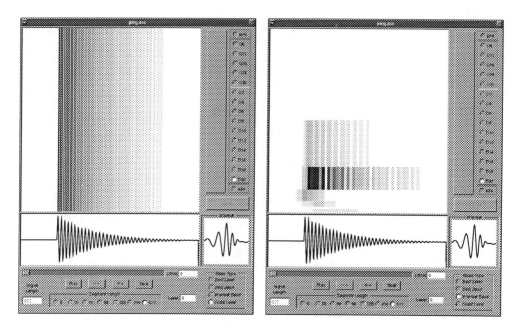

Bild 10.12 Analyse des gedämpften Oszillators in der Dirac- und Waveletbasis.

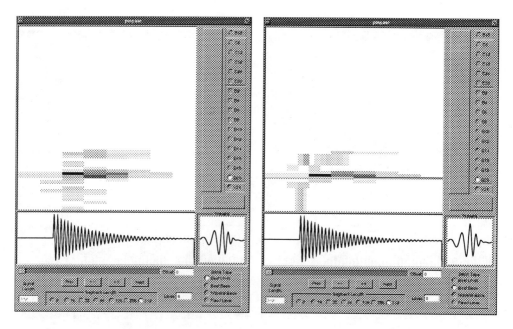

Bild 10.13 Analyse des gedämpften Oszillators in der besten Stufenbasis und der besten Wavelet-Paket-Basis.

10.2 Zeit–Frequenz–Analyse einiger wichtiger Signale   321

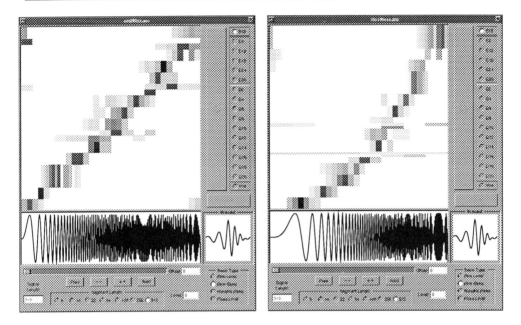

Bild 10.14 Analyse von linearen und quadratischen Chirps in der besten Wavelet–Paket–Basis.

10.2.3 Chirps

Ein oszillierendes Signal mit wachsender Modulation nennt man *chirp*. Manche Autoren verstehen darunter Signale mit abnehmender Modulation. Bild 10.14 zeigt zwei Beispiele: die Funktionen $\sin(250\pi t^2)$ und $\sin(190\pi t^3)$ auf dem Intervall $0 < x < 1$, bei 512 Abtastwerten. Die Modulation wächst dabei linear bzw. quadratisch. Die Informationszellen bilden eine Gerade bzw. eine Parabel. Bei der Analyse des linearen Chirps durch die beste Wavelet–Paket–Basis haben die meisten Informationszellen eine ähnliche Gestalt. Bei der gleichen Analyse des quadratischen Chirps ändert sich die Form der Informationszellen; sie werden höher, wenn man von dem Bereich der Steigung Null zum Bereich größerer Steigung fortschreitet.

Eine solche Zeit–Frequenz–Analyse ist in der Lage, überlagerte Chirps zu trennen. Bild 10.15 zeigt ein Paar linearer Chirps, die sich in der Art der Modulation oder der Phase unterscheiden. Es handelt sich jeweils um Funktionen auf dem Intervall $0 < t < 1$, die in 512 Punkten abgetastet sind. Im linken Teil des Bildes ist die Funktion $\sin(250\pi t^2) + \sin(80\pi t^2)$ in der besten Wavelet–Paket–Basis analysiert. Rechts wird die Analyse von $\sin(250\pi t^2) + \sin(250\pi (t - \frac{1}{2})^2)$ durch die Wavelet–Pakete der besten Stufe durchgeführt. Die absteigenden Anteile der Analyse entstehen durch Alias–Effekte.

Solche Alias–Effekte treten sowohl in der Zeit–Frequenz–Ebene, als auch in der Darstellung des Signales auf, da der die Graphik erzeugende Algorithmus benachbarte Punkte geradlinig verbindet und davon ausgeht, daß die Phase in der Zwischenzeit um weniger als eine halbe Umdrehung fortschreitet. Die Signale in Bild 10.16 zeigen, wie lineare Chirps, die die Nyquist–Frequenz überschreiten, zu „reflektierten" Linien führen.

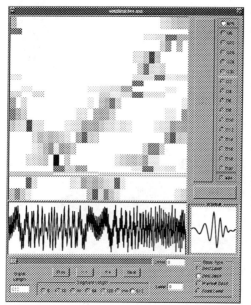 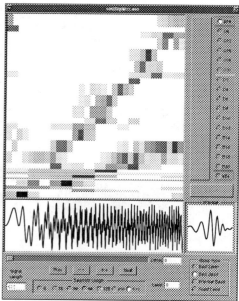

Bild 10.15 Überlagerte Chirps.

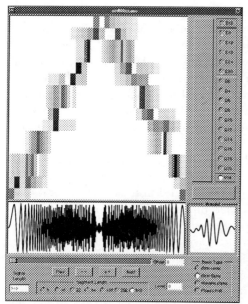 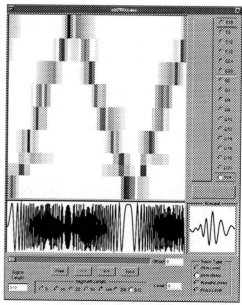

Bild 10.16 Alias-Effekte bei Chirps zwei- und dreifacher Nyquist-Frequenz.

10.3 Implementierung

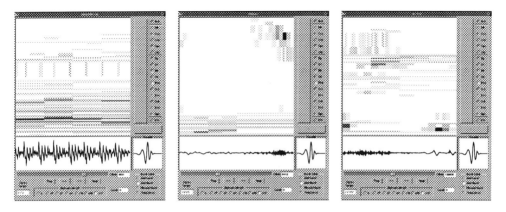

Bild 10.17 Analyse eines Sprachsignals mit der besten Wavelet–Paket–Basis.

10.2.4 Sprachsignale

Bild 10.17 zeigt Teile eines Sprachsignals, das 8012-mal pro Sekunde abgetastet und mit „D 10" OQFs zerlegt wurde. Es ergeben sich ziemlich komplizierte Muster; wir können aber die Güte der Kompression in der Weise erkennen, daß relativ wenig Bereiche der Zeit–Frequenz–Ebene mit dunklen Informationszellen belegt sind.

10.3 Implementierung

Um die idealisierte Zeit–Frequenz–Ebene und die Informationszellen in einem Bild zu zeichnen, müssen wir drei Operationen ausführen:

- Erzeugen oder Lesen der gewünschten Signalwerte;
- Berechnen der Entwicklung des Signales bezüglich einer speziellen Basis von Zeit–Frequenz–Atomen;
- Zeichnen der schattierten Rechtecke auf einer Ausgabeeinheit.

Wir gehen davon aus, daß der erste Schritt schon ausgeführt wurde und daß die Signalwerte in einem Feld von REAL Datenelementen abgelegt sind, indiziert von 0 bis $M2^L - 1$ mit positiven ganzen Zahlen M und L. Wir führen dann eine Zerlegung bis zur Stufe L durch. Man muß nicht notwendig voraussetzen, daß die Anzahl der Abtastwerte durch eine hinreichend große Potenz von 2 teilbar ist, hat dadurch aber wesentliche Vorteile bei der Implementierung.

Wir beschränken uns auf orthonormale Bibliotheken von Zeit–Frequenz–Atomen, so daß das Signal durch disjunkte Informationszellen dargestellt wird. Weiter beschränken wir uns bei der Zeit–Frequenz–Analyse auf Wavelet-Pakete und lokale trigonometrische Funktionen. Der Nutzer hat dabei die Wahl zu treffen, welchen Typ er auf das gegebene Signal anwenden möchte und welche weiteren Parameter er vorgibt, wie z.B. das Quadraturfilter oder die Abschneidefunktion. Ein wichtiger Punkt der Analyse ist der, daß die passende Zeit–Frequenz–Zerlegung durch visuelle Rückkopplung gewählt werden kann; die Anzahl der Wahlmöglichkeiten muß aber vernünftig bemessen sein, um gut und übersichtlich arbeiten zu können. Wir geben deshalb nur einige wenige QFs und einige Wahlmöglichkeiten für die Abschneidefunktion vor, lassen aber die Option zu, weitere QFs und Abschneidefunktionen und sogar zusätzliche Bibliotheken einzubauen.

10.3.1 Einfache PostScript–Kommandos

Um die Rechtecke zu zeichnen, erzeugen wir einen File von PostScript–Kommandos unter Verwendung der folgenden einfachen Operatoren:

Grundlegende PostScript–Operatoren

XVAL YVAL moveto	X0 Y0 translate	XVAL XSCALE mul
XNEW YNEW lineto	closepath stroke	AMPL setgray fill
showpage	/MACRO { ... commands ... } def	

Diese Kommandos sind in [59] definiert und ausführlich erklärt.

Die folgende Funktion erzeugt normalisierte Zeichenkoordinaten, so daß eine Informationszelle und ihre Graustufe immer im Bereich $[0.0, 1.0]$ liegen können. Sie arbeitet in der Weise, daß ein Prolog geschrieben wird, der die Dimensionen der Zeit–Frequenz–Ebene festlegt, und daß zwei PostScript–Makros „xunits" und „yunits" definiert werden, die die normalisierten Werte auf die aktuellen Zeichendimensionen skalieren:

Prolog, Skalierung und Dimensionen der Zeit–Frequenz–Ebene

```
epsprologue(PSFILE, BBXMIN, BBYMIN, BBXMAX, BBYMAX)
  Write "%!" to PSFILE
  Write "%%Pages: 0 1" to PSFILE
  Write "%%BoundingBox: BBXMIN BBYMIN BBXMAX BBYMAX" to PSFILE
  Write "%%EndComments" to PSFILE
  Write "%%BeginSetup" to PSFILE
  Let XSCALE = BBXMAX-BBXMIN-4
  Write "/xunits { XSCALE mul } def" to PSFILE
  Let YSCALE = BBYMAX-BBYMIN-4
  Write "/yunits { YSCALE mul } def" to PSFILE
  Write "% Outline the rectangle" to PSFILE
  Let X = BBXMIN+1
  Let Y = BBYMIN+1 and write "X Y moveto" to PSFILE
  Let Y = BBYMAX-1 and write "X Y lineto" to PSFILE
  Let X = BBXMAX-1
  Let Y = BBYMAX-1 and write "X Y lineto" to PSFILE
  Let Y = BBYMIN+1 and write "X Y lineto" to PSFILE
  Write "closepath stroke" to PSFILE
  Let X = BBXMIN+2
  Let Y = BBYMIN+2 and write "X Y translate" to PSFILE
  Write "%%EndSetup" to PSFILE
```

10.3 Implementierung

Der Prolog legt fest, in welchem Bereich der Seite die Zeit–Frequenz–Ebene gezeichnet werden soll, und sieht einigen Kommentar vor. Er zeichnet auch ein Rechteck ein Pixel innerhalb der „bounding box" und ein Pixel außerhalb der Zeichenfläche. Er kann auch dazu verwendet werden, einen Bereich für das Signal und einen weiteren Bereich für die Informationszellen auszuweisen. Nachdem alle diese Zeichenkommandos geschrieben sind, können wir einen Epilog schreiben, der für den Ausdruck der Seite sorgt:

Epilog zum Zeichnen der Seite und File–Ende

```
epsepilogue(PSFILE):
    Write "% end of EPS commands" to PSFILE
    Write "showpage" to PSFILE
    Write "% all done" to PSFILE
```

10.3.2 Zeichnen der Signale

Um ein Signal als ein Polygon zu zeichnen — d.h. die Abtastwerte zu zeichnen und die Punkte zu verbinden —, benutzen wir eine Reihe kurzer Programme; jedes dieser Programme schreibt Instruktionen für ein einzelnes Plotsegment auf einen Output–File:

Grundlegende PostScript–Anweisungen in einem File

```
epslineto(PSFILE, XVAL, YVAL):
    Write "XVAL xunits YVAL yunits lineto" to PSFILE

epsmoveto(PSFILE, XVAL, YVAL):
    Write "XVAL xunits YVAL yunits moveto" to PSFILE

epsstroke(PSFILE):
    Write "stroke" to PSFILE

epstranslate(PSFILE, XPTVAL, YPTVAL):
    Write "XPTVAL YPTVAL translate" to PSFILE
```

Die Positionierung des Signales innerhalb des Zeit–Frequenz–Schaubildes hängt vom persönlichen Geschmack ab. Wir haben uns dafür entschieden, das Signal wie in Bild 10.2 unterhalb der Zeit–Frequenz–Darstellung zu zeichnen. Da dies auf allen Seiten ähnlicher Größe gleich gemacht wird, können wir Präprozessor–Makros verwenden, um die Dimensionen für die bounding box zu setzen. Die hier gegebenen Zahlen sind die Koordinaten in PostScript–Punkten für die linke untere (LLXS,LLYS) und die rechte obere (URXS,URYS) Ecke der bounding box, die das gezeichnete Signal enthält:

Dimensionen für einen Signal–Plot auf $8.5'' \times 11''$–Papier

```
#define LLXS 72
#define LLYS 72
#define URXS 528
#define URYS 254
```

Wir benötigen einen Prolog, eine Zeile pro Signal, und einen Epilog, um die Zeichnung anzufertigen:

Normierung und Plotten eines Signals als Polygon

```
plotsig(PSFILE, SIGNAL, LENGTH):
  epsprologue( PSFILE, LLXS, LLYS, URXS, URYS )
  epstranslate( PSFILE, 0.0, (URYS - LLYS)/2.0 )
  Let NORM = 0.0
  For N = 0 to LENGTH-1
     Let NORM = max( absval(SIGNAL[N]), NORM )
  If NORM == 0.0
     epsmoveto( PSFILE, 0.0, 0.0 )
     epslineto( PSFILE, 1.0, 0.0 )
  Else
     Let NORM = 0.45 / NORM
     Let YVAL = SIGNAL[0]*NORM
     epsmoveto( PSFILE, 0.0, YVAL )
     If LENGTH == 1
        epslineto( PSFILE, 1.0, YVAL )
     Else
        Let XVAL = 0.0
        Let INCR = 1.0 / (LENGTH - 1.0)
        For N = 1 to LENGTH-1
           XVAL += INCR
           Let YVAL = SIGNAL[N]*NORM
           epslineto( PSFILE, XVAL, YVAL )
     epsstroke( PSFILE )
  epsepilogue( PSFILE )
```

10.3.3 Zeichnen der Zeit–Frequenz–Ebene

Die folgende Funktion schreibt Befehle in einen File, der für das Zeichnen des Rechtecks [XMIN, XMAX] × [YMIN, YMAX] sorgt und dieses mit einer Graustufe GRAY ausfüllt. Man muß dabei beachten, daß in PostScript die Graustufen anzeigen, wieviel Licht die Seite trifft, so daß eine vollständig dunkle Zelle durch die Graustufe 0.0 gegeben ist. Diese Funktion wird für jede nicht zu vernachlässigende Informationszelle einmal aufgerufen.

10.3 Implementierung

Zeichnen einer einzelnen schattierten Informationszelle

```
epsfrect(PSFILE, XMIN, YMIN, XMAX, YMAX, GRAY):
  Write "% begin new rectangle:" to PSFILE
  Write "XMIN xunits YMIN yunits moveto" to PSFILE
  Write "XMIN xunits YMAX yunits lineto" to PSFILE
  Write "XMAX xunits YMAX yunits lineto" to PSFILE
  Write "XMAX xunits YMIN yunits lineto" to PSFILE
  Write "closepath" to PSFILE
  Write "GRAY setgray fill" to PSFILE
```

Wir müssen mit einem Prolog beginnen, der die Lage des Plots beschreibt. Die folgenden Definitionen setzen den Zeit-Frequenz-Plot direkt über das Signal, bei gleicher horizontaler Skala:

Dimensionen für einen Zeit-Frequenz-Plot auf $8.5'' \times 11''$ Papier

```
#define LLXA   72
#define LLYA  264
#define URXA  528
#define URYA  720
```

Wir müssen auch den maschinenabhängigen Schwellenwert für Sichtbarkeit einer geplotteten Informationszelle definieren:

Minimal unterscheidbare Graustufen, Weiss = 0

```
#define MINGRAY 0.01
```

Bemerkung. Informationszellen, deren Amplituden zu hellerer Schattierung als MINGRAY führen, sind nicht sichtbar und müssen deshalb nicht gezeichnet werden. Die Schranke ist ein fester Prozentsatz oder eine andere Funktion der maximalen Amplitude, und sie hängt von der gewählten Beziehung zwischen Amplitude und Graustufe ab. Die Wahl dieser Schranke führt zu Kompression, und diese Art der Kompression wird umso stärker, je mehr wir die größte Amplitude relativ zum Rest betonen.

Eine Liste von Zeit-Frequenz-Atomen wird unter Verwendung einer Schleife gezeichnet. Die folgende Funktion erzeugt PostScript-Befehle, um einen Zeit-Frequenz-Plot aus einem Feld von TFA Datenstrukturen zu zeichnen. Sie schreibt die Ergebnisse in den spezifizierten File.

Normierung und Zeichnen einer idealisierten Zeit–Frequenz–Ebene

```
tfals2ps( PSFILE, SAMPLES, ATOMS, NUM ):
  epsprologue( PSFILE, LLXA, LLYA, URXA, URYA )
  Let ANORM = 0.0
  For N = 0 to NUM-1
     Let ANORM = max( absval(ATOMS[N].AMPLITUDE), ANORM )
  If ANORM > 0.0
     Let ANORM = 1.0 / ANORM
     For N = 0 to NUM-1
        Let AMPL  = ATOMS[N].AMPLITUDE
        Let GRAY  = ANORM * AMPL
        If GRAY > MINGRAY then
           Let WIDTH = ( 1<<ATOMS[N].LEVEL ) / SAMPLES
           Let XMIN = WIDTH * ATOMS[N].OFFSET
           Let XMAX = XMIN + WIDTH
           Let HEIGHT = 1.0 / WIDTH
           Let YMIN = HEIGHT * ATOMS[N].BLOCK
           Let YMAX = YMIN + HEIGHT
           epsfrect( PSFILE, XMIN, YMIN, XMAX, YMAX, 1.0-GRAY )
  epsepilogue( PSFILE )
```

Hierbei nehmen wir an, daß Stufen-, Block- und Abstandsindex gegeben sind durch die nominale Skala, Frequenz und Position, wie im Wavelet–Paket–Fall. Um diese Zahlen zu erhalten, muß man die Phasenverschiebung und Frequenz–Permutation korrigieren, die durch das Filtern (im Wavelet–Paket–Fall) induziert werden, und im Fall der lokalen Cosinus–Funktionen die Rolle von Blockindex und Relativabstand vertauschen. Diese Berechnungen überlassen wir dem Leser als Übungsaufgaben.

10.3.4 Berechnen der Atome

Das Berechnen einer Zeit–Frequenz–Analyse geht in vier Schritten vor:

- Extraktion eines glatten Intervalls aus dem Signal;
- Schreiben des Segments als Summe von Zeit–Frequenz–Atomen;
- Berechnen der Position, der Frequenz und der Zeit–Frequenz–Unschärfen der Atome;
- Zeichnen der Informationszellen in den betreffenden Positionen.

Zusätzlich muß man die Bibliothek der Zeit–Frequenz–Atome auswählen, die in der Analyse verwendet werden sollen. Die beiden hier betrachteten Fälle, Wavelet–Pakete und lokale trigonometrische Funktionen, führen zu verschiedenen Interpretationen für Skalen-, Positions- und Frequenzindizes und müssen separat behandelt werden. Der erste Schritt, das Herausschneiden eines glatten Segments des Signals, ist für beide Bibliotheken der gleiche. Wir verwenden die Methode aus Kapitel 4, nämlich glatte lokale Periodisierung, da wir periodisierte Zeit–Frequenz–Atome verwenden werden. Dabei spielt es keine Rolle, ob wir lokale Sinus–Funktionen oder lokale Cosinus–Funktionen einsetzen:

Lokale Periodisierung bei disjunktem Intervall, Cosinus–Fall

```
lpdc( OUT, IN, N, RISE ):
    fdcp( OUT,   1, IN,   IN,   N/2, RISE )
    fdcn( OUT+N, 1, IN+N, IN+N, N/2, RISE )
    uipc( OUT+N, OUT, RISE )
```

Bevor wir diese Funktion aufrufen, müssen wir sicherstellen, daß der Vektor `IN[]` für alle Indizes von `RISE.LEAST` bis `N+RISE.FINAL` definiert ist. Insbesondere müssen wir darauf achten, daß mindestens `RISE.FINAL` Werte vor der zuerst angesprochenen Position im Input–Vektor stehen. Dies kann dadurch erfolgen, daß man das Input–Signal mit Nullen ergänzt, oder indem man eine bedingte Anweisung einfügt, die testet, ob wir am Anfang des Signales sind, und dann in der geeigneten Weise handelt. Das gleiche gilt für das Ende des Signales.

Man beachte, daß die Funktion `lpdc()` die transformierten Signalwerte kopiert und das Signal selbst nicht verändert.

10.4 Übungsaufgaben

1. Man verwende die DFT auf einem hinreichend langen periodischen Intervall und approximiere $\triangle x \cdot \triangle \xi$ für „D 4" und „D 20" Wavelets. Dasselbe führe man für die „C 6" und „C 30" Wavelets durch.

2. Man schreibe ein Programm, das eine Folge von N ganzen Zahlen im Bereich 1 bis 88 liest, die die Tasten auf einem Klavier darstellen mögen, und dann einen Vektor von $1024N$ 8-Bit Werten schreibt, die durch einen Digital–Analog–Konverter mit Standard–CODEC–Rate von 8012 Werten pro Sekunde gespielt werden können. Über jedem der nebeneinanderliegenden Intervalle der Länge 1024 sollte ein Wavelet–Paket (oder eine lokale Cosinus–Funktion) zentriert sein, dessen Frequenz zu der Klaviernote gehört. Man verwende das Programm, um J.S. Bachs „Präludium Nr. 1 in C" aus dem *Wohltemperierten Klavier* zu spielen. Man experimentiere mit verschiedenen QFs (oder verschiedenen Abschneidefunktionen), um die Klangfarben zu vergleichen. (Hinweis: Benachbarte Klaviernoten haben Frequenzen im Verhältnis $\sqrt[12]{2} : 1$ mit $\sqrt[12]{2} = 1.059463\ldots \approx 18/17$.)

3. Man betrachte das Signal $u_p = \{u(k) = 1 + p\delta(k) : 0 \le k < N = 2^L\}$, das konstant gleich 1 ist mit Ausnahme des Nullpunktes, in dem der Wert $1 + p$ angenommen wird.

    (a) Man finde im Fall $p = 0$ die Zeit–Frequenz–Darstellung in der besten Basis.

    (b) Man finde die beste Zeit–Frequenz–Darstellung im Fall $p = 1.000.000$.

    (c) Man zeige $\|u_p - u_q\| = |p - q|$.

(d) Man zeige, daß es zu jedem $\epsilon > 0$ Paare p und q gibt mit $\|u_p - u_q\| < \epsilon$ derart, daß die besten Wavelet–Paket–Basen für u_p und u_q kein gemeinsames Element besitzen.

4. Man schreibe einen Pseudocode für eine Funktion, die einen Input–Vektor von TFA1s und die Länge ihres periodischen Signals liest und einen Output–Vektor von TFA1s mit korrigierten LEVEL–, BLOCK– und OFFSET–Anteilen erzeugt, unter der Annahme, daß es sich um eine lokale Cosinusfunktion handelt.

5. Man ändere die Funktion aus Aufgabe 4 in der Weise ab, daß die Input–TFA1s Wavelet–Pakete sind. Man beachte, daß man die QFs ebenfalls spezifizieren muß.

6. Man vergleiche die Analyse in der Zeit–Frequenz–Ebene für das 512-Punkt Signal

$$\left\{ \sin\left(190\pi \left[\frac{j}{512}\right]^3 \right) : 0 \leq j < 512 \right\}$$

im lokalen Cosinus–Fall und im Wavelet–Paket–Fall, für C 6 und C 24 Filter.

11 Einige Anwendungen

Wir diskutieren kurz die vielfältigen Anwendungen der adaptiven Wavelet–Analyse, von denen einige zur Zeit gründlicher untersucht werden. Dies schließt die Bildkompression ein, die schnellen numerischen Methoden zur Faktoranalyse und die Matrixmultiplikation, die akustische Signalverarbeitung und -kompression und die Filtermethoden zur Rauschunterdrückung.

Viele dieser Anwendungen wurden zuerst in Übersichtsartikeln beschrieben [27, 25, 29, 26, 32, 31, 114, 81, 112], andere als neue numerische Algorithmen einzeln analysiert [116, 111, 118, 9, 8, 11]. Wieder andere wurden in numerischen Experimenten verwendet [34, 46, 51, 57, 110, 113], die sich mit speziellen Problemen der Signalverarbeitung befaßten. In einigen wenigen Fällen werden wir von der Beschreibung dieser Anwendungen in der Literatur abweichen. Zum Beispiel untersuchen wir eine schnelle genäherte Version der Matching–Pursuit–Methode [72], und wir beschreiben die Transformationskodierung über die beste Basis zusätzlich zu verschiedenen Quantisierungsmethoden, die nach einer festen Transformation angewendet werden können [77, 60].

Viele weitere Anwendungen liegen jenseits der Zielsetzung dieses Buches. Wir diskutieren zum Beispiel nicht die Anwendungen aus [63, 73, 53], die auf der stetigen Wavelettransformation basieren, und wir gehen auch nicht auf diejenigen Beispiele ein, die statt der QF oder der lokalen trigonometrischen Konstruktionen adaptiver Wavelets auf Spline–Funktionen zurückgreifen [14, 41].

11.1 Bildkompression

Als erstes betrachten wir das Problem, digital verschlüsselte Bilder zu speichern, zu übertragen und zu verarbeiten. Wegen der Menge der anfallenden Daten nimmt das Übertragen von Bildern immer einen großen Bandbreitenbereich in Anspruch, und das Speichern von Bildern belegt wesentliche Anteile der vorhandenen Ressourcen. Wegen der großen Anzahl N von Pixeln in einem Bild hoher Auflösung können digitale Bilder nur mit Algorithmen niedriger Komplexität bearbeitet werden, d.h. der Aufwand darf höchstens bei $O(N)$ oder $O(N \log N)$ liegen. Unsere auf Wavelets und auf der Fouriertransformation basierenden Methoden gehen zurück auf die harmonische Analysis und die mathematische Theorie der Funktionenräume. Sie verbinden effektive Bildkompression mit Bildverarbeitung niedriger Komplexität.

11.1.1 Digitalisierte Bilder

Ein Bild besteht aus einem großdimensionierten Vektor, dessen Komponenten man „Pixel" nennt. Diese stellen Messungen der gesamten Lichtintensität oder der *Graustufe (gray scale)* dar, oder auch der Lichtintensität in einem Primärband der Farben Rot, Grün oder Blau. In der Praxis nehmen diese Pixel nur diskrete Werte in einem endlichen Bereich an. Typische Werte hierfür sind $0, 1, \ldots, 255$ (8 Bits pro Pixel) oder $-1024, -1023, \ldots, 1022, 1023$ (11 Bits pro Pixel). Bei der Bestimmung dieses Vektors treten mindestens drei Typen von Fehlerquellen auf:

- Meßbedingte Fehler: Zur Erzeugung eines digitalisierten Bildes nimmt man physikalische Messungen vor, die immer in Abhängigkeit von der Meßvorrichtung mit gewissen Toleranzen behaftet sind.

- Abtastfehler: Jedes Pixel gehört zu einer bestimmten Position im Ortsbereich, und auch jede Messung wird an einer bestimmten Position vorgenommen; diese beiden Positionen können aber voneinander abweichen.

- Quantisierungsfehler: Für die Pixel sind nur diskrete Werte vorgegeben. Durch Rundung der gemessenen Abtastwerte zu einem der erlaubten Pixelwerte entsteht also ein Fehler.

Sind die Pixelwerte einmal bestimmt, so ist es nicht mehr möglich, die meßbedingten oder abtastbedingten Fehler zu eliminieren. Man kann diese zwar bestimmen, sie spielen aber im weiteren Prozeß keine Rolle. Fehler physikalischen Ursprungs wirken sich nur auf die Genauigkeit der Pixelwerte aus. Auf der anderen Seite spielen Quantisierungsfehler eine größere Rolle, da sie sich auf die Präzision des Kodierungsschemas auswirken.

Abtasten bandbeschränkter Funktionen

Ein digital abgetastetes Bild kann nur eine bandbeschränkte Funktion darstellen. Der Satz von Nyquist besagt, daß die Auflösung räumlicher Frequenzen durch die halbe Pixelstufe beschränkt ist. Bandbeschränkte Funktionen sind glatt: Aufgrund des Satzes von Paley–Wiener sind sie ganz-analytisch, d.h. sie können in jedem Punkt beliebig oft differenziert werden, und die resultierende Taylorreihe konvergiert überall. In Anwendungen setzt man üblicherweise voraus, daß die ersten paar Ableitungen klein sind im Vergleich zu den Funktionswerten.

Man sieht, daß digital abgetastete Bilder die Originale gut wiedergeben; wir können deshalb annehmen, daß die Bilder glatt sind und durch bandbeschränkte Funktionen gut approximiert werden. Es ist eine wichtige Tatsache, daß „natürliche" Bilder eine charakteristisches Powerspektrum haben, bei dem die Energie in Abhängigkeit von der Frequenz $\omega \to \infty$ wie eine negative Potenz von ω abfällt. Dies kann bei Algorithmen der sogenannten *fraktalen* Bildsynthese ausgenutzt werden [6], die ein Bild strukturell so aufbauen, daß eine spezielle Einhüllende für das Powerspektrum erzeugt wird. Die dabei verwendeten Strukturen erscheinen in bemerkenswerter Weise realistisch. Durch Abschneiden des Powerspektrums erzeugt man dann bandbeschränkte Funktionen, und das sichtbare Ergebnis zeigt eine geringfügige Glättung der feinsten Strukturen.

Glattheit als Korrelation

„Glattheit" in diesem Zusammenhang kann als Korrelation benachbarter Pixel aufgefaßt

11.1 Bildkompression

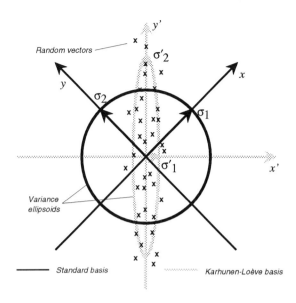

Bild 11.1 Die Varianzellipsoide für die Standardbasis und die Karhunen–Loève–Basis.

werden, wenn man diese als Zufallsvariable betrachtet. Wir benötigen dazu einige Definitionen aus der Wahrscheinlichkeitstheorie. Es sei $X = \{X_n : n = 1, \ldots, N\} \subset \mathbf{R}^d$ eine Familie von Vektoren. Wir schreiben

$$E(X) \stackrel{\text{def}}{=} \frac{1}{N} \sum_{n=1}^{N} X_n \qquad (11.1)$$

für den Mittelwert dieser Vektoren, d.h. für den *Erwartungswert* von x bezüglich der Menge X.

Es sei $\sigma(X) \subset \mathbf{R}^d$ der Vektor der *Standardabweichungen* der Koeffizienten von X, d.h.

$$\sigma(X)(k) = \left(\frac{1}{N} \sum_{n=1}^{N} [X_n(k) - E(X)(k)]^2 \right)^{1/2}. \qquad (11.2)$$

Unter dem *Varianzellipsoid* einer Familie X verstehen wir das Ellipsoid mit Mittelpunkt $E(X) \in \mathbf{R}^d$ und Halbachsen $\sigma(X)(1), \sigma(X)(2), \ldots, \sigma(X)(d)$ in Richtung der d Koordinatenachsen. Sein Volumen ist gegeben durch $\omega_d \times [\sigma(X)(1)] \times [\sigma(X)(2)] \times \cdots \times [\sigma(X)(d)]$, wenn ω_d das Volumen der Einheitskugel in $\mathbf{R}^d$ bezeichnet. Bild 11.1 zeigt, daß das Volumen des Varianzellipsoids stark von der Wahl der Koordinatenachsen abhängt. Die unten definierten *Karhunen-Loève-Koordinaten* minimieren dieses Volumen.

Ist die Familie X fest vorgegeben, so können wir oBdA annehmen, daß $\frac{1}{N} \sum_{n=1}^{N} X_n(k) = 0$ gilt für alle $k = 1, 2, \ldots, d$, also $E(X) = 0$; dies kann durch Subtraktion des Mittelwertes von jedem $X_1, X_2, \ldots, X_N$ erzielt werden. Damit ergibt sich eine einfachere Formel für $\sigma(X)$:

$$E(X) = 0 \Rightarrow \sigma(X)(k) = \left(\frac{1}{N} \sum_{n=1}^{N} X_n(k)^2\right)^{\frac{1}{2}}. \tag{11.3}$$

Das Varianzellipsoid ist damit im Ursprung zentriert.

Für die Totalvarianz der Familie X schreiben wir $\text{Var}(X)$. Dies ist die Summe der Quadrate der Koordinaten im Varianzvektor $\sigma(X) \in \mathbf{R}^d$. Mit anderen Worten gilt $\text{Var}(X) = \|\sigma(X)\|^2 \stackrel{\text{def}}{=} \sum_{k=1}^{d} \sigma(X)(k)^2$ oder

$$\text{Var}(X) = \sum_{k=1}^{d} \left[\frac{1}{N}\sum_{n=1}^{N} X_n(k)^2 - \left(\frac{1}{N}\sum_{n=1}^{N} X_n(k)\right)^2\right]. \tag{11.4}$$

Der *Korrelationskoeffizient* $C(X,Y)$ zweier Zufallsvariablen ist definiert durch die folgende Gleichung:

$$C(X,Y) = \frac{E(XY) - E(X)E(Y)}{\sqrt{(E(X^2) - E(X)^2)(E(Y^2) - E(Y)^2)}}. \tag{11.5}$$

Hierbei bezeichnet $E(XY) = \frac{1}{N}\sum_{n=1}^{N} X_n Y_n$ den Erwartungswert der Variablen xy, usw. Es gilt $0 \leq C(X,Y) \leq 1$, und $C(X,Y) = 0$, falls X und Y unabhängige Zufallsvariablen sind, d.h. falls die Kenntnis von X nichts über Y aussagt. Ebenso bedeutet $C(X,Y) = 1$, daß $X = Y$ fast sicher gilt.

Wir zeigen, daß der Korrelationskoeffizient benachbarter Pixel durch die Glattheit kontrolliert wird. Der Einfachheit halber betrachten wir den eindimensionalen Fall eines periodischen N-Pixel Bildes. Sei $x(n)$ das Pixel an der Stelle $n \in \{1, 2, \ldots, N\}$. Wir betrachten $\{1, 2, \ldots, N\}$ als Testraum, und definieren zwei Zufallsvariablen $X_n = x(n)$ und $Y_n = x(n+1)$, also benachbarte Pixelwerte, wobei $x(N+1) \stackrel{\text{def}}{=} x(1)$. OBdA können wir dabei annehmen, daß $\frac{1}{N}\sum_{n=1}^{N} x(n) = 0$. Dann gilt $E(X) = E(Y) = 0$ und $E(X^2) = E(Y^2)$, so daß sich der Nenner vereinfacht zu:

$$\sqrt{[E(X^2) - E(X)^2][E(Y^2) - E(Y)^2]} = E(X^2) \geq 0.$$

Wir setzen nun voraus, daß $x = \{x(n)\}$ *numerisch glatt* (*numerically smooth*) ist, d.h. daß die folgende Voraussetzung gilt:

$$0 \leq \delta \stackrel{\text{def}}{=} \max_{1 \leq n \leq N} \frac{|x(n+1) - x(n)|}{|x(n)| + |x(n+1)|} \ll 1. \tag{11.6}$$

Diese Annahme garantiert, grob gesprochen, daß $\Delta x(n) \stackrel{\text{def}}{=} x(n+1) - x(n)$ klein bleibt im Vergleich zu $|x(n)|$ für alle $n = 1, 2, \ldots, N$. Den Zähler von $C(X,Y)$ können wir dann folgendermaßen abschätzen:

$$
\begin{aligned}
x(n+1) &= x(n) + \Delta x(n) \\
&\Rightarrow x(n+1) \geq x(n) - \delta\left(|x(n)| + |x(n+1)|\right) \\
&\Rightarrow x(n+1)x(n) \geq x(n)^2 - \delta\left(|x(n)|^2 + |x(n+1)||x(n)|\right); \\
x(n) &= x(n+1) - \Delta x(n) \\
&\Rightarrow x(n) \geq x(n+1) - \delta\left(|x(n)| + |x(n+1)|\right) \\
&\Rightarrow x(n+1)x(n) \geq x(n+1)^2 - \delta\left(|x(n)||x(n+1)| + |x(n+1)|^2\right).
\end{aligned}
$$

11.1 Bildkompression

Durch Mitteln der beiden Ungleichungen ergibt sich:

$$\begin{aligned}x(n+1)x(n) &\geq \frac{1}{2}\left(x(n)^2 + x(n+1)^2\right) - \frac{\delta}{2}\left(|x(n)| + |x(n+1)|\right)^2 \\ &\geq \frac{1}{2}\left(x(n)^2 + x(n+1)^2\right) - \delta\left(|x(n)|^2 + |x(n+1)|^2\right) \\ &\Rightarrow E(XY) \geq E(X^2) - 2\delta E(X^2).\end{aligned}$$

Damit läßt sich der Korrelationkoeffizient folgendermaßen abschätzen:

$$1 \geq C(X,Y) \geq \frac{E(X^2) - 2\delta E(X^2)}{E(X^2)} = 1 - 2\delta. \tag{11.7}$$

Interpretieren wir $x(N+n)$ als $x(n)$ für $n = 1, 2, \ldots, k$ und $1 \leq k \leq N$, so ergibt sich in ähnlicher Weise, daß die Korrelationskoeffizienten zwischen weiter entfernten Pixeln ebenfalls in der Nähe von Eins liegen:

Proposition 11.1 *Ist $\frac{1}{N}\sum_{n=1}^{N} x(n) = 0$ und x numerisch glatt, so gilt für $X_n = x(n)$ und $Y_n = x(n+k)$, daß $1 \geq C(X,Y) \geq 1 - 2k\delta$.* □

Wegen $C(X,Y) = C(Y,X)$ können wir auch negative Werte für k zulassen, indem wir $|k|$ substituieren. Man beachte auch, daß $1 - 2|k|\delta \approx (1-\delta)^{2|k|} \stackrel{\text{def}}{=} r^{|k|}$, mit $r = (1-\delta)^2 \approx 1$.

Sind die Pixel stark korreliert, so ergibt sich eine niedrig–dimensionale Beschreibung des Bildes, die im wesentlichen alle unabhängigen Merkmale trifft. Bei der Transformationskodierung suchen wir eine Basis für diese Merkmale, in der die Koordinaten weniger stark korreliert oder sogar unkorreliert sind. In dieser neuen Basis konzentriert sich die Berechnung von Merkmalen auf viel weniger Koordinaten. Werden diese wenigen Koordinaten hinreichend genau approximiert, um Verzerrungseffekte zu vermeiden, so erhalten wir Datenkompression.

11.1.2 Bildkompression durch Transformationskodierung

Als eine spezielle Anwendung der bisher diskutierten Methoden adaptiver Wellenformen betrachten wir die Bildkompression durch Transformationskodierung. Das typische Schema hierfür ist in Bild 11.2 dargestellt. Es besteht aus drei Teilstücken:

- *Transformation:* Eine invertierbare oder „verlustfreie" Transformation, die wechselseitig abhängige Teile des Bildes dekorreliert;

- *Quantisierung:* Ein Prozeß, der die Transformationskoeffizienten durch kleine ganzzahlige Approximationen ersetzt. Prinzipiell werden alle Verzerrungseffekte durch „lossy" Kompression auf dieser Stufe verursacht;

- *Redundanzverminderung:* Ein invertierbarer Prozeß, der die Redundanz vermindert, oder ein *Entropiekodierer*, der die Folge der Transformationskoeffizienten in ein effizienteres Alphabet übersetzt, um asymptotisch der informationstheoretisch minimalen Bitrate nahezukommen.

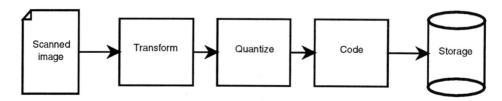

Bild 11.2 Allgemeiner Plan der Bildkompression durch Transformationskodierung.

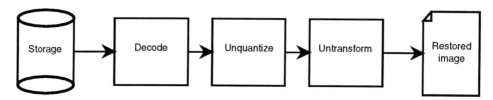

Bild 11.3 Inverser Prozeß für einen allgemeinen Transformationskodierer: Dekodierer.

Diese drei Teilprozesse sind in Bild 11.2 dargestellt.

Um ein Bild aus den kodierten, abgespeicherten Daten zurückzugewinnen, kehren wir die Schritte in Bild 11.2 um, was in Bild 11.3 dargestellt ist. Der erste und der dritte Block des Kompressionsalgorithmus sind in exakter Arithmetik genau invertierbar, aber der Block, der die Quantisierung rückgängig macht, erzeugt im allgemeinen nicht die gleichen Amplituden, die während der Kompression an den Quantisierungsblock übergeben wurden. Die so eingeführten Fehler können durch die Feinheit der Quantisierung (die die maximale Fehlergröße bestimmt) und durch Bewichtung (die die Fehler gewisser Amplituden auf Kosten anderer Amplituden reduziert) kontrolliert werden.

Wir wollen nun jede dieser Komponenten untersuchen.

Dekorrelation durch Transformation

Der erste Block eines Transformationskodierers führt für das Bild einen invertierbaren Koordinatenwechsel durch. Diese Transformation soll in reeller Arithmetik erfolgen und so genau berechnet werden, daß die dadurch eingeschleppten Fehler unterhalb des Quantisierungsfehlers aus dem Abtastprozeß liegen. Als Output dieses Blocks ergibt sich ein Vektor von reellen Zahlen. Auch den Output des Dekodierungsalgorithmus, der aus den kodierten Daten ein Bild erzeugt, betrachten wir als einen Vektor reeller Zahlen. Ein Vergleich dieses Vektors mit dem ursprünglichen Pixel–Vektor liefert dann ein Maß für den *Rekonstruktionsfehler* oder den *Verlust (lossiness)* bei der Kompression.

Einen Algorithmus der Bildkodierung betrachten wir als *verlustfrei (lossless)*, falls jedes Pixel des rekonstruierten Bildvektors von dem zugehörigen Pixel des usprünglichen Bildes höchstens um den Quantisierungsfehler des Abtastprozesses abweicht. Damit haben wir die folgende Aussage:

Proposition 11.2 *Sind Bitzahl pro Pixel und Anzahl der Pixel fest vorgegeben, so ist*

11.1 Bildkompression

jedes Schema einer Transformationskodierung mit einer stetigen Transformation verlustfrei, falls die Quantisierung hinreichend fein ist. □

Ist die Transformation linear und geht man von einer festen endlichen Bildgröße aus, so ist die Transformation auch stetig. Ist sie orthogonal, so ergibt sich eine äußerst einfache Beziehung zwischen dem Quantisierungsfehler und dem Rekonstruktionsfehler, die wir unten herleiten werden.

Wir betrachten sechs Pixeltransformationen, die sich für die Dekorrelation glatter Bilder als besonders nützlich erwiesen haben.

Karhunen–Loève. Die *Autokovarianzmatrix* einer Familie X ist definiert durch

$$A \stackrel{\text{def}}{=} E(\tilde{X} \otimes \tilde{X}); \qquad A(i,j) = \frac{1}{N} \sum_{n=1}^{N} \tilde{X}_n(i) \tilde{X}_n(j). \tag{11.8}$$

Hierbei haben wir $\tilde{X}_n \stackrel{\text{def}}{=} X_n - E(X)$ als den ursprünglichen Vektor, vermindert um den jeweiligen Mittelwert angesetzt. Damit gilt $E(\tilde{X}) = 0$. Der Matrixkoeffizient $A(i,j)$ entspricht damit der Kovarianz der i-ten und j-ten Koordinate des Zufallsvektors $\tilde{X}$. Die Matrix A ist offensichtlich symmetrisch. Sie ist auch positiv (genauer positiv definit), da für jeden Vektor $Y \in \mathbf{R}^d$ gilt:

$$\begin{aligned}
\langle Y, AY \rangle &= \sum_{i=1}^{d} \sum_{j=1}^{d} Y(i) A(i,j) Y(j) \\
&= \frac{1}{N} \sum_{n=1}^{N} \sum_{i=1}^{d} \sum_{j=1}^{d} Y(i) \tilde{X}_n(i) \tilde{X}_n(j) Y(j) \\
&= \frac{1}{N} \sum_{n=1}^{N} \langle Y, \tilde{X}_n \rangle^2 \geq 0.
\end{aligned}$$

Wir legen nun die Bildgröße fest, z.B. die Höhe H und die Breite W, so daß $d = H \times W$ Pixel vorliegen, und behandeln die einzelnen Pixel als Zufallsvariable. Unser Wahrscheinlichkeitsraum besteht dann aus einer endlichen Sammlung von Bildern $\mathcal{S} = \{S_1, S_2, \ldots, S_N\}$, wobei N eine große Zahl ist. Die Intensität des i-ten Pixels $S(i)$, $1 \leq i \leq d$, ist dann eine Zufallsvariable, die für jedes individuelle Bild $S \in \mathcal{S}$ einen reellen Wert annimmt.

Wie bei der Analyse glatter eindimensionaler Funktionen in Proposition 11.1 können wir die Korrelationen benachbarter Pixel über dem Wahrscheinlichkeitsraum berechnen. OBdA können wir dabei annehmen, daß $E(S) = 0$, d.h. $\frac{1}{N} \sum_{n=1}^{N} S_n(i) = 0$ für alle i gilt. Ist $X_n = S_n(i)$ der i-te Pixelwert des n-ten Bildes und $Y_n = S_n(j)$ der j-te Pixelwert des n-ten Bildes, so folgt

$$C(X,Y) = \frac{\frac{1}{N} \sum_{n=1}^{N} S_n(i) S_n(j)}{\left(\frac{1}{N} \sum_{n=1}^{N} S_n(i)^2\right)^{1/2} \left(\frac{1}{N} \sum_{n=1}^{N} S_n(j)^2\right)^{1/2}}. \tag{11.9}$$

Natürlich sind $i = (i_x, i_y)$ und $j = (j_x, j_y)$ hier Multiindizes. Der Zähler dieses Ausdrucks ergibt sich als die Autokovarianzmatrix der Familie der Bilder S. Ist diese Familie *stationär*, d.h. enthält sie zu jedem Bild auch die Translate des Bildes, so ist die Varianz jedes Pixels gleich. Der Zähler ist damit bezüglich i und j konstant, und es besteht kein Unterschied zwischen Autokovarianzmatrix und Matrix der Korrelationskoeffizienten.

Diese Notation der benachbarten Pixelkorrelation ist zu unterscheiden von derjenigen in Gleichung 11.5. Dort haben wir die Korrelation zweier Pixel mit festem Abstand berechnet, indem wir über alle Shifts einer einzelnen Funktion gemittelt haben, während wir hier die Korrelation zweier Pixel vorgegebener Positionen dadurch berechnen, daß wir über eine Gruppe verschiedener Funktionen mitteln. Der frühere Fall einer einzelnen Funktion ist natürlich stationär, oder shiftinvariant: Der Korrelationskoeffizient hängt nur vom Abstand $|i - j|$ zwischen den Pixeln ab. Den zweiten Fall können wir immer dadurch stationär machen, daß wir S dadurch vergrößern, daß wir alle periodisierten Shifts der Bilder mit einfügen. Dadurch wird zwar keine neue Information hinzugefügt, wir können dann aber die Autokovarianzmatrix mit unserem Modell der Korrelationskoeffizienten schätzen. Außerdem ergibt sich dann, daß A eine Faltungsmatrix ist: Es existiert eine Funktion f derart, daß $A(i,j) = f(|i - j|)$. Als Argument von f sind hierbei nichtnegative Werte zugelassen, weil $A(i,j) = A(j,i)$ eine symmetrische reelle Matrix ist.

Wegen benachbarter Pixelkorrelation glatter Bilder wird die Autokovarianzmatrix A in der Regel außerhalb der Diagonale nichtverschwindende Einträge haben. Weil A aber reell und symmetrisch ist, kann die Matrix diagonalisiert werden (vgl. [2], Theorem 5.4, S.120, wo ein Beweis für diese allgemeine Tatsache gegeben wird). Weil A positiv semidefinit ist, sind alle Eigenwerte reell und nichtnegativ. Sei K die orthogonale Matrix, die A diagonalisiert; dann ist K^*AK diagonal, und K nennt man die *Karhunen–Loève–Transformation* oder auch die *Hauptachsen–Transformation*. Die Spalten von K sind dann die Vektoren der Karhunen–Loève–Basis für die Familie S, oder äquivalent für die Matrix A. Die Anzahl der positiven Eigenwerte auf der Diagonalen von K^*AK entspricht der tatsächlichen Anzahl unkorrelierten Parameter, oder der Zahl der Freiheitsgrade in unserer Familie von Bildern. Jeder Eigenwert entspricht der Varianz seines Freiheitsgrades. K^*S_n entspricht der Darstellung von S_n bezüglich dieser unkorrelierten Parameter: Kompression erhält man nunmehr, indem man diese niedrigere Anzahl von Koordinaten überträgt.

Unglücklicherweise ist diese Methode wegen der beträchtlichen Rechenzeit nicht praktikabel. Für typische Bilder liegt d im Bereich 10^4 bis 10^6. Um A zu diagonalisieren und K zu finden, sind im allgemeinen $O(d^3)$ Operationen notwendig. Außerdem erfordert eine Anwendung von K^* auf jedes Bild im allgemeinen $O(d^2)$ Operationen. Wir werden deshalb genäherte Versionen dieses Algorithmus von niedrigerer Komplexität in Abschnitt 11.2 diskutieren. Unter vereinfachenden Annahmen erhalten wir jedoch eine schnell zu berechnende Modifikation für die volle Karhunen–Loève–Transformation. Dazu nehmen wir an, daß die Autokovarianzmatrix der Familie S glatter Bilder von der folgenden Form ist:

$$A(i,j) = r^{|i-j|}, \tag{11.10}$$

wobei der Koeffizient r als Korrelationskoeffizient benachbarter Pixel die Eigenschaft $0 < 1 - r \ll 1$ besitzt. Der Ausdruck $|i - j|$ steht für $|i_r - j_r| + |i_c - j_c|$, wenn i_r

11.1 Bildkompression

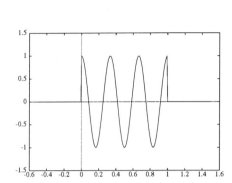
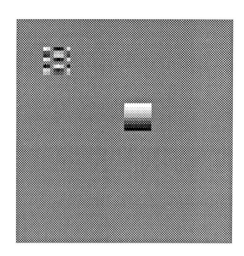

Bild 11.4 Beispiel einer DCT Basisfunktion in einer und in zwei Dimensionen.

und i_c den Zeilen- bzw. Spaltenindex des Pixels i, und entsprechend für j, bezeichnet. Erfahrungsgemäß trifft diese Annahme die Realität ziemlich gut, falls wir kleine Bereiche von großen Familien fein abgetasteter glatter Bilder betrachten.

DCT Methoden und JPEG. Für den Grenzfall $d \to \infty$ kann man die Karhunen–Loève-Basis für die Autokovarianzmatrix in Gleichung 11.10 exakt berechnen. In diesem Fall ist A die Matrix einer zweidimensionalen Faltung mit einer geraden Funktion, so daß sie durch die zweidimensionale diskrete Cosinus–Transformation diagonalisiert wird. Die Basisfunktionen für diese Transformation in einer und in zwei Dimensionen sind in Bild 11.4 dargestellt. Dieser Grenzfall einer Transformation kann statt der exakten Karhunen–Loève–Basis benutzt werden; zusätzlich hat man den Vorteil, daß die Transformation schnell zu berechnen ist durch die schnelle DCT, eine Variante der schnellen Fouriertransformation. Der Algorithmus [1, 109] der Joint Photographic Experts Group (JPEG) verwendet diese Transformation bei einer weiteren Vereinfachung: d hat den Wert 64, indem 8×8 Teilblöcke des Bildes verwendet werden.

Überlappende orthogonale oder lokale trigonometrische Transformationen. Schneidet man 8×8 Blöcke aus einem Bild heraus, so erzeugt man Artefakte entlang der Blockränder, die man später wieder ausbessern muß. Man kann dieses Problem auch innerhalb des Transformationsblocks des Kodierers beheben. Statt disjunkte Blöcke wie bei JPEG zu verwenden, kann man auf „lokalisierte" oder „überlappende" (aber weiterhin orthogonale) diskrete Cosinusfunktionen zurückgreifen, deren Träger in überlappenden Anteilen des Bildes liegt. Diese *lokalen Cosinus–Transformationen* (LCT, wie in [24]) oder *überlappenden orthogonalen Transformationen* (LOT, wie in [74]) sind Modifikationen der DCT und in Kapitel 4 beschrieben. Die Basisfunktionen unterscheiden sich von denen der DCT-IV Transformation, d.h. der diskreten Cosinus–Transformation mit Gitterpunkten und Frequenzen in $\frac{1}{2}\mathbf{Z}$, hauptsächlich dadurch, daß sie mit einem glatten Fenster multipliziert werden. Bild 11.5 zeigt ein- und zweidimensionale Versionen solcher Funktionen,

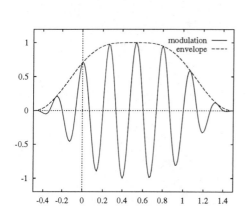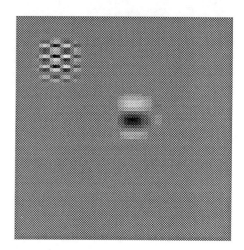

Bild 11.5 Beispiel einer LCT Basisfunktion in einer und in zwei Dimensionen.

wobei d groß genug gewählt ist, um den Glättungseffekt zu verdeutlichen. Überlappende Funktionen dieser Form sind deshalb orthogonal, weil die Frequenzindizes halbzahlig sind. In Kapitel 4 haben wir beschrieben, wie man beliebige periodische Funktionen, allerdings von einer anderen Gestalt, verwenden kann. Die Formeln für glatte überlappende Basisfunktionen in zwei Dimensionen sind Tensorprodukte der Formeln in einer Dimension; sie sind in Kapitel 9 beschrieben.

Statt innere Produkte mit den Folgen ψ_k zu berechnen, können wir die Daten so vorbehandeln, daß schnelle standardisierte DCT-IV Algorithmen angewendet werden können. Anschaulich entspricht dies einem In–das–Intervall–„Zurückfalten" der überlappenden Teile; die Formeln sind in Kapitel 4 beschrieben, und sie erfordern nur $2d$ Operationen bei der Implementierung eines d-Pixel Bildes. LOT hat damit die gleiche Komplexität wie DCT.

Adaptive Cosinusblöcke und lokale Cosinusfunktionen. Man kann auch einen Bibliotheksbaum von Block–LCT–Basen (oder Block–DCT–Basen) bauen und diesen nach dem Minimum einer Kostenfunktion absuchen. Die so gewählte *beste LCT-Basis* ist dann eine Sammlung von Blöcken verschiedener Größe, die den unterschiedlichen, im Bild enthaltenen Strukturen angepaßt sind. Ein Beispiel von zwei solchen Funktionen ist in Bild 11.6 dargestellt.

Zusätzlich zu den Koeffizienten der Transformation müssen wir auch die Beschreibung der gewählten Blöcke übertragen. Dies ist in Kapitel 9, Abschnitt 9.2.1 diskutiert.

Gewöhnliche Subbandkodierung. Man kann als zugrundeliegende Basisfunktionen auch Produkte von eindimensionalen Wavelets und Wavelet–Paketen wählen. Kombiniert man diese Funktionen in zwei Variablen, so erzeugen sie zweidimensionale Wavelets und Wavelet–Pakete wie in Bild 11.7 und 11.8. Superpositionen solcher Basisfunktionen erzeugen Strukturen und andere Bildmerkmale, wie man in Bild 11.9 erkennt.

Die zugrundeliegenden Funktionen unterscheiden sich in den örtlichen Frequenzen, die

11.1 Bildkompression

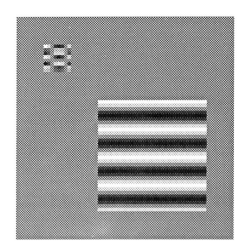
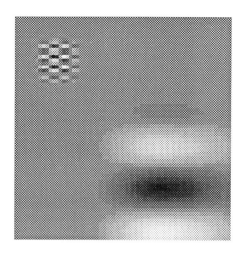

Bild 11.6 Beispiel einer adaptiven DCT und LCT Basisfunktion in zwei Dimensionen.

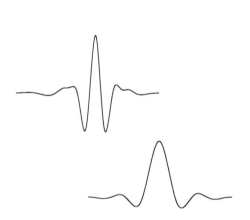
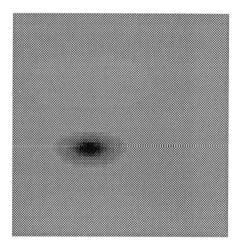

Bild 11.7 Wavelets in einer und in zwei Dimensionen.

durch Filtern extrahiert werden. Eine Bild S kann so in orthogonale örtliche *Frequenzsubbänder* zerlegt werden, indem man wiederholt ein Paar von Digitalfiltern anwendet, nämlich ein Hochpaß- und ein Tiefpaß-Filter mit wechselseitigen Orthogonalitätseigenschaften. Sind H bzw. G Tiefpaß-Anteil und Hochpaß-Anteil konjugierter Quadraturfilter (CQFs) auf eindimensionalen Signalsequenzen, so können durch H und G vier zweidimensionale Faltungs–Dezimations–Operatoren definiert werden, nämlich die Tensorprodukte des Paars konjugierter Quadraturfilter: $F_0 \stackrel{\text{def}}{=} H \otimes H$, $F_1 \stackrel{\text{def}}{=} H \otimes G$, $F_2 \stackrel{\text{def}}{=} G \otimes H$, $F_3 \stackrel{\text{def}}{=} G \otimes G$. Diese Faltungs–Dezimationen haben adjungierte Operatoren F_i^*, $i = 0, 1, 2, 3$. Ihre Orthogonalitätsrelationen ergeben sich aus Gleichung 9.1, wenn man diese

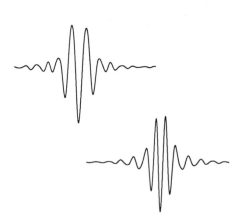 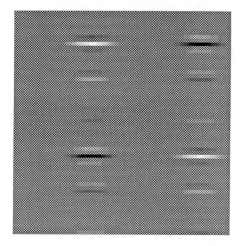

Bild 11.8 Wavelet–Pakete in einer und in zwei Dimensionen.

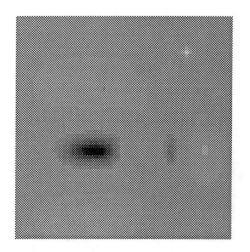 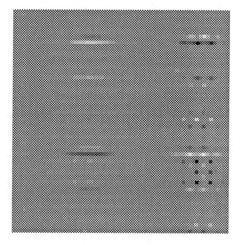

Bild 11.9 Superpositionen: drei Wavelets, drei Wavelet–Pakete.

auf vier Operatoren einschränkt.

Da die konjugierten Quadraturfilter H und G im fouriertransformierten Raum eine Teilung der Eins darstellen, ergibt sich die gleiche Ausssage für die separablen Filter F_i. Man kann dies dadurch beschreiben, daß man die Trägermenge der Fouriertransformierten $\hat{S}$ des Bildes in dyadische Quadrate aufteilt. Für idealisierte Filter perfekter Schärfe wäre dies tatsächlich so, und die Kinder von S würden zu den vier dyadischen Teilquadraten der nächsten Stufe gehören. Diesen Fall beschreibt Bild 11.10.

Alle Subbänder zusammen bilden einen *Viererbaum*, in dem jeder Unterraum einen Knoten darstellt und gerichtete Kanten von den Vorläufern auf die Nachkommen zeigen.

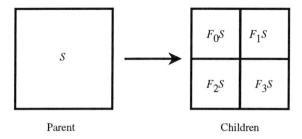

Bild 11.10 Vier Subband–Nachfolger eines Bildes.

Die Orthogonalitätsbeziehung zwischen den Unterräumen impliziert, daß jeder zusammenhängende Teilbaum, der das Bild zur Wurzel enthält, einer orthonormalen Subbandzerlegung des ursprünglichen Bildes entspricht, die durch die Blätter des Unterbaumes bestimmt ist. Individuelle Unterbänder stehen dabei in eineindeutiger Beziehung zu rechteckigen Gebieten im Frequenzbereich, und der Viererbaum stapelt diese Gebiete sozusagen übereinander. Verschiedene orthogonale Subbandbasen können in idealisierter Weise als disjunkte Überdeckungen des Frequenzraums durch Quadrate betrachtet werden: Die Gestalt der Gebiete bleibt erhalten, da beide Seiten halbiert werden, wenn wir eine Stufe weitergehen. Einige wenige solcher Basen sind in Bild 9.14 in Kapitel 9 schematisch dargestellt.

Beste Basis von Wavelet–Paketen. Man erkennt, daß die Waveletbasis, die FBI WSQ-Basis und die üblichen Basen der Subband–Bildkodierung alles gewöhnliche Wavelet-Paket-Basen sind, die damit gewöhnliche Subbandkodierungsschemata ergeben. Man kann aber auch ein Schema für eine Klasse von Bildern finden, indem man für jedes Element die zweidimensionale beste Basis von Wavelet–Paketen bestimmt und dann die simultan beste Basis heraussucht. Im Fall von Fingerabdrücken hat das FBI viele Beispiele bezüglich der jeweils besten Basen entwickelt, bevor die feste WSQ-Basis ausgewählt wurde; diese Vorgehensweise begründet das Vertrauen in die Effektivität dieser festen Wahl. Niedrige Komplexität und Umgehen des Patentschutzes für die resultierende Transformation der festen Basis rechtfertigen das Risiko, in einigen außergewöhnlichen Fällen schlechte Kompression zu erhalten. Es ist jedoch möglich, für jedes individuelle Bild eine beste Wavelet–Paket-Basis zu verwenden, wie wir dies in Kapitel 8 und 9 diskutiert haben. In diesem Falle müssen wir zusammen mit den Koeffizienten die Basisbeschreibung liefern; dieser Aufwand kann aber mit den zuvor beschriebenen Methoden auf ein Minimum beschränkt werden.

Quantisierung

Der zweite („Quantisierungs-") Block des Schemas der Kompression durch Transformationskodierung ersetzt die reellen Koordinaten durch weniger genaue Approximationen, die durch eine kleine endliche Anzahl von Digitalstellen kodiert werden können. Der Output dieses Blocks ist eine Folge ganzer Zahlen. War der Transformationsschritt effizient, so sind die meisten der Output–Zahlen sehr klein (im wesentlichen gleich Null) und

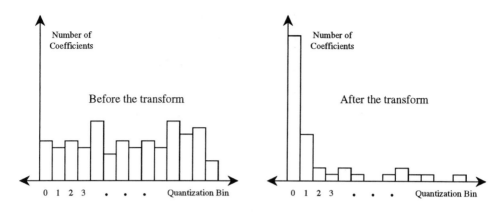

Bild 11.11 Anzahl der Koeffizienten pro Quantisierungsbin, vor und nach einem effektiven Transformationsschritt.

können deshalb weggelassen werden, während nur einige wenige dieser Output–Zahlen groß genug sind, um weiter berücksichtigt zu werden. Die beiden Darstellungen in Bild 11.11 zeigen, wie die Koeffizienten in sogenannte *Quantisierungsbins (quantization bins)* fallen, die durch kleine ganze Zahlen indiziert sind, und zwar vor und nach einem effizienten Transformationsschritt. Wollen wir den Rang der Darstellung reduzieren, so können wir an dieser Stelle abbrechen, nur diejenigen Werte berücksichtigen, die zu den nicht zu vernachlässigenden Amplituden gehören, und sie mit einigen Identifizierungsmerkmalen kennzeichnen.

Nicht alle Koeffizienten brauchen mit der gleichen Anzahl von Bins quantisiert zu werden. Sind die Bilder z.B. für die Betrachtung durch das menschliche Auge vorgesehen, so können wir unser Wissen über das Erkennen von Verzerrungen mit unserem Wissen über Eigenschaften unserer Synthesefunktionen verbinden und Quantisierungsfehler dort konzentrieren, wo sie am wenigsten sichtbar sind. Bei üblichen Subband–Kodierungsschemata kann man dies leicht vornehmen, da die Synthesefunktionen innerhalb eines Subbands durch ihre örtlichen Frequenzen charakterisiert sind und letztere wiederum im wesentlichen dafür verantwortlich sind, wie gut die Funktionen sichtbar werden. So können wir weniger Bins und gröbere Quantisierung in den Subbändern höherer Frequenz verwenden, wo die Fehler nicht so gut zu erkennen sind. Auch in anderen Fällen, wie z.B. Maschinen zur automatischen Detektion, Klassifikation und Erkennung von Bildern, kann die Quantisierung so angepaßt werden, daß man Bildmerkmale erhält oder sogar betont, die als wichtig erkannt sind. Im FBI–WSQ–Fall sind diejenigen Subbänder feiner quantisiert, die die Häufigkeit der Poren und den Abstand der Fingerrillen beschreiben, und dies unterstützt sowohl die Systeme für die automatische Identifizierung eines Fingerabdrucks, als auch die Personen, die Fingerabdrücke untersuchen. Bei der Kompression mit individueller bester Basis mag es notwendig sein, die komprimierten Bilddaten mit einer Quantisierungstabelle zu versehen. Der JPEG Standard [1] läßt ebenfalls für jedes Bild eine individuelle Quantisierungstabelle zu, um das Verhalten des Prozesses bei außergewöhnlichen Bildern zu verbessern.

Man kann die Quantisierung auch dadurch variieren, daß man verschiedene Bin–Zahlen für verschiedene Gruppen von Koeffizienten vorsieht, in Abhängigkeit von der Varianz der Koeffizienten. Empirisch kann die Varianz für eine Gruppe von Koeffizienten aus einem individuellen Bild berechnet werden, indem man z.B. alle Koeffizienten innerhalb eines Subbandes betrachtet, oder man kann die Varianz jedes Koeffizienten durch ein Modell bestimmen, das die Familie der Bilder, die wir komprimieren wollen, beschreibt. Im ersten Fall müssen wir eine Tabelle der *Bit-Verteilung* zusammen mit dem komprimierten Bild übertragen, so daß wir ziemlich große Gruppen von Koeffizienten wählen sollten, um den zusätzlichen Aufwand niedrig zu halten. Im zweiten Fall ist das Schema der Bit-Verteilung festgelegt und sowohl dem Sender, als auch dem Empfänger bekannt, so daß kein zusätzlicher Aufwand nötig ist.

Verminderung der Redundanz

Das Ziel ist es, die Anzahl der übertragenen oder gespeicherten Bits zu reduzieren, so daß wir nach der Quantisierung die Folge der Bin-Indizes bezüglich der größten Effizienz kodieren sollten. Der dritte Block („Verringerung der Redundanz") ersetzt die Folge ganzer Zahlen durch ein effizienteres Alphabet mit Charaktern variabler Länge. In diesem Alphabet sind die oft auftretenden Buchstaben (wie z.B. „0") kompakter dargestellt als seltene Buchstaben.

Der Huffman–Algorithmus ([104], S.39ff) oder einer seiner Varianten kann für Entropie-Kodierung benutzt werden. Man betrachtet dabei den Input als eine Folge von unabhängigen Bernoulli-Stichproben mit bekannter oder empirisch bestimmter Verteilungsfunktion; man wählt ein neues Alphabet, um die erwartete Länge des Outputs zu minimieren. Wir gehen davon aus, daß der Transformationsschritt die Koeffizienten in der Weise dekorreliert hat, daß sie von einer Folge unabhängiger Zufallsvariablen kaum zu unterscheiden sind. Diese Annahme trifft nicht zu, wenn lange Folgen von Nullen auftreten, was aber durch die Einführung von speziellen Kodewörtern für übliche Folgenlängen berücksichtigt werden kann. Eine solche Technik wird in der Beschreibung des FBI WSQ–Algorithmus verwendet, da gewisse Subbänder erwartungsgemäß fast vollständig zu Null quantisiert werden.

11.2 Schnelle genäherte Faktoranalyse

Für die nun zu beschreibenden Algorithmen gibt es viele Bezeichnungen: Die üblichsten hierunter sind: *Faktoranalyse, Hauptachsen-Transformation, Singulärwertzerlegung* und *Karhunen-Loève-Transformation*. Man kann dies algebraisch interpretieren, indem man die Eigenwerte einer Matrix sucht, oder auch analytisch, indem man das Minimum einer Kostenfunktion über der Menge der orthogonalen Matrizen bestimmt. Die erste Interpretation ist vorzuziehen, wenn man eine exakte Lösung haben möchte, sie hat aber eine hohe arithmetische Komplexität. Der Minimierungsansatz führt zu einem Algorithmus niedriger Komplexität, der das Minimum näherungsweise bestimmt, es aber nicht exakt trifft.

Orthogonale Zerlegung kann zur Lösung zweier verwandter Probleme benutzt werden: Unterscheidung von Elementen innerhalb einer Familie durch Vornehmen von d Messungen, und Invertieren einer komplizierten Abbildung aus einem p-parametrigen Konfigurationsraum in einen d-dimensionalen Raum von Meßwerten. Ist d größer als z.B. 1000, so wird der klassische $O(d^3)$-Algorithmus für die Singulärwertzerlegung sehr aufwendig, er kann aber ersetzt werden durch eine genäherte Methode der besten Basis der Komplexität $O(d^2 \log d)$. Dies kann wiederum dazu benutzt werden, genäherte Jacobi–Matrizen für komplizierte Abbildungen von $\mathbf{R}^p \to \mathbf{R}^d$ zu berechnen, für den Fall $p \ll d$.

Wir betrachten das Problem, wie man Elemente aus einer Familie möglichst effizient dadurch unterscheidet, daß man d Messungen vornimmt. Im allgemeinen benötigt man alle d gemessenen Werte, um ein Element voll zu spezifizieren. Sind die Messungen aber korreliert, so kann man mit weniger Information auskommen. Sind die Objekte z.B. durch eine kleine Anzahl $p \ll d$ von Parametern parametrisiert, so unterscheiden die d Messungen diese Objekte in einer redundanten Weise. Wir können damit im d-dimensionalen Raum der Meßwerte lokal eine Basisänderung vornehmen, um eben p Kombinationen von Meßwerten zu finden, die von den p Parametern abhängen. Diese Idee kann auch bei einer größeren Anzahl von Parametern verwendet werden, falls nur p dieser Parameter relativ wichtig sind.

Man beachte den Zusammenhang zwischen dem Problem der Unterscheidung von Elementen und dem Problem, eine komplizierte Abbildung von $\mathbf{R}^p$ nach $\mathbf{R}^d$ zu invertieren. Beim ersten Problem müssen wir ein diskretes Objekt finden, wobei die Beschreibung in $\mathbf{R}^d$ vorgegeben ist. Im zweiten Fall müssen wir die Parameter in $\mathbf{R}^p$ aus der Beschreibung in $\mathbf{R}^d$ bestimmen. Beide Probleme sind identisch, falls die Familie der Objekte dadurch erzeugt wurde, daß die komplizierte Abbildung in diskreten Gitterpunkten in $\mathbf{R}^p$ ausgewertet wurde.

Die Kombinationen der Meßwerte, die die zugrundeliegenden Parameter bestimmen, heißen *(orthogonale) Hauptkomponenten* oder *Faktoren*; sie haben eine präzise Bedeutung, und die wohlbekannten gutartigen Methoden der *Singulärwertzerlegung* oder *SVD* erzeugen sie mit beliebig hoher Genauigkeit. SVD hat jedoch eine Komplexität der Asymptotik $O(d^3)$, so daß diese Methode für Probleme, in denen d größere Werte als 1000 annimmt, nicht praktikabel ist. In diesem Abschnitt beschreiben wir zunächst den klassischen Algorithmus für die Bestimmung der Hauptfaktoren, und geben dann einen Algorithmus geringerer Komplexität an für die *näherungsweise Bestimmung der Hauptfaktoren*. Letzteren Algorithmus werden wir dann in Beispielen auf die beiden erwähnten Probleme anwenden.

Die Karhunen–Loève–Transformation

Die *Hauptachsen-* oder *Karhunen–Loève–Koordinaten* für eine Menge $X = \{X_n \in \mathbf{R}^d : n = 1, \ldots, N\}$ entsprechen derjenigen Wahl der Koordinatenachsen in $\mathbf{R}^d$, die das Volumen des Varianzellipsoids aus Bild 11.1 minimiert. Diese Achsen entsprechen den Eigenvektoren der Autokovarianzmatrix $A = E(\tilde{X} \otimes \tilde{X})$ der Vektoren, die wir in Gleichung 11.8 definiert haben. Da diese Matrix positiv semidefinit ist, können wir eine Orthonormalbasis von $\mathbf{R}^d$ aus Eigenvektoren finden, und die zugehörigen Eigenwerte sind reell und nichtnegativ. Wir wissen damit, daß eine *Karhunen–Loève-Basis* für X sicher existiert; dies ist die Orthonormalbasis von Eigenvektoren für A.

Die Eigenvektoren der Karhunen–Loève-Basis nennt man auch *orthogonale Hauptkomponenten* oder *Hauptfaktoren*, ihre Berechnung für vorgegebenes X nennt man *Faktoranalyse*. Da die Autokovarianzmatrix für die Karhunen–Loève-Eigenvektoren diagonal ist, sind die Karhunen–Loève-Koordinaten der Vektoren im Stichprobenraum X unkorrelierte Zufallsvariablen. Diese Basisvektoren wollen wir mit $\{Y_n : n = 1, \ldots, N\}$ bezeichnen, und K setzen wir für die $d \times d$-Matrix, deren Spaltenvektoren durch die Vektoren $Y_1, \ldots, Y_N$ gegeben sind. Die Adjungierte K^* von K ist die Matrix, die den Wechsel von den Standardkoordinaten in die Karhunen–Loève-Koordinaten beschreibt; diese Abbildung heißt die *Karhunen–Loève-Transformation*.

Das Auffinden dieser Eigenvektoren macht eine Diagonalisierung einer Matrix der Dimension d erforderlich, was ein Prozeß der Komplexität $O(d^3)$ ist. Hat man einmal die Karhunen–Loève-Eigenvektoren für eine Menge berechnet und will man die Basis mit weiteren Zufallsvektoren ergänzen, so sind weitere $O(d^3)$ Operationen notwendig, da eine weitere Diagonalisierung durchgeführt werden muß.

Diese hohe Komplexitätsordnung setzt eine Grenze für die Dimension der Probleme, die wir mit dieser Methode behandeln können. In vielen interessanten Fällen ist d sehr groß, und X erzeugt $\mathbf{R}^d$, so daß $N \geq d$ gelten muß. Um schon die Koeffizienten der Autokovarianzmatrix zu bestimmen, sind $O(d^3)$ Operationen notwendig. Dies bedeutet heutzutage, daß wir beim Einsatz üblicher Arbeitsplatzrechner an die Grenze $d \leq 10^3$, und beim Einsatz von sehr leistungsfähigen Rechnern an die Grenze $d \leq 10^4$ stoßen.

Wir wollen deshalb in anderer Weise vorgehen. Das Problem der Auffindung der Karhunen–Loève-Eigenvektoren fassen wir als ein Optimierungsproblem auf über der Menge der Orthogonaltransformationen auf der ursprünglichen Menge X. Die Meßgröße, die dabei maximiert werden soll, ist der *Gewinn durch die Transformationskodierung*, oder der Kompressionsgewinn durch Wahl einer anderen Basis zur Darstellung der Menge. Der Gewinn wird vergrößert, falls das Volumen des Varianzellipsoids abnimmt, und ist damit bei der Karhunen–Loève-Transformation maximal. Eine genäherte Karhunen–Loève-Transformation erhalten wir durch jede effiziente Transformation, die diesen Gewinn signifikant vergrößert, selbst wenn wir dabei nicht das Maximum treffen.

Ein anderer Zugang wäre der, daß wir eine Distanzfunktion einführen auf der Menge der Orthonormalbasen von $\mathbf{R}^d$, die Karhunen–Loève-Basis als einen bestimmten Punkt in dieser Menge behandeln und dann versuchen, eine effizient zu berechnende Basis zu finden, die in der Nähe der Karhunen–Loève-Basis liegt.

Eine Metrik auf den orthogonalen Matrizen

Wir betrachten Bild 11.12, das schematisch alle Orthonormalbasen von $\mathbf{R}^d$ darstellt. Diese können mit gewissen Transformationen in $\mathbf{R}^d$ identifiziert werden, nämlich mit den orthogonalen $d \times d$-Matrizen. Die mit „x" gekennzeichneten Punkte stellen Basen in einer Bibliothek schneller Transformationen dar. Der Punkt „o" entspricht der orthogonalen oder Karhunen–Loève-Basis für eine gegebene Menge von Vektoren. „xx" entspricht

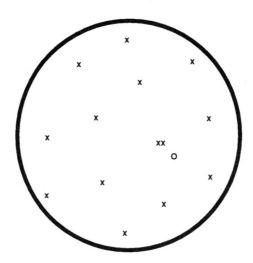

x = schnelle Transformationsbasen;   o = Karhunen–Loève–Basis;
xx = beste schnelle Basis.

Bild 11.12 Orthonormalbasen für $\mathbf{R}^d$.

dann derjenigen schnellen Transformation, die am nächsten an der Karhunen–Loève–Basis liegt.

Es sei U eine orthogonale $d \times d$-Matrix, und wir schreiben $Y = UX$ als Kurzschreibweise für $Y_n = UX_n$ für alle $n = 1, 2, \ldots, N$. Aus der Linearität von U folgt $E(Y) = E(UX) = UE(X)$, und dies ist Null, falls wir mit $E(X) = 0$ starten. Wegen der Orthogonalität von U werden Quadratsummen erhalten, so daß $\mathrm{Var}(X) = \mathrm{Var}(Y)$ gilt. Verwendet man nun Wavelet–Pakete oder adaptive lokale trigonometrische Funktionen, so kann man auf diese Weise eine Bibliothek von mehr als 2^d schnellen Transformationen U von $\mathbf{R}^d$ aufbauen, die wir als unsere „x"-Punkte ansehen. Die Konstruktion unter der Verwendung von Wavelet–Paketen werden wir näher beschreiben. Diese Transformationen werden mit einer Struktur versehen, die es uns erlaubt, die zum „o"-Punkt nächste Transformation in $O(d \log d)$ Operationen zu finden. Das dabei verwendete Abstandsmaß leiten wir von der Funktion ab, die durch die Karhunen–Loève–Transformation minimiert wird.

Wie in [61] definieren wir den *Gewinn der Transformationskodierung (transform coding gain)* durch eine orthogonale Matrix über die Formel

$$G_{TC}(U) = \mathrm{Var}(UX)/\exp H(UX) \quad \text{mit} \quad H(X) = \frac{1}{d} \sum_{i=1}^{d} \log \sigma(X)(i). \qquad (11.11)$$

Damit wird $G_{TC}(UX)$ maximal, falls $H(UX)$ minimal ist. H kann auf verschiedene Weisen interpretiert werden. Es ist die Entropie der direkten Summe der d unabhängigen Gaußschen Zufallsvariablen mit Varianzen $\sigma(X)(i)$, $i = 1, \ldots, d$. Es entspricht auch dem Logarithmus des Volumens für das Varianzellipsoid (falls wir $\log \omega_d$ addieren); wir sehen also, daß Minimieren von $H(UX)$ oder Maximieren von $G_{TC}(UX)$ äquivalent dazu

11.2 Schnelle genäherte Faktoranalyse

ist, das Volumen des Varianzellipsoids für die Menge UX bezüglich aller orthogonaler Matrizen U zu minimieren.

Die Karhunen–Loève–Transformation stellt ein globales Minimum für H dar; unter der besten Approximation an die Karhunen–Loève–Transformation aus einer Bibliothek $\mathcal{U}$ orthogonaler Matrizen verstehen wir das Minimum von $H(UX)$ unter der Restriktion $U \in \mathcal{U}$. Unter einem Algorithmus für die *genäherte Faktoranalyse* verstehen wir die Suche nach der Basis in einer Bibliothek von Orthonormalbasen, für die H am nächsten bei dem betreffenden Wert der Karhunen–Loève–Basis liegt. Ist die Basisbibliothek so organisiert, daß eine schnelle Suche erleichtert wird, so dürfen wir das Ergebnis einen *schnellen genäherten Karhunen–Loève–Algorithmus* nennen.

Die „Nähe" einer Basis U zur Karhunen–Loève–Basis K kann dadurch gemessen werden, daß wir den Transformationskodierungsgewinn von U berechnen und von demjenigen von K abziehen. Dies liefert uns eine *Metrik für den Transformationskodierungsgewinn*:

$$dist_X(U,V) = |H(UX) - H(VX)|.$$

Man beachte dabei, daß man für jede Menge X eine andere Metrik erhält. Dies ist eine entartete Metrik auf der orthogonalen Gruppe, da Basen mit dem gleichen Transformationskodierungsgewinn für X den Abstand Null haben. Dieser Nachteil könnte durch eine Quotientenbildung behoben werden, indem solche Basen als äquivalent betrachtet werden.

Da $H(VX)$ für die Karhunen–Loève–Basis $V = K$ minimal ist, führt das Minimumproblem für $H(UX)$ über schnellen Transformationen U zur äquivalenten Aufgabe, den Abstand $dist_X(U,K)$ zu minimieren: Man findet die nächste schnelle Transformation für diese Menge im Sinne der Transformationskodierung.

Die Entropiemetrik

Für eine orthogonale $d \times d$-Matrix U definieren wir die *Entropie* als

$$\mathcal{H}(U) = -\sum_{i=1}^{d} \sum_{j=1}^{d} |U(i,j)|^2 \log\left(|U(i,j)|^2\right). \tag{11.12}$$

Die beiden Ungleichungen

$$0 \leq \mathcal{H}(U) \leq d \log d, \tag{11.13}$$

sind elementare Folgerungen von Eigenschaften der Entropie einer Verteilungsfunktion und der Tatsache, daß die Quadratsumme der Elemente jeder der d Spalten von U gleich Eins ist. $\mathcal{H}$ ist ein Funktional auf $\mathbf{O}(d)$, der kompakten Lie–Gruppe der orthogonalen linearen Transformationen auf $\mathbf{R}^d$, und kann zur Definition einer Distanzfunktion verwendet werden.

Die *Entropiemetrik* der orthogonalen Gruppe ist die Funktion

$$dist(U,V) = \mathcal{H}(U^*V)$$

für $U, V \in \mathbf{O}(d)$. Diese Funktion addiert die Entropie der Koordinaten der Basisvektoren von V, wenn man sie in der Basis U entwickelt.

Man erkennt $\mathcal{H}(I) = 0$ für die Einheitsmatrix I und $\mathcal{H}(U^*) = \mathcal{H}(U)$. Diese beiden Eigenschaften von $\mathcal{H}$ liefern $dist(U,U) = 0$ und $dist(U,V) = dist(V,U)$. Weiter gilt die Dreiecksungleichung: $dist(U,V) \leq dist(U,W) + dist(W,V)$.

11.2.1 Die genäherte KL–Transformation

Wir wenden uns nun der riesigen Bibliothek schnell berechenbarer orthonormaler Wavelet–Paket–Basen zu; diese haben wir konstruiert, um das schnelle Anwachsen der Anzahl der Unterbäume in einem Binärbaum vorteilhaft auszunutzen. Dabei beschränken wir unser Interesse auf Wavelet–Pakete; dieses Beispiel kann leicht auf andere adaptive Wavelet–Entwicklungen nach genäherten Karhunen–Loève–Basen verallgemeinert werden.

Es seien H und G konjugierte orthogonale QFs. Wir starten mit einem Signal $x = \{x(j) : j = 0, 1, \ldots, d-1\}$ von $d = M2^L$ Abtastwerten und wenden rekursiv H und G insgesamt L-mal an, um so eine vollständige Wavelet–Paket–Analyse der Tiefe L zu erhalten. Die sich hieraus ergebenden Folgen ordnen wir in einem Binärbaum an, der nun sehr viele Basisteilmengen enthält. Zum Beispiel liefert jeder Graph eine andere Orthonormalbasis.

Für das Signal X_n werde die Koeffizientenfolge in Block f und Stufe s des Baumes mit $\{\lambda_{sf}^{(n)}(p)\}$ bezeichnet. Die Summe der Koeffizienten der N *Signalbäume* schreiben wir in zwei *Akkumulatorbäume*:

- Den Baum der *Mittelwerte*, der den Wert $\sum_{n=0}^{N-1} \lambda_{sf}^{(n)}(p)$ in Position p des Blocks f auf Stufe s enthält, usw.;

- Den Baum der *Quadratmittel*, der den Wert $\sum_{n=0}^{N-1} \left[\lambda_{sf}^{(n)}(p)\right]^2$ in Position p des Blocks f auf Stufe s enthält, usw.

Die Berechnung aller Koeffizienten in all diesen Blöcken in einem L-stufigen Baum, ausgehend von d Abtastwerten, erfordert $O(dL) = O(d \log d)$ Operationen pro Zufallsvektor und damit insgesamt $O(Nd \log d)$ Operationen. Haben wir dies für alle Zufallsvektoren X_n der Menge X durchgeführt, so können wir den *Binärbaum der Varianzen* aufgrund Gleichung 11.2 erzeugen: Zum Index p des Blocks f auf Stufe s ergibt sich z.B.:

$$\sigma_{sf}^2(X)(p) \stackrel{\text{def}}{=} \frac{1}{N} \sum_{n=0}^{N-1} \left[\lambda_{sf}^{(n)}(p)\right]^2 - \left[\frac{1}{N} \sum_{n=0}^{N-1} \lambda_{sf}^{(n)}(p)\right]^2. \qquad (11.14)$$

Dies ist die Varianz des durch die Filter H und G definierten Wavelet–Paket–Koeffizienten $\lambda_{sf}(p)$. Der Aufbau dieses Baumes macht weitere $O(d \log d)$ Operationen erforderlich.

Der Baum der Varianzen kann nun nach derjenigen Graphbasis abgesucht werden, die den Transformationskodierungsgewinn maximiert. Dazu verwenden wir die $\log \ell^2$-Kostenfunktion:

$$\mathcal{H}(V_{jn}) \stackrel{\text{def}}{=} \sum_{k=0}^{d/2^j - 1} \log \sigma_{jn}(X)(k). \qquad (11.15)$$

11.2 Schnelle genäherte Faktoranalyse

Jeder Block wird hierbei während der Suche nach der besten Basis zweimal angesprochen: einmal als Vorgänger und einmal als Kind. Die Anzahl der notwendigen Vergleichsoperationen während der Suche entspricht also der Anzahl der Blöcke in dem Baum, und ist damit gegeben durch $O(d)$. Die Berechnung von $\mathcal{H}$ erfordert eine feste Anzahl von arithmetischen Operationen pro Koeffizient in dem Baum, also $O(d \log d)$ Operationen. Die Gesamtkosten der Suche belaufen sich damit auf $O(d \log d)$ Operationen.

Es sei U die beste Basis in dem Baum der Varianzen; diese nennen wir die *gemeinsame beste Basis* für die Menge X in der Wavelet-Paket-Bibliothek. Die zur orthonormalen Basis gehörende orthogonale $d \times d$-Matrix bezeichnen wir ebenfalls mit U, und $\{U_i \in \mathbf{R}^d : i = 1, \ldots, d\}$ schreiben wir für die Zeilen von U. Dabei können wir annehmen, daß die Zeilen so numeriert sind, daß $\sigma(UX)$ nach fallender Größe angeordnet ist; man kann dies durch Sortieren aller d Koeffizienten in allen Blöcken $V \in U$ nach fallender Größe sicherstellen, was wieder einen Aufwand von höchstens $O(d \log d)$ Operationen erfordert.

Ist $\epsilon > 0$ vorgegeben, und bezeichnet d' die kleinste ganze Zahl derart, daß

$$\sum_{n=1}^{d'} \sigma(UX)(n) \geq (1-\epsilon)\mathrm{Var}(X),$$

so enthält die Projektion von X auf den Aufspann der Zeilen $U' = \{U_1 \ldots U_{d'}\}$ mindestens das $(1-\epsilon)$-fache der Totalvarianz der Menge X. Das Bild von X unter dieser Projektion wollen wir mit X' bezeichnen. Die d' Zeilenvektoren von U' stellen schon eine gute Basis für die Menge X' dar, sie kann aber weiter dekorreliert werden durch Karhunen–Loève-Faktoranalyse. Die Zeilenvektoren von U' sind gerade gegeben durch $U'_i = U_i$ für $1 \leq i \leq d'$, und die Autokovarianzmatrix dieser neuen Menge ergibt sich zu

$$M'_{ij} = \frac{1}{N} \sum_{n=1}^{N} U'_i \tilde{X}'_n U'_j \tilde{X}'_n.$$

Dabei ist $\tilde{X}'_n = X'_n - E(X')$ ein Vektor in $\mathbf{R}^{d'}$ und $E(\tilde{X}') = 0$. Also ist M' eine $d' \times d'$-Matrix, die in $O(d'^3)$ Operationen diagonalisiert werden kann. Sei K' die Matrix der Eigenvektoren von M'. Dann beschreibt K'^* den Wechsel von den Koordinaten der gemeinsamen besten Basis zu den Koordinaten bezüglich dieser dekorrelierten Eigenvektoren. Die zusammengesetzte Operation K'^*U' können wir deshalb die *genäherte Karhunen–Loève-Transformation* mit relativem Varianzfehler ϵ nennen.

Komplexität

Der genäherte Karhunen–Loève-Algorithmus oder Algorithmus der gemeinsamen besten Basis ist deshalb schnell, weil wir selbst für kleines ϵ erwarten, daß $d' \ll d$ ausfällt. Um die Anzahl der Operationen im ungünstigsten Fall zu zählen, machen wir folgende Annahmen:

Annahmen zur Bestimmung der Komplexität

1. Es sind N Zufallsvektoren vorgegeben;
2. Diese gehören zu einem d-dimensionalen Parameterraum $\mathbf{R}^d$;
3. Die Autokovarianzmatrix hat vollen Rang, so daß $N \geq d$ gilt.

Zum Aufbau des Varianzbaumes und zur Suche nach der gemeinsamen besten Basis sind fünf Teilprobleme zu behandeln, die den Algorithmus zur Wahl einer speziellen Zerlegung *erziehen (train)*:

Auffinden der genäherten Karhunen–Loève–Basis

- Entwicklung der N Vektoren $\{X_n \in \mathbf{R}^d : n = 1, 2, \ldots, N\}$ in Wavelet–Paket–Koeffizienten: $O(Nd \log d)$;
- Aufsummieren der Quadrate im Varianzbaum: $O(d \log d)$;
- Absuche des Varianzbaumes nach der besten Basis: $O(d + d \log d)$;
- Sortieren der Vektoren der besten Basis nach fallender Ordnung: $O(d \log d)$;
- Diagonalisierung der Autokovarianzmatrix der ersten d' Vektoren der besten Basis: $O(d'^3)$.

Addiert man dies, so ergibt sich eine Gesamtkomplexität für die Konstruktion der genäherten Karhunen–Loève–Transformation $K'^* U'$ von $O(Nd \log d + d'^3)$. Dies verhält sich günstig im Vergleich zur Komplexität $O(Nd^2 + d^3)$ der vollen Karhunen–Loève–Entwicklung, da wir von $d' \ll d$ ausgehen.

Gegebenenfalls ist der letzte Schritt $U' \mapsto K'^* U'$ nicht notwendig, da die Entwicklung nach der von U' bestimmten orthonormalen Basis schon eine starke Reduktion der Anzahl der Parameter geliefert hat. Dies reduziert die Komplexität zu $O(Nd \log d)$, wobei allerdings geringere Dekorrelation der Faktoren in Kauf genommen werden muß.

Hat der Algorithmus die gemeinsame beste Basis gefunden, so werden die neuen Vektoren durch Entwicklung nach der gewählten Basis und Trennung nach den Hauptkomponenten in *Klassen* eingeteilt:

Die genäherte Karhunen–Loève–Transformation eines Vektors

- Berechnung der Wavelet–Paket–Koeffizienten eines Vektors: $O(d \log d)$.
- Anwendung der $d' \times d'$-Matrix K'^*: $O(d'^2)$.

Wegen $d' \ll d$ fällt diese Abschätzung vorteilhaft aus gegenüber der Komplexität bei der Anwendung der vollen Karhunen–Loève–Transformation auf einen Vektor, die durch $O(d^2)$ gegeben ist. Weitere Einsparungen sind möglich, weil bemerkenswerterweise nur ein kleiner Teil $d'' \ll d'$ der Karhunen–Loève–Singulärvektoren benötigt wird, um den wesentlichsten Teil der Varianz aufzunehmen. Man kann dann K'' als die ersten d'' Spalten von K' auswählen, und die Gesamtkomplexität der Operation $K'''^* U'$ ist beschränkt durch $O(d \log d + d'' d')$.

11.2 Schnelle genäherte Faktoranalyse

Wollen wir die Karhunen–Loève–Basis ergänzen, so muß diese Erweiterung auch auf den Vektor der Mittelwerte und den Mittelwert jeder Koordinate in der Basisbibliothek, sowie auf die Varianz ausgedehnt werden. Da wir aber einen Quadratsummenbaum und einen Mittelwertbaum statt eines Varianzbaumes vorgehalten haben, steuert jeder zusätzliche Zufallsvektor einfach seine Wavelet–Paket–Koordinate im Mittelwertbaum und im Quadratsummenbaum bei. Der Varianzbaum wird dann am Ende mit den korrekten neuen Mittelwerten ergänzt. Für diese Ergänzung ergibt sich damit folgende Komplexität:

Ergänzen der genäherten Karhunen–Loève–Basis

- Entwicklung eines Vektors in Wavelet–Paket–Koeffizienten: $O(d \log d)$.
- Addition der Koeffizienten in den Mittelwertbaum: $O(d \log d)$.
- Addition der quadrierten Koeffizienten in den Quadratsummenbaum: $O(d \log d)$.
- Bestimmung des Varianzbaumes und Berechnung der neuen Informationskosten: $O(d \log d)$.
- Absuche des Varianzbaumes nach der gemeinsamen besten Basis: $O(d + d \log d)$.

Ein neuer Vektor erzeugt damit $O(d \log d)$ Kosten, und eine Ergänzung der Basis mit $N > 1$ neuen Vektoren kostet $O(Nd \log d)$.

11.2.2 Klassifikation von großen Datenmengen

Die Karhunen–Loève–Transformation kann dazu verwendet werden, ein Problem so zu parametrisieren, daß wichtige Merkmale mit möglichst wenigen Messungen extrahiert werden können. Liegt eine riesige Anzahl von Meßwerten vor, so muß der schnelle genäherte Algorithmus mindestens als Anfangsmodul eingesetzt werden, um die Komplexität des SVD Moduls für das Auffinden der Karhunen–Loève–Basis zu reduzieren.

Einige Beispiele sollen die Dimension von Problemen anzeigen, die wir mit der genäherten Methode auf typischen Arbeitsplatzrechnern bewältigen können.

Das Problem des Verbrecheralbums

In einem Verbrecheralbum möchte man ein Gesicht unter einer Sammlung von Gesichtern identifizieren. Dieses Problem wurde mir zuerst von Lawrence Sirovich vorgelegt, der mir auch die Daten für dieses Experiment geliefert hat. Die Zufallsvektoren waren mehrere tausend Bilder von Studenten der Brown University, digitalisiert in 128×128 Pixel und 8 Bit Graustufen, so daß $d = 128^2 = 16384$ folgt. Diese Bilder wurden zunächst so normiert, daß das Gesicht der Schüler auf zwei Fixpunkte in der Nähe der Bildmitte ausgerichtet war. In [100, 62] wurde ein Supercomputer zur Berechnung der Karhunen–Loève–Transformation benutzt, einmal für die vollständige Menge der Pixel und zusätzlich für eine ovale Teilmenge, die die Augen umschloß. Im folgenden gehen wir analog zu

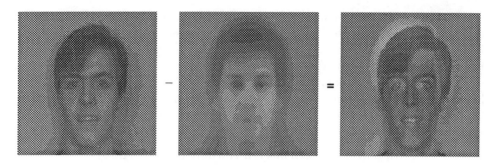

Bild 11.13 Gesicht minus Mittelwert der Gesichter liefert eine Karikatur.

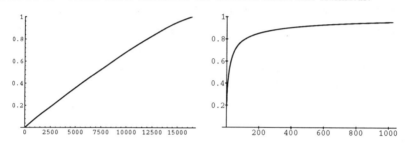

Bild 11.14 Akkumulation der Varianz in der ursprünglichen Basis und der gemeinsamen besten Basis.

Sirovich vor, nur ersetzen wir die Karhunen–Loève–Transformation durch den genäherten Algorithmus niedriger Komplexität.

Das beschriebene Experiment wurde mit einer eingeschränkten Datenmenge von 143 Bildern gestartet. Da die Menge festlag, konnten wir zu Beginn die Mittelwerte subtrahieren. Die Daten wurden also in Gleitpunktzahlen transformiert, die Mittelwerte für die einzelnen Pixel berechnet und dann der Mittelwert von jedem Pixel abgezogen; dies erzeugte „Karikaturen" oder Abweichungen vom Mittelwert. Bild 11.13 zeigt eine dieser Karikaturen.

Der linke Graph in Bild 11.14 zeigt die akkumulierte Varianz nach Pixeln, wobei die Pixel in fallender Ordnung der Varianz angeordnet sind.

Jede Karikatur wurde als ein Bild behandelt und in zweidimensionale Wavelet–Pakete entwickelt. Die Quadrate der Amplituden wurden in einem Varianzbaum aufsummiert, der dann nach der gemeinsamen besten Basis abgesucht wurde. In dieser gemeinsamen besten Basis enthielten 400 Koordinaten (von 16384) mehr als 90 % der Totalvarianz.

Der rechte Graph in Bild 11.14 zeigt die Akkumulation der gesamten Varianz bezüglich der ersten d' Koordinaten in der gemeinsamen besten Basis, sortiert nach fallender Ordnung, als Teil der Totalvarianz der Gesamtheit, wobei $1 \leq d' \leq 1000$. Mit 1000 Parametern erfaßt man mehr als 95 % der Varianz, benötigt dann aber mehr Computerleistung, als ein Arbeitsplatzrechner zur Verfügung stellt. Ein System mit 400 Parametern kann andererseits in wenigen Minuten auf einer typischen Workstation analysiert werden, so daß wir $d' = 400$ wählen.

11.2 Schnelle genäherte Faktoranalyse

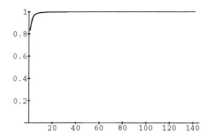

Bild 11.15 Akkumulation der Varianz in der genäherten Karhunen–Loève-Basis.

Die ersten 400 Koordinaten wurden für jede Karikatur neu berechnet, und ihre Autokovarianzmatrix bezüglich der Gesamtheit wurde diagonalisiert mit der LINPACK [42] Routine für die Singulärwertzerlegung.

Bild 11.15 zeigt die Akkumulation der Totalvarianz bei den ersten d'' Koordinaten in der genäherten Karhunen–Loève-Basis, sortiert nach fallender Ordnung, als Anteil der Totalvarianz der 400 Koeffizienten bezüglich der gemeinsamen besten Basis, wobei $1 \leq d'' \leq 143$ gewählt wurde. Der Karhunen–Loève-Prozeß konzentriert 98 Prozent der verbleibenden Varianz aus den ersten 400 Parametern der gemeinsamen besten Basis auf 10 Koeffizienten.

Das Klassifikationsproblem für Fingerabdrücke

Im wesentlichen die gleiche Methode kann zur Identifikation von Fingerabdrücken verwendet werden. Das FBI der Vereinigten Staaten verwendet 8 Bits pro Pixel zur Festlegung der Graustufe und speichert 500 Pixel pro Inch; dies entspricht etwa 700000 Pixel und 0,7 Megabytes pro Finger, um Fingerabdrücke in elektronischer Form zu speichern. Daraus ergibt sich $d \approx 10^6$, und wir müssen schnelle genäherte Algorithmen verwenden, falls wir die Karhunen–Loève-Entwicklung eines Fingerabdruckes berechnen wollen.

Zwischen den von der Karhunen–Loève-Transformation ausgewählten Parametern und den traditionellen Parametern (Position der wichtigen Einzelheiten in einem Fingerabdruck), die von Polizisten zur Beschreibung von Fingerabdrücken verwendet werden, besteht kein offensichtlicher Zusammenhang. So müssen die zusätzlichen Klassifikationswerte neben den traditionelleren Werten gespeichert werden. Die Karhunen–Loève-Parameter belegen jedoch nur einige wenige Hundert Bytes, was im Vergleich zu den Millionen Bytes von Rohdaten vernachlässigbar ist, so daß diese hilfreiche Klassifikation unter vernachlässigbaren Kosten in die Datenbasis für Fingerabdrücke eingefügt werden kann.

Rangreduktion für komplexe Einordnungssysteme

Hinter der schnellen genäherten Karhunen–Loève-Transformation steht das Prinzip, einen Startmodul relativ niedriger Komplexität $O(d^2 \log d)$ einzusetzen, um den Rang des nachfolgenden Algorithmus hoher Komplexität $O(d^3)$ von d auf $d' \ll d$ zu reduzieren.

Werden Messungen auf einer Gesamtheit von Zufallsvektoren später durch einen anderen komplexen Algorithmus weiterverarbeitet, so kann eine Vorbehandlung der Daten mit dem Ziel, die Anzahl der Parameter zu reduzieren, ebenfalls einen wesentlichen Geschwindigkeitsgewinn liefern. Ein typisches Beispiel wäre die Verarbeitung zur statistischen Klassifikation von großen Mengen von Meßwerten. Klassen, d.h. Bereiche im Raum $\mathbf{R}^d$ der Messungen, sind in der Regel kompliziert berandet, und diese Ränder müssen durch polynomiale Hyperflächen hoher Ordnung approximiert werden. Genau zu entscheiden, ob ein Punkt in einer speziellen Region liegt, wird bei wachsender Dimension d sehr aufwendig; eine Reduktion der Anzahl der Parameter wird auch dann höhere Geschwindigkeit liefern, wenn die Geometrie der Gebiete selbst nicht vereinfacht wird.

Einordnungssysteme hoher Komplexität werden bei der Spracherkennung und bei maschinellen Lesesystemen verwendet. Das Beifügen eines Startmoduls zur Reduktion der Arbeit kann aufgefaßt werden als eine Hör- oder Lesehilfe, so daß sich das System besser auf die sich am schnellsten ändernden Merkmale konzentrieren kann. In manchen Fällen ist Geschwindigkeit deshalb wünschenswert, weil die Klassifikation in „Realzeit" erfolgen soll oder zumindest schnell genug, um mit den eingehenden Daten Schritt zu halten. Einige Beispiele hierfür sind:

Rang verschiedener Probleme zur Erkennung von Merkmalen

- Erkennung von mechanischen Bruchstellen aus Eichdaten für Spannungszustände: $d \approx 10^2$;
- Zielerkennung aus hochauflösenden Radarprofilen: $d \approx 10^2$;
- Erkennung von unregelmäßigen Herzschlägen aus akustischen Mustern: $d \approx 10^2$;
- Erkennung von Phonemen: $d \approx 10^3$;
- Erkennung von optischen Kennzeichen: $d \approx 10^3$;
- Entdecken von Unregelmäßigkeiten in Werkzeugmaschinen aus akustischen Mustern: $d \approx 10^3$.

11.2.3 Jacobi–Matrizen für komplizierte Abbildungen

Es sei $T: \mathbf{R}^p \to \mathbf{R}^d$ ein glattes Vektorfeld mit $p \ll d$. Wir stellen uns vor, daß wir viele (d) Messungen von Tx vornehmen, wobei die Variable x nur von wenigen (p) Freiheitsgraden abhängt. Diese Situation diene als ein Modell für die Vorgehensweise, mit der man die Aktion einer komplizierten Abbildung beschreiben will.

Approximation des Tangentialraums durch Hauptkomponenten

Wir erinnern daran, daß die *Jacobi-Matrix* von T in einem Punkt $x \in \mathbf{R}^p$ diejenige $d \times p$ Matrix $J = J_T[x]$ ist, die in einer Umgebung von x die beste lineare Approximation an T liefert. Die Koeffizienten von J sind die verschiedenen partiellen Ableitungen von T:

$$J_T[x](i,j) \stackrel{\text{def}}{=} \lim_{r \to 0} \left\langle e_i, \frac{T(x + re_j) - T(x)}{r} \right\rangle. \qquad (11.16)$$

11.2 Schnelle genäherte Faktoranalyse

Hierbei gilt $1 \leq i \leq d$, $1 \leq j \leq p$, und e_i bezeichnet den i-ten kanonischen Einheitsvektor. Die numerische Bestimmung dieser Jacobi–Matrix führt aber auf einige Schwierigkeiten, da der Differenzenquotient schlecht konditioniert ist. Auch die Jacobi–Matrix selbst kann eine schlecht konditionierte Matrix sein, der Zugang über Differenzenquotienten liefert aber keine Methode zur Schätzung der Konditionszahl von J. Diese Schwierigkeiten umgehen wir in der Weise, daß wir die Differenzenquotienten durch eine Approximation der positiven Matrix JJ^* ersetzen, die auf der Karhunen–Loève–Transformation aufbaut. Der Fehler ist dann allein in der Güte der Approximation zu suchen, da die Karhunen–Loève–Transformation orthogonal und damit in perfekter Weise gut konditioniert ist. Die *Konditionszahl* von J kann aus der Singulärwertzerlegung von J^*J geschätzt werden. Es gilt

$$cond(J) = \sqrt{cond(J^*J)} \approx \sqrt{\mu_1/\mu_p}, \qquad (11.17)$$

falls μ_1 und μ_p den ersten bzw. p-ten Singulärwert unserer Schätzung für J^*J bezeichnen.

Wir betrachten zunächst den Fall einer linearen Abbildung T, so daß $T = J$ mit der Jacobi–Matrix übereinstimmt. Zu $x \in \mathbf{R}^p$ betrachten wir die Kugel $B_r = B_r(x) \stackrel{\text{def}}{=} \{y \in \mathbf{R}^p : \|y - x\| \leq r\}$ mit Radius $r > 0$ und Mittelpunkt x. Das Bild $JB_r = \{Jy : y \in B_r(x)\} \subset \mathbf{R}^d$ dieser Kugel unter der Transformation J betrachten wir als Gesamtheit von Zufallsvektoren. Diese hat den Erwartungswert $E(JB_r) = JE(B_r) = Jx$, und wir können die Autokovarianzmatrix der Gesamtheit $\widetilde{JB_r} \stackrel{\text{def}}{=} JB_r - Jx$ vom Mittelwert Null folgendermaßen berechnen:

$$\begin{aligned} E(\widetilde{JB_r} \otimes \widetilde{JB_r}) &= E_{y \in B_r(x)}(J\tilde{y}[J\tilde{y}]^*) \\ &= JE_{y \in B_r(x)}(\tilde{y}\tilde{y}^*)J^* = r^2 JJ^*. \end{aligned}$$

Hierbei haben wir $\tilde{y} = y - x$ gesetzt, und die letzte Gleichung gilt, da $E_{y \in B_r(x)}(\tilde{y}\tilde{y}^*) = r^2 I_d$ nur ein konstantes Vielfaches der $d \times d$-Einheitsmatrix ist und deshalb mit J vertauscht werden kann. Damit folgt $r^{-2}E(\widetilde{JB_r} \otimes \widetilde{JB_r}) = JJ^*$.

Proposition 11.3 *Für jede Matrix J gilt*

$$Rank\ JJ^* = Rank\ J = Rank\ J^* = Rank\ J^*J.$$

Beweis: Um die erste Gleichung zu zeigen, beachtet man, daß der Wertebereich von JJ^* in demjenigen von J enthalten ist, so daß die Ungleichung Rang $J \geq$ Rang JJ^* folgt. Wir nehmen an, daß die Wertebereiche verschieden sind. Dann existiert ein $y \neq 0$ im Wertebereich von J mit $\langle y, JJ^*z \rangle = \langle J^*y, J^*z \rangle = 0$ für alle z. Setzt man hier $z = y$, so erkennt man $J^*y = 0$. Nach Definition von y gilt $y = Jx$ für ein x, so daß $\|y\|^2 = \langle y, Jx \rangle = \langle J^*y, x \rangle = 0$, was den gewünschten Widerspruch liefert. Die dritte Gleichung ergibt sich über das gleiche Argument, falls wir J^* für J einsetzen. Für die mittlere Gleichung beachtet man Rang $AB \leq \min\{\text{Rang } A, \text{Rang } B\}$, so daß die erste Gleichung Rang $J \leq$ Rang J^* und die dritte Gleichung Rang $J \geq$ Rang J^* ergibt. □

Sei nun J eine $d \times p$-Matrix mit $d \geq p$. Hat J maximalen Rang p, so hat J^*J ebenfalls den Rang p. Die Konditionszahl von J ist nun gegeben durch

$$\sup\{\frac{\|Jx\|}{\|x\|}:x\neq 0\}\Big/\inf\{\frac{\|Jy\|}{\|y\|}:y\neq 0\}. \tag{11.18}$$

Hat J^*J die p nicht verschwindenden Singulärwerte $\mu_1 \geq \cdots \geq \mu_p > 0$ unter Berücksichtigung von Vielfachheiten, so ist das Supremum durch $\sqrt{\mu_1}$ und das Infimum durch $\sqrt{\mu_p}$ gegeben. Um dies einzusehen, betrachten wir die Orthonormalbasis $z_1,\ldots,z_p$ von $\mathbf{R}^p$, die aus den auf Länge Eins normierten Singulärvektoren von J^*J besteht; diese Basis existiert, weil J^*J eine Hermitesche Matrix ist. Schreibt man $x = \sum_i a_i z_i$, so ergibt sich

$$\frac{\|Jx\|^2}{\|x\|^2} = \frac{\langle Jx, Jx\rangle}{\|x\|^2} = \frac{\langle J^*Jx, x\rangle}{\|x\|^2} = \frac{\sum_i a_i^2 \mu_i}{\sum_i a_i^2}. \tag{11.19}$$

Dieser Ausdruck ist maximal, wenn allein a_1 nicht verschwindet, und minimal, wenn nur a_p nicht verschwindet; in diesen Fällen ist der Ausdruck durch μ_1 bzw. μ_p gegeben. Damit können wir die Konditionszahl von J unter Verwendung von Gleichung 11.17 berechnen.

Nun sei T irgendein glattes Vektorfeld von $\mathbf{R}^p$ nach $\mathbf{R}^d$, und x ein Punkt in $\mathbf{R}^p$. Wir berechnen $z_r = E(TB_r)$ mit $TB_r = TB_r(x) = \{Ty : \|y - x\| \leq r\}$; dies ist der Erwartungswert von Ty, falls y die Kugel $B_r(x)$ mit Radius r und Mittelpunkt x durchläuft. Dieser Mittelwert liefert eine Approximation zweiter Ordnung an Tx:

Proposition 11.4 $\quad \|z_r - Tx\| = O(r^2)$ für $r \to 0$.

Beweis: Mit Hilfe des Satzes von Taylor schreiben wir $T(x+y) = Tx + Jy + O(\|y\|^2)$ für $\|y\| \leq r$. Nun gilt $E(Jy) = JE(y) = 0$, da hier der Erwartungswert über $y \in B_r(0)$ berechnet wird. Damit folgt $E(TB_r) = Tx + O(r^2)$. $\square$

Wir definieren nun eine positive Matrix

$$A = A_r = E([TB_r - z_r] \otimes [TB_r - z_r]), \tag{11.20}$$

wobei der Erwartungswert genommen wird über eine Kugel vom Radius r. Als Hauptergebnis folgt:

Theorem 11.5 $\quad \lim_{r\to 0}\frac{1}{r^2}A_r = JJ^*.$

Beweis: Unter Verwendung von Proposition 11.4 schreiben wir $z_r = Tx + O(r^2)$. Über den Satz von Taylor erhalten wir dann die folgende Abschätzung:

$$\begin{aligned}[T(x+y)-z]\otimes[T(x+y)-z] &= [Jy+O(\|y\|^2)]\otimes[Jy+O(\|y\|^2)] \\ &= (Jy)(Jy)^* + O(\|y\|^3).\end{aligned}$$

Mittelt man auf beiden Seiten über $y \in B_r(0)$, so erhält man $A_r = r^2 JJ^* + O(r^3)$ und damit das gewünschte Ergebnis. Als Fehlerabschätzung ergibt sich $\|JJ^* - \frac{1}{r^2}A_r\| = O(r)$. $\square$

Wir nehmen nun an, daß $x \in \mathbf{R}^p$ ein Punkt ist, in dem die Jacobi-Matrix $J_T[x]$ vollen Rang p hat. Da der Rang innerhalb einer hinreichend kleinen offenen Umgebung gleich bleibt, ergibt sich:

11.2 Schnelle genäherte Faktoranalyse

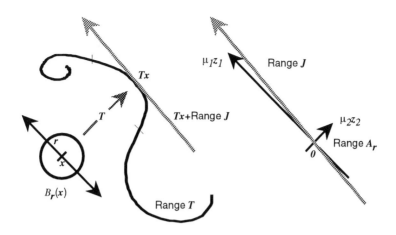

Bild 11.16 Tangentialraum (Wertebereich, engl. Range, von J) von T und dessen Approximation (Wertebereich von A_r).

Korollar 11.6 *Für jedes hinreichend kleine $r > 0$ gilt Rang $A_r \geq$ Rang $J = p$.* □

Wir können nun die Abbildung T in einer Umgebung von Tx unter Verwendung der Singulärvektoren von A_r approximieren:

Korollar 11.7 *Ist $\{z_1, \ldots, z_p\} \subset \mathbf{R}^d$ eine Menge von orthonormierten Singulärvektoren für A_r, so existieren p lineare Funktionen $c_1, \ldots, c_p$ auf $\mathbf{R}^p$ derart, daß $T(x + y) = z + \sum_{i=1}^p c_i(y) z_i + O(r\|y\|^2)$.* □

Daß der Rang von A_r zu klein werden könnte, kümmert uns hier wenig, da A_r eine $d \times d$-Matrix ist und $d \gg p$ die interessante Situation darstellt. Vielmehr sorgen wir uns darum, daß wir einen zu großen Wert für r wählen könnten, so daß Rang A_r zu groß wird und wir nicht in der Lage sind, die ersten wenigen Singulärvektoren zu identifizieren, die im wesentlichen den Wertebereich von J aufspannen. Das Problem läßt sich folgendermaßen erläutern: Hat T nicht verschwindende Ableitungen höherer Ordnung, so wird der Wertebereich von A_r höherdimensional sein als der Tangentialraum von T in Tx, was dem Wertebereich von J entspricht. Schematisch ist dies in Bild 11.16 dargestellt. Der Wertebereich von A_r ist gekennzeichnet durch die beiden Singulärvektoren z_1, z_2 der Länge Eins, die mit ihren betreffenden Singulärwerten μ_1, μ_2 multipliziert sind. Man beachte hierbei $\mu_2 \ll \mu_1$, was den Fall einer glatten Abbildung T illustriert: die Variation μ_2 von TB_r in nicht tangentialer Richtung z_2 ist viel kleiner als die Variation μ_1 in Tangential- oder z_1-Richtung. In der Praxis werden wir immer Rang $A_r = d$ vorliegen haben, da für eine Maschine endlicher Präzision jede Matrix scheinbar vollen Rang hat. Ordnen wir aber die Singulärwerte von A_r (entsprechend der Vielfachheit) in fallender Ordnung $\mu_1 \geq \cdots \mu_p \geq \cdots \geq 0$, so erwarten wir für einen geeigneten ziemlich kleinen Wert r einen wesentlichen Unterschied zwischen μ_r und μ_{r+1}. Dies liefert uns damit eine Methode, r so zu wählen, daß die Singulärvektoren von A_r eine genaue Parametrisierung von T bei x liefern. Wir vergrößern nämlich r, bis $\sqrt{\mu_{p+1}/\mu_p}$ eine vorgegebene Genauigkeitsschranke

ϵ_μ erreicht. In diesem Fall werden dann die nicht tangentialen Komponenten einen Fehler beisteuern, der um $1/\epsilon_\mu$ kleiner ist als der Anteil der Tangentialkomponenten.

Die Funktionen $c_1, \ldots, c_p$ in Korollar 11.7 gehören zu partiellen Ableitungen; sie werden aber durch orthogonale Projektion berechnet. Hierzu definieren wir Matrixkoeffizienten C_{ij} unter Verwendung der kanonischen Basisvektoren e_j von $\mathbf{R}^p$ gemäß:

$$C_{ij} \stackrel{\text{def}}{=} \frac{1}{r} \langle z_i, T(x + re_j) - z \rangle. \tag{11.21}$$

Dies überträgt sich auf Linearkombinationen $y = \sum_{j=1}^p a_j e_j$, indem wir ebenfalls Linearkombinationen bilden:

$$c_i(y) \stackrel{\text{def}}{=} \sum_{j=1}^p C_{ij} a_j. \tag{11.22}$$

Vergleicht man Gleichung 11.21 mit Gleichung 11.16, so erkennt man folgendes: Die $d \times p$-Matrix J wurde ersetzt durch die $p \times p$-Matrix C; die Bildung eines Grenzwertes wurde reduziert auf eine einzelne Auswertung unter Verwendung des größten akzeptablen r; der Punkt Tx wurde durch einen Mittelwert ersetzt, und die kanonische Basis $\{e_j : j = 1, \ldots, d\}$ im Wertebereich wurde ersetzt durch eine neue orthonormale Basis, die lokal an T angepaßt ist.

Man beachte, daß die Spaltenvektoren der $p \times p$-Matrix $C = (C_{ij})$ gegeben sind durch die ersten p Koordinaten der unter der Karhunen–Loève–Transformation abgebildeten Sekantenvektoren

$$\frac{1}{r}[T(x + re_1) - z], \frac{1}{r}[T(x + re_2) - z], \ldots, \frac{1}{r}[T(x + re_p) - z],$$

da die normierten Singulärvektoren $z_1, \ldots, z_p$ von A_r die Karhunen–Loève–Eigenvektoren für die Gesamtheit TB_r darstellen. Diese Sekantenvektoren sind Approximationen an die Richtungsableitungen von T in den Richtungen $e_1, e_2, \ldots, e_p$, und die Karhunen–Loève–Transformation projiziert diese auf die Hauptkomponenten innerhalb des Wertebereichs von T.

Schnelle Approximation von Jacobi–Matrizen

Den schnellen Algorithmus der genäherten Karhunen–Loève–Transformation können wir zur Berechnung genäherter Jacobi–Matrizen verwenden. Wir nehmen dazu an, daß der Definitionsbereich von T einen im Ursprung zentrierten Würfel enthält, z.B. der Würfel $B_r = B_r(0) \stackrel{\text{def}}{=} \{x \in \mathbf{R}^p : |x_1| \leq r, \ldots, |x_p| \leq r\}$. Wir bilden ein gleichmäßiges Gitter von Punkten der Form $x_i = k$ mit $k = 0, \pm 1, \pm 2, \ldots$ und $i = 1, \ldots, p$. Den Durchschnitt des Würfels mit diesem Gitter bezeichnen wir ebenfalls mit B_r; er enthält insgesamt $(2r+1)^p$ Punkte. Wir berechnen Tx für alle Punkte $x \in B_r$ und erhalten so die Menge TB_r. Dies wird nun unsere Gesamtheit von „Zufalls"vektoren sein. Jedes $x \in B_r$ erzeugt einen Vektor $Tx \in \mathbf{R}^d$, der d Speicherplätze belegt, so daß TB_r durch $|B_r|d = (2r+1)^p \times d$ Gleitkommazahlen beschrieben wird.

Die Approximation an T im Ursprung unter Verwendung von B_r wird durch den obigen Algorithmus der besten Wavelet–Paket–Basis berechnet. Der Mittelwert $z = E(TB_r)$

11.2 Schnelle genäherte Faktoranalyse

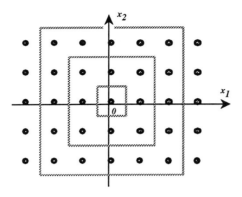

Bild 11.17 Würfel mit verschiedenen Radien und Mittelpunkt Null.

wird für alle Wavelet–Paket–Basen gleichzeitig im Baum der Mittelwerte gebildet. Der Varianzbaum wird aus dem Quadratmittelbaum und dem Mittelwertbaum bestimmt und nach der gemeinsamen besten Basis für TB_r abgesucht. Wir können annehmen, daß diese Basis nach fallender Größe der Varianz sortiert ist.

Nun wählen wir d' aus den d Termen der gemeinsamen besten Basis aus, wobei $1-\epsilon$ der Totalvarianz erhalten bleibt. Dann bilden wir die $d' \times d'$-Autokovarianzmatrix für diese d' Basisvektoren und diagonalisieren diese; wir finden also die Singulärvektoren $z_1, \ldots, z_{d'}$ und die zugehörigen Singulärwerte $\mu_1 \geq \ldots \geq \mu_{d'}$. Die Singulärvektoren schreiben wir in die Spalten einer Matrix K' und erhalten damit die *genäherte Karhunen–Loève–Transformation* K'^*, eine $d' \times d'$-Matrix, deren Anwendung auf die ersten Komponenten der besten Basis die genäherten Hauptkomponenten liefert.

Wir testen nun, ob der Würfel B_r zu groß ist, da ja die Singulärvektoren den Tangentialraum gut approximieren sollen. Der Rang der Jacobi–Matrix ist höchstens p, so daß $\epsilon_\mu(r) = \sqrt{\mu_{p+1}/\mu_p} \ll 1$. Dies liefert den ersten Parameter für den Algorithmus: Wir wissen, daß $\epsilon_\mu(r) \to 0$ für $r \to 0$ gilt, so daß wir r verkleinern müssen, falls $\epsilon_\mu(r)$ eine gegebene Schranke überschreitet. Entspricht jedoch $\epsilon_\mu(r)$ unseren Anforderungen, so können wir alle Spalten von K' bis auf die ersten p streichen und erhalten so die $d' \times p$-Matrix K''. Der Wertebereich von K'' dient als genäherter Tangentialraum in $T0$, und K''^* berechnet die Koordinaten in diesem Raum aus den ersten d' Koordinaten der gemeinsamen besten Basis.

Schließlich bilden wir die genäherte Jacobi–Matrix, die in diesen Tangentialraum abbildet, indem wir Gleichung 11.21 mit einem genäherten Hauptfaktor für z_i verwenden. Einzeln betrachten wir diese Sekantenvektoren $\frac{1}{r}[T(x + re_j) - z]$ für $j = 1, 2, \ldots, p$ in $\mathbf{R}^d$ und bestimmen deren Entwicklung nach der gemeinsamen besten Basis. Aus diesen Entwicklungen ziehen wir die ersten d' Koordinaten heraus, die die wesentliche Varianz enthalten, und wenden K''^* auf die aus diesen Koordinaten gebildeten Vektoren an. Dies ergibt eine Liste von p Vektoren in $\mathbf{R}^p$, die die Koeffizienten der partiellen Ableitungen $\partial_1 T, \ldots, \partial_p T$ bezüglich der Basis des genäherten Tangentialraumes approximieren.

Die Daten für die Approximation von Jacobi–Matrizen bestehen damit aus folgenden Elementen:

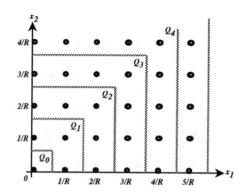

Bild 11.18 Einteilung der Gitterpunkte nach Abstand vom Ursprung.

Daten, die zur Approximation von Jacobi–Matrizen benötigt werden

- Beschreibung der gemeinsamen besten Basis in den ersten d' Koordinaten (d' Zahlen);
- Die p Vektoren des genäherten Tangentialraumes in ihrer Entwicklung nach den ersten d' Vektoren der gemeinsamen besten Basis (pd' Zahlen);
- Die $p \times p$-Matrix C der partiellen Ableitungen in ihrer Darstellung durch die Vektoren des genäherten Tangentialraumes.

Die Berechnung dieser Parameter kostet uns $O(|B_r| \times [d'^3 + d^2 \log d])$ arithmetische Operationen, wobei wir von $d' \ll d$ ausgehen.

Effiziente Speicherung komplizierter Abbildungen

Bei dieser Anwendung gehen wir davon aus, daß T definiert ist auf dem Einheitswürfel $Q \subset \mathbf{R}^p$, $Q = \{x \in \mathbf{R}^p : 0 \leq x_1 \leq 1, \ldots, 0 \leq x_p \leq 1\}$, und wir betrachten ein gleichmäßiges Gitter von Punkten der Form $x_i = r/R$ mit $r = 0, 1, \ldots, R$ und $i = 1, \ldots, p$. Wir nennen dies das Gitter G; es hat Gitterbreite $1/R$ und enthält $|G| = (R+1)^p$ Punkte. Wir berechnen Tx in allen Punkten $x \in G$ und erhalten die Menge TG. Dies ist eine riesige Datenmenge: Jedes $x \in G$ erzeugt einen Vektor $Tx \in \mathbf{R}^d$, der d Speicherplätze benötigt, so daß TG insgesamt aus $|G|d = (R+1)^p \times d$ Gleitkommazahlen besteht.

Wir verwenden nun genäherte Jacobi–Matrizen, um die Größe der Datenmenge zu reduzieren. Dies erfolgt dadurch, daß wir Bereiche festlegen, in denen T durch die genäherte Jacobi-Matrix gut approximiert wird. Mit dem Algorithmus der schnellen Basisergänzung können wir den Definitionsbereich von T in Gebiete segmentieren, auf denen wir sicher sind, daß die Approximation innerhalb eines vorgegebenen Fehlers bleibt. Wir nehmen an, daß wir in $0 \in G$, also in einer Ecke des Würfels Q starten. Für jedes $r = 0, 1, 2, \ldots$ definieren wir die Menge $Q_r = Q_r(0) \stackrel{\text{def}}{=} \{x \in G : 0 \leq x_i \leq r/R \text{ für } i = 1, \ldots, p\}$. Mit $P_r = P_r(0) \stackrel{\text{def}}{=} Q_r(0) \setminus Q_{r-1}(0)$ definieren wir die Kugelschale vom Radius r/R. Dann gilt $Q_{r+1} = Q_r \cup P_{r+1}$. Für den zweidimensionalen Fall $p = 2$ ist diese Anordnung in Bild

11.2 Schnelle genäherte Faktoranalyse

11.18 dargestellt. Es ist zu erwähnen, daß Q_r insgesamt $|Q_r| = (r+1)^p$ Punkte enthält, während $|P_r| = |Q_r| - |Q_{r-1}| = (r+1)^p - r^p \approx pr^{p-1}$ Punkte in P_r liegen.

Der Algorithmus für die Segmentierung initialisiert zunächst $r = 1$ und verwendet dann iterativ einen Hilfsalgorithmus, der einen Bereich vergrößert, auf dem T linear durch die genäherte Jacobi–Matrix approximiert wird. Wir hören damit auf, Q_r zu vergrößern, wenn die Varianz von TQ_r entlang der genäherten Tangentialvektoren von T nicht mehr viel größer ist als die Varianz in Richtung der genäherten Normalenvektoren. Im folgenden nehmen wir an, daß die genäherte Karhunen–Loève-Basis für TQ_{r-1} schon mit dem Algorithmus aus Abschnitt 11.2.1 bestimmt wurde. Der Ergänzungsalgorithmus ist dort ebenfalls beschrieben.

Segmentierung in Bereiche guter linearer Approximation

- Berechne die Wavelet–Paket–Mittel und die Quadratsummenbäume für die zusätzlichen Vektoren TP_r;
- Ergänze die gemeinsame beste Basis für TQ_{r-1} durch Addition der Daten von TP_r und erhalte dadurch die gemeinsame beste Basis von TQ_r;
- Berechne und speichere die genäherte Karhunen–Loève-Basis K'_r für TQ_r und die Singulärwerte $\mu_1 \geq \ldots \geq \mu_{d'} \geq 0$;
- Ist $\epsilon_\mu(r) = \sqrt{\mu_{p+1}/\mu_p}$ zu groß, so:
  - Berechne und speichere $z = E(TQ_{r-1})$ für den Mittelpunkt;
  - Berechne und speichere die genäherten Tangentenvektoren K''_{r-1} für den Bereich TQ_{r-1};
  - Berechne und speichere die genäherte Jacobi–Matrix unter Verwendung von K''_{r-1} und Gleichung 11.21;
  - Setze k wieder gleich 1;
  - Gehe zum nächsten freien Punkt in G;
- Ist andererseits $\epsilon_\mu(r)$ immer noch klein genug, so erhöhe r um Eins;
- Wiederhole den Prozeß.

Dieser Algorithmus wird G systematisch abarbeiten und so eine Überdeckung mit Bereichen Q verschiedener Größe erzeugen; zu jedem Bereich gehört dann der Mittelpunkt $z_Q = E(TQ)$, der zugehörige genäherte Tangentialraum K''_Q und die genäherte Jacobi–Matrix C_Q. Diese Größen erfordern d', pd' und p^2 Speicherplätze. Bei N Teilbereichen sind wegen $p \leq d'$ insgesamt $N(d' + pd' + p^2) = O(Npd')$ Zahlen zu speichern. Für kleines p, $N \ll |G|$ und $d' \ll d$ fällt dies vorteilhaft aus im Vergleich zu den Speicheranforderungen für TG, die durch $O(d|G|)$ gegeben sind.

Die Komplexität für die Berechnung dieser Größen auf allen Teilgebieten kann abgeschätzt werden durch die Komplexität der Berechnung der genäherten Jacobi–Matrix auf dem gesamten Bereich G, da dies den schlimmsten Fall darstellt. Im vorherigen Abschnitt haben wir gesehen, daß dies $O(|G| \times [d'^3 + d^2 \log d])$ arithmetische Operationen erfordert.

Will man diese Approximation von T auf einen Vektor $x \in \mathbf{R}^p$ anwenden, so muß man zuerst den Bereich Q finden, in dem x liegt. Sei x_Q der mittlere Gitterpunkt von Q. Dann gilt für die ersten d' Koordinaten der gemeinsamen besten Basis:

$$\widetilde{Tx} = z_Q + K''_Q C_Q(x - x_Q). \tag{11.23}$$

Durch entsprechende Linearkombination der d' Vektoren der gemeinsamen besten Basis erhält man die Koordinaten des Punktes $Tx \in \mathbf{R}^d$ aus $\widetilde{Tx}$. Berechnet man Tx auf diese Weise, so ergibt sich die Komplexität $O(p + p^2 + pd' + d' + d\log d)$, die unter unseren Voraussetzungen durch $O(d\log d)$ beschränkt ist.

Vorbehandlung inverser Probleme

Als letzte Anwendung verwenden wir die lokal genäherte Jacobi–Matrix, um die Abbildung $x \mapsto Tx$ zu invertieren, wobei wir annehmen, daß die Abbildung schon für alle Punkte x auf einem feinen Gitter G ausgewertet wurde.

Ein klassischer Weg ist die Verwendung linearer Interpolation: Zu $y \in \mathbf{R}^d$ finden wir die nächsten Punkte $Tx_k \in \mathbf{R}^d$ mit Gitterpunkten $x_k \in G$ und schreiben dann $y = \sum_k a_k Tx_k$. Die lineare Approximation an $T^{-1}y$ ist dann $\sum_k a_k x_k$. Der Prozeß ist für lineare Abbildungen T exakt und hat für eine differenzierbare Abbildung T auf einem Gitter mit Gitterweite h mindestens die Genauigkeitsordnung $O(h)$. Man muß dabei allerdings alle zuvor berechneten Werte $\{Tx : x \in G\}$ speichern und die gesamte Liste nach dem zu y nächsten Punkt absuchen. Insbesondere der letzte Schritt erfordert die Berechnung von $|G|$ Abständen.

Haben wir uns schon die Mühe gemacht, die genäherte Dartellung für die Jacobi–Matrix von T zu berechnen, so kann eine Näherung an die Inverse auch aus diesen Daten hergeleitet werden. Sei N die Anzahl der Teilgebiete in der Überdeckung von G, und sei $N \ll |G|$. Der Einfachheit halber nehmen wir auch an, daß wir in jedem Teilgebiet gleich viele d' Komponenten der gemeinsamen besten Basis verwenden, obwohl die Zahl natürlich in verschiedenen Komponenten abweichen könnte. Schließlich nehmen wir an, daß wir die Inverse C_Q^{-1} der genäherten Jacobi–Matrix auf jedem Teilgebiet schon berechnet haben, was einem einmaligen Aufwand von $O(Np^3)$ entspricht. Zur Berechnung von $T^{-1}y$ in einem Punkt $y \in \mathbf{R}^d$ sind dann die folgenden Rechnungen notwendig:

Genäherte Inverse über die genäherte Jacobi–Matrix

- Finde die vollständige Entwicklung nach Wavelet–Paketen für y, die simultan alle Entwicklungen $\tilde{y}$ nach gemeinsamen besten Basen berechnet: $O(d\log d)$;

- Berechne für jedes Teilgebiet Q die Abstände von $\tilde{y}$ zum Mittelwert z_Q, und bezeichne nun mit Q jenes Teilgebiet, dessen Mittelpunkt am nächsten liegt: $O(Nd')$;

- Berechne die genäherte Inverse
$$T^{-1}y \approx x_Q + C_Q^{-1} {K''}_Q^{*}(\tilde{y} - z_Q),$$
für das am nächsten liegende Gebiet Q: $O(d' + pd' + p^2 + p) = O(pd')$.

11.3 Matrixmultiplikation in Nichtstandard–Form

Indem wir eine Matrix bezüglich der besten zweidimensionalen Basis zerlegen, verringern wir die Anzahl der wesentlichen Koeffizienten und damit die Komplexität einer Matrixmultiplikation.

11.3.1 Ausdünnen mit der zweidimensionalen besten Basis

Wir schreiben $\mathcal{W}(\mathbf{R})$ für die Familie der eindimensionalen Wavelet–Pakete. Sei ψ_{sfp} ein spezielles Wavelet–Paket der Frequenz f mit Skalenindex s und Positionsindex p. Man kann dabei konjugierte Quadraturfilter wählen, so daß $\mathcal{W}(\mathbf{R})$ in vielen üblichen Funktionenräumen dicht liegt. Unter minimalen Annahmen wird dann $\mathcal{W}(\mathbf{R})$ auch in $L^2(\mathbf{R})$ dicht liegen. Verwenden wir z.B. die Haar–Filter $\{1/\sqrt{2}, 1/\sqrt{2}\}$ und $\{1/\sqrt{2}, -1/\sqrt{2}\}$, so erzeugen wir eine Familie $\mathcal{W}(\mathbf{R})$, die in $L^p(\mathbf{R})$ für $1 < p < \infty$ dicht liegt. Längere Filter können glattere Wavelet–Pakete erzeugen, so daß wir auch dichte Teilmengen von Sobolev–Räumen, etc. erhalten.

Anordnung von Wellenpaketen

Wavelet–Pakete ψ_{sfp} können linear angeordnet werden. Wir setzen $\psi < \psi'$, falls $(s, f, p) < (s', f', p')$. Die Tripel sind dabei lexikographisch angeordnet in der Weise, daß die Skalenparameter s, s' als wichtigste Parameter angesehen werden.

Wir schreiben $\psi_X = \psi_{s_X f_X p_X}$, etc., und beachten, daß sich diese lineare Ordnung auf Tensorprodukte von Wavelet–Paketen vererbt. So können wir $\psi_X \otimes \psi_Y < \psi'_X \otimes \psi'_Y$ setzen, falls entweder $\psi_X < \psi'_X$ gilt, oder $\psi_X = \psi'_X$ und $\psi_Y < \psi'_Y$. Dies entspricht gerade der lexikographischen Ordnung von $(s_X, f_X, p_X, s_Y, f_Y, p_Y)$ und $(s'_X, f'_X, p'_X, s'_Y, f'_Y, p'_Y)$, falls man diese Listen von links nach rechts abarbeitet.

Die *adjungierte Anordnung* $<^*$ vertauscht einfach die Indizes X und Y: $\psi_X \otimes \psi_Y <^* \psi'_X \otimes \psi'_Y$ genau dann, wenn $\psi_Y \otimes \psi_X < \psi'_Y \otimes \psi'_X$. Dies ergibt ebenfalls eine lineare Ordnung.

Projektionen

Es bezeichne $\mathcal{W}^1$ den Raum der beschränkten Zahlenfolgen, indiziert durch die drei Indizes s, f, p der Wavelet–Pakete. Unter Verwendung der obigen Anordnung erhalten wir einen natürlichen Isomorphismus zwischen ℓ^∞ und $\mathcal{W}^1$. Man hat auch eine natürliche Injektion $J^1 : L^2(\mathbf{R}) \hookrightarrow \mathcal{W}^1$ gemäß $J^1 x = \{\lambda_{sf}(p)\}$ für $x \in L^2(\mathbf{R})$, wenn $\lambda_{sf} = \langle x, \psi^<_{sfp} \rangle$ die Folge der inneren Produkte mit gespiegelten Funktionen in $\mathcal{W}(\mathbf{R})$ darstellt. Ist B eine Basisteilmenge, so ist die Verknüpfung J^1_B von J^1 mit der Projektion auf die durch B indizierten Teilfolgen auch injektiv. J^1_B ist dann ein Isomorphismus zwischen $L^2(\mathbf{R})$ und dem Raum $l^2(B)$, der durch die quadratisch summierbaren Folgen von $\mathcal{W}^1$ mit Indizes aus B gegeben ist.

Die inverse Abbildung $R^1 : \mathcal{W}^1 \to L^2(\mathbf{R})$ erhält man durch:

$$R^1\lambda(t) = \sum_{(s,f,p)\in \mathbf{Z}^3} \bar{\lambda}_{sf}(p)\psi'^{<}_{sfp}(t). \tag{11.24}$$

Diese Abbildung ist definiert und stetig auf dem abgeschlossenen Teilraum von $\mathcal{W}^1$, der unter dem natürlichen oben erwähnten Isomorphismus zu l^2 isomorph ist. Insbesondere ist R^1 für jede Basisteilmenge B definiert und beschränkt auf dem Wertebereich von J_B^1. Die durch $R_B^1 \lambda(t) = \sum_{(s,f,p)\in B} \bar{\lambda}_{sfp}\psi'^{<}_{sfp}(t)$ definierte Restriktion $R_B^1 : \mathcal{W}^1 \to L^2(\mathbf{R})$ ist links-invers zu J^1 und J_B^1. Außerdem stellt $J^1 R_B^1$ eine Projektion auf $\mathcal{W}^1$ dar. Ist weiter $\sum_i \alpha_i = 1$ und $R_{B_i}^1$ für jedes i eine der obigen Abbildungen, so stellt auch $J^1 \sum_i \alpha_i R_{B_i}^1$ eine Projektion von $\mathcal{W}^1$ dar. Man erhält so eine orthogonale Projektion auf endliche Teilmengen von $\mathcal{W}^1$.

Schreibt man $\mathcal{W}^2$ für $\mathcal{W}^1 \times \mathcal{W}^1$, so liefert die Ordnung von Tensorprodukten in ähnlicher Weise einen natürlichen Isomorphismus zwischen ℓ^∞ und $\mathcal{W}^2$. Objekte im Raum $L^2(\mathbf{R}^2)$, wie z.B. Hilbert-Schmidt-Operatoren, werden in offensichtlicher Weise in den Folgenraum $\mathcal{W}^2$ abgebildet, nämlich gemäß $M \mapsto \langle M, \psi^<_{s_X f_X p_X} \otimes \psi^<_{s_Y f_Y p_Y}\rangle$. Diese Injektion bezeichnen wir mit J^2. Ist B eine Basisteilmenge von $\mathcal{W}^2$, so ist die Verknüpfung J_B^2 von J^2 mit der Projektion auf die durch B indizierten Teilfolgen ebenfalls injektiv. Damit ist J_B^2 ein Isomorphismus zwischen $L^2(\mathbf{R}^2)$ und $\ell^2(B)$, den quadratisch summierbaren Folgen von $\mathcal{W}^2$, deren Indizes in B liegen.

Die durch $R^2 c(x,y) = \sum \bar{c}_{XY}\psi'^{<}_X(x)\psi'^{<}_Y(y)$ definierte Abbildung $R^2 : \mathcal{W}^2 \to L^2(\mathbf{R}^2)$ ist beschränkt und stetig auf dieser zu ℓ^2 natürlich isomorphen Teilmenge von $\mathcal{W}^2$. Insbesondere ist sie für jede Basisteilmenge B beschränkt auf dem Wertebereich von J_B^2.

Wir können auch die Restriktionen R_B^2 von R^2 auf durch B indizierte Teilfolgen definieren gemäß $R_B^2 c(x,y) = \sum_{(\psi_X,\psi_Y)\in B} \bar{c}_{XY}\psi'^{<}_X(x)\psi'^{<}_Y(y)$. Für jede Basisteilmenge B von $\mathcal{W}^2$ erhält man so eine Restriktion. R_B^2 ist dann links-invers zu J^2 und J_B^2, und $J^2 R_B^2$ ist eine Projektion auf $\mathcal{W}^2$. Ist wie zuvor $\sum_i \alpha_i = 1$ und B_i für jedes i eine Basisteilmenge, so liefert $J^2 \sum_i \alpha_i R_{B_i}^2$ ebenfalls eine Projektion von $\mathcal{W}^2$, genauer eine orthogonale Projektion auf endliche Teilmengen von $\mathcal{W}^2$.

11.3.2 Anwendung von Operatoren auf Vektoren

Seien X und Y zwei unterschiedlich benannte Kopien von $\mathbf{R}$. Wir gehen aus von einem Vektor $x \in L^2(X)$, dessen Koordinaten bezüglich der Wavelet-Pakete die Folge $J^1 x = \{\langle x, \psi^<_X\rangle : \psi_X \in \mathcal{W}(X)\}$ darstellen.

Sei $M : L^2(X) \to L^2(Y)$ ein Hilbert-Schmidt-Operator. Seine Matrixkoeffizienten bezüglich der vollständigen Menge von Tensorprodukten von Wavelet-Paketen bilden die Folge $J^2 M = \{\langle M, \psi^<_X \otimes \psi^<_Y\rangle : \psi_X \in \mathcal{W}(X), \psi_Y \in \mathcal{W}(Y)\}$. Dann ergibt sich die Identität

$$\langle Mv, \psi^<_Y\rangle = \sum_{\psi_X \in \mathcal{W}(X)} \langle M, \psi^<_X \otimes \psi^<_Y\rangle \langle x, \psi^<_X\rangle. \tag{11.25}$$

Dies läßt sich verallgemeinern zu einer linearen Operation von $\mathcal{W}^2$ nach $\mathcal{W}^1$ gemäß

$$c(x)_{sfp} = \sum_{(s'f'p')} \lambda_{sfps'f'p'} v_{s'f'p'}. \tag{11.26}$$

11.3 Matrixmultiplikation in Nichtstandard–Form

Nun stellen die Bilder von Operatoren eine geeignete Teilmannigfaltigkeit von $\mathcal{W}^2$ dar. Ebenso ergeben die Bilder von Vektoren eine Untermannigfaltigkeit von $\mathcal{W}^1$. Die Wirkung von M auf x können wir damit auf diese größeren Räume liften durch das folgende kommutative Diagramm:

$$\begin{array}{ccc} \mathcal{W}^1 & \stackrel{J_B^2 M}{\longrightarrow} & \mathcal{W}^1 \\ J^1 \uparrow & \bigcirc & \downarrow R^1 \\ L^2(\mathbf{R}) & \stackrel{M}{\longrightarrow} & L^2(\mathbf{R}). \end{array} \qquad (11.27)$$

Die Bedeutung dieses Liftens besteht darin, daß wir durch eine geeignete Wahl von B die Komplexität der Abbildung $J_B^2 M$ und damit die Komplexität der Operatoranwendung reduzieren können.

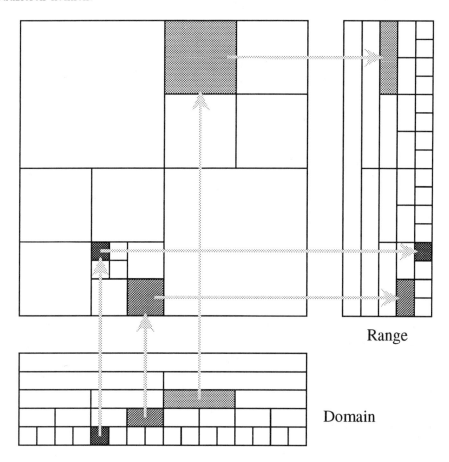

Bild 11.19 Nichtstandard–Multiplikation mit einer 16×16-Matrix bei isotropischer bester Basis.

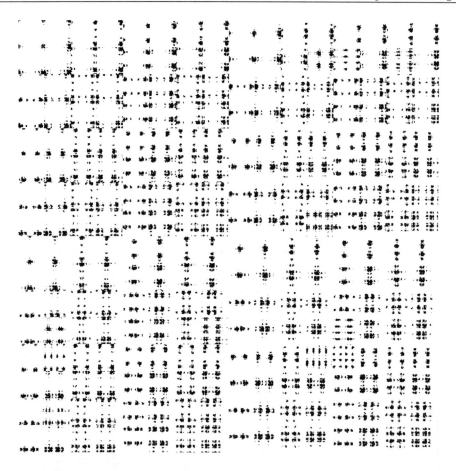

Bild 11.20 Eine 1024 × 1024-Matrix bezüglich der besten isotropischen Basis, in der Analyse durch C30 Filter.

Beispiel

Wir wollen diese Ideen dadurch erläutern, daß wir eine Nichtstandard-Multiplikation mit einer quadratischen Matrix der Ordnung 16 betrachten. Verwenden wir Wavelet–Pakete mit in beiden Variablen gleichbemessenen Dilatationen, so erhalten wir die Wirkungsweise der *besten isotropischen Basis (best isotropic basis)*, wie sie in Bild 11.19 dargestellt ist. Der Ausgangsvektor wird zuerst in einen 16 log 16-dimensionalen Raum eingebettet, indem man die Entwicklung nach der vollständigen Wavelet–Paket–Analyse vornimmt; dies ist am unteren Ende des Bildes dargestellt. Die Komponenten werden dann mit den Koeffizienten der besten Basis in der durch das Quadrat dargestellten Matrix multipliziert, wie dies durch die Pfeile angedeutet ist. Die Produkte werden schließlich aufsummiert und in den rechts dargestellten Baum für den Wertebereich der Wavelet–Paket–Synthese geschrieben. Dieser Baum wird dann durch die Adjungierte der Wavelet–Paket–Entwicklung auf den 16-dimensionalen Wertebereich projiziert. Input–Blöcke haben hier

11.3 Matrixmultiplikation in Nichtstandard-Form

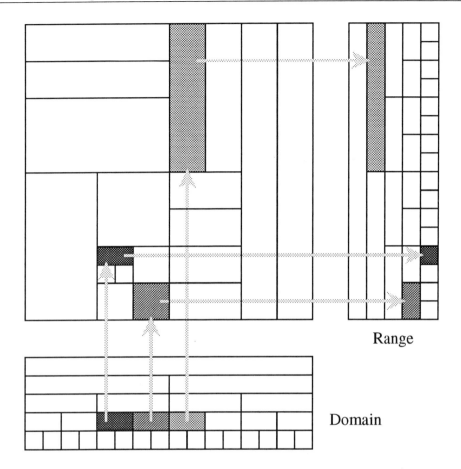

Bild 11.21 Nichtstandard 16 × 16-Matrixmultiplikation: anisotropische beste Basis.

die gleiche Größe wie die Output-Blöcke; man erkennt damit nur Energieanteile innerhalb der Skalen. Die beste isotropische Basisentwicklung der Matrix zeigt aber explizit, wie Eigenschaften im Orts- und Frequenzbereich vermischt sind. Natürlich kann man auch einen Energieaustausch zwischen den Skalen vornehmen; die Wirkungsweise ist dann aber nicht direkt aus den Nichtstandard-Matrixkoeffizienten herauszulesen.

Bild 11.20 zeigt die Entwicklung nach der besten Basis für die Matrix $m_{ij} = \sin \frac{\pi ij}{1024}$ mit $0 \leq i, j < 1024$. Alle Koeffizienten, die betragsmäßig kleiner sind als 1% des größten Koeffizienten, wurden hierbei auf Null gesetzt; die restlichen Koeffizienten sind durch schwarze Punkte in der Position gekennzeichnet, die sie innerhalb des Baumes annehmen würden. Information über die gewählte Basis enthält dieses Bild nicht; dies haben wir aus Gründen der Übersichtlichkeit nicht in die Darstellung aufgenommen.

Lassen wir bei der Zerlegung der Matrix alle Tensorprodukte von Wavelet-Paketen zu, so erhalten wir die Nichtstandard-Darstellung in der *besten Tensorbasis*. Das Auffinden der besten Basis für die Matrix wird schwieriger, aber der Multiplikationsalgorithmus ist praktisch der gleiche. Wieder müssen wir eine vollständige Wavelet-Paket-Analyse des

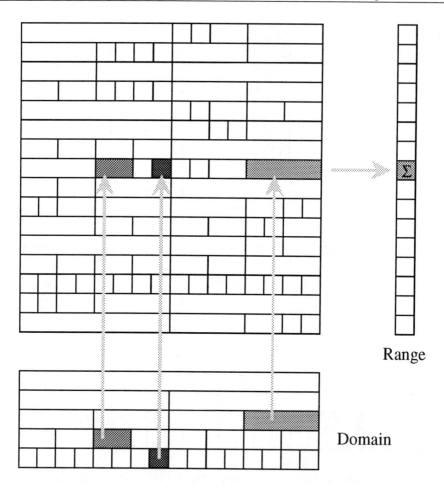

Bild 11.22 Nichtstandard 16×16-Matrixmultiplikation bezüglich der besten Zeilenbasis.

Inputs vornehmen, um den Ausgangsbaum zu erhalten. Blöcke in der Nichtstandard–Matrix bilden Blöcke im Ausgangsbaum auf größere oder kleinere Blöcke im Wertebaum ab, wo sie für den Output zusammengesetzt werden. Dies ist in Bild 11.21 für eine 16×16-Matrix dargestellt. Eine solche Entwicklung zeigt explizit den Übergang der Energie zwischen den Skalen und liefert auch Information über deren Lage bezüglich Ort und Frequenz.

Statt eine Basis unter den zweidimensionalen Wavelet–Paketen zu suchen, können wir Matrixmultiplikation auch als eine Liste von inneren Produkten betrachten. Die Komplexität der Operation kann dann reduziert werden, indem man jede Zeile der Matrix in der zugehörigen besten Basis ausdrückt; man entwickelt dann den Ausgangsvektor im Sinne des vollständigen Baumes der Wavelet–Paket–Koeffizienten und wertet die inneren Produkte Zeile für Zeile aus, wobei jede gewünschte Genauigkeit vorgeschrieben werden kann. Schematisch kann diese beschleunigte Auswertung von inneren Produk-

11.3 Matrixmultiplikation in Nichtstandard–Form

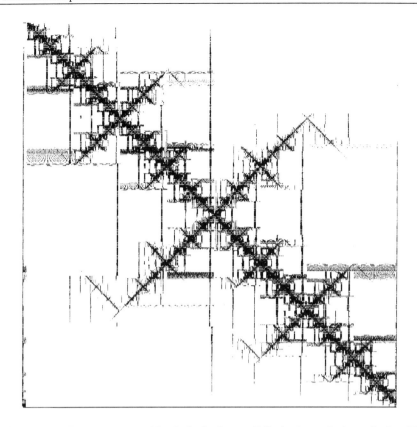

Bild 11.23 Eine 1024×1024-Matrix in der besten Zeilenbasis, analysiert mit C30–Filtern.

ten wie im linken Teil von Bild 11.22 dargestellt werden. Man achte darauf, wie die Wavelet–Komponenten des Inputs zusammengefaßt und aufsummiert werden, um die Output–Werte zu erhalten.

Ein typischer Kandidat für eine solche Entwicklung nach einer *besten Zeilenbasis* ist die Transformationsmatrix der 1024-Punkt Sinustransformation aus Bild 11.23. In diesem Schema sind so viele Koeffizienten beibehalten worden, daß in jeder Zeile 99% der Hilbert–Schmidt–Norm erhalten bleibt; die dabei zu berücksichtigenden Koeffizienten sind in den Positionen, die ihnen zugeordnet sind, als schwarze Punkte gezeichnet. Nur etwa 7% der Koeffizienten mußten dabei beibehalten werden. Über die gewählte Basis liegt in diesem Bild keine Information vor.

Man kann auch die Spalten nach den einzelnen besten Basen entwickeln und Matrixmultiplikation als Überlagerung einer bewichteten Summe von diesen Wavelet–Paket–Entwicklungen auffassen. Dieser Algorithmus der *besten Spaltenbasis* ist schematisch in Bild 11.24 dargestellt. Der Input–Wert wird verteilt über den Baum der Wavelet–Paket–Synthese, und der Output wird aus diesen Komponenten wieder zusammengesetzt.

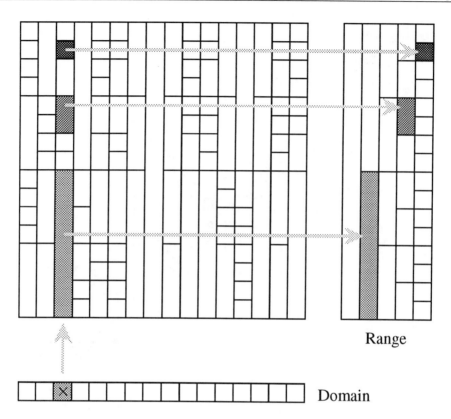

Bild 11.24 Nichtstandard 16 × 16-Matrixmultiplikation: beste Spaltenbasis.

Anzahl der Operationen

Wir gehen aus von einem dicht besetzten Operator M vom Rang r. Gewöhnliche Multiplikation eines Vektors mit M benötigt mindestens $O(r^2)$ Operationen, wobei das Minimum nur dann angenommen wird, falls M als Matrix bezüglich der Basen im r-dimensionalen Definitions- und Wertebereich dargestellt ist.

Die Injektion J^2 erfordert andererseits $O(r^2[\log r]^2)$ Operationen, und jede der Anwendungen J^1 und R^1 benötigt $O(r \log r)$ Operationen. Bei fester Basisteilmenge B von $\mathcal{W}^2$ benötigt die Anwendung von $J_B^2 M$ auf $J^1 v$ höchstens $\#|J_B^2 M|$ Operationen, wenn $\#|U|$ die Anzahl der nicht verschwindenden Koeffizienten in U bezeichnet. Unsere Wavelet-Paket-Bibliothek können wir so wählen, daß $\#|J_B^2 M| = O(r^2)$. Die oben beschriebene Matrixmultiplikation benötigt dann einen Anfangsaufwand von $O(r^2[\log r]^2)$, und pro rechter Seite zusätzlich höchstens $O(r^2)$ Operationen. Bei exakter Rechnung ergibt sich damit eine asymptotische Komplexität $O(r^2)$ pro Vektor, wie wir dies für eine Multiplikation mit einer Matrix der Ordnung r erwarten.

Geringere Komplexität können wir erhalten, falls wir für unsere Rechnung endliche Genauigkeit zulassen. Gehen wir aus von einer festen Koeffizientenmatrix C, so schreiben

11.3 Matrixmultiplikation in Nichtstandard-Form

wir C_δ für diejenige Matrix, die wir dadurch erhalten haben, daß alle Koeffizienten vom Absolutbetrag kleiner als δ auf Null gesetzt wurden. Wegen der Stetigkeit der Hilbert–Schmidt-Norm gibt es zu jedem $\epsilon > 0$ ein $\delta > 0$ derart, daß $\|C - C_\delta\|_{HS} < \epsilon$. Sind M und ϵ und eine Bibliothek von Wavelet–Paketen gegeben, so können wir eine Basisteilmenge $B \subset \mathcal{W}^2$ in der Weise auswählen, daß $\#|(J_B^2 M)_\delta|$ minimiert wird. Der Suchalgorithmus hat dabei die Komplexität $O(r^2[\log r]^2)$, wie wir oben gezeigt haben. Für eine gewisse Klasse von Operatoren existiert eine Bibliothek von Wavelet–Paketen derart, daß für jedes feste $\delta > 0$ die Aussage

$$\#|(J_B^2 M)_\delta| = O(r \log r) \tag{11.28}$$

gilt, wobei die Konstante natürlich von δ abhängt. Diese Klasse der Hilbert–Schmidt-Operatoren $\mathcal{S}$ nennen wir *ausdünnbar (sparsifiable)*. Multiplikation mit solchen Rang-r Operatoren hat damit die asymptotische Komplexität $O(r \log r)$.

Der Algorithmus der besten Zeilenbasis verhält sich für ausdünnbare Matrizen ebenfalls asymptotisch wie $O(r \log r)$, da zum Auffinden des vollständigen Baumes der Wavelet-Paket-Koeffizienten für den Ausgangsvektor $O(r \log r)$ Operationen benötigt werden und dann zur Auswertung jedes der r inneren Produkte $O(\log r)$ Multiplikationen und Additionen notwendig sind. Für das Auffinden der besten Basis zu jeder der r Zeilen der Matrix sind anfangs $O(r^2 \log r)$ Operationen notwendig.

11.3.3 Verknüpfung von Operatoren

Wir gehen hier aus von drei Kopien X, Y, Z von $\mathbf{R}$ und Hilbert–Schmidt-Operatoren $M : L^2(X) \to L^2(Y)$ und $N : L^2(Y) \to L^2(Z)$. Dann gilt die Identität

$$\langle NM, \psi_X^< \otimes \psi_Z^< \rangle = \sum_{\psi_Y^< \in \mathcal{W}(Y)} \langle N, \psi_Y^< \otimes \psi_Z^< \rangle \langle M, \psi_X^< \otimes \psi_Y^< \rangle.$$

Dies kann zu einem Operator von $\mathcal{W}^2$ nach $\mathcal{W}^2$ fortgesetzt werden gemäß

$$\lambda(d)_{sfps'f'p'} = \sum_{s''f''p''} \mu_{sfps''f''p''} \lambda_{s''f''p''s'f'p'},$$

wobei λ und μ Folgen in $\mathcal{W}^2$ darstellen. Unter Verwendung von J^2 kann die Multiplikation mit N zu einer Operation auf diesen größeren Räumen geliftet werden über das kommutative Diagramm

$$\begin{array}{ccc} \mathcal{W}^2 & \xrightarrow{J_B^2 N} & \mathcal{W}^2 \\ J^2 \uparrow & \bigcirc & \downarrow R^2 \\ L^2(\mathbf{R}^2) & \xrightarrow{N} & L^2(\mathbf{R}^2). \end{array} \tag{11.29}$$

Durch geeignete Wahl von B kann die Komplexität der Operation wieder unter diejenige der gewöhnlichen Operatorverknüpfung gedrückt werden.

Anzahl der Operationen

M und N seien Operatoren vom Rang r. Standard–Multiplikation von M und N hat dann die Komplexität $O(r^3)$. Die Komplexität der Injektion von M und N nach $\mathcal{W}^2$ ist gegeben durch $O(r^2[\log r]^2)$. Anwendung von $J_B^2 N$ auf $J^2 M$ besitzt die Komplexität $O(\sum_{sfp} \#|J_B^2 N_{YZ} : (s_Y, f_Y, p_Y) = (s, f, p)| \#|J^2 M_{XY} : (s_Y, f_Y, p_Y) = (s, f, p)|)$. Der zweite Faktor ist hier ein konstantes Vielfaches von $r \log r$, und die Summe der ersten Faktoren über alle sfp ergibt sich exakt zu $\#|J_B^2 N|$. Die Komplexität des Algorithmus der Nichtstandard–Multiplikation, einschließlich der Entwicklung nach der besten Basismenge B, ist damit gegeben durch $O(\#|J_B^2 N| r \log r)$. Da der erste Faktor im allgemeinen durch r^2 gegeben ist, erhält man bei exakter Arithmetik die Komplexität $O(r^3 \log r)$ für allgemeine Matrizen, was die Extrakosten für die Entwicklung nach der Basismenge B widerspiegelt.

Arbeitet man mit endlicher Rechengenauigkeit, so ist die Komplexität gegeben durch $O(\#|(J_B^2 N)_\delta| r \log r)$. Für ausdünnbare Matrizen kann dies so reduziert werden, daß bei geeigneter Wahl von B für den gesamten Algorithmus eine Komplexität von $O(r^2[\log r]^2)$ vorliegt. Da schon die Auswahl von B und die Auswertung von J_B^2 jeweils diese Komplexität haben, kann man mit dieser Methode keine besseren Ergebnisse erhalten.

11.4 Segmentierung von Sprachsignalen

Hier wenden wir die adaptive lokale trigonometrische Transformation zur Zerlegung eines digitalisierten Sprachsignals in orthogonale elementare Wellenformen in der Weise an, daß die Wahl der Wellenformbreite eine Segmentierung des Signals liefert. Dieser Algorithmus führt zu einer lokalen Zeit–Frequenz–Darstellung, die zur Kompression und zur Erkennung von Signalen verwendet werden kann. Wir zeigen einige experimentelle Ergebnisse für Signalkompression und automatische Segmentierung zur *Trennung der Vokale von anderen Anteilen*; diese Experimente wurden von Eva Wesfreid [110] durchgeführt. Das komprimierte Signal ist von einfacherer Art, aber immer noch nützlich zur Erkennung von wichtigen Frequenzanteilen und zur Charakterisierung von *Sprachmustern*.

Wir beginnen mit einem ungestörten, digitalisierten Sprachsignal. Dieses Signal wird zerlegt durch eine vollständige, adaptive, lokale trigonometrische Analyse, und zwar in Cosinus- oder Sinusanteile, die mit glatten Abschneidefunktionen multipliziert sind. Es ist möglich, mehrere lokale Cosinus–Transformationen gleichzeitig zu berechnen, wobei die Segmente des Signals rekursiv durch Halbierung unterteilt werden. Die Basisfunktionen auf jedem Teilintervall sind die orthogonale direkte Summe der Basisfunktionen für die linke und die rechte Hälfte, und diese Orthogonalität setzt sich fort über die verschiedenen Stufen des binären „Stammbaums" in Bild 4.17. Wir wenden dann die Methode der besten Basis bezüglich Minimierung der Entropie an [30]. Dieser Algorithmus erzeugt eine adaptive orthogonale Zerlegung in elementare Wellenformen und damit eine lokale Spektraldarstellung für das Sprachsignal. Grob gesprochen erhalten wir eine gefensterte Cosinus–Transformation des Signals, wobei die Fenstergröße gut an das enthaltene Spektrum angepaßt ist. Eine Überlagerung dieser Funktionen kann wie in Bild 4.15 durch eine Folge benachbarter Fenster dargestellt werden, wobei wir zwischen den

11.4 Segmentierung von Sprachsignalen

nominalen Fenstergrenzen vertikale Linien zeichnen.

Die zugehörige Zerlegung auf der Zeit–Achse oder die Wahl der Fenster ist nützlich für die Segmentierung in Vokal- und anderweitige Anteile, die wir an der Anzahl der Peaks im lokalen Spektrum erkennen können. Die Anzahl der Peaks hängt mit der theoretischen Dimension der Zerlegung zusammen. Die Zerlegung auf der Zeit–Achse liefert dort kurze Segmente, wo die Frequenzen sich rasch ändern, und lange Segmente, wo die Frequenz sich langsam ändert. Die spektrale Darstellung ist invertierbar und erlaubt sowohl eine perfekte Rekonstruktion (Analyse–Synthese), als auch Approximation unter geringfügigem Energieverlust (Kompression).

11.4.1 Adaptive lokale Spektralanalyse

Eine *Darstellung für Sprachmuster (format representation)* können wir folgendermaßen einführen. Wir untersuchen das Spektrum in jedem Segment und lokalisieren den Schwerpunkt für die wenigen größten Peaks. Dieses Beachten von nur einigen wenigen wichtigen Peaks oder einigen wenigen Anteilen von Wellenformen hoher Energie kann dann als eine Art Kompression aufgefaßt werden, und die Berechnung der Schwerpunkte der Peaks führt zu einer drastischen Reduktion der Datenmenge, die für die nachfolgende Mustererkennung benötigt wird. Als Darstellung für die Sprachmuster ergibt sich eine resultierende Menge von lokal konstanten Spektrallinien oder Treppenfunktionen als Approximation an die Zeit–Frequenz–Funktion.

Um einen Vergleich vornehmen zu können und um Varianten für diesen Algorithmus zu finden, weisen wir darauf hin, daß man andere Darstellungen elementarer Wellenformen in ähnlichen adaptiven Zerlegungen und Segmentierungen verwenden kann. Einige solcher Beispiele sind in [35], [66] und [95] beschrieben.

Die Transformation kann über die standardisierte schnelle diskrete Cosinus-Transformation, nach vorherigem Falten wie in Kapitel 4, berechnet werden. Dieses „Falten" zerlegt $S(t)$ in eine Menge von Signalen $S_j(t) \in L^2(I_j)$, $j \in Z$, lokaler endlicher Energie in der Weise, daß die Anwendung einer diskreten Cosinus-Transformation auf die Koeffizienten in $S_j(t)$ äquivalent ist zur Berechnung aller innerer Produkte mit den Funktionen Ψ_k^j. Mit anderen Worten gilt

$$S_j(t) = \sum_{k \in Z} c_k^j \, \phi_k^j(t) \quad \text{mit} \quad c_k^j = \langle S_j(t), \phi_k^j(t) \rangle, \qquad (11.30)$$

wobei

$$\phi_k^j(t) = \frac{\sqrt{2}}{\sqrt{|I_j|}} \cos \frac{\pi}{|I_j|}(k + \frac{1}{2})(t - a_j)\chi_{I_j}(t). \qquad (11.31)$$

Diskret abgetastete Cosinusfunktionen mit halbzahligen Frequenzen sind die Basisfunktionen der *DCT-IV* Transformation. Die charakteristische Funktion $\mathbf{1}_{I_j}(t)$ ist für $t \in I_j$ gleich Eins, und gleich Null sonst. Ist $S(t)$ ein abgetastetes Signal mit $t \in \{0, 1, 2, \ldots, 2^N - 1\}$, so können wir zuerst die Faltung in den Randpunkten durchführen, was uns $S^0(t)$ liefert; dann führen wir in ein paar Stufen die Faltung in den Zwischenpunkten durch. Diese Faltungsoperation zerlegt jede Funktion $S_j^\ell(t) \in L^2(I_j^\ell)$ in

$S_{2j}^{\ell+1}(t) \in L^2(I_{2j}^{\ell+1})$ und $S_{2j+1}^{\ell+1}(t) \in L^2(I_{2j+1}^{\ell+1})$. Wir berechnen dann die Standard–DCT–IV Transformation für jedes S_j^ℓ und erhalten einen Spektralbaum. Die Berechnung hierzu erfolgt über die Funktionen lcadf() und lcadm() aus Kapitel 4.

Die Orthogonalität der überlappenden orthogonalen Transformation liefert die folgende Identität für die Erhaltung der Energie:

$$\|S\|^2 = \|S^0\|^2 = \|S^j\|^2 \stackrel{\text{def}}{=} \sum_k \|S_k^j\|^2; \qquad \|S_k^j\|^2 = \|d_k^j\|^2.$$

Liegt $\{x_k\}$ in $l^2 \cap l^2 \log l^2$, so können wir die *spektrale Entropie* von $\{x_k\}$ definieren als

$$H(x) = -\sum_k \frac{|x_k|^2}{\|x\|^2} \log \frac{|x_k|^2}{\|x\|^2} = \frac{\lambda(x)}{\|x\|^2} + \log \|x\|^2, \qquad (11.32)$$

wobei $\lambda(x) = -\sum |x_k|^2 \log |x_k|^2$. Damit kann $\exp(H(x)) = \|x\|^2 \exp(\frac{\lambda(x)}{\|x\|^2})$ als *theoretische Dimension* der Folge $\{x\}$ bezeichnet werden.

Das *adaptive lokale Spektrum* a_j^ℓ über dem Zeitintervall I_j^ℓ ist nun die beste Basis von lokalen Cosinusfunktionen bezüglich dieser Kostenfunktion. Wir verweisen auf die detaillierte Beschreibung in Kapitel 8. Dabei wird das Signal so in Segmente I_j^ℓ unterteilt, daß die totale Spektral–Entropie minimiert wird. Die gewählte Zerlegung in Teilintervalle wollen wir die *adaptive (entropieminimierende)* Zeit–Zerlegung für ein gegebenes Signal nennen.

11.4.2 Segmentierung in Vokale und andere Segmente

In diesem Abschnitt gehen wir von einem Sprachsignal $S = S(t)$ aus, das über einem Intervall $[0, T]$ abgetastet wurde, und von einer entsprechenden adaptiven Zeit–Zerlegung:

$$[0, T] = \bigcup_{0 \le j < N} I_j.$$

Das Falten von S in den Randpunkten zwischen Teilintervallen kann als eine Segmentierung der Funktion betrachtet werden:

$$S \longrightarrow (S_0, S_1, \ldots, S_{N-1}).$$

Gemäß Gleichungen 11.30 und 11.31 kann jedes S_j in eine Menge von orthogonalen elementaren Wellenformen zerlegt werden:

$$S_j(t) = \sum_{0 \le k < n_j} c_k^j \, \phi_k^j(t).$$

Hierbei ist n_j die Anzahl der Abtastwerte in I_j, und c_k^j ist der Spektralkoeffizient, der über die Standard–DCT-IV Transformation [92] berechnet wurde. Die Analyse und Synthese wird durch das folgende Schema dargestellt:

11.4 Segmentierung von Sprachsignalen

$$S \xrightarrow{\text{Faltung}} \begin{matrix} S_0 \xrightarrow{\text{DCT-IV}} \{c_k^0\} \xrightarrow{\text{DCT-IV}} S_0 \\ S_1 \xrightarrow{\text{DCT-IV}} \{c_k^1\} \xrightarrow{\text{DCT-IV}} S_1 \\ \vdots \quad\quad \vdots \quad\quad \vdots \\ S_{N-1} \xrightarrow{\text{DCT-IV}} \{c_k^{N-1}\} \xrightarrow{\text{DCT-IV}} S_{N-1} \end{matrix} \xrightarrow{\text{inverse Faltung}} S.$$

Jeder diskrete lokale Cosinus–Koeffizient c_k^j liefert die Amplitude einer elementaren orthogonalen Wellenform-Komponente. Die Periode dieser elementaren Wellenform ist gegeben durch $T_k = \frac{2\pi}{\omega_k}$ mit $\omega_k = \frac{\pi}{|I_j|}(k + \frac{1}{2})$, was auf die Frequenz

$$F_k = \frac{\omega_k}{2\pi} = \frac{k + \frac{1}{2}}{2|I_j|} \tag{11.33}$$

führt. Die maximal erkennbare Frequenz ist etwa gegeben durch die Hälfte der Abtastrate. Diese Rate ergibt sich zu $n_j/|I_j|$, und damit gilt

$$0 \leq F_k < \frac{n_j + \frac{1}{2}}{2|I_j|}.$$

Tasten wir das Signal äquidistant über dem gesamten Intervall $[0, T]$ ab, so ist n_j proportional zu $|I_j|$, und jedes Intervall führt dann ungefähr zur gleichen maximal zulässigen Frequenz. Da kürzere Intervalle aber weniger Koeffizienten enthalten, wird ihre Frequenzauflösung kleiner sein. In unseren Experimenten wurde das Signal gleichmäßig mit 8 kHz abgetastet, so daß die maximal unterscheidbare Frequenz etwa bei 4 kHz lag. Die Länge der Teilintervalle auf der Zeit–Achse konnte bis auf 32 Abtastwerte reduziert sein, was 4 ms entspricht.

Ein gesprochener Vokal wird durch Anregung der Stimmbänder erzeugt. Die wesentlichen Frequenzen liegen typischerweise im Bereich 140 bis 250 Hz bei einer Frau und 100 bis 150 Hz bei einem Mann [110]. Die Frequenz $F_k = 250$ Hz entspricht etwa $k = n_j/16$. Unter Verwendung dieser Schätzung führen wir nun ein Kriterium ein, das es uns erlaubt, Vokale von anderen Sprachsegmenten zu trennen. Dazu definieren wir den Frequenzindex k_0 für die stärkste Spektralkomponente:

$$|c_{k_0}| = \max_{0 \leq k < n} |c_k|.$$

F_{k_0} nennen wir die *erste Fundamentalfrequenz* des Segments. Wir nennen dann ein Signalsegment S_j über I_j ein *Vokalsegment*, falls $k_0 < n/16$; andernfalls schließen wir das Segment als Vokalsegment aus.

Für genauere Mustererkennung kann man mehr als eine Frequenz verwenden, um das Spektrum in einem Segment zu beschreiben. Hat man die erste Fundamentalfrequenz gefunden, so unterdrückt man alle Koeffizienten der nächsten Nachbarfrequenzen und betrachtet dann die stärkste Komponente im Rest. Betrachten wir z.B. ein Signal S_j über I_j mit den beiden Fundamentalfrequenzen F_{k_0} und F_{k_1}. Um F_{k_0} und F_{k_1} zu berechnen, bestimmen wir zuerst k_0 aus der letzten Gleichung, setzen c_k für $|k - k_0| < T$ bei vorgegebener Schranke T gleich Null (d.h. in einer Umgebung von k_0), und erhalten dann k_1 aus

$$|c_{k_1}| = \max_{0 \leq k < n} |c_k|.$$

Die beiden Frequenzen erhält man dann aus 11.33. Diese Vorgehensweise kann so lange iteriert werden, bis keine nicht verschwindenden Koeffizienten c_k mehr übrigbleiben. Der Prozeß bricht früher ab, wenn wir nur die oberen a Prozent des Spektrums betrachten, so daß relativ kleine Peaks in keinem Segment als Fundamentalfrequenzen auftreten. In diesem Fall sind T und a Parameter unseres Algorithmus. Man kann diese empirisch festsetzen; sie sollten aber von dem Signal–Rausch–Verhältnis des Signals abhängen. In unseren Experimenten haben wir $a = 5$ und $T = 5$, oder $a = 10$ und $T = 10$ gewählt.

Die Koeffizienten c_k mit $|k - k_0| < T$ hängen mit der Frequenz F_{k_0} zusammen und enthalten einige zusätzliche Information. Diese Information können wir in gemittelter Form in den ausgewählten Parameter einbinden. Dazu betrachten wir das folgende *Frequenz-Zentrum* zu jeder Fundamentalfrequenz F_{k_i}:

$$\mu_i = \frac{M_i}{E_i}, \quad \text{wobei} \quad E_i = \sum_{k=k_i-T}^{k=k_i+T} c_k^2 \quad \text{und} \quad M_i = \sum_{k=k_i-T}^{k=k_i+T} k c_k^2 \quad \text{für } i = 0, 1, 2, \ldots.$$

Auf diese Weise können wir zu jeder Fundamentalfrequenz F_{k_i} das *(lokal konstante) Muster* durch das Paar $\{\mu_i, E_i\}$ beschreiben. Die *Sprachmuster-Darstellung* für Sprachsignale besteht aus einer Liste von Intervallen, zusammen mit den wichtigsten lokal konstanten Sprachmustern für jedes Intervall. Diese Daten können für die Erkennung von Sprachmustern verwendet werden.

11.4.3 Experimentelle Ergebnisse

Wir betrachten das Signal, das zum Anfang des französichen Satzes „*Des gens se sont levés dans les tribunes*" gehört, gesprochen von einer Frau. Bild 11.25 zeigt oben das *ursprüngliche Signal*, in der Mitte das *lokale Spektrum* bezüglich minimaler Entropie, und unten das *rekonstruierte Signal*. Das rekonstruierte Signal wurde hierbei durch die obersten fünf Prozent des Spektrums in jedem Teilintervall gewonnen. Die zum lokalen Spektrum gehörende *adaptive Zerlegung auf der Zeit–Achse* ist durch die vertikalen Linien dargestellt.

Hat man die adaptive Zerlegung auf der Zeit–Achse gefunden, so testet man, ob die erste Fundamentalfrequenz in jedem Fenster unterhalb der Marge $n_j/16$ liegt. Wir fassen dann die benachbarten Vokalsegmente und die benachbarten Nichtvokalsegmente zusammen, so daß nur die Fenster von Bild 11.26 übrig bleiben. Auf diese Weise werden die Übergänge zwischen Vokal- und Nichvokalsegmenten hervorgehoben.

Es ist zu erkennen, daß die Übergänge da gefunden werden, wo wir sie erwarten. Wir haben die Zeitsegmente extrahiert und uns die darin enthaltenen Geräusche angehört. Das Ergebnis haben wir durch die Bezeichnung in Bild 11.26 hervorgehoben, nämlich /d/ – /e/ – /g/ – /en/ – /s/ – /e/ – /s/. So ergeben sich abwechselnd Vokalsegmente und die anderen Sprachsegmente.

Ein verbessertes Kriterium kann man dann anwenden, wenn man benachbarte Sprachsegmente zusammenfaßt, die hinreichend ähnliche Sprachmuster besitzen. Dies kann durch Thresholding bei grober Metrik geschehen, da die Darstellung durch Sprachmuster in jedem Segment praktisch nur durch vier oder fünf Parameter beschrieben

11.4 Segmentierung von Sprachsignalen

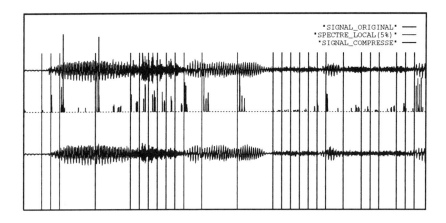

Bild 11.25 Entropieminimierende lokale Spektralzerlegung.

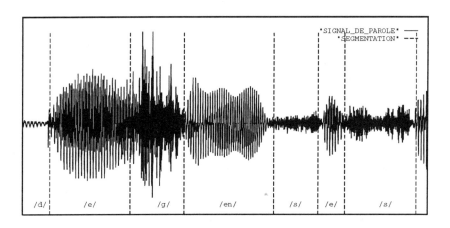

Bild 11.26 Adaptive Unterteilung der Zeit–Achse nach Erkennung von Sprachanteilen und Zusammenfassen von benachbarten ähnlichen Segmenten.

wird. Ein solcher Algorithmus zur *Erkennung von Phonemen* muß sorgfältig entwickelt werden; er benötigt vermutlich auch ein gewisses Verständnis von Sprachinhalten, um Mehrdeutigkeiten zu erkennen, und liegt außerhalb des Rahmens unserer Diskussion. Man sollte den vorliegenden Algorithmus als einen Startpunkt für die Entwicklung einer Methode zur Spracherkennung betrachten; das Ziel war dabei, die Darstellung von Sprachsignalen auf einige wenige wichtige Parameter zu reduzieren.

Bemerkung. Auf der horizontalen Achse in Bild 11.25 müssen wir gleichzeitig die Anzahl der Abtastwerte, die Zeit in Millisekunden, die Lage der Fenstergrenzen und die

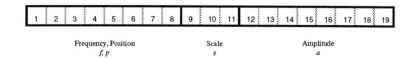

Bild 11.27 Format eines eindimensionalen Wavelet–Paket–Koeffizienten mit Kennzeichnung.

lokalen Frequenzen innerhalb jedes Fensters angeben. Diese Bezeichnung haben wir unterdrückt. Im oberen und unteren Schaubild stellt die horizontale Achse die Zeit–Achse dar. Alle drei Schaubilder werden durch die vertikalen Linien segmentiert; diese stehen für die Grenzen der Fenster oder für die Endpunkte der Intervalle in der adaptiven Zerlegung der Zeit–Achse. Innerhalb jedes Fensters I_j gibt die Position entlang der horizontalen Achse im mittleren Schaubild von Bild 11.25 die Frequenzzahl n_j an, die durch I_j skaliert werden muß, um die aktuelle Frequenz zu beschreiben. Das mittlere Schaubild ist also dann besonders nützlich, wenn man die Anzahl der Sprachmuster zählen und deren relativen Einfluß und Frequenz messen will. Diese Art der Darstellung geht auf Xiang Fang zurück; ähnliche Schaubilder finden sich in [30].

11.5 Sprachwirrwarr

Eine Folge $\{C_i : i = 1, 2, \ldots\}$ von TFA1s stellt ein kodiertes Sprachsignal dar. Die Folge hat eine zugehörige Werteverteilung. Man kann die Folge mit einer Permutation $\pi : \{C_i\} \to \{C'_i\}$ so transformieren, daß diese Verteilung erhalten bleibt. Signale, die von C' statt von C rekonstruiert werden, sind dann entstellt, aber das entstellte Signal ist von gewöhnlicher Sprache automatisch schwer zu unterscheiden. Tatsächlich wird sich die verzerrte Sprache eher wie eine Fremdsprache anhören.

Wir können davon ausgehen, daß die Abbildung $\pi : \{C_i\} \to \{C'_i\}$ invertierbar ist (oder sogar eine Permutation der Indizes s, f, p). Die Abbildung kann dann als eine Verschlüsselung interpretiert werden. Zwei Personen können dann einen Schlüssel besitzen, so daß sie vertraulich miteinander kommunizieren können, und ungebetene Zuhörer werden es schwer haben, die Sprache zu entschlüsseln oder sogar zu entdecken, daß überhaupt eine Verschlüsselung vorliegt.

11.5.1 Zu verschlüsselnde Objekte

Wir gehen davon aus, daß wir Sprachsignale wie im Telefonwesen mit 8012 8-Bit Abtastwerten pro Sekunde abtasten. Diese unterteilen wir in Fenster von 256 Abtastwerten (31 ms) und finden die Darstellung bezüglich der besten Basis, wobei wir eine Quantisierung vornehmen und die 13 Koeffizienten höchster Energie pro Fenster (etwa 5%) beibehalten. Dies kann man folgendermaßen in Pakete verpacken: Es ergeben sich $13 \times 19 = 247$

11.5 Sprachwirrwarr   381

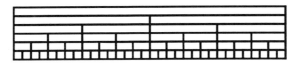

Wavelet Packet Coefficients

Example Coefficient Probability Density

Bild 11.28 Schematische Verteilung der Wavelet–Paket–Koeffizienten.

Bits pro Fenster, oder eine Rate gerade unterhalb 8 kBit pro Sekunde ohne Entropie–Kodierung oder Streichen von Sprechpausen. Diese Art der Aufteilung in Pakete wird benötigt, um innerhalb der Bandbreiten–Beschränkungen für Telefonkanäle zu bleiben. Obwohl die übermittelten Koeffizienten im allgemeinen weiter kodiert sein werden, wollen wir annehmen, daß dies ohne Informationsverlust geschieht, so daß die Parameter a, s, f, p extrahiert werden können.

11.5.2 Merkmalerhaltende Permutationen

Wir gehen aus von TFA1s C_i, $i = 1, 2, \ldots$, die ein Sprachsignal in einer Zeit–Frequenz–Analyse der Stufe L darstellen. Mit dem Indexraum $\mathcal{C} = \{(s, f, p) : 0 \leq s \leq L, 0 \leq f < 2^s, 0 \leq p < 2^{L-s}\}$ dieser Atome verbinden wir ein Wahrscheinlichkeitsmaß $P : \mathcal{C} \to [0, 1]$. Die Wahrscheinlichkeit eines Index ist die mittlere Energie pro Zeiteinheit, die in dem Koeffizienten zu diesem Index gefunden wird. Diese Wahrscheinlichkeit kann man empirisch bestimmen, falls ein hinreichend langes Sprachsignal vorliegt. Die Wahrscheinlichkeitsverteilung kann man dann als Graph darstellen über dem Baum der Wavelet–Paket–Koeffizienten.

Bild 11.28 zeigt diese Situation schematisch und ist viel einfacher als das, was wir in der Praxis erwarten. Um ein solches Bild mit tatsächlichen Daten auszufüllen, akkumulieren wir $|a|^2$ in der Position (s, f, p) für ein hinlänglich langes Segment eines tatsächlichen Sprachsignals. Bild 11.29 zeigt P für den Fall, daß der Autor Teile von *The Walrus and the Carpenter* von Lewis Carroll rezitiert hat; dabei wurde eine Kompression auf 8 kbps vorgenommen, indem kleine Koeffizienten bezüglich der besten Basis auf Fenstern von 512 Abtastwerten in 62 ms weggelassen wurden.

Wir quantisieren die Wahrscheinlichkeitsverteilung in eine kleine Anzahl von Bereiche, wobei jeder Bereich in etwa die gleiche Anzahl von Koeffizienten enthalten soll. Im Beispiel haben wir fünf solche Bereiche festgelegt. Eine Verschlüsselung besteht dann darin, fünf Permutationen auf Teilmengen von Indizes durchzuführen, wobei jede dieser Permutationen die fünf Teilregionen invariant läßt.

Bild 11.29 Tatsächliche Verteilung der Wavelet–Paket–Koeffizienten.

Der Unterschied zwischen der statistischen Verteilung der ursprünglichen und der verschlüsselten Koeffizienten kann dadurch verkleinert werden, daß man die Anzahl der Bereiche vergrößert. Natürlich sollte diese Zahl klein bleiben im Vergleich zur Anzahl der Wavelet–Paket–Koeffizienten, da sonst nur triviale Permutationen innerhalb der Bereiche übrig bleiben.

11.6 Adaptive Rauschunterdrückung durch Wellenformen

Wir haben Signalentwicklungen nach verschiedenen Bibliotheken von Wellenformen betrachtet, wobei uns die Idee vorschwebte, die Bibliothek so zu wählen, daß die Darstellung bestmöglich ist. Falls keine Bibliothek besonders gute Ergebnisse liefert, können wir Signalanteile abtrennen, indem wir eine oder einige wenige Wellenformen abspalten und dann den Rest untersuchen. Dies ist ein Beispiel eines *Meta-Algorithmus*, der in einer der ersten Stufen angewendet werden kann, um eine geeignete Analyse für ein gegebenes Signal auszuwählen.

11.6.1 Kohärenz und Rauschen

Als eine Anwendung der Kombination dieser Ideen betrachten wir nun einen Algorithmus für die *Rausch-Unterdrückung* oder genauer für die *Extraktion kohärenter Strukturen*. Dies ist ein schwieriges und schlecht definiertes Problem, nicht zuletzt deshalb, weil „Rauschen" oft schlecht definiert ist. Wir betrachten deshalb ein N-Punkte Signal als verrauscht oder inkohärent bezüglich einer Basis von Wellenformen, falls es mit den Wellenformen der Basis nicht stark korreliert, d.h. falls seine Entropie von der gleichen Größenordnung ist wie

$$\log(N) - \epsilon \qquad (11.34)$$

mit kleinem ϵ. Gehen wir von dieser Begriffsbildung aus, so werden wir auf den folgenden iterativen Algorithmus geführt, der auf mehreren zuvor definierten Bibliotheken von orthonormalen Basen aufbaut. Wir beginnen mit einem Signal f der Länge N, finden in jeder Bibliothek die beste Basis und wählen unter diesen die „beste" aller besten Basen aus, die die Kosten der Darstellung von f minimiert. Die Koeffizienten von f bezüglich dieser Basis ordnen wir nach fallender Amplitudengröße.

Die Rate, mit der die Koeffizienten abnehmen, bestimmt die *theoretische Dimension* N_0; dies ist eine Zahl zwischen 1 und N, die die Anzahl der signifikanten Koeffizienten beschreibt. Wir können N_0 auf verschiedene Arten definieren; die einfachste Art ist es, diejenigen Koeffizienten zu zählen, deren Amplituden eine vorgegebene Schranke übertreffen. Eine andere Möglichkeit besteht darin, den Wert der Entropie der Koeffizientenfolge unter der Exponentialfunktion zu betrachten, was mit dem Kriterium in Gleichung 11.34 übereinstimmt.

Theoretische Dimension ist eine Art von Informationskosten. Wir nennen ein Signal *inkohärent*, falls seine theoretische Dimension größer ist als eine vorgegebene „Konkurs"-Schranke $\beta > 0$. Die Schranke β wird dabei so gewählt, daß wir eine unakzeptabel schlechte Kompression selbst bei bester Wahl der Wellenformen erkennen können. Diese Bedingung dient zum Abbruch der Iteration, falls weitere Zerlegungen keinen weiteren Gewinn bringen.

Ist das Signal nicht inkohärent, d.h. enthält es Komponenten, die wir als Signale erkennen können, so wählen wir eine feste Größe $0 < \delta \leq 1$ und zerlegen f in $c_1 + r_1$, wobei c_1 aus den δN_0 großen Koeffizienten und r_1 aus den restlichen, kleinen Koeffizienten rekonstruiert ist. Wir fahren dann fort, indem wir $r_1, r_2, \ldots$ als Signal betrachten und die Zerlegung iterieren. Diese Vorgehensweise ist in Bild 11.30 dargestellt. Wir können den Prozeß nach einer festen Anzahl von Zerlegungsstufen stoppen, oder wir können ihn iterieren, bis der Rest die theoretische Dimension β überschreitet. Wir überlagern dann die kohärenten Anteile, um den kohärenten Teil des Signals zu erhalten. Der Rest erscheint für uns als *Rauschen*, weil wir ihn mit keiner Folge unserer adaptiven Wellenformen gut darstellen können. Der Algorithmus der Rausch-Unterdrückung durch adaptive Wellenformen zerlegt so ein bestimmtes Signal in Schichten; wir entfernen so viele obere Schichten wie wir wollen, und stellen dabei sicher, daß die unteren Schichten nicht kosteneffizient darzustellen sind.

Die beiden Parameter β und δ können so angepaßt werden, daß sie einer *a priori* Schätzung für das Signal-Rausch-Verhältnis entsprechen; man kann sie auch durch Rückkopplung so auswählen, daß man ein sauber aussehendes Signal erhält, falls kein Modell über den Rausch-Anteil vorliegt.

Rausch-Unterdrückung mit adaptiven Wellenformen ist eine schnelle, genäherte Version der von Mallat [72] beschriebenen Prozedur des *matching pursuit*. Dort sind die Wellenformen gegeben durch Gauß-Kurven, und pro Iterationsschritt wird jeweils eine Komponente extrahiert. Diese Prozedur liefert immer die beste Zerlegung, man nimmt dabei aber die Kosten für viel mehr Iterationen und mehr Arbeit pro Iteration in Kauf. Mallats Abbruchkriterium testet das Amplitudenverhältnis von sukzessiv extrahierten Amplituden; dies ist eine Methode, um Restanteile zu erkennen, die aus zufälligem statistischen Rauschen bestehen.

11.6.2 Experimentelle Ergebnisse

Als ein Beispiel betrachten wir ein mechanisches Rumpeln überlagert von aquatischem Rauschen, das wir über ein Unterwasser-Mikrophon aufgenommen haben. Die Berechnungen wurden mit dem Programm „denoise" [69, 22] vorgenommen, wobei $\delta = 0.5$ gesetzt und die Anzahl der Iterationen auf 4 beschränkt wurde. Diese Anwendung ist auch in [31] beschrieben; die Daten wurden uns von Ronald R. Coifman zur Verfügung gestellt. Bild 11.31 zeigt das ursprüngliche Signal zusammen mit der rauschfreien Version.

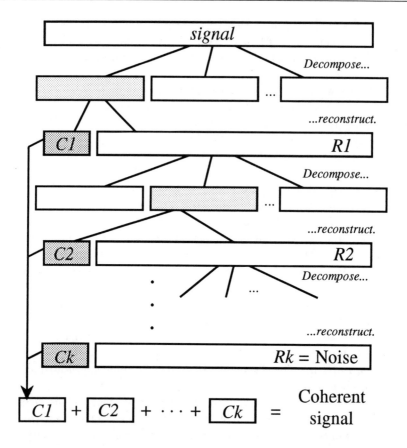

Bild 11.30 Schema der Rausch–Unterdrückung durch adaptive Wellenformen.

Man erkennt, daß keine Glättung des Signals vorgenommen wurde. Die Bilder 11.32 bis 11.35 zeigen die kohärenten Teile und die Reste der ersten vier Iterationen. Man erkennt, daß die Gesamtenergie in jedem sukzessiven kohärenten Anteil abnimmt, während die Restanteile weiterhin grob die gleiche Energie beibehalten.

Die Bilder 11.36 bis 11.39 zeigen die sukzessive Rekonstruktion aus den kohärenten Anteilen, zusammen mit einem Plot der Koeffizienten–Amplituden der besten Basis für die Reste, angeordnet nach fallendem Betrag. Es fällt ins Auge, daß nach diesen vier Iterationen nur noch eine geringfügige Verbesserung zu gewinnen ist.

11.6 Adaptive Rauschunterdrückung durch Wellenformen

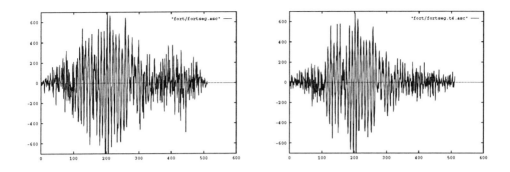

Bild 11.31 Ursprüngliches und unverrauschtes Signal.

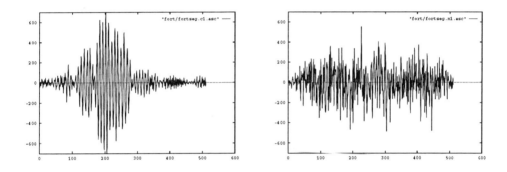

Bild 11.32 Erster kohärenter Anteil und erster Fehleranteil.

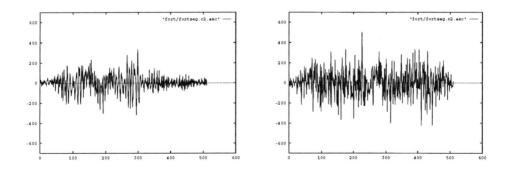

Bild 11.33 Zweiter kohärenter Anteil und zweiter Fehleranteil.

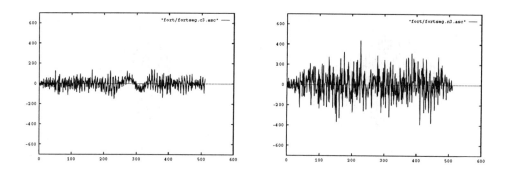

Bild 11.34 Dritter kohärenter Anteil und dritter Fehleranteil.

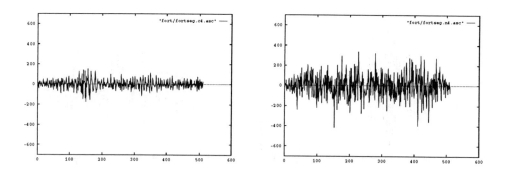

Bild 11.35 Vierter kohärenter Anteil und Rausch-Anteil.

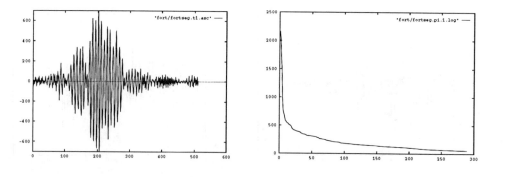

Bild 11.36 Erste Rekonstruktion und angeordnete Koeffizienten des Fehlers.

11.6 Adaptive Rauschunterdrückung durch Wellenformen

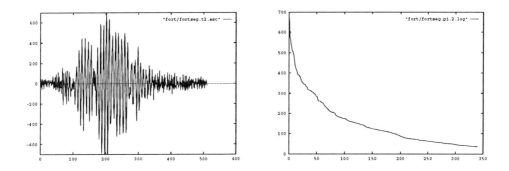

Bild 11.37 Zweite Rekonstruktion und angeordnete Koeffizienten des Fehlers.

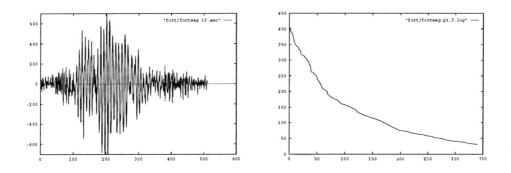

Bild 11.38 Dritte Rekonstruktion und angeordnete Koeffizienten des Fehlers.

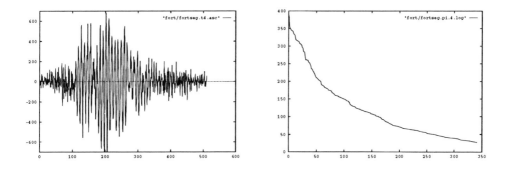

Bild 11.39 Vierte Rekonstruktion und angeordnete Koeffizienten des Fehlers.

A Lösungen für einige Übungsaufgaben

Kapitel 2: Programmiertechniken

Kapitel 2, Aufgabe 3. Ein BTN Baum ist allgemeiner als ein Binärbaumvektor:

Übertragen eines Binärbaums in einen BTN Baum

```
abt2btnt( DATA, LENGTH, MAXLEVEL, LEVEL ):
  Let ROOT = makebtn( DATA, NULL, NULL, NULL )
  If LEVEL<MAXLEVEL then
    Let CHILD = DATA+LENGTH
    Let ROOT.LEFT = abt2btnt(CHILD, LENGTH, MAXLEVEL, LEVEL+1)
    Let CHILD = DATA+LENGTH+(LENGTH>>LEVEL)/2
    Let ROOT.RIGHT = abt2btnt(CHILD, LENGTH, MAXLEVEL, LEVEL+1)
  Return ROOT
```

Kapitel 2, Aufgabe 4. Vermeidet man Rekursion, so kann man folgendermaßen vorgehen:

```
bisectn( ARRAY, N, U ):
  While N > 0
    N /= 2
    If U is odd then ARRAY += N
    U /= 2
  Return ARRAY
```

Kapitel 4: Lokale trigonometrische Transformationen

Kapitel 4, Aufgabe 9. Wir müssen in lpic() und ilpic() das „c" durch „s" ersetzen:

Lokale In–Place–Periodisierung in N Punkten, Sinus–Fall

```
lpis( SIG, N, RISE ):
   fips( SIG, SIG, RISE )
   fips( SIG+N, SIG+N, RISE )
   uips( SIG+N, SIG, RISE )
```

Inverse lokale Periodisierung auf N Punkten, Sinus–Fall

```
ilpis( SIG, N, RISE ):
   fips( SIG+N, SIG, RISE )
   uips( SIG, SIG, RISE )
   uips( SIG+N, SIG+N, RISE )
```

Kapitel 4, Aufgabe 10. Wir müssen die Reihenfolge der Operationen in lpica() umkehren:

Inverse lokale Periodisierung von Nachbarintervallen, Cosinus–Fall

```
ilpica( SIG, LENGTHS, NUM, RISE ):
   For I = 0 to NUM-1
      fipc( SIG+LENGTHS[I], SIG, RISE )
      uipc( SIG, SIG, RISE )
      SIG += LENGTHS[I]
   uipc( SIG, SIG, RISE )
```

Um den Sinus–Fall ilpisa() zu erhalten, ersetzen wir einfach fipc() durch fips() und uipc() durch uips().

Kapitel 5: Quadraturfilter

Kapitel 5, Aufgabe 1. Es seien e und f zwei Filterfolgen aus einem Quadrupel von biorthogonalen Quadraturfiltern. Dann gilt für $0 \leq n < 2q$:

$$\sum_{k=0}^{2q-1} e'_{2q}(k)\bar{f}_{2q}(k+2n) = \sum_{k=0}^{2q-1}\left(\sum_{x=-\infty}^{\infty} e'(k+2qx)\right)\left(\sum_{y=-\infty}^{\infty} \bar{f}(k+2n+2qy)\right)$$

$$= \sum_{x=-\infty}^{\infty}\sum_{y=-\infty}^{\infty}\sum_{z=2qx}^{2q(x+1)-1} e'(z)\bar{f}(z+2[n-q(x-y)])$$

$$= \sum_{w=-\infty}^{\infty}\sum_{z=-\infty}^{\infty} e'(z)\bar{f}(z+2[n+qw]).$$

Dabei haben wir die folgenden Substitutionen vorgenommen: $k \leftarrow z - 2qx \Rightarrow 2qx \leq z < 2q(x+1)$ und $y \leftarrow w + x \Rightarrow -\infty < w < \infty$. Die Summen über z und x können dann zusammengefaßt werden zu einer Summe über z mit $-\infty < z < \infty$.

Nun verwenden wir Gleichungen 5.6. Ist $e = g$ und $f' = h'$ oder $e = h$ und $f' = g'$, so verschwindet die Summe über z in allen n, w. Sind $e = h$ und $f' = h'$ oder $e = g$ und $f' = g'$ duale Filter, so ist die Summe in z nur ungleich Null für $n = qw$, was nur für $n = 0$ und $w = 0$ möglich ist. Die Summe über z ergibt 1, und die Summe über w reduziert sich auf einen einzelnen Term. Dies schließt den Beweis ab. □

Kapitel 5, Aufgabe 4. Die Wirkungsweise von Filtern auf Funktionen liefert Kombinationen von Abtastwerten in Zwischenpunkten:

$$H^*Hu(t) = \frac{1}{2}u(t-1) + u(t) + \frac{1}{2}u(t+1),$$

$$G^*Gu(t) = -\frac{1}{2}u(t-1) + u(t) - \frac{1}{2}u(t+1),$$

$$H^*Gu(t) = \frac{1}{2}u(t-1) - \frac{1}{2}u(t+1),$$

$$G^*Hu(t) = -\frac{1}{2}u(t-1) + \frac{1}{2}u(t+1).$$

Kapitel 6: Diskrete Wavelet–Transformation

Kapitel 6, Aufgabe 3. Statt eines rekursiven Funktionsaufrufs verwenden wir eine Schleife bezüglich der Zerlegungsstufen:

Nichtrekursive disjunkte L-stufige periodische DWT der Länge $N = M * 2^L$
```
dwtpdn( DIFS, SUMS, IN, N, L, H, G ):
   While L > 0
      cdpi( DIFS+N/2, 1, IN, N, G )
      cdpi( SUMS+N/2, 1, IN, N, H )
      L -= 1
      N /= 2
      Let IN = SUMS + N
      For K = 0 to N-1
         DIFS[K] += IN[K]
```

Wie im rekursiven Fall nehmen wir dabei an, daß die drei Vektoren IN[], SUMS[] und DIFS[] disjunkt angelegt und initialisiert sind.

Kapitel 6, Aufgabe 4. Der Hauptunterschied zwischen dieser und der disjunkten nichtrekursiven Version besteht darin, daß wir cdpe() statt cdpo() verwenden. Haben wir die Summen im Hilfsvektor berechnet, so können wir den gemeinsamen Input-/Output-Vektor mit Wavelet-Koeffizienten überschreiben:

Nichtrekursive in–place L-stufige periodische DWT der Länge $N = M * 2^L$
```
dwtpin( DATA, WORK, N, L, H, G ):
   While L > 0
      cdpe( WORK+N/2, 1, DATA, N, G )
      cdpe( WORK, 1, DATA, N, H )
      For I = 0 to N-1
         Let DATA[I] = WORK[I]
      N /= 2
      L -= 1
```

Kapitel 6, Aufgabe 5. Wir verwenden einen rekursiven Funktionsaufruf und benützen eine lokale Variable, um die Zerlegungsstufe zu kennzeichnen:

Rekursive disjunkte L-stufige periodische iDWT der Länge $N = 2^L$
```
idwtpd0( OUT, SUMS, IN, N, H, G ):
   If N > 1 then
      N /=2
      idwtpd0( SUMS+N, SUMS, IN, N, H, G)
      acdpi( OUT, 1, SUMS+N, N, H )
      acdpi( OUT, 1, IN +N, N, G )
   Else
      OUT[0] += IN[0]
   Return
```

Kapitel 6, Aufgabe 6. Wir verwenden eine lokale Variable, um die Zerlegungsstufe nachzuhalten. Die Anwendung von `acdpe()` überschreibt den gemeinsamen Input-/Output-Vektor mit der Rekonstruktion aus dem Tiefpaß (H)-Anteil; dann wird der rekonstruierte Hochpaß (G)-Anteil mit `acdpo()` zuaddiert:

Rekursive in–place L-stufige periodische iDWT der Länge $N = 2^L$
```
idwtpi0( DATA, WORK, N, L, H, G ):
   If N > 1 then
      idwtpi0( DATA, WORK, N/2, H, G )
      acdpe( WORK, 1,    DATA,     N/2, H )
      acdpo( WORK, 1, DATA+(N/2), N/2, G )
      For I = 0 to N-1
         Let DATA[I] = WORK[I]
   Return
```

Kapitel 6, Aufgabe 7. Die folgende Funktion verallgemeinert `idwtpd0n()`. Die Zerlegungsstufe wird durch eine Schleife gewünschter Tiefe nachgehalten.

Nichtrekursive disjunkte L-stufige periodische iDWT der Länge $N = M * 2^L$

```
idwtpdn( OUT, SUMS, IN, N, L, H, G ):
    If L > 0 then
        M = N>>L
        SUMS += M
        For K=0 to M-1
            Let SUMS[K] = IN[K]
        While M < N/2
            acdpi( SUMS+M, 1, SUMS, M, H )
            acdpi( SUMS+M, 1, IN,   M, G )
            SUMS += M
            IN   += M
            M    *= 2
        acdpi( OUT, 1, SUMS, N/2, H )
        acdpi( OUT, 1, IN,   N/2, G )
    Else
        For K=0 to N-1
            Let OUT[K] += IN[K]
```

Kapitel 6, Aufgabe 8. Die folgende Funktion verallgemeinert `idwtpi0n()` und verwendet eine Schleife, die sich auf die jeweilige Zerlegungsstufe bezieht.

Nichtrekursive in–place L-stufige periodische iDWT der Länge $N = M * 2^L$

```
idwtpin( DATA, WORK, N, L, H, G ):
    Let M = N>>L
    While M < N
        acdpe( WORK, 1, DATA,   M, H )
        acdpo( WORK, 1, DATA+M, M, G )
        For I = 0 to 2*M-1
            Let DATA[I] = WORK[I]
        M *= 2
```

Man beachte, daß wir dabei erst `acdpe()` für die H–Rekonstruktion anwenden und anschließend die G–Rekonstruktion mit `acdpo()` superponieren.

Kapitel 6, Aufgabe 9.   Wir verwenden eine Schleife, um die Zerlegungstiefe nachzuhalten:

L-stufige nichtrekursive aperiodische DWT auf einem INTERVAL

```
dwtan( V, W, IN, L, H, G ):
    For K = 0 to L-1
        cdao( V[K].ORIGIN, 1, IN.ORIGIN, IN.LEAST, IN.FINAL, H )
        cdao( W[K].ORIGIN, 1, IN.ORIGIN, IN.LEAST, IN.FINAL, G )
        Let IN = V[K]
    For N = IN.LEAST to IN.FINAL
        Let W[L].ORIGIN[N] = IN.ORIGIN[N]
```

Die Vektoren V[] und W[] von INTERVALs enthalten die jeweiligen Skalierungs- und Wavelet–Zerlegungsanteile. Sie müssen zuvor mit $L + 1$ INTERVAL–Datenstrukturen in W[] und L INTERVAL–Datenstrukturen in V[] angelegt werden.

Die Output–Werte werden tatsächlich in zwei zuvor angelegte Vektoren SUMS[] und DIFS[] geschrieben, die lang genug sein müssen, um alle durch die aperiodische DWT erzeugten Wavelet– und Skalierungsamplituden aufnehmen zu können. Ihre jeweiligen Längen werden durch einen Aufruf der beiden Funktionen intervalstotal(V,L) und intervalstotal(W,L+1) aus Kapitel 2 berechnet; zuvor müssen die Endpunkt–Anteile der INTERVAL–Elemente von V[] und W[] durch Aufruf von dwtaintervals() gesetzt werden. In gleicher Weise bestimmt man die ORIGIN members von V[] und W[] durch Aufruf von dwtaorigins().

Kapitel 6, Aufgabe 10.   shifttoorigin() und shifttonextinterval() seien so definiert, daß eine Verkettung vom Ende des Vektors her gegeben ist. Wir übergeben die Endpunkte der Koeffizienten–Vektoren SUMS[] und DIFS[] an dwtaorigins().

L-stufige DWTA auf einem Vektor

```
dwtacomplete( DATA, LENGTH, L, H, G ):
    Allocate L empty INTERVALs at V
    Allocate L+1 empty INTERVALs at W
    Let IN = makeinterval( DATA, 0, LENGTH-1 )
    dwtaintervals( V, W, IN, L, H, G )
    Let NS = intervalstotal( V, L )
    Allocate an array of NS zeroes at SUMS
    Let ND = intervalstotal( W, L+1 )
    Allocate an array of NS zeroes at DIFS
    dwtaorigins( V, W, SUMS+NS, DIFS+ND, L )
    dwta( V, W, IN, L, H, G )
    Deallocate SUMS[]
    Deallocate IN, but leave DATA[] alone
    Deallocate V[]
    Return W
```

Kapitel 6, Aufgabe 11. shifttoorigin() und shifttonextinterval() sollen eine Verkettung vom Ende her vornehmen. Wir übergeben das Endstück des Vektors SUMS[] an idwtaorigins():

L-stufige iDWTA auf einem Vektor von INTERVALs

```
idwtacomplete( W, L, H, G ):
   Allocate L empty INTERVALs at V
   Allocate 1 empty INTERVAL at OUT
   idwtaintervals( OUT, V, W, L, H, G )
   Let OUT = enlargeinterval( OUT, OUT.LEAST, OUT.FINAL )
   Let NS = intervalstotal( V, L )
   Allocate an array of NS zeroes at SUMS
   idwtaorigins( V, SUMS+NS, L )
   idwta( OUT, V, W, L, H, G )
   Deallocate SUMS[]
   Deallocate V[]
   Return OUT
```

Kapitel 6, Aufgabe 12. Für den Input müssen wir folgende Spezifikation vornehmen:

- V, ein Vektor von L leeren INTERVAL–Zeigern für die Skalierungsräume;
- W, ein Vektor von $L+1$ leeren INTERVAL–Zeigern für die Waveleträume und für V_L;
- IN[], das Input–INTERVAL;
- L, die Anzahl der Zerlegungsstufen;
- H,G, die Tiefpaß– und Hochpaß–QFs.

Der Output wird in die progressiv angelegten Vektoren V und W geschrieben:

L-stufige DWTA auf einer INTERVAL–Datenstruktur

```
dwtalocal( V, W, IN, L, H, G ):
   If L > 0
      Let LEAST = cdaleast( IN, H )
      Let FINAL = cdafinal( IN, H )
      Let V = makeinterval( NULL, LEAST, FINAL )
      cdai( V.ORIGIN, 1, IN.ORIGIN, IN.LEAST, IN.FINAL, H )
      Let LEAST = cdaleast( IN, G )
      Let FINAL = cdafinal( IN, G )
      Let W = makeinterval( NULL, LEAST, FINAL )
      cdai( W.ORIGIN, 1, IN.ORIGIN, IN.LEAST, IN.FINAL, G )
      dwtalocal( V+1, W+1, V, L-1, H, G )
   Else
      Let W = makeinterval( NULL, IN.LEAST, IN.FINAL )
      For N = IN.LEAST to IN.FINAL
         Let W.ORIGIN[N] = IN.ORIGIN[N]
   Return
```

Kapitel 7: Wavelet–Pakete

Kapitel 7, Aufgabe 3. Wir verbinden die Verteilung der Amplituden aus einer Hecke in einen Binärbaum–Vektor mit einer zuvor geschriebenen Funktion für die periodische Wavelet–Paket–Synthese:

Periodische DWPS aus einer Hecke in einen Binärbaum–Vektor

```
hedge2dwpspabt( GRAPH, N, HQF, GQF ):
   Let MAXLEVEL = GRAPH.LEVELS[0]
   For I = 1 to GRAPH.BLOCKS-1
      Let MAXLEVEL = max( MAXLEVEL, GRAPH.LEVELS[I] )
   Allocate an array of N*(MAXLEVEL+1) 0s at DATA
   hedge2abt( DATA, GRAPH, N )
   abt2dwpsp( DATA, N, MAXLEVEL, HQF, GQF )
   Return DATA
```

Kapitel 7, Aufgabe 4. Die folgende Modifikation von btnt2dwpsa() gibt jeden BTN frei, sobald sein Vorgänger rekonstruiert ist:

Aperiodische DWPS aus einem Baum, bei sofortiger Freigabe der verwendeten Knoten

```
btnt2dwpsa0( ROOT, HQF, GQF ):
  If ROOT != NULL then
    btnt2dwpsa0( ROOT.LEFT, HQF, GQF )
    If ROOT.LEFT != NULL then
      Let ROOT.CONTENT = acdaparent( ROOT.CONTENT,
                          ROOT.LEFT.CONTENT, HQF )
      Let ROOT.LEFT = freebtn( ROOT.LEFT, freeinterval, free )
    btnt2dwpsa0( ROOT.RIGHT, HQF, GQF )
    If ROOT.RIGHT != NULL then
      Let ROOT.CONTENT = acdaparent( ROOT.CONTENT,
                          ROOT.RIGHT.CONTENT, GQF )
      Let ROOT.RIGHT = freebtn( ROOT.RIGHT, freeinterval, free )
  Return
```

Kapitel 8: Der Algorithmus der besten Basis

Kapitel 8, Aufgabe 5.   Wir nehmen an, daß GRAPH.BLOCKS am Anfang Null ist:

Rekursive Bestimmung der Knoten einer besten Basis in einem vollständigen BTN Baum

```
btnt2bbhedge( GRAPH, ROOT, S, L ):
  Let MYCOST = infocost( ROOT.CONTENT.ORIGIN,
                ROOT.CONTENT.LEAST, ROOT.CONTENT.FINAL )
  If S == L then
    Let GRAPH.CONTENT[GRAPH.BLOCKS] = ROOT.CONTENT
    Let GRAPH.LEVELS[GRAPH.BLOCKS] = L
    GRAPH.BLOCKS += 1
    Let BESTCOST = MYCOST
  Else
    Let BLOCKS = GRAPH.BLOCKS
    Let LCOST = btnt2bbhedge( GRAPH, ROOT.LEFT, S+1, L )
    Let RCOST = btnt2bbhedge( GRAPH, ROOT.RIGHT, S+1, L )
    If MYCOST > LCOST + RCOST then
      Let BESTCOST = LCOST + RCOST
    Else
      Let BESTCOST = MYCOST
      Let GRAPH.BLOCKS = BLOCKS
      Let GRAPH.CONTENTS[GRAPH.BLOCKS] = ROOT.CONTENT
      Let GRAPH.LEVELS[GRAPH.BLOCKS] = S
      GRAPH.BLOCKS += 1
  Return BESTCOST
```

Kapitel 8, Aufgabe 6.   Nach btnt2costs() rufen wir costs2blevel() auf:

Übergabe der Hecke einer besten Stufe für einen BTN Baum von INTERVALs

```
btnt2blevel( ROOT, MINLEVEL, MAXLEVEL ):
  btnt2costs( ROOT )
  Let GRAPH = makehedge( 1<<MAXLEVEL, NULL, NULL, NULL )
  Let GRAPH.BLOCKS = 0
  costs2blevel( GRAPH, ROOT, MINLEVEL, MAXLEVEL )
  Return GRAPH
```

Kapitel 8, Aufgabe 7. Wir implementieren zunächst eine Funktion, die die Informationskosten einer Stufe im ursprünglichen BTN Baum von INTERVALs berechnet und zurückgibt:

Informationskosten einer Stufe in einem BTN Baum von INTERVALs

```
btntlevelcost( ROOT, LEVEL ):
  Let COST = 0
  For BLOCK = 0 to (1<<LEVEL)-1
    Let NODE = btnt2btn( ROOT, LEVEL, BLOCK )
    Let I = NODE.CONTENT
    COST += infocost( I.ORIGIN, I.LEAST, I.FINAL )
  Return COST
```

Dann verwenden wir diese Funktion in einem zu btnt2blevel() analogen Programm:

Bestimmung der besten Stufenbasis in einem BTN Baum von INTERVALs

```
btnt2blhedge( GRAPH, ROOT, MINLEVEL, MAXLEVEL ):
  Let BESTLEVEL = MINLEVEL
  Let BESTCOST = btntlevelcost( ROOT, MINLEVEL )
  For LEVEL = MINLEVEL+1 to MAXLEVEL
    Let COST = btntlevelcost( ROOT, LEVEL )
    If COST<BESTCOST then
      Let BESTCOST = COST
      Let BESTLEVEL = LEVEL
  Let GRAPH.BLOCKS = 1<<BESTLEVEL
  For BLOCK = 0 to GRAPH.BLOCKS-1
    Let NODE = btnt2btn( ROOT, LEVEL, BLOCK )
    Let GRAPH.CONTENTS[BLOCK] = NODE.CONTENT
    Let GRAPH.LEVELS[BLOCK] = BESTLEVEL
  Return BESTCOST
```

Kapitel 8, Aufgabe 8. Nach einem vorbereitenden Schritt mit abt2costs() rufen wir costs2blevel() auf:

Rückgabe der Hecke der besten Stufe aus einem Binärbaum–Vektor

```
abt2blevel( DATA, LENGTH, MINLEVEL, MAXLEVEL ):
  Let COSTS = abt2costs( DATA, LENGTH, MAXLEVEL )
  Let GRAPH = makehedge( 1<<MAXLEVEL, NULL, NULL, NULL )
  Let GRAPH.BLOCKS = 0
  costs2blevel( GRAPH, COSTS, MINLEVEL, MAXLEVEL )
  freebtnt( COSTS, NULL, free )
  Return GRAPH
```

Kapitel 8, Aufgabe 9. Da die Amplituden in einem Binärbaum–Vektor fortlaufend nach Stufen gespeichert sind, können wir die Suche nach der Stufe mit den niedrigsten Informationskosten ohne die Einführung weiterer Datenstrukturen vornehmen:

Auffinden der besten Stufenbasis in einem Binärbaum–Vektor

```
abt2blhedge( GRAPH, DATA, LENGTH, MINLEVEL, MAXLEVEL ):
  Let BESTLEVEL = MINLEVEL
  Let BESTCOST = infocost(DATA+LENGTH*MINLEVEL, 0, LENGTH-1)
  For LEVEL = MINLEVEL+1 to MAXLEVEL
    Let COST =  infocost(DATA+LENGTH*LEVEL, 0, LENGTH-1)
    If COST<BESTCOST then
      Let BESTCOST = COST
      Let BESTLEVEL = LEVEL
  Let GRAPH.BLOCKS = 1<<BESTLEVEL
  For BLOCK = 0 to GRAPH.BLOCKS-1
    Let GRAPH.CONTENTS[BLOCK] =
          DATA + abtblock( LENGTH, BESTLEVEL, BLOCK )
    Let GRAPH.LEVELS[BLOCK] = BESTLEVEL
  Return BESTCOST
```

Die äußere Schleife berechnet die Kosten jeder Stufe und findet dann das Minimum; auf einfache Weise findet man dann die Output–Hecke.

Kapitel 9: Mehrdimensionale Bibliotheksbäume

Kapitel 9, Aufgabe 1. Wir müssen zuerst die folgenden Initialisierungen vornehmen:

- Anlegen eines Integer–Vektors LEN[] für d Längen und Zuweisung der Dimensionen des ursprünglichen Datenfeldes;

- Anlegen eines Integer–Vektors LVL[] für d ganze Zahlen, und Auswahl der Zerlegungstiefe in jeder Dimension; die maximal zulässige Zerlegungstiefe ergibt sich dabei als Exponent, falls man die Dimension als Zweierpotenz schreibt;

- Anlegen eines Feldes von $2d$ PQF–Datenstrukturen und Auffüllen dieses Feldes mit Paaren von konjugierten QFs, je ein Paar für jede Dimension;

- Anlegen eines Hilfsvektors WORK[] und Auffüllen dieses Vektors mit Nullen;

- Anlegen eines Input–/Output–Vektors DATA[], in den der Input gelesen wird.

Der folgende Pseudocode implementiert eine d-dimensionale Tensor–Wavelet–Transformation auf Daten, wobei die Dimensionen gegeben sind durch LEN[0]×···×LEN[D-1]; dabei werden die Filter H=QFS[2*K], G=QFS[2*K+1] bis zum Level LVL[K] in Richtung der durch die K-te Variable indizierten Achse angewendet:

In–place d-dimensionale periodische DWT, variable Stufen und Filter in jeder Dimension

```
dwtpvd( DATA, D, LEN, LVL, QFS, WORK ):
  Let VOLUME = LEN[0]
  For K = 1 to D-1
    VOLUME *= LEN[K]
  Let K = D-1
  While K >= 0
    Let I = 0
    While I < VOLUME
      dwtpi(DATA+I,WORK,LEN[D-1],LVL[K],QFS[2*K],QFS[2*K+1])
      I += LEN[D-1]
    xpid( DATA, LEN, D )
    K -= 1
```

Kapitel 9, Aufgabe 2. Dieselben Ideen wie in Aufgabe 1 können zur Erzeugung der isotropischen zweidimensionalen Wavelet–Transformation angewendet werden. Es ist dabei notwendig, die Zerlegungsstufe für eine Zeile in Abhängigkeit vom Zeilenindex abzuändern, und analoges gilt für die Zerlegungsstufe einer Spalte. Der Output entspricht dabei nicht der Indexkonvention unseres Viererbaumes für zweidimensionale Wavelet–Paket–Basen, aber für manche Anwendungen ist unsere hier dargestellte Vorgehensweise effizienter. Die folgende Implementierung läßt rechteckige Felder zu und arbeitet mit verschiedenen Zerlegungstiefen in den beiden Dimensionen:

In–place isotropische zweidimensionale periodische Wavelet–Basis

```
dwtpi2(DATA, IX,IY, LX,LY, HX,GX, HY,GY, WORK):
   Let M = IX>>LX
   Let I = 0
   While I < M*IY
      dwtpi( DATA, WORK, IY, LY, HY, GY )
      I += IY
   While M < IX
      While I < 2*M*IY
         dwtpi( DATA, WORK, IY, LY, HY, GY )
         I += IY
      M *= 2
   xpi2( DATA, IX, IY )
   Let M = IY>>LY
   Let I = 0
   While I < M*IX
      dwtpi( DATA, WORK, IX, LX, HX, GX )
      I += IX
   While M < IY
      While I < 2*M*IX
         dwtpi( DATA, WORK, IX, LX, HX, GX )
         I += IX
      M *= 2
   xpi2( DATA, IY, IX )
```

Kapitel 9, Aufgabe 3. Die Inversen `idwtpt2()`, `idwtptd()`, `idwtpvd()`, `idwtpi2()` erhält man, indem man jeden Aufruf der Funktion `dwtpi()` durch einen Aufruf von `idwtpi()` ersetzt. Man beachte dabei, daß die Faktoren in einem Tensorprodukt von Transformationen miteinander kommutieren.

Kapitel 9, Aufgabe 4. Bei disjunkter Transposition braucht man keine zusätzliche Hilfsvariable, und man muß auch nicht prüfen, ob der (i,j)-Koeffizient einen kleineren Relativabstand hat als der (j,i)-Koeffizient.

Zweidimensionale Transposition und Kopieren zwischen disjunkten Feldern

```
xpd2(OUT, IN, X, Y):
    For I = 0 to X-1
        For J = 0 to Y-1
            Let OUT[J*X + I] = IN[I*Y + J]
```

Kapitel 9, Aufgabe 7. Die folgende Implementierung kann durch die Einführung einiger weniger zusätzlicher Variablen effizienter gestaltet werden:

Disjunktes separables zweidimensionales inverses Falten mit dem Cosinus

```
udc2( OUT, IN0, IN1, IN2, IN3, X0, X1, Y0, Y1, WORK, RX, RY ):
    Let WPTR = WORK + Y0*(X0+X1)
    For I = 0 to X0-1
        udcn( WPTR+I, X0+X1, IN0+Y0+I*Y0, IN1+I*Y1, Y0, RY )
    Let WPTR = WORK + Y0*(X0+X1) + X0
    For I = 0 to X0-1
        udcn( WPTR+I, X0+X1, IN2+Y0+I*Y0, IN3+I*Y1, Y0, RY )
    Let WPTR = WORK + X0
    OUT += (Y0+Y1)*X0
    For I = 0 to Y0-1
        udcn( OUT+I, Y0+Y1, WPTR, WPTR, X0, RX )
        udcp( OUT+I, Y0+Y1, WPTR, WPTR, X1, RX )
        WPTR += X0+X1
    For I = 0 to X0-1
        udcp( WORK+I, X0+X1, IN0+Y0+I*Y0, IN1+I*Y1, Y1, RY )
    Let WPTR = WORK + X0
    For I = 0 to X1-1
        udcp( WPTR+I, X0+X1, IN2+Y0+I*Y0, IN3+I*Y1, Y1, RY )
    Let WPTR = WORK + X0
    OUT += Y0
    For I = 0 to Y1-1
        udcn( OUT+I, Y0+Y1, WPTR, WPTR, X0, RX )
        udcp( OUT+I, Y0+Y1, WPTR, WPTR, X1, RX )
        WPTR += X0+X1
```

B   Symbolliste

Symbol	Definition
$\Rightarrow$	Implikation.
$\mathbf{Z}$	Ganze Zahlen $\{\ldots, -2, -1, 0, 1, 2, 3, \ldots\}$.
$\mathbf{N}$	Natürliche Zahlen $\{0, 1, 2, \ldots\}$.
$\#S$	Anzahl der Elemente in der Menge S.
$\gcd(p, q)$	Größter gemeinsamer Teiler von p und q.
$\lceil x \rceil$	Kleinste ganze Zahl größer oder gleich x.
$\lfloor x \rfloor$	Größte ganze Zahl kleiner oder gleich x.
$\mathbf{R}$	Reelle Zahlen.
$\mathbf{R}^+$	Nicht-negative reelle Zahlen; $[0, \infty[$.
$\mathbf{T}$	Einheitskreislinie (der Länge Eins); entspricht dem Intervall $[0, 1]$.
$\mathbf{C}$	Komplexe Zahlen; die komplexe Zahlenebene.
$]a, b[$	Das offene Intervall $\{x : a < x < b\}$.
$[a, b]$	Das abgeschlossene Intervall $\{x : a \leq x \leq b\}$.
$]a, b]$	Das halb-offene Intervall $\{x : a < x \leq b\}$.
$[a, b[$	Das halb-abgeschlossene Intervall $\{x : a \leq x < b\}$.
$B_\epsilon(\alpha)$	Kugel mit Radius ϵ und Mittelpunkt α.
$|E|$	Lebesgue-Maß der Menge E, $E \subset \mathbf{R}^d$.
$\operatorname{diam} E$	Durchmesser einer Menge E; $\inf\{R : s, t \in E \Rightarrow |s - t| \leq R\}$.
$\sup X$	Supremum einer Menge $X \subset \mathbf{R}$; kleinstes $L \in \mathbf{R}$ mit $x \leq L$ für alle $x \in X$.
$\inf X$	Infimum einer Menge $X \subset \mathbf{R}$; größtes $L \in \mathbf{R}$ mit $x \geq L$ für alle $x \in X$.
$\bar{z}$	Komplex-Konjugierte von z; für $z = a + ib$ mit $a, b \in \mathbf{R}$ ist $\bar{z} = a - ib$.
$\Re z$	Realteil von z; $\Re z = \frac{1}{2}(z + \bar{z})$.
$\Im z$	Imaginärteil von z; $\Im z = \frac{1}{2i}(z - \bar{z})$.
A^T	Transponierte der Matrix A; $A^T(n, m) = A(m, n)$.
A^*	Adjungierte der Matrix A; $A^*(n, m) = \overline{A(m, n)}$.
$\oplus$	Direkte Summe; für Matrizen A und B, $A \oplus B = \begin{pmatrix} A & 0 \\ 0 & B \end{pmatrix}$
$\operatorname{cond}(A)$	Konditionszahl einer Matrix; $\|A\| \|A^{-1}\|$.
$\langle u, v \rangle$	Hermitesches inneres Produkte; $u, v \in \ell^2 \Rightarrow \langle u, v \rangle = \sum_k \bar{u}(k) v(k)$.
$\|u\|$	Euklidische Norm von u; $\sqrt{\langle u, u \rangle}$.
$\operatorname{supp} f$	Träger von f; kleinste abgeschlossene Menge S mit $t \notin S \Rightarrow f(t) = 0$.
$\operatorname{dist}_X(u, v)$	Abstand von u und v im metrischen Raum X.
$C(\mathbf{T})$	Stetige 1-periodische Funktionen.
L^1	Lebesgue-integrierbare Funktionen.
L^2	Quadratische integrierbare Funktionen.
L^p	Funktionen f mit $|f|^p$ in L^1.
ℓ^1	Absolut-summierbare Folgen.
ℓ^2	Quadratisch-summierbare Folgen.
ℓ^p	Folgen u mit $\{|u(k)|^p\}$ in ℓ^1.
$\ll$	Sehr klein gegen.

Symbol	Definition
==	Logische Gleichheit (EQUALS).
||	Logische Disjunktion (OR).
&&	Logische Konjunktion (AND).
^	Bitweise ausschließende Disjunktion (XOR).
$A\;\hat{}= B$	Ersetze A durch A XOR B.
$A \ll B$	Links–Bit–Shift von A um B Bits; $2^B A$.
$A \gg B$	Rechts–Bit–Shift von A um B Bits; $\lfloor A/2^B \rfloor$.
$A \mathrel{+}= B$	Addiere B zu A und speichere das Ergebnis in A.
$A \mathrel{-}= B$	Subtrahiere B von A und speichere das Ergebnis in A.
$A \mathrel{*}= B$	Multipliziere A mit B und speichere das Ergebnis in A.
$A \mathrel{/}= B$	Dividiere A durch B und speichere das Ergebnis in A.
$\mathbf{1}$	Charakteristische Funktion des Intervalls $[0,1]$.
$\mathbf{1}_I$	Charakteristische Funktion eines Intervalls I.
f_e	Teilfolge mit geraden Indizes; $f_e(n) = f(2n)$.
f_o	Teilfolge mit ungeraden Indizes; $f_o(n) = f(2n+1)$.
$\psi^<$	Rückwärtsspiegelung von ψ; $\psi^<(t) \stackrel{\mathrm{def}}{=} \psi(-t)$.
$r_{[n]}$	n-te Iterierte einer rekursiv definierten Funktion r.
f_q	q-Periodisierung einer Funktion f; $f_q(t) = \sum_{k \in \mathbf{Z}} f(t+kq)$.
$c[f]$	Energiezentrum einer Folge f.
$d[f]$	Abweichung der Filterfolge f von linearer Phase.

C Koeffizienten der Quadraturfilter

Wir geben hier die Koeffizienten einiger Quadraturfilter an, die im Text erwähnt wurden. Sie sind auch auf der Diskette aufgelistet in einer Form, die ihre Einbindung in Standard C Programme erlaubt.

C.1 Orthogonale Quadraturfilter

Zunächst definieren wir einige Größen, um diese auf beliebigen Rechnern mit voller Maschinengenauigkeit zur Verfügung zu haben. Es sind dies $\sqrt{2}$, $\sqrt{3}$, $\sqrt{10}$ und $\sqrt{15}$.

```
#define SR2   (1.4142135623730950488)
#define SR3   (1.7320508075688772935)
#define SR10  (3.1622776601683793320)
#define SR15  (3.8729833462074168852)
```

Zusätzlich stellen wir $A = \frac{1}{4}\sqrt{2}\left[1 + \sqrt{10} + \sqrt{5 + 2\sqrt{10}}\right]$ und $B = \dfrac{3}{4A}$ bereit:

```
#define A  (2.6613644236006609279)
#define B  (0.2818103350856762928)
```

C.1.1 Beylkin–Filter

Das „Beylkin 18"-Filter wurde entworfen, indem man die Wurzeln des Frequenzantwort–Polynoms in der Nähe Nyquist Frequenz auf der reellen Achse legte; auf diese Weise konzentriert man die Energie des Power–Spektrums im gewünschten Band.

Beylkin 18

Tiefpass	Hochpass
9.93057653743539270 E-02	6.40485328521245350 E-04
4.24215360812961410 E-01	2.73603162625860610 E-03
6.99825214056600590 E-01	1.48423478247234610 E-03
4.49718251149468670 E-01	-1.00404118446319900 E-02
-1.10927598348234300 E-01	-1.43658079688526110 E-02
-2.64497231446384820 E-01	1.74604086960288290 E-02
2.69003088036903200 E-02	4.29163872741922730 E-02
1.55538731877093800 E-01	-1.96798660443221200 E-02
-1.75207462665296490 E-02	-8.85436306229248350 E-02
-8.85436306229248350 E-02	1.75207462665296490 E-02
1.96798660443221200 E-02	1.55538731877093800 E-01
4.29163872741922730 E-02	-2.69003088036903200 E-02
-1.74604086960288290 E-02	-2.64497231446384820 E-01
-1.43658079688526110 E-02	1.10927598348234300 E-01
1.00404118446319900 E-02	4.49718251149468670 E-01
1.48423478247234610 E-03	-6.99825214056600590 E-01
-2.73603162625860610 E-03	4.24215360812961410 E-01
6.40485328521245350 E-04	-9.93057653743539270 E-02

C.1.2 Coifman– oder „Coiflet"–Filter

Die „Coifman"–Filter sind so entworfen, daß sowohl die Skalierungsfunktion als auch das Mutter–Wavelet verschwindende Momente besitzt.

Coifman 6

```
Tiefpass
--------
((SR15-3.0)/32.0)*SR2    =    3.85807777478867490 E-02
((1.0-SR15)/32.0)*SR2    =   -1.26969125396205200 E-01
((3.0-SR15)/16.0)*SR2    =   -7.71615554957734980 E-02
((SR15+3.0)/16.0)*SR2    =    6.07491641385684120 E-01
((SR15+13.0)/32.0)*SR2   =    7.45687558934434280 E-01
((9.0-SR15)/32.0)*SR2    =    2.26584265197068560 E-01


Hochpass
--------
((9.0-SR15)/32.0)*SR2    =    2.26584265197068560 E-01
(-(SR15+13.0)/32.0)*SR2  =   -7.45687558934434280 E-01
((SR15+3.0)/16.0)*SR2    =    6.07491641385684120 E-01
((SR15-3.0)/16.0)*SR2    =    7.71615554957734980 E-02
((1.0-SR15)/32.0)*SR2    =   -1.26969125396205200 E-01
((3.0-SR15)/32.0)*SR2    =    3.85807777478867490 E-02
```

Coifman 12

Tiefpass	Hochpass
1.63873364631797850 E-02	-7.20549445368115120 E-04
-4.14649367819664850 E-02	1.82320887091009920 E-03
-6.73725547222998740 E-02	5.61143481936598850 E-03
3.86110066823092900 E-01	-2.36801719468767500 E-02
8.12723635449606130 E-01	-5.94344186464712400 E-02
4.17005184423777600 E-01	7.64885990782645940 E-02
-7.64885990782645940 E-02	4.17005184423777600 E-01
-5.94344186464712400 E-02	-8.12723635449606130 E-01
2.36801719468767500 E-02	3.86110066823092900 E-01
5.61143481936598850 E-03	6.73725547222998740 E-02
-1.82320887091009920 E-03	-4.14649367819664850 E-02
-7.20549445368115120 E-04	-1.63873364631797850 E-02

Coifman 18

Tiefpass	Hochpass
-3.79351286437787590 E-03	-3.45997731974026950 E-05
7.78259642567078690 E-03	7.09833025057049280 E-05
2.34526961421191030 E-02	4.66216959820144030 E-04
-6.57719112814312280 E-02	-1.11751877082696180 E-03
-6.11233900029556980 E-02	-2.57451768812796920 E-03
4.05176902409616790 E-01	9.00797613673228960 E-03
7.93777222625620340 E-01	1.58805448636159010 E-02
4.28483476377618690 E-01	-3.45550275733444640 E-02
-7.17998216191705900 E-02	-8.23019271063202830 E-02
-8.23019271063202830 E-02	7.17998216191705900 E-02
3.45550275733444640 E-02	4.28483476377618690 E-01
1.58805448636159010 E-02	-7.93777222625620340 E-01
-9.00797613673228960 E-03	4.05176902409616790 E-01
-2.57451768812796920 E-03	6.11233900029556980 E-02
1.11751877082696180 E-03	-6.57719112814312280 E-02
4.66216959820144030 E-04	-2.34526961421191030 E-02
-7.09833025057049280 E-05	7.78259642567078690 E-03
-3.45997731974026950 E-05	3.79351286437787590 E-03

Coifman 24

Tiefpass	Hochpass
8.92313668220275710 E-04	-1.78498455869993380 E-06
-1.62949201311084900 E-03	3.25968044485761290 E-06
-7.34616632765623490 E-03	3.12298760780433580 E-05
1.60689439640692360 E-02	-6.23390338657646180 E-05
2.66823001556288040 E-02	-2.59974552319421750 E-04
-8.12666996803130540 E-02	5.89020756811437840 E-04
-5.60773133164719500 E-02	1.26656192867951870 E-03
4.15308407030430150 E-01	-3.75143615692490270 E-03
7.82238930920498790 E-01	-5.65828668594603800 E-03
4.34386056491468390 E-01	1.52117315272391490 E-02
-6.66274742630007520 E-02	2.50822618451469330 E-02
-9.62204420335636970 E-02	-3.93344271229132190 E-02
3.93344271229132190 E-02	-9.62204420335636970 E-02
2.50822618451469330 E-02	6.66274742630007520 E-02
-1.52117315272391490 E-02	4.34386056491468390 E-01
-5.65828668594603800 E-03	-7.82238930920498790 E-01
3.75143615692490270 E-03	4.15308407030430150 E-01
1.26656192867951870 E-03	5.60773133164719500 E-02
-5.89020756811437840 E-04	-8.12666996803130540 E-02
-2.59974552319421750 E-04	-2.66823001556288040 E-02
6.23390338657646180 E-05	1.60689439640692360 E-02
3.12298760780433580 E-05	7.34616632765623490 E-03
-3.25968044485761290 E-06	-1.62949201311084900 E-03
-1.78498455869993380 E-06	-8.92313668220275710 E-04

Coifman 30

Tiefpass	Hochpass
-2.12080863336306810 E-04	-9.51579170468293560 E-08
3.58589677255698600 E-04	1.67408293749300630 E-07
2.17823630484128470 E-03	2.06380639023316330 E-06
-4.15935878160399350 E-03	-3.73459674967156050 E-06
-1.01311175380455940 E-02	-2.13150140622449170 E-05
2.34081567615927950 E-02	4.13404844919568560 E-05
2.81680290621414970 E-02	1.40541148901077230 E-04
-9.19200105488064130 E-02	-3.02259519791840680 E-04
-5.20431632162377390 E-02	-6.38131296151377520 E-04
4.21566206728765440 E-01	1.66286376908581340 E-03
7.74289603740284550 E-01	2.43337320922405380 E-03
4.37991626228364130 E-01	-6.76418541866332000 E-03
-6.20359639056089690 E-02	-9.16423115304622680 E-03
-1.05574208705835340 E-01	1.97617790117239590 E-02
4.12892087407341690 E-02	3.26835742832495350 E-02
3.26835742832495350 E-02	-4.12892087407341690 E-02
-1.97617790117239590 E-02	-1.05574208705835340 E-01
-9.16423115304622680 E-03	6.20359639056089690 E-02
6.76418541866332000 E-03	4.37991626228364130 E-01
2.43337320922405380 E-03	-7.74289603740284550 E-01
-1.66286376908581340 E-03	4.21566206728765440 E-01
-6.38131296151377520 E-04	5.20431632162377390 E-02
3.02259519791840680 E-04	-9.19200105488064130 E-02
1.40541148901077230 E-04	-2.81680290621414970 E-02
-4.13404844919568560 E-05	2.34081567615927950 E-02
-2.13150140622449170 E-05	1.01311175380455940 E-02
3.73459674967156050 E-06	-4.15935878160399350 E-03
2.06380639023316330 E-06	-2.17823630484128470 E-03
-1.67408293749300630 E-07	3.58589677255698600 E-04
-9.51579170468293560 E-08	2.12080863336306810 E-04

C.1.3 Standard–Daubechies–Filter

Für gegebene Länge liefern die „Daubechies"-Filter [37] maximale Glattheit der Skalierungsfunktion, indem die Fourier-Transformierte maximale Abfallrate besitzt.

Daubechies 2, oder Haar–Walsh

```
        Tiefpass                        Hochpass
        --------                        --------
 SR2 =  7.07106781186547 E-01    SR2 =  7.07106781186547 E-01
 SR2 =  7.07106781186547 E-01   -SR2 = -7.07106781186547 E-01
```

Daubechies 4

```
        Tiefpass
        --------
 (1.0+SR3)/(4.0*SR2)      =    4.82962913144534160 E-01
 (3.0+SR3)/(4.0*SR2)      =    8.36516303737807940 E-01
 (3.0-SR3)/(4.0*SR2)      =    2.24143868042013390 E-01
 (1.0-SR3)/(4.0*SR2)      =   -1.29409522551260370 E-01

        Hochpass
        --------
 (1.0-SR3)/(4.0*SR2)      =   -1.29409522551260370 E-01
 (SR3-3.0)/(4.0*SR2)      =   -2.24143868042013390 E-01
 (3.0+SR3)/(4.0*SR2)      =    8.36516303737807940 E-01
-(1.0+SR3)/(4.0*SR2)      =   -4.82962913144534160 E-01
```

Daubechies 6

```
        Tiefpass
        --------
 0.125*A                  =    3.32670552950082630 E-01
 0.125*(SR2+2.0*A-B)      =    8.06891509311092550 E-01
 0.125*(3.0*SR2-2.0*B)    =    4.59877502118491540 E-01
 0.125*(3.0*SR2-2.0*A)    =   -1.35011020010254580 E-01
 0.125*(SR2+2.0*B-A)      =   -8.54412738820266580 E-02
 0.125*B                  =    3.52262918857095330 E-02

        Hochpass
        --------
 0.125*B                  =    3.52262918857095330 E-02
 0.125*(A-SR2-2.0*B)      =    8.54412738820266580 E-02
 0.125*(3.0*SR2-2.0*A)    =   -1.35011020010254580 E-01
 0.125*(2.0*B-3.0*SR2)    =   -4.59877502118491540 E-01
 0.125*(SR2+2.0*A-B)      =    8.06891509311092550 E-01
-0.125*A                  =   -3.32670552950082630 E-01
```

Daubechies 8

Tiefpass	Hochpass
2.303778133090 E-01	-1.059740178500 E-02
7.148465705530 E-01	-3.288301166700 E-02
6.308807679300 E-01	3.084138183700 E-02
-2.798376941700 E-02	1.870348117190 E-01
-1.870348117190 E-01	-2.798376941700 E-02
3.084138183600 E-02	-6.308807679300 E-01
3.288301166700 E-02	7.148465705530 E-01
-1.059740178500 E-02	-2.303778133090 E-01

Daubechies 10

Tiefpass	Hochpass
1.601023979740 E-01	3.335725285000 E-03
6.038292697970 E-01	1.258075199900 E-02
7.243085284380 E-01	-6.241490213000 E-03
1.384281459010 E-01	-7.757149384000 E-02
-2.422948870660 E-01	-3.224486958500 E-02
-3.224486958500 E-02	2.422948870660 E-01
7.757149384000 E-02	1.384281459010 E-01
-6.241490213000 E-03	-7.243085284380 E-01
-1.258075199900 E-02	6.038292697970 E-01
3.335725285000 E-03	-1.601023979740 E-01

Daubechies 12

Tiefpass	Hochpass
1.115407433500 E-01	-1.077301085000 E-03
4.946238903980 E-01	-4.777257511000 E-03
7.511339080210 E-01	5.538422010000 E-04
3.152503517090 E-01	3.158203931800 E-02
-2.262646939650 E-01	2.752286553000 E-02
-1.297668675670 E-01	-9.750160558700 E-02
9.750160558700 E-02	-1.297668675670 E-01
2.752286553000 E-02	2.262646939650 E-01
-3.158203931800 E-02	3.152503517090 E-01
5.538422010000 E-04	-7.511339080210 E-01
4.777257511000 E-03	4.946238903980 E-01
-1.077301085000 E-03	-1.115407433500 E-01

Daubechies 14

Tiefpass	Hochpass
7.785205408500 E-02	3.537138000000 E-04
3.965393194820 E-01	1.801640704000 E-03
7.291320908460 E-01	4.295779730000 E-04
4.697822874050 E-01	-1.255099855600 E-02
-1.439060039290 E-01	-1.657454163100 E-02
-2.240361849940 E-01	3.802993693500 E-02
7.130921926700 E-02	8.061260915100 E-02
8.061260915100 E-02	-7.130921926700 E-02
-3.802993693500 E-02	-2.240361849940 E-01
-1.657454163100 E-02	1.439060039290 E-01
1.255099855600 E-02	4.697822874050 E-01
4.295779730000 E-04	-7.291320908460 E-01
-1.801640704000 E-03	3.965393194820 E-01
3.537138000000 E-04	-7.785205408500 E-02

Daubechies 16

Tiefpass	Hochpass
5.441584224300 E-02	-1.174767840000 E-04
3.128715909140 E-01	-6.754494060000 E-04
6.756307362970 E-01	-3.917403730000 E-04
5.853546836540 E-01	4.870352993000 E-03
-1.582910525600 E-02	8.746094047000 E-03
-2.840155429620 E-01	-1.398102791700 E-02
4.724845740000 E-04	-4.408825393100 E-02
1.287474266200 E-01	1.736930100200 E-02
-1.736930100200 E-02	1.287474266200 E-01
-4.408825393100 E-02	-4.724845740000 E-04
1.398102791700 E-02	-2.840155429620 E-01
8.746094047000 E-03	1.582910525600 E-02
-4.870352993000 E-03	5.853546836540 E-01
-3.917403730000 E-04	-6.756307362970 E-01
6.754494060000 E-04	3.128715909140 E-01
-1.174767840000 E-04	-5.441584224300 E-02

Daubechies 18

Tiefpass	Hochpass
3.807794736400 E-02	3.934732000000 E-05
2.438346746130 E-01	2.519631890000 E-04
6.048231236900 E-01	2.303857640000 E-04
6.572880780510 E-01	-1.847646883000 E-03
1.331973858250 E-01	-4.281503682000 E-03
-2.932737832790 E-01	4.723204758000 E-03
-9.684078322300 E-02	2.236166212400 E-02
1.485407493380 E-01	-2.509471150000 E-04
3.072568147900 E-02	-6.763282906100 E-02
-6.763282906100 E-02	-3.072568147900 E-02
2.509471150000 E-04	1.485407493380 E-01
2.236166212400 E-02	9.684078322300 E-02
-4.723204758000 E-03	-2.932737832790 E-01
-4.281503682000 E-03	-1.331973858250 E-01
1.847646883000 E-03	6.572880780510 E-01
2.303857640000 E-04	-6.048231236900 E-01
-2.519631890000 E-04	2.438346746130 E-01
3.934732000000 E-05	-3.807794736400 E-02

Daubechies 20

Tiefpass	Hochpass
2.667005790100 E-02	-1.326420300000 E-05
1.881768000780 E-01	-9.358867000000 E-05
5.272011889320 E-01	-1.164668550000 E-04
6.884590394540 E-01	6.858566950000 E-04
2.811723436610 E-01	1.992405295000 E-03
-2.498464243270 E-01	-1.395351747000 E-03
-1.959462743770 E-01	-1.073317548300 E-02
1.273693403360 E-01	-3.606553567000 E-03
9.305736460400 E-02	3.321267405900 E-02
-7.139414716600 E-02	2.945753682200 E-02
-2.945753682200 E-02	-7.139414716600 E-02
3.321267405900 E-02	-9.305736460400 E-02
3.606553567000 E-03	1.273693403360 E-01
-1.073317548300 E-02	1.959462743770 E-01
1.395351747000 E-03	-2.498464243270 E-01
1.992405295000 E-03	-2.811723436610 E-01
-6.858566950000 E-04	6.884590394540 E-01
-1.164668550000 E-04	-5.272011889320 E-01
9.358867000000 E-05	1.881768000780 E-01
-1.326420300000 E-05	-2.667005790100 E-02

C.1.4 Vaidyanathan–Filter

Die „Vaidyanathan"-Koeffizienten entsprechen den von Vaidyanathan und Huong in [106] konstruierten Filterfolgen #24B. Die Koeffizienten liefern ein exaktes Rekonstruktionsschema; sie erfüllen aber weder die Momenten-, noch die Normierungsbedingung: Die Summe der Tiefpaß–Filterkoeffizienten ist nur näherungsweise $\sqrt{2}$. Die nach neunmaliger Iteration des Rekonstruktionsprozesses erhaltene Funktion sieht stetig aus, ist aber nicht differenzierbar. Dieses Filter ist bezüglich seiner Länge optimal und erfüllt die Standardanforderungen für effektive Sprachkodierung.

Vaidyanathan 24

Tiefpass	Hochpass
-6.29061181907475230 E-05	4.57993341109767180 E-02
3.43631904821029190 E-04	-2.50184129504662180 E-01
-4.53956619637219290 E-04	5.72797793210734320 E-01
-9.44897136321949270 E-04	-6.35601059872214940 E-01
2.84383454683556460 E-03	2.01612161775308660 E-01
7.08137504052444710 E-04	2.63494802488459910 E-01
-8.83910340861387800 E-03	-1.94450471766478170 E-01
3.15384705589700400 E-03	-1.35084227129481260 E-01
1.96872150100727140 E-02	1.31971661416977720 E-01
-1.48534480052300990 E-02	8.39288843661128300 E-02
-3.54703986072834530 E-02	-7.77097509019694100 E-02
3.87426192934114400 E-02	-5.58925236913735480 E-02
5.58925236913735480 E-02	3.87426192934114400 E-02
-7.77097509019694100 E-02	3.54703986072834530 E-02
-8.39288843661128300 E-02	-1.48534480052300990 E-02
1.31971661416977720 E-01	-1.96872150100727140 E-02
1.35084227129481260 E-01	3.15384705589700400 E-03
-1.94450471766478170 E-01	8.83910340861387800 E-03
-2.63494802488459910 E-01	7.08137504052444710 E-04
2.01612161775308660 E-01	-2.84383454683556460 E-03
6.35601059872214940 E-01	-9.44897136321949270 E-04
5.72797793210734320 E-01	4.53956619637219290 E-04
2.50184129504662180 E-01	3.43631904821029190 E-04
4.57993341109767180 E-02	6.29061181907475230 E-05

C.2 Biorthogonale Quadraturfilter

Alle Filter wurden in [37] bestimmt. Sie besitzen rationale Koeffizienten, falls man die Summe auf 2 statt $\sqrt{2}$ normiert. Der Bequemlichkeit halber führen wir die Konstanten $\sqrt{2}/2^{17}$, $\sqrt{2}/2^{15}$ und $\sqrt{2}/2^{14}$ ein:

```
#define SR2OVER2E17 (SR2/131072.0)  /* sqrt(2.0)/(1<<17) */
#define SR2OVER2E15 (SR2/32768.0)   /* sqrt(2.0)/(1<<15) */
#define SR2OVER2E14 (SR2/16384.0)   /* sqrt(2.0)/(1<<14) */
```

Die durch eine einzelne Zahl (wie z.B. 2) indizierten Tiefpaß– und Hochpaß–Filter spielen die Rolle von H und G'; sie sind dual zu den durch ein Zahlenpaar (wie 2,4) indizierten Filtern, die die Rolle von H' und G spielen.

C.2.1 Symmetrisch/antisymmetrisch, ein Moment

1 symmetrisch/antisymmetrisch, oder Haar–Walsh

Tiefpass	Hochpass
SR2 = 7.07106781186547 E-01	SR2 = 7.07106781186547 E-01
SR2 = 7.07106781186547 E-01	-SR2 = -7.07106781186547 E-01

1,3 symmetrisch/antisymmetrisch

Tiefpass	Hochpass
(-1.0/16.0)*SR2	(-1.0/16.0)*SR2
(1.0/16.0)*SR2	(-1.0/16.0)*SR2
(1.0/2.0)*SR2	(1.0/2.0)*SR2
(1.0/2.0)*SR2	(-1.0/2.0)*SR2
(1.0/16.0)*SR2	(1.0/16.0)*SR2
(-1.0/16.0)*SR2	(1.0/16.0)*SR2

1,5 symmetrisch/antisymmetrisch

Tiefpass	Hochpass
(3.0/256.0)*SR2	(3.0/256.0)*SR2
(-3.0/256.0)*SR2	(3.0/256.0)*SR2
(-11.0/128.0)*SR2	(-11.0/128.0)*SR2
(11.0/128.0)*SR2	(-11.0/128.0)*SR2
(1.0/ 2.0)*SR2	(1.0/ 2.0)*SR2
(1.0/ 2.0)*SR2	(-1.0/ 2.0)*SR2
(11.0/128.0)*SR2	(11.0/128.0)*SR2
(-11.0/128.0)*SR2	(11.0/128.0)*SR2
(-3.0/256.0)*SR2	(-3.0/256.0)*SR2
(3.0/256.0)*SR2	(-3.0/256.0)*SR2

C.2.2 Symmetrisch/symmetrisch, zwei Momente

2 symmetrisch/symmetrisch

Tiefpass	Hochpass
(1.0/4.0)*SR2	(-1.0/4.0)*SR2
(1.0/2.0)*SR2	(1.0/2.0)*SR2
(1.0/4.0)*SR2	(-1.0/4.0)*SR2

C.2 Biorthogonale Quadraturfilter

2,2 symmetrisch/symmetrisch

Tiefpass	Hochpass
(-1.0/8.0)*SR2	(-1.0/8.0)*SR2
(1.0/4.0)*SR2	(-1.0/4.0)*SR2
(3.0/4.0)*SR2	(3.0/4.0)*SR2
(1.0/4.0)*SR2	(-1.0/4.0)*SR2
(-1.0/8.0)*SR2	(-1.0/8.0)*SR2

2,4 symmetrisch/symmetrisch

Tiefpass	Hochpass
(3.0/128.0)*SR2	(3.0/128.0)*SR2
(-3.0/ 64.0)*SR2	(3.0/ 64.0)*SR2
(-1.0/ 8.0)*SR2	(-1.0/ 8.0)*SR2
(19.0/ 64.0)*SR2	(-19.0/ 64.0)*SR2
(45.0/ 64.0)*SR2	(45.0/ 64.0)*SR2
(19.0/ 64.0)*SR2	(-19.0/ 64.0)*SR2
(-1.0/ 8.0)*SR2	(-1.0/ 8.0)*SR2
(-3.0/ 64.0)*SR2	(3.0/ 64.0)*SR2
(3.0/128.0)*SR2	(3.0/128.0)*SR2

2,6 symmetrisch/symmetrisch

Tiefpass	Hochpass
(-5.0/1024.0)*SR2	(-5.0/1024.0)*SR2
(5.0/ 512.0)*SR2	(-5.0/ 512.0)*SR2
(17.0/ 512.0)*SR2	(17.0/ 512.0)*SR2
(-39.0/ 512.0)*SR2	(39.0/ 512.0)*SR2
(-123.0/1024.0)*SR2	(-123.0/1024.0)*SR2
(81.0/ 256.0)*SR2	(-81.0/ 256.0)*SR2
(175.0/ 256.0)*SR2	(175.0/ 256.0)*SR2
(81.0/ 256.0)*SR2	(-81.0/ 256.0)*SR2
(-123.0/1024.0)*SR2	(-123.0/1024.0)*SR2
(-39.0/ 512.0)*SR2	(39.0/ 512.0)*SR2
(17.0/ 512.0)*SR2	(17.0/ 512.0)*SR2
(5.0/ 512.0)*SR2	(-5.0/ 512.0)*SR2
(-5.0/1024.0)*SR2	(-5.0/1024.0)*SR2

2,8 symmetrisch/symmetrisch

Tiefpass	Hochpass
35.0*SR2OVER2E15	35.0*SR2OVER2E15
-70.0*SR2OVER2E15	70.0*SR2OVER2E15
-300.0*SR2OVER2E15	-300.0*SR2OVER2E15
670.0*SR2OVER2E15	-670.0*SR2OVER2E15
1228.0*SR2OVER2E15	1228.0*SR2OVER2E15
-3126.0*SR2OVER2E15	3126.0*SR2OVER2E15
-3796.0*SR2OVER2E15	-3796.0*SR2OVER2E15
10718.0*SR2OVER2E15	-10718.0*SR2OVER2E15
22050.0*SR2OVER2E15	22050.0*SR2OVER2E15
10718.0*SR2OVER2E15	-10718.0*SR2OVER2E15
-3796.0*SR2OVER2E15	-3796.0*SR2OVER2E15
-3126.0*SR2OVER2E15	3126.0*SR2OVER2E15
1228.0*SR2OVER2E15	1228.0*SR2OVER2E15
670.0*SR2OVER2E15	-670.0*SR2OVER2E15
-300.0*SR2OVER2E15	-300.0*SR2OVER2E15
-70.0*SR2OVER2E15	70.0*SR2OVER2E15
35.0*SR2OVER2E15	35.0*SR2OVER2E15

C.2.3 Symmetrisch/antisymmetrisch, drei Momente

3 symmetrisch/antisymmetrisch

Tiefpass	Hochpass
(1.0/8.0)*SR2	(-1.0/8.0)*SR2
(3.0/8.0)*SR2	(3.0/8.0)*SR2
(3.0/8.0)*SR2	(-3.0/8.0)*SR2
(1.0/8.0)*SR2	(1.0/8.0)*SR2

3,1 symmetrisch/antisymmetrisch

Tiefpass	Hochpass
(-1.0/4.0)*SR2	(1.0/4.0)*SR2
(3.0/4.0)*SR2	(3.0/4.0)*SR2
(3.0/4.0)*SR2	(-3.0/4.0)*SR2
(-1.0/4.0)*SR2	(-1.0/4.0)*SR2

3,3 symmetrisch/antisymmetrisch

```
     Tiefpass                  Hochpass
     --------                  --------
  ( 3.0/64.0)*SR2           ( -3.0/64.0)*SR2
  (-9.0/64.0)*SR2           ( -9.0/64.0)*SR2
  (-7.0/64.0)*SR2           (  7.0/64.0)*SR2
  (45.0/64.0)*SR2           ( 45.0/64.0)*SR2
  (45.0/64.0)*SR2           (-45.0/64.0)*SR2
  (-7.0/64.0)*SR2           ( -7.0/64.0)*SR2
  (-9.0/64.0)*SR2           (  9.0/64.0)*SR2
  ( 3.0/64.0)*SR2           (  3.0/64.0)*SR2
```

3,5 symmetrisch/antisymmetrisch

```
     Tiefpass                  Hochpass
     --------                  --------
  ( -5.0/512.0)*SR2         (   5.0/512.0)*SR2
  ( 15.0/512.0)*SR2         (  15.0/512.0)*SR2
  ( 19.0/512.0)*SR2         ( -19.0/512.0)*SR2
  (-97.0/512.0)*SR2         ( -97.0/512.0)*SR2
  (-13.0/256.0)*SR2         (  13.0/256.0)*SR2
  (175.0/256.0)*SR2         ( 175.0/256.0)*SR2
  (175.0/256.0)*SR2         (-175.0/256.0)*SR2
  (-13.0/256.0)*SR2         ( -13.0/256.0)*SR2
  (-97.0/512.0)*SR2         (  97.0/512.0)*SR2
  ( 19.0/512.0)*SR2         (  19.0/512.0)*SR2
  ( 15.0/512.0)*SR2         ( -15.0/512.0)*SR2
  ( -5.0/512.0)*SR2         (  -5.0/512.0)*SR2
```

3,7 symmetrisch/antisymmetrisch

Tiefpass	Hochpass
35.0*SR2OVER2E14	-35.0*SR2OVER2E14
-105.0*SR2OVER2E14	-105.0*SR2OVER2E14
-195.0*SR2OVER2E14	195.0*SR2OVER2E14
865.0*SR2OVER2E14	865.0*SR2OVER2E14
363.0*SR2OVER2E14	-363.0*SR2OVER2E14
-3489.0*SR2OVER2E14	-3489.0*SR2OVER2E14
-307.0*SR2OVER2E14	307.0*SR2OVER2E14
11025.0*SR2OVER2E14	11025.0*SR2OVER2E14
11025.0*SR2OVER2E14	-11025.0*SR2OVER2E14
-307.0*SR2OVER2E14	-307.0*SR2OVER2E14
-3489.0*SR2OVER2E14	3489.0*SR2OVER2E14
363.0*SR2OVER2E14	363.0*SR2OVER2E14
865.0*SR2OVER2E14	-865.0*SR2OVER2E14
-195.0*SR2OVER2E14	-195.0*SR2OVER2E14
-105.0*SR2OVER2E14	105.0*SR2OVER2E14
35.0*SR2OVER2E14	35.0*SR2OVER2E14

3,9 symmetrisch/antisymmetrisch

Tiefpass	Hochpass
-63.0*SR2OVER2E17	63.0*SR2OVER2E17
189.0*SR2OVER2E17	189.0*SR2OVER2E17
469.0*SR2OVER2E17	-469.0*SR2OVER2E17
-1911.0*SR2OVER2E17	-1911.0*SR2OVER2E17
-1308.0*SR2OVER2E17	1308.0*SR2OVER2E17
9188.0*SR2OVER2E17	9188.0*SR2OVER2E17
1140.0*SR2OVER2E17	-1140.0*SR2OVER2E17
-29676.0*SR2OVER2E17	-29676.0*SR2OVER2E17
190.0*SR2OVER2E17	-190.0*SR2OVER2E17
87318.0*SR2OVER2E17	87318.0*SR2OVER2E17
87318.0*SR2OVER2E17	-87318.0*SR2OVER2E17
190.0*SR2OVER2E17	190.0*SR2OVER2E17
-29676.0*SR2OVER2E17	29676.0*SR2OVER2E17
1140.0*SR2OVER2E17	1140.0*SR2OVER2E17
9188.0*SR2OVER2E17	-9188.0*SR2OVER2E17
-1308.0*SR2OVER2E17	-1308.0*SR2OVER2E17
-1911.0*SR2OVER2E17	1911.0*SR2OVER2E17
469.0*SR2OVER2E17	469.0*SR2OVER2E17
189.0*SR2OVER2E17	-189.0*SR2OVER2E17
-63.0*SR2OVER2E17	-63.0*SR2OVER2E17

Literaturverzeichnis

[1] ISO/IEC JTC1 Draft International Standard 10918-1. Digital compression and coding of continuous-tone still images, part 1: Requirements and guidelines. Erhältlich von ANSI Sales, (212)642-4900, November 1991. ISO/IEC CD 10918-1 (oder Nr. SC2 N2215).

[2] Tom M. Apostol. *Calculus*, Bd. II. John Wiley & Sons, New York, 2. Aufl., 1969.

[3] Tom M. Apostol. *Introduction to Mathematical Analysis*. Addison-Wesley, Reading, Massachusetts, 2. Aufl., Januar 1975.

[4] Pascal Auscher. Remarks on the local Fourier basis. In Benedetto und Frazier [7], S. 203–218.

[5] Pascal Auscher, Guido Weiss und Mladen Victor Wickerhauser. Local sine and cosine bases of Coifman and Meyer and the construction of smooth wavelets. In Chui [15], S. 237–256.

[6] Michael F. Barnsley und Lyman P. Hurd. *Fractal Image Compression*. AK Peters, Ltd., Wellesley, Mass., 1993.

[7] John J. Benedetto und Michael Frazier, (Hrsg.). *Wavelets: Mathematics and Applications*. Studies in Advanced Mathematics. CRC Press, Boca Raton, Florida, 1992.

[8] Gregory Beylkin. On the representation of operators in bases of compactly supported wavelets. *SIAM Journal of Numerical Analysis*, 6-6:1716–1740, 1992.

[9] Gregory Beylkin, Ronald R. Coifman und Vladimir Rokhlin. Fast wavelet transforms and numerical algorithms I. *Communications on Pure and Applied Mathematics*, XLIV:141–183, 1991.

[10] Richard E. Blahut. *Fast Algorithms for Digital Signal Processing*. Addison-Wesley, Reading, Massachusetts, 1985.

[11] Brian Bradie, Ronald R. Coifman und Alexander Grossmann. Fast numerical computations of oscillatory integrals related to acoustic scattering, I. *Applied and Computational Harmonic Analysis*, 1(1):94–99, Dezember 1993.

[12] P. J. Burt und E. H. Adelson. The Laplacian pyramid as a compact image code. *IEEE Transactions on Communication*, 31(4):532–540, 1983.

[13] Lennart Carleson. On convergence and growth of partial sums of Fourier series. *Acta Mathematica*, 116:135–157, 1966.

[14] Charles K. Chui. *An Introduction to Wavelets*. Academic Press, Boston, 1992.

[15] Charles K. Chui, (Hrsg.). *Wavelets–A Tutorial in Theory and Applications*. Academic Press, Boston, 1992.

[16] Mac A. Cody. The fast wavelet transform. *Dr. Dobb's Journal*, 17(4):44, April 1992.

[17] Mac A. Cody. A wavelet analyzer. *Dr. Dobb's Journal*, 18(4):44, April 1993.

[18] Mac A. Cody. The wavelet packet transform. *Dr. Dobb's Journal*, 19(4):44, April 1994.

[19] Albert Cohen, Ingrid Daubechies und Jean-Christophe Feauveau. Biorthogonal bases of compactly supported wavelets. *Communications on Pure and Applied Mathematics*, 45:485–500, 1992.

[20] Albert Cohen, Ingrid Daubechies und Pierre Vial. Wavelets on the interval and fast wavelet transforms. *Applied and Computational Harmonic Analysis*, 1:54–81, Dezember 1993.

[21] Donald L. Cohn. *Measure Theory*. Birkhäuser, Boston, 1980.

[22] Ronald R. Coifman, Fazal Majid und Mladen Victor Wickerhauser. Denoise. Erhältlich von Fast Mathematical Algorithms and Hardware Corporation, 1020 Sherman Ave., Hamden, CT 06514 USA, 1992.

[23] Ronald R. Coifman und Yves Meyer. Nouvelles bases othonormées de $L^2(\mathbf{R})$ ayant la structure du système de Walsh. Preprint, Department of Mathematics, Yale University, New Haven, 1989.

[24] Ronald R. Coifman und Yves Meyer. Remarques sur l'analyse de Fourier à fenêtre. *Comptes Rendus de l'Académie des Sciences de Paris*, 312:259–261, 1991.

[25] Ronald R. Coifman, Yves Meyer, Stephen R. Quake und Mladen Victor Wickerhauser. Signal processing and compression with wavelet packets. In Meyer und Roques [84], S. 77–93.

[26] Ronald R. Coifman, Yves Meyer und Mladen Victor Wickerhauser. Numerical adapted waveform analysis and harmonic analysis. In *Proceedings of the Symposium in Honor of Elias Stein*, Princeton, New Jersey, Juli 1991. Princeton University, Princeton University Press.

[27] Ronald R. Coifman, Yves Meyer und Mladen Victor Wickerhauser. Adapted waveform analysis, wavelet-packets and applications. In Jr. Robert E. O'Malley, (Hrsg.), *ICIAM 91: Proceedings of the Second International Conference on Industrial and Applied Mathematics, 8–12 Juli, 1991*, S. 41–50, Philadelphia, 1992. SIAM, SIAM Press.

[28] Ronald R. Coifman, Yves Meyer und Mladen Victor Wickerhauser. Size properties of wavelet packets. In Ruskai et al. [97], S. 453–470.

[29] Ronald R. Coifman, Yves Meyer und Mladen Victor Wickerhauser. Wavelet analysis and signal processing. In Ruskai et al. [97], S. 153–178.

[30] Ronald R. Coifman und Mladen Victor Wickerhauser. Entropy based algorithms for best basis selection. *IEEE Transactions on Information Theory*, 32:712–718, März 1992.

[31] Ronald R. Coifman und Mladen Victor Wickerhauser. Wavelets and adapted waveform analysis. In Benedetto und Frazier [7], S. 399–423.

[32] Ronald R. Coifman und Mladen Victor Wickerhauser. Wavelets and adapted waveform analysis: A toolkit for signal processing and numerical analysis. In Daubechies [38], S. 119–153. Minicourse Lecture Notes.

[33] James W. Cooley und John W. Tukey. An algorithm for the machine calculation of complex Fourier series. *Mathematics of Computation*, 19:297–301, 1965.

[34] Christophe D'Alessandro, Xiang Fang, Eva Wesfreid und Mladen Victor Wickerhauser. Speech signal segmentation via Malvar wavelets. In Meyer und Roques [84], S. 305–308.

[35] Christophe D'Alessandro und Xavier Rodet. Synthèse et analyse–synthèse par fonction d'ondes formantiques. *Journal d'Acoustique*, 2:163–169, 1989.

[36] Ingrid Daubechies. Orthonormal bases of compactly supported wavelets. *Communications on Pure and Applied Mathematics*, XLI:909–996, 1988.

[37] Ingrid Daubechies. *Ten Lectures on Wavelets*, Bd. 61 von *CBMS-NSF Regional Conference Series in Applied Mathematics*. SIAM Press, Philadelphia, 1992.

[38] Ingrid Daubechies, (Hrsg.). *Different Perspectives on Wavelets*, Nr. 47 in Proceedings of Symposia in Applied Mathematics, San Antonio, Texas, 11-12 Januar 1993. American Mathematical Society.

[39] Ingrid Daubechies, Alexander Grossmann und Yves Meyer. Painless nonorthogonal expansions. *Journal of Mathematical Physics*, 27:1271–1283, 1986.

[40] Ingrid Daubechies, Stéphane Jaffard und Jean-Lin Journé. A simple Wilson orthonormal basis with exponential decay. *SIAM Journal of Mathematical Analysis*, 22(2):554–573, 1991.

[41] Ron DeVore, Bjørn Jawerth und Bradley J. Lucier. Image compression through wavelet transform coding. *IEEE Transactions on Information Theory*, 38:719–746, März 1992.

[42] J. J. Dongarra, J. R. Bunch, C. B. Moler und G. W. Stewart. *LINPACK User's Guide*. SIAM Press, Philadelphia, 1979.

[43] D. Esteban und C. Galand. Application of quadrature mirror filters to split band voice coding systems. In *Proceedings of IEEE ICASSP-77*, S. 191–195, Washington, D.C., Mai 1977.

[44] Lawrence C. Evans und Ronald F. Gariepy. *Measure Theory and Fine Properties of Functions.* Studies in Advanced Mathematics. CRC Press, Boca Raton, Florida, 1992.

[45] Xiang Fang und Eric Seré. Adapted multiple folding local trigonometric transforms and wavelet packets. *Applied and Computational Harmonic Analysis,* 1(2):169–179, 1994.

[46] Marie Farge, Eric Goirand, Yves Meyer, Frédéric Pascal und Mladen Victor Wickerhauser. Improved predictability of two-dimensional turbulent flows using wavelet packet compression. *Fluid Dynamics Research,* 10:229–250, 1992.

[47] Jean-Christophe Feauveau. Filtres miroirs conjugés: un théorie pour les filtres miroirs en quadrature et l'analyse multiresolution par ondelettes. *Comptes Rendus de l'Académie des Sciences de Paris,* 309:853–856, 1989.

[48] Gerald B. Folland. *Harmonic Analysis in Phase Space.* Nr. 122 in Annals of Mathematics Studies. Princeton University Press, Princeton, New Jersey, 1989.

[49] P. Franklin. A set of continuous orthogonal functions. *Mathematische Annalen,* 100:522–529, 1928.

[50] Michael Frazier, Bjørn Jawerth und Guido Weiss. *Littlewood–Paley Theory and the Study of Function Spaces.* Nr. 79 in CBMS Regional Conference Lecture Notes. American Mathematical Society, Providence, Rhode Island, 1990.

[51] Eric Goirand, Mladen Victor Wickerhauser und Marie Farge. A parallel two dimensional wavelet packet transform and its application to matrix-vector multiplication. In Rodolphe L. Motard und Babu Joseph, (Hrsg.), *Wavelets Applications in Chemical Engineering,* S. 275–319. Kluwer Academic Publishers, Norwell, Massachusetts, 1994.

[52] Ramesh A. Gopinath und C. Sidney Burrus. Wavelet transforms and filter banks. In Chui [15], S. 603–654.

[53] Philippe Guillemain, Richard Kronland-Martinet und B. Martens. Estimation of spectral lines with the help of the wavelet transform—applications in NMR spectroscopy. In Meyer [82], S. 38–60.

[54] A. Haar. Zur Theorie der orthogonalen Funktionensysteme. *Mathematische Annalen,* 69:331–371, 1910.

[55] Nikolaj Hess-Nielsen. *Time-Frequency Analysis of Signals Using Generalized Wavelet Packets.* PhD Thesis, Universität Aalborg, 1992.

[56] Nikolaj Hess-Nielsen. A comment on the frequency localization of wavelet packets. Techn. Report, Washington University, Saint Louis, Missouri, 1993.

[57] Frédéric Heurtaux, Fabrice Planchon und Mladen Victor Wickerhauser. Scale decomposition in Burgers' equation. In Benedetto und Frazier [7], S. 505–523.

[58] P. G. Hjorth, Lars F. Villemoes, J. Teuber und R. Florentin-Nielsen. Wavelet analysis of 'double quasar' flux data. *Astronomy and Astrophysics*, 255:20–23, 1992.

[59] David Holzgang. *Understanding PostScript Programming*. Sybex, San Francisco, 1987.

[60] IAFIS-IC-0110v2. WSQ gray-scale fingerprint image compression specification. Version 2, US Department of Justice, Federal Bureau of Investigation, 16 February 1993.

[61] Nuggehally S. Jayant und Peter Noll. *Digital Coding of Waveforms: Principles and Applications to Speech and Video*. Prentice-Hall, Englewood Cliffs, New Jersey, 1984.

[62] Michael Kirby und Lawrence Sirovich. Application of the Karhunen–Loève procedure for the characterization of human faces. *IEEE Transactions on Pattern Analysis and Machine Intelligence*, 12:103–108, Januar 1990.

[63] Richard Kronland-Martinet, Jean Morlet und Alexander Grossmann. Analysis of sound patterns through wavelet transforms. *International Journal of Pattern Recognition and Arificial Intelligence*, 1(2):273–302, 1987.

[64] Enrico Laeng. Une base orthonormale de $L^2(\mathbf{R})$, dont les éléments sont bien localisés dans l'espace de phase et leurs supports adaptés à toute partition symétrique de l'espace des fréquences. *Comptes Rendus de l'Académie des Sciences de Paris*, 311:677–680, 1990.

[65] Wayne M. Lawton. Necessary and sufficient conditions for existence of orthonormal wavelet bases. *Journal of Mathematical Physics*, 32:57–61, 1991.

[66] J. S. Liénard. Speech analysis and reconstruction using short time, elementary waveforms. In *Proceedings of IEEE ICASSP-87*, S. 948–951, Dallas, Texas, 1987.

[67] Pierre-Louis Lyons, (Hrsg.). *Problémes Non-Linéaires Appliqués, Ondelettes et Paquets D'Ondes*, Roquencourt, Frankreich, 17–21 Juni 1991. INRIA. Minicourse Lecture Notes.

[68] Wolodymyr R. Madych. Some elementary properties of multiresolution analyses of $L^2(\mathbf{R}^n)$. In Chui [15], S. 259–294.

[69] Fazal Majid. Applications des paquets d'ondelettes au débruitage du signal. Preprint, Department of Mathematics, Yale University, 28 Juli 1992. Rapport d'Option, École Polytechnique.

[70] Stéphane G. Mallat. Multiresolution approximation and wavelet orthonormal bases of $L^2(\mathbf{R})$. *Transactions of the AMS*, 315:69–87, 1989.

[71] Stéphane G. Mallat. A theory for multiresolution signal decomposition: The wavelet decomposition. *IEEE Transactions on Pattern Analysis and Machine Intelligence*, 11:674–693, 1989.

[72] Stéphane G. Mallat und Zhifeng Zhang. Matching pursuits with time-frequency dictionaries. *IEEE Transactions on Signal Processing*, 41(12):3397–3415, Dezember 1993.

[73] Stéphane G. Mallat und Sifen Zhong. Wavelet transform maxima and multiscale edges. In Lyons [67], S. 141–177. Minicourse Lecture Notes.

[74] Henrique Malvar. Lapped transforms for efficient transform/subband coding. *IEEE Transactions on Acoustics, Speech, and Signal Processing*, 38:969–978, 1990.

[75] Henrique Malvar. *Signal Processing with Lapped Transforms*. Artech House, Norwood, Massachusetts, 1992.

[76] David Marr. *Vision: A Computational Investigation Into the Human Representation and Processing of Visual Information*. W. H. Freeman, San Francisco, 1982.

[77] P. Mathieu, M. Barlaud und M. Antonini. Compression d'images par transformée en ondelette et quantification vectorielle. *Traitment du Signal*, 7(2):101–115, 1990.

[78] Yves Meyer. De la recherche pétrolière à la géometrie des espaces de Banach en passant par les paraproduits. Techn. Report, École Polytechnique, Palaiseau, 1985–1986.

[79] Yves Meyer. *Ondelettes et Opérateurs*, Bd. I: Ondelettes. Hermann, Paris, 1990.

[80] Yves Meyer. *Ondelettes et Opérateurs*, Bd. II: Opérateurs. Hermann, Paris, 1990.

[81] Yves Meyer. Méthodes temps-fréquences et méthodes temps-échelle en traitement du signal et de l'image. In Lyons [67], S. 1–29. Minicourse Lecture Notes.

[82] Yves Meyer, (Hrsg.). *Wavelets and Applications*, Proceedings of the International Conference "Wavelets and Applications" Marseille, Mai 1989, Paris, 1992. LMA/CNRS, Masson.

[83] Yves Meyer. *Wavelets: Algorithms and Applications*. SIAM Press, Philadelphia, 1993.

[84] Yves Meyer und Sylvie Roques, (Hrsg.). *Progress in Wavelet Analysis and Applications*, Proceedings of the International Conference "Wavelets and Applications," Toulouse, Frankreich, 8–13 June 1992, Gif-sur-Yvette, Frankreich, 1993. Observatoire Midi-Pyrénées de l'Université Paul Sabatier, Editions Frontieres.

[85] Charles A. Micchelli. Using the refinement equation for the construction of prewavelets IV: Cube spline and elliptic splines united. IBM Research Report Nummer 76222, Thomas J. Watson Research Center, New York, 1991.

[86] F. Mintzer. Filters for distortion-free two-band multirate filter banks. *IEEE Transactions on Acoustics, Speech and Signal Processing*, 33:626–630, 1985.

[87] J. M. Nicolas, J. C. Delvigne und A. Lemer. Automatic identification of transient biological noises in underwater acoustics using arborescent wavelets and neural network. In Meyer [82].

[88] R. E. Paley. A remarkable series of orthogonal functions I. *Proceeedings of the London Mathematical Society*, 34:241–279, 1932.

[89] Stefan Pittner, Josef Schneid und Christoph W. Ueberhuber. *Wavelet Literature Survey*. Inst. für Angew. u. Num. Mathematik, Technische Universität Wien, Österreich, 1993.

[90] William H. Press, Saul A. Teukolsky, William T. Vetterling und Brian P. Flannery. *Numerical Recipes in C: The Art of Scientific Computing*. Cambridge University Press, New York, 2. Aufl., 1992.

[91] John P. Princen und Alan Bernard Bradley. Analysis/synthesis filter bank design based on time domain aliasing cancellation. *IEEE Transactions on Acoustics, Speech and Signal Processing*, 34(5):1153–1161, Oktober 1986.

[92] K. R. Rao und P. Yip. *Discrete Cosine Transform*. Academic Press, New York, 1990.

[93] Robert D. Richtmyer. *Principles of Advanced Mathematical Physics*, Bd. I von *Texts and Monographs in Physics*. Springer-Verlag, New York, 1978.

[94] B. Riemann. Über die Darstellbarkeit einer Funktion durch eine trigonometrische Reihe. In *Gesammelte Werke*, S. 227–271. Nachdruck durch Dover Books, 1953, Erstveröffentlicht Leipzig, 1892, 1854.

[95] Xavier Rodet. Time domain formant-wave-function synthesis. In J. C. Simon, (Hrsg.), *Spoken Language Generation and Understanding*. D. Reidel Publishing Company, Dordrecht, Holland, 1980.

[96] Halsey L. Royden. *Real Analysis*. Macmillan Publishing Company, 866 Third Avenue, New York, New York 10022, 3. Aufl., 1988.

[97] Mary Beth Ruskai, Gregory Beylkin, Ronald Coifman, Ingrid Daubechies, Stéphane Mallat, Yves Meyer und Louise Raphael, (Hrsg.). *Wavelets and Their Applications*. Jones and Bartlett, Boston, 1992.

[98] Herbert Schildt. *The Annotated ANSI C Standard: ANSI/ISO 9899-1990*. Osborne Mcgraw Hill, Berkeley, California, 1993.

[99] Claude E. Shannon und Warren Weaver. *The Mathematical Theory of Communication*. The University of Illinois Press, Urbana, 1964.

[100] Lawrence Sirovich und Carole H. Sirovich. Low dimensional description of complicated phenomena. *Contemporary Mathematics*, 99:277–305, 1989.

[101] M. J. T. Smith und T. P. Barnwell III. A procedure for designing exact reconstruction filter banks for tree-structured sub-band coders. In *Proceedings of IEEE ICASSP-84*, S. 27.1.1–27.1.4, San Diego, CA, März 1984.

[102] Henrik V. Sorensen, Douglas L. Jones, C. Sidney Burrus und Michael T. Heideman. On computing the discrete Hartley transform. *IEEE Transactions on Acoustics, Speech, and Signal Processing*, ASSP-33(4):1231–1238, Oktober 1985.

[103] Elias M. Stein und Guido Weiss. *Introduction to Fourier Analysis on Euclidean Spaces*. Nr. 32 in Princeton Mathematical Series. Princeton University Press, Princeton, New Jersey, 1971.

[104] James Andrew Storer. *Data Compression: Methods and Theory*. Computer Science Press, 1803 Research Boulevard, Rockville, Maryland 20850, 1988.

[105] J. Strömberg. A modified Haar system and higher order spline systems on $\mathbf{R}^n$ as unconditional bases for Hardy spaces. In William Beckner et. al., (Hrsg.), *Conference in Harmonic Analysis in Honor of Antoni Zygmund II*, S. 475–493, Belmont, California, 1981. Wadsworth.

[106] P. P. Vaidyanathan und Phuong-Quan Huong. Lattice structures for optimal design and robust implementation of two-channel perfect-reconstruction QMF banks. *IEEE Transactions on Acoustics, Speech, and Signal Processing*, 36(1):81–94, Januar 1988.

[107] Martin Vetterli. Filter banks allowing perfect reconstruction. *Signal Processing*, 10(3):219–244, 1986.

[108] James S. Walker. *Fast Fourier Transforms*. CRC Press, Boca Raton, Florida, 1992.

[109] Gregory K. Wallace. The JPEG still picture compression standard. *Communications of the ACM*, 34:30–44, April 1991.

[110] Eva Wesfreid und Mladen Victor Wickerhauser. Adapted local trigonometric transform and speech processing. *IEEE Transactions on Signal Processing*, 41(12):3596–3600, Dezember 1993.

[111] Mladen Victor Wickerhauser. Fast approximate factor analysis. In *Curves and Surfaces in Computer Vision and Graphics II*, Bd. 1610 von *SPIE Proceedings*, S. 23–32, Boston, Oktober 1991. SPIE.

[112] Mladen Victor Wickerhauser. INRIA lectures on wavelet packet algorithms. In Lyons [67], S. 31–99. Minicourse Lecture Notes.

[113] Mladen Victor Wickerhauser. Acoustic signal compression with wavelet packets. In Chui [15], S. 679–700.

[114] Mladen Victor Wickerhauser. High-resolution still picture compression. *Digital Signal Processing: a Review Journal*, 2(4):204–226, Oktober 1992.

[115] Mladen Victor Wickerhauser. Best-adapted wavelet packet bases. In Daubechies [38], S. 155–171. Minicourse Lecture Notes.

[116] Mladen Victor Wickerhauser. Computation with adapted time-frequency atoms. In Meyer und Roques [84], S. 175–184.

[117] Mladen Victor Wickerhauser. Smooth localized orthonormal bases. *Comptes Rendus de l'Académie des Sciences de Paris*, 316:423–427, 1993.

[118] Mladen Victor Wickerhauser. Large-rank approximate principal component analysis with wavelets for signal feature discrimination and the inversion of complicated maps. *Journal of Chemical Information and Computer Science*, 34(5):1036–1046, September/Oktober 1994. Proceedings of Math-Chem-Comp 1993, Rovinj, Kroatien.

Sachwortverzeichnis

0-tes Moment, 34
q-Periodisierung, 28
x-f.ü., 4
(lokal konstante) Muster, 378
(orthogonale) Hauptkomponente, 346
äußeres Lebesgue–Maß, 3
übliche Indizierung, 175
übliche Normierung, 144, 146

Abbrechen eines unendlichen Algorithmus, 1
Abfall von Grad d, 9
abfallende Umordnung, 256
Abschneidefunktion, 94
absolut summierbar, 2
absolut-integrierbar, 5
absval(), 41
abt2bbasis(), 268
abt2blevel(), 399
abt2blhedge(), 400
abt2btnt(), 388
abt2costs(), 268
abt2dwpsp(), 240
abt2hedge(), 52
abt2tfa1(), 55
abt2tfa1s(), 55
Abtasten, 30
Abtastfunktion, 197
Abtastintervall, 30
Abtastpunkt, 30
abtblength(), 45, 237
abtblock(), 45, 237
abthedge2tfa1s(), 58
abzählbar additiv, 4
abzählbare Subadditivität, 3
acdae(), 180
acdafinal(), 246
acdai(), 180
acdaleast(), 245
acdao(), 180
acdaparent(), 246
acdpe(), 189
acdpi(), 190
acdpo(), 189
adaptive lokale Cosinus-Analyse, 133
adaptive lokale Cosinus-Synthese, 138
adaptive lokale Cosinusfunktionen, 119
adaptive Wellenform-Analyse, 262, 304
Addition, 40
adjungiert, 140
Adjungierte, 14, 146
adjungierter Faltungsoperator, 96
Akkumulatorbäume, 350

Aktionsbereich, 97
Aliasing, 21
Analyse-Funktionen, 30
Analysis, 1
analytisches Signal, 305
Anfangsindex, 42
Antisymmetrie bezüglich $-1/2$, 175
aperiodisch, 174, 231
aperiodische DWPA, 229
aperiodische DWT, 195
aperiodische Wavelet-Analyse, 210
aperiodische Wavelet-Synthese, 210
array2tfa1s(), 57
assert(), 38
Aufwand für die Basiswahl, 216
ausdünnbar, 373
Ausdünnung, 195
Ausschöpfung, 195
Autokovarianzmatrix, 337

B-Splines, 31
bandbeschränkt, 32
Basis der adaptiven Wellenformen, 250
Basis-Splines, 31
Basisteilmenge, 274
Basisteilmengen einer festen Stufe, 317
Baum, 259
Baum der Mittelwerte, 350
Baum der Quadratmittel, 350
baumartige Wavelets, 216
bbwp2(), 296
Bedingte Verzweigungen, 40
bedingter Ausdruck, 41
Beschreibung der Basis, 265
Besselsche Ungleichung, 30
beste Basis, 252
beste isotropische Basis, 368
beste LCT-Basis, 340
beste Spaltenbasis, 371
beste Stufenbasis, 269
beste Tensorbasis, 369
beste Zeilenbasis, 371
bester Zweig, 270
Bewertungen für die Informationskosten, 252
Bi-infinite Folgen, 2
Bibliothek, 258
Binärbaum der Varianzen, 350
Binärbaumknoten, 45, 236
biorthogonal, 141, 231
biorthogonale DWPA, 231
biorthogonale DWT, 195
biorthogonales Quadraturfilter, 143

Bit–Inversion, 65
Bit–Verteilung, 345
bitrevd(), 67
bitrevi(), 67
Blätter, 266
BQF, 143
br(), 67
Breite, 9
BTN, 45
BTN.CONTENT, 46
BTN.LEFT, 46
BTN.RIGHT, 46
BTN.TAG, 46
btn2branch(), 48
btnt2bbasis(), 268
btnt2bbhedge(), 398
btnt2blevel(), 398
btnt2blhedge(), 399
btnt2btn(), 47
btnt2costs(), 267
btnt2dwpsa(), 247
btnt2dwpsa0(), 397
btnt2hedge(), 53
btnt2tfa1(), 57
btnt2tfa1s(), 57
btntlevelcost(), 399

cas(), 71, 72
Cauchy–Folge, 6
Cauchy–Kriterium, 1
Cauchy–Schwarz–Ungleichung, 7
cbwp2(), 298
CCMULIM(), 42
CCMULRE(), 42
cdachild(), 242
cdae(), 178
cdafinal(), 207, 211, 242
cdai(), 179
cdaleast(), 207, 211, 242
cdao(), 178
cdmi(), 184
cdmo(), 182
cdpe(), 188
cdpi(), 185
cdpo(), 188
cdpo1(), 186
cdpo2(), 187
chirp, 321
coe(), 176
COMPLEX, 42
COMPLEX.IM, 42
COMPLEX.RE, 42
cos(), 41
Cosinus–Block, 99
Cosinus–Fall, 130

Cosinus–Transformation, 21
costs2bbasis(), 267
costs2blevel(), 269
CQF, 141
CRRMULIM(), 42
CRRMULRE(), 42

Darstellung für Sprachmuster, 375
Darstellungsfolge, 262
DCT(), 88
DCT-IV, 375
def, 324
Definitheit, 6, 7
deperiodisieren, 159
Dezimation, 28
DFT, 21
dft(), 70
dht(), 76
dhtcossin(), 74
dhtnormal(), 74
dhtproduct(), 75
Dilatation, 28, 195, 304
Dirac'sche Delta–Funktion, 11
Dirac–Basis, 308
Dirac–Funktional, 11
disjunkt, 97
disjunkte dyadische Überdeckung, 222
diskrete Fourier–Transformation, 21
diskrete Fourier–Transformierte, 61
diskrete Wavelet–Paket–Analyse, 216
diskrete Wavelet–Paket–Synthese, 216
diskrete Wavelet–Paket–Transformation, 216
Distribution mit kompaktem Träger, 12
Distributionen, 11
Division, 40
doppelt stochastisch, 255
double precision, 42
Dreiecksungleichung, 6
DST(), 88
duale Wavelet–Pakete, 217
dualer Index, 10
Dualität, 143
Dualraum, 10
Durchmesser, 9
DWPA, 216
DWPA auf einem Intervall, 231
dwpa0(), 235
dwpaa2btnt(), 243
dwpaa2btntr(), 243
dwpaa2hedge(), 244
dwpaa2hedger(), 244
dwpap2abt(), 238
dwpap2abt0(), 238
dwpap2hedge(), 239
dwpap2hedger(), 239

Sachwortverzeichnis 435

DWPS, 216
dwps0(), 236
DWPT, 216
DWT, 193
DWT auf einem Intervall, 195
dwta(), 210
dwtacomplete(), 394
dwtaintervals(), 208
dwtalocal(), 396
dwtan(), 394
dwtaorigins(), 209
dwtpd(), 203
dwtpd0(), 201
dwtpd0n(), 201
dwtpdn(), 391
dwtpi(), 203
dwtpi0(), 202
dwtpi0n(), 202
dwtpi2(), 300, 402
dwtpin(), 391
dwtpt2(), 299
dwtptd(), 299
dwtpvd(), 300, 401
dyadisches Intervall, 221

Eigenvektor, 14
Eigenwert, 14
Einheitsmasse, 33
Elementarfolgen, 14
Endindex, 42
endliche Impulsantwort, 140
endlicher Träger, 9
enlargeinterval(), 44, 246
Entropie, 251–253, 349
Entropiekodierer, 335
Entropiemetrik, 349
epsepilogue(), 325
epsfrect(), 327
epslineto(), 325
epsmoveto(), 325
epsprologue(), 324
epsstroke(), 325
epstranslate(), 325
Erkennung von Phonemen, 379
erste Fundamentalfrequenz, 377
Erwartungswert, 333
exakte Rekonstruktion, 143, 145
exakte Rekonstruktionsfilter, 140
exp(), 41
exponentieller Abfall, 9
Extraktion kohärenter Strukturen, 382

für fast alle $x \in \mathbf{R}$, 4
Faktoranalyse, 345, 347
Faktoren, 346

Faltung, 23
Faltung von Distributionen, 12
Faltungs–Dezimation, 141, 146
Faltungsformeln, 224
Faltungsoperator, 96
fast überall, 4
fdc2(), 300
fdcn(), 128
fdcp(), 128
fds2(), 301
fdsn(), 129
fdsp(), 129
Fehlerterm, 34
Fensterfunktion, 99
fester Frame, 13
FFT, 62
fftnormal(), 69
fftomega(), 68
fftproduct(), 69
fill, 324
Filter, 140
Filtermultiplikator, 159
fipc(), 130
fips(), 130
FIR, 140
float, 42
Folge der Partialsummen, 256
For–Schleifen, 40
Formel von Parseval, 13
Fourier–Integral, 17
Fourier–Koeffizienten, 16, 18
Fourier–Reihe, 18
Fourier–Transformation, 16
Fourier–Transformation bezüglich eines Winkels, 308
Fourier–Transformierte einer Folge, 19
Fourier–Transformierte einer temperierten Distribution, 12
fraktale Bildsynthese, 332
Frame, 13
Frame–Schranken, 13
freebtn(), 47
freebtnt(), 48
freehedge(), 50
freeinterval(), 43
Frequenz, 113, 303
Frequenz–Zentrum, 378
Frequenzantwort, 159
Frequenzindex, 220
Frequenzsubbänder, 341
Funktion mit kompaktem Träger, 9

Gauß–Funktion, 23, 307
Gaußsche Zufallsvariable, 348
gefensterte trigonometrische Wellenformen, 304

gemeinsame beste Basis, 351
genäherte Karhunen–Loève–Transformation, 351, 361
genäherte Faktoranalyse, 349
Gewinn durch Transformationskodierung, 347, 348
glatt, 9, 194
glatte lokale Periodisierung, 93
glatte Projektionen, 102
glatter periodischer Restriktionsoperator auf ein Intervall, 110
Glattheit vom Grade d, 9
gleichmäßige Konvergenz, 2
Glockenkurve, 99
Größenordnung des Abtastintervalls, 222
Grad, 33
Gram–Schmidt–Algorithmus, 33
Graph–Theorem, 222
Graphbasen, 222
Graustufe, 332
Graycode, 169
graycode(), 170
Grenzwert, 6
gut lokalisiert, 150
gut lokalisiert in Zeit und Frequenz, 303

Hölder–Bedingung, 159
Haar–Skalierungsfunktion, 168
Haar–Walsh–Funktionen, 304
Haar–Walsh–Wavelet–Pakete, 221
Hartley–Transformation, 21
Hauptachsen–Transformation, 338, 345
Hauptfaktoren, 347
Hauptkomponente, 346
Heaviside–Funktion, 11
Hecke, 49
hedge, 49
HEDGE.BLOCKS, 49
HEDGE.CONTENTS, 49
HEDGE.LEVELS, 49
HEDGE.TAG, 49
hedge2abt(), 53
hedge2btnt(), 54
hedge2dwpsa(), 248
hedge2dwpsp(), 241
hedge2dwpspabt, 397
hedge2dwpspr(), 241
hedgeabt2tfa1s(), 58
Heisenberg–Produkt, 303
Heisenbergsche Ungleichung, 22
Hermite–Gruppe, 308
Hermiteizität, 7
hermitesch, 14
hermitesches Skalarprodukt, 6
Hilbert–Basis, 12

Hilbert–Raum, 7
Hochpaß–Filter, 143
Hutfunktion, 30

ICH(), 178
idwta(), 213
idwtacomplete(), 395
idwtaintervals(), 212
idwtaorigins(), 212
idwtpd(), 205
idwtpd0(), 392
idwtpd0n(), 204
idwtpdn(), 393
idwtpi(), 206
idwtpi0(), 392
idwtpi0n(), 205
idwtpi2(), 300, 402
idwtpin(), 393
idwtpt2(), 300, 402
idwtptd(), 300, 402
idwtpvd(), 300, 402
IFH(), 178
igraycode(), 170
IIR, 140
ilct(), 131
ilpic(), 132
ilpica(), 133, 139, 389
ilpis(), 132, 139, 389
ilpisa(), 133, 139
indexabhängige Faltung, 118
indexunabhängige Faltung, 117
infocost(), $\ell^{1/4}$, 266
infocost(), Entropie, 266
Informationskosten, 251, 252
Informationszelle, 305
ininterval(), 44
initlcabtn(), 135
initrcf(), 135
initrcfs(), 135
inkohärent, 383
Inner–Produkt–Raum, 7
instabil, 1
Instrumentantwort, 197
INTERVAL, 42
INTERVAL.FINAL, 42
INTERVAL.LEAST, 42
INTERVAL.ORIGIN, 42
interval2tfa1s(), 59
intervalhedge2tfa1s(), 59
intervalstotal(), 44
inverse Fourier–Transformierte, 18

Jacobi–Matrix, 356

Karhunen–Loève, 347

Karhunen–Loève–Basis, 253
Karhunen–Loève–Transformation, 338, 345, 347
Kern, 275
Kind–Intervalle, 134
Klassen, 352
Koeffizienten, 49, 265
kompakter Träger, 194
kompatible Nachbarintervalle, 102
komplementäre Unterräume, 196
Kompression, 311
Konditionszahl, 37, 357
konjugierte Quadraturfilter, 143
konvex, 256
Konzentration in ℓ^p, 252
Korrelationskoeffizient, 334
Kostenfunktional, 251
Kostenfunktionen der Information, 251
kubische Splines, 31
Kurzsignal–Fall, 27

l1norm(), 263
Lage–Ordnung, 284
Langsignal–Fall, 27
lcadf(), 134
lcadf2hedge(), 137
lcadm(), 136
lcadm2hedge(), 137
lcsdf(), 138
lct(), 131
Lebesgue'sche L^p–Normen, 8
Lebesgue–Integral, 5
Lebesgue–integrierbar, 5
Lebesgue–Maß, 3
Lebesgue–Maß 0, 4
Lebesgue–meßbare Funktion, 4
Lebesgue–meßbare Menge, 4
Lebesgue–Raum, 8
Legendre–Polynome, 33
levelcost(), 269
lineare Phasenantwort, 151
linearer Raum, 6
Linearität, 7
lineto, 324
LLXS, 326
LLYS, 326
log(), 41
Logarithmus der Energie, 253
logl2(), 264
lokal integrierbar, 5
lokale Cosinusfunktionen, 99
lokale Sinusfunktionen, 100
lokalisierte Exponentialfunktionen, 93
lokalisierte trigonometrische Funktionen, 93
lpdc(), 329
lphdev(), 177

lpic(), 132
lpica(), 133
lpis(), 132, 139, 389
lpisa(), 133
lpnormp(), 264
lst(), 131

Maß, 4
Maß eines Intervalls, 3
makebtn(), 46
makebtnt(), 47
makehedge(), 50
makeinterval(), 43
matching pursuit, 383
max(), 41
Maximumsnorm, 8
Meta–Algorithmus, 262, 382
Metrik, 6
Metrik für den Transformationskodierungsgewinn, 349
metrischer Raum, 6
min(), 41
MINGRAY, 327
ml2logl2(), 264
Modulation, 304
Monotonie, 3, 115
moveto, 324
mul, 324
Multiplikation, 40
Multiskalen–Analyse, 195
Mutterfunktion, 193
Mutterwavelet, 196, 217

näherungsweise Bestimmung der Hauptfaktoren, 346
natürliche Ordnung, 228
nicht–entartet, 7
nominale Frequenzintervalle, 314
Nominalfrequenz, 220
Nominalposition, 221
Norm, 6
Normierung, 12, 143, 145
Null, 42
numerisch glatt, 334
Nyquist–Frequenz, 308
Nyquist–Theorem, 308

Oktav–Subband–Zerlegung, 194
Operator–Norm, 10
OQF, 145
Ort, 195
orthogonal, 194, 231
orthogonale DWPA, 231
orthogonale DWT, 195
orthogonale Filter, 140

orthogonale Hauptkomponente, 347
orthogonale MRA, 195
orthogonale Quadraturfilter, 145
Orthogonalität, 12
Orthonormalbasis, 12
Orthonormalbasis mit kompaktem Träger, 121
orthonormale Graphbasen, 231
orthonormale Wavelet-Pakete, 220
orthonormiert, 12

Paley-Ordnung, 228
periodisch, 174, 231
periodische DWPA, 231
periodische DWT, 195
periodische Faltungs-Dezimation, 141
periodisierte Filter, 140
Periodisierung, 107
periodize(), 181
Phasenantwort, 150, 151
PI, 39, 68
plotsig(), 326
Polarisationsgleichungen, 7
Position, 113, 303
Positionsindex, 220
Positiv-Homogenität, 6
positives Maß, 4
PostScript, 324
PQF, 175
PQF.ALPHA, 176
PQF.CENTER, 176
PQF.DEVIATION, 176
PQF.F, 176
PQF.FP, 176
PQF.OMEGA, 176
PQFL(), 184
PQFO(), 184
Punktweise Konvergenz, 2

QF, 141
qfcirc(), 185
QMF, 140
quadratisch summierbar, 2
quadrature mirror filters, 140
Quadraturen, 275
Quadraturfilter, 140
Quadraturfilter-Interpolation, 166
Quantisierung, 335
Quantisierungsbins, 344

Rasteranordnung Zeile nach Zeile, 284
Rausch-Unterdrückung, 382
Rauschen, 383
rcf(), 126
rcfgrid(), 127
rcfis(), 125

rcfmidp(), 127
rcfth(), 126
REAL, 42
Redundanzverminderung, 335
registrationpoint(), 271
registrieren, 271
Registrierungspunkt, 270
regulärer Sturm-Liouville-Operator, 15
reguläres Abtasten, 31
Regularität, 194
Rekonstruktionsfehler, 336
Return, 40
Riemann-Integral, 4
Riemann-integrierbar, 4
Riemann-Summen, 4
Riesz-Basis, 13
Riesz-Basis-Eigenschaft, 195
Ritz-Galerkin-Methode, 30
Root, 194

sacdpd2(), 294
sacdpe2(), 294
sacdpi2(), 294
scdpd2(), 292
scdpe2(), 292
scdpi2(), 292
Schema der Laplace-Pyramide, 194
schnell abfallend, 9
schneller genäherter Karhunen-Loève-Algorithmus, 349
Schrittweite, 4
Schwartz-Klasse, 9
Schwellenwert, 252
Selbstähnlichkeit, 193
selbstadjungiert, 14
Selbstdualität, 145
separabel, 274
sequentielle Inputversion, 179
sequentielle Ordnung, 228
sequentielle Outputversion, 178, 179
sequentieller Input, 180, 182, 184, 185, 189, 190
sequentieller Output, 180, 182, 186-189
Sesquilinearität, 7
setgray, 324
Shannon-Wavelet, 192
Shift, 29
Shift-Kostenfunktion, 272
shiftscosts(), 271
shifttonext() (from beginning), 208
shifttonext() (from end), 208
shifttoorigin() (from beginning), 208
shifttoorigin() (from end), 208
showpage, 324
Signalbäume, 350
Simpsonregel, 61

sin(), 41
sinc-Funktion, 167
single precision, 42
Singulärwertzerlegung, 345, 346
Sinus-Block, 304
Sinus-Fall, 130
Sinus-Transformation, 21
Skala, 195, 303
Skalenindex, 220
Skalierungsfunktion, 166
spektrale Entropie, 376
Spektralinformation, 16
Sprachmuster-Darstellung, 378
SQ2, 68
SQH, 68
sqrt(), 41
SQUARE(), 39
stärker konzentriert, 256
Standard-Basis, 13, 308
Standardabweichung, 333
stationär, 338
stochastische Matrix, 255
stroke, 324
Stufe, 195
Stufenliste, 286
Sturm-Liouville-Eigenwertproblem, 16
Sturm-Liouville-Operator, 15
Sturm-Liouville-Randwerte, 15
Subbänder, 277
Subband-Codierung, 194
Subbandbasis, 222
Subtraktion, 40
superalgebraischer Abfall, 9
SVD, 346
Symmetrie, 6
Symmetrie bezüglich $-1/2$, 175
Symmetrie bezüglich 0, 175
Synthese, 225
Synthese-Funktion von Shannon, 32
Synthese-Funktionen, 29

tdim(), 265
temperierte Distributionen, 11
Tensorprodukt, 274, 276
Testfunktionen, 10
TFA1, 51
TFA1.AMPLITUDE, 51
TFA1.BLOCK, 51
TFA1.LEVEL, 51
TFA1.OFFSET, 51
tfa12btnt(), 56
tfa1inabt(), 55
tfa1s2abt(), 55
tfa1s2btnt(), 56
tfa1s2dwpsa(), 247

tfa1s2dwpsp(), 240
tfa1s2ps(), 328
tfa1sinabt(), 55, 237
TFA2, 51
TFA2.AMPLITUDE, 51
TFA2.XBLOCK, 51
TFA2.XLEVEL, 51
TFA2.XOFFSET, 51
TFA2.YBLOCK, 51
TFA2.YLEVEL, 51
TFA2.YOFFSET, 51
TFAD, 51
TFAD.AMPLITUDE, 52
TFAD.BLOCKS, 52
TFAD.DIMENSION, 52
TFAD.LEVELS, 52
TFAD.OFFSETS, 52
The Walrus and the Carpenter, 381
theoretische Dimension, 375, 376, 382
theta1(), 126
theta3(), 126
thresh(), 263
Tiefe der Zerlegung, 222
Tiefpaß-Filter, 143
Träger, 9
Träger-Breite, 26
Träger-Intervall, 26
Transformation, 335
translate, 324
Translation, 29, 304
translations-invariant, 6
translationsinvariante DWTP, 270
Trennung der Vokale von anderen Anteilen, 374
trigonometrische Reihe, 19
trigonometrisches Polynom, 33

udc2(), 301, 403
udcn(), 129
udcp(), 129
uds2(), 301
udsn(), 129
udsp(), 129
uipc(), 130
uips(), 130
Unabhängigkeit, 143, 145
Unbeschränktheit, 115
uneigentliches Riemann-Integral, 5
unendliche Impulsantwort, 140
unendliches Produkt, 2
Unschärfen, 22
Unschärferelation, 22
URXS, 326
URYS, 326

Vandermonde–Matrix, 62
variable Länge der Filtervektoren, 174
Varianzellipsoid, 333
Vektorraum, 6
Verkettung, 195
Verlust, 336
verlustfrei, 336
verschwindende Momente, 34, 194
verschwindendes k-tes Moment, 34
Verteilungsfunktion, 5
verzerren, 104
Viererbaum, 274, 342
Vokalsegment, 377
vollständiger metrischer Raum, 6
Vollständigkeit, 12
vorperiodisiert, 28

Walsh–Funktionen, 172
Walsh-Typ, 222
Wavelet, 193
Wavelet–Paket, 220
Wavelet–Paket–Analyse, 225
Wavelet–Paket–Koeffizienten, 236
Wavelet–Paket–Synthese, 226
Wavelet–Pakete, 216, 217, 304
Wavelet–Registrierung, 270
Waveletbasis, 196, 222
Waveletgleichung, 196
Waveletpaket–Basis, 222
Waveleträume, 196
waveletregistration(), 272
Waveletzerlegung, 196
While–Schleifen, 40
Wurzel, 259, 266

xpd2(), 300, 403
xpi2(), 288
xpid(), 290

Z?X:Y, 41
Zeit–Frequenz–Atome, 51, 302, 303
Zeit–Frequenz–Ebene, 302
Zeit–Frequenz–Molekül, 303
zentrierte Frequenz, 236
Zentrum der Energie, 150
Zickzack-Ordnung, 284
Ziel der Analyse, 262
Zuweisungen, 40
Zwei–Skalen–Relation, 196
Zweig, 48
zyklische Transposition, 289